“101 计划”核心教材
物理学领域

U0352840

电动力学

郭硕鸿　原著
李志兵　陈　伟　蔡成丰　改编

中国教育出版传媒集团
高等教育出版社·北京

内容提要

本书为物理学领域“101 计划”核心教材，是根据学科的发展和教学实践的需要改编而成的。此次改编，在保持原书整体结构精炼、严谨，叙述简明、流畅，便于教学的特色的同时，改写了部分内容，新增了部分内容，力求做到既重视基本理论，又扩展学生视野，引导学生关注学科前沿的发展动态，训练学生提出问题和解决问题的能力，激励学生的创新精神。

全书共分 7 章，内容包括：电磁现象的普遍规律、静电场、静磁场、电磁波的传播、电磁波的辐射、狭义相对论、带电粒子和电磁场的相互作用。

本书可作为高等学校物理学类专业的专业课教材，亦可供其他有关人员参考。

图书在版编目（CIP）数据

电动力学 / 郭硕鸿原著；李志兵，陈伟，蔡成丰改编．-- 北京：高等教育出版社，2024. 9. -- ISBN 978-7-04-063026-8

Ⅰ．O442

中国国家版本馆 CIP 数据核字第 2024TR4756 号

DIANDONG LIXUE

策划编辑 王 硕　　责任编辑 王 硕　　封面设计 王凌波 王 洋　　版式设计 杜微言
责任绘图 裴一丹　　责任校对 王 雨　　责任印制 赵 佳

出版发行	高等教育出版社	网　　址	http://www.hep.edu.cn
社　　址	北京市西城区德外大街4号		http://www.hep.com.cn
邮政编码	100120	网上订购	http://www.hepmall.com.cn
印　　刷	北京中科印刷有限公司		http://www.hepmall.com
开　　本	787mm × 1092mm　1/16		http://www.hepmall.cn
印　　张	22.25		
字　　数	480 千字	版　　次	2024 年 9 月第 1 版
购书热线	010-58581118	印　　次	2024 年 9 月第 1 次印刷
咨询电话	400-810-0598	定　　价	56.00 元

物 料 号　63026-00

出版说明

为深入实施科教兴国战略、人才强国战略、创新驱动发展战略，统筹推进教育科技人才体制机制一体化改革，教育部于 2023 年 4 月 19 日正式启动基础学科系列本科教育教学改革试点工作 (下称 “101 计划”)。物理学领域 “101 计划” 工作组邀请国内物理学界教学经验丰富、学术造诣深厚的优秀教师和顶尖专家，及 31 所基础学科拔尖学生培养计划 2.0 基地建设高校，从物理学专业教育教学的基本规律和基础要素出发，共同探索建设一流核心课程、一流核心教材、一流核心教师团队和一流核心实践项目。这一系列举措有效地提高了我国物理学专业本科教学质量和水平，引领带动相关专业本科教育教学改革和人才培养质量提升。

通过基础要素建设的 “小切口”，牵引教育教学模式的 “大改革”，让人才培养模式从 “知识为主” 转向 “能力为先”，是基础学科系列 “101 计划” 的主要目标。物理学领域 “101 计划” 工作组遴选了力学、热学、电磁学、光学、原子物理学、理论力学、电动力学、量子力学、统计力学、固体物理、数学物理方法、计算物理、实验物理、物理学前沿与科学思想选讲等 14 门基础和前沿兼备、深度和广度兼顾的一流核心课程，由课程负责人牵头，组织调研并借鉴国际一流大学的先进经验，主动适应学科发展趋势和新一轮科技革命对拔尖人才培养的要求，力求将 “世界一流” “中国特色” “101 风格” 统一在配套的教材编写中。本教材系列在吸纳新知识、新理论、新技术、新方法、新进展的同时，注重推动弘扬科学家精神，推进教学理念更新和教学方法创新。

在教育部高等教育司的周密部署下，物理学领域 “101 计划” 工作组下设的课程建设组、教材建设组，联合参与的教师、专家和高校，以及北京大学出版社、高等教育出版社、科学出版社等，经过反复研讨、协商，确定了系列教材详尽的出版规划和方案。为保障系列教材质量，工作组还专门邀请多位院士和资深专家对每种教材的编写方案进行评审，并对内容进行把关。

在此，物理学领域“101 计划”工作组谨向教育部高等教育司的悉心指导、31 所参与高校的大力支持、各参与出版社的专业保障表示衷心的感谢；向北京大学郝平书记、龚旗煌校长，以及北京大学教师教学发展中心、教务部等相关部门在物理学领域“101 计划”酝酿、启动、建设过程中给予的亲切关怀、具体指导和帮助表示由衷的感谢；特别要向 14 位一流核心课程建设负责人及参与物理学领域“101 计划”一流核心教材编写的各位教师的辛勤付出，致以诚挚的谢意和崇高的敬意。

基础学科系列“101 计划”是我国本科教育教学改革的一项筑基性工程。改革，改到深处是课程，改到实处是教材。物理学领域“101 计划”立足世界科技前沿和国家重大战略需求，以兼具传承经典和探索新知的课程、教材建设为引擎，着力推进卓越人才自主培养，激发学生的科学志趣和创新潜力，推动教师为学生成长成才提供学术引领、精神感召和人生指导。本教材系列的出版，是物理学领域“101 计划”实施的标志性成果和重要里程碑，与其他基础要素建设相得益彰，将为我国物理学及相关专业全面深化本科教育教学改革、构建高质量人才培养体系提供有力支撑。

物理学领域“101 计划”工作组

序

郭硕鸿著《电动力学》自 1979 年出版以来, 一直是国内电动力学课程使用最广的教材, 影响广泛。2023 年, 教育部组织实施本科教育教学改革工作计划 (“101 计划”), 要求加强核心课程和教材建设, 在传承学科知识的基础上, 更多地结合科学技术的发展, 更好地适应新时代培养基础学科拔尖创新人才的需求。经过全国电动力学研究会推荐, 郭硕鸿著《电动力学》被列入 “101 计划” 建设教材, 本改编版便是这个计划的内容之一。

“101 计划” 电动力学课程建设工作组在周磊教授主持下对电动力学课程的知识点进行了梳理, 讨论了课程定位和教学目标。根据工作组专家们的意见, 本教材定位为在电磁学的基础上, 运用数学物理方程、张量分析和经典场论等高等数学方法, 系统阐述宏观电磁场基本属性、运动规律以及它与带电物质之间的相互作用规律的理论课程教材。电动力学服从狭义相对论, 因此本教材包含狭义相对论的详细论述。此外, 本教材将介绍电磁介质、金属、超导体、等离子体等宏观物理对象的基本唯象模型, 讲解解决电磁问题及光现象的基本方法。

本改编版力求保持郭硕鸿原著精练严谨的风格和适合教学的基本结构, 更深入和完整地反映规范对称性的物理意义, 更多地联系科学技术的发展。我们增加了一些物理内容, 对原著的表述方式和讲述顺序也作了一些重要调整。对原著的主要调整和改动如下。

第一章: §1.2 节把洛伦兹力公式作为基本猜想放在实验规律毕奥–萨伐尔定律之前, 然后根据时空变换下电磁量的对称性猜出安培环路定理, 再进一步推导毕奥–萨伐尔定律, 这是一种常用的理论物理方法。在 §1.3 节把法拉第电磁感应定律分解成动生电动势和感生电动势两个规律。

第二章: 把唯一性定理和镜像法合为 §2.2 节, 在 §2.3 节增加了关于恩肖定理的讨论。考虑到现代科技数值计算的重要地位, §2.4 节增加了离散空间格林函数。新增 §2.6 节讨论了范德瓦耳斯力, 它是一种普遍的化学键, 同时也是新兴的叠层材料的层间耦合力。

第三章: §3.3 节增加了朗道-栗弗席兹方程以补充原著关于铁磁材料讨论的不足, 同时也考虑到铁磁材料在现代和未来信息技术的重要应用。由于电磁势规范变换是和波函数相位变换联系在一起的, §3.4 节以后多次提到量子力学的波函数, 因此增加了关于波函数的概念性讨论, 类比于几何光学和波动光学的关系, 把准经典近似下的定态波函数与作用量和正则动量联系起来。改写了 §3.5 节, 用金兹堡–朗道理论给出超导体的唯象理论, §3.5 节细化了关于磁通量子化的推导, 目的都是更好地反映矢势的物理意义。

第四章: §4.1 节增加了平面波偏振和光子图像的内容, 为光信息和量子信息提供物理基础。作为与量子场论的一个接口, §4.4 节新增了关于电磁场真空能量的讨论。改写了 §4.5 节关于光子晶体色散关系和光子带隙的推导, 避免使用较复杂的布洛赫定理。§4.9 节修改了关于电磁波在等离子体中传播的推导, 指出其中用到的近似。

第五章: 格林函数在理论物理中有广泛应用, 值得强调, 因此在 §5.2 节指出推迟势是达朗贝尔方程的一种格林函数。在 §5.7 节新增了关于电磁场角动量的内容。

第六章: 从 §6.4 节专题 3 "洛伦兹变换的四维形式" 开始至本章结束, 采用现代高能物理文献常用的闵可夫斯基度规描写时空几何, 区分逆变矢量 (上标) 和协变矢量 (下标), 把逆变的时空矢量记为 (x^0, x^1, x^2, x^3), 而把协变时空矢量记为 (x_0, x_1, x_2, x_3). 在 §6.7 节前面先复习最小作用量原理和拉格朗日方程, 增加了关于电磁场拉格朗日密度和电磁场与电流耦合作用量的讨论, 指出定域规范变换对称性和电流守恒的重要联系, 并根据最小作用原理重新推导电磁场方程。这是过渡到量子场论的必要准备。为了培养学生的创新精神, 本节最后还讨论了假想的轴子场。

第七章: 原子陷阱、原子被激光散射和激光制冷等内容是现代原子操控、精密测量和量子模拟的核心技术之一。为了更多地反映这方面的进展, 把 "原子光陷阱" 和 "经典电动力学的局限性" 两个内容从 §7.6 节抽出来, 和新增的 "原子在激光中的散射" 和 "激光制冷" 合成新的 §7.7 节。

附录: 根据诺特定理重新推导了电磁能量–动量密度张量, 放在附录 A.3, 改编版采用第 9 版 (2019) 国际单位制, 在附录 A.4 作了说明并给出国际单位制和高斯单位制下主要公式的对照表。

除此之外, 根据胡响明、刘全慧和苏跃华等同行及一些学生反馈的意见, 我们对原著的一些难点加了脚注, 增加了参考文献和例题, 对习题也作了一些调整。

改编版为了追求物理内容的相对完整性, 有些章节超出了传统电动力学的范围, 涉及一些量子力学和统计物理的基本概念 (不需要深入了解), 这似乎是课程独立性与物理学整体性之间难以避免的矛盾。全部内容显然也超出正常基础课一个学期的教学量。然而, 打星号 (*) 的章节根据教学需要可以忽略或供感兴趣读者自学, 对其他基本内容影响不大。

本书是在原著四次修订版的基础上改编而成的。改编得到中山大学郑跃、殷朝阳、郭东辉等的大力支持, 其间与姚道新、张宏浩、项泽亮等教授和司徒树平、王伟良、侯玉升等博士有过多次有益的讨论。中山大学林伟鹏、黄迺本教授和华南理工大学邓文基教授一直关心我们的教材编写, 并提出许多建设性意见。深圳大学李朝红教授对改编版的 7.7 节提出了具体的宝贵意见。2024 年 7 月在深圳召开的 “电动力学 101 教材编写讨论会” 上, 国内知名电动力学专家王青、王振林、周磊、赵玉民、刘纯等教授对改编版内容进行了深入讨论, 王振林教授分享了他写作《现代电动力学》的宝贵经验, 高等教育出版社物理分社马天魁分社长和王硕编辑也到会参与改编工作。改编初稿完成后, 王振林、赵玉民、刘纯等教授提出了中肯的重要修改意见。以上专家对我们改编工作帮助非常大, 谨一并致谢。此外, 陈绪梁、张锦鹏、俞祥同学参与了书稿的校对工作。

改编者

2024 年于中山大学

目 录

引 言

电动力学的研究对象是电磁场的基本属性、运动规律以及它和带电物质之间的相互作用. 本书在电磁学的基础上系统阐述电磁场的基本理论.

电磁场是物质世界的重要组成部分之一, 在生产实践和科学技术领域存在着大量和电磁场有关的问题. 例如电子技术、电力系统、光学器件、凝聚态物理、高能粒子加速器技术、等离子体和天体物理等, 都涉及宏观电磁场的理论问题. 在迅变情况下, 电磁场以电磁波的形式存在, 其应用更为广泛. 无线电波、热辐射、光波、X 射线和 γ 射线等都是在不同波长范围内的电磁波, 它们都有共同的规律. 因此, 掌握电磁场的基本理论对于生产实践和科学实验都有重大的意义.

电动力学是在人类对电磁现象的长期观察和生产活动的基础上发展起来的. 18 世纪中叶以后, 在工业生产发展的推动下, 人们开展了自然科学的实验探索, 电磁学得到了较快的发展. 人们研究了静电、静磁和电流等现象, 总结出一些实验定律. 但是, 电磁学的重大进展还是在人们认识到电现象和磁现象之间的深刻内在联系之后才开始出现的. 1820 年, 奥斯特 (Oersted) 发现电流的磁效应; 1831 年, 法拉第 (Faraday) 发现电磁感应定律, 并提出场的概念. 至此, 电现象和磁现象不再是孤立的, 而是作为统一的整体开始被人们认识, 从理论上总结电磁场普遍规律的条件已经具备. 在此基础上, 麦克斯韦 (Maxwell) 于 1864 年把电磁规律总结为麦克斯韦方程组, 并从理论上预言了电磁波的存在. 这一基本规律的掌握促进了电磁波的发现, 而现代无线电技术的广泛应用又进一步丰富了电磁场理论, 这使我们现在对电磁场的认识有了坚实的基础. 20 世纪以来, 由于现代生产对认识物质微观结构的迫切要求, 人们又进一步研究电磁场的微观性质, 发展了量子电动力学. 现在看来, 电磁场已成为人们了解得比较深刻的物质存在形态, 这和它在生产实践中的广泛应用是分不开的. 现代生产实践还对各种物质材料的电磁性能提出新的要求, 铁磁体、铁电体、超导体、等离子体、光电材料、非线性介质等特殊物质的应用不断发展, 这给电动力学不断提出新课题. 激光作为一种独特的光源被广泛应用到生产技术和科学研究中, 使人们对电磁场的微观结构与宏观场之间的关系有了更深刻的理解. 当今技术已经可以在微米甚至纳米尺度下加工材料和制备具有设计结构的材料 (超构材料), 从而兴起了关于纳米材料和超构材料电磁特性的研究, 许多新颖的电磁学现象由此被发现. 新的实践将继续推进电动力学理论的发展, 人们对电磁场的认识是不可穷尽的.

在电动力学的发展过程中, 人们发现经典力学的时空观和电磁现象的实验事实存在矛盾. 矛盾的解决引发了新时空观的建立. 狭义相对论就是在 20 世纪初 (1905 年) 由爱因斯坦 (Einstein) 和庞加莱 (Poincare) 建立起来的关于新时空观的理论. 电动力学只有在新时空观的基础上才发展成为完整的、适用于任何惯性参考系的理论. 相对论是现代物理学的重要基础理论之一, 它对物理学的发展有着深远的影响. 系统地阐述狭义相对论的基本理论是本课程的重要内容之一.

学习电动力学课程的主要目的是: ① 掌握电磁场的基本规律, 加深对电磁场性质和时空概念的理解; ② 获得本课程领域内分析和处理一些基本问题的初步能力, 为以后解决实际问题打下基础; ③ 通过电磁场运动规律和狭义相对论的学习, 更深刻地领会电磁场的物质性, 牢固树立辩证唯物主义的世界观.

本课程主要阐述宏观电磁场理论. 在第一章中我们分析电磁现象的主要实验定律, 从中总结出电磁场的普遍规律和洛伦兹力公式, 建立麦克斯韦方程组. 此章还讨论了描写介质电磁性质的宏观模型. 第二章讨论静电场问题, 介绍静电场的基本性质和研究静电问题的一些基本方法. 第三章讨论恒定磁场问题, 介绍恒定磁场的基本性质和一些研究方法. 此章另一个重点是通过超导现象反映电磁场矢势和规范变换的物理意义. 第四章讨论电磁波的传播, 包括无界空间中电磁波的性质、界面上的反射折射以及有界空间中的电磁波问题. 第五章讨论电磁波的辐射, 介绍一般情况下势的概念和辐射电磁场的计算方法. 第六章从电动力学的参考系问题引入狭义相对论时空观, 导出狭义相对论运动学和力学. 此章还将介绍电动力学的狭义相对论协变形式, 展示电磁场作为一种经典场的理论架构. 为了与现代高能物理文献常用的闵可夫斯基度规一致、与量子场论和引力理论接轨, 从第六章 6.4 节以后我们普遍地采用爱因斯坦求和约定, 区分逆变矢量（上标）和协变矢量（下标）, 把逆变时空矢量记为 (x^0, x^1, x^2, x^3), 而协变时空矢量记为 (x_0, x_1, x_2, x_3). 最后一章讨论带电粒子和电磁场的相互作用, 特别是原子和电磁场相互作用的经典图像, 并指出宏观电动力学应用于微观领域时的局限性.

为了便于自学和参考, 本书的内容略多于一学期课程所要求的内容. 书中带有星号的内容是选学部分, 初学者可以略去, 不影响其他章节的学习.

本书采用 2019 年颁布的国际单位制 (SI), 书末附有国际单位制和高斯单位制下主要公式对照表, 以便读者查对.

第一章

电磁现象的普遍规律

在本章中，我们把电磁现象的实验定律总结提高为电磁场的普遍规律.

电磁场是物质存在的一种形态，它有特定的运动规律和物质属性，它和其他带电物质以一定形式发生相互作用. 每一种物质的存在形态都有它的特殊本质和特殊规律，因此，和一般实物对比，场的存在形态也有它的特点. 实物通常定域在空间的确定区域内，而电磁场则弥漫于空间中. 例如，在高压线附近存在着强大的电场；在我们周围的空间中传播着各种形式的电磁波. 由此可见，场作为空间中某种分布而存在，而且一般来说这种分布是随时间而变化的. 按照电磁场的特点，我们用两个矢量函数 —— 电场强度 $\boldsymbol{E}(x,y,z,t)$ 和磁感应强度 $\boldsymbol{B}(x,y,z,t)$ 来描述电磁场在时刻 t 的状态. 在经典物理中，这两个矢量函数可以完全描述电磁场. 电磁场的规律用数学形式表示出来就是这两个矢量场所满足的偏微分方程组.

我们先分析静电力实验定律，由此引出电场概念和静电场满足的规律. 接着把电荷感受到的与其运动速度有关的力归结为磁力，用磁场描写. 依据洛伦兹力公式分析电磁场在对称变换下的行为，建立关于恒定磁场的理论，并论述它与静磁实验定律的一致性. 然后根据从实验总结出来的电磁感应定律和电荷守恒定律，把恒定情形的电磁规律推广为普遍成立的麦克斯韦方程组. 这组方程是宏观电磁场论的理论基础. 以后各章中将在此基础上解决各种与电磁场有关的问题. 本章还讨论了介质模型，分析了电磁场物质属性之一：电磁场的能量及其流动.

§ 1.1 电荷和电场

1. 库仑定律

库仑 (Coulomb) 定律是静电现象的基本实验定律，它表述如下：真空中静止点电荷 Q 对另一个静止点电荷 Q' 的作用力为

$$\boldsymbol{F}=\frac{QQ'}{4\pi\varepsilon_0 r^3}\boldsymbol{r} \tag{1.1.1}$$

式中，$\boldsymbol{r}$ 为由 Q 到 Q' 的径矢，r 是 $\boldsymbol{r}$ 的长度，ε_0 是真空电容率 (真空介电常量).

库仑定律只是从现象上给出两电荷之间作用力的大小和方向，它并没有解决这一作用力的物理本质问题. 对库仑定律 (1.1.1) 式可以有不同的物理解释. 一种观点认为两电荷之间的作用力是直接的超距作用，即一个电荷把作用力直接施加于另一电荷上；另一种观点认为两电荷之间的相互作用是通过电场来传递的，而不是直接的超距作用. 若只局限于静电的情况，这两种描述是等价的，它们都给出相同的计算结果，但是我们不能单纯由静电现象判断哪一种描述是正确的. 在运动电荷的情况下，特别是在电荷分布快速变化的情况下，两种观点就显示出不同的物理内容. 实践证明，通过场来传递相互作用的观点是正确的. 场概念的引入在电动力学发展史上起着重要的作用，在现代物理学中关于场的物质形态的研究也占有重要地位. 通过本课程的学习，我们将会不断加深对场的认识，并逐步认识电磁场的物质性，这是本课程的主要任务之一.

我们要把库仑定律提高为描述电磁现象的一条普遍规律, 因此需要从场的观点出发来讨论该定律的含义. 我们假设, 一个电荷周围的空间存在着一种特殊的物质, 称为电场. 另一电荷处于该电场内, 就受到电场的作用力. 对电荷有作用力是电场的特征性质, 我们就利用这性质来描述该点处的电场. 由库仑定律可知, 处于电场内的电荷 Q' 所受的力与 Q' 成正比. 因此, 我们用一个单位检验电荷在场中所受的力来定义电荷所在点 $\boldsymbol{x}$ 处的电场强度 $\boldsymbol{E}(\boldsymbol{x})$. 电荷 Q' 在电场 $\boldsymbol{E}$ 中所受的力为

$$\boldsymbol{F} = Q'\boldsymbol{E} \tag{1.1.2}$$

由库仑定律 (1.1.1) 式, 一个静止点电荷 Q 所激发的电场强度为

$$\boldsymbol{E} = \frac{Q\boldsymbol{r}}{4\pi\varepsilon_0 r^3} \tag{1.1.3}$$

由实验可知, 电场具有叠加性, 即多个电荷所激发的电场等于每个电荷所激发的电场的矢量和. 设第 i 个电荷 Q_i 到 P 点的径矢为 $\boldsymbol{r}_i$, 则 P 点处的总电场强度为

$$\boldsymbol{E} = \sum_i \frac{Q_i\boldsymbol{r}_i}{4\pi\varepsilon_0 r_i^3} \tag{1.1.4}$$

在许多实际情况下可以把电荷看作连续分布于某一区域内. 例如, 在宏观尺度看来, 金属材料中连续分布着自由电子和不能自由运动的金属离子. 如图 1–1 所示, 设电荷连续分布于区域 V' 内. 在 V' 内某点 $\boldsymbol{x}'$ 处取一个体积元 $\mathrm{d}V'$, 在 $\mathrm{d}V'$ 内所含的电荷 $\mathrm{d}Q$ 等于该点处的电荷密度 $\rho(\boldsymbol{x}')$ 乘以体积 $\mathrm{d}V'$, 即

$$\mathrm{d}Q = \rho(\boldsymbol{x}')\,\mathrm{d}V'$$

设由源点 $\boldsymbol{x}'$ 到场点 $\boldsymbol{x}$ 的径矢为 $\boldsymbol{r}$, 则 P 点处的电场强度为

$$\boldsymbol{E}(\boldsymbol{x}) = \int_{V'} \frac{\rho(\boldsymbol{x}')\,\boldsymbol{r}}{4\pi\varepsilon_0 r^3}\,\mathrm{d}V' \tag{1.1.5}$$

式中积分遍及电荷分布区域.

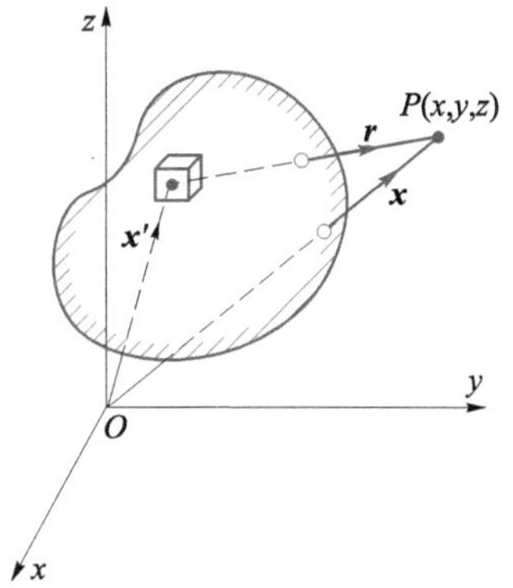

图 1–1

(1.1.5) 式是静电场的电场强度分布的积分形式. 为了反映出相互作用在场中传递的特点, 我们还必须再深入一步, 研究一个电荷和它邻近的电场是怎样相互作用的, 某一点上的电场和它邻近的电场又是怎样联系的, 即要找出静电场规律的微分形式. 下面我们通过库仑定律来分析这些规律.

2. 高斯定理和电场的散度

首先我们研究一个电荷与它邻近的电场的关系. 在电磁学中我们知道, 一个电荷 Q 发出的电场强度通量总是正比于 Q, 与附近有没有其他电荷存在无关. 因此, 一个电荷激发的电场强度通量表示电荷与电场的基本数量关系. 设 S 表示包围着电荷 Q 的一个闭合曲面, $\mathrm{d}\boldsymbol{S}$ 为 S 上的定向面元, 以外法线方向为正向. 通过闭合曲面 S 的电场强度 $\boldsymbol{E}$ 的通量定义为下面面积分

$$\oint_S \boldsymbol{E}\cdot\mathrm{d}\boldsymbol{S}$$

由库仑定律可以推出关于电场强度通量的高斯 (Gauss) 定理

$$\oint_S \boldsymbol{E}\cdot\mathrm{d}\boldsymbol{S}=\frac{Q}{\varepsilon_0} \tag{1.1.6}$$

式中, Q 为闭合曲面内的总电荷. 高斯定理证明如下: 如图 1–2 所示, 设曲面内有一电荷 Q, 其电场强度通过面元 $\mathrm{d}\boldsymbol{S}$ 的通量为

$$\boldsymbol{E}\cdot\mathrm{d}\boldsymbol{S}=E\cos\theta\mathrm{d}S=\frac{Q}{4\pi\varepsilon_0 r^2}\cos\theta\mathrm{d}S$$

式中, θ 为 $\mathrm{d}\boldsymbol{S}$ 与 $\boldsymbol{r}$ 的夹角, $\mathrm{d}S\cos\theta$ 为面元投影到以 r 为半径的球面上的面积. $\cos\theta\mathrm{d}S/r^2$ 为面元 $\mathrm{d}\boldsymbol{S}$ 对电荷 Q 所张开的立体角元 $\mathrm{d}\Omega$. 因此, $\boldsymbol{E}$ 对闭合曲面 S 的通量为

$$\oint_S \boldsymbol{E}\cdot\mathrm{d}\boldsymbol{S}=\frac{Q}{4\pi\varepsilon_0}\oint\mathrm{d}\Omega=\frac{Q}{\varepsilon_0}$$

如果电荷在闭合曲面外, 那么它发出的电场线穿入该曲面后再穿出来, 因而对该闭合曲面的电场强度通量没有贡献. 在一般情况下, 设空间中有多个电荷 Q_i, 则 $\boldsymbol{E}$ 通过任一闭合曲面 S 的总通量等于 S 内的总电荷除以 ε_0, 而与 S 外的电荷无关:

$$\oint_S \boldsymbol{E}\cdot\mathrm{d}\boldsymbol{S}=\frac{1}{\varepsilon_0}\sum_i Q_i \quad (Q_i \text{ 在 } S \text{ 内}) \tag{1.1.6a}$$

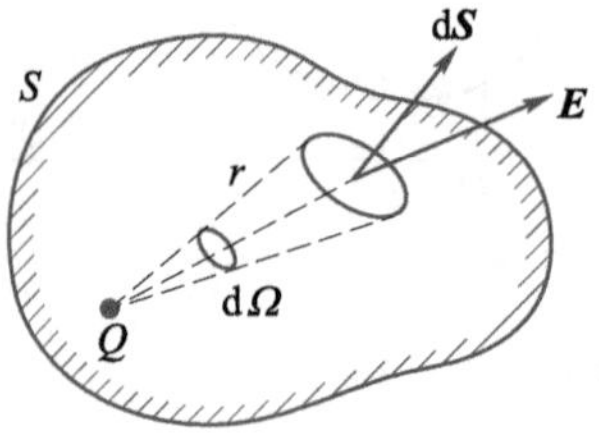

图 1–2

如果电荷连续分布于空间中, 则 $\boldsymbol{E}$ 对闭合曲面 S 的通量为

$$\oint_S \boldsymbol{E}\cdot \mathrm{d}\boldsymbol{S}=\frac{1}{\varepsilon_0}\int_V \rho \mathrm{d}V \tag{1.1.7}$$

式中, V 为 S 所包围的体积. 上式右边的积分是 V 内的总电荷, 与 V 外的电荷分布无关.

(1.1.6) 式或 (1.1.7) 式是高斯定理的积分形式. 为了求出电荷与电场的局域关系, 即在空间无穷小区域内的关系, 我们把 (1.1.7) 式中的体积 V 不断缩小, 根据矢量场散度的定义 [附录 (A.1.4) 式], (1.1.7) 式左边趋于电场 $\boldsymbol{E}$ 的散度乘上体积元 $\mathrm{d}V$, 而右边趋于 $\dfrac{1}{\varepsilon_0}\rho\mathrm{d}V$, 由 $\mathrm{d}V$ 的任意性, 有

$$\nabla\cdot\boldsymbol{E}=\frac{\rho}{\varepsilon_0} \tag{1.1.8}$$

这就是高斯定理的微分形式, 它是电场的一个基本微分方程. 上式指出, 电荷是电场的源, 电场线从正电荷发出而终止于负电荷. 在没有电荷分布的地点, $\rho(\boldsymbol{x})=0$, 因而在该点上有 $\nabla\cdot\boldsymbol{E}=0$, 这表示在该处既没有电场线发出, 也没有电场线终止, 但是可以有电场线连续通过该处.

(1.1.8) 式反映电荷对电场作用的局域性质: 空间某点邻域上场的散度只和该点处的电荷密度有关, 而和其他地点的电荷分布无关; 电荷只直接激发其邻近的场, 而远处的场则是通过场本身的内部作用传递出去的. 只有在静电情况下, 远处的场才能以库仑定律形式表示出来, 而在一般运动电荷情况下, 远处的场不能再用库仑定律 (1.1.3) 式表示, 但实验证明更基本的局域关系 (1.1.8) 式仍然成立.

3. 静电场的旋度

散度是矢量场性质的一个方面, 而要确定一个矢量场, 还需要给出其旋度. 旋度所反映的是场的环流性质. 从直观图像来看, 静电场的电场线分布没有旋涡状结构, 因而可以推想静电场是无旋的. 下面我们用库仑定律来证明这一点.

先计算一个点电荷 Q 所激发的电场强度 $\boldsymbol{E}$ 对任一闭合回路 L 的环量

$$\oint_L \boldsymbol{E}\cdot\ \mathrm{d}\boldsymbol{l}$$

式中 $\mathrm{d}\boldsymbol{l}$ 为 L 的线元 (图 1–3, L 可以不在一个平面上). 由库仑定律得

$$\oint_L \boldsymbol{E}\cdot\ \mathrm{d}\boldsymbol{l}=\frac{Q}{4\pi\varepsilon_0}\oint_L \frac{\boldsymbol{r}}{r^3}\cdot\mathrm{d}\boldsymbol{l}$$

设 $\mathrm{d}\boldsymbol{l}$ 与 $\boldsymbol{r}$ 的夹角为 θ, 则 $\boldsymbol{r}\cdot\ \mathrm{d}\boldsymbol{l}=r\cos\theta\ \mathrm{d}l=r\ \mathrm{d}r$, 因而上式化为

$$\oint_L \boldsymbol{E}\cdot\mathrm{d}\boldsymbol{l}=\frac{Q}{4\pi\varepsilon_0}\oint_L\frac{\mathrm{d}r}{r^2}=-\frac{Q}{4\pi\varepsilon_0}\oint_L\ \mathrm{d}\left(\frac{1}{r}\right)$$

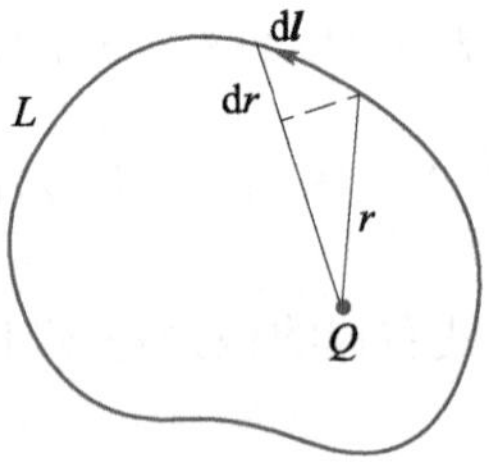

图 1-3

右边的积分是一个全微分的回路积分. 从 L 的任一点开始, 绕 L 一周之后回到原地点, 函数 $1/r$ 亦回到原来的值, 因而 $\mathrm{d}\left(\frac{1}{r}\right)$ 的回路积分为零, 由此得

$$\oint_L \boldsymbol{E}\cdot\mathrm{d}\boldsymbol{l}=0 \tag{1.1.9}$$

以上证明了一个点电荷的电场环量为零. 对于一般的静止电荷分布, 每一个电荷元所激发的电场环量为零, 由场的叠加性, 总电场 $\boldsymbol{E}$ 对任一回路的环量恒为零, 即 (1.1.9) 式对任意静电场和任一闭合回路都成立.

把 (1.1.9) 式化成微分形式就可以求出静电场的旋度. 为此把回路 L 不断缩小, 使它包围着一个面元 d$\boldsymbol{S}$. 根据旋度的定义 [附录 (A.1.5) 式], (1.1.9) 式左边趋于 $\nabla\times\boldsymbol{E}\cdot\mathrm{d}\boldsymbol{S}$, 由 d$\boldsymbol{S}$ 的任意性得

$$\nabla\times\boldsymbol{E}=\mathbf{0} \tag{1.1.10}$$

这就证明了静电场的无旋性. 实践表明, 无旋性只在静电情况下成立. 在一般情况下, 电场是有旋的, 在 §1.3 节中我们再说明一般情况下电场的旋度.

(1.1.8) 式和 (1.1.10) 式给出静电场的散度和旋度, 它们表示电荷激发电场以及电场内部联系的规律性, 是静电场的基本规律. 它们所反映的物理图像是: 电荷是电场的源, 电场线从正电荷发出而终止于负电荷, 在自由空间中电场线连续通过; 在静电情形下电场没有旋涡状结构.

例 1.1

电荷 Q 均匀分布于半径为 a 的球体内, 求各点的电场强度, 并由此直接计算电场的散度.

解: 作半径为 r 的球 (与电荷球体同心). 由对称性, 在球面上各点的电场强度有相同的数值 E, 并沿径向. 当 $r>a$ 时, 球面所围的总电荷为 Q, 由高斯定理得

$$\oint_S \boldsymbol{E}\cdot\mathrm{d}\boldsymbol{S}=4\pi r^2E=\frac{Q}{\varepsilon_0}$$

因而

$$E=\frac{Q}{4\pi\varepsilon_0 r^2}$$

写成矢量式得

$$\boldsymbol{E}=\frac{Q\boldsymbol{r}}{4\pi\varepsilon_0 r^3}\quad(r>a) \tag{1.1.11}$$

若 $r < a$, 则球面所围电荷为

$$\frac{4}{3}\pi r^3\rho = \frac{4}{3}\pi r^3 \frac{Q}{\frac{4}{3}\pi a^3} = \frac{Qr^3}{a^3}$$

应用高斯定理得

$$\oint_S \boldsymbol{E}\cdot \mathrm{d}\boldsymbol{S} = 4\pi r^2 E = \frac{Qr^3}{\varepsilon_0 a^3}$$

由此得

$$\boldsymbol{E} = \frac{Q\boldsymbol{r}}{4\pi\varepsilon_0 a^3} \qquad (r < a) \tag{1.1.12}$$

现在计算电场的散度. 当 $r > a$ 时, $\boldsymbol{E}$ 应取 (1.1.11) 式, 在此区域内 $r \neq 0$, 由直接计算可得

$$\nabla\cdot\frac{\boldsymbol{r}}{r^3} = 0 \quad (r \neq 0)$$

因而

$$\nabla\cdot\boldsymbol{E} = \frac{Q}{4\pi\varepsilon_0}\nabla\cdot\frac{\boldsymbol{r}}{r^3} = 0 \qquad (r > a)$$

当 $r < a$ 时, $\boldsymbol{E}$ 应取 (1.1.12) 式, 由直接计算得

$$\nabla\cdot\boldsymbol{E} = \frac{Q}{4\pi\varepsilon_0 a^3}\nabla\cdot\boldsymbol{r} = \frac{3Q}{4\pi\varepsilon_0 a^3} = \frac{\rho}{\varepsilon_0} \qquad (r < a)$$

由这个例子我们看出散度概念的局域性质. 虽然对任一个包围着电荷的曲面都有电场强度通量, 但是散度只存在于有电荷分布的区域内, 在没有电荷分布的空间中电场的散度为零.

§ 1.2 电流和磁场

本节用数学方程表达电荷守恒定律, 给出电磁场对任意运动电荷的作用力, 讨论电磁场在对称变换下的行为, 建立恒定磁场的规律.

1. 电流密度和电荷守恒定律

导线上的电流通常用通过导线截面的总电流 I 描述. 很多情况下, 我们不但要知道总电流, 而且要知道电流在导体内是怎样分布的. 例如直流电通过一根导线时, 在导线截面上, 电流是均匀分布的. 但是高频交流电通过同一根导线时, 电流在截面上不再均匀分布, 而是集中到导线表面. 因此, 我们必须引入电流密度来描述电流的分布情况.

如图 1–4 所示, 设 $\mathrm{d}\boldsymbol{S}$ 为某曲面上的一个面元, 它与该点处的电流方向有夹角 θ. 定义电流密度 $\boldsymbol{J}$, 它的方向沿着该点处的电流方向, 它的数值等于单位时间通过垂直电流方向单位面积的电荷量, 从而通过面元 $\mathrm{d}\boldsymbol{S}$ 的电流 $\mathrm{d}I$ 为

$$\mathrm{d}I = J\,\mathrm{d}S\cos\theta = \boldsymbol{J}\cdot\mathrm{d}\boldsymbol{S} \tag{1.2.1}$$

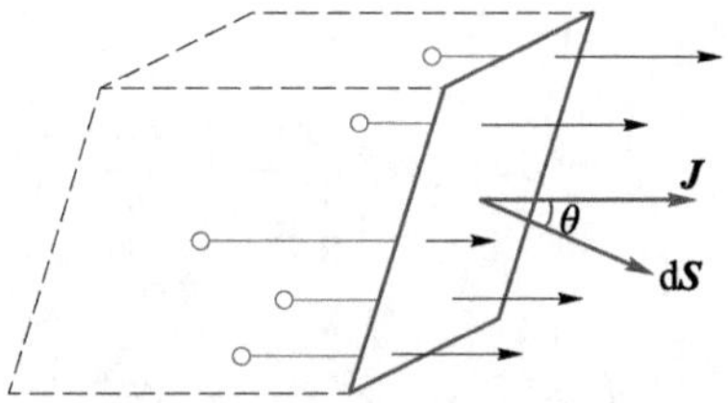

图 1–4

通过任一曲面 S 的总电流 I 为

$$I=\int_S \boldsymbol{J}\cdot \mathrm{d}\boldsymbol{S} \tag{1.2.2}$$

如果电流由一种运动带电粒子构成, 设带电粒子的电荷密度为 ρ, 平均速度为 $\boldsymbol{v}$, 则电流密度为

$$\boldsymbol{J}=\rho\boldsymbol{v} \tag{1.2.3a}$$

如果有几种带电粒子, 其电荷密度分别为 ρ_i, 平均速度为 $\boldsymbol{v}_i$, 有

$$\boldsymbol{J}=\sum_i \rho_i\boldsymbol{v}_i \tag{1.2.3b}$$

现在我们研究电磁理论的一条最基本的实验定律 —— 电荷守恒定律. 我们知道, 物体所带的电荷是构成物体的粒子 (电子、质子等) 的一个属性. 不论发生任何变化过程, 如化学反应、原子核反应甚至粒子的转化, 一个系统的总电荷严格保持不变. 这是目前为止人们所知道的自然界的精确规律之一. 电荷守恒定律在数学上用连续性方程表示. 考虑空间中一确定区域 V, 其边界为闭合曲面 S. 当物质运动时, 可能有电荷进入或流出该区域. 根据电荷守恒定律, 如果有电荷从该区域流出的话, 区域 V 内的电荷必然减小. 通过界面流出的总电流应该等于 V 内的电荷减小率, 即

$$\oint_S \boldsymbol{J}\cdot \mathrm{d}\boldsymbol{S}=-\int_V \frac{\partial \rho}{\partial t}\,\mathrm{d}V \tag{1.2.4}$$

这是电荷守恒定律的积分形式. 应用数学中的高斯公式把面积分变为体积分

$$\oint_S \boldsymbol{J}\cdot \mathrm{d}\boldsymbol{S}=\int_V \boldsymbol{\nabla}\cdot\boldsymbol{J}\mathrm{d}V$$

即得微分形式

$$\nabla\cdot\boldsymbol{J}+\frac{\partial \rho}{\partial t}=0 \tag{1.2.5}$$

上式称为电流连续性方程, 它是电荷守恒定律的微分形式.

如果在 (1.2.4) 式中的 V 是全空间, S 为无限远界面, 由于在 S 上没有电流流出, 因而 (1.2.4) 式左边的面积分为零, 由此式得

$$\frac{\mathrm{d}}{\mathrm{d}t}\int_V \rho \mathrm{d}V=0$$

上式表示全空间的总电荷守恒.

以上公式是对任意变化的电流成立的. 在恒定电流情况下, 一切物理量不随时间而变, 因而 $\partial\rho/\partial t=0$, 因此由 (1.2.5) 式得

$$\nabla\cdot\boldsymbol{J}=0\quad(\text{恒定电流})\tag{1.2.6}$$

上式表示恒定电流的连续性. 恒定电流分布是无源的, 其流线必为闭合曲线, 没有发源点和终止点. 换句话说, 恒定电流 (直流电) 只能够在闭合回路中通过, 电路一旦断开, 直流电就不能通过, 这是我们熟知的事实.

2. 洛伦兹力和磁场

实验观测到运动电荷在磁铁附近会改变运动方向. 奥斯特 (Oersted) 发现通电导线对运动电荷或另一通电导线有作用力, 其效果和磁铁的作用力一样. 这种作用力也需要通过一种物质来传递, 这种物质就是磁场. 若粒子电荷为 q, 速度为 $\boldsymbol{v}$, 则粒子受到的电磁力为

$$\boldsymbol{F}=q\boldsymbol{E}+q\boldsymbol{v}\times\boldsymbol{B}\tag{1.2.7}$$

第一项把静电力 (1.1.2) 式推广到任意运动带电粒子所受的电场力. 第二项是磁场力, 新出现的矢量 $\boldsymbol{B}$ 称为磁感应强度. 此公式称为洛伦兹力公式, 其中 $\boldsymbol{E}$ 和 $\boldsymbol{B}$ 理解为 q 所在处的外电场和外磁场, 它们不包含 q 自己产生的电磁场. 这个公式适用于任意运动的带电粒子.

洛伦兹 (Lorentz) 把电磁现象全部归结为微观带电粒子与电磁场定域相互作用的结果, 建立了电子论, 其中电子实际是各种假想的带电微观粒子. 同一时期, 汤姆孙 (J. Thomson) 发现了带负电的电子, 若干年后卢瑟福 (Rutherford) 根据 α 粒子散射实验指出原子核是带正电的微观粒子. 一百多年后的今天, 我们已经对带电物质和不带电物质有了深入的认识, 建立了粒子物理标准模型. 这个模型能够精确地描写大量高能物理实验, 尽管仍有一些不完善的地方, 它仍然代表着目前人类对物质结构和相互作用的最可靠的基本认识. 在标准模型中, 自由粒子拥有的电荷都是电子电荷的整数倍. 这是一个有趣的实验事实, 称之为电荷量子化, 至今还没有公认的理论解释. 根据 2019 年颁布的国际单位制, 电子电荷量规定为 $-1.602\,176\,634\times10^{-19}$ C (库仑), 由此定义电荷单位: 库仑.

电流由运动带电粒子构成. 若电荷分布可看作连续分布, 其电荷密度为 ρ, 则电荷系统单位体积所受到的力密度为

$$\boldsymbol{f}=\rho\boldsymbol{E}+\boldsymbol{J}\times\boldsymbol{B}\tag{1.2.8}$$

大量近代物理学实验证实了 (1.2.7) 式和 (1.2.8) 式的正确性.

对称性对建立电磁相互作用的基本规律和解释实验现象都很有帮助. 下面讨论洛伦兹力密度公式 (1.2.8) 式涉及的各个物理量在空间反演、时间反演和空间转动下的对称性行为. 空间反演是把空间位矢 $\boldsymbol{x}$ 变换为 $-\boldsymbol{x}$, 时间反演是把时间 t 变换为 $-t$. 在空间转动中位矢长度不变. 速度是粒子位矢变化率, 所以它的空间变换性质和

位矢一样, 在时间反演下反向. 体积在所有上述变换下都不变. 标准模型假定, 在空间反演、时间反演和空间转动下, 粒子的电荷、质量和所有电磁规律保持不变, 后者意味着洛伦兹力公式的形式保持不变.

电荷密度显然在上述空间变换和时间反演下不变, 这种不变的量称为标量. 电流密度等于电荷密度乘以速度, 故变换方式和速度一样. 因为质量是标量, 所以力密度的空间变换方式和位矢一样, 在时间反演下不变. 由洛伦兹力密度公式形式不变, 可以推知 $\boldsymbol{E}$ 和 $\boldsymbol{B}$ 的变换方式. 转动和空间反演行为都和位矢一样的量称为 (三维) 矢量. 转动行为与位矢一样, 但在空间反演下不变的量称为 (三维) 轴矢量. 例如 $\boldsymbol{E}$ 是矢量, 而 $\boldsymbol{B}$ 是轴矢量. 一般地, 两个矢量的叉乘是一个轴矢量, 矢量叉乘轴矢量是矢量. 相关电磁学物理量的对称性总结在表 1.1 中.

表 1.1　电磁学物理量在时间反演、空间反演和空间转动下的行为

	转动	空间反演	时间反演
ρ	标量	ρ	ρ
$\boldsymbol{J}$	矢量	$-\boldsymbol{J}$	$-\boldsymbol{J}$
$\boldsymbol{f}$	矢量	$-\boldsymbol{f}$	$\boldsymbol{f}$
$\boldsymbol{E}$	矢量	$-\boldsymbol{E}$	$\boldsymbol{E}$
$\boldsymbol{B}$	轴矢量	$\boldsymbol{B}$	$-\boldsymbol{B}$

3. 磁场的散度和恒定磁场的旋度

矢量场正的源发出矢量场通量, 负的源会聚通量 (即发出负的通量). 一般地, 一个区域内的源等于矢量场关于该区域边界面的通量. 例如电场的源, 即电荷, 由高斯定理积分形式 (1.1.6) 式给出. 等价地, 电荷密度与电场的散度相联系, 由高斯定理的微分形式 (1.1.8) 式给出. 然而经验告诉我们, 磁感线总是闭合的, 因此磁感应强度 $\boldsymbol{B}$ 是无源场. 表示 $\boldsymbol{B}$ 无源性的积分形式是 $\boldsymbol{B}$ 对任何闭合曲面的总通量为零:

$$\oint_S \boldsymbol{B}\cdot\,\mathrm{d}\boldsymbol{S}=0 \tag{1.2.9}$$

微分形式为

$$\nabla\cdot\boldsymbol{B}=0 \tag{1.2.10}$$

关于磁单极子 (孤立的磁荷) 是否存在的问题有不少讨论, 但迄今还没有发现任何磁单极子存在的确切实验证据. 如果磁单极子存在的话, 一般来说 $\nabla\cdot\boldsymbol{B}\neq 0$, 这将引发电磁理论的重大改变, 还有可能与电荷量子化发生联系①. 我们现在的电磁理论假定磁场没有源, 把 (1.2.9) 式和与之等价的 (1.2.10) 式作为从实验事实归纳出来的关于磁场的一条基本规律.

下面我们基于对称性的考虑建立磁场旋度遵循的规律. 三维轴矢量场旋度的分量在空间转动下如位矢分量一样变换, 因此磁场旋度在转动下的行为如矢量. 此外,

① P.A.M. Dirac, Proc. R. Soc. London A133, 60(1931).

容易看出磁场旋度在空间反演和时间反演下的行为和电流密度 $\boldsymbol{J}$ 一样. 在三维空间, 可以把算符 ∇ 看作一个矢量算符,$\nabla\times\boldsymbol{B}$ 看作 ∇ 和 $\boldsymbol{B}$ 叉乘, 从而是一个矢量. 在宏观理论中, 与带电物质有关的矢量型电磁量只有 $\boldsymbol{J}$. 据此容易猜想到

$$\nabla\times\boldsymbol{B}=\mu_0\boldsymbol{J} \tag{1.2.11}$$

式中 μ_0 为真空磁导率. 这个公式称为微分形式的安培 (Ampère) 环路定理. 对 (1.2.11) 式求散度, 数学上左边恒等于零, 从而得到

$$\nabla\cdot\boldsymbol{J}=0 \tag{1.2.12}$$

代入电流连续性方程 (1.2.5) 式得

$$\frac{\partial\rho}{\partial t}=-\nabla\cdot\boldsymbol{J}=0 \tag{1.2.13}$$

因此安培环路定理只对电荷分布不随时间变化的情形成立. 电荷分布不随时间变化意味着恒定电流和恒定磁场, 从而安培环路定理是关于恒定电流分布如何激发恒定磁场的规律. 若考虑变化的电磁场, 则对称性与 (1.2.11) 式相同的线性项还有 $\partial\boldsymbol{E}/\partial t$.

求 (1.2.11) 式关于任意曲面 S 的通量

$$\int_S\nabla\times\boldsymbol{B}\cdot\,\mathrm{d}\boldsymbol{S}=\mu_0\int_S\boldsymbol{J}\cdot\,\mathrm{d}\boldsymbol{S} \tag{1.2.14}$$

把 S 分割成许多小面元 $\Delta\boldsymbol{S}$ 的集合, 约定面元法向与其边界绕转方向满足右手螺旋关系, 相邻面元的法向连续变化, 从而相邻面元的公共边方向相反. (1.2.14) 式左边等于 $(\nabla\times\boldsymbol{B})\cdot\Delta\boldsymbol{S}$ 对所有面元求和, 根据旋度的定义 [附录 (A.1.5a) 式], $(\nabla\times\boldsymbol{B})\cdot\Delta\boldsymbol{S}$ 等于 $\boldsymbol{B}$ 沿 $\Delta\boldsymbol{S}$ 的有向边界 ΔL 的线积分. 因为相邻面元公共边的线积分互相抵消, 所以各面元边界的线积分对所有面元求和后等于 $\boldsymbol{B}$ 沿曲面总边界 L 的线积分, 即等于 $\boldsymbol{B}$ 关于 L 的环量. 数学中, 矢量场旋度在一个曲面的通量等于矢量场沿曲面边界的环量, 这个关系在单联通区域普遍成立, 称为斯托克斯 (Stokes) 公式. 因此 (1.2.14) 式化为

$$\oint_L\boldsymbol{B}\cdot\mathrm{d}\boldsymbol{l}=\mu_0\int_S\boldsymbol{J}\cdot\mathrm{d}\boldsymbol{S} \tag{1.2.15}$$

方程右边的积分正是穿过闭合曲线 L 所围曲面 S 的电流. 关系 (1.2.15) 式与 (1.2.11) 式等价, 是安培环路定理的积分形式, 它也只对恒定电流分布和恒定磁场成立.

4. 毕奥–萨伐尔定律

若恒定电流分布在有限区域, 它激发的磁场可以从磁场无源性 (1.2.10) 式和安培环路定理 (1.2.11) 式解出.

对 (1.2.11) 式求旋度, 利用矢量分析公式 [附录 (A.1.25) 式], 得

$$\nabla(\nabla\cdot\boldsymbol{B})-\nabla^2\boldsymbol{B}=\mu_0\nabla\times\boldsymbol{J}$$

把 (1.2.10) 式代入上式得

$$\nabla^2 \boldsymbol{B} = -\mu_0 \nabla \times \boldsymbol{J} \tag{1.2.16a}$$

上式每一个直角分量都和静电势一样满足泊松方程 [参见第二章 (2.1.8) 式], 即

$$\nabla^2 B_i = -\mu_0 (\nabla \times \boldsymbol{J})_i \ , \ (i = 1, 2, 3) \tag{1.2.16b}$$

在无限远处足够快趋向于零的解为 [参见第二章 (2.1.7) 式]

$$\boldsymbol{B}(\boldsymbol{x}) = \frac{\mu_0}{4\pi} \int \frac{\nabla' \times \boldsymbol{J}(\boldsymbol{x}')}{r} \mathrm{d}V' \tag{1.2.17}$$

其中积分对 $\boldsymbol{x}'$ 进行, 遍及电流分布区域,∇' 是关于 $\boldsymbol{x}'$ 的梯度算符,$r = |\boldsymbol{x} - \boldsymbol{x}'|$. 利用矢量分析公式 [附录 (A.1.20) 式] 把上式化为

$$\boldsymbol{B}(\boldsymbol{x}) = \frac{\mu_0}{4\pi} \int \nabla' \times \frac{\boldsymbol{J}(\boldsymbol{x}')}{r} \mathrm{d}V' - \frac{\mu_0}{4\pi} \int \nabla' \left(\frac{1}{r}\right) \times \boldsymbol{J} \mathrm{d}V'$$

根据高斯公式 [附录 (A.1.7) 式] (参见习题 1.4), 第一项可化为无限远处的面积分, 从而等于零, 所以

$$\boldsymbol{B}(\boldsymbol{x}) = -\frac{\mu_0}{4\pi} \int \nabla' \left(\frac{1}{r}\right) \times \boldsymbol{J} \mathrm{d}V' \tag{1.2.18}$$

求出被积函数中的梯度并整理后得毕奥 – 萨伐尔 (Biot-Savart) 定律

$$\boldsymbol{B}(\boldsymbol{x}) = \frac{\mu_0}{4\pi} \int \frac{\boldsymbol{J}(\boldsymbol{x}') \times \boldsymbol{r}}{r^3} \mathrm{d}V' \tag{1.2.19}$$

历史上毕奥 – 萨伐尔定律是独立地从实验结果总结出来的. 虽然从安培定律推导毕奥 – 萨伐尔定律的过程用到 (1.2.10) 式, 但 (1.2.16a) 式的解并不自动和磁场无源性相容. 因此理论上还需要证明 (1.2.19) 式或等价的 (1.2.18) 式满足 (1.2.10) 式. 为此, 我们先利用 $\nabla'(1/r) = -\nabla(1/r)$ 改写 (1.2.18) 式, 然后再次利用矢量分析公式 [附录 (A.1.20) 式] 得到

$$\begin{aligned}\boldsymbol{B}(\boldsymbol{x}) &= \frac{\mu_0}{4\pi} \int \nabla \left(\frac{1}{r}\right) \times \boldsymbol{J}(\boldsymbol{x}') \mathrm{d}V' \\ &= \frac{\mu_0}{4\pi} \int \left[\nabla \times \left(\frac{\boldsymbol{J}(\boldsymbol{x}')}{r}\right) - \frac{1}{r} \nabla \times \boldsymbol{J}(\boldsymbol{x}')\right] \mathrm{d}V'\end{aligned}$$

注意到 $\boldsymbol{J}(\boldsymbol{x}')$ 与 $\boldsymbol{x}$ 无关, 第二项等于零, 从而

$$\boldsymbol{B}(\boldsymbol{x}) = \frac{\mu_0}{4\pi} \nabla \times \int \frac{\boldsymbol{J}(\boldsymbol{x}')}{r} \mathrm{d}V' = \nabla \times \boldsymbol{A} \tag{1.2.20}$$

其中

$$\boldsymbol{A} = \frac{\mu_0}{4\pi} \int \frac{\boldsymbol{J}(\boldsymbol{x}')}{r} \mathrm{d}V' \tag{1.2.21}$$

它是后面第三章将介绍的矢势在恒定情形的一种表达式 [参见 (3.1.9) 式]. 由附录

(A.1.15) 式得

$$\nabla \cdot \boldsymbol{B} = \nabla \cdot (\nabla \times \boldsymbol{A}) = 0$$

从而毕奥–萨伐尔定律与磁场无源性相容. 因此对分布在有限区域的恒定电流, 毕奥–萨伐尔定律和安培定律等效.

如果电流集中于细导线上, 电流为 I, 以 $\mathrm{d}\boldsymbol{l}$ 表示闭合回路 L 上的线元, $\mathrm{d}S_\mathrm{n}$ 为导线横截面元, 则电流元 $\boldsymbol{J}\mathrm{d}V' = \boldsymbol{J}\mathrm{d}S_\mathrm{n}\mathrm{d}l = J\mathrm{d}S_\mathrm{n}\mathrm{d}\boldsymbol{l}$, 对导线横截面积分后得 $I\mathrm{d}\boldsymbol{l}$. 因此, 细导线上恒定电流激发磁场的毕奥–萨伐尔定律写为

$$\boldsymbol{B}(\boldsymbol{x}) = \frac{\mu_0}{4\pi}\oint_L \frac{I\mathrm{d}\boldsymbol{l} \times \boldsymbol{r}}{r^3} \tag{1.2.22}$$

例 1.2

恒定电流 I 均匀分布于半径为 a 的无穷长直导线内, 求空间各点的磁场, 并由此计算磁场的旋度.

解: 在与导线垂直的平面上作一半径为 r 的圆, 圆心在导线轴上. 由对称性, 在圆周各点的磁感应强度有相同数值, 并沿圆周环绕方向. 当 $r > a$ 时, 通过圆内的总电流为 I, 用安培环路定理得

$$\oint_L \boldsymbol{B} \cdot \mathrm{d}\boldsymbol{l} = 2\pi r B = \mu_0 I$$

因而 $B = \mu_0 I/(2\pi r)$, 在柱坐标系中写成矢量式为

$$\boldsymbol{B} = \frac{\mu_0 I}{2\pi r}\boldsymbol{e}_\phi \quad (r > a) \tag{1.2.23}$$

式中 $\boldsymbol{e}_\phi$ 为圆周环绕方向单位矢量.

若 $r < a$, 则通过圆内的总电流为

$$\pi r^2 J = \pi r^2 \frac{I}{\pi a^2} = \frac{r^2}{a^2} I$$

应用安培环路定理得

$$\oint_L \boldsymbol{B} \cdot \mathrm{d}\boldsymbol{l} = 2\pi r B = \frac{\mu_0 I r^2}{a^2}$$

因而

$$\boldsymbol{B} = \frac{\mu_0 I r}{2\pi a^2}\boldsymbol{e}_\phi \quad (r < a) \tag{1.2.24}$$

用柱坐标的公式 [附录 (A.1.36) 式] 求 $\boldsymbol{B}$ 的旋度, 当 $r > a$ 时, 由 (1.2.23) 式得

$$\nabla \times \boldsymbol{B} = -\frac{\partial B_\phi}{\partial z}\boldsymbol{e}_r + \frac{1}{r}\frac{\partial}{\partial r}(rB_\phi)\boldsymbol{e}_z = 0 \quad (r > a) \tag{1.2.25}$$

当 $r < a$ 时, 由 (1.2.24) 式得

$$\nabla \times \boldsymbol{B} = \frac{\mu_0 I}{\pi a^2}\boldsymbol{e}_z = \mu_0 \boldsymbol{J} \quad (r < a) \tag{1.2.26}$$

这里需注意旋度概念的局域性, 即某点邻域上的磁感应强度的旋度只和该点处的电流密度有关. 虽然对任何包围着导线的回路都有磁场环量, 但是磁场的旋度只存在于有电流分布的导线内部, 而在周围空间中的磁场是无旋的.

§ 1.3 麦克斯韦方程组

以上两节由实验定律总结了恒定电磁场的基本规律. 随着交变电流的研究和广泛应用, 人们对电磁场的认识有了一个飞跃. 由实验发现不但电荷激发电场, 电流激发磁场, 而且变化着的电场和磁场可以互相激发, 电场和磁场成为统一的整体——电磁场.

和恒定场相比, 变化电磁场的新规律主要是:

(1) 变化磁场激发电场 (法拉第电磁感应定律);

(2) 变化电场激发磁场 (麦克斯韦位移电流假设).

下面分别讨论这两个问题.

1. 电磁感应定律

发现电流的磁效应后, 关于磁场能否引发电流的研究也随即展开. 人们先是试图探测恒定磁场中固定线圈上的感应电流, 但这些尝试都失败了. 直到 1831 年, 法拉第 (Faraday) 才发现当磁场发生变化时, 附近闭合线圈中有电流通过. 他从实验中总结出电磁感应定律: 闭合线圈中的感生电动势与该线圈所围曲面的磁通变化率成正比. 如图 1–5 所示, 设 L 为闭合线圈, S 为 L 所围的一个曲面, $\mathrm{d}\boldsymbol{S}$ 为 S 上的一个面元. 按照惯例, 我们规定 L 的绕转方向与 $\mathrm{d}\boldsymbol{S}$ 的法向方向成右手螺旋关系. 根据实验, 当通过 S 的磁通量增加时, 在线圈 L 上的感生电动势 $\mathcal{E}$ 与我们规定的 L 绕转方向相反, 因此用负号表示. 楞次 (Lenz) 指出这是一个普遍规律: 感生电动势 $\mathcal{E}$ 的方向总是试图阻碍磁通的变化. 法拉第–楞次电磁感应定律表述为公式

$$\mathcal{E} = -\frac{\mathrm{d}}{\mathrm{d}t}\int_S \boldsymbol{B}\cdot\mathrm{d}\boldsymbol{S} \tag{1.3.1}$$

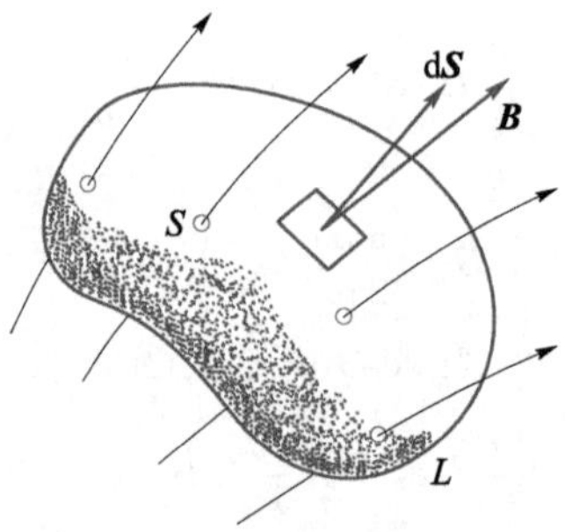

图 1–5

磁场变化产生的感生电动势和运动导线内的动生电动势虽然具有不同的产生机制, 但是都可以统一地由法拉第–楞次定律 (1.3.1) 式描写. 可将 (1.3.1) 式写成

$$\mathcal{E}(t) = -\frac{1}{\mathrm{d}t}\left[\int_{S(t+\mathrm{d}t)}\boldsymbol{B}(t+\mathrm{d}t)\cdot\mathrm{d}\boldsymbol{S} - \int_{S(t)}\boldsymbol{B}(t)\cdot\mathrm{d}\boldsymbol{S}\right]$$

$$= -\frac{1}{\mathrm{d}t}\left(\int_{S(t+\mathrm{d}t)} - \int_{S(t)}\right)\boldsymbol{B}\cdot\mathrm{d}\boldsymbol{S} - \int_{S(t)}\frac{\partial \boldsymbol{B}}{\partial t}\cdot\mathrm{d}\boldsymbol{S} - \left(\int_{S(t+\mathrm{d}t)} - \int_{S(t)}\right)\frac{\partial \boldsymbol{B}}{\partial t}\cdot\mathrm{d}\boldsymbol{S} \tag{1.3.2}$$

第一项称为动生电动势, 计算它时可认为磁场不变. 第二项是磁场变化引起的感生电动势 (以后简称感应电动势), 计算它时可认为线圈不变. 最后一项为无穷小量, 实际上不用考虑. 因此动生电动势和感应电动势可以分别计算, 总的感生电动势是这二者之和.

实验还发现, 在磁场中运动的开放导线上也会出现动生电动势, 导线的作用实际上就是把电荷运动轨迹约束在运动曲线 $L(t)$ 上. 动生电动势的起因是电荷在磁场中沿 L 运动时受到磁力作用. 在 L 的每一点, 磁力可以分解为一个与轨迹相切的分力 (切向磁力) 和一个垂直于轨迹的分力 (垂直磁力). 因为电荷不能离开 L, 所以垂直磁力必须被其他力抵消掉. 我们称抵消垂直磁力的那个力为约束力. 根据洛伦兹力公式 (1.2.7) 式, 磁力做的总功恒等于零, 从而切向磁力做的功和垂直磁力做的功加起来等于零. 另一方面, 约束力做的功刚好抵消掉垂直磁力做的功, 从而约束力做的功等于切向磁力做的功. 磁场中沿 L 运动为电荷获得的能量正是由约束力做功提供的. 假想把单位正电荷从 t 时刻 L 的一端沿 L 移动到 $t+\mathrm{d}t$ 时刻 L 的另一端 (对线圈来说移动一周), 根据磁力公式可以证明约束力做的功正好等于 L 扫过曲面的磁通变化率, 这个功就是 L 上的动生电动势 (习题 1.7). 若 L 是曲面 S 的边界, 则动生电动势等于 (1.3.2) 式的第一项. 因此, 动生电动势实际上是洛伦兹力公式 (磁场部分) 在机械运动中的反映, 不是一条独立的电磁学基本规律.

下面我们着重讨论感应电动势. 由 L 运动贡献的电动势已经归入 (1.3.2) 式的动生电动势项. 而 L 运动和磁场变化的联合效应, 即 (1.3.2) 式第二行第三项, 是可忽略的无穷小量. 所以在感应电动势项中只需考虑磁场变化引起的磁通变化, 其中 L 应理解为刚好与 t 时刻导线重合的、不变的几何闭合曲线. 因为磁感应强度是无源场, 所以在 t 时刻通过拥有相同边界 L 的任意曲面的磁通变化率相等, 从而感应电动势项实际上只与几何曲线 L 上的物理量有关. 电荷在磁场中沿不变轨迹运动时不会受到与轨迹相切的磁力, 约束力也不会做功, 所以产生感应电动势的原因和动生电动势不同. 自然的推论是在曲线 L 的空间区域出现了由变化磁场感应出来的电场, 称为感应电场, 它对电荷做功产生感应电动势. 按照电动势的一般定义, 感应电动势等于电场强度沿 L 的线积分 (环量), 即假想单位正电荷在 t 时刻沿 L 移动一周电场对它做的功. 我们已经知道静电场的环量恒等于零, 所以计算感应电动势的电场中实际上只有感应电场有贡献. 注意, 对感应电动势, 出现在电场线积分中的电场强度是同一个时刻 t 的电场强度, 所以必须认为 L 是不随时间变化的几何闭合曲线. 用数学式表示出上述感应电动势与磁通变化率的关系, 便是电磁感应定律的积分形式

$$\oint_L \boldsymbol{E}\cdot\mathrm{d}\boldsymbol{l} = -\int_S \frac{\partial \boldsymbol{B}}{\partial t}\cdot\mathrm{d}\boldsymbol{S} \tag{1.3.3}$$

左边可以通过斯托克斯公式化为电场旋度在 S 上的面积分, 考虑到 S 的任意性, 便

得到电磁感应定律的微分形式

$$\nabla \times \boldsymbol{E} = -\frac{\partial \boldsymbol{B}}{\partial t} \tag{1.3.4}$$

这是磁场和电场相互制约的一个基本规律，反映了变化磁场在其周围空间激发了称为感应电场的电场. 由 (1.3.4) 式可见，感应电场是有旋场. 因此在一般情况下，表示静电场无旋性的 (1.1.10) 式必须代以更普遍的 (1.3.4) 式.

2. 位移电流

上面我们研究了变化磁场激发电场的问题，我们进一步要问，变化电场是否激发磁场？在回答这个问题之前，让我们先分析非恒定电流分布的特点.

在电流随时间变化的情形，电流分布受电荷守恒定律 (1.2.5) 式制约，一般不能用闭合的流线描写，从而散度不等于零. 例如带有电容器的电路实质上是不闭合的，在电容器两个极板之间是绝缘介质，自由电子不能通过. 电荷运动到极板上时，由于不能穿过介质，就在极板上累积下来. 在交变电路中，电容器交替地充电和放电，但在两个极板之间的介质内始终没有传导电流通过. 所以，电流 $\boldsymbol{J}$ 在该处实际上是中断的. 一般来说，在非恒定情况下，由电荷守恒定律给出

$$\nabla \cdot \boldsymbol{J} = -\frac{\partial \rho}{\partial t} \neq 0 \tag{1.3.5}$$

在 §1.2 节已经指出，安培环路定理 (1.2.11) 式导出 $\nabla \cdot \boldsymbol{J} = 0$，只适合于恒定情形. 对非恒定情形，安培环路定理 (1.2.11) 式与电荷守恒定律 (1.3.5) 式发生矛盾. 由于电荷守恒定律是精确的普遍规律，而 (1.2.11) 式是仅适用于恒定情形的特殊规律，当两者矛盾时，我们应该修改 (1.2.11) 式使它服从普遍的电荷守恒定律的要求.

推广 (1.2.11) 式的一个方案是假设存在一个称为位移电流的物理量 $\boldsymbol{J}_{\mathrm{D}}$，它和电流 $\boldsymbol{J}$ 合起来构成流线闭合的矢量场，即满足

$$\nabla \cdot (\boldsymbol{J} + \boldsymbol{J}_{\mathrm{D}}) = 0 \tag{1.3.6}$$

并假设位移电流 $\boldsymbol{J}_{\mathrm{D}}$ 与电流 $\boldsymbol{J}$ 一样产生磁效应，即把 (1.2.11) 式修改为

$$\nabla \times \boldsymbol{B} = \mu_0 (\boldsymbol{J} + \boldsymbol{J}_{\mathrm{D}}) \tag{1.3.7}$$

此式两边的散度都等于零，因而理论上就不再有矛盾.

由条件 (1.3.6) 式和电荷守恒定律可导出 $\boldsymbol{J}_{\mathrm{D}}$ 的可能表示式. 电荷守恒定律的数学表达式是 (1.2.5) 式，即

$$\nabla \cdot \boldsymbol{J} + \frac{\partial \rho}{\partial t} = 0 \tag{1.3.8}$$

电荷密度 ρ 与电场散度有关系式

$$\nabla \cdot \boldsymbol{E} = \frac{\rho}{\varepsilon_0} \tag{1.3.9}$$

两式合起来得

$$\nabla \cdot \left(\boldsymbol{J} + \varepsilon_0 \frac{\partial \boldsymbol{E}}{\partial t} \right) = 0 \tag{1.3.10}$$

与 (1.3.6) 式比较即得 $\boldsymbol{J}_{\mathrm{D}}$ 的一个可能表示式:

$$\boldsymbol{J}_{\mathrm{D}} = \varepsilon_0 \frac{\partial \boldsymbol{E}}{\partial t} \tag{1.3.11}$$

数学上, 单由条件 (1.3.6) 式是不能唯一地确定 $\boldsymbol{J}_{\mathrm{D}}$ 的. 物理上, (1.3.11) 式是使 (1.3.6) 式成立的最简单的物理量. 既然变化磁场能激发电场, 则变化电场激发磁场也是自然的假设. 而且, $\boldsymbol{J}_{\mathrm{D}}$ 和普通电流密度 $\boldsymbol{J}$ 应该具有相同的时间反演、空间反演和空间转动对称性, 而 (1.3.11) 式是满足这个对称性要求的、线性依赖于表 1.1 中的物理量以及它们的时间或空间坐标一阶偏导数的物理量. 据 (1.3.11) 式, 位移电流实质上是电场的变化率, 它是麦克斯韦 (Maxwell) 首先引入的. 位移电流假设的正确性由电磁波相关的广泛实践所证明.

3. 麦克斯韦方程组

至此我们已经把电磁学中最基本的实验定律概括、总结和提高到一组在一般情况下互相协调的方程组:

$$\begin{aligned} \nabla \times \boldsymbol{E} &= -\frac{\partial \boldsymbol{B}}{\partial t} \\ \nabla \times \boldsymbol{B} &= \mu_0 \boldsymbol{J} + \mu_0 \varepsilon_0 \frac{\partial \boldsymbol{E}}{\partial t} \\ \nabla \cdot \boldsymbol{E} &= \frac{\rho}{\varepsilon_0} \\ \nabla \cdot \boldsymbol{B} &= 0 \end{aligned} \tag{1.3.12}$$

这组方程称为麦克斯韦方程组, 它反映一般情况下电荷电流激发电磁场以及电磁场内部运动的规律. 在 ρ 和 $\boldsymbol{J}$ 为零的区域, 电场和磁场通过本身的互相激发而运动传播. 电磁场的相互激发是它存在和运动的自身原因, 而电荷和电流则是作用于电磁场的外部因素.

麦克斯韦方程组表明, 不仅电荷和电流可以激发电磁场, 而且变化的电场和磁场也可以互相激发. 因此, 只要某处发生电磁扰动, 由于电磁场互相激发, 它就在空间中运动传播, 形成电磁波. 麦克斯韦首先由这个方程组在理论上预言了电磁波的存在, 并指出光波就是一种电磁波. 后来的赫兹 (Hertz) 实验和近代无线电的广泛实践完全证实了麦克斯韦方程组的正确性.

麦克斯韦方程组不仅揭示了电磁场的运动规律, 而且揭示了电磁场可以独立于电荷之外而存在, 这样就加深了我们对电磁场物质性的认识. 以后我们还将讨论电磁场的物质属性, 逐步丰富对电磁场物质性的认识.

此外, 麦克斯韦方程组 (1.3.12) 式中间的两个方程给出电磁场对电荷密度和电流密度的制约关系. 无论带电物质受到什么样的相互作用 (电磁力或其他力), 电荷密度和电流密度都满足电磁场给出的这两个条约束方程. 而电磁场对电荷体系作用的规律已经归纳为洛伦兹力公式 (1.2.7) 式或洛伦兹力密度公式 (1.2.8) 式.

总结了实验结果, 又经过了实践检验的麦克斯韦方程组和洛伦兹力公式, 正确地反映了电磁场的运动规律以及它和带电物质的相互作用规律, 成为电动力学的理论基础. 至于其他有关电磁现象的实验定律, 如欧姆定律、介质的极化和磁化规律等, 原则上都可以在此基础上结合物质结构的模型用量子力学推导出来. 例如欧姆定律就是导体内部自由电子在外电场作用下运动并受到晶格中非周期性势场散射的规律, 可以根据一定的导体微观结构模型推算出电导率. 但是这种推算在很大程度上依赖于人们对物质微观结构和动力学机制的认识, 目前还不可能做到完全精确. 对涉及多体相互作用和强关联的情形, 理论研究还存在很大的困难. 因此, 在宏观电动力学中, 除基本的麦克斯韦方程组和洛伦兹力公式外, 还需要唯象地补充一些关于介质电磁性质的实验定律. 下一节将研究这些问题.

§ 1.4 介质的电磁性质

1. 关于介质的概念

下面讨论介质存在时电磁场和介质内部的电荷电流相互作用问题.

介质由分子组成. 分子内部有带正电的原子核和绕核运动的带负电的电子. 从电磁学观点看来, 介质是一个带电粒子系统, 其内部存在着不规则而又迅速变化的微观电磁场. 在研究宏观电磁现象时, 我们所讨论的物理量是在一个包含大量分子的物理小体积内的平均值, 称为宏观物理量.

由于分子是电中性的, 而且当介质处于热平衡态时某个分子的内部运动与其他分子的内部运动之间一般没有关联①, 因此在没有外场情形下, 均匀介质中一般不出现宏观的电荷电流分布, 介质中的宏观电磁场亦为零. 有外场时, 介质中的带电粒子受场的作用, 正负电荷发生相对位移, 有极分子 (原来正负电中心不重合的分子) 的取向以及分子电流的取向亦呈现一定的规则性, 这就是介质的极化和磁化现象. 由于极化和磁化, 介质内部及表面上便出现宏观的电荷电流分布, 我们把这些电荷、电流分别称为束缚电荷和磁化电流. 这些宏观电荷电流分布反过来又激发起附加的宏观电磁场, 叠加在原来外场上而得到介质内的总电磁场. 介质内的宏观电磁现象就是这些电荷电流分布和电磁场之间相互作用的结果.

2. 介质的极化

存在两类电介质, 一类介质分子的正电中心和负电中心重合, 没有电偶极矩. 另一类介质分子的正负电中心不重合, 有分子电偶极矩, 但是由于分子热运动的无规则性, 在物理小体积内的平均电偶极矩为零, 因而也没有宏观电偶极矩分布. 在外场作用下, 前一类分子的正负电中心被拉开, 后一类介质的分子电偶极矩平均有一定取向

① 事实上存在对称性自发破缺的情形, 如居里温度以下的铁磁体、处于超导或超流状态的材料等, 这种情形下粒子之间的关联非常重要, 不能忽略. 本节不讨论这类强关联系统.

性, 因此都出现宏观电偶极矩分布. 宏观电偶极矩分布用电极化强度 $\boldsymbol{P}$ 描述, 它等于物理小体积 ΔV 内的总电偶极矩与 ΔV 之比

$$\boldsymbol{P}=\frac{\sum\limits_{i}\boldsymbol{p}_i}{\Delta V} \tag{1.4.1}$$

式中, $\boldsymbol{p}_i$ 为第 i 个分子的电偶极矩, 求和符号表示对 ΔV 内所有分子求和.

由于极化, 分子正负电中心发生相对位移, 因而物理小体积 ΔV 内可能出现净余的正电荷或负电荷, 即出现宏观的束缚电荷分布. 我们现在首先要求出束缚电荷密度 ρ_{p} 和电极化强度 $\boldsymbol{P}$ 之间的关系.

我们用一个简化模型来描述介质中的分子. 设每个分子由相距为 $\boldsymbol{l}$ 的一对正负电荷 $\pm q$ 构成, 分子电偶极矩为 $\boldsymbol{p}=q\boldsymbol{l}$. 图 1–6 所示为介质内某曲面 S 上的一个面元 $\mathrm{d}\boldsymbol{S}$. 介质极化后, 有一些分子电偶极子跨过 $\mathrm{d}\boldsymbol{S}$. 由图可见, 当偶极子的负电荷处于体积 $\boldsymbol{l}\cdot\mathrm{d}\boldsymbol{S}$ 内时, 同一偶极子的正电荷就穿出界面 $\mathrm{d}\boldsymbol{S}$. 设单位体积分子数为 n, 则穿出 $\mathrm{d}\boldsymbol{S}$ 的正电荷为

$$nq\boldsymbol{l}\cdot\mathrm{d}\boldsymbol{S}=n\boldsymbol{p}\cdot\mathrm{d}\boldsymbol{S}=\boldsymbol{P}\cdot\mathrm{d}\boldsymbol{S} \tag{1.4.2}$$

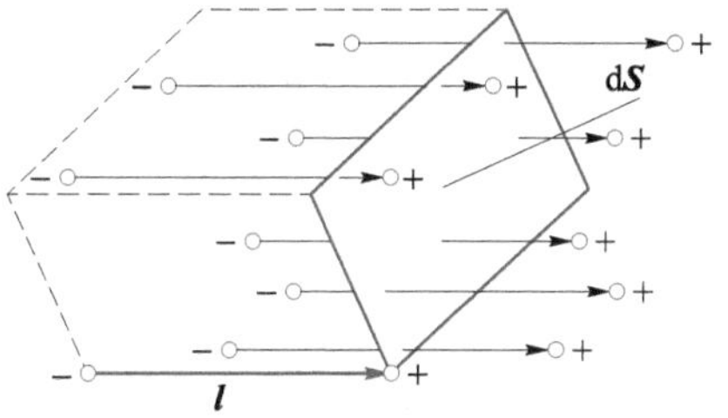

图 1–6

对包围区域 V 的闭合界面 S 积分, 则由 V 内通过界面 S 穿出去的正电荷为

$$\oint_S \boldsymbol{P}\cdot\mathrm{d}\boldsymbol{S}$$

由于介质是电中性的, 此量值也等于 V 内净余的负电荷. 这种由于极化而出现的电荷分布称为束缚电荷. 以 ρ_{p} 表示束缚电荷密度, 有

$$\int_V \rho_{\mathrm{p}}\mathrm{d}V=-\oint_S \boldsymbol{P}\cdot\mathrm{d}\boldsymbol{S}$$

把右边的面积分化为体积分, 可得上式的微分形式

$$\rho_{\mathrm{p}}=-\nabla\cdot\boldsymbol{P} \tag{1.4.3}$$

非均匀介质极化后一般在整个介质内部都出现束缚电荷; 在均匀介质内, 束缚电荷只出现在自由电荷附近以及介质界面处. 现在我们说明两介质分界面上的面束缚电荷的概念. 图 1–7 所示为介质 1 和介质 2 分界面上的一个面元 $\mathrm{d}\boldsymbol{S}$. 在分界面两

侧取一定厚度的薄层, 使分界面包含在薄层内. 在薄层内出现的束缚电荷与 $\mathrm{d}S$ 之比称为分界面上的束缚电荷面密度. 由 (1.4.2) 式, 通过薄层右侧面进入介质 2 的正电荷为 $\boldsymbol{P}_2 \cdot \mathrm{d}\boldsymbol{S}$, 由介质 1 通过薄层左侧面进入薄层的正电荷为 $\boldsymbol{P}_1 \cdot \mathrm{d}\boldsymbol{S}$. 因此, 薄层内出现的净电荷为 $-(\boldsymbol{P}_2 - \boldsymbol{P}_1) \cdot \mathrm{d}\boldsymbol{S}$. 以 σ_p 表示束缚电荷面密度, 有

$$\sigma_\mathrm{p} \mathrm{d}S = -(\boldsymbol{P}_2 - \boldsymbol{P}_1) \cdot \mathrm{d}\boldsymbol{S}$$

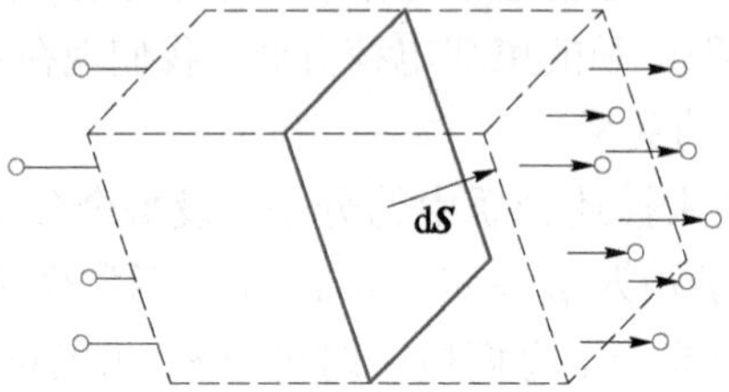

图 1-7

由此得

$$\sigma_\mathrm{p} = -\boldsymbol{e}_\mathrm{n} \cdot (\boldsymbol{P}_2 - \boldsymbol{P}_1) \tag{1.4.4}$$

$\boldsymbol{e}_\mathrm{n}$ 为分界面上由介质 1 指向介质 2 的法向单位矢量. 由以上推导可见, 所谓束缚面电荷不是真正分布在一个几何面上的电荷, 而是在一个含有相当多分子层的薄层内的电荷.

介质内的电现象包括两个方面: 一方面电场使介质极化而产生束缚电荷分布, 另一方面这些束缚电荷又反过来激发电场, 两者是互相制约的. 介质对宏观电场的作用就是通过束缚电荷激发电场. 因此, 若在麦克斯韦方程组中电荷密度 ρ 包括自由电荷密度 ρ_f 和束缚电荷密度 ρ_p 在内, 则在介质内麦克斯韦方程组 (1.3.12) 式中的高斯定理仍然成立, 即

$$\varepsilon_0 \nabla \cdot \boldsymbol{E} = \rho_\mathrm{f} + \rho_\mathrm{p} \tag{1.4.5}$$

在实际问题中, 自由电荷比较容易受实验条件的直接控制或观测, 而束缚电荷则不然. 因此, 在基本方程中消去 ρ_p 比较方便. 把 (1.4.3) 式代入 (1.4.5) 式得

$$\nabla \cdot (\varepsilon_0 \boldsymbol{E} + \boldsymbol{P}) = \rho_\mathrm{f} \tag{1.4.6}$$

引入电位移 $\boldsymbol{D}$, 定义为

$$\boldsymbol{D} = \varepsilon_0 \boldsymbol{E} + \boldsymbol{P} \tag{1.4.7}$$

(1.4.6) 式便可写为

$$\nabla \cdot \boldsymbol{D} = \rho_\mathrm{f} \tag{1.4.8}$$

在此式中已消去了束缚电荷, 但引进了一个辅助场量 $\boldsymbol{D}$. 由 (1.4.5) 式和 (1.4.8) 式看出, $\boldsymbol{E}$ 的源是总电荷分布, 它是介质中的总宏观电场强度, 是电场的基本物理量; 而

$\boldsymbol{D}$ 并不代表介质中的场强, 它只是一个辅助物理量.

由于在基本方程(1.4.8) 式中引入了辅助场量 $\boldsymbol{D}$, 我们必须给出 $\boldsymbol{D}$ 和 $\boldsymbol{E}$ 之间的实验关系才能最后解出电场强度. 实验指出, 各种介质材料有不同的电磁性能, $\boldsymbol{D}$ 和 $\boldsymbol{E}$ 的关系也有多种形式. 对于一般各向同性线性介质, 电极化强度 $\boldsymbol{P}$ 和 $\boldsymbol{E}$ 之间有简单的线性关系

$$\boldsymbol{P} = \chi_{\mathrm{e}}\varepsilon_0\boldsymbol{E} \tag{1.4.9}$$

χ_{e} 称为介质的极化率. 由 (1.4.7) 式得

$$\boldsymbol{D} = \varepsilon\boldsymbol{E} \tag{1.4.10}$$

$$\varepsilon = \varepsilon_{\mathrm{r}}\varepsilon_0, \quad \varepsilon_{\mathrm{r}} = 1 + \chi_{\mathrm{e}} \tag{1.4.11}$$

ε 称为介质的电容率, ε_{r} 为相对电容率.

由 (1.4.9) 式及由它导出的 (1.4.10) 式是关于均匀介质的一种瞬时定域响应模型. 在高频情形, 介质对电场响应有延迟效应, $\boldsymbol{D}(\boldsymbol{x},t)$ 可能显著地依赖于 t 以前一段时间的电场. 在分子状态存在较强空间关联的情形, 还要考虑介质的非定域响应. 可参考 §4.1 节关于介质中时谐波的讨论.

3. 介质的磁化

介质分子内的电子运动构成微观分子电流①, 由于分子电流取向的无规则性, 没有外场时一般不出现宏观电流分布. 在外磁场作用下, 分子电流出现有规则取向, 形成宏观磁化电流密度 $\boldsymbol{J}_{\mathrm{M}}$.

分子电流可以用磁偶极矩描述. 若把分子电流看作载有电流 i 的小线圈, 线圈面积矢量为 $\boldsymbol{a}$, 则与分子电流相应的磁矩可表示为

$$\boldsymbol{m} = i\boldsymbol{a} \tag{1.4.12}$$

介质磁化后, 出现宏观磁偶极矩分布, 用磁化强度 $\boldsymbol{M}$ 表示, 它定义为物理小体积 ΔV 内的总磁偶极矩与 ΔV 之比:

$$\boldsymbol{M} = \frac{\sum \boldsymbol{m}}{\Delta V} \tag{1.4.13}$$

求和对 V 内磁矩进行.

现在我们求磁化电流密度 $\boldsymbol{J}_{\mathrm{M}}$ 与磁化强度 $\boldsymbol{M}$ 的关系. 如图 1–8 所示, 设 S 为介质内部的一个曲面, 其边界线为 L. 为了求出磁化电流密度, 我们计算从 S 的背面流向前面的总磁化电流 I_{M}. 由图可见, 若分子电流被边界线 L 链环着, 此分子电流就对 I_{M} 有贡献. 在其他情形下, 或者分子电流根本不通过 S, 或者从 S 背面流出后再从前面流进, 所以对 I_{M} 都没有贡献. 因此, 通过 S 的总磁化电流 I_{M} 等于边界线 L 所链环着的分子数目乘上每个分子的电流 i.

---

① 分子磁性主要来源于分子中电子的自旋. 自旋是一种没有经典对应的相对论量子力学现象, 在经典理论中, 自旋引发的磁场假想为一个等效微观分子电流产生的磁场.

图 1-9 所示为边界线 L 上的一个线元 $\mathrm{d}\boldsymbol{l}$. 设分子电流圈的面积为 $\boldsymbol{a}$. 由图可见, 若分子中心位于体积为 $\boldsymbol{a}\cdot\mathrm{d}\boldsymbol{l}$ 的柱体内, 则该分子电流就被 $\mathrm{d}\boldsymbol{l}$ 所穿过. 因此, 若单位体积分子数为 n, 则被边界线 L 链环着的分子电流数目为

$$\oint_L n\boldsymbol{a}\cdot\mathrm{d}\boldsymbol{l}$$

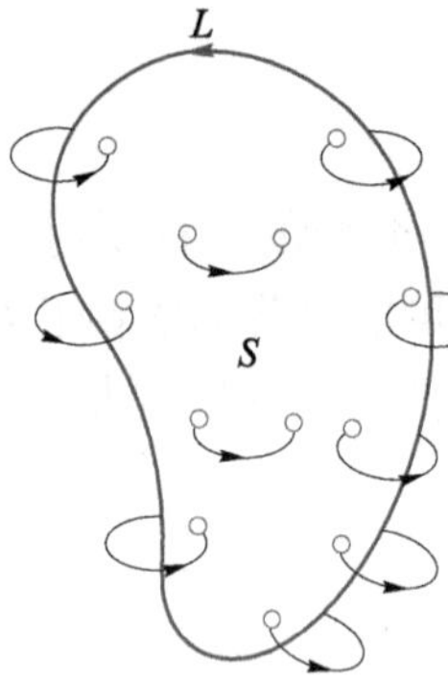

图 1-8

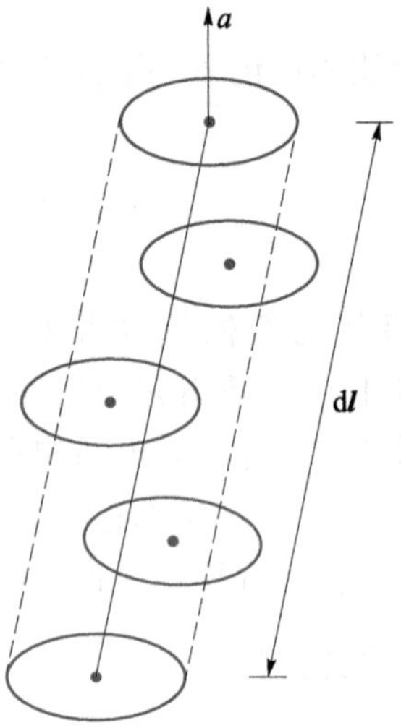

图 1-9

此数目乘以每个分子的电流 i 即得从 S 背面流向前面的总磁化电流:

$$I_{\mathrm{M}}=\oint_L ni\boldsymbol{a}\cdot\mathrm{d}\boldsymbol{l}=\oint_L n\boldsymbol{m}\cdot\mathrm{d}\boldsymbol{l}=\oint_L \boldsymbol{M}\cdot\mathrm{d}\boldsymbol{l}$$

以 $\boldsymbol{J}_{\mathrm{M}}$ 表示磁化电流密度, 有

$$\int_S \boldsymbol{J}_{\mathrm{M}}\cdot\mathrm{d}\boldsymbol{S}=\oint_L \boldsymbol{M}\cdot\mathrm{d}\boldsymbol{l}$$

把线积分变为 $\nabla\times\boldsymbol{M}$ 的面积分, 由 S 的任意性可得微分形式:

$$\boldsymbol{J}_{\mathrm{M}}=\nabla\times\boldsymbol{M} \tag{1.4.14}$$

除磁化电流之外, 当电场变化时, 介质的电极化强度 $\boldsymbol{P}$ 发生变化, 这种变化产生另一种电流, 称为极化电流. 设 ΔV 内每个带电粒子的位矢为 $\boldsymbol{x}_i$, 电荷为 e_i, 则

$$\boldsymbol{P}=\frac{\sum\limits_i e_i\boldsymbol{x}_i}{\Delta V}$$

$$\frac{\partial\boldsymbol{P}}{\partial t}=\frac{\sum\limits_i e_i\boldsymbol{v}_i}{\Delta V}=\boldsymbol{J}_{\mathrm{p}} \tag{1.4.15}$$

$\boldsymbol{J}_{\mathrm{p}}$ 称为极化电流密度. 磁化电流密度 $\boldsymbol{J}_{\mathrm{M}}$ 和极化电流 $\boldsymbol{J}_{\mathrm{p}}$ 之和是介质内的总诱导电

流密度.

介质内的磁现象也包括两个方面, 一方面电磁场作用于介质分子上产生磁化电流和极化电流分布, 另一方面这些电流又反过来激发磁场, 两者也是互相制约的. 介质对宏观磁场的作用是通过诱导电流 $(\boldsymbol{J}_{\mathrm{M}}+\boldsymbol{J}_{\mathrm{p}})$ 激发磁场. 因此, 若在麦克斯韦方程组(1.3.12) 式中的 $\boldsymbol{J}$ 包括自由电流密度 $\boldsymbol{J}_{\mathrm{f}}$ 和介质内的诱导电流密度 $\boldsymbol{J}_{\mathrm{M}}+\boldsymbol{J}_{\mathrm{p}}$ 在内, 那么麦克斯韦方程组在介质中仍然成立, 从而

$$\frac{1}{\mu_0}\nabla\times\boldsymbol{B}=\boldsymbol{J}_{\mathrm{f}}+\boldsymbol{J}_{\mathrm{M}}+\boldsymbol{J}_{\mathrm{p}}+\varepsilon_0\frac{\partial\boldsymbol{E}}{\partial t} \tag{1.4.16}$$

在实际问题中, 自由电流密度 $\boldsymbol{J}_{\mathrm{f}}$ 可以直接受实验条件控制和测定, 而 $\boldsymbol{J}_{\mathrm{M}}$ 和 $\boldsymbol{J}_{\mathrm{p}}$ 则不然. 因此, 在基本方程中消去 $\boldsymbol{J}_{\mathrm{M}}$ 和 $\boldsymbol{J}_{\mathrm{p}}$ 比较方便. 把 (1.4.14) 式和 (1.4.15) 式代入 (1.4.16) 式, 并利用 (1.4.7) 式得

$$\nabla\times\left(\frac{\boldsymbol{B}}{\mu_0}-\boldsymbol{M}\right)=\boldsymbol{J}_{\mathrm{f}}+\frac{\partial\boldsymbol{D}}{\partial t} \tag{1.4.17}$$

引入磁场强度 $\boldsymbol{H}$, 定义为

$$\boldsymbol{H}=\frac{\boldsymbol{B}}{\mu_0}-\boldsymbol{M} \tag{1.4.18}$$

则 (1.4.17) 式写为

$$\nabla\times\boldsymbol{H}=\boldsymbol{J}_{\mathrm{f}}+\frac{\partial\boldsymbol{D}}{\partial t} \tag{1.4.19}$$

在上式中已消去了诱导电流 $\boldsymbol{J}_{\mathrm{M}}$ 和 $\boldsymbol{J}_{\mathrm{p}}$, 但引进了辅助场量 $\boldsymbol{H}$. 由 (1.4.16) 式和(1.4.19) 式看出, $\boldsymbol{B}$ 描述所有电流分布激发的场, 因此它代表介质内的总宏观磁场, 是基本物理量, 而 $\boldsymbol{H}$ 并不代表介质内的场强, 它仅是一个辅助物理量. 为了解出磁场, 还需要确定 $\boldsymbol{H}$ 和 $\boldsymbol{B}$ 的关系. 实验指出: 对一般的各向同性非铁磁物质, 磁化强度 $\boldsymbol{M}$ 和 $\boldsymbol{H}$ 之间有简单的线性关系

$$\boldsymbol{M}=\chi_{\mathrm{M}}\boldsymbol{H} \tag{1.4.20}$$

χ_{M} 称为磁化率. 把 (1.4.20) 式代入 (1.4.18) 式得

$$\boldsymbol{B}=\mu\boldsymbol{H} \tag{1.4.21}$$

$$\mu=\mu_{\mathrm{r}}\mu_0,\quad \mu_{\mathrm{r}}=1+\chi_{\mathrm{M}} \tag{1.4.22}$$

式中, μ 称为磁导率,μ_{r} 为相对磁导率. 介质磁化的这个模型和前面介绍的极化模型一样, 也假设了介质对电磁场的响应是瞬时定域线性响应.

从物理本质上看, $\boldsymbol{E}$ 和 $\boldsymbol{B}$ 是场的基本物理量, 而 $\boldsymbol{D}$ 和 $\boldsymbol{H}$ 是辅助物理量. 历史上由于人们对磁场曾有不正确的认识, 把 $\boldsymbol{H}$ 称为磁场强度而和电场强度 $\boldsymbol{E}$ 对比. 现在人们认识到这种看法是错误的, 但由于历史原因, 仍保留着 $\boldsymbol{B}$ 和 $\boldsymbol{H}$ 原来的名称. 在实践上, 物理量 $\boldsymbol{H}$ 有一定的重要性, 这是因为 $\boldsymbol{H}$ 与自由电流分布 $\boldsymbol{J}_{\mathrm{f}}$ 有关, 而 $\boldsymbol{J}_{\mathrm{f}}$ 是直接受实验条件控制的.

4. 介质中的麦克斯韦方程组

从现在起, 我们略去 ρ_f 和 $\boldsymbol{J}_\mathrm{f}$ 的下角标 f, 除特殊说明外, 以后公式中出现的 ρ 和 $\boldsymbol{J}$ 都代表自由电荷密度和自由电流密度. 介质中的麦克斯韦方程组为

$$\begin{aligned}
&\nabla\times\boldsymbol{E}=-\frac{\partial\boldsymbol{B}}{\partial t}\\
&\nabla\times\boldsymbol{H}=\boldsymbol{J}+\frac{\partial\boldsymbol{D}}{\partial t}\\
&\nabla\cdot\boldsymbol{D}=\rho\\
&\nabla\cdot\boldsymbol{B}=0
\end{aligned}\tag{1.4.23}$$

其中第二式和第三式已在上面讨论过. 至于第一式和第四式, 它们本来就是电磁场内部的规律, 两式中只出现总电场和总磁场, 与电荷电流没有直接关系, 因此在介质中仍然成立.

解实际问题时, 除这组基本方程外, 还必须引入一些关于介质电磁性质的实验关系. 上面我们举出了这些关系中最简单的形式

$$\boldsymbol{D}=\varepsilon\boldsymbol{E}\tag{1.4.24}$$

$$\boldsymbol{B}=\mu\boldsymbol{H}\tag{1.4.25}$$

在导电物质中还有欧姆定律

$$\boldsymbol{J}=\sigma\boldsymbol{E}\tag{1.4.26}$$

σ 为电导率. 这些关系称为介质的电磁性质方程, 它们反映各向同性线性介质的宏观电磁性质.

必须指出的是, (1.4.24) 式—(1.4.26) 式只适用于某些介质. 实验表明存在许多不同类型的介质. 例如许多晶体属于各向异性介质, 在这些介质内某些方向容易极化, 另一些方向较难极化, 使得 $\boldsymbol{D}$ 和 $\boldsymbol{E}$ 一般具有不同方向, 它们的关系就不再是(1.4.24) 式, 而是较复杂的张量式. 在这些介质中, $\boldsymbol{D}$ 和 $\boldsymbol{E}$ 的一般线性关系为

$$\begin{aligned}
D_1&=\varepsilon_{11}E_1+\varepsilon_{12}E_2+\varepsilon_{13}E_3\\
D_2&=\varepsilon_{21}E_1+\varepsilon_{22}E_2+\varepsilon_{23}E_3\\
D_3&=\varepsilon_{31}E_1+\varepsilon_{32}E_2+\varepsilon_{33}E_3
\end{aligned}\tag{1.4.27}$$

指标 1 、2 、3 分别代表 x 、y 、z 分量. 上式可简写为

$$D_i=\sum_{j=1}^{3}\varepsilon_{ij}E_j\quad(i=1,2,3)\tag{1.4.27a}$$

此情况下电容率不是一个标量 ε, 而是一个 2 阶张量 ε_{ij}.

在强场作用下许多介质呈现非线性现象, 此情形下 $\boldsymbol{D}$ 不仅与 $\boldsymbol{E}$ 的一次式有关, 而且与 $\boldsymbol{E}$ 的二次式、三次式等都有关系. 在非线性介质中, $\boldsymbol{D}$ 和 $\boldsymbol{E}$ 的一般关系为

$$D_i = \sum_j \varepsilon_{ij} E_j + \sum_{j,k} \varepsilon_{ijk} E_j E_k + \sum_{j,k,l} \varepsilon_{ijkl} E_j E_k E_l + \cdots \tag{1.4.28}$$

除第一项外, 其他各项都是非线性项. (1.4.28) 式在非线性光学中有重要的应用.

铁磁性物质的 $\boldsymbol{B}$ 和 $\boldsymbol{H}$ 的关系也是非线性的, 而且是非单值的. 一定的 $\boldsymbol{H}$ 所对应的 $\boldsymbol{B}$ 值依赖于磁化过程. 一般用磁化曲线和磁滞回线表示铁磁性物质的 $\boldsymbol{B}$ 与 $\boldsymbol{H}$ 的关系.

由以上的例子可以看出物质的电磁性质是多样的, 这种多样性使得各种物质材料有多方面的特殊应用. 为了研究各种物质的电磁性质, 必须从物质的微观结构着手. 这超出了本课程的学习范围, 本书不准备详细讨论这些问题.

§ 1.5 电磁场边值关系

麦克斯韦方程组可以应用于任何连续介质内部. 但是, 在两介质分界面上, 物理量一般会发生剧烈变化, 微分形式的麦克斯韦方程组不再适用. 因此, 在介质分界面上, 我们要用另一种形式描述界面两侧的场强以及界面上电荷电流的关系.

在电磁场作用下, 介质界面上一般出现束缚面电荷和电流分布. 这些电荷电流的存在又使得界面两侧场量发生跃变. 例如图 1–10(a) 所示的介质与真空分界的情形, 在外电场 $\boldsymbol{E}_0$ 作用下, 介质界面上产生束缚面电荷, 这些束缚电荷本身激发的电场在介质内与 $\boldsymbol{E}_0$ 反向, 在真空中与 $\boldsymbol{E}_0$ 同向. 束缚电荷激发的电场与外电场 $\boldsymbol{E}_0$ 叠加后得到的总电场如图 1–10(b) 所示, 由图看出两边的电场 $\boldsymbol{E}_1$ 和 $\boldsymbol{E}_2$ 在界面上发生跃变. 边值关系就是描述两侧场量与界面上电荷电流的关系. 由于场量跃变的原因是面电荷面电流激发附加的电磁场, 而积分形式的麦克斯韦方程组可以应用于任意不连续分布的电荷电流所激发的场, 因此研究边值关系的基础是积分形式的麦克斯韦方程组. 下面我们分别求出场量的法向分量和切向分量的跃变.

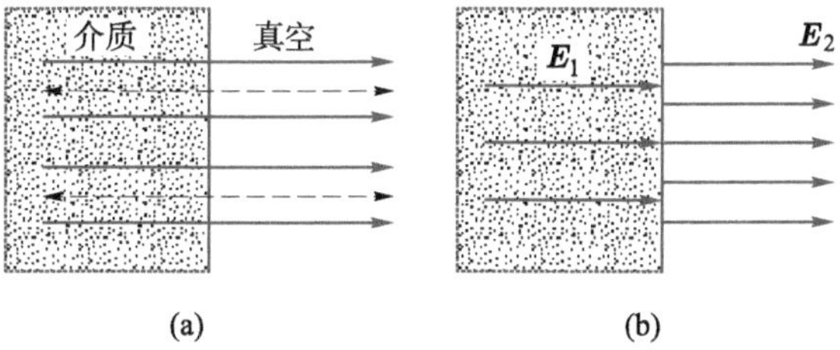

图 1–10

1. 法向分量的跃变

麦克斯韦方程组 (1.4.23) 式的积分形式为

$$\oint_L \boldsymbol{E} \cdot \mathrm{d}\boldsymbol{l} = -\frac{\mathrm{d}}{\mathrm{d}t} \int_S \boldsymbol{B} \cdot \mathrm{d}\boldsymbol{S}$$

$$\oint_L \boldsymbol{H}\cdot \mathrm{d}\boldsymbol{l} = I_{\mathrm{f}} + \frac{\mathrm{d}}{\mathrm{d}t}\int_S \boldsymbol{D}\cdot \mathrm{d}\boldsymbol{S} \tag{1.5.1}$$

$$\oint_S \boldsymbol{D}\cdot \mathrm{d}\boldsymbol{S} = Q_{\mathrm{f}}$$

$$\oint_S \boldsymbol{B}\cdot \mathrm{d}\boldsymbol{S} = 0$$

式中 I_{f} 为通过曲面 S 的总自由电流, Q_{f} 为闭合曲面内的总自由电荷. 把这组方程应用到界面上可以得到两侧场量的关系.

为了弄清楚边值关系的物理意义, 我们先把总电场的麦克斯韦方程

$$\varepsilon_0 \oint_S \boldsymbol{E}\cdot \mathrm{d}\boldsymbol{S} = Q_{\mathrm{f}} + Q_{\mathrm{p}} \tag{1.5.2}$$

应用到两介质边界上的一个扁平状柱体 (图 1–11). 上式左边的面积分遍及柱体的上下底和侧面, Q_{f} 和 Q_{p} 分别为柱体内的总自由电荷和总束缚电荷, 它们等于相应的电荷面密度 σ_{f} 和 σ_{p} 乘以底面积 ΔS. 当柱体的厚度趋于零时, 对侧面的积分趋于零, 对上下底积分得 $(E_{2\mathrm{n}} - E_{1\mathrm{n}})\,\Delta S$. 由 (1.5.2) 式得

$$\varepsilon_0\,(E_{2\mathrm{n}} - E_{1\mathrm{n}}) = \sigma_{\mathrm{f}} + \sigma_{\mathrm{p}} \tag{1.5.3}$$

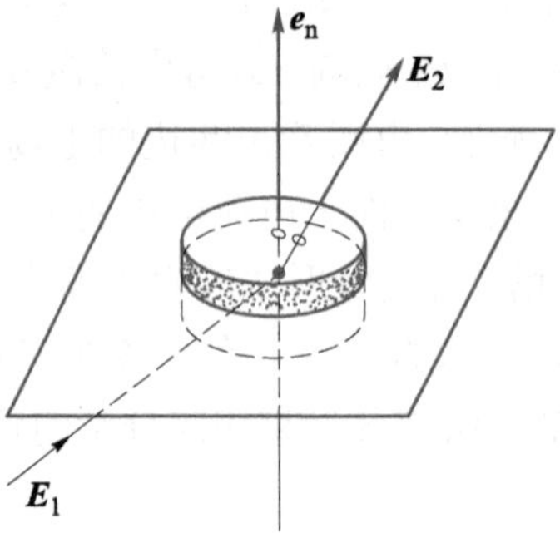

图 1–11

由 (1.4.4) 式有

$$P_{2\mathrm{n}} - P_{1\mathrm{n}} = -\sigma_{\mathrm{p}} \tag{1.5.4}$$

两式相加, 利用 $D_{1\mathrm{n}} = \varepsilon_0 E_{1\mathrm{n}} + P_{1\mathrm{n}}, D_{2\mathrm{n}} = \varepsilon_0 E_{2\mathrm{n}} + P_{2\mathrm{n}}$, 得

$$D_{2\mathrm{n}} - D_{1\mathrm{n}} = \sigma_{\mathrm{f}} \tag{1.5.5}$$

由 (1.5.3) 式—(1.5.5) 式看出, 极化矢量法向分量 P_{n} 的跃变与束缚电荷面密度相关, D_{n} 的跃变与自由电荷面密度相关, E_{n} 的跃变与总电荷面密度相关.

由上面的推导我们可以看清楚自由面电荷和束缚面电荷在边值关系中所起的作用. 由于在通常情形下只给出自由电荷, 因此实际上主要应用到边值关系 (1.5.5) 式, 即 D_{n} 的跃变式. D_{n} 的跃变式可以较简单地由麦克斯韦方程组的积分形式直接得出.

把 (1.5.1) 第三式直接用到图 1 – 11 的扁平状区域上，由于侧面的积分趋于零，得

$$(D_{2\mathrm{n}} - D_{1\mathrm{n}})\Delta S = \sigma_{\mathrm{f}}\Delta S$$

由此立刻可得 (1.5.5) 式.

对于磁场 $\boldsymbol{B}$，把 (1.5.1) 第四式应用到边界上的扁平状区域上，重复以上推导可以得到

$$B_{2\mathrm{n}} = B_{1\mathrm{n}} \tag{1.5.6}$$

2. 切向分量的跃变

面电荷分布使界面两侧电场法向分量发生跃变. 下面我们证明面电流分布使界面两侧磁场切向分量发生跃变. 为此先说明表面电流分布的概念.

我们知道，高频电流有所谓趋肤效应，即高频电流只分布在导体表面很薄的一层上. 根据所研究问题性质的不同，对这种电流分布可以有两种不同的描述方法. 一种是对它作比较细致的描述，即把它作为体电流分布 $\boldsymbol{J}$ 而研究它如何在薄层内变化. 另一种描述是对它作整体的描述，即不讨论它如何在薄层内分布，而把薄层看作几何面，把薄层内流过的体电流看作集中在几何面上的面电流. 这两种描述方法在不同情况下都会应用到.

面电流分布的另一例子是磁性物质表面上的磁化电流. 例如一根沿轴向均匀磁化的铁棒，其内部分子磁矩都有一定取向. 如图 1 – 12 所示，在铁棒内部，分子电流互相抵消，但在靠近棒侧面上的分子电流则构成宏观的磁化面电流分布.

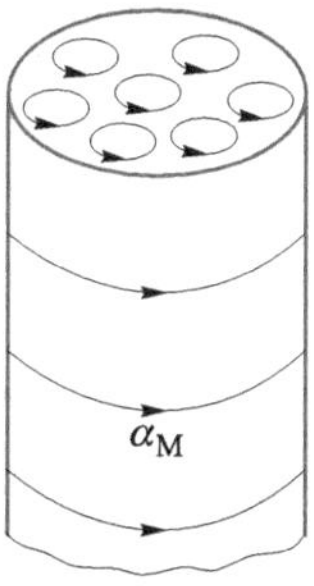

图 1 – 12

由这些例子可见，面电流实际上是在靠近表面的相当多分子层内的平均宏观效应. 设想薄层的厚度趋于零，则通过电流的横截面变为横截线. 定义面电流线密度 $\boldsymbol{\alpha}$，其大小等于通过单位横截线的面电流. 图 1 – 13 表示界面的一部分，其法向单位矢量记为 $\boldsymbol{e}_{\mathrm{n}}$. 设界面有面电流线密度 $\boldsymbol{\alpha}$，它的横截线线元记为 $\Delta\boldsymbol{l} = \Delta l\boldsymbol{e}_{\mathrm{t}}$，其中 $\boldsymbol{e}_{\mathrm{t}}$ 表示横截线方向的单位矢量. 垂直流过 $\Delta\boldsymbol{l}$ 段的电流为

$$\Delta I = \alpha\Delta l \tag{1.5.7}$$

由于存在面电流，在界面两侧的磁场强度发生跃变. 如图 1 – 14 所示，在界面两旁取一狭长形回路，回路的一长边在介质 1 中，另一长边在介质 2 中. 长边 $\Delta\boldsymbol{l}$ 与面

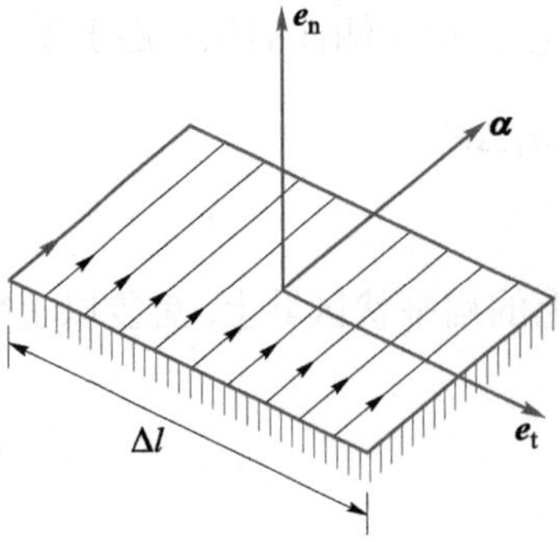

图 1–13

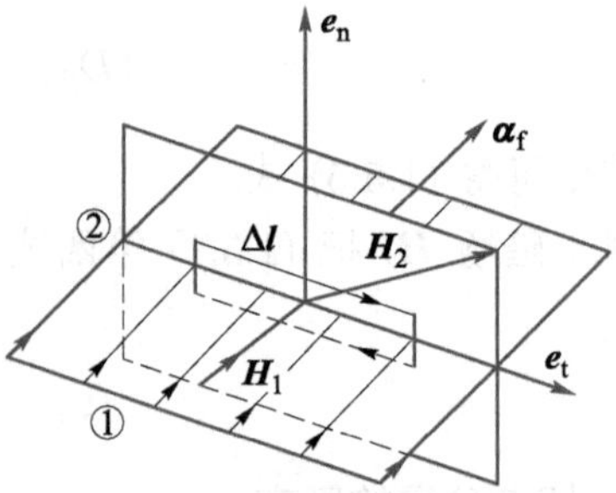

图 1–14

电流 $\boldsymbol{\alpha}_\mathrm{f}$ 正交. 把麦克斯韦方程组 (1.5.1) 第二式应用到狭长形回路上. 取回路上、下边深入足够多分子层内部, 使面电流完全通过回路内部. 从宏观来说回路短边的长度仍可看作趋于零, 因而有

$$\oint_L \boldsymbol{H} \cdot \mathrm{d}\boldsymbol{l} = (H_{2\mathrm{t}} - H_{1\mathrm{t}})\,\Delta l$$

通过回路内的总自由电流为

$$I_\mathrm{f} = \alpha_\mathrm{f} \Delta l$$

由于回路所围面积趋于零, 而 $\dfrac{\partial \boldsymbol{D}}{\partial t}$ 为有限量, 因而

$$\frac{\mathrm{d}}{\mathrm{d}t}\int_S \boldsymbol{D} \cdot \mathrm{d}\boldsymbol{S} \to 0$$

把这些式子代入 (1.5.1) 第二式中得

$$H_{2\mathrm{t}} - H_{1\mathrm{t}} = \alpha_\mathrm{f} \tag{1.5.8}$$

上式可以用矢量式表示. 用 $\boldsymbol{e}_\mathrm{t}$ 表示 $\boldsymbol{\alpha}_\mathrm{f}$ 的横截线方向的单位方向矢量, 即 $\alpha_\mathrm{f}\boldsymbol{e}_\mathrm{t} = \boldsymbol{\alpha}_\mathrm{f} \times \boldsymbol{e}_\mathrm{n}$. 设 $\Delta \boldsymbol{l}'$ 为界面上任一线元, 它关于 $\boldsymbol{\alpha}_\mathrm{f}$ 的横截长度为 $\boldsymbol{e}_\mathrm{t} \cdot \Delta \boldsymbol{l}'$. 因此流过 $\Delta \boldsymbol{l}'$ 的自由电流为

$$I_\mathrm{f} = \alpha_\mathrm{f}\boldsymbol{e}_\mathrm{t} \cdot \Delta \boldsymbol{l}' = \boldsymbol{\alpha}_\mathrm{f} \times \boldsymbol{e}_\mathrm{n} \cdot \Delta \boldsymbol{l}'$$

对以 $\Delta \boldsymbol{l}'$ 为长边的跨界面狭长形回路 L' 用麦克斯韦方程组 (1.5.1) 第二式得

$$\oint_{L'} \boldsymbol{H} \cdot \mathrm{d}\boldsymbol{l}' = (\boldsymbol{H}_2 - \boldsymbol{H}_1) \cdot \Delta \boldsymbol{l}' = I_\mathrm{f} = \boldsymbol{\alpha}_\mathrm{f} \times \boldsymbol{e}_\mathrm{n} \cdot \Delta \boldsymbol{l}'$$

由于 $\Delta \boldsymbol{l}'$ 为界面上任意一矢量, 因此

$$(\boldsymbol{H}_2 - \boldsymbol{H}_1)_{/\!/} = \boldsymbol{\alpha}_\mathrm{f} \times \boldsymbol{e}_\mathrm{n}$$

式中 $/\!/$ 表示投射到界面上的矢量. 上式再用 $\boldsymbol{e}_\mathrm{n}$ 矢乘, 注意到 $\boldsymbol{e}_\mathrm{n} \times (\boldsymbol{H}_2 - \boldsymbol{H}_1)_{/\!/} = \boldsymbol{e}_\mathrm{n} \times (\boldsymbol{H}_2 - \boldsymbol{H}_1)$, 而且 $\boldsymbol{e}_\mathrm{n} \cdot \boldsymbol{\alpha}_\mathrm{f} = 0$, 得

$$\boldsymbol{e}_{\mathrm{n}} \times (\boldsymbol{H}_2 - \boldsymbol{H}_1) = \boldsymbol{\alpha}_{\mathrm{f}} \tag{1.5.9}$$

这就是磁场切向分量的边值关系.

同理, 由 (1.5.1) 第一式可得电场切向分量的边值关系:

$$\boldsymbol{e}_{\mathrm{n}} \times (\boldsymbol{E}_2 - \boldsymbol{E}_1) = \boldsymbol{0} \tag{1.5.10}$$

此式表示界面两侧 $\boldsymbol{E}$ 的切向分量连续.

以后在公式中出现的 $\boldsymbol{\sigma}$ 和 $\boldsymbol{\alpha}$, 除特别声明者外, 都代表自由电荷面密度和自由电流线密度, 不再写出下角标 f. 总括我们得到的边值关系为

$$\begin{aligned} &\boldsymbol{e}_{\mathrm{n}} \times (\boldsymbol{E}_2 - \boldsymbol{E}_1) = \boldsymbol{0} \\ &\boldsymbol{e}_{\mathrm{n}} \times (\boldsymbol{H}_2 - \boldsymbol{H}_1) = \boldsymbol{\alpha} \\ &\boldsymbol{e}_{\mathrm{n}} \cdot (\boldsymbol{D}_2 - \boldsymbol{D}_1) = \sigma \\ &\boldsymbol{e}_{\mathrm{n}} \cdot (\boldsymbol{B}_2 - \boldsymbol{B}_1) = 0 \end{aligned} \tag{1.5.11}$$

$\boldsymbol{e}_{\mathrm{n}}$ 是从介质 1 指向介质 2 的法向单位矢量. 这组方程和麦克斯韦方程组 (1.5.1) 式一一对应. 边值关系表示界面两侧的场与界面上电荷电流的制约关系, 它们实质上是边界上的场方程. 由于实际问题往往含有几种介质以及导体在内, 因此, 边值关系的具体应用对于解决实际问题是十分重要的.

例 1.3

无限大金属平行板电容器内有两层介质 (图 1–15), 极板上电荷面密度为 $\pm\sigma_{\mathrm{f}}$, 求电场和束缚电荷分布.

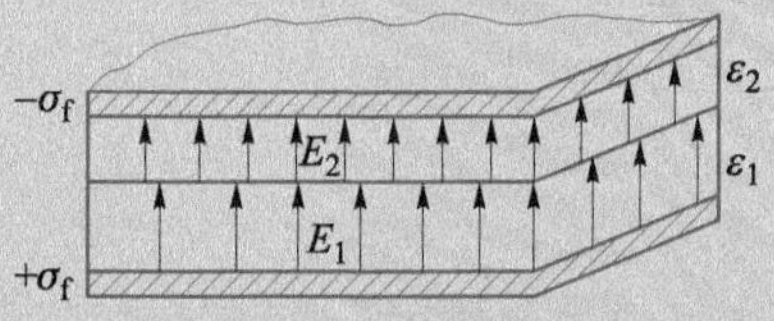

图 1–15

解: 因为两极板上的自由电荷互相吸引, 自由电荷分布在与介质接触的两个金属表面上. 由对称性可知电场沿垂直于平板的方向. 把 (1.5.11) 式应用于下板与介质 1 界面上, 因导体内场强为零, 故得

$$D_1 = \sigma_{\mathrm{f}}$$

同样, 把 (1.5.11) 式应用到上板与介质 2 界面上得

$$D_2 = \sigma_{\mathrm{f}}$$

由这两式得

$$E_1 = \frac{\sigma_{\mathrm{f}}}{\varepsilon_1}, \quad E_2 = \frac{\sigma_{\mathrm{f}}}{\varepsilon_2}$$

束缚电荷分布于介质表面上. 在两介质界面处, $\sigma_{\mathrm{f}} = 0$, 由 (1.5.3) 式得

$$\sigma_{\mathrm{p}}=\varepsilon_0(E_2-E_1)=\left(\frac{\varepsilon_0}{\varepsilon_2}-\frac{\varepsilon_0}{\varepsilon_1}\right)\sigma_{\mathrm{f}}$$

在介质 1 与下板分界处, 由 (1.5.3) 式得

$$\sigma_{\mathrm{p}}'=-\sigma_{\mathrm{f}}+\varepsilon_0E_1=-\sigma_{\mathrm{f}}\left(1-\frac{\varepsilon_0}{\varepsilon_1}\right)$$

在介质 2 与上板分界处:

$$\sigma_{\mathrm{p}}''=\sigma_{\mathrm{f}}-\varepsilon_0E_2=\sigma_{\mathrm{f}}\left(1-\frac{\varepsilon_0}{\varepsilon_2}\right)$$

容易验证, $\sigma_{\mathrm{p}}+\sigma_{\mathrm{p}}'+\sigma_{\mathrm{p}}''=0$, 介质整体是电中性的.

§ 1.6 电磁场的能量和能流

电磁场是一种物质, 它具有内部运动. 电磁场的运动形态和其他物质运动形态相比有其特殊的一面, 但同时也有普遍的一面, 即电磁场运动形态和其他物质运动形态之间能够互相转化. 这种普遍性反映在各种运动形态有共同的运动量度——能量. 我们对一种新的运动形态的认识是通过它和已知的运动形态的能量守恒定律来得到的. 下面我们将通过电磁场和带电物体相互作用过程中, 电磁场的能量和带电物体运动的机械能相互转化来求出电磁场的能量表达式.

1. 场和电荷系统的能量守恒定律的一般形式

下面我们先一般地考虑怎样描述场的运动能量问题. 以天线辐射电磁波的过程为例, 在这个过程中, 电磁能量随着电磁波的运动不断地从天线传向远方. 在空间各点上, 都可以接收到电磁波的能量, 但是同一接收器在不同点上的接收功率是不同的, 它与距天线的距离有关, 而且也和方向有关. 由此可见, 能量是按一定方式分布于场内的, 而且由于场在运动着, 场能量不是固定地分布于空间中, 而是随着场的运动在空间中传播的. 因此, 我们需要引入两个物理量来描述电磁场的能量:

(1) 场的能量密度 w, 它是场内单位体积的能量, 是空间位置 $\boldsymbol{x}$ 和时间 t 的函数, $w=w(\boldsymbol{x},t)$;

(2) 场的能流密度 $\boldsymbol{S}$, 它描述能量在场内的传播. $\boldsymbol{S}$ 的方向代表能量传输方向, 它的数值等于单位时间内流过单位横截面积的能量.

场和电荷相互作用时, 能量就在场和电荷之间转移. 例如在接收电磁波的过程中, 电磁场作用于接收天线的自由电荷上, 引起天线上的电流, 电磁波的一部分能量即转化为接收系统的电磁能量. 由此, 场和电荷之间, 场的一区域与另一区域之间, 都可能发生能量转移. 在转移过程中总能量是守恒的.

考虑空间某区域 V, 其界面为 S. 设 V 内有电荷 ρ 和电流密度 $\boldsymbol{J}$. 能量守恒定律要求单位时间通过界面 S 流入 V 内的能量等于场对 V 内电荷做功的功率与 V 内电磁场能量增加率之和.

以 $\boldsymbol{f}$ 表示场对电荷作用力密度, $\boldsymbol{v}$ 表示电荷运动速度, 则场对电荷系统所做的

功率为

$$\int_V \boldsymbol{f} \cdot \boldsymbol{v} \mathrm{d}V$$

V 内场的能量增加率为

$$\frac{\mathrm{d}}{\mathrm{d}t}\int_V w \ \mathrm{d}V$$

通过界面 S 流入 V 内的能量为

$$-\oint_S \boldsymbol{S} \cdot \mathrm{d}\boldsymbol{\sigma}$$

为避免混淆, 面元改写为 $\mathrm{d}\boldsymbol{\sigma}$, 式中的负号是我们规定界面的法线向外所致. 能量守恒定律的积分形式是

$$-\oint_S \boldsymbol{S} \cdot \mathrm{d}\boldsymbol{\sigma} = \int_V \boldsymbol{f} \cdot \boldsymbol{v} \mathrm{d}V + \frac{\mathrm{d}}{\mathrm{d}t}\int_V w \ \mathrm{d}V \tag{1.6.1}$$

相应的微分形式为

$$\nabla \cdot \boldsymbol{S} + \frac{\partial w}{\partial t} = -\boldsymbol{f} \cdot \boldsymbol{v} \tag{1.6.2}$$

若 V 包括整个空间, 则通过无限远界面的能量应为零. 这时(1.6.1)式左边的面积分为零, 因而

$$\int_\infty \boldsymbol{f} \cdot \boldsymbol{v} \mathrm{d}V = -\frac{\mathrm{d}}{\mathrm{d}t}\int_\infty w \ \mathrm{d}V \tag{1.6.3}$$

此式表示场对电荷所做的总功率等于场的总能量减小率, 因此场和电荷的总能量守恒.

2. 电磁场能量密度和能流密度表示式

下面我们根据场和电荷相互作用的规律——麦克斯韦方程组和洛伦兹力公式来求出电磁场的能量密度和能流密度的具体表示式. 由洛伦兹力公式得

$$\boldsymbol{f} \cdot \boldsymbol{v} = (\rho \boldsymbol{E} + \rho \boldsymbol{v} \times \boldsymbol{B}) \cdot \boldsymbol{v} = \rho \boldsymbol{v} \cdot \boldsymbol{E} = \boldsymbol{J} \cdot \boldsymbol{E} \tag{1.6.4}$$

把此式与 (1.6.2) 式比较, 为了求得 $\boldsymbol{S}$ 和 w, 需要用麦克斯韦方程组把 $\boldsymbol{J} \cdot \boldsymbol{E}$ 全部用场量表出. 由麦克斯韦方程组 (1.4.23) 的第二式, 即

$$\boldsymbol{J} = \nabla \times \boldsymbol{H} - \frac{\partial \boldsymbol{D}}{\partial t}$$

得

$$\boldsymbol{J} \cdot \boldsymbol{E} = \boldsymbol{E} \cdot (\nabla \times \boldsymbol{H}) - \boldsymbol{E} \cdot \frac{\partial \boldsymbol{D}}{\partial t} \tag{1.6.5}$$

用矢量分析公式 [附录 (A.1.21) 式] 及麦克斯韦方程组得

$$\boldsymbol{E} \cdot (\nabla \times \boldsymbol{H}) = -\nabla \cdot (\boldsymbol{E} \times \boldsymbol{H}) + \boldsymbol{H} \cdot (\nabla \times \boldsymbol{E})$$

$$= -\nabla \cdot (\boldsymbol{E} \times \boldsymbol{H}) - \boldsymbol{H} \cdot \frac{\partial \boldsymbol{B}}{\partial t} \tag{1.6.6}$$

代入 (1.6.5) 式得

$$\boldsymbol{J} \cdot \boldsymbol{E} = -\nabla \cdot (\boldsymbol{E} \times \boldsymbol{H}) - \boldsymbol{E} \cdot \frac{\partial \boldsymbol{D}}{\partial t} - \boldsymbol{H} \cdot \frac{\partial \boldsymbol{B}}{\partial t} \tag{1.6.7}$$

和 (1.6.2) 式比较得到能流密度 $\boldsymbol{S}$ 和能量密度变化率 $\partial w/\partial t$ 的表示式:

$$\boldsymbol{S} = \boldsymbol{E} \times \boldsymbol{H} \tag{1.6.8}$$

$$\frac{\partial w}{\partial t} = \boldsymbol{E} \cdot \frac{\partial \boldsymbol{D}}{\partial t} + \boldsymbol{H} \cdot \frac{\partial \boldsymbol{B}}{\partial t} \tag{1.6.9}$$

能流密度 $\boldsymbol{S}$ 也称为坡印廷 (Poynting) 矢量, 是电磁波传播问题的一个重要物理量.

下面我们分两种情形讨论所得的结果.

(1) 真空中电荷分布情形. 此情况下相互作用的物质是电磁场和自由电荷, 能量在两者之间转移. 在真空中:

$$\boldsymbol{H} = \frac{1}{\mu_0}\boldsymbol{B}, \quad \boldsymbol{D} = \varepsilon_0 \boldsymbol{E}$$

因此, 有

$$\begin{aligned} \boldsymbol{S} &= \frac{1}{\mu_0}\boldsymbol{E} \times \boldsymbol{B} \\ w &= \frac{1}{2}\left(\varepsilon_0 E^2 + \frac{1}{\mu_0}B^2\right) \end{aligned} \tag{1.6.10}$$

w 是真空中的电磁场能量密度.

(2) 介质内的电磁能量和能流. 介质 (包括导电物质) 内既有自由电荷也有束缚电荷. 此情况下相互作用的系统包括三个方面: 电磁场、自由电荷和介质. 场对自由电荷所做的功率密度为 $\boldsymbol{J} \cdot \boldsymbol{E}$, 它或者变为电荷的动能, 或者变为焦耳热. 场对介质中束缚电荷所做的功转化为极化能和磁化能而储存于介质中, 也可能有一部分转化为分子热运动 (介质损耗). 当外场变化时, 极化能和磁化能亦发生变化, 若不计及介质损耗, 则这种变化是可逆的. 介质的极化和磁化状态由介质电磁性质方程确定, 一定的宏观电磁场对应于一定的介质极化和磁化状态, 因此我们把极化能和磁化能归入场能中一起考虑, 成为介质中的总电磁能量. (1.6.8) 式和 (1.6.9) 式中的 $\boldsymbol{S}$ 和 w 就是代表这种电磁能量的能流密度和能量密度. 由 (1.6.9) 式, 介质中场能量的改变量为

$$\delta w = \boldsymbol{E} \cdot \delta \boldsymbol{D} + \boldsymbol{H} \cdot \delta \boldsymbol{B} \tag{1.6.11}$$

此处 δ 表示无限小过程中的物理量的变化, 一般依赖于过程.

在线性介质情形, $\boldsymbol{D} = \varepsilon \boldsymbol{E}, \boldsymbol{B} = \mu \boldsymbol{H}$, 上式可以积分得场能量密度表示式为

$$w = \frac{1}{2}(\boldsymbol{E} \cdot \boldsymbol{D} + \boldsymbol{H} \cdot \boldsymbol{B}) \tag{1.6.12}$$

但必须注意此式仅适用于与过程无关的瞬时定域响应线性介质. 在一般情况下, 必须应用普遍的公式 (1.6.11).

3. 电磁能量的传输

在电磁波情形中, 能量在场中传播的实质, 一般是容易理解的. 但是在恒定电流或低频交流电情况下, 由于通常只需解电路方程, 不必直接研究电磁场量, 人们往往忽视能量在场中传播的实质. 事实上, 在这种情形下, 电磁能量也是在场中传输的, 在电路中, 物理系统的能量包括导线内部电子运动的动能和导线周围空间中的电磁场能量. 我们先看电子运动的动能. 导线内的电流密度为

$$\boldsymbol{J}=\sum e\boldsymbol{v}=ne\overline{\boldsymbol{v}}$$

式中, Σ 号表示对单位体积内自由电子求和, n 为单位体积自由电子数, $\overline{\boldsymbol{v}}$ 为电子运动平均漂移速度. 一般金属导体内有 $n\sim10^{23}/\mathrm{cm}^3$, 对于 1 $\mathrm{A/mm^2}$ 的电流密度来说, $J=10^6\ \mathrm{A/m^2}$, 电子电荷大小 e 约为 1.6×10^{-19} C, 把这些数值代入上式得 $\bar{v}$ 约为 6×10^{-5} m/s. 由此可见, 导体内自由电子的平均漂移速度是很小的, 相应的动能也很小. 而且, 在恒定情况下, 整个回路 (包括负载电阻上), 电流 I 都有相同的值, 因此, 电子运动的能量并不是供给负载上消耗的能量. 在负载上以及在导线上消耗的功率完全是在场中传输的. 导线上的电流和周围空间或介质内的电磁场互相制约, 使电磁能量在导线附近的电磁场中沿一定方向传输. 在传输过程中, 一部分能量进入导线内部变为焦耳热损耗; 在负载电阻上, 电磁能量从场中流入电阻内, 供给负载所消耗的能量. 在第三章我们再详细讨论导体上的电流和导体周围电磁场的相互制约关系. 下面举一例说明恒定情况下的电磁能量传输问题.

例 1.4

同轴传输线内导线半径为 a, 外导线半径为 b, 两导线间为均匀绝缘介质 [图 1-16(a)]. 导线载有电流 I, 两导线间的电压为 U.

(1) 忽略导线的电阻, 计算介质中的能流密度 $\boldsymbol{S}$ 和传输功率;

(2) 计及内导线的有限电导率, 计算通过内导线表面进入导线内的能流, 证明它等于导线的损耗功率.

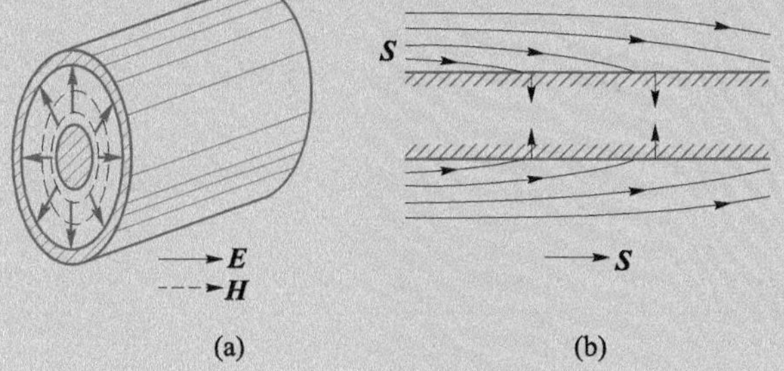

图 1-16

解: (1) 以距对称轴为 r 的半径作一圆周 $(a < r < b)$，应用安培环路定理, 由对称性得 $2\pi r H_\phi = I$, 因而

$$H_\phi = \frac{I}{2\pi r}$$

导线表面上一般带有电荷, 设内导线单位长度的电荷 (电荷线密度) 为 λ, 应用高斯定理, 由对称性可得 $2\pi r E_r = \lambda/\varepsilon$, 因而有

$$E_r = \frac{\lambda}{2\pi\varepsilon r}$$

能流密度为

$$\boldsymbol{S} = \boldsymbol{E} \times \boldsymbol{H} = E_r H_\phi \boldsymbol{e}_z = \frac{I\lambda}{4\pi^2\varepsilon r^2}\boldsymbol{e}_z$$

式中 $\boldsymbol{e}_z$ 为沿导线轴向单位矢量.

两导线间的电压为

$$U = \int_a^b E_r \,\mathrm{d}r = \frac{\lambda}{2\pi\varepsilon}\ln\frac{b}{a}$$

因而

$$\boldsymbol{S} = \frac{UI}{2\pi\ln\dfrac{b}{a}}\frac{1}{r^2}\boldsymbol{e}_z$$

则 $\boldsymbol{S}$ 对两导线间圆环状截面积分得传输功率为

$$P = \int_a^b S\cdot 2\pi r\,\mathrm{d}r = \int_a^b \frac{UI}{\ln\dfrac{b}{a}}\frac{1}{r}\,\mathrm{d}r = UI$$

UI 即通常在电路问题中的传输功率表示式, 此功率是在场中传输的.

(2) 设内导线的电导率为 σ, 由欧姆 (Ohm) 定律, 在导线内部有

$$\boldsymbol{E} = \frac{\boldsymbol{J}}{\sigma} = \frac{I}{\pi a^2\sigma}\boldsymbol{e}_z$$

由于电场切向分量是连续的, 因此在紧贴内导线表面的介质内, 电场除有径向分量 E_r 外, 还有切向分量 E_z :

$$E_z|_{r=a} = \frac{I}{\pi a^2\sigma}$$

因此, 能流 $\boldsymbol{S}$ 除有沿 z 轴传输的分量 S_z 外, 还有沿径向进入导线内的分量 $-S_r$:

$$-S_r = E_z H_\phi|_{r=a} = \frac{I^2}{2\pi^2 a^3\sigma}$$

流进长度为 Δl 的导线内部的功率为

$$-S_r\cdot 2\pi a\Delta l = I^2\frac{\Delta l}{\pi a^2\sigma} = I^2 R$$

式中, R 为该段导线的电阻, I^2R 正是该段导线内的损耗功率. 在有损耗的同轴线芯附近能流密度如图 1–16(b) 所示.

习　题

1.1　根据算符 ∇ 的微分性与矢量性, 推导下列公式:

$$\nabla(\boldsymbol{A}\cdot\boldsymbol{B})=\boldsymbol{B}\times(\nabla\times\boldsymbol{A})+(\boldsymbol{B}\cdot\nabla)\boldsymbol{A}+\boldsymbol{A}\times(\nabla\times\boldsymbol{B})+(\boldsymbol{A}\cdot\nabla)\boldsymbol{B}$$

$$\boldsymbol{A}\times(\nabla\times\boldsymbol{A})=\frac{1}{2}\nabla A^2-(\boldsymbol{A}\cdot\nabla)\boldsymbol{A}$$

1.2 设 u 是空间坐标 x 、y 、z 的函数, 证明:

$$\nabla f(u)=\frac{\mathrm{d}f}{\mathrm{d}u}\nabla u$$

$$\nabla\cdot\boldsymbol{A}(u)=\nabla u\cdot\frac{\mathrm{d}\boldsymbol{A}}{\mathrm{d}u}$$

$$\nabla\times\boldsymbol{A}(u)=\nabla u\times\frac{\mathrm{d}\boldsymbol{A}}{\mathrm{d}u}$$

1.3 设 $r=\sqrt{(x-x')^2+(y-y')^2+(z-z')^2}$ 为源点 $\boldsymbol{x}'$ 到场点 $\boldsymbol{x}$ 的距离, $\boldsymbol{r}$ 的方向规定为从源点指向场点.

(1) 证明下列结果, 并体会对源变数求微商 $\left(\nabla'=\boldsymbol{e}_x\frac{\partial}{\partial x'}+\boldsymbol{e}_y\frac{\partial}{\partial y'}+\boldsymbol{e}_z\frac{\partial}{\partial z'}\right)$ 与对场变数求微商 $\left(\nabla=\boldsymbol{e}_x\frac{\partial}{\partial x}+\boldsymbol{e}_y\frac{\partial}{\partial y}+\boldsymbol{e}_z\frac{\partial}{\partial z}\right)$ 的关系:

$$\nabla r=-\nabla' r=\frac{\boldsymbol{r}}{r}$$

$$\nabla\frac{1}{r}=-\nabla'\frac{1}{r}=-\frac{\boldsymbol{r}}{r^3}$$

$$\nabla\times\frac{\boldsymbol{r}}{r^3}=\boldsymbol{0}$$

$$\nabla\cdot\frac{\boldsymbol{r}}{r^3}=-\nabla'\cdot\frac{\boldsymbol{r}}{r^3}=0\quad(r\neq 0)$$

(最后一式在 $r=0$ 点不成立, 见第二章 §2.4).

(2) 求 $\nabla\cdot\boldsymbol{r},\nabla\times\boldsymbol{r},(\boldsymbol{a}\cdot\nabla)\boldsymbol{r},\nabla(\boldsymbol{a}\cdot\boldsymbol{r}),\nabla\cdot[\boldsymbol{E}_0\sin(\boldsymbol{k}\cdot\boldsymbol{r})]$ 及 $\nabla\times[\boldsymbol{E}_0\sin(\boldsymbol{k}\cdot\boldsymbol{r})]$, 其中 $\boldsymbol{a}$ 、$\boldsymbol{k}$ 及 $\boldsymbol{E}_0$ 均为常矢量.

1.4 应用数学中的高斯定理证明:

$$\int_V \mathrm{d}V\nabla\times\boldsymbol{f}=\oint_S \mathrm{d}\boldsymbol{S}\times\boldsymbol{f}$$

应用斯托克斯 (Stokes) 定理① 证明

$$\int_S \mathrm{d}\boldsymbol{S}\times\nabla\varphi=\oint_L \mathrm{d}\boldsymbol{l}\varphi$$

1.5 已知一个电荷系统的电偶极矩定义为

$$\boldsymbol{p}(t)=\int_V \rho(\boldsymbol{x},t)\,\boldsymbol{x}\mathrm{d}V$$

① 数学上, 斯托克斯定理即用曲面积分来表示曲线积分:

$$\oint_L \boldsymbol{f}\cdot\mathrm{d}\boldsymbol{l}=\int_S \nabla\times\boldsymbol{f}\cdot\mathrm{d}\boldsymbol{S}$$

利用电荷守恒定律 $\nabla \cdot \boldsymbol{J} + \dfrac{\partial \rho}{\partial t} = 0$ 证明 $\boldsymbol{p}$ 的变化率为

$$\frac{\mathrm{d}\boldsymbol{p}}{\mathrm{d}t} = \int_V \boldsymbol{J}(\boldsymbol{x}, t)\,\mathrm{d}V$$

1.6 若 $\boldsymbol{m}$ 是常矢量, 证明除 $R = 0$ 点以外, 矢量 $\boldsymbol{A} = \dfrac{\boldsymbol{m} \times \boldsymbol{R}}{R^3}$ 的旋度等于标量 $\varphi = \dfrac{\boldsymbol{m} \cdot \boldsymbol{R}}{R^3}$ 的梯度的负值, 即

$$\nabla \times \boldsymbol{A} = -\nabla \varphi$$

其中, R 为坐标原点到场点的距离, $\boldsymbol{R}$ 的方向由原点指向场点.

1.7 在均匀磁场 $\boldsymbol{B} = B\boldsymbol{e}_z$ 下, 长度为 L 的直导线保持方向平行于 y 轴, 以速度 $\boldsymbol{v} = v_x(t)\boldsymbol{e}_x + v_y(t)\boldsymbol{e}_y + v_z(t)\boldsymbol{e}_z$ 运动. 设质量为 m 的电荷 q 沿导线以速度 $\boldsymbol{v}'$ 运动.

(1) 请根据洛伦兹力公式分别求导线上电荷 q 受到的沿导线方向和垂直导线方向的磁力;

(2) 若 q 在很短时间 Δt 内从导线一端移动到另一端, 在 $\Delta t \to 0$ 极限下求磁场力沿导线方向分量对 q 做的功, 并证明此功大小等于导线在 Δt 内扫过曲面的磁通与 $\Delta t/q$ 之比;

(3) 分别求 q 受到的垂直导线方向的惯性力和磁力之外的其他力.

答案:

$$\boldsymbol{F}_{/\!/} = -qBv_x\boldsymbol{e}_y$$

$$\boldsymbol{F}_{\perp} = qB(\boldsymbol{v}' \cdot \boldsymbol{e}_y)\boldsymbol{e}_x$$

$$\Delta W = -qBLv_x$$

$$\boldsymbol{F}_{\perp\text{惯}} = -m(\dot{v}_x\boldsymbol{e}_x + \dot{v}_z\boldsymbol{e}_z)$$

$$\boldsymbol{F}'_{\perp} = -\boldsymbol{F}_{\perp} - \boldsymbol{F}_{\perp\text{惯}}$$

1.8 有一内外半径分别为 r_1 和 r_2 的空心介质球, 介质的电容率为 ε. 使介质内均匀带电, 静止自由电荷密度为 ρ_f, 求:

(1) 空间各点的电场;

(2) 极化体电荷和极化面电荷分布.

答案:

$$\boldsymbol{E} = \begin{cases} \dfrac{\left(r_2^3 - r_1^3\right)\rho_\mathrm{f}}{3\varepsilon_0 r^3}\boldsymbol{r} & (r > r_2) \\ \dfrac{\left(r^3 - r_1^3\right)\rho_\mathrm{f}}{3\varepsilon r^3}\boldsymbol{r} & (r_1 < r < r_2) \\ \boldsymbol{0} & (r < r_1) \end{cases}$$

$$\rho_\mathrm{p} = -\left(1 - \frac{\varepsilon_0}{\varepsilon}\right)\rho_\mathrm{f} \quad (r_1 < r < r_2)$$

$$\sigma_\mathrm{p} = \frac{r_2^3 - r_1^3}{3r_2^2}\left(1 - \frac{\varepsilon_0}{\varepsilon}\right)\rho_\mathrm{f} \quad (r = r_2)$$

$$\sigma_\mathrm{p} = 0 \quad (r = r_1)$$

1.9 内外半径分别为 r_1 和 r_2 的无穷长中空导体圆柱, 沿轴向流有恒定均匀自由电流密度 $\boldsymbol{J}_\mathrm{f}$. 导体的磁导率为 μ. 求磁感应强度和磁化电流.

答案:

$$
\boldsymbol{B}=\begin{cases}\dfrac{\mu_0\left(r_2^2-r_1^2\right)}{2r^2}\boldsymbol{J}_{\mathrm{f}}\times\boldsymbol{r} & (r>r_2)\\ \dfrac{\mu\left(r^2-r_1^2\right)}{2r^2}\boldsymbol{J}_{\mathrm{f}}\times\boldsymbol{r} & (r_1<r<r_2)\\ \mathbf{0} & (r<r_1)\end{cases}
$$

$$
\boldsymbol{J}_{\mathrm{M}}=\left(\frac{\mu}{\mu_0}-1\right)\boldsymbol{J}_{\mathrm{f}}\quad (r_1<r<r_2)
$$

$$
\boldsymbol{\alpha}_{\mathrm{M}}=-\left(\frac{\mu}{\mu_0}-1\right)\frac{r_2^2-r_1^2}{2r_2}\boldsymbol{J}_{\mathrm{f}}\quad (r=r_2)
$$

$$
\boldsymbol{\alpha}_{\mathrm{M}}=\mathbf{0}\quad (r=r_1)
$$

1.10 证明均匀介质内部的极化电荷体密度 ρ_{p} 总是等于自由电荷体密度 ρ_{f} 的 $\left(\dfrac{\varepsilon_0}{\varepsilon}-1\right)$.

1.11 证明两个闭合的恒定电流圈之间的相互作用力大小相等, 方向相反 (但两个电流元之间的相互作用力一般并不遵循牛顿第三定律).

1.12 平行板电容器内有两层介质, 它们的厚度分别为 l_1 和 l_2, 电容率为 ε_1 和 ε_2, 今在两板接上电动势为 $\mathscr{E}$ 的电池, 求:

(1) 电容器两板上的自由电荷面密度 ω_{f};

(2) 介质分界面上的自由电荷面密度 ω_{f}.

若介质是漏电的, 电导率分别为 σ_1 和 σ_2, 当电流达到恒定时, 上述两问题的结果如何?

答案:

对介质绝缘时

$$
\omega_{\mathrm{f}1}=\frac{\mathscr{E}}{\dfrac{l_1}{\varepsilon_1}+\dfrac{l_2}{\varepsilon_2}}=-\omega_{\mathrm{f}2}
$$

在绝缘介质分界面上

$$
\omega_{\mathrm{f}3}=0
$$

介质漏电时

$$
\omega_{\mathrm{f}1}=\frac{\varepsilon_1\sigma_2\mathscr{E}}{\sigma_2 l_1+\sigma_1 l_2}
$$
$$
\omega_{\mathrm{f}2}=\frac{-\varepsilon_2\sigma_1\mathscr{E}}{\sigma_2 l_1+\sigma_1 l_2}
$$

在漏电介质分界面上

$$
\omega_{\mathrm{f}3}=\frac{\varepsilon_2\sigma_1-\sigma_2\varepsilon_1}{\sigma_2 l_1+\sigma_1 l_2}\mathscr{E}\quad (\omega_{\mathrm{f}1}+\omega_{\mathrm{f}2}+\omega_{\mathrm{f}3}=0)
$$

1.13 证明:

(1) 当两种绝缘介质的分界面上不带自由面电荷时, 电场线的曲线满足:

$$
\frac{\tan\theta_2}{\tan\theta_1}=\frac{\varepsilon_2}{\varepsilon_1}
$$

其中 ε_1 和 ε_2 分别为两种介质的电容率, θ_1 和 θ_2 分别为界面两侧电场线与法线的夹角.

(2) 当两种导电介质内流有恒定电流时, 分界面上电场线的曲线满足

$$
\frac{\tan\theta_2}{\tan\theta_1}=\frac{\sigma_2}{\sigma_1}
$$

其中 σ_1 和 σ_2 分别为两种介质的电导率.

1.14　试用边值关系证明: 在绝缘介质与导体的分界面上, 在静电情况下, 导体外表面的电场线总是垂直于导体表面; 在恒定电流情况下, 导体内表面电场线总是平行于导体表面.

1.15　内外半径分别为 a 和 b 的无限长圆柱形电容器, 单位长度电荷为 λ_{f}, 板间填充电导率为 σ 的非磁性物质.

(1) 证明在介质中任何一点传导电流与位移电流严格抵消, 因此内部无磁场;

(2) 求 λ_{f} 随时间的衰减规律;

(3) 求与轴相距为 r 处的能量耗散功率密度;

(4) 求长度为 l 的一段介质总的能量耗散功率, 并证明它等于这段介质的静电能减少率.

答案:

(1) 略

(2) $\lambda_{\mathrm{f}}=\lambda_{\mathrm{f}0}\mathrm{e}^{-\frac{\sigma}{\varepsilon}t}$

(3) $\sigma\left(\dfrac{\lambda_{\mathrm{f}}}{2\pi\varepsilon r}\right)^2$

(4) $\dfrac{l\sigma\lambda_{\mathrm{f}}^2}{2\pi\varepsilon^2}\ln\dfrac{b}{a}$

第二章

静电场

本章我们把电磁场的基本理论应用到最简单的情况: 电荷静止, 相应的电场不随时间变化的情况. 本章研究的主要问题是: 在给定的自由电荷分布以及周围空间介质和导体分布的情况下, 怎样求解静电场.

静电场的标势是一个很重要的概念. 静电问题通常都是通过标势来求解的. 第一节我们引入标势及其微分方程和边值关系, 然后在以后几节中讲解求解静电场问题的几种方法——分离变量法、镜像法和格林函数法. 最后一节我们讨论在局部范围内的电荷分布所激发的电场在远处的展开式, 从而引入电多极矩的概念. 电多极矩在原子物理、原子核物理以及电磁辐射问题中都有重要的应用.

§ 2.1 静电场的标势及其微分方程

1. 静电场的标势

在静止情况下, 电场与磁场无关, 麦克斯韦方程组的电场部分为

$$\nabla \times \boldsymbol{E} = \boldsymbol{0} \tag{2.1.1}$$

$$\nabla \cdot \boldsymbol{D} = \rho \tag{2.1.2}$$

(2.1.1) 式表示静电场的无旋性, (2.1.2) 式表示自由电荷分布 ρ 是电位移 $\boldsymbol{D}$ 的源. 这两个方程连同介质的电磁性质方程是解决静电问题的基础.

静电场的无旋性是它的一个重要特性, 由于无旋性, 我们可以引入一个标势来描述静电场, 和力学中用势函数描述保守力场的方法一样. 无旋性的积分形式是电场沿任一闭合回路 L 的环量等于零:

$$\oint_L \boldsymbol{E} \cdot \mathrm{d}\boldsymbol{l} = 0 \tag{2.1.3}$$

设 C_1 和 C_2 为由 P_1 点到 P_2 点的两条不同路径. C_1 与 $-C_2$ 合成闭合回路, 因此

$$\int_{C_1} \boldsymbol{E} \cdot \mathrm{d}\boldsymbol{l} - \int_{C_2} \boldsymbol{E} \cdot \mathrm{d}\boldsymbol{l} = 0$$

即

$$\int_{C_1} \boldsymbol{E} \cdot \mathrm{d}\boldsymbol{l} = \int_{C_2} \boldsymbol{E} \cdot \mathrm{d}\boldsymbol{l}$$

因此, 电荷由 P_1 点移至 P_2 点时电场对它所做的功与路径无关, 而只和两端点有关. 把单位正电荷由 P_1 点移至 P_2 点, 电场 $\boldsymbol{E}$ 对它所做的功为

$$\int_{P_1}^{P_2} \boldsymbol{E} \cdot \mathrm{d}\boldsymbol{l}$$

此功定义为 P_1 点和 P_2 点的电势差. 若电场对电荷做了正功, 则电势 φ 下降. 由此

$$\varphi(P_2) - \varphi(P_1) = -\int_{P_1}^{P_2} \boldsymbol{E} \cdot \mathrm{d}\boldsymbol{l} \tag{2.1.4}$$

当 P_2 点无限接近 P_1 点时, 它们的相对位移成为线元 $\mathrm{d}\boldsymbol{l}$, 而电势差成为电势的微分 $\mathrm{d}\varphi$, 上式化为

$$\mathrm{d}\varphi = -\boldsymbol{E} \cdot \mathrm{d}\boldsymbol{l}$$

由于

$$\mathrm{d}\varphi = \frac{\partial \varphi}{\partial x}\,\mathrm{d}x + \frac{\partial \varphi}{\partial y}\,\mathrm{d}y + \frac{\partial \varphi}{\partial z}\,\mathrm{d}z = \nabla\varphi \cdot \mathrm{d}\boldsymbol{l}$$

因此, 电场强度 $\boldsymbol{E}$ 等于电势 φ 的负梯度

$$\boldsymbol{E} = -\nabla\varphi \tag{2.1.5}$$

由 (2.1.5) 式可见, 电势加上一个常量值不改变 $\boldsymbol{E}$, 因此只有两点的电势差才有物理意义, 一点处电势的绝对数值是没有物理意义的. 但在实际计算中, 为了方便, 常常选取某个参考点, 规定其上的电势为零, 这样整个空间的电势就单值地确定了. 参考点的选择是任意的, 在电荷分布于有限区域的情况下, 常常选无限远点作为参考点. 令 $\varphi(\infty) = 0$, 由 (2.1.4) 式得

$$\varphi(P) = \int_{P}^{\infty} \boldsymbol{E} \cdot \mathrm{d}\boldsymbol{l} \tag{2.1.4a}$$

(2.1.4) 式和 (2.1.5) 式是电场强度和电势相互关系的一般公式. 由这些公式, 当已知电场强度时, 可以求出电势; 反过来, 已知电势 φ 时, 通过求梯度就可以求得电场强度.

下面我们计算给定电荷分布所激发的电势. 已知点电荷 Q 激发的电场强度为

$$\boldsymbol{E} = \frac{Q}{4\pi\varepsilon_0 r^3}\boldsymbol{r}$$

其中 $\boldsymbol{r}$ 为源点到场点的径矢. 把此式沿径矢方向由场点到无限远点积分, 把积分变数写为 r', 由 (2.1.4a) 式得

$$\varphi(P) = \int_{r}^{\infty} \frac{Q}{4\pi\varepsilon_0 r'^2}\,\mathrm{d}r' = \frac{Q}{4\pi\varepsilon_0 r} \tag{2.1.6}$$

由电场的叠加性, 多个电荷激发的电势 φ 等于每个电荷激发的电势的代数和. 设有一组点电荷 Q_i, 与场点 P 的距离为 r_i, 则这组点电荷激发的电势为

$$\varphi(P) = \sum_i \frac{Q_i}{4\pi\varepsilon_0 r_i}$$

若电荷连续分布于有限区域 V', 电荷密度为 ρ, 设 r 为由源点 $\boldsymbol{x}'$ 到场点 $\boldsymbol{x}$ 的距离 (参看图 1–1), 则场点 $\boldsymbol{x}$ 处的电势为

$$\varphi(\boldsymbol{x})=\int_{V'}\frac{\rho(\boldsymbol{x}')\,\mathrm{d}V'}{4\pi\varepsilon_0 r} \tag{2.1.7}$$

其中, 已把无限远处取为电势零点. 由上式知, 假如空间中所有电荷分布都给定, 则电势 φ、电场 $\boldsymbol{E}$ 就完全确定. 但是实际情况往往不是所有电荷分布都能够预先给定的. 例如, 在某一给定电荷附近放置一个导体, 则导体表面上就会产生感应电荷分布, 这个电荷分布正是要从电场与电荷相互作用的规律求出来, 而不是预先给定的. 由于导体表面上的电荷分布是未知函数, 因而就不能应用 (2.1.7) 式来计算空间中的电势和电场. 问题在于 (2.1.7) 式只反映电荷激发电场这一方面, 而没有反映电场对电荷作用的方面. 上述例子实际上包括了下面一些物理过程: 给定电荷激发了电场, 电场作用到导体自由电子上, 引起它们运动, 使电荷在导体上重新分布, 最后在总电场 (包括给定电荷和导体上感应电荷激发的电场) 作用下达到平衡静止状态. 在这静止状态下, 导体表面上的感应电荷有确定的分布密度, 而空间中的电场也同时确定. 由此例子看出, 电荷和电场是互相制约着的. 一方面感应电荷的出现是由电场引起的, 另一方面电场又受到感应电荷的影响. 我们要同时解出此问题中的电场和感应电荷密度, 就必须再深入一步, 研究一个电荷对它邻近的电场是怎样作用的, 一点处的电场和它邻近的电场又是怎样联系的, 即要找出电荷和电场相互作用规律的微分形式, 而在导体表面或其他边界上场和电荷的相互关系则由边值关系或边界条件反映出来. 这种问题在数学上称为边值问题, 即求微分方程满足给定边界条件的解. 下面我们来研究这类问题.

2. 静电势的微分方程和边值关系

在均匀各向同性线性介质中, $\boldsymbol{D}=\varepsilon\boldsymbol{E}$, 和 (2.1.5) 式一起代入 (2.1.2) 式得

$$\nabla^2\varphi=-\frac{\rho}{\varepsilon} \tag{2.1.8}$$

ρ 为自由电荷密度. 上式是静电势满足的基本微分方程, 称为泊松 (Poisson) 方程. 给出边界条件就可以确定电势 φ 的解.

在两介质界面上, 电势 φ 必须满足边值关系. 我们需要把电场的边值关系

$$\boldsymbol{e}_{\mathrm{n}}\times(\boldsymbol{E}_2-\boldsymbol{E}_1)=\boldsymbol{0} \tag{2.1.9}$$

$$\boldsymbol{e}_{\mathrm{n}}\cdot(\boldsymbol{D}_2-\boldsymbol{D}_1)=\sigma \tag{2.1.10}$$

化为电势的边值关系, 其中 $\boldsymbol{e}_{\mathrm{n}}$ 是由介质 1 指向介质 2 的法向单位矢量. 如图 2–1 所示, 考虑介质 1 和介质 2 分界面两侧相邻的两点 P_1 和 P_2. 由于电场强度有限, 而 $|P_1P_2|\to 0$, 把电荷由 P_1 移至 P_2 所做的功亦趋于零, 因此界面两侧的电势相等①:

$$\varphi_1=\varphi_2 \tag{2.1.11}$$

① 实际上在两种材料接触面一般都会因电荷扩散自动形成自建场, 因此界面两边的电势存在接触势差. 但这个接触势差主要由材料原子尺度的相互作用确定, 而原子尺度的相互作用一般比实验室控制的相互作用强得多, 所以接触势差近似为常量, 本章讨论的电势应理解为扣除接触势差后的宏观静电势, 因此 (2.1.11) 式仍然适用. 但在一些重要应用中, 例如半导体结, 接触势差是需要认真研究的.

即在界面上，电势 φ 是连续的. 电势连续条件 (2.1.11) 式可以代替电场边值关系 (2.1.9) 式，理由如下. 设 P_1' 和 P_2' 为边界两侧相邻的另外两点，由电势连续条件有 $\varphi_1' = \varphi_2'$，因而

$$\varphi_1' - \varphi_1 = \varphi_2' - \varphi_2$$

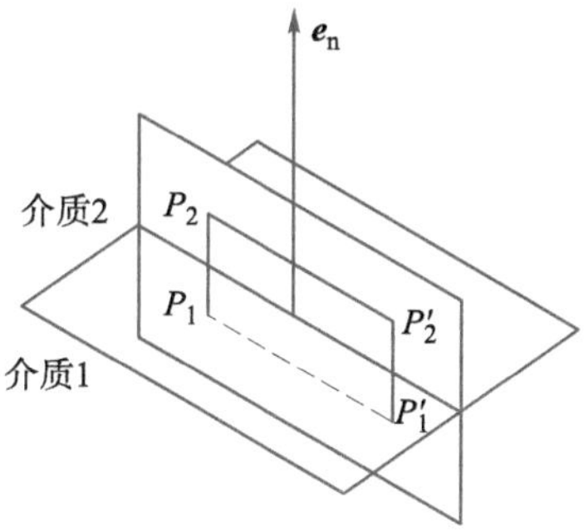

图 2–1

设 P_1 和 P_1' 相距 $\Delta \boldsymbol{l}$，则 $\varphi_1' - \varphi_1 = -\boldsymbol{E}_1 \cdot \Delta \boldsymbol{l}$，同样，$\varphi_2' - \varphi_2 = -\boldsymbol{E}_2 \cdot \Delta \boldsymbol{l}$，因此

$$\boldsymbol{E}_1 \cdot \Delta \boldsymbol{l} = \boldsymbol{E}_2 \cdot \Delta \boldsymbol{l}$$

由于 $\Delta \boldsymbol{l}$ 为界面上任一线元，上式表示界面两边电场的切向分量相等，与(2.1.9)式一致.

另一边值关系 (2.1.10) 式用电势表出为

$$\varepsilon_2 \frac{\partial \varphi_2}{\partial n} - \varepsilon_1 \frac{\partial \varphi_1}{\partial n} = -\sigma \tag{2.1.12}$$

式中 $\dfrac{\partial}{\partial n}$ 是法线方向的偏导数，σ 为界面上的自由电荷面密度. (2.1.11) 式和 (2.1.12) 式是在界面上静电势所满足的边值关系.

以上给出边值关系的一般形式. 在静电问题中，常常有一些导体存在，由于导体的特殊性质，在导体表面上的边值关系有它的特点. 导体内部有自由电子，在电场作用下这些电子就会运动. 因此，在静止情况下，导体内部电场必须为零，而且导体表面上的电场亦不能有切向分量，否则电子将沿表面运动. 导体内部没有电场的必要条件是导体内部不带净电荷，导体所带电荷只能分布于表面. 因此，导体的静电条件归结如下:

(1) 导体内部不带净电荷，电荷只能分布于导体表面;

(2) 导体内部电场为零;

(3) 导体表面上电场必沿法线方向，因此导体表面为等势面，整个导体的电势相等.

设导体表面所带自由电荷面密度为 σ，设它外面的介质电容率为 ε，由 (2.1.11) 式、(2.1.12) 式和导体静电条件得导体表面的边界条件:

$$\varphi = 常量 \tag{2.1.11a}$$

$$\varepsilon\frac{\partial\varphi}{\partial n} = -\sigma \tag{2.1.12a}$$

静电学的基本问题是求出在每个均匀区域内满足泊松方程，在所有分界面上满足边值关系和在所研究的整个区域边界上满足边界条件的电势的解. 在 §2.2 节中我们将证明，给定区域内的自由电荷密度和区域边界上关于电势的适当边界条件，或作为区域边界的导体所带的总电荷，即能唯一地确定电场. 以后几节我们将具体讨论静电场边值问题的求解方法.

3. 静电场能量

由第一章 §1.6 可知，在真空和线性介质中，静电场的总能量为

$$W = \frac{1}{2}\int_{V_\infty} \boldsymbol{E}\cdot\boldsymbol{D}\,\mathrm{d}V \tag{2.1.13}$$

设电荷连续分布在有限区域 V 内，电荷密度为 ρ. 在静电情形下，W 可以用电势和电荷分布表示. 由 $\boldsymbol{E} = -\nabla\varphi$ 和 $\nabla\cdot\boldsymbol{D} = \rho$ 得

$$\begin{aligned}\boldsymbol{E}\cdot\boldsymbol{D} &= -\nabla\varphi\cdot\boldsymbol{D} = -\nabla\cdot(\varphi\boldsymbol{D}) + \varphi\nabla\cdot\boldsymbol{D}\\ &= -\nabla\cdot(\varphi\boldsymbol{D}) + \rho\varphi\end{aligned}$$

因此

$$W = \frac{1}{2}\int_V \rho\varphi\mathrm{d}V - \frac{1}{2}\int_{V_\infty}\nabla\cdot(\varphi\boldsymbol{D})\mathrm{d}V$$

式中右边第二项是散度的体积分，它可以化为面积分 [见附录 (A.1.7) 式]

$$\int_{V_\infty}\nabla\cdot(\varphi\boldsymbol{D})\mathrm{d}V = \oint_{S_\infty}\varphi\boldsymbol{D}\cdot\mathrm{d}\boldsymbol{S}$$

面积分遍及无限远界面. 由于 $\varphi\sim\dfrac{1}{r}, D\sim\dfrac{1}{r^2}$，而面积 $\sim r^2$，所以面积分当 $r\to\infty$ 时趋于零，因此

$$W = \frac{1}{2}\int_V \rho\varphi\mathrm{d}V \tag{2.1.14}$$

积分只需遍及电荷分布区域 V. 此公式是通过自由电荷密度和电势表示出来的静电场总能量. 注意：此公式只有作为静电场总能量才有意义，不应该把 $\dfrac{1}{2}\rho\varphi$ 看作能量密度，因为我们知道能量分布于电场内，而不仅在电荷分布区域内.

(2.1.14) 式中的 φ 是由电荷密度 ρ 激发的电势. 若自由电荷分布区域 V 是电容率为 ε 的均匀介质，由 (2.1.7) 式和 (2.1.14) 式可以得到电荷密度 ρ 所激发的电场总能量为

$$W = \frac{1}{8\pi\varepsilon}\int_V \mathrm{d}V\int_{V'}\mathrm{d}V'\frac{\rho(\boldsymbol{x})\rho(\boldsymbol{x}')}{r} \tag{2.1.15}$$

式中 r 为 $\boldsymbol{x}$ 与 $\boldsymbol{x}'$ 点的距离.

我们可以应用 (2.1.13) 式—(2.1.15) 式中任一公式来计算静电场总能量. 在静电场中之所以能够通过电荷密度来表示电场能量, 是因为在这种情况下电场取决于电荷密度, 在场内没有独立的运动, 因而场的能量就由电荷密度所决定. 在非恒定情况下, 电场和磁场互相激发, 其形式就是独立于电荷分布之外的电磁波运动, 因而场的总能量不可能完全通过电荷密度或电流密度表示出来. 由第一章 §1.6 我们知道 (2.1.13) 式在普遍情况下仍然可以表示电场的能量, 但 (2.1.14) 式和 (2.1.15) 式只在静电场情况下成立.

例 2.1

求均匀电场 $\boldsymbol{E}_0$ 的电势.

解: 均匀电场中每一点强度 $\boldsymbol{E}_0$ 相同, 其电场线为平行直线. 选空间任一点为原点, 并设该点处的电势为 φ_0, 由 (2.1.4) 式求得任一点 P 处的电势

$$\begin{aligned}\varphi(P) &= \varphi_0 - \int_0^P \boldsymbol{E}_0 \cdot \mathrm{d}\boldsymbol{l} = \varphi_0 - \boldsymbol{E}_0 \cdot \int_0^P \mathrm{d}\boldsymbol{l} \\ &= \varphi_0 - \boldsymbol{E}_0 \cdot \boldsymbol{x} \end{aligned} \tag{2.1.16}$$

$\boldsymbol{x}$ 为 P 点的位矢. 注意: 均匀电场可以看作由无限大平行板电容器产生, 其电荷分布不在有限区域内, 因此不能选 $\varphi(\infty) = 0$. 若选 $\varphi_0 = 0$, 则有

$$\varphi = -\boldsymbol{E}_0 \cdot \boldsymbol{x}$$

例 2.2

均匀带电的无限长直导线的电荷线密度为 λ, 求电势.

解: 如图 2-2 所示, 设场点 P 到导线的垂直距离为 R, 电荷元 $\lambda\mathrm{d}z$ 到 P 点的距离为 $\sqrt{z^2+R^2}$, 由 (2.1.7) 式得

$$\begin{aligned}\varphi(P) &= \int_{-\infty}^{\infty} \frac{\lambda \mathrm{d}z}{4\pi\varepsilon_0\sqrt{z^2+R^2}} \\ &= \frac{\lambda}{4\pi\varepsilon_0} \ln\left(z + \sqrt{z^2+R^2}\right)\Big|_{-\infty}^{\infty}\end{aligned}$$

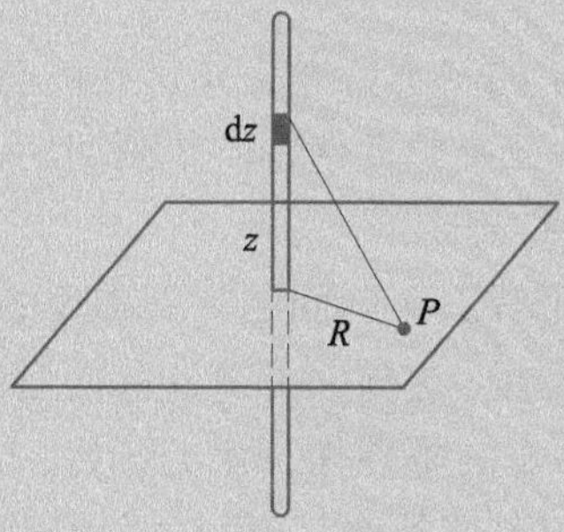

图 2-2

积分结果是无限大. 无限大的出现和电荷不是有限区域内的分布有关. 计算两点 P 和 P_0 的电势差便不出现无限大. 设 P_0 点与导线的垂直距离为 R_0, 则 P 点和 P_0 点间的电势差为

$$\begin{aligned}\varphi(P)-\varphi\left(P_0\right) &= \lim_{M\to\infty}\frac{\lambda}{4\pi\varepsilon_0}\ln\left.\frac{z+\sqrt{z^2+R^2}}{z+\sqrt{z^2+R_0^2}}\right|_{-M}^{M} \\ &= \lim_{M\to\infty}\frac{\lambda}{4\pi\varepsilon_0}\ln\left(\frac{1+\sqrt{1+R^2/M^2}}{1+\sqrt{1+R_0^2/M^2}}\cdot\frac{-1+\sqrt{1+R_0^2/M^2}}{-1+\sqrt{1+R^2/M^2}}\right) \\ &= \frac{\lambda}{4\pi\varepsilon_0}\ln\frac{R_0^2}{R^2}=-\frac{\lambda}{2\pi\varepsilon_0}\ln\frac{R}{R_0}\end{aligned}$$

若选 P_0 点为参考点, 规定 $\varphi\left(R_0\right)=0$, 则:

$$\varphi(R)=-\frac{\lambda}{2\pi\varepsilon_0}\ln\frac{R}{R_0} \tag{2.1.17}$$

取 φ 的负梯度得电场在柱坐标的三个方向的分量:

$$E_R=-\frac{\partial\varphi}{\partial R}=\frac{\lambda}{2\pi\varepsilon_0 R},\quad E_\phi=E_z=0$$

用高斯定理也可以得出此结果.

例 2.3

求带电荷量为 Q 、半径为 a 的导体球的静电场总能量.

解: 导体球的电荷分布于球面上, 整个导体为等势体. 用 (2.1.14) 式求总能量最为方便. 整个球体的电势为 $\varphi_a=Q/(4\pi\varepsilon_0 a)$, 因此静电场总能量为

$$W=\frac{1}{2}Q\varphi_a=\frac{Q^2}{8\pi\varepsilon_0 a}$$

静电场总能量也可以由 (2.1.13) 式求出. 因为球内电场为零, 故只需对球外积分:

$$\begin{aligned}W &= \frac{\varepsilon_0}{2}\int\frac{Q^2}{\left(4\pi\varepsilon_0 r^2\right)^2}r^2\,\mathrm{d}r\,\mathrm{d}\Omega=\frac{Q^2}{8\pi\varepsilon_0}\int_a^\infty\frac{1}{r^2}\,\mathrm{d}r \\ &= \frac{Q^2}{8\pi\varepsilon_0 a}\end{aligned}$$

§ 2.2 唯一性定理与镜像法

在上节中我们说明静电学的基本问题是求出在所有边界上满足边值关系或给定边界条件的泊松方程的解. 本节我们把这些问题确切地表述出来, 即需要给出哪一些条件, 静电场的解才能唯一地被确定.

静电场的唯一性定理对于解决实际问题有着重要的意义. 因为它首先告诉我们, 由哪些因素可以完全确定静电场, 这样在解决实际问题时就有所依据. 其次, 对于许多实际问题, 往往需要根据给定的条件作一定的分析, 提出尝试解. 如果所提出的尝试解满足唯一性定理所要求的全部条件, 它就是该问题唯一正确的解. 下面我们先提出并证明一般形式的唯一性定理, 然后再证明有导体存在时的唯一性定理.

1. 静电问题的唯一性定理

下面我们研究 V 可以分为若干个均匀区域 V_i 的情形, 设第 i 均匀区域的电容率为 ε_i, 并设 V 内有给定的自由电荷密度 $\rho(\boldsymbol{x})$. 电势 φ 在均匀区域 V_i 内满足泊松方程:

$$\nabla^2\varphi = -\rho/\varepsilon_i \tag{2.2.1}$$

在两区域 V_i 和 V_j 的分界面上满足边值关系:

$$\begin{aligned}&\varphi_i = \varphi_j\\ &\varepsilon_i\left(\frac{\partial\varphi}{\partial n}\right)_i = \varepsilon_j\left(\frac{\partial\varphi}{\partial n}\right)_j + \sigma_{ij}\end{aligned} \tag{2.2.2}$$

σ_{ij} 是由 $\rho(\boldsymbol{x})$ 确定的分界面上的自由电荷面密度.

泊松方程 (2.2.1) 式和边值关系 (2.2.2) 式是电势所必须满足的方程, 它们属于电场的基本规律. 除此之外, 要完全确定 V 内的电场, 还必须给出 V 的边界 S 上的一些条件. 下面提出的唯一性定理具体指出所需给定的边界条件.

唯一性定理: 设区域 V 内给定自由电荷分布 $\rho(\boldsymbol{x})$, 在 V 的边界 S 上给定:

(1) 电势 $\varphi|_S$

或

(2) 电势的法线方向偏导数 $\left.\dfrac{\partial\varphi}{\partial n}\right|_S$

则 V 内的电场唯一地确定. 也就是说, 在 V 内存在电势解, 它们之间最多相差一个常量, 在每个均匀区域内满足泊松方程 (2.2.1) 式, 在两个均匀区域分界面上满足边值关系, 并在 V 的边界 S 上满足给定的 φ 或 $\partial\varphi/\partial n$ 值.

证明 设有两组不同的解 φ' 和 φ'' 满足唯一性定理的条件. 令

$$\varphi = \varphi' - \varphi'' \tag{2.2.3}$$

则由 $\nabla^2\varphi' = -\rho/\varepsilon_i, \nabla^2\varphi'' = -\rho/\varepsilon_i$, 得

$$\nabla^2\varphi = 0 \quad (\text{每个均匀区域 } V_i \text{ 内}) \tag{2.2.4}$$

在两均匀区域界面上有

$$\begin{aligned}&\varphi_i = \varphi_j\\ &\varepsilon_i\left(\frac{\partial\varphi}{\partial n}\right)_i = \varepsilon_j\left(\frac{\partial\varphi}{\partial n}\right)_j\end{aligned} \tag{2.2.5}$$

在整个区域 V 的边界 S 上有

$$\varphi|_S = \varphi'|_S - \varphi''|_S = 0 \tag{2.2.6a}$$

或

$$\left.\frac{\partial\varphi}{\partial n}\right|_S = \left.\frac{\partial\varphi'}{\partial n}\right|_S - \left.\frac{\partial\varphi''}{\partial n}\right|_S = 0 \tag{2.2.6b}$$

考虑第 i 个均匀区域 V_i 的界面 S_i 上的积分

$$\oint_{S_i} \varepsilon_i\varphi\nabla\varphi\cdot\mathrm{d}\boldsymbol{S}$$

由附录 (A.1.7) 式, 此积分可以变换为体积分

$$\begin{aligned}\oint_{S_i} \varepsilon_i\varphi\nabla\varphi\cdot\mathrm{d}\boldsymbol{S} &= \int_{V_i} \nabla\cdot(\varepsilon_i\varphi\nabla\varphi)\,\mathrm{d}V \\ &= \int_{V_i} \varepsilon_i(\nabla\varphi)^2\,\mathrm{d}V + \int_{V_i} \varphi\varepsilon_i\nabla^2\varphi\mathrm{d}V\end{aligned}$$

由 (2.2.4) 式, 右边最后一项为零, 因此

$$\oint_{S_i} \varepsilon_i\varphi\nabla\varphi\cdot\mathrm{d}\boldsymbol{S} = \int_{V_i} \varepsilon_i(\nabla\varphi)^2\,\mathrm{d}V$$

对所有分区域 V_i 求和得

$$\sum_i \oint_{S_i} \varepsilon_i\varphi\nabla\varphi\cdot\mathrm{d}\boldsymbol{S} = \sum_i \int_{V_i} \varepsilon_i(\nabla\varphi)^2\,\mathrm{d}V \tag{2.2.7}$$

在两均匀区域 V_i 和 V_j 的界面上, 由 (2.2.5) 式, φ 以及 $\varepsilon\nabla\varphi$ 的法向分量在两区域共同界面上相等, 但 $\mathrm{d}\boldsymbol{S}_i = -\mathrm{d}\boldsymbol{S}_j$. 因此, 在 (2.2.7) 式左边的和式中, 内部分界面的积分互相抵消, 因而只剩下整个 V 的边界面 S 上的积分. 但在 S 上, 由 (2.2.6a) 式有 $\varphi|_S = 0$, 或者由 (2.2.6b) 式有 $\left.\dfrac{\partial\varphi}{\partial n}\right|_S = 0$, 两情形下面积分都等于零. 因此由 (2.2.7) 式有

$$\sum_i \int_{V_i} \varepsilon_i(\nabla\varphi)^2\,\mathrm{d}V = 0$$

由于被积函数 $\varepsilon_i(\nabla\varphi)^2 \geqslant 0$, 上式成立的条件是在 V 内各点处都有

$$\nabla\varphi = 0$$

即在 V 内:

$$\varphi = \text{常量}$$

由 (2.2.3) 式, φ' 和 φ'' 至多只能相差一个常量. 但电势的附加常量对电场没有影响, 这就证明了唯一性定理.

2. 有导体存在时的唯一性定理

当有导体存在时, 由实践经验我们知道, 为了确定电场, 所需条件有两种类型: 一类是给定每个导体上的电势 φ_i, 另一类是给定每个导体上的总电荷 Q_i.

为简单起见, 我们只讨论区域内含一种均匀介质的情形. 如图 2–3 所示, 设在

某区域 V 内有一些导体, 我们把除去导体内部以后的区域称为 V', 故而 V' 的边界包括界面 S 以及每个导体的表面 S_i. 设 V' 内有给定电荷分布 ρ, S 上给定 $\varphi|_S$ 或 $\left.\frac{\partial \varphi}{\partial n}\right|_S$ 值. 对上述第一种类型的问题, 每个导体上的电势 φ_i 亦给定, 即给出了 V' 所有边界上的 φ 或 $\frac{\partial \varphi}{\partial n}$ 值, 故而由上一小节证明了的唯一性定理可知, V' 内的电场唯一地被确定.

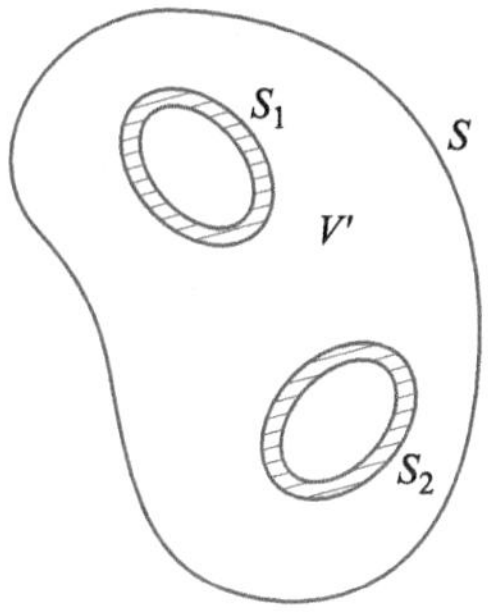

图 2-3

对于第二种类型的问题, 唯一性定理表述如下:

设区域 V 内有一些导体, 给定导体之外的电荷密度 ρ, 给定各导体上的总电荷 Q_i 以及 V 的边界 S 上的 φ 或 $\frac{\partial \varphi}{\partial n}$ 值, 则 V 内的电场唯一地确定. 也就是说, 存在电势解, 它们互相之间最多相差一个常量, 在导体以外满足泊松方程

$$\nabla^2 \varphi = -\frac{\rho}{\varepsilon} \tag{2.2.8}$$

在第 i 个导体上满足总电荷条件

$$-\oint_{S_i} \frac{\partial \varphi}{\partial n}\, \mathrm{d}S = \frac{Q_i}{\varepsilon} \tag{2.2.9}$$

和等势面条件

$$\varphi|_{S_i} = \varphi_i = \text{常量} \tag{2.2.10}$$

以及在 V 的边界 S 上具有给定的 $\varphi|_S$ 或 $\left.\frac{\partial \varphi}{\partial n}\right|_S$ 值.

证明 设有两个解 φ' 和 φ'' 满足上述条件, 令

$$\varphi = \varphi' - \varphi''$$

则 φ 满足

$$\nabla^2 \varphi = 0 \quad (V' \text{ 内}) \tag{2.2.11}$$

$$-\oint_{S_i} \frac{\partial \varphi}{\partial n}\, \mathrm{d}S = 0 \tag{2.2.12}$$

$$\varphi|_{S_i} = \text{常量}$$

$$\varphi|_S = 0 \quad \text{或} \quad \left.\frac{\partial \varphi}{\partial n}\right|_S = 0 \tag{2.2.13}$$

对区域 V' 用公式

$$\begin{aligned}\oint \varphi \nabla \varphi \cdot \mathrm{d}\boldsymbol{S} &= \int_{V'} \nabla \cdot (\varphi \nabla \varphi) \mathrm{d}V \\ &= \int_{V'} (\nabla \varphi)^2 \,\mathrm{d}V + \int_{V'} \varphi \nabla^2 \varphi \mathrm{d}V\end{aligned} \tag{2.2.14}$$

上式左边的面积分包括 V 的边界 S 以及每个导体的表面 S_i 上的积分. 作为 V' 的边界, S_i 的法线指向导体内部. 若我们用 $\dfrac{\partial}{\partial n}$ 表示导体表面的法向偏导数, 由 (2.2.12) 式, 在 S_i 上的积分为

$$\oint_{S_i} \varphi \nabla \varphi \cdot \mathrm{d}\boldsymbol{S} = -\varphi_i \oint_{S_i} \frac{\partial \varphi}{\partial n} \,\mathrm{d}S = 0$$

由 (2.2.13) 式, 在 S 上的面积分亦为零. 因而 (2.2.14) 式左边等于零. 该式右边最后一项由 (2.2.11) 式得零, 因此有

$$\int_{V'} (\nabla \varphi)^2 \,\mathrm{d}V = 0$$

由此得

$$\nabla \varphi = 0$$

即 φ' 和 φ'' 至多只能相差一个常量, 因而电场唯一确定.

导体外的电势确定后, 由边值关系

$$-\varepsilon \left.\frac{\partial \varphi}{\partial n}\right|_{S_i} = \sigma \tag{2.2.15}$$

可知导体上的电荷面密度亦同时确定.

由本定理的证明可以看出电场与电荷的相互制约关系. 若空间内有一些导体, 给定各导体上的总电荷后, 在空间中就激发了电场. 同时导体上的电荷受到电场作用. 在静止情况下, 导体上的电荷分布使得导体表面为一个等势面. 因此, 由导体上的总电荷和导体面为等势面的条件, 可同时确定空间中的电场以及导体上的电荷面密度.

例 2.4

如图 2-4 所示, 两同心导体球壳之间充以两种介质, 左半部电容率为 ε_1, 右半部电容率为 ε_2. 设内球壳带总电荷 Q, 外球壳接地, 求介质中电场和内球壳外表面上的电荷分布.

解: 设两介质内的电势、电场强度和电位移分别为 φ_1、$\boldsymbol{E}_1$、$\boldsymbol{D}_1$ 和 φ_2、$\boldsymbol{E}_2$、$\boldsymbol{D}_2$. 由于左右两半是不同介质, 因此电场一般不同于只有一种均匀介质时的球对称解. 在找尝试解时, 我们先考虑两介质分界面上的边值关系

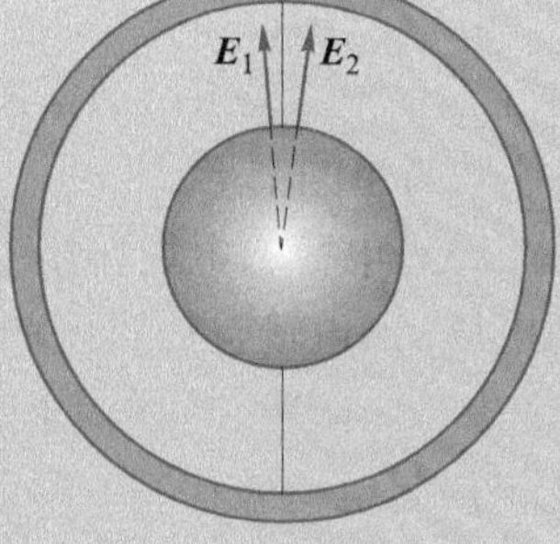

图 2-4

$$E_{2\text{t}} = E_{1\text{t}} \tag{2.2.16}$$

$$D_{2\text{n}} = D_{1\text{n}} \tag{2.2.17}$$

如果我们假设 $\boldsymbol{E}$ 仍保持球对称性, 即

$$\boldsymbol{E}_1 = \frac{A}{r^3}\boldsymbol{r} \qquad (\text{左半部})$$

$$\boldsymbol{E}_2 = \frac{A}{r^3}\boldsymbol{r} \qquad (\text{右半部}) \tag{2.2.18}$$

(A 为待定常量), 则在分界面两侧电场与界面相切, 并有相同数值, 因而边值关系 (2.2.16) 得到满足. 而且由于 $D_{2\text{n}} = D_{1\text{n}} = 0$, 故而 (2.2.17) 式亦被满足. 球对称的 $\boldsymbol{E}$ 在导体球面上处处与球面垂直, 因而保证导体球面为等势面. 为了满足内导体总电荷等于 Q 的条件, 我们计算内导体球面上的积分:

$$\oint_S \boldsymbol{D} \cdot \mathrm{d}\boldsymbol{S} = \int_{S_1} \varepsilon_1 \boldsymbol{E}_1 \cdot \mathrm{d}\boldsymbol{S} + \int_{S_2} \varepsilon_2 \boldsymbol{E}_2 \cdot \mathrm{d}\boldsymbol{S} = Q \tag{2.2.19}$$

其中 S_1 和 S_2 分别为左右半球面. 把 (2.2.18) 式代入得

$$2\pi (\varepsilon_1 + \varepsilon_2) A = Q$$

解出

$$A = \frac{Q}{2\pi (\varepsilon_1 + \varepsilon_2)}$$

代入 (2.2.18) 式得

$$\boldsymbol{E}_1 = \frac{Q\boldsymbol{r}}{2\pi (\varepsilon_1 + \varepsilon_2) r^3} \quad (\text{左半部}) \tag{2.2.20a}$$

$$\boldsymbol{E}_2 = \frac{Q\boldsymbol{r}}{2\pi (\varepsilon_1 + \varepsilon_2) r^3} \quad (\text{右半部}) \tag{2.2.20b}$$

此解满足唯一性定理的所有条件, 因此是唯一正确的解.

虽然 $\boldsymbol{E}$ 仍保持球对称性, 但是 $\boldsymbol{D}$ 和导体面上的自由电荷面密度 σ 不具有球对称性. 设内导体球半径为 a, 则球面上的自由电荷面密度为

$$\sigma_1 = D_{1r} = \varepsilon_1 E_{1r} = \frac{\varepsilon_1 Q}{2\pi (\varepsilon_1 + \varepsilon_2) a^2} \quad (\text{左半部})$$

$$\sigma_2 = D_{2r} = \varepsilon_2 E_{2r} = \frac{\varepsilon_2 Q}{2\pi (\varepsilon_1 + \varepsilon_2) a^2} \quad (\text{右半部})$$

注意导体两半球面上的自由电荷分布是不同的, 但 $\boldsymbol{E}$ 却保持球对称性. 请读者试解释这一点.

3. 镜像法

镜像法就是静电学唯一性定理的一个应用，通常适用于感兴趣区域内只有一个或几个点电荷而区域边界条件比较简单的情形.

设点电荷 Q 附近有一导体，在点电荷的电场作用下，导体面上出现感应电荷. 我们希望求出导体外面空间中的电场，这电场包括点电荷 Q 所激发的电场和导体上感应电荷所激发的电场. 让我们考虑一个问题：导体面上的感应电荷对空间中电场的影响能否用导体内部某个或某几个假想电荷来代替？注意我们在作这种代换时并没有改变空间中的电荷分布 (在求解电场的区域，即导体外部空间中仍然是只有一个点电荷 Q)，因而并不影响泊松方程，问题的关键在于能否满足边界条件. 如果用这种代换确实能够满足边界条件，则我们所设想的假想电荷就可以用来代替导体面上的感应电荷分布，从而问题的解可以简单地表示出来. 下面举一些例子说明此方法的应用.

例 2.5

接地无限大平面导体板上方有一点电荷 Q，求空间中的电场、Q 受到的力、导体板上的电荷面密度和总感应电荷. 讨论 Q 的镜像势与静电场能的关系.

解： 从物理上分析，在点电荷 Q 的电场作用下，导体板上出现感应电荷分布. 若 Q 为正的，则感应电荷为负的. 空间中的电场是由给定的点电荷 Q 以及导体面上的感应电荷共同激发的，而另一方面感应电荷分布又是在总电场作用下达到平衡的结果. 平衡的条件就是导体的静电条件，即导体表面为一等势面. 所以这问题的边界条件是

$$\varphi = 常量\ (导体面上)$$

或者说，电场线必须与导体平板垂直.

怎样才能满足这一边界条件呢？我们设想，感应电荷对空间电场的作用能否用一个假想电荷来代替？如图 2-5 所示，设想在导体板下方与电荷 Q 对称的位置上放一个假想电荷 Q'，然后把导体板抽去. 若 $Q' = -Q$，则假想电荷 Q' 与给定电荷 Q 激发的总电场如图所示. 由对称性容易看出，在原导体板平面上，电场线处处与它正交，因而边界条件得到满足. 因此，导体板上的感应电荷确实可以用板下方一个假想电荷 Q' 代替. Q' 称为 Q 的镜像电荷.

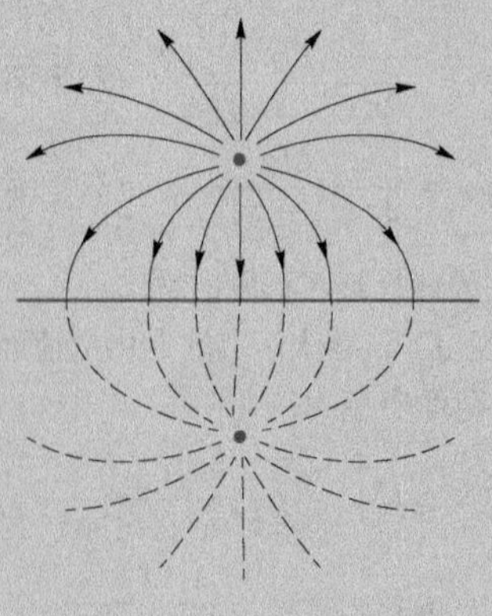

图 2-5

导体板上部空间的电场可以看作原电荷 Q 与镜像电荷 $Q'=-Q$ 共同激发的电场. 以 r 表示 Q 到场点 P 的距离, r' 表示镜像电荷 Q' 到 P 的距离, P 点的电势为

$$\varphi(P)=\frac{1}{4\pi\varepsilon_0}\left(\frac{Q}{r}-\frac{Q}{r'}\right) \tag{2.2.21a}$$

选 Q 到导体板上的投影点 O 作为坐标原点, 设 Q 到导体板的距离为 a, 有

$$\varphi(x,y,z)=\frac{1}{4\pi\varepsilon_0}\left[\frac{Q}{\sqrt{x^2+y^2+(z-a)^2}}-\frac{Q}{\sqrt{x^2+y^2+(z+a)^2}}\right] \tag{2.2.21b}$$

即一个位于接地无限大平面导体板上方的点电荷在导体板上方所产生的电势由 (2.2.21b) 式给出. 唯一性定理保证了它就是所求问题的唯一正确的解.

我们可以根据 (2.1.12a) 式计算导体板上的感应电荷面密度分布

$$\begin{aligned}\sigma(x,y)&=-\varepsilon_0\frac{\partial\varphi}{\partial z}\bigg|_{z=0}=\frac{1}{4\pi}\left\{\frac{-Q(z-a)}{[x^2+y^2+(z-a)^2]^{3/2}}-\frac{-Q(z+a)}{[x^2+y^2+(z+a)^2]^{3/2}}\right\}_{z=0}\\&=\frac{-Qa}{2\pi\left(x^2+y^2+a^2\right)^{3/2}}\end{aligned}$$

感应电荷面密度 σ 在原点处取最大值, 离原点越远则越小. 总的感应电荷为

$$\begin{aligned}Q''&=\int_{\text{导体板}}\sigma(x,y)\,\mathrm{d}S\\&=\int_0^{2\pi}\mathrm{d}\phi\int_0^{\infty}\frac{-Qa}{2\pi\left(R^2+a^2\right)^{3/2}}R\mathrm{d}R\\&=\frac{Qa}{\sqrt{R^2+a^2}}\bigg|_0^{\infty}=-Q\end{aligned}$$

显然导体板上总的感应电荷为 $-Q$, 与假想电荷 Q' 相同.

距离导体表面垂直距离 z 的电荷 Q 受到导体上感应电荷的作用力等于镜像电荷对 Q 的吸引力, 即

$$F(z)=-\frac{1}{4\pi\varepsilon_0}\frac{Q^2}{(2z)^2} \tag{2.2.22}$$

它沿 z 轴方向, 负号表示指向导体.

把电荷 Q 从 z 处移到无限远处过程中电场对它做的功定义为 Q 在 z 处的镜像势. 不妨让 Q 沿 z 轴移动到无限远. 镜像势为

$$V(z)=\int_z^{\infty}F(z')\mathrm{d}z'=-\int_z^{\infty}\frac{1}{4\pi\varepsilon_0}\frac{Q^2}{(2z')^2}\mathrm{d}z'=-\frac{1}{4\pi\varepsilon_0}\frac{Q^2}{4z} \tag{2.2.23}$$

注意, $V(z)$ 不等于 Q 乘以镜像电荷 Q' 在 Q 所在处的静电势. 后者是 Q 激发的电场和所有感应电荷激发的电场的相互作用能, 在静电情形就是 Q 和感应电荷的相互作用能

$$W=\frac{1}{4\pi\varepsilon_0}\frac{QQ'}{2z}=-\frac{1}{4\pi\varepsilon_0}\frac{Q^2}{2z}$$

当 z 减少, 电场相互作用能减少. 减少的场能一半用于对 Q 做功, 另一半用于对感应电荷做功, 原因是感应电荷对 Q 的作用力和 Q 对感应电荷的作用力大小相等, 方向相反.

例 2.6

真空中有一半径为 R_0 的接地导体球，距球心为 $a\,(a>R_0)$ 处有一点电荷 Q，求空间各点的电势 (图 2-6).

解: 假设可以用球内一个假想点电荷 Q' 来代替球面上感应电荷对空间电场的作用. 由对称性,Q' 应在 OQ 连线上. 关键是能否选择 Q' 的大小和位置使得球面上 $\varphi=0$ 的边界条件得到满足?

考虑球面上任一点 P [图 2-6(a)], 边界条件要求

$$\frac{Q}{r}+\frac{Q'}{r'}=0 \tag{2.2.24}$$

式中 r 为 Q 到 P 的距离,r' 为 Q' 到 P 的距离. 因此对球面上任一点, 应有

$$\frac{r'}{r}=-\frac{Q'}{Q}=\text{常量} \tag{2.2.25}$$

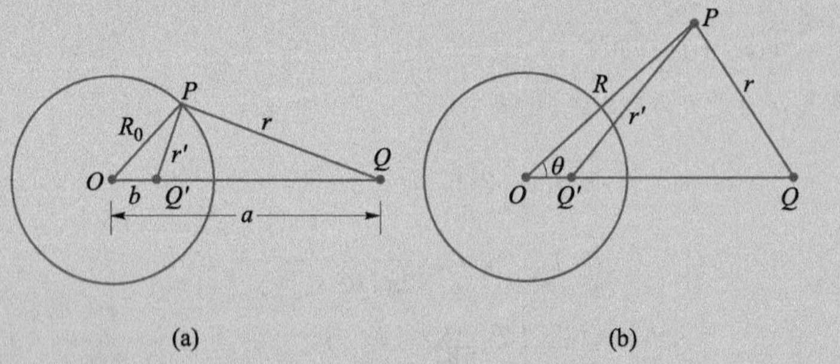

图 2-6

由图 2-6(a) 看出, 只要选 Q' 的位置使 $\triangle OQ'P\backsim\triangle OPQ$, 则

$$\frac{r'}{r}=\frac{R_0}{a}=\text{常量} \tag{2.2.26}$$

设 Q' 距球心为 b, 两三角形相似的条件为 $\dfrac{b}{R_0}=\dfrac{R_0}{a}$, 或

$$b=\frac{R_0^2}{a} \tag{2.2.27}$$

由 (2.2.25) 式和 (2.2.26) 式求出

$$Q'=-\frac{R_0}{a}Q \tag{2.2.28}$$

(2.2.27) 式和 (2.2.28) 式确定假想电荷 Q' 的位置和大小.

由 Q 和镜像电荷 Q' 所叠加出来的静电势在球外空间自动满足泊松方程, 同时也能够满足在导体面上 $\varphi=0$ 的边界条件, 由唯一性定理可知, 它就是这个边值问题唯一正确的解. 球外任一点 P [(图 2-6(b)] 的电势为

$$\varphi=\frac{1}{4\pi\varepsilon_0}\left(\frac{Q}{r}-\frac{R_0Q}{ar'}\right)$$

$$= \frac{1}{4\pi\varepsilon_0}\left(\frac{Q}{\sqrt{R^2+a^2-2Ra\cos\theta}}-\frac{R_0Q/a}{\sqrt{R^2+b^2-2Rb\cos\theta}}\right) \tag{2.2.29}$$

式中 r 为由 Q 点到 P 点的距离, r' 为由 Q' 到 P 点的距离, R 为由球心 O 到 P 点的距离,θ 为 OP 与 OQ 的夹角.

简单讨论一下所得结果. 由高斯定理, 收敛于球面上的电场强度通量为 $-Q'/\varepsilon_0$, 因此,Q' 等于球面上的总感应电荷, 它是由于受电荷 Q 的电场吸引而从接地处传至导体球上的. 由 (2.2.28) 式, $|Q'|<Q$, 由 Q 发出的电场线只有一部分收敛于球面上, 剩下的部分伸展至无限远, 电场线如图 2-7 所示.

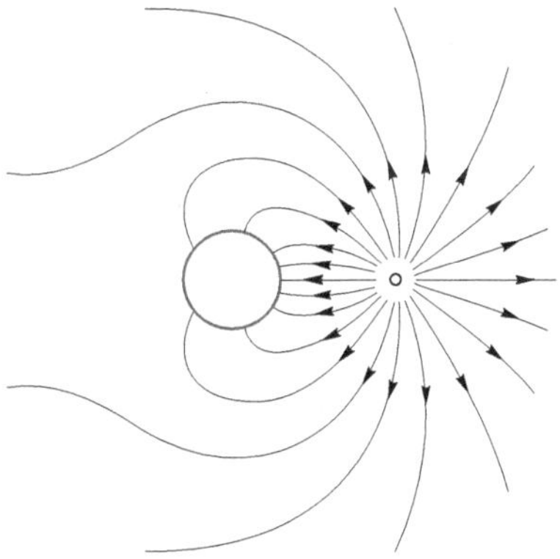

图 2-7

例 2.7

如上例, 但导体球不接地而带电荷 Q_0, 求球外电势, 并求电荷 Q 所受的力.

解: 这里给出的条件是导体上的总电荷. 这条件包括

(1) 球面为等势面 (电势待定);

(2) 从球面发出的总电场强度通量为 Q_0/ε_0.

由上例可知, 若在球外有电荷 Q 而在球内放置假想电荷 Q', 其位置和大小如前, 则球面上电势为零. 若在球心处再放一个假想电荷 Q_0-Q', 则导体球所带总电荷为 Q_0, 同时球面仍为等势面, 其电势为 $(Q_0-Q')/4\pi\varepsilon_0R_0$. 因此, 条件 (1) 和 (2) 都被满足. 在图 2-6(b) 中, 球外任一点 P 的电势为

$$\varphi = \frac{1}{4\pi\varepsilon_0}\left(\frac{Q}{r}-\frac{R_0Q}{ar'}+\frac{Q_0+R_0Q/a}{R}\right) \tag{2.2.30}$$

因为空间中的电场相当于点电荷 Q、镜像电荷 Q' 和球心处的电荷 Q_0-Q' 所激发的电场, 因此电荷 Q 所受的力等于 Q' 和球心处的电荷 Q_0-Q' 对它的作用力 F, 即有

$$4\pi\varepsilon_0F=\frac{Q\left(Q_0-Q'\right)}{a^2}+\frac{QQ'}{(a-b)^2}=\frac{QQ_0}{a^2}-\frac{Q^2R_0^3\left(2a^2-R_0^2\right)}{a^3\left(a^2-R_0^2\right)^2}$$

式中第二项是吸引力, 而且当 $a\to R_0$ 时这项的数值大于第一项. 由此可见, 即使 Q 与 Q_0 同号, 只要 Q 距球面足够近, 它就会受到导体球的吸引力. 这是由于感应作用, 虽然整个导体的总电荷是正的, 但在靠近 Q 的球面部分可能出现负电荷.

由上节和本节的内容看出边值关系和边界条件对于解电场问题的重要性. 概括起来, 大致有以下几种类型的边界条件:

(1) 两绝缘介质界面上, 边值关系为

$$\varphi_1 = \varphi_2 \tag{2.2.31}$$

$$\varepsilon_1 \frac{\partial \varphi_1}{\partial n} = \varepsilon_2 \frac{\partial \varphi_2}{\partial n} \tag{2.2.32}$$

应用此条件可以把界面两边的电势衔接起来.

(2) 给出导体上的电势, 导体面上的边界条件为

$$\varphi = \varphi_0 \quad (\text{给定常量}) \tag{2.2.33}$$

(3) 给出导体所带总电荷 Q, 在导体面上的边界条件为

$$\varphi = \text{常量} \quad (\text{待定}) \tag{2.2.34}$$

$$-\oint_S \varepsilon \frac{\partial \varphi}{\partial n} \mathrm{d}S = Q \tag{2.2.35}$$

应用上述边界条件可以唯一地解出导体外的静电场. 当导体外的电势确定后, 由导体表面的边值关系

$$-\varepsilon \frac{\partial \varphi}{\partial n} = \sigma \tag{2.2.36}$$

可以得出导体面上的自由电荷面密度 σ.

§ 2.3 拉普拉斯方程和分离变量法

以上两节给出静电问题的一般公式, 并说明静电学的基本问题是求满足给定边界条件的泊松方程的解. 只有在界面形状是比较简单的几何曲面时, 这类问题的解才能以解析形式给出, 而且视具体情况不同而有不同解法. 上节介绍的镜像法主要用于分立静电荷的情形. 本节和以下几节我们研究几种求解电荷连续分布的静电问题的方法.

1. 拉普拉斯方程

在许多实际问题中, 静电场是由带电导体决定的. 例如电容器内部的电场是由作为电极的两个导体板上所带电荷决定的; 又如电子光学系统的静电透镜内部, 电场是由分布于电极上的自由电荷决定的. 这些问题的特点是自由电荷只出现在一些导体的表面上, 在空间中没有其他自由电荷分布. 因此, 如果我们选择这些导体表面作为区域 V 的边界, 则在 V 内部自由电荷密度 $\rho = 0$, 因而泊松方程化为比较简单的拉普拉斯 (Laplace) 方程:

$$\nabla^2 \varphi = 0 \tag{2.3.1}$$

产生此电场的电荷都分布于区域 V 之外, 它们的作用通过边界条件反映出来. 因此, 这类问题是求拉普拉斯方程的满足边界条件的解.

(1) 1 维情形

设静电势 φ 只依赖于 x. 拉普拉斯方程化为二次常微分方程

$$\frac{\mathrm{d}^2\varphi}{\mathrm{d}x^2}=0 \tag{2.3.2}$$

通解为

$$\varphi(x)=ax+b \tag{2.3.3}$$

它的两个待定常量 a 和 b 由实际问题的已知条件确定. 例如, 若给定 $x=0$ 的电势 $\varphi(0)$ 和 $x=x_0$ 的电势 $\varphi(x_0)$, 则区间 $[0,x_0]$ 内的电势为

$$\varphi(x)=\frac{\varphi(x_0)-\varphi(0)}{x_0}x+\varphi(0) \tag{2.3.4}$$

我们看到 $\varphi(x)$ 在区间内没有极值. 易见, 对任意 a, $\varphi(x)=(\varphi(x+a)+\varphi(x-a))/2$, 即 x 处的电势是它左右对称两个点的电势平均. 拉普拉斯方程解的这两个性质可以推广到高维情形.

(2) 2 维情形

设 φ 只依赖于 x 和 y. 拉普拉斯方程化为二次偏微分方程

$$\frac{\partial^2\varphi}{\partial x^2}+\frac{\partial^2\varphi}{\partial y^2}=0 \tag{2.3.5}$$

这个方程有一个重要的对称性: 在共性变换下保持方程形式不变 (请参考数学物理方法相关内容). 利用这个对称性可以把一些复杂的边界变换成简单的边界, 从而较容易得到方程边值问题的解.

在一个给定的单连通二维区域, 二维拉普拉斯方程的解也有两个性质:(a) 以 (x,y) 为圆心在区间内作任意半径 R 的圆 C, 则

$$\varphi(x,y)=\frac{1}{2\pi R}\oint_C\varphi\mathrm{d}l \tag{2.3.6}$$

这个结果可以理解为 $\varphi(x,y)$ 等于圆周上电势的平均值. (b) 在单连通二维区域内 φ 没有极值点.

(3) 3 维情形

三维静电势也有类似的两个性质: (a) 在三维单连通区域, 以 $\boldsymbol{r}$ 为中心作一个任意半径 R 的球面 S, 则

$$\varphi(\boldsymbol{r})=\frac{1}{4\pi R^2}\oint_S\varphi\mathrm{d}S \tag{2.3.7}$$

这个结果可以理解为 $\varphi(\boldsymbol{r})$ 等于球面上电势的平均值. 这个结果对数值求解拉普拉斯方程有帮助. (b) 在三维单连通区域内, φ 没有极值点. 这个性质可以理解为, 一些量的平均值不小于该组量中的最小量, 不大于该组量的最大量.

关于静电势, 有严格的恩肖 (Earnshaw) 定理: 在没有电荷分布的单连通区域, 不存在使静电势取极大值的点, 也不存在使电势取极小值的点 (不考虑电势为常量的情形).

2. 分离变量法

对一些具有简单对称性的边界条件, 拉普拉斯方程可以用分离变量法求解. 先根据界面形状选择适当的坐标系, 然后在该坐标系中用分离变量法解拉普拉斯方程. 除了直角坐标系外, 最常用的坐标系有球坐标系和柱坐标系. 这里我们写出用球坐标系得出的通解形式 (见附录 A.2). 球坐标用 (R,θ,ϕ) 表示, R 为半径, θ 为极角, ϕ 为方位角. 拉普拉斯方程在球坐标中的通解为

$$\varphi(R,\theta,\phi)=\sum_{n,m}\left(a_{nm}R^n+\frac{b_{nm}}{R^{n+1}}\right)\mathrm{P}_n^m(\cos\theta)\cos m\phi+ \tag{2.3.8}$$

$$\sum_{n,m}\left(c_{nm}R^n+\frac{d_{nm}}{R^{n+1}}\right)\mathrm{P}_n^m(\cos\theta)\sin m\phi \tag{2.3.9}$$

式中 n 从 0 到无穷大求和, m 从 0 到 n 求和; a_{nm},b_{nm},c_{nm} 和 d_{nm} 为任意常量, 在具体问题中由边界条件定出. $\mathrm{P}_n^m(\cos\theta)$ 为连带勒让德 (Legendre) 函数. 若该问题中具有对称轴, 取此轴为极轴, 则电势 φ 不依赖于方位角 ϕ, 此情形下通解为

$$\varphi=\sum_{n}\left(a_nR^n+\frac{b_n}{R^{n+1}}\right)\mathrm{P}_n(\cos\theta) \tag{2.3.10}$$

$\mathrm{P}_n(\cos\theta)$ 为勒让德函数, a_n 和 b_n 是任意常量, 由边界条件确定.

在每一个没有电荷分布的区域内, φ 满足拉普拉斯方程, 其通解已由 (2.3.8) 式或 (2.3.10) 式给出, 剩下的问题就是由边界条件确定这些通解中所含的任意常量, 得到满足边界条件的特解. 下面举一些具体例子说明确定特解的方法.

例 2.8

一个内径和外径分别为 R_2 和 R_3 的导体球壳, 带电荷 Q, 同心地包围着一个半径为 R_1 的导体球 ($R_1<R_2$). 使这个导体球接地, 求空间各点的电势和这个导体球的感应电荷.

解: 此问题有球对称性, 电势 φ 不依赖于角度 θ 和 ϕ. 注意到 $\mathrm{P}_0=1$ 而其他 $\mathrm{P}_{n\neq0}$ 均依赖于 θ, 故 (2.3.10) 式只取 $n=0$ 项. 设导体壳外和壳内的电势为

$$\varphi_1=a+\frac{b}{R}\quad(R>R_3) \tag{2.3.11a}$$

$$\varphi_2=c+\frac{d}{R}\quad(R_2>R>R_1) \tag{2.3.11b}$$

边界条件为:

(1) 因内导体球接地, 故有

$$\varphi_2|_{R=R_1}=\varphi_1|_{R\to\infty}=0 \tag{2.3.12}$$

(2) 因整个导体球壳为等势体, 故有

$$\varphi_2|_{R=R_2}=\varphi_1|_{R=R_3} \tag{2.3.13}$$

(3) 球壳带总电荷 Q, 因而

$$-\oint_{R=R_3}\frac{\partial\varphi_1}{\partial R}R^2\,\mathrm{d}\Omega+\oint_{R=R_2}\frac{\partial\varphi_2}{\partial R}R^2\,\mathrm{d}\Omega=\frac{Q}{\varepsilon_0} \tag{2.3.14}$$

把 (2.3.11a) 和 (2.3.11b) 式代入这些边界条件中, 得

$$a=0,\quad c+\frac{d}{R_1}=0$$
$$c+\frac{d}{R_2}=\frac{b}{R_3},\quad b-d=\frac{Q}{4\pi\varepsilon_0}$$

由此解出

$$d=\frac{Q_1}{4\pi\varepsilon_0},\quad b=\frac{Q}{4\pi\varepsilon_0}+\frac{Q_1}{4\pi\varepsilon_0} \tag{2.3.15}$$
$$c=-\frac{Q_1}{4\pi\varepsilon_0 R_1}$$

其中

$$Q_1=-\frac{R_3^{-1}}{R_1^{-1}-R_2^{-1}+R_3^{-1}}Q$$

把这些值代回 (2.3.11a) 和 (2.3.11b) 式中, 得电势的解为

$$\varphi_1=\frac{Q+Q_1}{4\pi\varepsilon_0 R}\quad (R>R_3) \tag{2.3.16}$$

$$\varphi_2=\frac{Q_1}{4\pi\varepsilon_0}\left(\frac{1}{R}-\frac{1}{R_1}\right)\quad (R_2>R>R_1) \tag{2.3.17}$$

导体球上的感应电荷为

$$-\varepsilon_0\int_{R=R_1}\frac{\partial\varphi_2}{\partial R}R^2\,\mathrm{d}\Omega=Q_1 \tag{2.3.18}$$

例 2.9

电容率为 ε 的介质球置于均匀外电场 $\boldsymbol{E}_0$ 中, 求电势.

解: 介质球在外电场中极化, 在它表面上产生束缚电荷. 这些束缚电荷激发的电场叠加在原外电场 $\boldsymbol{E}_0$ 上, 得总电场 $\boldsymbol{E}$. 束缚电荷分布和总电场 $\boldsymbol{E}$ 互相制约, 边界条件正确地反映这种制约关系.

设球半径为 R_0, 球外为真空 (图 2–8). 此问题具有轴对称性, 对称轴为通过球心沿外电场 $\boldsymbol{E}_0$ 方向的轴线, 取此轴线为极轴.

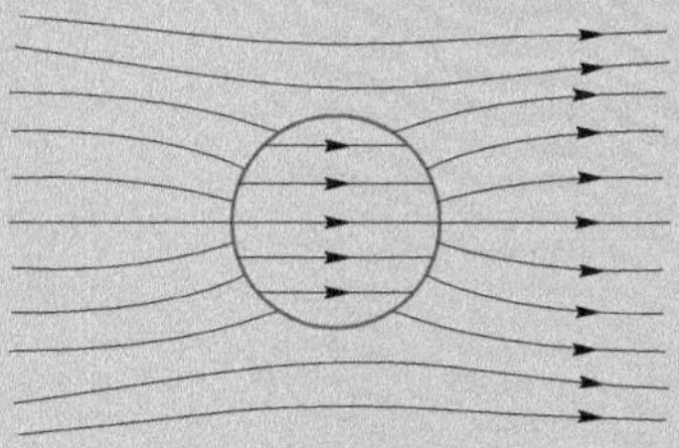

图 2–8

介质球的存在使空间分为两均匀区域——球外区域和球内区域. 两区域内部都没有自由电荷, 因此电势 φ 都满足拉普拉斯方程. 以 φ_1 代表球外区域的电势, φ_2 代表球内的电势. 由 (2.3.10) 式, 两区域的通解为

$$\varphi_1=\sum_n\left(a_nR^n+\frac{b_n}{R^{n+1}}\right)\mathrm{P}_n(\cos\theta) \tag{2.3.19}$$

$$\varphi_2 = \sum_n \left(c_n R^n + \frac{d_n}{R^{n+1}} \right) \mathrm{P}_n(\cos\theta) \tag{2.3.20}$$

a_n 、b_n 、c_n 和 d_n 是待定常量. 边界条件包括:

(1) 无限远处, $\boldsymbol{E} \to \boldsymbol{E}_0$, 由 §2.1 节例 1 得

$$\varphi_1 \to -E_0 R \cos\theta = -E_0 R \mathrm{P}_1(\cos\theta) \tag{2.3.21}$$

因而

$$a_1 = -E_0, \quad a_n = 0 \quad (n \neq 1) \tag{2.3.22}$$

(2) $R = 0$ 处, φ_2 应为有限值, 因此

$$d_n = 0 \tag{2.3.23}$$

(3) 在介质球面上 $(R = R_0)$

$$\varphi_1 = \varphi_2, \quad \varepsilon_0 \frac{\partial \varphi_1}{\partial R} = \varepsilon \frac{\partial \varphi_2}{\partial R} \tag{2.3.24}$$

把 (2.3.19) 式和 (2.3.20) 式代入得

$$-E_0 R_0 \mathrm{P}_1(\cos\theta) + \sum_n \frac{b_n}{R_0^{n+1}} \mathrm{P}_n(\cos\theta) = \sum_n c_n R_0^n \mathrm{P}_n(\cos\theta) \tag{2.3.25}$$

$$-E_0 \mathrm{P}_1(\cos\theta) - \sum_n \frac{(n+1)b_n}{R_0^{n+2}} \mathrm{P}_n(\cos\theta) = \frac{\varepsilon}{\varepsilon_0} \sum_n n c_n R_0^{n-1} \mathrm{P}_n(\cos\theta)$$

比较 P_1 的系数得

$$-E_0 R_0 + \frac{b_1}{R_0^2} = c_1 R_0$$

$$-E_0 - \frac{2b_1}{R_0^3} = \frac{\varepsilon}{\varepsilon_0} c_1 \tag{2.3.26}$$

由 (2.3.26) 式解出

$$b_1 = \frac{\varepsilon - \varepsilon_0}{\varepsilon + 2\varepsilon_0} E_0 R_0^3, \quad c_1 = -\frac{3\varepsilon_0}{\varepsilon + 2\varepsilon_0} E_0 \tag{2.3.27}$$

比较 (2.3.25) 式其他 P_n 项的系数可解出

$$b_n = c_n = 0, \quad n \neq 1 \tag{2.3.28}$$

所有常量已经定出, 因此本问题的解为

$$\varphi_1 = -E_0 R \cos\theta + \frac{\varepsilon - \varepsilon_0}{\varepsilon + 2\varepsilon_0} \frac{E_0 R_0^3 \cos\theta}{R^2}$$

$$\varphi_2 = -\frac{3\varepsilon_0}{\varepsilon + 2\varepsilon_0} E_0 R \cos\theta \tag{2.3.29}$$

现在讨论此解的物理意义. 由 (2.3.29) 式, 球内电场为 $\dfrac{3\varepsilon_0}{\varepsilon + 2\varepsilon_0}\boldsymbol{E}_0$, 因为 $\dfrac{3\varepsilon_0}{\varepsilon + 2\varepsilon_0}$ 总小于 1 , 所以球内电场比原外电场 $\boldsymbol{E}_0$ 为弱, 这是由于介质球极化后在右半球面上产生正束缚电荷, 在左半球面上产生负束缚电荷, 故而在球内束缚电荷激发的场与原外场反向, 使总电场减弱. 在球内总电场作用下, 介质的电极化强度为

$$\boldsymbol{P} = \chi_{\mathrm{e}} \varepsilon_0 \boldsymbol{E} = (\varepsilon - \varepsilon_0) \boldsymbol{E} = \frac{\varepsilon - \varepsilon_0}{\varepsilon + 2\varepsilon_0} 3\varepsilon_0 \boldsymbol{E}_0 \tag{2.3.30}$$

介质球的总电偶极矩为

$$\boldsymbol{p} = \frac{4\pi}{3} R_0^3 \boldsymbol{P} = \frac{\varepsilon - \varepsilon_0}{\varepsilon + 2\varepsilon_0} 4\pi\varepsilon_0 R_0^3 \boldsymbol{E}_0 \tag{2.3.31}$$

(2.3.29) 式 φ_1 中的第二项正是这个电偶极矩所产生的电势

$$\frac{1}{4\pi\varepsilon_0} \frac{\boldsymbol{p} \cdot \boldsymbol{R}}{R^3} = \frac{\varepsilon - \varepsilon_0}{\varepsilon + 2\varepsilon_0} \frac{E_0 R_0^3}{R^2} \cos\theta \tag{2.3.32}$$

例 2.10

半径为 R_0 的接地导体球置于均匀外电场 $\boldsymbol{E}_0$ 中, 求电势和导体上的电荷面密度.

解: 用导体表面边界条件 (2.1.11a) 式和 (2.1.12a) 式, 照上例方法可解出导体球外电势为

$$\varphi = -E_0 R \cos\theta + \frac{E_0 R_0^3}{R^2} \cos\theta \tag{2.3.33}$$

导体面上自由电荷面密度为

$$\sigma = -\varepsilon_0 \left.\frac{\partial \varphi}{\partial R}\right|_{R=R_0} = 3\varepsilon_0 E_0 \cos\theta \tag{2.3.34}$$

读者可自行推导并讨论所得结果.

静电学某些应用和以上两例有关. 例如静电选矿就是利用非均匀电场对介质颗粒的吸引力来分选矿粒的. 在非均匀电场中, 若在颗粒体积之内电场变化不大, 则介质颗粒的偶极矩大致上由 (2.3.31) 式表示, 其中 $\boldsymbol{E}_0$ 为颗粒所在处的外电场. 颗粒极化后受到非均匀电场的吸引力, 吸引力的大小依赖于 ε, 由此可以分选不同矿质的颗粒.

例 2.11

导体尖劈带电势 V, 分析它的尖角附近的电场.

解: 用柱坐标系. 取 z 轴沿尖边. 设尖劈以外的空间, 即电场存在的空间为 $0 \leqslant \phi \leqslant 2\pi - \alpha$ (α 为小角). 因电势 φ 不依赖于 z, 柱坐标下的拉普拉斯方程为

$$\frac{1}{r} \frac{\partial}{\partial r} \left(r \frac{\partial \varphi}{\partial r} \right) + \frac{1}{r^2} \frac{\partial^2 \varphi}{\partial \phi^2} = 0 \tag{2.3.35}$$

用分离变量法解此方程. 设 φ 的特解为 $\varphi = R(r)\Theta(\phi)$, 则上式分解为两个方程:

$$r^2 \frac{\mathrm{d}^2 R}{\mathrm{d}r^2} + r \frac{\mathrm{d}R}{\mathrm{d}r} = \nu^2 R$$

$$\frac{\mathrm{d}^2 \Theta}{\mathrm{d}\phi^2} + \nu^2 \Theta = 0$$

其中 ν 为某些正实数或 0 . 把 φ 的特解叠加得 φ 的通解

$$\begin{aligned} \varphi = {} & (A_0 + B_0 \ln r)(C_0 + D_0 \phi) + \\ & \sum_{\nu \neq 0} \left(A_\nu r^\nu + B_\nu r^{-\nu} \right) (C_\nu \cos \nu\phi + D_\nu \sin \nu\phi) \end{aligned} \tag{2.3.36}$$

各待定常量和 ν 的可能值都由边界条件确定.

在尖劈 $\phi = 0$ 面上, $\varphi = V$, 与 r 无关, 由此

$$A_0C_0 = V, \quad B_0 = 0$$

$$C_\nu = 0 \quad (\nu \neq 0)$$

因 $r \to 0$ 时 φ 有限, 得

$$B_0 = B_\nu = 0$$

在尖劈 $\phi = 2\pi - \alpha$ 面上, 有 $\varphi = V$, 与 r 无关, 必须有

$$D_0 = 0$$

$$\sin\nu(2\pi - \alpha) = 0$$

因此 ν 的可能值为

$$\nu_n = \frac{n}{2 - \dfrac{\alpha}{\pi}} \quad (n = 1, 2, \cdots) \tag{2.3.37}$$

考虑这些条件, φ 可以重写为

$$\varphi = V + \sum_n A_n r^{\nu_n} \sin\nu_n\phi \tag{2.3.38}$$

为了确定待定常量 A_n, 还必须用某一大曲面包围着电场存在的区域, 并给定这曲面上的边界条件. 因此, 本题所给的条件是不完全的, 还不足以确定全空间的电场. 但是, 我们可以对尖角附近的电场作出一定的分析. .

在尖角附近, $r \to 0$, (2.3.38) 式的求和式的主要贡献来自 r 最低幂次项, 即 $n = 1$ 项. 因此

$$\varphi \approx V + A_1 r^{\nu_1} \sin\nu_1\phi \tag{2.3.39}$$

电场为

$$\begin{aligned} E_r &= -\frac{\partial\varphi}{\partial r} \approx -\nu_1 A_1 r^{\nu_1 - 1}\sin\nu_1\phi \\ E_\phi &= -\frac{1}{r}\frac{\partial\varphi}{\partial\phi} \approx -\nu_1 A_1 r^{\nu_1 - 1}\cos\nu_1\phi \end{aligned} \tag{2.3.40}$$

尖劈两面上的自由电荷面密度为

$$\begin{aligned} \sigma = \varepsilon_0 E_\mathrm{n} &= \begin{cases} \varepsilon_0 E_\phi & (\phi = 0) \\ -\varepsilon_0 E_\phi & (\phi = 2\pi - \alpha) \end{cases} \\ &\approx -\varepsilon_0 \nu_1 A_1 r^{\nu_1 - 1} \end{aligned} \tag{2.3.41}$$

若 α 很小, 有 $\nu_1 \approx \dfrac{1}{2}$, 尖角附近的场强和电荷面密度都近似地正比于 $r^{-\frac{1}{2}}$. 由此可见, 尖角附近可能存在很强的电场和电荷面密度. 相应的三维针尖问题就是尖端放电现象.

§ 2.4 格林函数

格林函数方法广泛应用于物理理论研究和实际应用研究. 数学上, 格林函数方法把偏微分方程转化为积分方程. 本节以求解静电势问题为例介绍格林函数方法.

静电势的特殊解由泊松方程和边界条件共同确定. §2.2 节通过镜像法求得若干点电荷边值问题的特殊解. 我们将看到, 点电荷边值问题的解便是某种格林函数, 它

在静电学中有重要意义. 借助于满足一定边值条件的格林函数能够解决更广的一类边值问题.

本节考虑两种较普遍的边值问题: 给定 V 内电荷分布 ρ 和 V 的边界 S 上各点的电势 φ_S 或电场法向分量 $\left.\frac{\partial\varphi}{\partial n}\right|_S$, 求 V 内各点电势值. 如果边界条件是给定 S 上的电势, 这类边值问题称为第一类边值问题; 如果给定 S 上的 $\left.\frac{\partial\varphi}{\partial n}\right|_S$, 这类边值问题称为第二类边值问题.

本节研究这些边值问题是怎样借助于有关点电荷的较简单的边值问题而得到解决的. 为此, 我们先说明点电荷密度的数学表示, 然后利用格林公式把一般边值问题和有关点电荷的相应问题联系起来. 本节最后介绍离散空间的格林函数, 它常用于数值求解复杂边界下的边值问题.

1. 点电荷密度的 δ 函数表示

点电荷是电荷分布的极限情况, 它可以看作一个体积很小而电荷密度很大的带电小球的极限. 处于原点上的单位点电荷的密度用函数 $\delta(\boldsymbol{x})$ 表示. δ 函数定义如下:

$$\begin{aligned}&\delta(\boldsymbol{x})=0, \quad \text{当 } \boldsymbol{x}\neq 0\\&\int_V \delta(\boldsymbol{x})\mathrm{d}V=1, \quad \text{若积分区域 } V \text{ 包含 } \boldsymbol{x}=0 \text{ 点}\end{aligned} \tag{2.4.1}$$

由此定义可见, 在 $\boldsymbol{x}=0$ 点处 $\delta(\boldsymbol{x})$ 必须为无穷大. 因此, $\delta(\boldsymbol{x})$ 不是通常意义上的函数, 但是我们可以把它作为某些连续函数的极限来理解. 图 2–9 示意地表示 δ 函数作为连续函数的极限. 当宽度 $2a\to 0$, 而保持曲线下的面积等于 1 时, 此极限就可以看作 δ 函数. δ 函数在近代物理学中有着广泛的应用. 数学上它是一种广义函数, 可以用严格的数学方法处理.

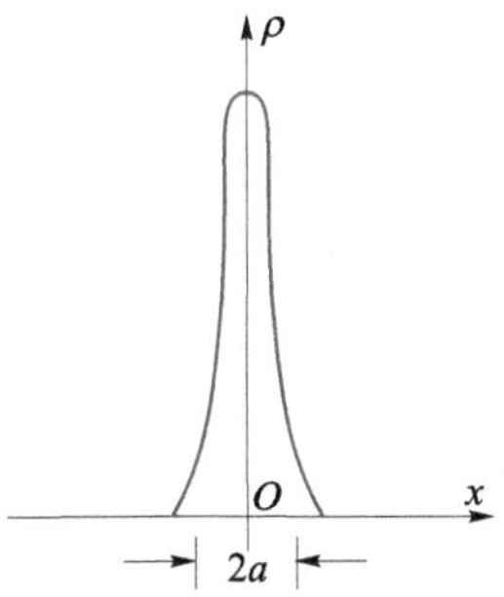

图 2–9

处于 $\boldsymbol{x}'$ 点上的单位点电荷的密度用函数 $\delta(\boldsymbol{x}-\boldsymbol{x}')$ 表示:

$$\rho(\boldsymbol{x})=\delta(\boldsymbol{x}-\boldsymbol{x}') \tag{2.4.2}$$

此式当 $\boldsymbol{x}\neq\boldsymbol{x}'$ 时其值为零, 而对包括 $\boldsymbol{x}'$ 点在内的区域积分值等于 1.

$$\delta(\boldsymbol{x}-\boldsymbol{x}')=0, \quad \text{当 } \boldsymbol{x}\neq\boldsymbol{x}'$$

$$\int_V \delta\left(\boldsymbol{x}-\boldsymbol{x}'\right) \mathrm{d}V=1, \quad \text{当 } \boldsymbol{x}' \in V \tag{2.4.3}$$

δ 函数有如下重要性质: 若 $f(\boldsymbol{x})$ 为在原点附近的连续函数, V 包括原点在内, 有

$$\int_V f(\boldsymbol{x}) \delta(\boldsymbol{x}) \mathrm{d}V=f(0)$$

同样, 若 V 包括 $\boldsymbol{x}'$ 点在内, 而 $f(\boldsymbol{x})$ 在 $\boldsymbol{x}=\boldsymbol{x}'$ 点附近连续, 有

$$\int_V f(\boldsymbol{x}) \delta\left(\boldsymbol{x}-\boldsymbol{x}'\right) \mathrm{d}V=f\left(\boldsymbol{x}'\right) \tag{2.4.4}$$

上式可以由 δ 函数定义推出. 由于 $\delta\left(\boldsymbol{x}-\boldsymbol{x}'\right)$ 仅在 $\boldsymbol{x}=\boldsymbol{x}'$ 点处不为零, 所以上式左边的积分实际上仅需对包围 $\boldsymbol{x}'$ 点的任意小区域积分. 当小区域线度趋向于零, 连续函数 $f(\boldsymbol{x})$ 可取固定值 $f\left(\boldsymbol{x}'\right)$, 从而可以移出积分号外, 而 δ 函数积分值为 1 , 因此积分结果得出 $f\left(\boldsymbol{x}'\right)$.

2. 格林函数

一个处于 $\boldsymbol{x}'$ 点上的单位点电荷所激发的电势 $\psi(\boldsymbol{x})$ 满足泊松方程:

$$\nabla^2 \psi(\boldsymbol{x})=-\frac{1}{\varepsilon_0} \delta\left(\boldsymbol{x}-\boldsymbol{x}'\right) \tag{2.4.5}$$

设有包含 $\boldsymbol{x}'$ 点的某空间区域 V, 在 V 的边界 S 上有边界条件

$$\left.\psi\right|_S=0 \tag{2.4.6}$$

则 (2.4.5) 式的满足边界条件 (2.4.6) 式的解称为泊松方程在区域 V 的第一类边值问题的格林 (Green) 函数. 若在 S 上有另一边界条件:

$$\left.\frac{\partial \psi}{\partial n}\right|_S=-\frac{1}{\varepsilon_0 S} \tag{2.4.7}$$

右边 S 是边界面的面积, 则 (2.4.5) 式的满足边界条件 (2.4.7) 式的解称为泊松方程在区域 V 的第二类边值问题的格林函数.

格林函数一般用 $G\left(\boldsymbol{x}, \boldsymbol{x}'\right)$ 表示, 其中 $\boldsymbol{x}'$ 代表源点, 即点电荷所在点, $\boldsymbol{x}$ 代表场点. 在 (2.4.5) 式中把 $\psi(\boldsymbol{x})$ 写为 $G\left(\boldsymbol{x}, \boldsymbol{x}'\right)$, 得格林函数所满足的微分方程:

$$\nabla^2 G\left(\boldsymbol{x}, \boldsymbol{x}'\right)=-\frac{1}{\varepsilon_0} \delta\left(\boldsymbol{x}-\boldsymbol{x}'\right) \tag{2.4.8}$$

此方程中的 ∇^2 算符是对 $\boldsymbol{x}$ 的微分算符.

在 §2.2 节中我们实际上已求出一些情形的格林函数. 现列举几种情形的格林函数为例.

(1) 无界空间的格林函数.

在 $\boldsymbol{x}'$ 点上一个单位点电荷在无界空间中激发的电势为

$$\varphi(\boldsymbol{x}) = \frac{1}{4\pi\varepsilon_0 r} = \frac{1}{4\pi\varepsilon_0\sqrt{(x-x')^2+(y-y')^2+(z-z')^2}}$$

式中 r 为源点 $\boldsymbol{x}'$ 到场点 $\boldsymbol{x}$ 的距离. 因此, 无界空间的格林函数为

$$G(\boldsymbol{x}, \boldsymbol{x}') = \frac{1}{4\pi\varepsilon_0}\frac{1}{\sqrt{(x-x')^2+(y-y')^2+(z-z')^2}} \tag{2.4.9}$$

现在我们证明此式满足格林函数方程 (2.4.8) 式. 为计算方便, 选电荷所在点 $\boldsymbol{x}'$ 为坐标原点, 即 $\boldsymbol{x}'=0$. 在球坐标中, $G(\boldsymbol{x},0)=\dfrac{1}{4\pi\varepsilon_0 r}$, 由直接计算得

$$\nabla^2\frac{1}{r} = \frac{1}{r^2}\frac{\partial}{\partial r}\left[r^2\frac{\partial}{\partial r}\left(\frac{1}{r}\right)\right] = 0, \quad 若\ r\neq 0$$

在 $r=0$ 点, $\dfrac{1}{r}$ 奇异, 上式不成立. 因此, $\nabla^2\dfrac{1}{r}$ 是这样一个函数, 它在 $r\neq 0$ 处的值为零, 只有在 $r=0$ 点上可能不等于零. 为了进一步确定这一函数, 我们用极限定义 $\dfrac{1}{r}$ 的奇点, 在全空间对它进行积分, 根据

$$\begin{aligned}\int_V \nabla^2\frac{1}{r}\,\mathrm{d}V &= \lim_{a\to 0}\int \nabla^2\frac{1}{(r^2+a^2)^{1/2}}\,\mathrm{d}V \\ &= \lim_{a\to 0}\int \mathrm{d}\Omega\int_0^\infty \frac{-3a^2r^2\,\mathrm{d}r}{(r^2+a^2)^{5/2}}\end{aligned}$$

作积分变量变换 $r=a\rho$, 可见上式的极限存在, 等于 -4π. 因此我们证明了

$$\nabla^2\frac{1}{r} = -4\pi\delta(\boldsymbol{x})$$

一般情形下, 若源点为 $\boldsymbol{x}'$、r 为 $\boldsymbol{x}'$ 到 $\boldsymbol{x}$ 的距离, 有

$$\nabla^2\frac{1}{r} = -4\pi\delta(\boldsymbol{x}-\boldsymbol{x}') \tag{2.4.10}$$

因此证明了 (2.4.9) 式为无界空间的格林函数.

(2) 上半空间的格林函数.

令上半空间 $z>0$. 当 $Q=1$ 时, 由 §2.2 节例 2.5 中 (2.2.21b) 式可得上半空间第一类边值问题的格林函数. 以导体平面上任一点为坐标原点, 设点电荷 Q 所在点的坐标为 (x',y',z'), 场点坐标为 (x,y,z), 则 (2.2.21b)式中的 r 为由 $\boldsymbol{x}'$ 点到 $\boldsymbol{x}$ 点的距离, r' 为由镜像点 $(x',y',-z')$ 到场点的距离. 上半空间格林函数为

$$G(\boldsymbol{x}, \boldsymbol{x}') = \frac{1}{4\pi\varepsilon_0}\left[\frac{1}{\sqrt{(x-x')^2+(y-y')^2+(z-z')^2}} - \frac{1}{\sqrt{(x-x')^2+(y-y')^2+(z+z')^2}}\right] \tag{2.4.11}$$

(3) 球外空间的格林函数.

当 $Q=1$ 时, 由 §2.2 节例 2.6 中 (2.2.29) 式可得球外空间的格林函数. 如图 2–10 所示, 以球心 O 为坐标原点. 设电荷所在点 P' 的坐标为 (x',y',z'), 场点 P 的坐标为 (x,y,z). 令

$$R=\sqrt{x^2+y^2+z^2}$$

$$R'=\sqrt{x'^2+y'^2+z'^2}$$

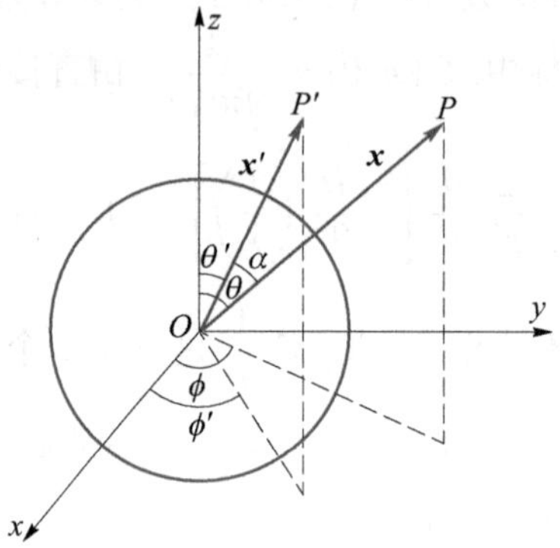

图 2–10

则 §2.2 节例 2.6 中 a 对应于 R', b 对应于 R_0^2/R', 镜像电荷所在点的坐标为 $\dfrac{b}{a}\boldsymbol{x}'=\dfrac{R_0^2}{R'^2}\boldsymbol{x}'$.

$$r=|\boldsymbol{x}-\boldsymbol{x}'|=\sqrt{R^2+R'^2-2RR'\cos\alpha}$$

$$r'=\left|\boldsymbol{x}-\left(\frac{R_0}{R'}\right)^2\boldsymbol{x}'\right|=\frac{1}{R'}\sqrt{R^2R'^2+R_0^4-2R_0^2RR'\cos\alpha}$$

式中 α 为 $\boldsymbol{x}$ 与 $\boldsymbol{x}'$ 的夹角. 若 P 点的球坐标为 (R,θ,ϕ), P' 点的球坐标为 (R',θ',ϕ'), 有 $\cos\alpha=\cos\theta\cos\theta'+\sin\theta\sin\theta'\cos(\phi-\phi')$. 把 (2.2.29) 式作以上代换得球外空间格林函数为

$$G(\boldsymbol{x},\boldsymbol{x}')=\frac{1}{4\pi\varepsilon_0}\left[\frac{1}{\sqrt{R^2+R'^2-2RR'\cos\alpha}}-\frac{1}{\sqrt{\left(\dfrac{RR'}{R_0}\right)^2+R_0^2-2RR'\cos\alpha}}\right] \tag{2.4.12}$$

3. 格林公式和边值问题的解

现在阐明如何从格林函数获得一般边值问题的解. 先考虑第一类边值问题. 设 V 内有电荷分布 ρ, 边界 S 上给定电势 $\varphi|_S$, 求 V 内的电势 $\varphi(\boldsymbol{x})$.

相应的格林函数问题是: V 内在 $\boldsymbol{x}'$ 点上有一点电荷, 边界 S 上给定电势为 0, 则 V 内电势的解为 $\psi(\boldsymbol{x})=G(\boldsymbol{x},\boldsymbol{x}')$.

用格林公式可以把这两个问题的解联系起来. 设区域 V 内有两个函数 $\varphi(\boldsymbol{x})$ 和 $\psi(\boldsymbol{x})$, 则有格林公式

$$\int_V \left(\psi\nabla^2\varphi-\varphi\nabla^2\psi\right)\mathrm{d}V=\oint_S\left(\psi\frac{\partial\varphi}{\partial n}-\varphi\frac{\partial\psi}{\partial n}\right)\mathrm{d}S \tag{2.4.13}$$

格林公式证明如下:

由

$$\nabla\cdot(\psi\nabla\varphi)=\nabla\psi\cdot\nabla\varphi+\psi\nabla^2\varphi$$

减去 ψ 和 φ 互换位置的相应公式得

$$\psi\nabla^2\varphi-\varphi\nabla^2\psi=\nabla\cdot(\psi\nabla\varphi-\varphi\nabla\psi)$$

因此 (2.4.13) 式左边是一个散度的体积分, 它可化为面积分

$$\int_V \left(\psi\nabla^2\varphi-\varphi\nabla^2\psi\right)\mathrm{d}V=\oint_S(\psi\nabla\varphi-\varphi\nabla\psi)\cdot\mathrm{d}\boldsymbol{S}$$

格林公式得证.

格林公式对两任意函数 φ 和 ψ 适用. 现在我们取 φ 满足泊松方程:

$$\nabla^2\varphi=-\frac{1}{\varepsilon_0}\rho \tag{2.4.14}$$

取 ψ 为格林函数 $G(\boldsymbol{x},\boldsymbol{x}')$, 它满足方程 (2.4.8) 式. 为方便起见, 我们把格林公式中的积分变量 $\boldsymbol{x}$ 改为 $\boldsymbol{x}'$,G 中的 $\boldsymbol{x}$ 与 $\boldsymbol{x}'$ 互换, 得

$$\begin{aligned}&\int_{V'}\left[G(\boldsymbol{x}',\boldsymbol{x})\nabla'^2\varphi(\boldsymbol{x}')-\varphi(\boldsymbol{x}')\nabla'^2G(\boldsymbol{x}',\boldsymbol{x})\right]\mathrm{d}V'\\&=\oint_{S'}\left[G(\boldsymbol{x}',\boldsymbol{x})\frac{\partial\varphi(\boldsymbol{x}')}{\partial n'}-\varphi(\boldsymbol{x}')\frac{\partial}{\partial n'}G(\boldsymbol{x}',\boldsymbol{x})\right]\mathrm{d}S'\end{aligned} \tag{2.4.15}$$

由 (2.4.8) 式和 (2.4.4) 式, 上式第一行的第二项为

$$\frac{1}{\varepsilon_0}\int\varphi(\boldsymbol{x}')\delta(\boldsymbol{x}'-\boldsymbol{x})\mathrm{d}V'=\frac{1}{\varepsilon_0}\varphi(\boldsymbol{x})$$

(2.4.15) 式左边第一项用 (2.4.14) 式代入, 即得

$$\begin{aligned}\varphi(\boldsymbol{x})=&\int_{V'}G(\boldsymbol{x}',\boldsymbol{x})\rho(\boldsymbol{x}')\mathrm{d}V'+\varepsilon_0\oint_{S'}\left[G(\boldsymbol{x}',\boldsymbol{x})\frac{\partial\varphi}{\partial n'}-\right.\\&\left.\varphi(\boldsymbol{x}')\frac{\partial}{\partial n'}G(\boldsymbol{x}',\boldsymbol{x})\right]\mathrm{d}S'\end{aligned} \tag{2.4.16}$$

在第一类边值问题中, 格林函数满足边界条件

$$G(\boldsymbol{x}',\boldsymbol{x})=0,\ \text{当 } \boldsymbol{x}' \text{ 在 } S \text{ 上} \tag{2.4.17}$$

由 (2.4.16) 式得第一类边值问题的解:

$$\varphi(\boldsymbol{x})=\int_{V'} G(\boldsymbol{x}',\boldsymbol{x})\rho(\boldsymbol{x}')\,\mathrm{d}V'-$$

$$\varepsilon_0\oint_{S'}\varphi(\boldsymbol{x}')\frac{\partial}{\partial n'}G(\boldsymbol{x}',\boldsymbol{x})\,\mathrm{d}S' \tag{2.4.18}$$

由此公式, 只要知道格林函数 $G(\boldsymbol{x}',\boldsymbol{x})$, 在给定边界上的 $\varphi|_S$ 值情形下就可算出区域内的 $\varphi(\boldsymbol{x})$, 因而第一类边值问题完全解决.

对第二类边值问题, 由于 $G(\boldsymbol{x}',\boldsymbol{x})$ 是 $\boldsymbol{x}$ 点处单位点电荷所产生的电势, 其电场强度通量在边界面 S 上应等于 $\dfrac{1}{\varepsilon_0}$, 即

$$-\oint_S\frac{\partial G(\boldsymbol{x}',\boldsymbol{x})}{\partial n'}\mathrm{d}S'=\frac{1}{\varepsilon_0}$$

满足上式的最简单的边界条件是 (2.4.7) 式, 即

$$\left.\frac{\partial G(\boldsymbol{x}',\boldsymbol{x})}{\partial n'}\right|_{\boldsymbol{x}'\in S}=-\frac{1}{\varepsilon_0 S} \tag{2.4.19}$$

其中 S 是界面的总面积. 由 (2.4.16) 式得第二类边值问题的解:

$$\varphi(\boldsymbol{x})=\int_V G(\boldsymbol{x}',\boldsymbol{x})\rho(\boldsymbol{x}')\,\mathrm{d}V'+$$

$$\varepsilon_0\oint_S G(\boldsymbol{x}',\boldsymbol{x})\frac{\partial\varphi(\boldsymbol{x}')}{\partial n'}\mathrm{d}S'+\langle\varphi\rangle_S \tag{2.4.20}$$

其中 $\langle\varphi\rangle_S$ 是电势在界面 S 上的平均值.

由 (2.4.18) 式和 (2.4.20) 式可见, 只要求出区域 V 内的格林函数, 则一般边值问题就得到解决. 只有当区域具有简单几何形状时才能得出格林函数的解析解. §2.2 节介绍的镜像法就是解格林函数的一种方法. 对一般情形, 人们常借助数值方法, 见后面关于离散格林函数的讨论.

格林函数法也可以用来解拉普拉斯方程的边值问题. 当 $\rho=0$ 时, (2.4.18) 式和 (2.4.20) 式就是拉普拉斯方程的相应边值问题的解.

例 2.12

在无穷大导体平面上有半径为 a 的圆, 圆内和圆外用极狭窄的绝缘环绝缘. 设圆内电势为 V_0, 导体板其余部分电势为 0, 求上半空间的电势.

解: 以圆心为柱坐标系原点, z 轴与平板垂直, R 为空间点到 z 轴的距离. $\boldsymbol{x}$ 点的直角坐标为 $(R\cos\phi,R\sin\phi,z)$, $\boldsymbol{x}'$ 点的直角坐标为 $(R'\cos\phi',R'\sin\phi',z')$, 上半空间格林函数 (2.4.11) 式用柱坐标表出为

$$G(\boldsymbol{x},\boldsymbol{x}')=\frac{1}{4\pi\varepsilon_0}\left[\frac{1}{\sqrt{R^2+z^2+R'^2+z'^2-2zz'-2RR'\cos(\phi-\phi')}}-\right.$$

$$\left.\frac{1}{\sqrt{R^2+z^2+R'^2+z'^2+2zz'-2RR'\cos(\phi-\phi')}}\right] \tag{2.4.21}$$

因为在上半空间 $\rho=0$, 因此这个问题是拉普拉斯方程第一类边值问题. 由 (2.4.18) 式, 上半空间的电势为

$$\varphi(\boldsymbol{x})=-\varepsilon_0\oint_S\varphi\left(\boldsymbol{x}'\right)\frac{\partial}{\partial n'}G\left(\boldsymbol{x}',\boldsymbol{x}\right)\mathrm{d}S' \tag{2.4.22}$$

积分面 S 是 $z'=0$ 的无穷大平面. 法线沿 $-z'$ 方向. 先计算格林函数的法向导数:

$$-\frac{\partial G}{\partial n'}=\left.\frac{\partial G}{\partial z'}\right|_{z'=0}=\frac{1}{2\pi\varepsilon_0}\frac{z}{\left[R^2+z^2+R'^2-2RR'\cos\left(\phi-\phi'\right)\right]^{3/2}} \tag{2.4.23}$$

由于 S 上只有圆内部分电势不为零, 因此 (2.4.22) 式中的积分只需对 $R\leqslant a$ 积分.

$$\begin{aligned}&-\varepsilon_0\int\frac{\partial G}{\partial n'}\varphi\left(\boldsymbol{x}'\right)\mathrm{d}S'\\&=\frac{V_0}{2\pi}\int_0^a R'\mathrm{d}R'\int_0^{2\pi}\mathrm{d}\phi'\frac{z}{\left[R^2+z^2+R'^2-2RR'\cos\left(\phi-\phi'\right)\right]^{3/2}}\\&=\frac{V_0z}{2\pi}\int_0^a R'\mathrm{d}R'\int_0^{2\pi}\mathrm{d}\phi'\frac{1}{\left(R^2+z^2\right)^{3/2}}\left[1+\frac{R'^2-2RR'\cos\left(\phi-\phi'\right)}{R^2+z^2}\right]^{-3/2}\end{aligned}$$

当 $R^2+z^2\gg a^2$ 时, 可以把被积函数展开, 得

$$\begin{aligned}\varphi(\boldsymbol{x})=&\frac{V_0z}{2\pi\left(R^2+z^2\right)^{3/2}}\int_0^a R'\mathrm{d}R'\int_0^{2\pi}\mathrm{d}\phi'\left[1-\frac{3}{2}\frac{R'^2-2RR'\cos\left(\phi-\phi'\right)}{R^2+z^2}+\right.\\&\left.\frac{15}{8}\frac{\left[R'^2-2RR'\cos\left(\phi-\phi'\right)\right]^2}{\left(R^2+z^2\right)^2}+\cdots\right]\\=&\frac{V_0a^2}{2}\frac{z}{\left(R^2+z^2\right)^{3/2}}\left[1-\frac{3}{4}\frac{a^2}{R^2+z^2}+\frac{15R^2a^2}{8\left(R^2+z^3\right)^2}+\cdots\right]\end{aligned}$$

*4. 离散空间格林函数

很多实际问题关心的区域具有复杂的几何形状或复杂的边界条件, 从而无法求出适用的格林函数解析解. 对这种情况通常采用数值方法求格林函数. 图形处理器 (GPU) 技术能够高效地完成高阶矩阵的数值运算, 为解决许多实际问题提供了强有力的技术手段. 因此把物理问题转化为矩阵运算问题具有非常重要的实用价值. 下面介绍把泊松方程边值问题转化为矩阵运算的一种方法.

在计算机上数值求解静电势, 首先要将空间离散化, 即用细密网格代替连续空间区域. 用适当的差分格式近似连续函数微分后, 把偏微分方程转化为代数方程组, 后者等价于矩阵方程. 我们只考虑比较简单的第一类边值问题, 设格林函数 $G(\boldsymbol{x},\boldsymbol{x}')$ 满足 (2.4.8) 式, 并且在边界 S 上 $G(\boldsymbol{x},\boldsymbol{x}')|_{\boldsymbol{x}\in S}=0$.

首先讨论区间 (x_0,x_{N+1}) 内的单变量可微函数 $f(x)$. 为了把区间离散化, 在左边界点 x_0 和右边界点 x_{N+1} 之间均匀插入 N 个格点, 两个相邻格点的距离为 $a=(x_{N+1}-x_0)/(N+1)$. 左起第 i 个格点的坐标为 $x_i=x_0+ia,i=1,2,\cdots,N+1$. 实际应用中总是取 N 为一个很大的正整数, 从而 a 是一个小量. 用差分代替导数, $f(x)$ 在 $x_i+a/2$ 的导数近似为

$$\left.\frac{\mathrm{d}f(x)}{\mathrm{d}x}\right|_{x_i+a/2}\simeq\frac{1}{a}\left[f(x_i)-f(x_{i+1})\right],\quad(i=1,2,\cdots,N) \tag{2.4.24}$$

将右边的 $f(x_i)$ 和 $f(x_{i+1})$ 围绕 $x_i+a/2$ 作泰勒级数展开可知, 上式准确到 a 项. 在同样精度下, $f(x)$ 在 x_i 二次导数近似为

$$\left.\frac{\mathrm{d}^2 f(x)}{\mathrm{d}x^2}\right|_{x_i} \simeq \frac{1}{a^2}\left[f(x_{i+1})-2f(x_i)+f(x_{i-1})\right], \quad (i=1,2,\cdots,N) \tag{2.4.25}$$

下面约定, 若 $x_i-a/2 \leqslant x < x_i+a/2$ 和 $x_j-a/2 \leqslant x' < x_j+a/2$, 则将 x 和 x' 分别换成 x_i 和 x_j. 因为相差 a 的空间位置需看作同一格点,δ 函数分布应该换成矩形分布,

$$\delta(x-x') \to \frac{1}{a}\delta_{i,j}, \quad (i,j=1,2,\cdots,N) \tag{2.4.26}$$

克罗内克符号 $\delta_{i,j}$ 当 $i=j$ 时等于 1, 当 $i\neq j$ 时等于 0.

把上述离散化方法应用到三维空间的泊松方程. 用边长为 a 的小立方体剖分所研究区域, 以某个立方体顶角为原点, 让三条直角坐标轴分别沿该立方体三条过原点的边, 则三条坐标轴的单位方向矢量分别为 $\boldsymbol{e}_1=(1,0,0)$, $\boldsymbol{e}_2=(0,1,0)$, 和 $\boldsymbol{e}_3=(0,0,1)$. 顶角由三个整数 $\boldsymbol{m}=(m_1,m_2,m_3)$ 标记, 拥有坐标 $\boldsymbol{x_m}=(m_1a,m_2a,m_3a)$. 在区域边界上的顶角称为边界点, 记所有边界点的集合为 Λ_S. 不在边界上的顶角称为内点, 记所有内点的集合为 Λ_B. 以 $\boldsymbol{m}$ 标记的一个内点有 6 个近邻顶角, 它们的标记为 $\boldsymbol{m}\pm\boldsymbol{e}_1$、$\boldsymbol{m}\pm\boldsymbol{e}_2$ 和 $\boldsymbol{m}\pm\boldsymbol{e}_3$.

考虑两个不在边界的点 $\boldsymbol{x}$ 和 $\boldsymbol{x}'$, 设 $\boldsymbol{x}$ 最接近内点 $\boldsymbol{m}$, 而 $\boldsymbol{x}'$ 最接近 $\boldsymbol{m}'$, 则有连续空间到离散空间的对于关系

$$G(\boldsymbol{x},\boldsymbol{x}') \to G_{\boldsymbol{m},\boldsymbol{m}'}, \quad \boldsymbol{m},\boldsymbol{m}'\in\Lambda_B \tag{2.4.27}$$

$$\delta(\boldsymbol{x}-\boldsymbol{x}') \to \frac{1}{a^3}\delta_{m_1,m_1'}\delta_{m_2,m_2'}\delta_{m_3,m_3'} = \frac{1}{a^3}\delta_{\boldsymbol{m},\boldsymbol{m}'} \tag{2.4.28}$$

设集合 Λ_B 含有 N 个内点, 则 (2.4.27) 式定义了含 $N\times N$ 个元素的离散格林函数矩阵 G, 它的行指标由 $\boldsymbol{m}$ 标记, 列指标由 $\boldsymbol{m}'$ 标记, 此处 $\boldsymbol{m},\boldsymbol{m}'\in\Lambda_B$.

据第一类边界条件, 格林函数第一个变量在边界上时格林函数值为零,

$$G_{\boldsymbol{m},\boldsymbol{m}'}=0, \quad \text{当 } \boldsymbol{m}\in\Lambda_S \tag{2.4.29}$$

考虑边界条件 (2.4.29) 式后, 格林函数满足的方程 (2.4.8) 式化为矩阵方程

$$\frac{1}{a^2}\sum_{\boldsymbol{m}''\in\Lambda_B} L^{(3d)}_{\boldsymbol{m},\boldsymbol{m}''}G_{\boldsymbol{m}'',\boldsymbol{m}'} = -\frac{1}{a^3\varepsilon_0}\delta_{\boldsymbol{m},\boldsymbol{m}'} \tag{2.4.30}$$

其中 $N\times N$ 矩阵 $L^{(3d)}$ 的矩阵元定义为

$$\begin{aligned} L^{(3d)}_{\boldsymbol{m},\boldsymbol{m}'} = {} & \delta_{\boldsymbol{m},\boldsymbol{m}'+\boldsymbol{e}_1}+\delta_{\boldsymbol{m},\boldsymbol{m}'-\boldsymbol{e}_1}+ \\ & \delta_{\boldsymbol{m},\boldsymbol{m}'+\boldsymbol{e}_2}+\delta_{\boldsymbol{m},\boldsymbol{m}'-\boldsymbol{e}_2}+ \\ & \delta_{\boldsymbol{m},\boldsymbol{m}'+\boldsymbol{e}_3}+\delta_{\boldsymbol{m},\boldsymbol{m}'-\boldsymbol{e}_3}-6\delta_{\boldsymbol{m},\boldsymbol{m}'} \end{aligned} \tag{2.4.31}$$

(2.4.30) 式的矩阵形式

$$\mathrm{L}^{(3d)}\mathrm{G}=-\frac{1}{a\varepsilon_0}\mathrm{I} \tag{2.4.32}$$

从而三维空间泊松方程的离散第一类格林函数为

$$\mathrm{G}=-\frac{1}{a\varepsilon_0}\mathrm{L}^{(3d)-1} \tag{2.4.33}$$

$\mathrm{L}^{(3d)-1}$ 是 $\mathrm{L}^{(3d)}$ 的逆矩阵.

根据 (2.4.18) 式, 满足第一类边界条件的静电势可写成一个体积分项和一个表面积分项之和. 在离散空间, 体积分变成被积函数乘 a^3 然后对内点的求和, 表面积分变成被积函数乘 a^2 然后对面元小平面的求和. 记落在表面小平面上的边界点集合为 Λ'_S. 不属于 Λ'_S 的边界点落在离散区域表面的棱上或角上, 对表面积分没有贡献. 设 $\boldsymbol{m}\in\Lambda'_S$ 所在边界面元为 $a^2\hat{\boldsymbol{n}}$, 从而 $\boldsymbol{m}-\hat{\boldsymbol{n}}$ 为内点. 在离散空间, 考虑到第一类格林函数满足的边界条件, (2.4.18) 式化为

$$\begin{aligned}\varphi(\boldsymbol{x}_{\boldsymbol{m}})&\simeq a^3\sum_{\boldsymbol{m}'\in\Lambda_B}G_{\boldsymbol{m}',\boldsymbol{m}}\rho(\boldsymbol{x}_{\boldsymbol{m}'})-a\varepsilon_0\sum_{\boldsymbol{m}'\in\Lambda'_S}\varphi(\boldsymbol{x}_{\boldsymbol{m}'})(G_{\boldsymbol{m}',\boldsymbol{m}}-G_{\boldsymbol{m}'-\hat{\boldsymbol{n}},\boldsymbol{m}})\\&=a^3\sum_{\boldsymbol{m}'\in\Lambda_B}G_{\boldsymbol{m}',\boldsymbol{m}}\rho(\boldsymbol{x}_{\boldsymbol{m}'})+a\varepsilon_0\sum_{\boldsymbol{m}'\in\Lambda'_S}\varphi(\boldsymbol{x}_{\boldsymbol{m}'})G_{\boldsymbol{m}'-\hat{\boldsymbol{n}},\boldsymbol{m}}\end{aligned} \tag{2.4.34}$$

第一个求和对内点进行; 第二个求和对落在表面小平面上的边界点进行.

以上介绍了在离散空间作差分近似求解泊松方程的思路, 所用的离散化方案和差分格式未必是最佳方案. 有许多设计空间离散化方案和差分格式的技巧能够显著改进求解的效率, 参见计算科学教材的有关内容.

例 2.13

用一块高度为 h、宽度为 b 的无限长矩形金属板垂直置于接地无限大金属平板上, 构成阴极. 在金属平板上方 d 处平行放置另一块无限大金属平板作为阳极. 器件结构界面和坐标设置如图 2–11 所示. 设阳极电压为 V_{app}, 阴极和阳极之间的电荷密度 $\rho(x,y)$ 不依赖于 z. 用离散格林函数方法求阴极和阳极之间的静电势.

解: 根据对称性, 静电势不依赖于 z, 只需对 $x-y$ 平面离散化: $(x,y)\to(m_1a,m_2a)$. 用 $\boldsymbol{m}=(m_1,m_2)$ 标记二维网格的顶点 $\boldsymbol{x}_{\boldsymbol{m}}$. 数值计算需要把 x 区域限制在有限范围, 令 $1\leqslant m_1\leqslant N_1$,$1\leqslant m_2\leqslant N_2$. 对垂直金属板,$(N_1-b/a)/2<m_1<(N_1+b/a)/2$ 和 $m_2\leqslant h/a$. 阳极的顶点为 $\boldsymbol{m}_a=(m_1,N_2)$. 当 N_1 足够大时, 可忽略金属板的影响, 左右边界的电势可近似为

$$\varphi(1,m_2)=\varphi(N_1,m_2)=\frac{m_2-1}{N_2-1}V_{\mathrm{app}} \tag{2.4.35}$$

类似三维空间的离散格林函数, 二维空间的离散格林函数为 (请自行推导)

$$\mathrm{G}=-\frac{1}{\varepsilon_0}\mathrm{L}^{(2d)-1} \tag{2.4.36}$$

其中

$$L^{(2d)}_{\boldsymbol{m},\boldsymbol{m}'} = \delta_{\boldsymbol{m},\boldsymbol{m}'+e_1} + \delta_{\boldsymbol{m},\boldsymbol{m}'-e_1} + \delta_{\boldsymbol{m},\boldsymbol{m}'+e_2} + \delta_{\boldsymbol{m},\boldsymbol{m}'-e_2} - 4\delta_{\boldsymbol{m},\boldsymbol{m}'} \tag{2.4.37}$$

上式的 $\boldsymbol{m}$ 和 $\boldsymbol{m}'$ 只在二维网格的内点集合 Λ_B 中取值.

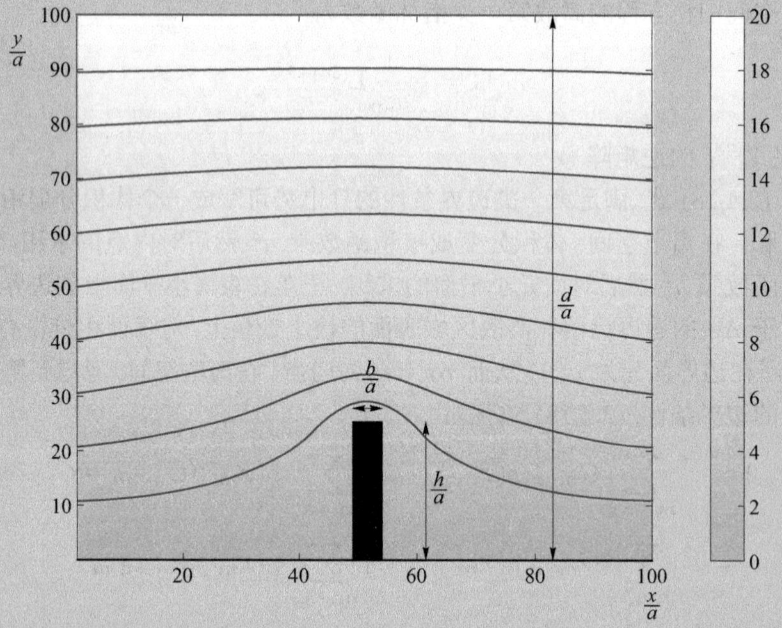

图 2-11

考虑阴极、阳极电势和 (2.4.35) 式后, 由二维格林函数类似 (2.4.34) 式可得静电势

$$\begin{aligned}\varphi(\boldsymbol{x_m}) \simeq a^2 \sum_{\boldsymbol{m}'\in\Lambda_B} G_{\boldsymbol{m}',\boldsymbol{m}}\rho(\boldsymbol{x}_{\boldsymbol{m}'}) + \\ \varepsilon_0 V_{\text{app}} \sum_{m_1=2}^{N_1-1} G_{(m_1,N_2-1),\boldsymbol{m}} + \varepsilon_0 V_{\text{app}} \sum_{m_2=2}^{N_2-1} \frac{m_2-1}{N_2-1}\left[G_{(2,m_2),\boldsymbol{m}} + G_{(N_1-1,m_2),\boldsymbol{m}}\right]\end{aligned} \tag{2.4.38}$$

对 $\rho = 0$ 的情形, 具体取 $N_1 = N_2 = 100, h/a = 25, b/a = 4$, 和 $V_{\text{app}} = 20$ V, 得到静电势的数值结果如图 2-11 所示. 有兴趣的读者可自行研究 $\rho(x,y) \neq 0$ 的情形 (习题 2.23).

§ 2.5 电多极矩

1. 电势的多极展开

在 §2.1 中我们导出了真空中给定电荷密度 $\rho(\boldsymbol{x}')$ 激发的电势

$$\varphi(\boldsymbol{x}) = \int_{V'} \frac{\rho(\boldsymbol{x}')\,\mathrm{d}V'}{4\pi\varepsilon_0 r} \tag{2.5.1}$$

式中体积分遍及电荷分布区域, r 为场点 $\boldsymbol{x}$ 与源点 $\boldsymbol{x}'$ 的距离.

在许多物理问题中，电荷只分布于一个小区域内，而需要求电场强度的地点 $\boldsymbol{x}$ 又距离电荷分布区域比较远，即在 (2.5.1) 式中，r 远大于区域 V' 的线度 l. 在这种情况下，可以把 (2.5.1) 式表示为 l/r 的展开式，由此得出电势 φ 的各级近似值. 例如原子核的电荷分布于 $\sim 10^{-13}$ cm 线度的范围内，而原子内电子到原子核的距离 $\sim 10^{-8}$ cm，因此原子核作用到电子上的电场可以用本节方法求得各级近似值.

在区域 V 内取一点 O 作为坐标原点，以 R 表示由原点到场点 P 的距离，有

$$R = \sqrt{x^2+y^2+z^2}$$

$$r = |\boldsymbol{x}-\boldsymbol{x}'| = \sqrt{(x-x')^2+(y-y')^2+(z-z')^2}$$

$\boldsymbol{x}'$ 点在区域 V' 内变动. 由于区域线度远小于 R，可以把 $\boldsymbol{x}'$ 各分量看作小参量，把 $\boldsymbol{x}-\boldsymbol{x}'$ 的函数对 $\boldsymbol{x}'$ 展开. 设 $f(\boldsymbol{x}-\boldsymbol{x}')$ 为 $\boldsymbol{x}-\boldsymbol{x}'$ 的任一函数，在 $\boldsymbol{x}'=0$ 点附近 $f(\boldsymbol{x}-\boldsymbol{x}')$ 的展开式为

$$\begin{aligned} f(\boldsymbol{x}-\boldsymbol{x}') &= f(\boldsymbol{x}) - \sum_{i=1}^{3} x'_i \frac{\partial}{\partial x_i} f(\boldsymbol{x}) + \frac{1}{2!}\sum_{i,j} x'_i x'_j \frac{\partial^2}{\partial x_i \partial x_j} f(\boldsymbol{x}) + \cdots \\ &= f(\boldsymbol{x}) - \boldsymbol{x}' \cdot \nabla f(\boldsymbol{x}) + \frac{1}{2!}(\boldsymbol{x}'\cdot\nabla)^2 f(\boldsymbol{x}) + \cdots \end{aligned}$$

取 $f(\boldsymbol{x}-\boldsymbol{x}') = \dfrac{1}{|\boldsymbol{x}-\boldsymbol{x}'|} = \dfrac{1}{r}$，有

$$\frac{1}{r} = \frac{1}{R} - \boldsymbol{x}'\cdot\nabla\frac{1}{R} + \frac{1}{2!}\sum_{i,j} x'_i x'_j \frac{\partial^2}{\partial x_i \partial x_j}\frac{1}{R} + \cdots \tag{2.5.2}$$

把展开式 (2.5.2) 代入 (2.5.1) 式中得

$$\varphi(\boldsymbol{x}) = \frac{1}{4\pi\varepsilon_0}\int_{V'} \rho(\boldsymbol{x}')\left[\frac{1}{R} - \boldsymbol{x}'\cdot\nabla\frac{1}{R} + \frac{1}{2!}\sum_{i,j} x'_i x'_j \frac{\partial^2}{\partial x_i \partial x_j}\frac{1}{R} + \cdots\right]\mathrm{d}V' \tag{2.5.3}$$

令

$$Q = \int_{V'} \rho(\boldsymbol{x}')\,\mathrm{d}V' \tag{2.5.4}$$

$$\boldsymbol{p} = \int_{V'} \rho(\boldsymbol{x}')\,\boldsymbol{x}'\mathrm{d}V' \tag{2.5.5}$$

$$\mathscr{D}_{ij} = \int_{V'} 3x'_i x'_j \rho(\boldsymbol{x}')\,\mathrm{d}V' \tag{2.5.6}$$

(2.5.3) 式可写为

$$\varphi(\boldsymbol{x}) = \frac{1}{4\pi\varepsilon_0}\left(\frac{Q}{R} - \boldsymbol{p}\cdot\nabla\frac{1}{R} + \frac{1}{6}\sum_{i,j}\mathscr{D}_{ij}\frac{\partial^2}{\partial x_i \partial x_j}\frac{1}{R} + \cdots\right) \tag{2.5.7}$$

上式是电荷体系激发的势在远处的多极展开式. $\boldsymbol{p}$ 称为体系的电偶极矩，张量 $\mathscr{D}_{ij}$ 称

为体系的电四极矩. 电四极矩也可以用并矢形式 [附录 (A.1.6) 式] 写为

$$\overleftrightarrow{\mathscr{D}}=\int_{V'} 3\boldsymbol{x}'\boldsymbol{x}'\rho(\boldsymbol{x}')\,\mathrm{d}V' \tag{2.5.6a}$$

而展开式 (2.5.7) 的第三项用并矢形式写为

$$\varphi^{(2)}=\frac{1}{4\pi\varepsilon_0}\frac{1}{6}\overleftrightarrow{\mathscr{D}}:\nabla\nabla\frac{1}{R}$$

2. 电多极矩

现在我们讨论展开式 (2.5.7) 各项的物理意义. 展开式的第一项

$$\varphi^{(0)}=\frac{Q}{4\pi\varepsilon_0 R} \tag{2.5.8}$$

是在原点的点电荷 Q 激发的电势. 因此作为第一级近似, 可以把电荷体系看作集中于原点处, 它激发的电势就是 (2.5.8) 式.

展开式的第二项

$$\varphi^{(1)}=-\frac{1}{4\pi\varepsilon_0}\boldsymbol{p}\cdot\nabla\frac{1}{R}=\frac{\boldsymbol{p}\cdot\boldsymbol{R}}{4\pi\varepsilon_0 R^3} \tag{2.5.9}$$

是电偶极矩 $\boldsymbol{p}$ 产生的电势. 电荷分布的电偶极矩 $\boldsymbol{p}$ 由 (2.5.5) 式定义.

如果一个体系的电荷分布对原点对称, 它的电偶极矩为零. 因为由 (2.5.5) 式, 若 $\boldsymbol{x}'$ 点和 $-\boldsymbol{x}'$ 点有相同的电荷密度, 则积分值为零. 因此, 只有对原点不对称的电荷分布才有电偶极矩. 总电荷为零而电偶极矩不为零的最简单的电荷体系是一对正负点电荷. 设 $\boldsymbol{x}'$ 点上有一点电荷 $+Q$, 而在 $-\boldsymbol{x}'$ 点上有一点电荷 $-Q$, 由 (2.5.5) 式, 这体系的电偶极矩为

$$\boldsymbol{p}=2Q\boldsymbol{x}'=Q\boldsymbol{l} \tag{2.5.10}$$

$\boldsymbol{l}$ 为由负电荷到正电荷的径矢.

图 2-12 所示为具有偶极矩 $p_z=Ql$ 的电偶极子, 它产生的电势为

$$\varphi=\frac{Q}{4\pi\varepsilon_0}\left(\frac{1}{r_+}-\frac{1}{r_-}\right)$$

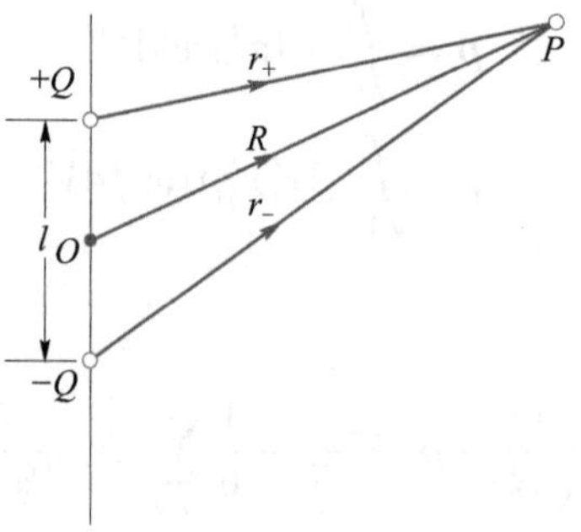

图 2-12

由图可知, 若 $l \ll R$, 有

$$r_{+} \approx R-\frac{l}{2} \cos \theta, \quad r_{-} \approx R+\frac{l}{2} \cos \theta$$

$$\frac{1}{r_{+}}-\frac{1}{r_{-}} \approx \frac{1}{R^{2}} l \cos \theta=\frac{l z}{R^{3}}=-l \frac{\partial}{\partial z}\left(\frac{1}{R}\right) \tag{2.5.11}$$

因此, 此电偶极子产生的电势是

$$\varphi \approx-\frac{Q l}{4 \pi \varepsilon_{0}} \frac{\partial}{\partial z} \frac{1}{R}=-\frac{1}{4 \pi \varepsilon_{0}} p_{z} \frac{\partial}{\partial z} \frac{1}{R} \tag{2.5.12}$$

与 (2.5.9) 式相符.

展开式 (2.5.7) 的第三项

$$\varphi^{(2)}=\frac{1}{4 \pi \varepsilon_{0}} \frac{1}{6} \sum_{i, j} \mathscr{D}_{i j} \frac{\partial^{2}}{\partial x_{i} \partial x_{j}} \frac{1}{R} \tag{2.5.13}$$

是电四极矩 $\mathscr{D}_{ij}$ 产生的电势. 电荷体系的电四极矩 $\mathscr{D}_{ij}$ 由 (2.5.6) 式定义. 根据此式, 电四极矩张量 $\mathscr{D}_{ij}$ 是对称张量, 它有 6 个分量 $\mathscr{D}_{11}, \mathscr{D}_{22}, \mathscr{D}_{33}, \mathscr{D}_{12}=\mathscr{D}_{21}, \mathscr{D}_{23}=\mathscr{D}_{32}, \mathscr{D}_{31}=\mathscr{D}_{13}$ (下面将看出实际上只有 5 个独立分量). 现在我们来讨论这些分量的物理意义.

图 2–13 示出 z 轴上一对正电荷和一对负电荷组成的体系. 这体系可以看作由一对电偶极子 $+\boldsymbol{p}$ 和 $-\boldsymbol{p}$ 组成. 设正电荷位于 $z=\pm b$, 负电荷位于 $z=\pm a$. 这体系的总电荷为零, 总电偶极矩为零, 它的电四极矩由 (2.5.6) 式算出:

$$\begin{aligned}
\mathscr{D}_{33} & =6 Q\left(b^{2}-a^{2}\right) \\
& =6 Q(b-a)(b+a) \\
& =6 p l
\end{aligned}$$

其中 $p=Q(b-a)$ 是其中一对电荷的电偶极矩, $l=b+a$ 是两个电偶极子中心的距离. 这电荷体系产生的电势是一对反向电偶极子所产生的电势. 由图 2–13 和 (2.5.12) 式得

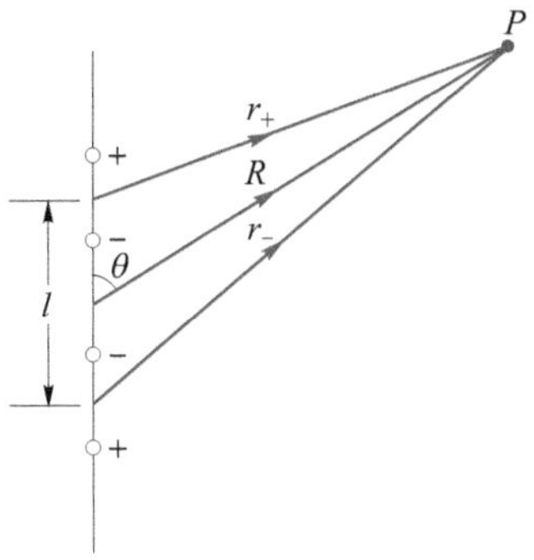

图 2–13

$$
\begin{aligned}
\varphi &\approx -\frac{1}{4\pi\varepsilon_0}p\frac{\partial}{\partial z}\frac{1}{r_+}+\frac{1}{4\pi\varepsilon_0}p\frac{\partial}{\partial z}\frac{1}{r_-}\\
&=-\frac{1}{4\pi\varepsilon_0}p\frac{\partial}{\partial z}\left(\frac{1}{r_+}-\frac{1}{r_-}\right)\approx\frac{1}{4\pi\varepsilon_0}pl\frac{\partial^2}{\partial z^2}\frac{1}{R}\\
&=\frac{1}{4\pi\varepsilon_0}\frac{1}{6}\mathscr{D}_{33}\frac{\partial^2}{\partial z^2}\frac{1}{R}
\end{aligned}
$$

与 (2.5.13) 式相符.

同理, 具有 $\mathscr{D}_{11}$ 分量的最简单的电荷体系由 x 轴上两对正负电荷组成, 具有 $\mathscr{D}_{22}$ 分量的体系由 y 轴上两对正负电荷组成. 具有 $\mathscr{D}_{12}$ 分量的电荷体系由 xy 平面上两对正负电荷组成, 余类推. 这些电荷体系如图 2-14 所示.

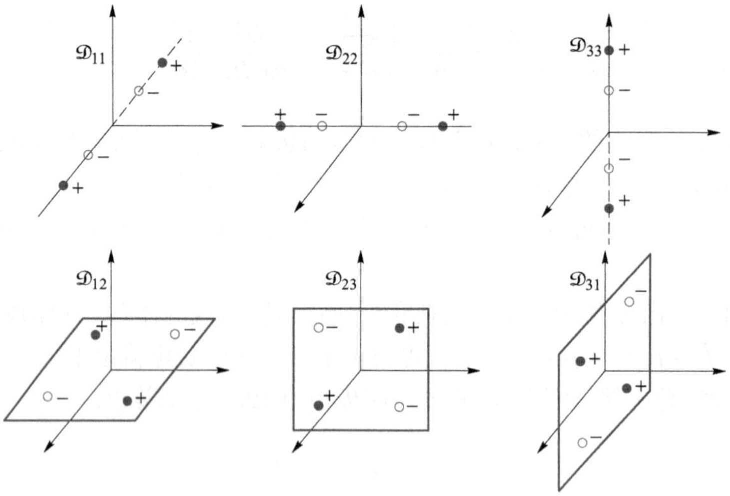

图 2-14

下面我们证明电四极矩只有 5 个独立分量. 当 $R\neq 0$ 时有

$$
\nabla^2\frac{1}{R}=0 \tag{2.5.14}
$$

引入符号 δ_{ij}, 定义为

$$
\delta_{ij}=\begin{cases}1 & (i=j)\\ 0 & (i\neq j)\end{cases} \tag{2.5.15}
$$

则 (2.5.14) 式可写为

$$
\sum_{i,j}\delta_{ij}\frac{\partial^2}{\partial x_i\partial x_j}\frac{1}{R}=0 \tag{2.5.16}
$$

展开式 (2.5.3) 的第三项可以写为

$$\frac{1}{4\pi\varepsilon_0}\frac{1}{6}\sum_{i,j}\left[\int_{V'}\left(3x_i'x_j'-r'^2\delta_{ij}\right)\rho\left(\boldsymbol{x}'\right)\mathrm{d}V'\right]\frac{\partial^2}{\partial x_i\partial x_j}\frac{1}{R} \tag{2.5.17}$$

我们重新定义电四极矩张量

$$\mathscr{D}_{ij}=\int_{V'}\left(3x_i'x_j'-r'^2\delta_{ij}\right)\rho\left(\boldsymbol{x}'\right)\mathrm{d}V' \tag{2.5.18}$$

则其展开式的第三项仍可写为

$$\frac{1}{4\pi\varepsilon_0}\frac{1}{6}\sum_{i,j}\mathscr{D}_{ij}\frac{\partial^2}{\partial x_i\partial x_j}\frac{1}{R}$$

(2.5.18) 式定义的电四极矩张量满足关系

$$\mathscr{D}_{11}+\mathscr{D}_{22}+\mathscr{D}_{33}=0 \tag{2.5.19}$$

因而只有 5 个独立分量. 以后我们将沿用定义 (2.5.18) 式, 此式用并矢形式写为

$$\overleftrightarrow{\mathscr{D}}=\int_{V'}\left(3\boldsymbol{x}'\boldsymbol{x}'-r'^2\overleftrightarrow{\mathscr{I}}\right)\rho\left(\boldsymbol{x}'\right)\mathrm{d}V' \tag{2.5.20}$$

其中 $\overleftrightarrow{\mathscr{I}}$ 为单位张量.

若电荷分布有球对称性, 则

$$\begin{aligned}\int_{V'}x'^2\rho(\boldsymbol{x}')\mathrm{d}V'&=\int_{V'}y'^2\rho(\boldsymbol{x}')\mathrm{d}V'=\int_{V'}z'^2\rho(\boldsymbol{x}')\mathrm{d}V'\\&=\frac{1}{3}\int_{V'}r'^2\rho\left(\boldsymbol{x}'\right)\mathrm{d}V'\end{aligned}$$

因而 $\mathscr{D}_{11}=\mathscr{D}_{22}=\mathscr{D}_{33}=0$, 而且显然有 $\mathscr{D}_{12}=\mathscr{D}_{23}=\mathscr{D}_{31}=0$, 因此球对称电荷分布没有电四极矩. 事实上这结果是更普遍的. 球对称电荷分布的电场也是球对称的, 由高斯定理可知, 球外电场和集中于球心处的点电荷电场一致, 因此球对称电荷分布没有各级电多极矩. 反之, 若电荷分布偏离球对称性, 一般就会出现电四极矩. 例如沿 z 轴方向拉长了的旋转椭球体, 若其内电荷分布均匀, 则

$$\int_{V'}3z'^2\rho\left(\boldsymbol{x}'\right)\mathrm{d}V'>\int_{V'}r'^2\rho\left(\boldsymbol{x}'\right)\mathrm{d}V'$$

因而出现电四极矩

$$\mathscr{D}_{33}>0,\quad \mathscr{D}_{11}=\mathscr{D}_{22}=-\frac{1}{2}\mathscr{D}_{33}<0$$

电四极矩的出现标志着电荷分布对球对称的偏离, 因此我们测量远场的四极势项, 就可以对电荷分布形状作出一定的推论. 在原子核物理中, 电四极矩是重要的物理量, 它反映着原子核形变的大小.

电八极矩和更高级的电多极矩实际上较少用到, 这里不详细讨论.

例 2.14

均匀带电的长形旋转椭球体半长轴为 a, 半短轴为 b, 带总电荷 Q, 求它的电四极矩和远处的电势.

解: 取 z 轴为旋转轴, 椭圆方程为

$$\frac{x^2+y^2}{b^2}+\frac{z^2}{a^2}\leqslant 1$$

椭球所带电荷密度为

$$\rho_0=\frac{3Q}{4\pi ab^2}$$

由 (2.5.18) 式, 电四极矩为

$$\mathscr{D}_{ij}=\rho_0\int\left(3x_ix_j-r^2\delta_{ij}\right)\mathrm{d}V$$

由对称性

$$\int xy\ \mathrm{d}V=\int yz\ \mathrm{d}V=\int zx\ \mathrm{d}V=0$$

因此

$$\mathscr{D}_{12}=\mathscr{D}_{23}=\mathscr{D}_{31}=0$$

令 $x^2+y^2=s^2$, 由对称性

$$\begin{aligned}\int x^2\ \mathrm{d}V=\int y^2\ \mathrm{d}V&=\frac{1}{2}\int s^2\ \mathrm{d}V\\&=\frac{1}{2}\int_{-a}^{a}\mathrm{d}z\int_0^{b\left(1-\frac{z^2}{a^2}\right)^{\frac{1}{2}}}\mathrm{d}s\cdot 2\pi s^3\\&=\frac{4\pi ab^4}{15}\\\int z^2\ \mathrm{d}V&=\frac{4\pi a^3b^2}{15}\end{aligned}$$

因此

$$\begin{aligned}\mathscr{D}_{33}&=\rho_0\int\left(3z^2-r^2\right)\mathrm{d}V=\rho_0\int\left(2z^2-2x^2\right)\mathrm{d}V\\&=\frac{2}{5}\left(a^2-b^2\right)Q\\\mathscr{D}_{11}&=\mathscr{D}_{22}=-\frac{1}{2}\mathscr{D}_{33}=-\frac{1}{5}\left(a^2-b^2\right)Q\end{aligned}$$

电四极矩产生的势为

$$\begin{aligned}&\frac{1}{24\pi\varepsilon_0}\left(\mathscr{D}_{11}\frac{\partial^2}{\partial x^2}+\mathscr{D}_{22}\frac{\partial^2}{\partial y^2}+\mathscr{D}_{33}\frac{\partial^2}{\partial z^2}\right)\frac{1}{R}\\=&\frac{1}{24\pi\varepsilon_0}\mathscr{D}_{33}\left[-\frac{1}{2}\left(\frac{\partial^2}{\partial x^2}+\frac{\partial^2}{\partial y^2}\right)+\frac{\partial^2}{\partial z^2}\right]\frac{1}{R}\\=&\frac{1}{24\pi\varepsilon_0}\frac{3}{2}\mathscr{D}_{33}\frac{\partial^2}{\partial z^2}\frac{1}{R}=\frac{Q}{40\pi\varepsilon_0}\left(a^2-b^2\right)\frac{3z^2-R^2}{R^5}\end{aligned}$$

在上面的计算中, 我们用了关系式 $\nabla^2\dfrac{1}{R}=0$.

椭球的电偶极矩为零, 总电荷为 Q. 在远处的势准确至四级项为

$$\varphi=\frac{Q}{4\pi\varepsilon_0}\left(\frac{1}{R}+\frac{a^2-b^2}{10}\frac{3\cos^2\theta-1}{R^3}\right)$$

3. 电荷体系在外电场中的能量

设外电场电势为 φ_e, 具有电荷分布 $\rho(\boldsymbol{x})$ 的体系在外电场中的能量为

$$W=\int\rho\varphi_\mathrm{e}\,\mathrm{d}V \tag{2.5.21}$$

从场的观点看, 它是 ρ 激发的电场与外电场相互作用的能量.

设电荷分布于小区域内, 取区域内适当点为坐标原点, 把 $\varphi_\mathrm{e}(\boldsymbol{x})$ 对原点展开:

$$\varphi_\mathrm{e}(\boldsymbol{x})=\varphi_\mathrm{e}(0)+\sum_{i=1}^{3}x_i\frac{\partial}{\partial x_i}\varphi_\mathrm{e}(0)+\frac{1}{2!}\sum_{i,j=1}^{3}x_ix_j\frac{\partial^2}{\partial x_i\partial x_j}\varphi_\mathrm{e}(0)+\cdots \tag{2.5.22}$$

代入 (2.5.21) 式中得

$$\begin{aligned}W=&\int\rho(\boldsymbol{x})\left[\varphi_\mathrm{e}(0)+\sum_i x_i\frac{\partial}{\partial x_i}\varphi_\mathrm{e}(0)+\right.\\&\left.\frac{1}{2!}\sum_{i,j}x_ix_j\frac{\partial^2}{\partial x_i\partial x_j}\varphi_\mathrm{e}(0)+\cdots\right]\mathrm{d}V\\=&\,Q\varphi_\mathrm{e}(0)+\sum_i p_i\frac{\partial}{\partial x_i}\varphi_\mathrm{e}(0)+\frac{1}{6}\sum_{i,j}\mathscr{D}_{ij}\frac{\partial^2}{\partial x_i\partial x_j}\varphi_\mathrm{e}(0)+\cdots\\=&\,Q\varphi_\mathrm{e}(0)+\boldsymbol{p}\cdot\nabla\varphi_\mathrm{e}(0)+\frac{1}{6}\overleftrightarrow{\mathscr{D}}:\nabla\nabla\varphi_\mathrm{e}(0)+\cdots\end{aligned} \tag{2.5.23}$$

式中 Q、$\boldsymbol{p}$ 和 $\overleftrightarrow{\mathscr{D}}$ 的定义如前面 (2.5.4) 式、(2.5.5) 式和 (2.5.20) 式. 上式是小区域内电荷体系在外电场中的能量展开式.

展开式的第一项

$$W^{(0)}=Q\varphi_\mathrm{e}(0) \tag{2.5.24}$$

是设想体系的电荷集中于原点上时在外场中的能量. 展开式的第二项

$$W^{(1)}=\boldsymbol{p}\cdot\nabla\varphi_\mathrm{e}(0)=-\boldsymbol{p}\cdot\boldsymbol{E}_\mathrm{e}(0) \tag{2.5.25}$$

是体系的电偶极矩在外电场中的能量. 由此式可求出电偶极子在外电场中所受的力 $\boldsymbol{F}$ 和力矩 $\boldsymbol{L}$:

$$\boldsymbol{F}=-\nabla W^{(1)}=\nabla(\boldsymbol{p}\cdot\boldsymbol{E}_\mathrm{e})=\boldsymbol{p}\cdot\nabla\boldsymbol{E}_\mathrm{e} \tag{2.5.26}$$

[见附录 (A.1.23) 式]. 设 $\boldsymbol{p}$ 与 $\boldsymbol{E}_\mathrm{e}$ 的夹角为 θ, 则力矩为

$$L_\theta = -\frac{\partial W^{(1)}}{\partial \theta} = \frac{\partial}{\partial \theta}(pE_e \cos\theta) = -pE_e \sin\theta$$

计及力矩的方向, 得

$$\boldsymbol{L} = \boldsymbol{p} \times \boldsymbol{E}_e \tag{2.5.27}$$

展开式 (2.5.23) 的第三项是电四极子在外电场中的能量

$$W^{(2)} = -\frac{1}{6}\overleftrightarrow{\mathscr{D}}: \nabla \boldsymbol{E}_e \tag{2.5.28}$$

由此式可见, 只有在非均匀场中电四极子的能量才不为零. 例如在分子或晶格中的原子核, 它处于周围电子所产生的非均匀电场中, 因而有不为零的电四极矩能量. 在不同旋转状态下原子核的电四极矩不同, 能量亦不同. 用微波技术可以测量出这种能量差别, 由此得出原子核的电四极矩.

*§ 2.6 范德瓦耳斯力

人们在研究毛细管虹吸、表面张力、流体黏性力和扩散等现象时发现, 分子之间存在某种在短距离起作用的力. 范德瓦耳斯 (van der Waals, 1881) 提出, 这种力是反比于分子间距离 7 次幂的吸引力. 这种力实际上有多种起源, 其中一种主要来源是分子之间电偶极矩 (包括极性分子自有的电偶极矩、极化电偶极矩和量子关联引起的等效电偶极矩) 的相互作用. 人们把中性分子间的、随分子间距离 7 次方减弱的非接触吸引力统称为范德瓦耳斯力, 由它形成的化学键称为范德瓦耳斯键, 它是常见化学键之一. 其他常见的化学键还有金属键、离子键和起源于泡利不相容原理的共价键. 层状材料 (如石墨) 的层间结合力就是由范德瓦耳斯力提供的①.

1. 电偶极矩取向关联引起的范德瓦耳斯力

设两个分子分别带有电偶极矩 $\boldsymbol{p}_1$ 和 $\boldsymbol{p}_2$, 它们相距 R. 根据 (2.5.9) 式, $\boldsymbol{p}_1$ 在 $\boldsymbol{p}_2$ 处产生的电势为

$$\varphi_1 = \frac{\boldsymbol{p}_1 \cdot \boldsymbol{R}}{4\pi\varepsilon_0 R^3} \tag{2.6.1}$$

根据 (2.5.25) 式, $\boldsymbol{p}_1$ 和 $\boldsymbol{p}_2$ 的相互作用能为

$$W = \boldsymbol{p}_2 \cdot \nabla \frac{\boldsymbol{p}_1 \cdot \boldsymbol{R}}{4\pi\varepsilon_0 R^3} = \frac{1}{4\pi\varepsilon_0}\left[\frac{\boldsymbol{p}_1 \cdot \boldsymbol{p}_2}{R^3} - \frac{3(\boldsymbol{p}_1 \cdot \boldsymbol{R})(\boldsymbol{p}_2 \cdot \boldsymbol{R})}{R^5}\right] \tag{2.6.2}$$

如果 $\boldsymbol{p}_1$ 和 $\boldsymbol{p}_2$ 在各个方向取向的概率相同, 而且两个电偶极矩的取向互相没有关联, 则对它们的取向求平均后上式等于零.

实际上两个电偶极矩的取向是有关联的. 例如, 当 $\boldsymbol{p}_1$ 沿着两个分子的连线的方向时, $\boldsymbol{p}_2$ 与 $\boldsymbol{p}_1$ 同向时能量最小, 反向时能量最大. 按照统计物理, 对电偶极矩取向求

① B. Huang, et al. Nature. Vol. 546, 270(2017).

平均要以玻耳兹曼因子 $\exp[-W/(kT)]$ 为权重, 从而相互作用能的统计平均是

$$W_{\mathrm{K}}=\langle W\mathrm{e}^{-W/kT}\rangle\simeq\left\langle\left(W-\frac{1}{kT}W^2\right)\right\rangle=-\frac{1}{kT}\langle W^2\rangle \tag{2.6.3}$$

出现在玻耳兹曼因子中 k 是玻耳兹曼常量, T 是分子所处环境的温度. 第二个等号是在 $|W/kT|\ll 1$ 的假定下作展开得到的近似式, 因此只适用于温度不太低的情形. 对两个电偶极矩的角度积分后得到分子间的平均相互作用能

$$W_{\mathrm{av}}=-\frac{1}{kT}\frac{1}{24\pi^2\varepsilon_0^2}\frac{p_1^2p_2^2}{R^6} \tag{2.6.4}$$

从而分子间吸引力沿分子的连线, 大小为

$$F_K=-\frac{1}{kT}\frac{1}{4\pi^2\varepsilon_0^2}\frac{p_1^2p_2^2}{R^7} \tag{2.6.5}$$

Keesom 在 1921 年得到这个表达式.

2. 分子极化引起的范德瓦耳斯力

Keesom 不能解释有电偶极矩的分子和没有电偶极矩的分子之间也存在范德瓦耳斯力. 德拜考虑分子极化引起的电偶极矩, 给出另一种范德瓦耳斯力. 设分子 1 拥有电偶极矩 $\boldsymbol{p}_1$, 而分子 2 孤立时没有电偶极矩. 当分子 2 靠近分子 1 时, 在分子 1 的电场极化下, 分子 2 拥有极化电偶极矩 $\boldsymbol{p}_2=\alpha_2\boldsymbol{E}_1$, 其中 $\boldsymbol{E}_1$ 是分子 1 在分子 2 处产生的电场, α_2 是分子 2 的极化系数. $\boldsymbol{E}_1$ 对 $\boldsymbol{p}_2$ 的作用能量是两分子相互作用能 (2.5.25) 式的一半, 即

$$W_1=-\frac{1}{2}\boldsymbol{p}_2\cdot\boldsymbol{E}_1=-\frac{1}{2}\alpha_2E_1^2 \tag{2.6.6}$$

$\boldsymbol{p}_1$ 在 $\boldsymbol{p}_2$ 处产生的电场为

$$\boldsymbol{E}_1=-\nabla\varphi_1=-\frac{1}{4\pi\varepsilon_0}\left(\frac{\boldsymbol{p}_1}{R^3}-\frac{3\boldsymbol{p}_1\cdot\boldsymbol{R}}{R^5}\mathbf{R}\right) \tag{2.6.7}$$

把上式代入 (2.6.6) 式, 领头项正比于 R^{-6}, 因此对其作统计平均时把玻耳兹曼因子近似为 1 才会得到范德瓦耳斯力. 考虑到分子可以变形, 需要对 $\boldsymbol{p}_1$ 的角度和大小作统计平均, 写成

$$W_{1,\mathrm{D}}=\langle W_1\rangle=-\frac{\alpha_2}{2(4\pi\varepsilon_0)^2}\left[\frac{\langle p_1^2\rangle}{R^6}+\frac{3}{R^8}\langle(\mathbf{p}_1\cdot\mathbf{R})^2\rangle\right]=-\frac{\alpha_2}{(4\pi\varepsilon_0)^2}\frac{\langle p_1^2\rangle}{R^6} \tag{2.6.8}$$

这是分子 2 被分子 1 极化的能量, $\langle p_1^2\rangle$ 是分子 1 的电偶极矩平方的统计平均值. 分子 1 也会被分子 2 的电场极化. 设分子 1 的极化系数为 α_1, 把上式的 α_2 换成 α_1、把 p_1 换成 p_2 便得到分子 1 的极化能. 分子 1 和分子 2 的极化能相加就是总的极化能

$$W_{12,\mathrm{D}}=-\frac{\alpha_2}{(4\pi\varepsilon_0)^2}\frac{\langle p_1^2\rangle}{R^6}-\frac{\alpha_1}{(4\pi\varepsilon_0)^2}\frac{\langle p_2^2\rangle}{R^6} \tag{2.6.9}$$

上式关于 $\boldsymbol{R}$ 的负梯度就是极化引起的范德瓦耳斯力, 它也是按照 R^{-7} 幂律随分子之间的距离减弱的吸引力. 这个结果虽然没有显含 T, 但也只在温度比较高的情形成立, 因为我们在求统计平均时只取了玻耳兹曼因子展开式的第一项, 这个近似仅当温度较高时才适用.

取向关联和极化引起的范德瓦耳斯力是互相独立的两个力, 前者假设分子是刚性的, 只能转动, 后者假设分子内的电荷分布可以被外电场改变 (极化), 两种机制可以同时起作用.

需要指出, 以上经典理论虽然在适用条件下与实验基本符合, 但不能解释低温时的范德瓦耳斯力. 此外, 也存在经典理论完全不适用的情形, 例如实验显示球对称的满壳分子之间也存在范德瓦耳斯力, 但经典理论却预言球对称分子之间没有范德瓦耳斯力. 王守竞首先指出了正确的解决途径①: 对分子相互作用能的经典平均要换成量子统计平均, 尽管两个分子距离大于分子直径时可以忽略两个分子波函数的交叠, 但由于多电子总波函数必须满足电子全同性的对称性要求, 因此分子间仍存在量子关联效应, 使得两个分子的总能量不等于两个单独存在分子的能量和. 伦敦 (F. London) 等对此作了详细的理论分析②. 基于王守竞–伦敦理论可以令人满意地算出各种情形的范德瓦耳斯力.

习 题

2.1 一个半径为 R 的电介质球, 电极化强度为 $\boldsymbol{P}=K\dfrac{\boldsymbol{r}}{r^2}$, 电容率为 ε.

(1) 计算束缚电荷的体密度和面密度;

(2) 计算自由电荷体密度;

(3) 计算球外和球内的电势;

(4) 求该带电介质球产生的静电场总能量.

答案:

(1) $\rho_{\mathrm{p}}=-K/r^2,\quad \sigma_{\mathrm{p}}=K/R$

(2) $\rho_{\mathrm{f}}=\varepsilon K/(\varepsilon-\varepsilon_0)r^2$

(3) $\varphi_{外}=\dfrac{\varepsilon KR}{(\varepsilon-\varepsilon_0)\varepsilon_0 r},\ \varphi_{内}=\dfrac{K}{\varepsilon-\varepsilon_0}\left(\ln\dfrac{R}{r}+\dfrac{\varepsilon}{\varepsilon_0}\right)$

(4) $W=2\pi\varepsilon R\left(1+\dfrac{\varepsilon}{\varepsilon_0}\right)\left(\dfrac{K}{\varepsilon-\varepsilon_0}\right)^2$

2.2 如例 2.6 真空中有一半径为 R_0 的接地导体球, 距球心为 $a\,(a>R_0)$ 处有一点电荷 Q. 求导体表面的电荷面密度, 并通过对面电荷密度积分验证导体上的总感应电荷与 (2.2.28) 式中假想电荷 Q' 相同. 求电荷 Q 感受到的镜像势.

答案:

导体表面的感应电荷面密度

$$\sigma(\theta)=-\frac{Q}{4\pi R_0}\frac{a^2-R_0^2}{(R_0^2+a^2-2aR_0\cos\theta)^{3/2}}$$

---

① S.C. Wang, Physik Zeits. **28**, 663 (1927)

② R. Eisenschitz and F. London, Zeits. f. Physik **60**, 491 (1930); F. London, Zeits. f. Physik **63**, 245 (1930)

电荷 Q 受到的镜像势

$$V(a) = -\frac{Q^2}{8\pi\varepsilon_0}\frac{R_0}{a^2 - R_0^2}$$

2.3 如上题, 但导体球不接地而带电荷 Q_0. 求导体表面的电荷面密度和电荷 Q 感受到的镜像势.

答案:

导体表面的感应电荷面密度

$$\sigma(\theta) = -\frac{Q}{4\pi R_0}\frac{a^2 - R_0^2}{(R_0^2 + a^2 - 2aR_0\cos\theta)^{3/2}} + \frac{Q_0 + R_0 Q/a}{4\pi R_0^2}$$

电荷 Q 感受到的镜像势

$$V(a) = -\frac{Q^2}{8\pi\varepsilon_0}\frac{R_0}{a^2 - R_0^2} + \frac{Q}{4\pi\varepsilon_0}\left(\frac{Q_0}{a} + \frac{R_0 Q}{2a^2}\right)$$

2.4 接地的空心导体球壳的内外半径为 R_1 和 R_2, 在球内离球心为 $a\,(a < R_1)$ 处置一点电荷 Q. 用镜像法求电势, 导体球壳上的感应电荷有多少? 分布在内表面还是外表面?

答案:

$$\varphi = \frac{1}{4\pi\varepsilon_0}\left[\frac{Q}{\sqrt{R^2 + a^2 - 2Ra\cos\theta}} - \frac{QR_1/a}{\sqrt{R^2 + \frac{R_1^4}{a^2} - \frac{2R_1^2 R}{a}\cos\theta}}\right]$$

感应电荷分布于内表面, 总电荷为 $-Q$ (注意镜像电荷并不等于感应电荷).

2.5 上题的导体球壳不接地, 而是带总电荷 Q_0, 或使其有确定电势 φ_0, 试求这两种情况的电势. 又问 φ_0 与 Q_0 是何种关系时, 两情况的解是相等的?

答案:

$$(1)\ \varphi = \begin{cases} \dfrac{Q + Q_0}{4\pi\varepsilon_0 R} & (R > R_2) \\ \dfrac{1}{4\pi\varepsilon_0}\left[\dfrac{Q}{\sqrt{R^2 + a^2 - 2Ra\cos\theta}} - \dfrac{QR_1/a}{\sqrt{R^2 + \frac{R_1^4}{a^2} - \frac{2R_1^2 R}{a}\cos\theta}} + \dfrac{Q + Q_0}{R_2}\right] & (R < R_1) \end{cases}$$

(2) $\varphi_0 = \dfrac{Q + Q_0}{4\pi\varepsilon_0 R_2}$ 时, 两情况的解相等.

2.6 在接地的导体平面上有一半径为 a 的导体半球凸部, 半球的球心在导体平面上, 点电荷 Q 位于系统的对称轴上, 并与平面相距为 $b(b > a)$, 试用电像法求空间电势.

2.7 有一点电荷 Q 位于两个互相垂直的接地导体平面所围成的直角空间内, 它到两个平面的距离为 a 和 b, 求空间电势.

2.8 设有两平面围成的直角形无穷容器, 其内充满电导率为 σ 的液体. 取该两平面为 xz 面和 yz 面, 在 (x_0, y_0, z_0) 和 $(x_0, y_0, -z_0)$ 两点分别置正负电极并通以电流 I, 求导电液体中的电势.

2.9 在均匀外电场中置入半径为 R_0 的导体球, 试用分离变法求下列两种情况的电势:

(1) 导体球上接有电池, 使球与地保持电势差 Φ_0;

(2) 导体球上带总电荷 Q.

答案:

(1) $\varphi = -E_0 R\cos\theta + \varphi_0 + \dfrac{(\Phi_0 - \varphi_0)R_0}{R} + \dfrac{E_0 R_0^3}{R^2}\cos\theta \quad (R > R_0)$

(2) $\varphi = -E_0 R\cos\theta + \varphi_0 + \dfrac{Q}{4\pi\varepsilon_0 R} + \dfrac{E_0 R_0^3}{R^2}\cos\theta \quad (R > R_0)$ 其中 φ_0 为未置入导体球前坐

标原点的电势.

2.10　均匀介质球的中心置一点电荷 Q_{f}, 球的电容率为 ε, 球外为真空, 试用分离变量法求空间电势, 把结果与使用高斯定理所得结果比较.

提示: 空间各点的电势是点电荷 Q_{f} 的电势 $Q_{\mathrm{f}}/4\pi\varepsilon R$ 与球面上的极化电荷所产生的电势的叠加, 后者满足拉普拉斯方程.

2.11　均匀介质球 (电容率为 ε_1) 的中心置一自由电偶极子 $\boldsymbol{p}_{\mathrm{f}}$, 球外充满了另一种介质 (电容率为 ε_2), 求空间各点的电势和极化电荷分布.

提示: 同上题, $\varphi=\dfrac{\boldsymbol{p}_{\mathrm{f}}\cdot\boldsymbol{R}}{4\pi\varepsilon_1 R^3}+\varphi'$, 而 φ' 满足拉普拉斯方程.

答案:

$$\varphi=\begin{cases}\dfrac{3\left(\boldsymbol{p}_{\mathrm{f}}\cdot\boldsymbol{R}\right)}{4\pi\left(\varepsilon_1+2\varepsilon_2\right)R^3} & (R>R_0)\\[2ex] \dfrac{\boldsymbol{p}_{\mathrm{f}}\cdot\boldsymbol{R}}{4\pi\varepsilon_1 R^3}+\dfrac{2\left(\varepsilon_1-\varepsilon_2\right)}{4\pi\varepsilon_1\left(\varepsilon_1+2\varepsilon_2\right)R_0^3}\left(\boldsymbol{p}_{\mathrm{f}}\cdot\boldsymbol{R}\right) & (R<R_0)\end{cases}$$

球心有极化电偶极子 $\boldsymbol{p}=\left(\dfrac{\varepsilon_0}{\varepsilon_1}-1\right)\boldsymbol{p}_{\mathrm{f}}$

球面 $(R=R_0)$ 有极化面电荷 $\sigma_{\mathrm{p}}=\dfrac{3\left(\varepsilon_1-\varepsilon_2\right)\varepsilon_0 p_{\mathrm{f}}}{2\pi\varepsilon_1\left(\varepsilon_1+2\varepsilon_2\right)R_0^3}\cos\theta$

2.12　空心导体球壳的内外半径为 R_1 和 R_2, 球中心置一偶极子 $\boldsymbol{p}$, 球壳上带电 Q, 求空间各点电势和电荷分布.

答案:

$$\varphi=\begin{cases}\dfrac{Q}{4\pi\varepsilon_0 R} & (R>R_2)\\[2ex] \dfrac{1}{4\pi\varepsilon_0}\left[\dfrac{\boldsymbol{p}\cdot\boldsymbol{R}}{R^3}+\dfrac{Q}{R_2}-\dfrac{\boldsymbol{p}\cdot\boldsymbol{R}}{R_1^3}\right] & (R<R_1)\end{cases}$$

$$\sigma=\begin{cases}\dfrac{Q}{4\pi R_2^2} & (R=R_2)\\[2ex] -\dfrac{3p}{4\pi R_1^3}\cos\theta & (R=R_1)\end{cases}$$

2.13　在均匀外电场 $\boldsymbol{E}_0$ 中置入一均匀自由电荷密度为 ρ_{f} 的绝缘介质球 (电容率 ε), 求空间各点的电势.

2.14　在一很大的电解槽中充满电导率为 σ_2 的液体, 使其中流着均匀的电流 $\boldsymbol{J}_{\mathrm{f0}}$. 今在液体中置入一个电导率为 σ_1 的小球, 求恒定时电流分布和面电荷分布, 讨论 $\sigma_1\gg\sigma_2$ 及 $\sigma_2\gg\sigma_1$ 两种情况的电流分布的特点.

答案:

$$\boldsymbol{J}=\begin{cases}\dfrac{3\sigma_1}{\sigma_1+2\sigma_2}\boldsymbol{J}_{\mathrm{f0}} & (R<R_0)\\[2ex] \boldsymbol{J}_{\mathrm{f0}}+\dfrac{\left(\sigma_1-\sigma_2\right)R_0^3}{\sigma_1+2\sigma_2}\left[\dfrac{3\left(\boldsymbol{J}_{\mathrm{f0}}\cdot\boldsymbol{R}\right)\boldsymbol{R}}{R^5}-\dfrac{\boldsymbol{J}_{\mathrm{f0}}}{R^3}\right] & (R>R_0)\end{cases}$$

球面 $(R=R_0)$ 有电荷面密度

$$\omega_{\mathrm{f}}=\frac{3\left(\sigma_1-\sigma_2\right)\varepsilon_0}{\left(\sigma_1+2\sigma_2\right)\sigma_2}J_{\mathrm{f0}}\cos\theta$$

2.15　半径为 R_0 的导体球外充满均匀绝缘介质 ε, 导体球接地, 离球心为 a 处 $(a>R_0)$ 置一

点电荷 Q_{f}, 试用分离变量法求空间各点电势, 证明所得结果与镜像法结果相同.

提示:

$$\frac{1}{r}=\frac{1}{\sqrt{R^2+a^2-2Ra\cos\theta}}=\frac{1}{a}\sum_{n=0}^{\infty}\left(\frac{R}{a}\right)^n\mathrm{P}_n(\cos\theta)\quad(R<a)$$

2.16　画出函数 $\dfrac{\mathrm{d}\delta(x)}{\mathrm{d}x}$ 的图, 说明 $\rho=-(\boldsymbol{p}\cdot\nabla)\delta(\boldsymbol{x})$ 是一个位于原点的电偶极子的电荷密度.

2.17　证明:

(1) $\delta(ax)=\dfrac{1}{a}\delta(x), a>0$. (若 $a<0$, 结果如何?)

(2) $x\delta(x)=0$.

2.18　一块极化介质的极化强度为 $\boldsymbol{P}(\boldsymbol{x}')$, 根据电偶极子静电势的公式, 极化介质所产生的静电势为

$$\varphi=\int_V\frac{\boldsymbol{P}(\boldsymbol{x}')\cdot\boldsymbol{r}}{4\pi\varepsilon_0 r^3}\,\mathrm{d}V'$$

另外, 根据极化电荷公式 $\rho_{\mathrm{p}}=-\nabla'\cdot\boldsymbol{p}(\boldsymbol{x}')$ 及 $\sigma_{\mathrm{p}}=\boldsymbol{e}_{\mathrm{n}}\cdot\boldsymbol{P}$, 极化介质所产生的电势又可表为

$$\varphi=-\int_V\frac{\nabla'\cdot\boldsymbol{P}(\boldsymbol{x}')}{4\pi\varepsilon_0 r}\,\mathrm{d}V'+\oint_S\frac{\boldsymbol{P}(\boldsymbol{x}')\cdot\mathrm{d}\boldsymbol{S}'}{4\pi\varepsilon_0 r}$$

试证明以上两表达式是等同的.

2.19　证明下述结果, 并熟悉面电荷和面偶极层两侧电势和电场的变化.

(1) 在面电荷两侧, 电势法向微商有跃变, 而电势是连续的.

(2) 在面偶极层两侧, 电势有跃变

$$\varphi_2-\varphi_1=\frac{1}{\varepsilon_0}\boldsymbol{e}_{\mathrm{n}}\cdot\boldsymbol{P}$$

而电势的法向微商是连续的. (各带等量正负电荷面密度 $\pm\sigma$ 而靠得很近的两个面, 形成面偶极层. 面电偶极矩密度 $\boldsymbol{P}=\lim\limits_{\substack{\sigma\to\infty\\ l\to 0}}\sigma\boldsymbol{l}$.)

2.20　半径为 R_0 的球面, 在球坐标 $0<\theta<\dfrac{\pi}{2}$ 的半球面上电势为 φ_0, 在 $\dfrac{\pi}{2}<\theta<\pi$ 的半球面上电势为 $-\varphi_0$, 求空间各点电势.

提示:

$$\int_0^1\mathrm{P}_n(x)\mathrm{d}x=\left.\frac{\mathrm{P}_{n+1}(x)-\mathrm{P}_{n-1}(x)}{2n+1}\right|_0^1$$

$$\mathrm{P}_n(1)=1$$

$$\mathrm{P}_n(0)=\begin{cases}0 & (n=\text{奇数})\\ (-1)^{\frac{n}{2}}\dfrac{1\cdot3\cdot5\cdots(n-1)}{2\cdot4\cdot6\cdots n} & (n=\text{偶数})\end{cases}$$

答案:

$$\varphi=\begin{cases}\displaystyle\sum_{n=0}^{\infty}a_n\left(\frac{R}{R_0}\right)^n\mathrm{P}_n(\cos\theta) & (R<R_0)\\ \displaystyle\sum_{n=0}^{\infty}a_n\left(\frac{R_0}{R}\right)^{n+1}\mathrm{P}_n(\cos\theta) & (R>R_0)\end{cases}$$

$$a_n = \begin{cases} 0 & (n = \text{偶数}) \\ (-1)^{\frac{n-1}{2}} \dfrac{1 \cdot 3 \cdot 5 \cdots (n-2)}{2 \cdot 4 \cdot 6 \cdots (n+1)} (2n+1) \varphi_0 & (n = \text{奇数}) \end{cases}$$

2.21　上题能用格林函数方法求解吗？结果如何？

2.22　设 $f(x)$ 在 x_0 处解析 (存在泰勒级数展开)，请证明 $f(x)$ 的二次导数在 x_0 处有精确到 a^2 的差分近似式

$$\left.\frac{\mathrm{d}^2 f(x)}{\mathrm{d}x^2}\right|_{x=x_0} = \frac{2}{a} f(x_0 + a) - \frac{3}{2a} f(x_0) - \frac{1}{2a} f(x_0 + 2a) + O(a^2)$$

2.23　参考例 2.13，用数值方法研究例 2.13 系统中的电势对离散网格的依赖关系. 研究阴极、阳极之间空间存在静电荷分布 $\rho(x, y)$ 对电势的影响.

第三章

静磁场

本章我们讨论恒定电流分布所激发的静磁场. 在恒定电流问题中, 电场往往也是同时存在的. 因为要维持导体中的电流, 在导体内部就要有一定的电场, 而且在产生电流的电源以及在导线表面上都带有一定的净电荷, 因而导线周围空间中也是存在着电场的. 但是由麦克斯韦方程组可见, 在恒定情况下, 电场和磁场不发生直接联系, 因而有可能把磁场和电场分离开来求解.

和静电场的标势相对应, 静磁场的矢势是一个重要的概念. 第一节我们引入磁场的矢势并说明解磁场边值问题的方法. 虽然用矢势来描述磁场是普遍的, 但是在求解某些实际问题时往往比较复杂. 在第二节中我们说明在一定条件下, 静磁场问题也可以用标势方法来求解. 第三节计算局部范围内的电流分布所激发的磁场在远处的展开式, 引入磁多极矩的概念.

在经典物理中, 电场强度 $\boldsymbol{E}$ 和磁感应强度 $\boldsymbol{B}$ 可以完全描述电磁场. 但是, 在量子物理中, 实验指出, $\boldsymbol{E}$ 和 $\boldsymbol{B}$ 不能完全地描述电磁场的所有物理效应. 第四节我们讨论这一重要问题, 说明电磁矢势具有可观测的不能用 $\boldsymbol{E}$ 和 $\boldsymbol{B}$ 描写的物理效应.

超导现象是多电子系统的一种宏观量子行为, 处于超导态的材料具有独特的电磁性质. 我们将在本章最后一节介绍超导的唯象理论, 进一步揭示电磁矢势和规范变换的物理意义.

§ 3.1 矢势及其微分方程

我们考察恒定电流分布所激发的静磁场. 在给定的传导电流附近可能存在一些磁性物质, 在电流的磁场作用下, 物质磁化而出现磁化电流, 它反过来又激发附加的磁场. 磁化电流和磁场是互相制约的, 因此解决这类问题的方法也像解静电学问题一样, 即求微分方程边值问题的解. 下面我们先引入磁场的矢势, 然后导出矢势所满足的微分方程.

1. 矢势

恒定电流磁场的基本方程是

$$\nabla \times \boldsymbol{H} = \boldsymbol{J} \tag{3.1.1}$$

$$\nabla \cdot \boldsymbol{B} = 0 \tag{3.1.2}$$

式中 $\boldsymbol{J}$ 是自由电流密度. (3.1.1) 式和 (3.1.2) 式结合物质的电磁性质方程是解磁场问题的基础.

磁场的特点和电场不同. 静电场是有源无旋场, 电场线从正电荷出发而止于负电荷, 静电场线永不闭合. 静磁场则是有旋无源场, 磁感应线总是闭合曲线. 由于特性上的显著差异, 描述磁场和电场的方法就有所不同. 静电场由于其无旋性, 可以引入标势来描述. 磁场由于其有旋性, 一般不能引入一个标势来描述整个空间的磁场, 但是由于磁场的无源性, 我们可以引入另一个矢量来描述它. 根据矢量分析的定理 [附录 (A.1.17) 式], (3.1.2) 式使得 $\boldsymbol{B}$ 可表示为另一矢量的旋度:

$$\boldsymbol{B}=\nabla\times\boldsymbol{A} \tag{3.1.3}$$

$\boldsymbol{A}$ 称为磁场的矢势. 为了看出矢势 $\boldsymbol{A}$ 的意义, 我们考察 (3.1.3) 式的积分形式. 把 $\boldsymbol{B}$ 对任一个以回路 L 为边界的曲面 S 积分, 得

$$\int_S \boldsymbol{B}\cdot\mathrm{d}\boldsymbol{S}=\int_S \nabla\times\boldsymbol{A}\cdot\mathrm{d}\boldsymbol{S}=\oint_L \boldsymbol{A}\cdot\mathrm{d}\boldsymbol{l} \tag{3.1.4}$$

式中左边是通过曲面 S 的磁通量. 由上式, 通过一个曲面的磁通量只和此曲面的边界 L 有关, 而和曲面的具体形状无关. 如图 3–1 所示, 设 S_1 和 S_2 是两个有共同边界 L 的曲面, 则

$$\int_{S_1}\boldsymbol{B}\cdot\mathrm{d}\boldsymbol{S}=\int_{S_2}\boldsymbol{B}\cdot\mathrm{d}\boldsymbol{S}$$

这正是 $\boldsymbol{B}$ 的无源性的反映. 因为 $\boldsymbol{B}$ 是无源的, 在 S_1 和 S_2 所包围的区域内没有磁感应线发出, 也没有磁感应线终止, $\boldsymbol{B}$ 线连续地通过该区域, 因而通过曲面 S_1 的磁通量必然等于通过曲面 S_2 的磁通量. 此磁通量由矢势 $\boldsymbol{A}$ 对 S_1 或 S_2 的边界 L 的环量表示.

因此, 矢势 $\boldsymbol{A}$ 的物理意义是它沿任一闭合回路的环量代表通过以该回路为界的任一曲面的磁通量. 只有 $\boldsymbol{A}$ 的环量才有物理意义, 而每点上的 $\boldsymbol{A}(\boldsymbol{x})$ 值没有直接的物理意义.

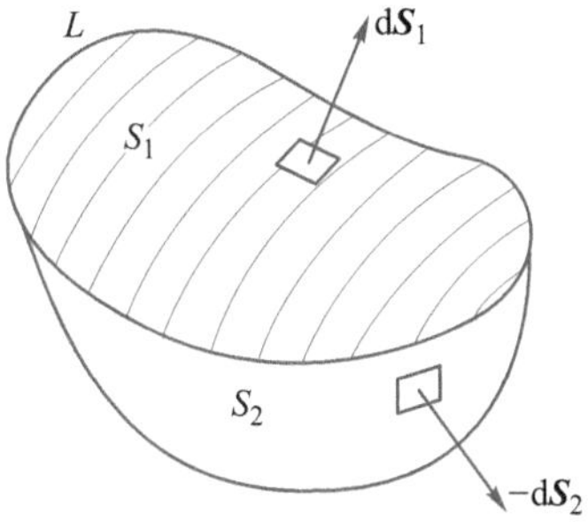

图 3–1

由矢势 $\boldsymbol{A}$ 可以确定磁场 $\boldsymbol{B}$, 但是由磁场 $\boldsymbol{B}$ 并不能唯一地确定矢势 $\boldsymbol{A}$. 举一个简单例子可以说明这点. 设有沿 z 轴方向的均匀磁场

$$B_x=B_y=0,\quad B_z=B_0$$

其中 B_0 为常量. 由 (3.1.3) 式, 有

$$\frac{\partial A_y}{\partial x}-\frac{\partial A_x}{\partial y}=B_0,\quad \frac{\partial A_z}{\partial y}-\frac{\partial A_y}{\partial z}=\frac{\partial A_x}{\partial z}-\frac{\partial A_z}{\partial x}=0$$

不难看出有解

$$A_z=A_y=0,\quad A_x=-B_0 y$$

还可以看出有另一解

$$A_z = A_x = 0, \quad A_y = B_0 x$$

除了这两解外, 还存在其他解. 事实上, 因为任意函数 ψ 的梯度的旋度恒为零, 故有

$$\nabla \times (\boldsymbol{A} + \nabla\psi) = \nabla \times \boldsymbol{A}$$

即 $\boldsymbol{A} + \nabla\psi$ 与 $\boldsymbol{A}$ 对应于同一个磁场 $\boldsymbol{B}$. $\boldsymbol{A}$ 的这种任意性是由于只有 $\boldsymbol{A}$ 的环量才有物理意义, 而每点上的 $\boldsymbol{A}$ 本身没有直接的物理意义.

因 $\boldsymbol{A}$ 的这种任意性, 我们可以对它加上一定的限制条件. 由下面的推导可知, 对 $\boldsymbol{A}$ 加上辅助条件 (库仑规范)

$$\nabla \cdot \boldsymbol{A} = 0 \tag{3.1.5}$$

是特别方便的. 我们先说明对 $\boldsymbol{A}$ 加上条件 (3.1.5) 式总是可以的, 也就是说总可以找到一个 $\boldsymbol{A}$, 满足 (3.1.5) 式. 设有某一解 $\boldsymbol{A}$ 不满足 (3.1.5) 式:

$$\nabla \cdot \boldsymbol{A} = u \neq 0$$

我们另取一解

$$\boldsymbol{A}' = \boldsymbol{A} + \nabla\psi \tag{3.1.6}$$

$\boldsymbol{A}'$ 的散度为

$$\nabla \cdot \boldsymbol{A}' = \nabla \cdot \boldsymbol{A} + \nabla^2\psi = u + \nabla^2\psi$$

取 ψ 为泊松方程

$$\nabla^2\psi = -u$$

的一个解, 代入 (3.1.6) 式, 所得的 $\boldsymbol{A}'$ 就满足 $\nabla \cdot \boldsymbol{A}' = 0$. 对 $\boldsymbol{A}$ 所加的辅助条件称为规范条件. 本章后面所取的 $\boldsymbol{A}$ 都满足规范条件 $\nabla \cdot \boldsymbol{A} = 0$.

2. 矢势微分方程

在线性均匀介质内有 $\boldsymbol{B} = \mu\boldsymbol{H}$. 把此关系和 $\boldsymbol{B} = \nabla \times \boldsymbol{A}$ 代入 (3.1.1) 式, 得矢势 $\boldsymbol{A}$ 的微分方程

$$\nabla \times (\nabla \times \boldsymbol{A}) = \mu\boldsymbol{J} \tag{3.1.7}$$

由矢量分析公式 [附录 (A.1.25) 式], 有

$$\nabla \times (\nabla \times \boldsymbol{A}) = \nabla(\nabla \cdot \boldsymbol{A}) - \nabla^2\boldsymbol{A}$$

若取 $\boldsymbol{A}$ 满足规范条件 $\nabla \cdot \boldsymbol{A} = 0$, 得矢势 $\boldsymbol{A}$ 的微分方程

$$\nabla^2\boldsymbol{A} = -\mu\boldsymbol{J} \tag{3.1.8}$$

$$(\nabla \cdot \boldsymbol{A} = 0)$$

$\boldsymbol{A}$ 的每个直角分量 A_i 满足泊松方程, 即

$$\nabla^2 A_i = -\mu J_i \quad (i=1,2,3)$$

这些方程和静电势 φ 的方程 (参见第二章 (2.1.8) 式)

$$\nabla^2 \varphi = -\rho/\varepsilon$$

有相同形式. 对比静电势方程的解 (2.1.7) 式, 可得矢势方程 (3.1.8) 式的特解

$$\boldsymbol{A}(\boldsymbol{x}) = \frac{\mu}{4\pi}\int_V \frac{\boldsymbol{J}(\boldsymbol{x}')\,\mathrm{d}V'}{r} \tag{3.1.9}$$

式中 $\boldsymbol{x}'$ 是源点, $\boldsymbol{x}$ 为场点, r 为由 $\boldsymbol{x}'$ 到 $\boldsymbol{x}$ 的距离. (3.1.9) 式也就是我们在第一章中由毕奥–萨伐尔定律导出的公式 (1.2.21) 式, 该处讨论真空情形, 故 $\mu=\mu_0$. 在第一章中我们已证明 (3.1.9) 式满足条件 $\nabla\cdot\boldsymbol{A}=0$, 因此 (3.1.9) 式确实是矢势微分方程的解.

在第一章中, 我们从毕奥–萨伐尔定律出发, 导出磁场的微分方程. 本节我们把磁场的散度和旋度作为基本规律, 从微分方程出发, 引入矢势 $\boldsymbol{A}$, 由 $\boldsymbol{A}$ 的方程获得特解 (3.1.9) 式. 求出 $\boldsymbol{A}$ 以后, 取旋度即可求出磁场

$$\begin{aligned}\boldsymbol{B} = \nabla\times\boldsymbol{A} &= \frac{\mu}{4\pi}\nabla\times\int_V \frac{\boldsymbol{J}(\boldsymbol{x}')\,\mathrm{d}V}{r} \\ &= \frac{\mu}{4\pi}\int_V \left(\nabla\frac{1}{r}\right)\times\boldsymbol{J}(\boldsymbol{x}')\,\mathrm{d}V' \\ &= \frac{\mu}{4\pi}\int_V \frac{\boldsymbol{J}\times\boldsymbol{r}}{r^3}\,\mathrm{d}V'\end{aligned} \tag{3.1.10}$$

过渡到线电流情形, 设 I 为导线上电流的大小, 作代换 $\boldsymbol{J}\ \mathrm{d}V' \to I\ \mathrm{d}\boldsymbol{l}$ 得

$$\boldsymbol{B} = \frac{\mu}{4\pi}\oint_L \frac{I\ \mathrm{d}\boldsymbol{l}\times\boldsymbol{r}}{r^3} \tag{3.1.11}$$

这就是毕奥–萨伐尔定律.

当全空间中电流分布 $\boldsymbol{J}$ 给定时, 由 (3.1.9) 式或 (3.1.10) 式可以计算磁场. 对于电流和磁场互相制约的问题, 则必须解矢势微分方程的边值问题.

3. 矢势边值关系

由 (1.5.11) 式, 在两介质分界面上磁场的边值关系为

$$\boldsymbol{e}_\mathrm{n}\cdot(\boldsymbol{B}_2-\boldsymbol{B}_1)=0 \tag{3.1.12}$$

$$\boldsymbol{e}_\mathrm{n}\times(\boldsymbol{H}_2-\boldsymbol{H}_1)=\boldsymbol{\alpha} \tag{3.1.13}$$

磁场边值关系可以化为矢势 $\boldsymbol{A}$ 的边值关系. 对于非铁磁性均匀介质, 矢势的边值关系为

$$\boldsymbol{e}_\mathrm{n}\cdot(\nabla\times\boldsymbol{A}_2-\nabla\times\boldsymbol{A}_1)=0 \tag{3.1.14}$$

$$\boldsymbol{e}_{\mathrm{n}}\times\left(\frac{1}{\mu_2}\nabla\times\boldsymbol{A}_2-\frac{1}{\mu_1}\nabla\times\boldsymbol{A}_1\right)=\boldsymbol{\alpha} \tag{3.1.15}$$

边值关系 (3.1.14) 式也可以用较简单的形式代替. 在分界面两侧取一狭长回路 (见图 1–15), 计算 $\boldsymbol{A}$ 对此狭长回路的积分. 当回路短边长度趋于零时, 有

$$\oint_L \boldsymbol{A}\cdot\mathrm{d}\boldsymbol{l}=(A_{2\mathrm{t}}-A_{1\mathrm{t}})\,\Delta l$$

另一方面, 由于回路面积趋于零, 有

$$\oint_L \boldsymbol{A}\cdot\mathrm{d}\boldsymbol{l}=\int_S \boldsymbol{B}\cdot\mathrm{d}\boldsymbol{S}\to 0$$

因此,

$$A_{2\mathrm{t}}=A_{1\mathrm{t}} \tag{3.1.16}$$

若取 $\nabla\cdot\boldsymbol{A}=0$ 规范, 仿照 §1.5 关于法向分量边值关系的推导, 可得

$$A_{2\mathrm{n}}=A_{1\mathrm{n}}\ (\nabla\cdot\boldsymbol{A}=0) \tag{3.1.17}$$

(3.1.16) 式和 (3.1.17) 式合起来得

$$\boldsymbol{A}_2=\boldsymbol{A}_1 \tag{3.1.18}$$

即在两介质分界面上, 矢势 $\boldsymbol{A}$ 是连续的. 边值关系 (3.1.18) 式可以用来代替 (3.1.14) 式.

4. 静磁场的能量

由第一章 §1.6, 磁场的总能量为

$$W=\frac{1}{2}\int \boldsymbol{B}\cdot\boldsymbol{H}\mathrm{d}V \tag{3.1.19}$$

积分遍及磁场分布区域. 在静磁场中, 可以用矢势和电流表示总能量. 由 $\boldsymbol{B}=\nabla\times\boldsymbol{A},\nabla\times\boldsymbol{H}=\boldsymbol{J}$($\boldsymbol{J}$ 为传导电流密度) 及附录 (A.1.21) 式, 有

$$\begin{aligned}\boldsymbol{B}\cdot\boldsymbol{H}&=(\nabla\times\boldsymbol{A})\cdot\boldsymbol{H}=\nabla\cdot(\boldsymbol{A}\times\boldsymbol{H})+\boldsymbol{A}\cdot(\nabla\times\boldsymbol{H})\\&=\nabla\cdot(\boldsymbol{A}\times\boldsymbol{H})+\boldsymbol{A}\cdot\boldsymbol{J}\end{aligned}$$

将此式代入 (3.1.19) 式中, 第一项可化为无限远界面上的积分而趋于零, 因此

$$W=\frac{1}{2}\int_V \boldsymbol{A}\cdot\boldsymbol{J}\mathrm{d}V \tag{3.1.20}$$

积分仅需遍及电流分布区域 V. 和静电情形一样, 此式仅对总能量有意义, 不能把 $\frac{1}{2}\boldsymbol{A}\cdot\boldsymbol{J}$ 看作能量密度, 因为我们知道能量分布于磁场内, 而不仅仅存在于电流分布区域内.

在 (3.1.20) 式中, 矢势 $\boldsymbol{A}$ 是电流分布 $\boldsymbol{J}$ 本身激发的. 如果我们要计算某电流分布 $\boldsymbol{J}$ 在给定外磁场中的相互作用能量, 以 $\boldsymbol{A}_{\mathrm{e}}$ 表示外磁场的矢势, $\boldsymbol{J}_{\mathrm{e}}$ 表示产生该外磁场的电流分布, 则总电流分布为 $\boldsymbol{J}+\boldsymbol{J}_{\mathrm{e}}$, 总磁场矢势为 $\boldsymbol{A}+\boldsymbol{A}_{\mathrm{e}}$, 磁场总能量为

$$W=\frac{1}{2}\int(\boldsymbol{J}+\boldsymbol{J}_{\mathrm{e}})\cdot(\boldsymbol{A}+\boldsymbol{A}_{\mathrm{e}})\,\mathrm{d}V$$

此式减去 $\boldsymbol{J}$ 和 $\boldsymbol{J}_{\mathrm{e}}$ 分别单独存在时的能量之后, 得电流 $\boldsymbol{J}$ 在外场中的相互作用能

$$W_{\mathrm{i}}=\frac{1}{2}\int(\boldsymbol{J}\cdot\boldsymbol{A}_{\mathrm{e}}+\boldsymbol{J}_{\mathrm{e}}\cdot\boldsymbol{A})\,\mathrm{d}V \tag{3.1.21}$$

按照场的观点, W_{i} 是 $\boldsymbol{J}$ 激发的磁场和 $\boldsymbol{J}_{\mathrm{e}}$ 激发的磁场相互作用的能量. 因为

$$\boldsymbol{A}=\frac{\mu}{4\pi}\int\frac{\boldsymbol{J}(\boldsymbol{x}')\,\mathrm{d}V'}{r},\quad \boldsymbol{A}_{\mathrm{e}}=\frac{\mu}{4\pi}\int\frac{\boldsymbol{J}_{\mathrm{e}}(\boldsymbol{x}')\,\mathrm{d}V'}{r}$$

(3.1.21) 式中两项相等, 因此电流 $\boldsymbol{J}$ 在外场 $\boldsymbol{A}_{\mathrm{e}}$ 中的相互作用能量为

$$W_{\mathrm{i}}=\int_V\boldsymbol{J}\cdot\boldsymbol{A}_{\mathrm{e}}\,\mathrm{d}V \tag{3.1.22}$$

例 3.1

无穷长直导线载电流 I, 求磁场的矢势和磁感应强度.

解: 如图 3-2 所示, 取导线沿 z 轴, 设 P 点到导线的垂直距离为 R, 电流元 $I\,\mathrm{d}z$ 到 P 点的距离为 $\sqrt{R^2+z^2}$, 由 (3.1.9) 式得

$$A_z=\frac{\mu_0 I}{4\pi}\int_{-\infty}^{\infty}\frac{\mathrm{d}z}{\sqrt{z^2+R^2}}$$

积分是发散的. 计算两点的矢势差值可以免除发散. 若取 R_0 点的矢势值为零, 按照 §2.1 例 2.2 同样的计算可得

$$\boldsymbol{A}=-\left(\frac{\mu_0 I}{2\pi}\ln\frac{R}{R_0}\right)\boldsymbol{e}_z \tag{3.1.23}$$

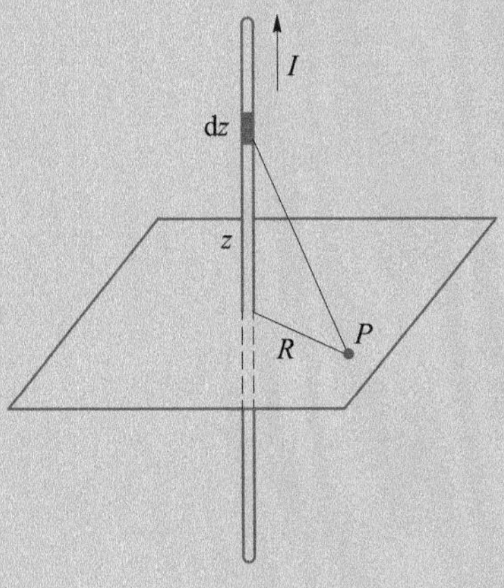

图 3-2

取 $\boldsymbol{A}$ 的旋度得磁感应强度

$$
\begin{aligned}
\boldsymbol{B}=\nabla\times\boldsymbol{A}&=-\nabla\times\left(\frac{\mu_0 I}{2\pi}\ln\frac{R}{R_0}\boldsymbol{e}_z\right)\\
&=-\nabla\left(\frac{\mu_0 I}{2\pi}\ln\frac{R}{R_0}\right)\times\boldsymbol{e}_z\\
&=-\frac{\mu_0 I}{2\pi R}\boldsymbol{e}_R\times\boldsymbol{e}_z=\frac{\mu_0 I}{2\pi R}\boldsymbol{e}_\phi
\end{aligned}
\tag{3.1.24}
$$

例 3.2

半径为 a 的导线圆环载电流 I, 求矢势和磁感应强度.

解: 线圈电流产生的矢势为

$$
\boldsymbol{A}(\boldsymbol{x})=\frac{\mu_0}{4\pi}\oint_L\frac{I\,\mathrm{d}\boldsymbol{l}}{r}\tag{3.1.25}
$$

用球坐标 (R,θ,ϕ), 如图 3–3 所示. 由对称性可知 $\boldsymbol{A}$ 只有 ϕ 分量, A_ϕ 只依赖于 R 、θ, 而与 ϕ 无关. 因此我们可以选定在 xz 面上的一点 P 来计算 A_ϕ, 在该点处 $A_\phi=A_y$. 取 (3.1.25) 式的 y 分量, 由于

$$
\begin{aligned}
\mathrm{d}l_y&=a\cos\phi'\mathrm{d}\phi'\\
r&=|\boldsymbol{x}-\boldsymbol{x}'|\\
&=\sqrt{R^2+a^2-2\boldsymbol{x}\cdot\boldsymbol{x}'}\\
&=\sqrt{R^2+a^2-2Ra\sin\theta\cos\phi'}
\end{aligned}
$$

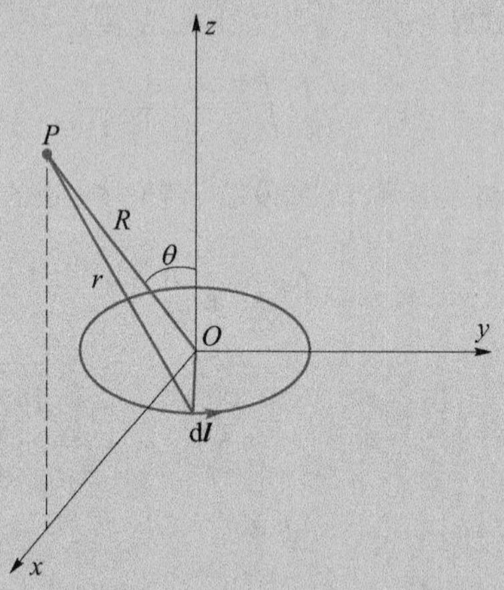

图 3–3

得

$$
A_\phi(R,\theta)=\frac{\mu_0 Ia}{4\pi}\int_0^{2\pi}\frac{\cos\phi'\mathrm{d}\phi'}{\sqrt{R^2+a^2-2Ra\sin\theta\cos\phi'}}\tag{3.1.26}
$$

上式的积分可用椭圆积分表出. 当

$$
2Ra\sin\theta\ll R^2+a^2\tag{3.1.27}
$$

时, 可以较简单地算出近似结果. 把根式对 $2Ra\sin\theta\cos\phi'/\left(R^2+a^2\right)$ 展开. 在 (3.1.26) 式中,

展开式的偶次项对 ϕ' 积分为零, 因此只需保留奇次项. 若我们要计算 $\boldsymbol{B}(R,\theta)$ 到二级近似, 则 A_ϕ 需要算到三级项:

$$\begin{aligned}A_\phi(R,\theta)&=\frac{\mu_0 Ia}{4\pi\sqrt{R^2+a^2}}\int \mathrm{d}\phi'\cos\phi'\left[\frac{Ra\sin\theta\cos\phi'}{R^2+a^2}+\frac{5}{2}\frac{R^3a^3\sin^3\theta\cos^3\phi'}{(R^2+a^2)^3}\right]\\&=\frac{\mu_0 Ia}{4}\left[\frac{Ra\sin\theta}{(R^2+a^2)^{3/2}}+\frac{15}{8}\frac{R^3a^3\sin^3\theta}{(R^2+a^2)^{7/2}}\right]\end{aligned}\tag{3.1.28}$$

此式的适用范围是 $2Ra\sin\theta \ll R^2+a^2$, 包括远场 $(R\gg a)$ 和近轴场 $(R\sin\theta\ll a)$. 为确定起见, 我们计算近轴场. 此情况下用柱坐标 (ρ,ϕ,z) 较为方便. 展开式 (3.1.28) 实际上是对 $\rho^2/\left(z^2+a^2\right)$ 的展开式. 取至 ρ^3 项, 有

$$A_\phi(\rho,z)=\frac{\mu_0 Ia^2\rho}{4\left(z^2+a^2\right)^{3/2}}\left[1-\frac{3\rho^2}{2\left(z^2+a^2\right)}+\frac{15}{8}\frac{\rho^2a^2}{\left(z^2+a^2\right)^2}\right]\tag{3.1.29}$$

取 $\boldsymbol{A}$ 的旋度, 得

$$B_\rho=-\frac{\partial A_\phi}{\partial z}=\frac{3\mu_0 Ia^2\rho z}{4\left(z^2+a^2\right)^{5/2}}\left[1+O\left(\frac{\rho^2}{z^2+a^2}\right)\right]\tag{3.1.30}$$

$$\begin{aligned}B_z&=\frac{1}{\rho}\frac{\partial}{\partial\rho}(\rho A_\phi)\\&=\frac{\mu_0 Ia^2}{2\left(z^2+a^2\right)^{3/2}}\left\{1+\frac{\rho^2}{z^2+a^2}\left[\frac{15a^2}{4\left(z^2+a^2\right)}-3\right]+O\left[\left(\frac{\rho^2}{z^2+a^2}\right)^2\right]\right\}\end{aligned}\tag{3.1.31}$$

上两式对任意 z 处的近轴场成立. 若求近原点处的场 $(z,\rho\ll a)$, 可把上式再对 z/a 展开, 得

$$B_\rho=\frac{3\mu_0 I\rho z}{4a^3}\tag{3.1.32}$$

$$B_z=\frac{\mu_0 I}{2a}\left[1-\frac{3}{4a^2}\left(2z^2-\rho^2\right)\right]\tag{3.1.33}$$

§ 3.2 磁标势

上节我们阐明在一般情况下磁场不能用标势描述, 而需要用矢势描述. 矢势描述虽然是普遍的, 但是由于 $\boldsymbol{A}$ 是一矢量, 解 $\boldsymbol{A}$ 的边值问题一般是比较复杂的. 因此我们考虑在某些条件下是否仍然存在着引入标势的可能性.

由安培环路定理得

$$\oint_L \boldsymbol{H}\cdot\mathrm{d}\boldsymbol{l}=\int_S \boldsymbol{J}\cdot\mathrm{d}\boldsymbol{S}$$

其中 L 为 S 的边界. 如果回路 L 链环着电流, 即有电流穿过 L 所围曲面 S, 则

$$\oint_L \boldsymbol{H}\cdot\mathrm{d}\boldsymbol{l}\neq 0$$

在这种情形下 $\boldsymbol{H}$ 和力学中的非保守力场相似, 因而不能引入标势. 但是在很多实际问题中, 我们不必求出整个空间中的磁场, 而只需求出某个局部区域的磁场. 在此局部区域内, 如果所有回路 L 都没有链环着电流, 则

$$\oint_L \boldsymbol{H} \cdot \mathrm{d}\boldsymbol{l} = 0$$

因而在这个区域内可以引入标势. 举几个例子说明这点. 例如一个线圈, 如果我们挖去线圈所围着的一个壳形区域 S, 则在剩下的空间 V 中任一闭合回路都不链环着电流, 如图 3–4 所示. 因此, 在除去这个壳形区域之后, 在空间中就可以引入磁标势来描述磁场. 又例如电磁铁, 我们想求出两磁极间隙处的磁场, 在此区域内也可以引入磁标势. 至于永磁体, 它的磁场都是由分子电流激发的, 没有任何自由电流, 因此永磁体的磁场甚至在全空间 (包括磁铁内部) 都可以用标势描述.

总结起来, 在某区域内能够引入磁标势的条件是该区域内的任何回路都不被自由电流所链环, 就是说该区域是没有自由电流分布的单连通区域. 要注意的是仅仅没有自由电流分布是不够的, 例如在图 3–4 的情形中, 我们不仅要除去有电流通过的线圈, 而且要把线圈所围着的一个壳层 S 一起除去.

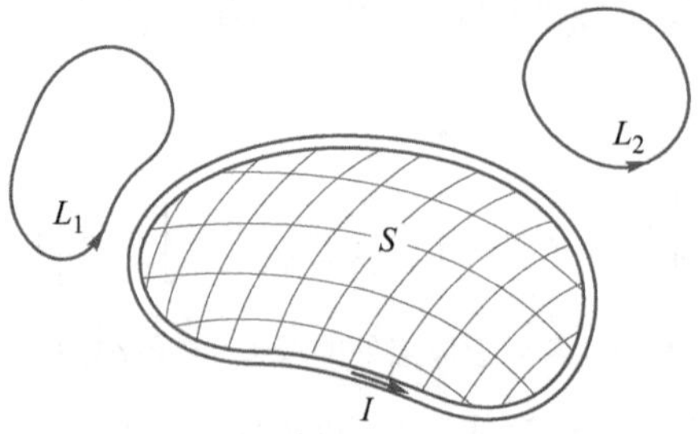

图 3–4

在 $\boldsymbol{J} = \boldsymbol{0}$ 的区域内, 磁场满足方程

$$\nabla \times \boldsymbol{H} = \boldsymbol{0} \tag{3.2.1}$$

$$\nabla \cdot \boldsymbol{B} = 0 \tag{3.2.2}$$

$$\boldsymbol{B} = \mu_0(\boldsymbol{H} + \boldsymbol{M}) = \boldsymbol{f}(\boldsymbol{H}) \tag{3.2.3}$$

在 (3.2.3) 式中, 我们不写 $\boldsymbol{B} = \mu\boldsymbol{H}$, 而写为较一般的函数关系, 这是因为磁标势法的一个重要应用是求磁铁的磁场, 而在铁磁性物质中, 线性关系 $\boldsymbol{B} = \mu\boldsymbol{H}$ 不成立, 应由实验测定的磁化曲线和磁滞回线来确定 $\boldsymbol{B}$ 和 $\boldsymbol{H}$ 的函数关系, 函数 $\boldsymbol{f}(\boldsymbol{H})$ 不是单值的, 它依赖于磁化过程.

把 (3.2.3) 式代入 (3.2.2) 式得

$$\nabla \cdot \boldsymbol{H} = -\nabla \cdot \boldsymbol{M} \tag{3.2.4}$$

如果我们把分子电流看作由一对假想磁荷组成的磁偶极子, 则物质磁化后就出现假想磁荷分布. 和电场中 $\nabla \cdot \boldsymbol{P} = -\rho_{\mathrm{p}}$ 对应 [见 (1.4.3) 式], 假想磁荷密度为

$$\rho_{\mathrm{m}} = -\mu_0 \nabla \cdot \boldsymbol{M} \tag{3.2.5}$$

由 (3.2.1) 式、(3.2.4) 式和 (3.2.5) 式, 在 $\boldsymbol{J}=\mathbf{0}$ 区域内, $\boldsymbol{H}$ 所满足的微分方程可写为

$$\nabla\cdot\boldsymbol{H}=\rho_{\mathrm{m}}/\mu_0 \tag{3.2.6}$$

$$\nabla\times\boldsymbol{H}=\mathbf{0} \tag{3.2.7}$$

这组方程和静电场微分方程

$$\nabla\cdot\boldsymbol{E}=\left(\rho_{\mathrm{f}}+\rho_{\mathrm{p}}\right)/\varepsilon_0 \tag{3.2.8}$$

$$\nabla\times\boldsymbol{E}=\mathbf{0} \tag{3.2.9}$$

对比, 差别仅在于没有自由磁荷, 这是由于磁荷都是由分子电流的磁偶极矩假想而来的, 到目前为止实验还没有发现以磁单极子形式存在的自由磁荷.

由 (3.2.7) 式, 可以引入磁标势 φ_{m}, 使

$$\boldsymbol{H}=-\nabla\varphi_{\mathrm{m}} \tag{3.2.10}$$

用磁标势法时, $\boldsymbol{H}$ 和电场中的 $\boldsymbol{E}$ 相对应. 这种对应只是形式上的, 在第一章中我们已经说明, 从物理本质上看, $\boldsymbol{B}$ 表示总宏观磁场, 和电场中 $\boldsymbol{E}$ 的地位相当.

把磁标势法中有关磁场的公式和静电场公式对比, 总结如下:

静电场	静磁场	
$\nabla\times\boldsymbol{E}=\mathbf{0}$	$\nabla\times\boldsymbol{H}=\mathbf{0}$	(3.2.11)
$\nabla\cdot\boldsymbol{E}=\left(\rho_{\mathrm{f}}+\rho_{\mathrm{p}}\right)/\varepsilon_0$	$\nabla\cdot\boldsymbol{H}=\rho_{\mathrm{m}}/\mu_0$	(3.2.12)
$\rho_{\mathrm{p}}=-\nabla\cdot\boldsymbol{P}$	$\rho_{\mathrm{m}}=-\mu_0\nabla\cdot\boldsymbol{M}$	(3.2.13)
$\boldsymbol{D}=\varepsilon_0\boldsymbol{E}+\boldsymbol{P}$	$\boldsymbol{B}=\mu_0\boldsymbol{H}+\mu_0\boldsymbol{M}$	(3.2.14)
$\boldsymbol{E}=-\nabla\varphi$	$\boldsymbol{H}=-\nabla\varphi_{\mathrm{m}}$	(3.2.15)
$\nabla^2\varphi=-\left(\rho_{\mathrm{f}}+\rho_{\mathrm{p}}\right)/\varepsilon_0$	$\nabla^2\varphi_{\mathrm{m}}=-\rho_{\mathrm{m}}/\mu_0$	(3.2.16)

有了这些对比, 就可以把静电问题求解方法应用到磁场问题中去.

例 3.3

设在磁场的一定范围内某磁性物质有 $B=\mu\boldsymbol{H}$. 证明当 $\mu\to\infty$, 磁性物质表面为等磁势面.

解: 以角标 1 代表磁性物质, 2 代表真空, 由磁场边值关系

$$\boldsymbol{e}_{\mathrm{n}}\cdot\left(\boldsymbol{B}_2-\boldsymbol{B}_1\right)=0,\quad \boldsymbol{e}_{\mathrm{n}}\times\left(\boldsymbol{H}_2-\boldsymbol{H}_1\right)=\mathbf{0} \tag{3.2.17}$$

以及

$$\boldsymbol{B}_2=\mu_0\boldsymbol{H}_2,\quad \boldsymbol{B}_1=\mu\boldsymbol{H}_1 \tag{3.2.18}$$

可得

$$\mu_0 H_{2\mathrm{n}} = \mu H_{1\mathrm{n}}, \quad H_{2\mathrm{t}} = H_{1\mathrm{t}}$$

式中下角标 n 和 t 分别表示法向和切向分量. 设 $H_{1\mathrm{n}} \neq 0$, 上两式相除得

$$\frac{H_{2\mathrm{t}}}{H_{2\mathrm{n}}} = \frac{\mu_0}{\mu}\frac{H_{1\mathrm{t}}}{H_{1\mathrm{n}}} \to 0$$

因此, 在该磁性物质外表面, $\boldsymbol{H}_2$ 与表面垂直, 因而表面为等磁势面.

本例的结果对于磁极设计是很重要的. 一般软铁磁材料的 μ 值都很大, 因而用这些材料制成的磁极, 当用电流磁化时, 其表面近似为等磁势面. 由磁极表面 "$\varphi_{\mathrm{m}} =$ 常量" 的边界条件可以解出磁极之间的磁场. 适当选择磁极表面的形状可以获得具有不同形式的磁场.

例 3.4

求磁化矢量为 $\boldsymbol{M}_0$ 的均匀磁化铁球产生的磁场.

解: 铁球内和铁球外为两均匀区域. 在铁球外没有磁荷. 在铁球内由于均匀磁化, $\boldsymbol{M} = \boldsymbol{M}_0$, 故有

$$\rho_{\mathrm{m}} = -\mu_0 \nabla \cdot \boldsymbol{M}_0 = 0$$

因此磁荷只分布在铁球表面上. 球外磁势 φ_1 和球内磁势 φ_2 都满足拉普拉斯方程, 即

$$\nabla^2 \varphi_1 = 0, \quad \nabla^2 \varphi_2 = 0 \tag{3.2.19}$$

球外磁势必随距离增大而减小, 因此 φ_1 的展开式只含 R 的负幂次项

$$\varphi_1 = \sum_{n \geqslant 0} \frac{b_n}{R^{n+1}} \mathrm{P}_n(\cos\theta) \tag{3.2.20}$$

球内磁势当 $R = 0$ 时有限, 故 φ_2 只含 R 的正幂次项

$$\varphi_2 = \sum_{n \geqslant 0} a_n R^n \mathrm{P}_n(\cos\theta) \tag{3.2.21}$$

铁球表面边值关系为当 $R = R_0$ (R_0 为铁球半径) 时

$$B_{1\mathrm{R}} = B_{2\mathrm{R}} \tag{3.2.22}$$

$$H_{1\theta} = H_{2\theta} \quad (\text{或 } \varphi_1 = \varphi_2) \tag{3.2.23}$$

设球外为真空, 有

$$\begin{aligned} B_{1\mathrm{R}} &= \mu_0 H_{1\mathrm{R}} = -\mu_0 \frac{\partial \varphi_1}{\partial R} \\ &= \mu_0 \sum_{n \geqslant 0} \frac{(n+1)b_n}{R^{n+2}} \mathrm{P}_n(\cos\theta) \\ B_{2\mathrm{R}} &= \mu_0 H_{2\mathrm{R}} + \mu_0 M_{\mathrm{R}} = -\mu_0 \frac{\partial \varphi_2}{\partial R} + \mu_0 M_0 \cos\theta \\ &= -\mu_0 \sum_{n > 0} n a_n R^{n-1} \mathrm{P}_n(\cos\theta) + \mu_0 M_0 \cos\theta \end{aligned}$$

由 (3.2.22) 式和 (3.2.23) 式, 有

$$\sum_{n\geqslant 0}\frac{(n+1)b_n}{R_0^{n+2}}\mathrm{P}_n(\cos\theta)=-\sum_{n>0}na_nR_0^{n-1}\mathrm{P}_n(\cos\theta)+M_0\mathrm{P}_1(\cos\theta)$$

$$\sum_{n\geqslant 0}\frac{b_n}{R_0^{n+1}}\mathrm{P}_n(\cos\theta)=\sum_{n\geqslant 0}a_nR_0^n\mathrm{P}_n(\cos\theta)$$

比较 P_n 的系数, 得

$$a_1=\frac{1}{3}M_0,\quad b_1=\frac{1}{3}M_0R_0^3 \tag{3.2.24}$$

$$a_n=b_n=0,\quad n\neq 1$$

代入 (3.2.20) 式和 (3.2.21) 式得

$$\varphi_1=\frac{M_0R_0^3}{3}\frac{\cos\theta}{R^2}=\frac{R_0^3}{3}\frac{\boldsymbol{M}_0\cdot\boldsymbol{R}}{R^3} \tag{3.2.25}$$

$$\varphi_2=\frac{1}{3}M_0R\cos\theta=\frac{1}{3}\boldsymbol{M}_0\cdot\boldsymbol{R} \tag{3.2.26}$$

由 (3.2.25) 式可见, 铁球外的磁场是磁偶极子产生的场, 磁矩为

$$\boldsymbol{m}=\frac{4\pi R_0^3}{3}\boldsymbol{M}_0=\boldsymbol{M}_0V$$

V 为铁球的体积. 这是我们预期的结果. 由 (3.2.26) 式, 球内磁场是

$$\boldsymbol{H}=-\nabla\varphi_2=-\frac{1}{3}\boldsymbol{M}_0$$

$$\boldsymbol{B}=\mu_0(\boldsymbol{H}+\boldsymbol{M}_0)=\frac{2}{3}\mu_0\boldsymbol{M}_0 \tag{3.2.27}$$

铁球内、外的 $\boldsymbol{B}$ 和 $\boldsymbol{H}$ 如图 3–5 所示. $\boldsymbol{B}$ 线总是闭合的, 而 $\boldsymbol{H}$ 线则不然. $\boldsymbol{H}$ 线从右半球面的正磁荷发出, 止于左半球面的负磁荷. 在铁球内部, $\boldsymbol{B}$ 和 $\boldsymbol{H}$ 反向, 说明磁铁内部的 $\boldsymbol{B}$ 和 $\boldsymbol{H}$ 是有很大差异的. $\boldsymbol{B}$ 代表磁铁内的总宏观磁场, 即在物理小体积内对微观磁场的平均值, 而 $\boldsymbol{H}$ 仅为一辅助场量.

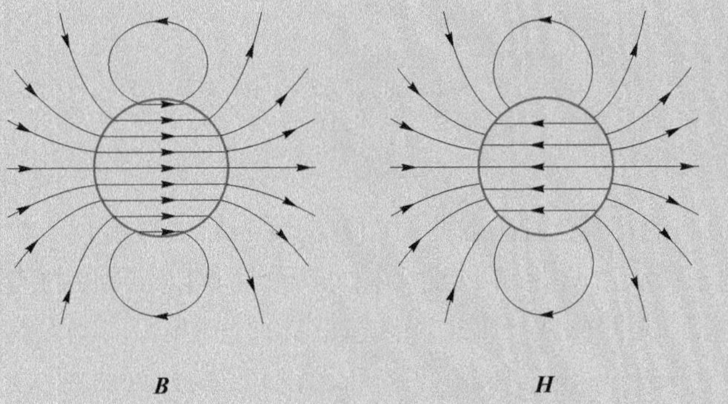

图 3–5

例 3.5

求电流线圈产生的磁标势.

解: 设电流线圈载有电流 I, 它可以看作线圈所围的一个曲面上许多载电流 I 的小线圈组合而成. 设位于 $\boldsymbol{x}'$ 点上的小线圈的面元为 $\mathrm{d}\boldsymbol{S}$, 它的磁矩为

$$\mathrm{d}\boldsymbol{m} = I\,\mathrm{d}\boldsymbol{S}$$

小线圈所产生的磁场的磁标势是一个磁偶极子的磁标势 (见下节)

$$\mathrm{d}\varphi_{\mathrm{m}} = \frac{\mathrm{d}\boldsymbol{m}\cdot\boldsymbol{r}}{4\pi r^3} = \frac{I}{4\pi}\frac{\boldsymbol{r}\cdot\mathrm{d}\boldsymbol{S}}{r^3} \tag{3.2.28}$$

其中, $\boldsymbol{r} = \boldsymbol{x} - \boldsymbol{x}'$.

如图 3–6 所示, 面元 $\mathrm{d}\boldsymbol{S}$ 对场点 $\boldsymbol{x}$ 张开的立体角沿 $-\boldsymbol{r}$ 方向, 从而

$$\mathrm{d}\boldsymbol{\Omega} = -\frac{\boldsymbol{r}}{r}\mathrm{d}\Omega \tag{3.2.29}$$

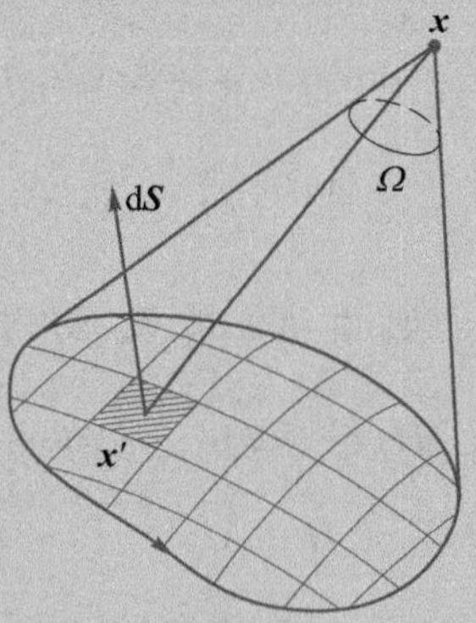

图 3–6

由立体角与面元的关系得

$$-\frac{\boldsymbol{r}\cdot\mathrm{d}\boldsymbol{S}}{r^3} = \mathrm{d}\Omega \tag{3.2.30}$$

因此, 整个电流线圈产生的磁标势为

$$\varphi_{\mathrm{m}} = -\frac{I}{4\pi}\int\mathrm{d}\Omega = -\frac{I}{4\pi}\Omega \tag{3.2.31}$$

为了理解上式的符号, 需注意曲面的方向仅当它能够看作一个空间区域的界面时才有确切意义. 可认为图 3–6 的曲面和另一个同样以电流圈为边界的包含 $\boldsymbol{x}$ 的曲面 (图中没有画出) 共同构成一个空间区域的界面, 由电流方向定义的 $\mathrm{d}\boldsymbol{S}$ 沿该区域的内法向, 从而它关于 $\boldsymbol{x}$ 的立体角 $\Omega < 0$. 当 $\boldsymbol{x}$ 连续移近曲面, Ω 从一个负值趋向于 -2π. 而当 $\boldsymbol{x}$ 跨过曲面, 则需要认为 $\mathrm{d}\boldsymbol{S}$ 沿外法向, 从而 Ω 从 -2π 跳变为 2π. 因为当场点 $\boldsymbol{x}$ 跨过曲面时, Ω 有不连续的跳变值 $\Delta\Omega = 4\pi$, 所以用磁标势法描述电流的磁场时, 必须除去线圈所围的一个曲面.

§ 3.3 磁多极矩

本节我们研究空间局部范围内的电流分布所激发的磁场在远处的展开式. 与电多极矩对应, 引入磁多极矩概念, 并讨论这种电流分布在外磁场中的能量问题.

1. 矢势的多极展开

给定电流分布在空间中激发的磁场矢势为

$$\boldsymbol{A}(\boldsymbol{x})=\frac{\mu_0}{4\pi}\int_{V'}\frac{\boldsymbol{J}\left(\boldsymbol{x}'\right)\mathrm{d}V'}{r} \tag{3.3.1}$$

其中, 已选择无限远处为矢势零点. 如果电流分布于小区域 V' 内, 而场点 $\boldsymbol{x}$ 又距离该区域比较远, 我们可以把 $\boldsymbol{A}(\boldsymbol{x})$ 作多极展开. 取区域内某点 O 为坐标原点, 把 $1/r$ 的展开式 [(2.5.2) 式] 代入 (3.3.1) 式得

$$\boldsymbol{A}(\boldsymbol{x})=\frac{\mu_0}{4\pi}\int_{V'}\boldsymbol{J}\left(\boldsymbol{x}'\right)\left[\frac{1}{R}-\boldsymbol{x}'\cdot\nabla\frac{1}{R}+\right.$$
$$\left.\frac{1}{2!}\sum_{i,j}x_i'x_j'\frac{\partial^2}{\partial x_i\partial x_j}\frac{1}{R}+\cdots\right]\mathrm{d}V' \tag{3.3.2}$$

展开式的第一项为

$$\boldsymbol{A}^{(0)}(\boldsymbol{x})=\frac{\mu_0}{4\pi R}\int_V\boldsymbol{J}\left(\boldsymbol{x}'\right)\mathrm{d}V'$$

由恒定电流的连续性, 可以把电流分为许多闭合的流管. 对一个流管来说,

$$\int_{V'}\boldsymbol{J}\left(\boldsymbol{x}'\right)\mathrm{d}V'=\oint_{L'}I\ \mathrm{d}\boldsymbol{l}=I\oint_{L'}\ \mathrm{d}\boldsymbol{l}=\boldsymbol{0}$$

式中 I 为在该流管内流过的电流. 因此有

$$\boldsymbol{A}^{(0)}=\boldsymbol{0} \tag{3.3.3}$$

此式表示和电场情形不同, 磁场展开式不含磁单极项, 即不含与点电荷对应的项.

展开式 (3.3.2) 的第二项为

$$\boldsymbol{A}^{(1)}=-\frac{\mu_0}{4\pi}\int_{V'}\boldsymbol{J}\left(\boldsymbol{x}'\right)\boldsymbol{x}'\cdot\nabla\frac{1}{R}\ \mathrm{d}V' \tag{3.3.4}$$

由于恒定电流可以分成许多闭合流管, 我们先就一个闭合线圈情形计算上式. 若线圈电流为 I, 有

$$\boldsymbol{A}^{(1)}=-\frac{\mu_0 I}{4\pi}\oint_{L'}\boldsymbol{x}'\cdot\nabla\frac{1}{R}\ \mathrm{d}\boldsymbol{l}'=\frac{\mu_0 I}{4\pi}\oint_{L'}\boldsymbol{x}'\cdot\frac{\boldsymbol{R}}{R^3}\mathrm{d}\boldsymbol{l}' \tag{3.3.5}$$

在被积式中, $\boldsymbol{R}/R^3$ 为固定矢量, 与积分变量无关. 由于 $\boldsymbol{x}'$ 为线圈上各点的坐标, 因此 $\mathrm{d}\boldsymbol{x}'=\mathrm{d}\boldsymbol{l}'$. 利用全微分绕闭合回路的线积分等于零. 得

$$0=\oint_{L'}\mathrm{d}\left[(\boldsymbol{x}'\cdot\boldsymbol{R})\,\boldsymbol{x}'\right]=\oint_{L'}(\boldsymbol{x}'\cdot\boldsymbol{R})\,\mathrm{d}\boldsymbol{l}'+\oint_{L'}(\,\mathrm{d}\boldsymbol{l}'\cdot\boldsymbol{R})\,\boldsymbol{x}'$$

因此,

$$\begin{aligned}\oint_{L'}(\boldsymbol{x}'\cdot\boldsymbol{R})\,\mathrm{d}\boldsymbol{l}'&=\frac{1}{2}\oint_{L'}\left[(\boldsymbol{x}'\cdot\boldsymbol{R})\,\mathrm{d}\boldsymbol{l}'-(\mathrm{d}\boldsymbol{l}'\cdot\boldsymbol{R})\,\boldsymbol{x}'\right]\\&=\frac{1}{2}\oint_{L'}(\boldsymbol{x}'\times\mathrm{d}\boldsymbol{l}')\times\boldsymbol{R}\end{aligned}$$

$\boldsymbol{A}^{(1)}$ 的表示式 (3.3.5) 可以写为

$$\boldsymbol{A}^{(1)}=\frac{\mu_0}{4\pi R^3}\frac{I}{2}\oint_{L'}(\boldsymbol{x}'\times\mathrm{d}\boldsymbol{l}')\times\boldsymbol{R}=\frac{\mu_0}{4\pi}\frac{\boldsymbol{m}\times\boldsymbol{R}}{R^3}\tag{3.3.6}$$

式中

$$\boldsymbol{m}=\frac{I}{2}\oint_{L'}\boldsymbol{x}'\times\mathrm{d}\boldsymbol{l}'\tag{3.3.7}$$

称为电流线圈的磁矩. 对体电流分布, 把 $I\ \mathrm{d}\boldsymbol{l}'$ 换为 $\boldsymbol{J}\ \mathrm{d}V'$, 得磁矩的一般式

$$\boldsymbol{m}=\frac{1}{2}\int_{V'}\boldsymbol{x}'\times\boldsymbol{J}(\boldsymbol{x}')\,\mathrm{d}V'\tag{3.3.8}$$

对于一个小线圈, 设它所围的面元为 ΔS, 有

$$\Delta\boldsymbol{S}=\frac{1}{2}\oint_{L'}\boldsymbol{x}'\times\mathrm{d}\boldsymbol{l}'$$

因此

$$\boldsymbol{m}=I\Delta\boldsymbol{S}\tag{3.3.9}$$

2. 磁偶极矩的场和磁标势

由 (3.3.6) 式可算出磁偶极矩的磁场

$$\begin{aligned}\boldsymbol{B}^{(1)}=\nabla\times\boldsymbol{A}^{(1)}&=\frac{\mu_0}{4\pi}\nabla\times\left(\boldsymbol{m}\times\frac{\boldsymbol{R}}{R^3}\right)\\&=\frac{\mu_0}{4\pi}\left[\left(\nabla\cdot\frac{\boldsymbol{R}}{R^3}\right)\boldsymbol{m}-(\boldsymbol{m}\cdot\nabla)\frac{\boldsymbol{R}}{R^3}\right]\end{aligned}$$

由于当 $R\neq 0$ 时有

$$\nabla\cdot\frac{\boldsymbol{R}}{R^3}=-\nabla^2\frac{1}{R}=0\quad(R\neq 0)$$

因此

$$\boldsymbol{B}^{(1)}=-\frac{\mu_0}{4\pi}(\boldsymbol{m}\cdot\nabla)\frac{\boldsymbol{R}}{R^3}\tag{3.3.10}$$

在电流分布以外的单连通空间中, 磁场可以用标势描述, 因此我们再把上式化为磁标势的梯度形式. 由于 $\boldsymbol{m}$ 为常矢量, 由附录 (A.1.23) 式有

$$\nabla\left(\boldsymbol{m}\cdot\frac{\boldsymbol{R}}{R^3}\right)=\boldsymbol{m}\times\left(\nabla\times\frac{\boldsymbol{R}}{R^3}\right)+(\boldsymbol{m}\cdot\nabla)\frac{\boldsymbol{R}}{R^3}=(\boldsymbol{m}\cdot\nabla)\frac{\boldsymbol{R}}{R^3}$$

式中利用了 $\boldsymbol{R}/R^3$ 的无旋性. 最后我们得

$$\boldsymbol{B}^{(1)}=-\mu_0\nabla\varphi_{\mathrm{m}}^{(1)} \tag{3.3.11}$$

$$\varphi_{\mathrm{m}}^{(1)}=\frac{\boldsymbol{m}\cdot\boldsymbol{R}}{4\pi R^3} \tag{3.3.12}$$

与电偶极势 (2.5.9) 式相比, 可见磁偶极势形式上和电偶极势相似. 一个小电流线圈可以看作由一对正负磁荷组成的磁偶极子, 其磁偶极矩 $\boldsymbol{m}$ 由 (3.3.9) 式确定. 在电流分布区域以外的单连通空间中可以用磁标势 φ_{m} 来描述磁场, 这一点是和上节所讨论的一般理论相符的.

任意一个电流线圈可以看作由它所围的一个曲面 S 上的许多小电流线圈组合而成, 因此它的总磁偶极矩为

$$\boldsymbol{m}=I\int_S \mathrm{d}\boldsymbol{S} \tag{3.3.13}$$

式中 S 是线圈所围的某一个曲面, 此曲面不是唯一确定的. 为使上式有意义, $\boldsymbol{m}$ 应不依赖于曲面的选取. 事实上, 设 S_1 和 S_2 为两个以该线圈为边界的曲面, 则 S_1 和 $-S_2$ (负号表示取法线方向相反) 合起来成为闭合曲面, 因而有

$$\int_{S_1}\mathrm{d}\boldsymbol{S}-\int_{S_2}\mathrm{d}\boldsymbol{S}=\oint\mathrm{d}\boldsymbol{S}=\boldsymbol{0}$$

即

$$\int_{S_1}\mathrm{d}\boldsymbol{S}=\int_{S_2}\mathrm{d}\boldsymbol{S}$$

因此, 这两曲面给出相同的 $\boldsymbol{m}$ 值.

更高级的磁多极矩实际上较少用到, 这里不再详细讨论.

3. 小区域内电流分布在外磁场中的能量

设外磁场 $\boldsymbol{B}_{\mathrm{e}}$ 的矢势为 $\boldsymbol{A}_{\mathrm{e}}$, 由 (3.1.22) 式, 电流分布 $\boldsymbol{J}(\boldsymbol{x})$ 激发的磁场与外磁场相互作用能量为

$$W_{\mathrm{i}}=\int_V \boldsymbol{J}\cdot\boldsymbol{A}_{\mathrm{e}}\mathrm{d}V \tag{3.3.14}$$

载电流 I 的线圈在外磁场中的能量为

$$W_{\mathrm{i}}=I\oint_L \boldsymbol{A}_{\mathrm{e}}\cdot\mathrm{d}\boldsymbol{l}=I\int_S \boldsymbol{B}_{\mathrm{e}}\cdot\mathrm{d}\boldsymbol{S}=I\varPhi_{\mathrm{e}} \tag{3.3.15}$$

其中 $\varPhi_{\mathrm{e}}$ 为外磁场对线圈 L 的磁通量. 取坐标系原点在线圈所在区域内适当点处. 若区域线度远小于外磁场发生显著变化的线度, 则可以把 $\boldsymbol{B}_{\mathrm{e}}(\boldsymbol{x})$ 在原点邻域上展开:

$$\boldsymbol{B}_{\mathrm{e}}(\boldsymbol{x})=\boldsymbol{B}_{\mathrm{e}}(0)+\boldsymbol{x}\cdot\nabla\boldsymbol{B}_{\mathrm{e}}(0)+\cdots$$

代入 (3.3.15) 式得

$$W_{\mathrm{i}} \approx I\boldsymbol{B}_{\mathrm{e}}(0)\cdot\int_S \mathrm{d}\boldsymbol{S} = \boldsymbol{m}\cdot\boldsymbol{B}_{\mathrm{e}}(0) \tag{3.3.16}$$

其中 $\boldsymbol{m}$ 是电流线圈的磁偶极矩. 和电偶极子在外电场中的能量 $-\boldsymbol{p}\cdot\boldsymbol{E}_{\mathrm{e}}$ 对比 [(2.5.25) 式], 相差一个负号. 这是否意味着磁偶极子受外磁场作用时将会倾向于与外磁场反向呢? 事实不是这样.

为了详细地分析这一问题, 我们设外场由另一带有电流 I_{e} 的线圈 L_{e} 产生. 把 $\boldsymbol{m}$ 和 L_{e} 产生的两个磁场相互作用能写为形式 [见 (3.1.21) 式]

$$\begin{aligned} W_{\mathrm{i}} &= \frac{1}{2}\left(I\oint_L \boldsymbol{A}_{\mathrm{e}}\cdot\mathrm{d}\boldsymbol{l} + I_{\mathrm{e}}\oint_{L_{\mathrm{e}}}\boldsymbol{A}\cdot\mathrm{d}\boldsymbol{l}\right) \\ &= \frac{1}{2}(I\varPhi_{\mathrm{e}} + I_{\mathrm{e}}\varPhi) \end{aligned} \tag{3.3.17}$$

其中 $\varPhi$ 为线圈 L 上的电流产生的磁场对线圈 L_{e} 的通量. 当线圈运动时, 若保持电流 I 和 I_{e} 不变, 则磁能的改变为

$$\delta W = \delta W_{\mathrm{i}} = \frac{1}{2}(I\delta\varPhi_{\mathrm{e}} + I_{\mathrm{e}}\delta\varPhi) \tag{3.3.18}$$

但是, 由于磁通量改变, 在线圈上产生感应电动势, 它对电流做功, 就会改变 I 和 I_{e} 的值. 为了保持 I 和 I_{e} 不变, 必须由电源提供能量, 以抵抗感应电动势所做的功. 在线圈 L 和 L_{e} 上的感应电动势分别为

$$\mathscr{E} = -\frac{\mathrm{d}\varPhi_{\mathrm{e}}}{\mathrm{d}t};\quad \mathscr{E}_{\mathrm{e}} = -\frac{\mathrm{d}\varPhi}{\mathrm{d}t}$$

在时间 δt 内感应电动势所做的功为

$$\mathscr{E}I\delta t + \mathscr{E}_{\mathrm{e}}I_{\mathrm{e}}\delta t = -I\delta\varPhi_{\mathrm{e}} - I_{\mathrm{e}}\delta\varPhi$$

电源为抵抗此感应电动势必须提供能量

$$\delta W_s = I\delta\varPhi_{\mathrm{e}} + I_{\mathrm{e}}\delta\varPhi = 2\delta W \tag{3.3.19}$$

才能保持 I 和 I_{e} 不变. 在此条件下, I 和 I_{e} 分别单独存在时的磁能不变, 因此总磁场能量的改变等于相互作用磁能的改变, 有 (3.3.18) 式.

现在体系包括有相互作用的三个方面: 外电源、电磁场以及两个线圈上的电流. 必须把这三个方面包括在内, 才能应用能量守恒定律. 设线圈移动时场对它做功 δA. 能量守恒要求: 电源提供的能量 δW_s 应等于总磁能的改变 δW 加上对线圈所做的功 δA, 从而

$$\delta W_s = \delta W + \delta A \tag{3.3.20}$$

因此, 由 (3.3.19) 式和 (3.3.10) 式得

$$\delta A = \delta W_s - \delta W = \delta W \tag{3.3.21}$$

即场对线圈所做的功等于磁能的增量而不是其减小量. 如果定义力学中的势函数 U 使场做的功等于势函数的减小, 应有[①]

$$U = -W = -\int \boldsymbol{J} \cdot \boldsymbol{A}_{\mathrm{e}} \mathrm{d}V \tag{3.3.22}$$

磁偶极子在外场 $\boldsymbol{B}_{\mathrm{e}}$ 中的势函数为

$$U = -\boldsymbol{m} \cdot \boldsymbol{B}_{\mathrm{e}} \tag{3.3.23}$$

此式子和电偶极子在外电场中的能量 $-\boldsymbol{p} \cdot \boldsymbol{E}_{\mathrm{e}}$ 完全对应.

磁偶极子在外磁场中所受的力是

$$\begin{aligned} \boldsymbol{F} &= -\nabla U = \nabla (\boldsymbol{m} \cdot \boldsymbol{B}_{\mathrm{e}}) = \boldsymbol{m} \times (\nabla \times \boldsymbol{B}_{\mathrm{e}}) + \boldsymbol{m} \cdot \nabla \boldsymbol{B}_{\mathrm{e}} \\ &= \boldsymbol{m} \cdot \nabla \boldsymbol{B}_{\mathrm{e}} \end{aligned} \tag{3.3.24}$$

这里我们用了 $\nabla \times \boldsymbol{B}_{\mathrm{e}} = 0$, 这是由于产生外场的电流一般都不出现在磁矩 $\boldsymbol{m}$ 所在的区域内.

磁偶极子所受的力矩为

$$L = -\frac{\partial}{\partial \theta} U = \frac{\partial}{\partial \theta} (m B_{\mathrm{e}} \cos \theta) = -m B_{\mathrm{e}} \sin \theta$$

计及力矩的方向, 得

$$\boldsymbol{L} = \boldsymbol{m} \times \boldsymbol{B}_{\mathrm{e}} \tag{3.3.25}$$

(3.3.24) 式和 (3.3.25) 式与电偶极子在外电场中的相应公式 [(2.5.26) 式和 (2.5.27) 式] 完全对应.

*4. 朗道–栗弗席兹方程

铁磁材料的磁性主要来源于电子自旋. 电子带自旋角动量 $\boldsymbol{s}$, 它在任意方向的分量只能取 $\pm\frac{1}{2}\hbar$, 与自旋角动量相联系的电子磁矩为 $\boldsymbol{m}_s = -\gamma_s \boldsymbol{s}, \gamma_s \sim e/m_e$. 根据量子力学, 原子满壳层中的电子总自旋角动量等于零, 最外层原子轨道中的电子一般处于总自旋角动量最小状态, 从而仅当最外层轨道电子数为单数时, 原子贡献一个电子自旋磁矩 $\boldsymbol{m}_s$. 自旋磁矩相互作用能量的主要部分是交换能, 它来源于全同电子遵循的泡利不相容原理[②]. 虽然自旋是一个没有经典对应的量子自由度, 但是宏观小微观大铁磁体单元中的平均自旋磁矩仍可用经典磁化强度 $\boldsymbol{M}$ 来描写, 它的宏观效应和已经介绍过的介质磁化强度一样.

当铁磁体处于居里温度以下的热平衡态时, 即使晶体没有特别的易磁化方向, 在无外磁场情形亦会出现非零的磁化强度 $\boldsymbol{M}$, 它的大小 $|\boldsymbol{M}| = M_0$ 对应热力学势的极小值. 因为时间反演下 $\boldsymbol{M}$ 改变符号, 而系统无外磁场时具有时间反演对称性, 所以

① U 是电源化学势和总磁场能量之和.

② 泡利不相容原理要求多电子系统的总态函数对交换任意一对电子反对称, 因此若自旋态反对称则空间态对称, 反之自旋态对称则空间态反对称. 系统在两种情形的能量差便是交换能, 它只与自旋磁矩之间的相对方向有关.

热力学势极小值不依赖于磁矩方向, 从而 $\boldsymbol{M}$ 的方向不能由理论确定. 实际样品状态由一些磁畴构成, 磁畴的磁化强度稳定方向由偶然因素或晶体各向异性结构决定, 也可用外磁场来选定, 每个磁畴的磁化强度有各自稳定的方向. 由外场或热涨落产生的磁化强度方向变化是人们关心的问题之一. 因为交换能使得相邻原子的磁矩发生耦合, 铁磁体中会出现磁化强度的波动. 下面推导磁化强度波动所遵循的波动方程.

考虑单个磁畴, 设其稳定的磁化强度为 $\boldsymbol{M}_0$. 偏离稳定态时 $\boldsymbol{M}$ 具有空间不均匀的方向. 将交换能按照 $\boldsymbol{M}$ 对空间坐标的导数作级数展开. 零阶项代表空间均匀磁化强度的交换能, 是平衡态热力学势的一部分, 所以在研究磁化强度随时间演化时不用考虑. 又因为交换能对所有原子磁矩一齐转动不变 (时间反演不变性的反映), 所以展开式中不会出现磁化强度的一次项. 而 $\boldsymbol{M}\cdot\partial\boldsymbol{M}/\partial x_i=\dfrac{1}{2}\partial\boldsymbol{M}_0^2/\partial x_i=0$, 故保持磁化强度共同转动不变性的、与空间不均匀性有关的领头项是关于 $\boldsymbol{M}$ 空间偏导数的二次项, 从而因磁化强度不均匀而增加的交换能写成

$$U_{non-u}=\int \mathrm{d}V\frac{1}{2}\alpha\sum_{i=1}^{3}\frac{\partial\boldsymbol{M}}{\partial x_i}\cdot\frac{\partial\boldsymbol{M}}{\partial x_i} \tag{3.3.26}$$

其中 α 是材料的一个参数. 由 $\boldsymbol{M}$ 微小变化引起的能量变化为

$$\delta U_{non-u}=\int \mathrm{d}V\alpha\sum_{i=1}^{3}\frac{\partial\delta\boldsymbol{M}}{\partial x_i}\cdot\frac{\partial\boldsymbol{M}}{\partial x_i}=-\int \mathrm{d}V\alpha\delta\boldsymbol{M}\cdot\nabla^2\boldsymbol{M} \tag{3.3.27}$$

第二个等式由分部积分得到, 其中已经忽略掉表面项. 参照 (3.3.23) 式, 上式告诉我们 $\boldsymbol{x}$ 处的磁矩 $\boldsymbol{M}(\boldsymbol{x},t)$ 感受到由磁化强度不均匀导致的一个等效磁场

$$\boldsymbol{B}_{eff}=\alpha\nabla^2\boldsymbol{M} \tag{3.3.28}$$

根据上一小节讨论的结果, $\boldsymbol{M}(\boldsymbol{x},t)$ 受到的力矩为

$$\boldsymbol{L}_s=\boldsymbol{M}(\boldsymbol{x},t)\times(\boldsymbol{B}+\boldsymbol{B}_{eff}(\boldsymbol{x},t)) \tag{3.3.29}$$

总磁感应强度 $\boldsymbol{B}=\boldsymbol{B}_0+\boldsymbol{B}_{loc}$, 它是外磁场和磁矩产生的磁场之和. 物体角动量变化率等于物体受到的力矩. 设单位体积的角动量全部来自电子自旋角动量, 它等于 $-\boldsymbol{M}/\gamma_s$, 从而

$$\frac{\mathrm{d}\boldsymbol{M}}{\mathrm{d}t}=-\gamma_s\boldsymbol{L}_s=-\gamma_s\boldsymbol{M}\times(\boldsymbol{B}+\boldsymbol{B}_{eff}) \tag{3.3.30}$$

利用 $\boldsymbol{B}=\mu_0(\boldsymbol{H}+\boldsymbol{M})$ 可把上式写成

$$\frac{\mathrm{d}\boldsymbol{M}}{\mathrm{d}t}=-\gamma_s\boldsymbol{M}\times(\mu_0\boldsymbol{H}+\boldsymbol{B}_{eff}) \tag{3.3.31}$$

若 $\boldsymbol{H}$ 平行于 $\boldsymbol{M}$, 则力矩中的 $\boldsymbol{H}$ 项可以去掉. 对一般情形, $\boldsymbol{H}$ 不严格平行于 $\boldsymbol{M}$, 但它的贡献是高阶相对论效应, 通常也可以忽略. 记磁化强度偏离平衡态的量为 $\boldsymbol{m}(\boldsymbol{x},t)$, 把 $\boldsymbol{M}=\boldsymbol{M}_0+\boldsymbol{m}$ 代入 (3.3.28) 式和上式左边, 忽略 $\boldsymbol{H}$ 的贡献, 得

$$\frac{\mathrm{d}\boldsymbol{m}}{\mathrm{d}t}=-\gamma_s\boldsymbol{M}\times\boldsymbol{B}_{eff}=\gamma_s\alpha\nabla^2\boldsymbol{m}\times\boldsymbol{M} \tag{3.3.32}$$

这就是不考虑能量耗散时铁磁体磁化强度的演化方程, 称为朗道–栗弗席兹方程. 若将 (3.3.32) 式中右边的 $\boldsymbol{M}$ 近似取为 $\boldsymbol{M}_0$, 则得到线性的演化方程. 易见, 线性化后 $\boldsymbol{m}\cdot\boldsymbol{M}_0$ 不随时间变化, 所以 $\boldsymbol{M}$ 运动时保持与 $\boldsymbol{M}_0$ 的夹角不变, 即 $\boldsymbol{M}$ 相对 $\boldsymbol{M}_0$ 进动, 如图 3–7 所示. 某处 $\boldsymbol{m}$ 的进动可以通过 $\boldsymbol{B}_{eff}$ 传递到相邻磁矩, 并进一步往更远距离传播, 从而在铁磁体中形成自旋波.[①]

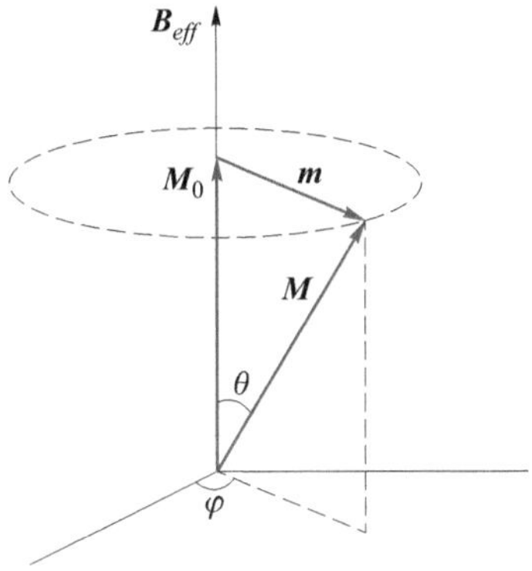

图 3–7

*§ 3.4 阿哈罗诺夫–玻姆效应

在经典电动力学中, 电磁场的基本物理量是电场强度 $\boldsymbol{E}$ 和磁感应强度 $\boldsymbol{B}$. 势 $\boldsymbol{A}$ 和 φ 是为了数学上的方便而引入的辅助量. $\boldsymbol{A}$ 和 φ 不是唯一确定的, 它们不是有直接观测意义的物理量. 但是在量子力学层次, 场强 $\boldsymbol{E}$ 和 $\boldsymbol{B}$ 不能完整描写电磁场的物理效应. 阿哈罗诺夫 (Aharonov) 和玻姆 (Bohm) 在 1959 年首次指出, 粒子通过场强等于零区域后的干涉现象受到零场强区域中势的影响[②]. 关于矢势 $\boldsymbol{A}$ 的这种效应 (以下简称 A-B 效应) 随后在实验上被证实 [③].

图 3–8 示电子双缝衍射实验装置. 从电子枪发射出来的电子经过准直器后具有确定动量. 双缝挡板使得电子只可能沿 C_1 或 C_2 路径到达屏幕. 实验显示电子到达屏幕的概率分布如同两列相位差确定的波分别沿 C_1 和 C_2 路径到达屏幕产生的干涉条纹一样. 电子的干涉现象反映了电子的波动性. 若在双缝后面放置一个细长螺线管, 当螺线管通以电流从而在管内产生磁场时, 实验发现干涉条纹发生移动. 实验小心地排除了螺线管外部的磁场, 使电子通过的空间都有 $\boldsymbol{B}=\boldsymbol{0}$, 磁通仅集中于螺线管内部. 这意味着, 电子干涉条纹的移动不是由于电子所经过的空间内的 $\boldsymbol{B}$ 所引起的. 我们可能会认为, 管内的 $\boldsymbol{B}$ 直接作用到管外的电子上, 从而引起干涉条纹移动. 但是这种想法是和局域相互作用的原理相违背的. 电磁相互作用的一个基本原理是局域相互作用, 即某点处的电荷电流仅受到该点邻域上的场的作用. 螺线管内的场 $\boldsymbol{B}$ 不

① 《统计物理学 II (凝聚态物理)》朗道理论物理学教程第九卷第四版,§70, 作者: 栗弗席兹, 皮塔耶夫斯基, 翻译: 王锡绂, 高等教育出版社.

② Y. Aharonov, D. Bohm, Phys. Rev. 115 (1959), 485–491.

③ R. G. Chambers, Phys. Rev. Lett. 5 (1960), 3–5.

可能直接作用到管外的电子上. A-B 效应的存在说明磁场的物理效应不能完全用 $\boldsymbol{B}$ 描述.

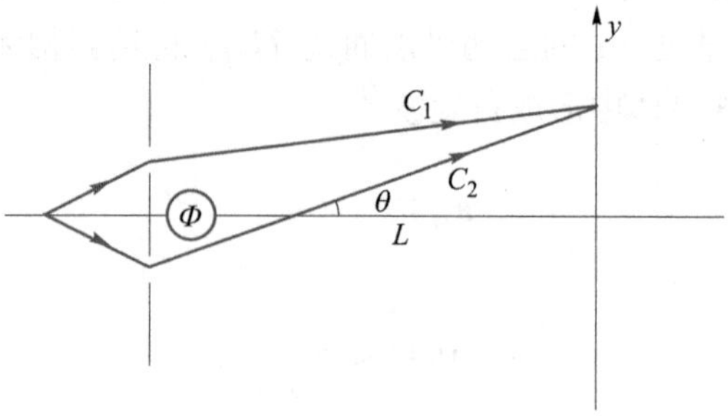

图 3-8

当螺线管内有磁通 $\varPhi$ 时, 电子经过的外部空间 $\boldsymbol{B}=\mathbf{0}$, 但 $\boldsymbol{A}\neq\mathbf{0}$, 因为 $\boldsymbol{A}$ 对包围螺线管的任一闭合路径积分有

$$\oint_c \boldsymbol{A}\cdot \mathrm{d}\boldsymbol{l}=\varPhi \tag{3.4.1}$$

按照局域相互作用的观点, 是 $\boldsymbol{A}$ 影响了电子状态. 下面我们将指出矢势 $\boldsymbol{A}$ 可以影响电子的相位, 从而使电子干涉条纹发生移动.

A-B 效应是量子力学现象. 在量子力学中, 电子态由波函数描述, 波函数的绝对值平方正比于电子出现的概率. 具有确定能量 W 的电子若近似沿经典路径 C 运动, 其波函数与路径的关系类似于光波和光线的关系. 沿着光线, 光波的相位差取极值. 而电子沿经典路径运动的作用量取极值, 因此沿电子经典路径波函数的相位差应该正比于该路径的作用量. 设粒子从 t_0 时刻的初始位置 $\boldsymbol{x}_0$ 沿路径 C 运动, t 时刻到达位置 $\boldsymbol{x}$. 作用量 $S(\boldsymbol{x},t;C)$ 和正则动量 $\boldsymbol{P}$ 的关系为

$$S(\boldsymbol{x},t;C)=\int_C \boldsymbol{P}\cdot \mathrm{d}\boldsymbol{l}-W(t-t_0)$$

从而波函数

$$\varPsi(\boldsymbol{x},t)=\exp\left[\frac{\mathrm{i}}{\hbar}\int_C \boldsymbol{P}\cdot \mathrm{d}\boldsymbol{l}-W(t-t_0)\right] \tag{3.4.2}$$

式中 $\hbar=h/(2\pi)$, h 为普朗克常量, 是量子现象的标志. 按照量子力学, 从 $\boldsymbol{x}_0$ 发出的电子既可能沿经典路径 C_1 也可能沿 C_2 到达屏幕同一点.

若电子作自由运动, 正则动量等于机械动量 $\boldsymbol{P}=\boldsymbol{p}=m\boldsymbol{v}$, $\boldsymbol{p}$ 为常矢量, 略去不依赖于空间位置的因子, 波函数写成

$$\psi_0(\boldsymbol{x})=\mathrm{e}^{\mathrm{i}\boldsymbol{p}\cdot\boldsymbol{x}/\hbar} \tag{3.4.3}$$

当螺线管不通电时, 电子沿 C_1 到达屏幕的波函数与沿 C_2 到达屏幕的波函数有相位差

$$\Delta\phi_0 = \frac{1}{\hbar}\left(\int_{C_2} \boldsymbol{p}_2 \cdot \mathrm{d}\boldsymbol{l} - \int_{C_1} \boldsymbol{p}_1 \cdot \mathrm{d}\boldsymbol{l}\right) = \frac{1}{\hbar} p\Delta l \tag{3.4.4}$$

$$= \frac{1}{\hbar} pd\sin\theta \approx \frac{1}{\hbar} pyd/L \tag{3.4.5}$$

式中 d 为双缝的距离,y 是电子到达屏幕位置与水平对称面的距离.

当螺线管通电时, 管外 $\boldsymbol{A} \neq \boldsymbol{0}$, 电子的正则动量为 (见 §6.7 节, 注意电子电荷为 $-e$)

$$\boldsymbol{P} = \boldsymbol{p} - e\boldsymbol{A} = m\boldsymbol{v} - e\boldsymbol{A} \tag{3.4.6}$$

两束电子的相位差变为

$$\Delta\phi = \frac{1}{\hbar}\left(\int_{C_2} \boldsymbol{P}_2 \cdot \mathrm{d}\boldsymbol{l} - \int_{C_1} \boldsymbol{P}_1 \cdot \mathrm{d}\boldsymbol{l}\right) \tag{3.4.7}$$

$$= \Delta\phi_0 + \frac{e}{\hbar}\left(\int_{C_2} \boldsymbol{A} \cdot \mathrm{d}\boldsymbol{l} - \int_{C_1} \boldsymbol{A} \cdot \mathrm{d}\boldsymbol{l}\right)$$

$$= \Delta\phi_0 + \frac{e}{\hbar}\oint_C \boldsymbol{A} \cdot \mathrm{d}\boldsymbol{l} = \Delta\phi_0 + \frac{e}{\hbar}\varPhi \tag{3.4.8}$$

式中 C 是由 C_2 和 $-C_1$ 组成的闭合回路, $\varPhi$ 是通过此回路内的磁通量, 也是螺线管内的磁通量. 相位差的改变 $\Delta\phi - \Delta\phi_0$ 导致干涉条纹的移动. 实验观察到的结果验证了上式.

在量子物理中, 矢势 $\boldsymbol{A}$ 所处的地位比在经典电动力学中重要得多. A-B 效应表明, 仅用 $\boldsymbol{B}$ 来描述磁场是不够的. 但是, 由于规范变换所引起的 $\boldsymbol{A}$ 的任意性, 用 $\boldsymbol{A}$ 来描述磁场显然又是过多的. 对实验的分析表明, 能够完全恰当地描述磁场的物理量是相因子①

$$\exp\left(\mathrm{i}\frac{e}{\hbar}\oint_C \boldsymbol{A} \cdot \mathrm{d}\boldsymbol{l}\right) \tag{3.4.9}$$

式中 C 为任一闭合路径. 若 C 为可以缩小到一点的无穷小路径, 则 $\oint \boldsymbol{A} \cdot \mathrm{d}\boldsymbol{l} = \boldsymbol{B} \cdot \Delta\boldsymbol{S}$, 因此相因子描述等价于局域场 $\boldsymbol{B}(\boldsymbol{x})$ 的描述. 若 C 为不能收缩到一点的路径, 例如在 A-B 效应中的闭合路径, 则此相因子所包含的物理信息就不能用局域场 $\boldsymbol{B}(\boldsymbol{x})$ 描述.

§ 3.5 超导体的电磁性质

1. 概述

自从卡末林 · 昂内斯 (Kamerlingh Onnes) 于 1911 年发现超导电性后, 关于超导现象、超导材料和超导机制的研究从来没有间断, 而且越来越受重视. 当一些材料的温度下降至某临界温度以下时, 电阻小至微不足道, 这种现象称为超导电性. 图 3–9

① T. T. Wu, C. N. Yang, Phys. Rev. D 12 (1975), 3845–3857.

是一个 Hg 样品的电阻随温度变化的关系. 具有超导电性的材料称为超导体. 1933 年发现超导体具有抗磁性, 此现象称为迈斯纳 (Meissner) 效应. 超导电性和抗磁性是超导体最重要的两个宏观性质.

超导体是强关联电子系统, 超导电性和迈斯纳效应是宏观量子效应. 常规超导体材料通常是金属 (包括合金) 和半导体, 超导转变温度很低, 一般不超过 30 开尔文. 1957 年, 巴丁 (Bardeen)、库珀 (Cooper) 和施里弗 (Schrieffer) 基于多体量子力学建立了 BCS 微观超导理论, 成功解释了常规超导体材料的超导行为, 但是却无法解释 20 世纪 80 年代后陆续发现的以绝缘体和铁磁体等非常规材料为母体的高温超导现象, 关于高温超导现象的微观机制至今仍未完善. 本节研究超导体的电磁性质, 主要目的是通过超导这一典型的宏观量子态进一步揭示电磁势和规范变换的物理意义. 我们先介绍伦敦 (F. London 和 H. London) 宏观唯象理论 (1935 年), 然后根据金兹堡–朗道 (Ginzburg-Landau) 亚宏观唯象理论 (1950 年), 进一步讨论规范势与超导载流子波函数的联系, 解释磁通量子化现象.

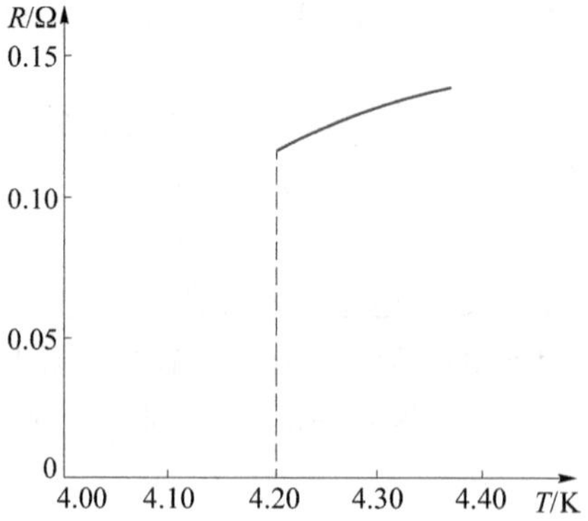

图 3–9

2. 伦敦唯象理论

麦克斯韦方程组是电磁现象的普遍规律, 超导电性和迈斯纳效应是特殊的电磁现象. 经典电磁理论用宏观唯象的本构关系描写物质的电磁性质, 例如, 电介质的本构关系是 $\boldsymbol{E}$ 与 $\boldsymbol{D}$ 的关系, 磁介质是 $\boldsymbol{B}$ 与 $\boldsymbol{H}$ 的关系, 普通导体是传导电流与 $\boldsymbol{E}$ 的关系. 如果能够找出超导电流与 $\boldsymbol{E}$ 和 $\boldsymbol{B}$ 的关系, 应当可以对超导电性和迈斯纳效应给出一定程度的唯象描写, 这就是伦敦唯象理论的基本思路.

(1) **伦敦第一方程** 当材料处于超导态时, 假设超导体内存在两种载流子——正常传导电子和带电荷 q 的超导载流子 (按照 BCS 理论,$q=-2e$), 它们分别形成正常传导电流 $\boldsymbol{J}_n$ 和超导电流 $\boldsymbol{J}_s$. 若 $\mu\approx\mu_0$, $\varepsilon\approx\varepsilon_0$, 则磁化电流与极化电流可以忽略, 总电流密度为 $\boldsymbol{J}=\boldsymbol{J}_n+\boldsymbol{J}_s$. 这就是 "二流体模型". 正常传导电流遵循欧姆定律

$$\boldsymbol{J}_n=\sigma\boldsymbol{E} \tag{3.5.1}$$

σ 是材料的电导率.

因为超导载流子的平均速度远小于光速 c, 故可略去磁场作用而只考虑电场的作用力. 设超导载流子的运动不受阻力, 质量为 m_s, 并遵从经典力学方程

$$m_s \frac{\partial \boldsymbol{v}}{\partial t} = q\boldsymbol{E} \tag{3.5.2}$$

其中 $\boldsymbol{v} = \boldsymbol{v}(\boldsymbol{x}, t)$ 是 t 时刻 $\boldsymbol{x}$ 处超导载流子的平均速度, $\boldsymbol{E} = \boldsymbol{E}(\boldsymbol{x}, t)$ 是该处的平均电场强度. 设超导载流子密度为 n_s, 则超导载流子电流密度为 $\boldsymbol{J}_s = qn_s\boldsymbol{v}$, 于是由 (3.5.2) 式得

$$\frac{\partial \boldsymbol{J}_s}{\partial t} = \alpha \boldsymbol{E}, \quad 其中 \quad \alpha = \frac{n_s q^2}{m_s} \tag{3.5.3}$$

这便是伦敦第一方程.

在恒定情形, $\boldsymbol{J}_s$ 与时间无关, 故 $\partial \boldsymbol{J}_s/\partial t = \mathbf{0}$, 由 (3.5.3) 式可知此时超导体内 $\boldsymbol{E} = \mathbf{0}$, 再由 (3.5.1) 式有 $\boldsymbol{J}_n = \mathbf{0}$, 即恒定情形下, 超导体内的电流全部来自超导载流子, 没有电阻效应. 应当指出, 这是一个宏观唯象模型, 它将超导载流子看成经典粒子, 唯象地直接假设超导载流子在运动中不受阻力, 并没有给出超导电流无电阻的物理解释.

在交变情形, $\dfrac{\partial \boldsymbol{J}_s}{\partial t} \neq \mathbf{0}$, 因而 $\boldsymbol{E} \neq \mathbf{0}, \boldsymbol{J}_n \neq \mathbf{0}$, 因此交变情形下超导体会有电阻损耗. 我们可以估算交流损耗的大小. 设电流的角频率为 ω, 正常传导电流密度 $J_n = \sigma E$, 超导电流密度 $J_s = \dfrac{\alpha E}{\omega}$, 因此 $\dfrac{J_n}{J_s} = \dfrac{\sigma\omega}{\alpha} \sim 10^{-12}\omega$ s. 可见对一般的低频交流电, 损耗很小.

(2) **伦敦第二方程** 读者已经看到, 零电阻状态下超导体内部 $\boldsymbol{E} = \mathbf{0}$. 若仅由麦克斯韦方程 $\nabla \times \boldsymbol{E} = -\dfrac{\partial \boldsymbol{B}}{\partial t}$, 只能给出 $\boldsymbol{B}$ 是一个与时间无关的函数或常量, 还不能得出 $\boldsymbol{B}$ 随着进入超导体内深度的增加而衰减的结论. 可见迈斯纳效应与超导电性是两个独立的效应.

一般迈斯纳态下的超导体, 磁场和超导电流主要存在于其表面一定厚度的薄层中, 超导电流不能看成理想的面电流. 当超导体外部存在磁场时, 超导体表面两侧的磁场应当满足边值关系:

$$H_{2\mathrm{t}} = H_{1\mathrm{t}}, \quad B_{2\mathrm{n}} = B_{1\mathrm{n}} \tag{3.5.4}$$

电流与磁场是相互制约的. 为了找出超导体内超导电流 $\boldsymbol{J}_s$ 与 $\boldsymbol{B}$ 的相互制约关系, 取伦敦第一方程 (3.5.3) 式的旋度, 并由场方程 $\nabla \times \boldsymbol{E} = -\partial \boldsymbol{B}/\partial t$, 得

$$\frac{\partial}{\partial t}(\nabla \times \boldsymbol{J}_s + \alpha \boldsymbol{B}) = \mathbf{0}$$

可见矢量 $\nabla \times \boldsymbol{J}_s + \alpha \boldsymbol{B}$ 与时间无关, 但可以有某种空间分布, 它取决于超导体的初始态. 伦敦理论假设这个量为零. 于是得到

$$\nabla \times \boldsymbol{J}_s = -\alpha \boldsymbol{B} \tag{3.5.5}$$

这就是伦敦第二方程. 读者看到, 两个伦敦方程都是基于假设而得到的. 它们与麦克斯韦方程组一起, 构成超导电动力学的基础.

下面我们仅考虑恒定情形. 此时 $\boldsymbol{J}_{\mathrm{n}} = \boldsymbol{0}, \boldsymbol{J} = \boldsymbol{J}_s(\boldsymbol{x})$, 超导体内的磁场和超导电流所满足的麦克斯韦–伦敦方程组为

$$\nabla \cdot \boldsymbol{B} = 0, \quad \nabla \times \boldsymbol{B} = \mu_0 \boldsymbol{J}_s \tag{3.5.6}$$

$$\nabla \cdot \boldsymbol{J}_s = 0, \quad \nabla \times \boldsymbol{J}_s = -\alpha \boldsymbol{B} \tag{3.5.7}$$

为了解释迈斯纳效应, 取 (3.5.6) 式的第二式的旋度, 并由第一式及 (3.5.7) 式的第二式, 得

$$\nabla^2 \boldsymbol{B} = \frac{1}{\lambda_{\mathrm{L}}^2} \boldsymbol{B} \tag{3.5.8}$$

其中参数

$$\lambda_L = \frac{1}{\sqrt{\mu_0 \alpha}} = \sqrt{\frac{m_s}{\mu_0 n_s q^2}} \tag{3.5.9}$$

有长度的量纲. 由 (3.5.8) 式可以推断, λ_{L} 是超导体内 $\boldsymbol{B}$ 发生显著变化的线度. 我们考虑一个简单情形. 设 $z > 0$ 的半空间为超导体, $z < 0$ 的半空间存在均匀磁场 $\boldsymbol{B}_1 = B_0 \boldsymbol{e}_x$. 由对称性, 超导体内的磁场也只能沿 x 方向, 而且只是 z 的函数, 即 $\boldsymbol{B}_2 = B_2(z) \boldsymbol{e}_x$. 由 (3.5.8) 式有

$$\frac{\mathrm{d}^2 B_2}{\mathrm{d}z^2} = \frac{1}{\lambda_{\mathrm{L}}^2} B_2 \tag{3.5.10}$$

此方程有两个线性独立解 $C_1 \mathrm{e}^{-z/\lambda_L}$ 和 $C_2 \mathrm{e}^{+z/\lambda_L}$, 后者随着透入深度的增加而指数增长, 是非物理解, 故应取 $C_2 = 0$. 再由边值关系 (3.5.4) 第一式, 可得 $C_1 = B_0$, 即超导体内磁感应强度为

$$\boldsymbol{B}_2 = B_0 e^{-z/\lambda_L} \boldsymbol{e}_x \tag{3.5.11}$$

其中 B_0 是超导体表面即 $z = 0$ 处磁感应强度的数值. 可见超导体内 $\boldsymbol{B}_2$ 随着透入深度按指数规律衰减, 在 z 达到若干个 λ_{L} 处, $\boldsymbol{B}_2$ 显著地趋于零. λ_{L} 标志着磁场透入超导体内的线度, 称为伦敦穿透深度.

再考虑超导电流分布. 取 (3.5.7) 式的第二式的旋度, 并由第一式及 (3.5.6) 式的第二式, 得

$$\nabla^2 \boldsymbol{J}_s = \frac{1}{\lambda_{\mathrm{L}}^2} \boldsymbol{J}_s \tag{3.5.12}$$

此方程与 (3.5.8) 式有完全相同的形式, 可知超导电流也主要存在于超导体表面厚度约 λ_{L} 的薄层内. 超导体之所以显示抗磁性, 是由于超导电流在其内部产生与外场逆向的磁场. 对于大尺度超导体, 若看成 $\lambda_{\mathrm{L}} \to 0$, 则可认为磁场完全被排出体外, 这就是理想迈斯纳态, 此时其内部

$$\boldsymbol{B}(\boldsymbol{x}) = \boldsymbol{0}, \quad \boldsymbol{J}_s(\boldsymbol{x}) = \boldsymbol{0} \tag{3.5.13}$$

超导电流可视为分布于超导体表面.

例 3.6

求理想迈斯纳态下，超导体表面电流密度 $\boldsymbol{\alpha}_s$，与界面磁感应强度 B 的关系.

解： 由 (3.1.12) 式和 (3.1.13) 式描写的边值关系 $\boldsymbol{e}_n \times (\boldsymbol{H}_2 - \boldsymbol{H}_1) = \boldsymbol{\alpha}_s, B_{2n} = B_{1n}$，其中 $\boldsymbol{e}_n$ 为超导体表面外法向单位矢量，$\boldsymbol{H}_2 = \boldsymbol{B}_2/\mu_0$ 为界面外侧真空中的磁场强度，$\boldsymbol{H}_1$ 表示超导体表面区域内侧面的磁场强度. 选内侧面在无超导电流的超导体区域，$\boldsymbol{B}_1 = \mu_0 \boldsymbol{H}_1 = \boldsymbol{0}$，于是得

$$\boldsymbol{e}_n \times \boldsymbol{B} = \mu_0 \boldsymbol{\alpha}_s, \quad B_n = 0 \tag{3.5.14}$$

这里 $\boldsymbol{B}$ 表示超导体表面外侧的磁感应强度. 可见无论超导体外部的磁场如何分布，其表面的 $\boldsymbol{B}$ 线总与界面相切，$\boldsymbol{B}$ 不能透入超导体内部. 这是因为表面超导电流 $\boldsymbol{\alpha}_s$ 对外部磁场有屏蔽效应.

图 3-10 示出理想迈斯纳态下的无穷长超导体柱置于均匀外磁场中的情形，超导电流 $\boldsymbol{\alpha}_s$ 在其内部产生的磁场与外磁场等值反向，因而把外场屏蔽，使超导体内部磁场为零.

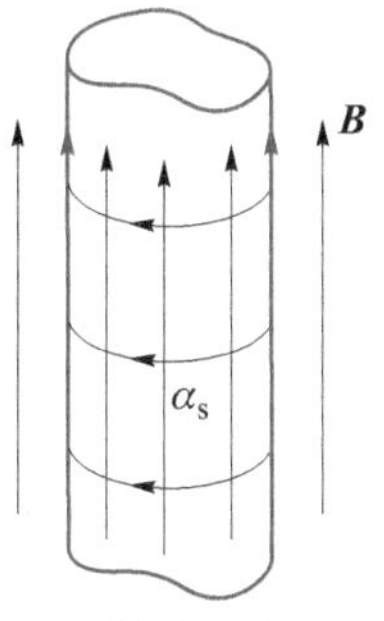

图 3-10

(3) **皮帕德修正**　伦敦理论是局域理论，把超导载流子看作点粒子，并忽略了超流载子之间的相互作用，因此某点处的超导电流只与该点邻域的电磁场直接发生作用. 由 (3.5.9) 式描写的伦敦穿透深度 λ_L 只和超导载流子密度有关，数量级为 10^{-7} m. 但对合金超导体的实验发现，实际穿透深度 λ_P 比 λ_L 大好几倍，并随正常态下电子平均自由程的减小而增大. 皮帕德 (Pippard, 1953) 指出需要考虑超导载流子的相干长度 ξ_P，它大致等于超导载流子的大小，从而某处的超导电流密度与该处半径 ξ_P 范围内的电磁场都有相互作用. ξ_P 依赖于温度和材料性质. 记零温下纯金属的理论相干长度为 ξ_0. 合金杂质和缺陷较多，从而 $\xi_P < \xi_0$.

若磁场在 ξ_P 尺度内的变化不能忽略，则需要采用皮帕德非定域理论来描述. 电流密度和矢势 $\boldsymbol{A}$ 是具有相同对称性的矢量，若非磁场非常之强，可期待 $\boldsymbol{J}_s$ 与 $\boldsymbol{A}$ 成线性比例关系. 但是用以表示可观测电流的 $\boldsymbol{A}$ 必须是唯一确定的. 伦敦在库仑规范条件下进一步限定超导表面 S 上 $\boldsymbol{A}$ 的法向分量为零，即

$$\nabla \cdot \boldsymbol{A} = 0, \qquad \boldsymbol{e}_n \cdot \boldsymbol{A}|_S = 0 \tag{3.5.15}$$

此称为伦敦规范. 对单连通超导体，可证在伦敦规范下超导体内的 $\boldsymbol{A}$ 完全确定. 在伦敦规范下，皮帕德唯象地提出超导电流和矢势具有非定域关系

$$\boldsymbol{J}_s(\boldsymbol{x}) = -\frac{3\alpha}{4\pi\xi_0}\int_{V'}\frac{\boldsymbol{r}[\boldsymbol{r}\cdot\boldsymbol{A}(\boldsymbol{x}')]\mathrm{e}^{-r/\xi_\mathrm{P}}}{r^4}\mathrm{d}V' \tag{3.5.16}$$

因为被积函数中的指数衰减因子, 磁场对 $\boldsymbol{J}_s(\boldsymbol{x})$ 的作用大致发生在 $r = |\boldsymbol{x}' - \boldsymbol{x}| < \xi_\mathrm{P}$ 区域. 另一方面, 穿透深度 λ_P 是磁场有显著变化的空间尺度, 从而对 $\lambda_\mathrm{P} < \xi_\mathrm{P}$ 的情形, (3.5.16) 式不能化为 $\boldsymbol{J}_s(\boldsymbol{x})$ 和 $\boldsymbol{A}(\boldsymbol{x})$ 的定域关系. 我们后面将不讨论这种复杂的非定域情形.

如果矢势 $\boldsymbol{A}$ 在 ξ_P 尺度内变化不大, 即 $\lambda_\mathrm{P} > \xi_\mathrm{P}$ 的情形, 可把 $\boldsymbol{A}$ 看作常矢量移出导积分号外, 然后积分得定域关系

$$\boldsymbol{J}_s = -\alpha'\boldsymbol{A}(\boldsymbol{x}) \tag{3.5.17}$$

其中

$$\alpha' = (\xi_\mathrm{P}/\xi_0)\alpha \tag{3.5.18}$$

对 (3.5.17) 式两边取旋度, 利用 $\boldsymbol{B} = \nabla\times\boldsymbol{A}$ 即得电流密度和磁场的局域关系, 形式上和伦敦第二方程 (3.5.5) 式一样, 仅是把 α 换成了 α'. 对此情形, 只需把伦敦穿透深度 λ_L 修正为皮帕德穿透深度 $\lambda_\mathrm{P} = 1/\sqrt{\mu_0\alpha'} = \lambda_\mathrm{L}(\xi_0/\xi_\mathrm{P})^{1/2}$, 则定域的伦敦唯象理论仍成立. 因为合金的 ξ_P 较小, 所以较易满足定域理论的条件: $\lambda_\mathrm{P} > \xi_\mathrm{P}$.

下面就定域理论适用的情形, 讨论恒定磁场下超导电流分布的几个问题.

例 3.7

处于一般迈斯纳态、半径为 a 的无穷长超导圆柱体, 放入均匀磁场 $\boldsymbol{B} = B_0\boldsymbol{e}_z$ 中, 柱轴与磁场方向平行. 求磁场分布和超导电流密度.

解: 采用柱坐标 (ρ,ϕ,z), 并以柱轴为 z 轴. 由于超导圆柱体为无穷长, 柱外真空中的磁感应强度最多只是 ρ 的函数, 即 $\boldsymbol{B}_1 = B_1(\rho)\boldsymbol{e}_z$, 它满足方程 $\nabla\cdot\boldsymbol{B}_1 = 0$. 因外部 $\boldsymbol{J} = \boldsymbol{0}$, 故 $\nabla\times\boldsymbol{B}_1 = \boldsymbol{0}$, 由此有 $\partial B_1(\rho)/\partial\rho = 0$, 可知 $B_1(\rho)$ 只能是常量. 在 $\rho\to\infty$ 处, 原外场应当基本上不受影响, 于是有

$$\boldsymbol{B}_1 = B_0\boldsymbol{e}_z \tag{3.5.19}$$

在柱体内, 将矢量方程 (3.5.8) 式中的 λ_L 换为 λ_P. 由对称性, 柱体内的磁感应强度也只能是 ρ 的函数, 即 $\boldsymbol{B}_2 = B_2(\rho)\boldsymbol{e}_z$, 它也满足 $\nabla\cdot\boldsymbol{B}_2 = 0$. 现在, (3.5.8) 式简化为标量方程

$$\frac{\mathrm{d}^2B_2(\rho)}{\mathrm{d}\rho^2} + \frac{1}{\rho}\frac{\mathrm{d}B_2(\rho)}{\mathrm{d}\rho} - \kappa^2B_2(\rho) = 0 \tag{3.5.20}$$

这是零阶虚宗量贝塞尔方程, 其中 $\kappa = 1/\lambda_\mathrm{P}$. 在 $\rho = 0$ 即柱轴上 $\boldsymbol{B}_2$ 应当有限, 故此方程的解应为 $\boldsymbol{B}_2 = C\mathrm{I}_0(\kappa\rho)\boldsymbol{e}_z$, 其中 C 为常量, I_0 为零阶虚宗量贝塞尔函数. 在 $\rho = a$ 即柱体表面, 由边值关系 (3.5.4) 式的第一式, 可定出常量 $C = B_0/I_0(\kappa a)$. 于是得到

$$\boldsymbol{B}_2 = B_0\frac{\mathrm{I}_0(\kappa\rho)}{\mathrm{I}_0(\kappa a)}\boldsymbol{e}_z \tag{3.5.21}$$

再由 (3.5.6) 式的第二式和数学公式 $\mathrm{d}I_0(x)/\mathrm{d}x = \mathrm{I}_1(x)$, 得柱体内超导电流密度为

$$\boldsymbol{J}_s = -\frac{\kappa B_0}{\mu_0}\frac{\mathrm{I}_1(\kappa\rho)}{\mathrm{I}_0(\kappa a)}\boldsymbol{e}_\phi \tag{3.5.22}$$

讨论 ① 当圆柱半径 $a \gg$ 有效穿透深度 λ_{P}, 即 $\kappa a = a/\lambda_{\mathrm{P}} \gg 1$, 可在柱面附近将虚宗量贝塞尔函数作渐近展开, 得 $\mathrm{I}_0(\kappa\rho)/\mathrm{I}_0(\kappa a) \approx \mathrm{e}^{-\kappa(a-\rho)}$. 可见 $\boldsymbol{B}_2$ 和 $\boldsymbol{J}_{\mathrm{s}}$ 都是随着透入深度增加即 ρ 减小而指数衰减. ② 超导电流 $\boldsymbol{J}_{\mathrm{s}}$ 在柱体内产生的磁场沿 $-\boldsymbol{e}_z$ 方向, 部分地抵消了进入柱体内的外磁场, 导致总磁感应强度 $\boldsymbol{B}_2$ 随着透入深度增加而衰减. ③ 从 $\rho = 0$ 到 $\rho = a$ 对 $\boldsymbol{J}_s$ 积分, 可得单位长度超导电流为 $-(B_0/\mu_0)\left[1 - \mathrm{I}_0^{-1}(\kappa a)\right]\boldsymbol{e}_\phi$. ④ 当 $\kappa a \to \infty, \mathrm{I}_0^{-1}(\kappa a) \to 0$, 超导电流理想化为面电流, 密度为 $\boldsymbol{\alpha}_s = -(B_0/\mu_0)\,\boldsymbol{e}_\phi$, 它在柱内产生的磁场为 $\boldsymbol{B}_s = -B_0\boldsymbol{e}_z$, 因此完全抵消了进入柱内的原外场, 使 $\boldsymbol{B}_2 = \boldsymbol{0}$, 这是理想迈斯纳态.

对处于理想迈斯纳态的超导体, 其内部 $\boldsymbol{B} = \boldsymbol{0}$, $\boldsymbol{J}_s = \boldsymbol{0}$. 超导电流视为面电流. 只需求解外部的磁场, 它必须满足静磁场的基本方程和边值关系 (3.5.14) 式. 根据已知的场源, 可以选择磁标势法、镜像法或其他方法求解.

例 3.8

半径为 a 、处于理想迈斯纳态的超导球置于均匀磁场 B_0 中. 求外部真空中的磁场分布, 以及球面的超导电流密度.

解: 此问题类似于在均匀电场中放入导体球 (见 §2.3 例 2.9). 球外 $\boldsymbol{B} = \mu_0\boldsymbol{H}$, 磁场方程为 $\nabla\times\boldsymbol{H} = \boldsymbol{0}, \nabla\cdot\boldsymbol{B} = \mu_0\nabla\cdot\boldsymbol{H} = 0$, 可引入磁标势 φ, 使 $\boldsymbol{H} = -\nabla\varphi$, 且 φ 满足方程 $\nabla^2\varphi = 0$. 以球心为坐标原点, 令 $\boldsymbol{B}_0 = B_0\boldsymbol{e}_x$. 由轴对称性, 且 $R \to \infty$ 处, $\varphi \to -H_0R\cos\theta$, 方程 $\nabla^2\varphi = 0$ 的解应有形式

$$\varphi = -H_0R\cos\theta + \sum_n \frac{b_n}{R^{n+1}}\mathrm{P}_n(\cos\theta)$$

在球面 $R = a$ 处, 由边值关系 (3.5.14) 式的第二式, 有 $\partial\varphi/\partial R = 0$, 由此可确定系数 $b_1 = -H_0a^3/2$, $b_n = 0$, 当 $n \neq 1$. 于是得

$$\varphi = -H_0R\cos\theta - \frac{H_0a^3}{2R^2}\cos\theta$$

可见球外磁场 $\boldsymbol{B} = \mu_0(-\nabla\varphi)$ 是原外场 $\boldsymbol{B}_0$ 与磁偶极场叠加的结果, $\boldsymbol{B}$ 线分布如图 3-11 所示. 将上式第二项与 (3.3.12) 式比较. 可知磁偶极矩为 $\boldsymbol{m} = -2\pi H_0a^3\boldsymbol{e}_z$, 它是球面的超导电流形成的, 由边值关系 (3.5.14) 式的第一式, 可求出球面电流密度为

$$\boldsymbol{\alpha}_s = \boldsymbol{e}_{\mathrm{R}}\times\boldsymbol{H} = -\frac{3}{2}H_0\sin\theta\boldsymbol{e}_\phi \tag{3.5.23}$$

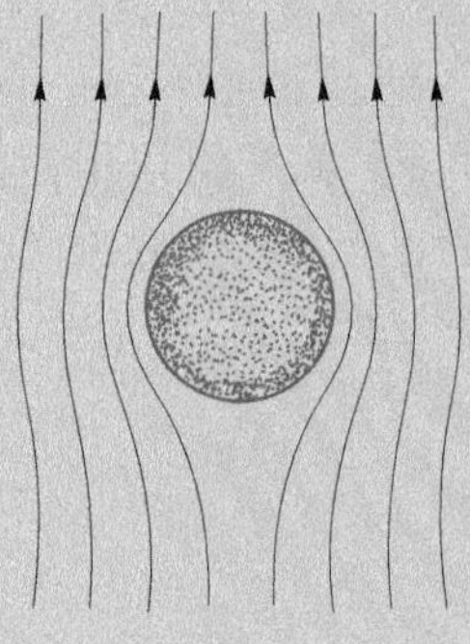

图 3-11

将它代入 $\boldsymbol{m}=\dfrac{1}{2}\oint_{\mathrm{S}}\boldsymbol{x}'\times\boldsymbol{\alpha}_{\mathrm{s}}\mathrm{d}S$ 并对球面积分, 的确可以得出上述 $\boldsymbol{m}$ 值.

读者已经知道, 静电场中的导体内部电场 $\boldsymbol{E}=\boldsymbol{0}$, 导体表面电场的切向分量 $E_{\mathrm{t}}=0$, 用镜像法可以求出一些较简单问题的解. 而理想迈斯纳态下超导体内部 $\boldsymbol{B}=\boldsymbol{0}$, 表面磁感应强度的法向分量 $B_{\mathrm{n}}=0$. 因此, 对于边界面和场源较为简单的问题, 若能猜测出已知场源或电流的假想镜像, 以代替超导体中真实的超导电流对磁场的贡献, 依据叠加原理和边界条件, 就有可能求出超导体外部的磁场分布.

例 3.9

有一小磁铁 (或小电流圈) 位于大块超导体平坦的表面附近的真空中, 其磁矩 $\boldsymbol{m}$ 的方向与超导体表面垂直. 试估算超导体外部的磁场分布, 以及此磁矩受到的作用力.

解: 作为近似, 设 $z<0$ 下半空间为处于理想迈斯纳态的超导体, $z>0$ 上半空间为真空. 令磁矩 $\boldsymbol{m}=m\boldsymbol{e}_z$ 位于 $z=a$ 处. 由对称性, $\boldsymbol{m}$ 的镜像 $\boldsymbol{m}'$ 只能位于超导体内部 z 轴上, 令其位置为 $z=-a$. 由叠加原理, 上半空间任一点的磁感应强度为

$$\boldsymbol{B}=\boldsymbol{B}_{\mathrm{m}}+\boldsymbol{B}'=\frac{\mu_0}{4\pi}\left[\frac{3(\boldsymbol{m}\cdot\boldsymbol{r})\boldsymbol{r}}{r^5}-\frac{\boldsymbol{m}}{r^3}\right]+\frac{\mu_0}{4\pi}\left[\frac{3\,(\boldsymbol{m}'\cdot\boldsymbol{r}')\,\boldsymbol{r}'}{r'^5}-\frac{\boldsymbol{m}'}{r'^3}\right]$$

其中 $\boldsymbol{r}$ 是 $\boldsymbol{m}$ 到场点的径矢, $\boldsymbol{r}'$ 是 $\boldsymbol{m}'$ 到场点的径矢, r 和 r' 分别是 $\boldsymbol{m}$ 和 $\boldsymbol{m}'$ 到场点的距离. 由边值关系 (3.5.14) 式的第二式, 在界面 $z=0$ 处 $\boldsymbol{B}$ 的法向分量 $B_z=0$, 得 $\boldsymbol{m}'=-m\boldsymbol{e}_z$, $\boldsymbol{m}'$ 在 $\boldsymbol{m}$ 所在处产生的磁感应强度为

$$\boldsymbol{B}'=\frac{\mu_0}{4\pi}\left[\frac{3\,(\boldsymbol{m}'\cdot\boldsymbol{r}')\,\boldsymbol{r}'}{r'^5}-\frac{\boldsymbol{m}'}{r'^3}\right]=-\frac{\mu_0 m}{2\pi r'^3}\boldsymbol{e}_z$$

现在 $r'=2a$, 于是超导体对磁矩 $\boldsymbol{m}$ 的作用能和作用力分别为

$$W_{\mathrm{i}}=-\boldsymbol{m}\cdot\boldsymbol{B}'=\frac{\mu_0 m^2}{2\pi r'^3}$$

$$\boldsymbol{F}=-\nabla W_{\mathrm{i}}=-\boldsymbol{e}_z\frac{\partial W_{\mathrm{i}}}{\partial r'}=+\frac{3\mu_0 m^2}{32\pi a^4}\boldsymbol{e}_z$$

正号表明 $\boldsymbol{m}$ 受到排斥力. 若小磁铁或小电流圈受到的排斥力与地球对它的吸引力达到平衡, 便可实现磁悬浮. 需要指出的是, 小磁铁或小电流圈的尺寸必须足够小, 使其占据的区域内 $\boldsymbol{B}'$ 大致均匀, 上述计算才是可靠的.

如图 3-12 所示. 在理想迈斯纳态下半径为 a 的超导球附近, 距球心为 $d(d>a)$ 处有一磁偶极子 $\boldsymbol{m}=m\boldsymbol{e}_z$ 的问题, 同样可以用镜像法求解. 由轴对称性, 以及在球面即 $R=a$ 处 $B_{\mathrm{R}}=0$ 的条件, 可求出 $\boldsymbol{m}$ 的镜像为 $\boldsymbol{m}'=-(a/d)^3\boldsymbol{m}$, 位置为 $z=a^2/d$. 许多简单问题都可以用镜像法求解, 有兴趣的读者可参阅有关文献①.

① 例如, Qiong-Gui Lin, Phys. Rev. B 74, 024510 (2006).

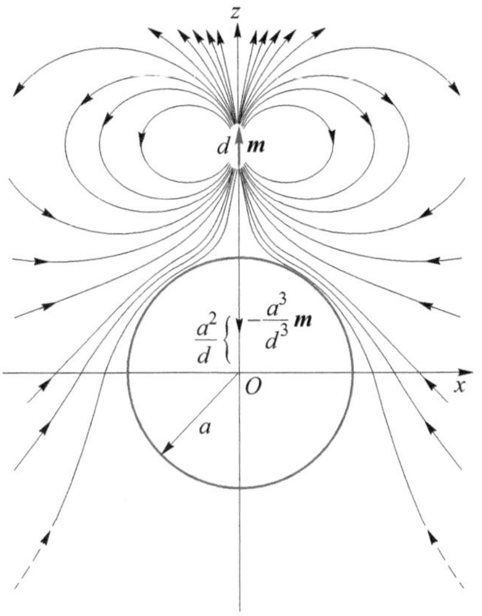

图 3－12

*3. 金兹堡－朗道理论

常规超导电流是一种量子流体现象, 起源于超导载流子的玻色－爱因斯坦凝聚: 在某个临界温度 (T_c) 以下宏观数目的超导载流子凝聚在同一个量子态上, 形成量子流体. 根据关于常规超导的 BCS 理论 (1957 年), 超导载流子由状态紧密关联的两个电子型准粒子构成, 这种准粒子称为库珀对 (Cooper, 1957), 带电荷 $q=-2e$.① 库珀对有一定的大小 (ξ_0), 是上节提到的非定域性来源之一. 下面忽略库珀对的大小, 只在准经典近似下考虑库珀对的质心运动.

按照量子力学, 粒子的量子状态由一个称为波函数的复函数 $\psi(\boldsymbol{x})$ 描写,$\psi(\boldsymbol{x})$ 的模方正比于粒子出现在 $\boldsymbol{x}$ 的概率密度. 把超导载流子 (库珀对) 看作准粒子, 它们在超导凝聚相中处于相同的量子态. 因为在凝聚相中有大量超导载流子, 其量子态的变化会引起总作用量的巨大变化, 所以超导载流子近似处于使总作用量取极值的所谓准经典运动状态. 因此, 超导载流子的波函数类似于电子沿经典路径运动时的波函数, 具有 (3.4.2) 式的形式, 只需把其中的 $-e$ 换成库珀对电荷 q. 对准静态过程, 可以略去 (3.4.2) 式中与能量有关的相位项. 对整个凝聚体而言, ψ 等价于库珀对的平均波函数, 从而是一个经典量. 将 $|\psi(\boldsymbol{x})|^2$ 归一化为超导量子流体中的库珀对密度 n_s, 则

$$\psi(\boldsymbol{x})=\sqrt{n_s}\mathrm{e}^{\mathrm{i}\chi(\boldsymbol{x})} \tag{3.5.24}$$

式中 n_s 是一个非负实函数, n_s 和 χ 都可能通过宏观电磁场随 $\boldsymbol{x}$ 和 t 缓慢变化. 仿照 §3.4 的 (3.4.2) 式, 略去与能量 W 有关的相位项后, 相位写成

① 构成库珀对的所谓电子实际上是由多电子系统与晶体振动耦合作用形成的一种准粒子 (多电子系统一种类似单粒子的集体运动模式), 它的能量比零温下金属内自由电子占据的最高能级 (费米能) 低 $\varDelta$. 给库珀对提供能量 $2\varDelta$ 便有可能把库珀对拆散, 即把结合成库珀对的两个准粒子转变回两个自由电子. 因此当热涨落特征能量 $kT>2\varDelta$ 时库珀对便失稳, 从而 $T_c\sim 2\varDelta/k$.

$$\chi(\boldsymbol{x})=\frac{1}{\hbar}\int_{\boldsymbol{x}_0,C}^{\boldsymbol{x}}\boldsymbol{P}\cdot \mathrm{d}\boldsymbol{l} \tag{3.5.25}$$

积分沿经典路径 C 从任意参考点 $\boldsymbol{x}_0$ 到 $\boldsymbol{x}$ 进行. 正则动量 $\boldsymbol{P}$ 有类似 (3.4.6) 式的表达式

$$\boldsymbol{P}=m_s\boldsymbol{v}+q\boldsymbol{A} \tag{3.5.26}$$

其中 m_s 和 q 分别设为库珀对的质量和电荷, $\boldsymbol{v}$ 是库珀对在量子平均意义下的运动速度, $\boldsymbol{A}$ 是矢势. 对 (3.5.25) 式求梯度, 可得平均速度

$$\boldsymbol{v}=\frac{1}{m_s}(\hbar\nabla\chi-q\boldsymbol{A}) \tag{3.5.27}$$

因此, 超导电流密度为

$$\boldsymbol{J}_s=n_s\boldsymbol{v}=\frac{\alpha_{\mathrm{GL}}}{q}[\hbar\nabla\chi-q\boldsymbol{A}] \tag{3.5.28}$$

其中

$$\alpha_{\mathrm{GL}}=\frac{n_sq^2}{m_s} \tag{3.5.29}$$

若要求逐点改变带电粒子波函数相位不改变电流密度 $\boldsymbol{J}_s$, 则波函数和矢势必须以下面方式联合变换:

$$\psi(\boldsymbol{x})\to\psi'(\boldsymbol{x})=\mathrm{e}^{\mathrm{i}\frac{q}{\hbar}\phi(\boldsymbol{x})}\psi(\boldsymbol{x}) \tag{3.5.30}$$

$$\boldsymbol{A}\to\boldsymbol{A}'=\boldsymbol{A}+\nabla\phi \tag{3.5.31}$$

其中 $\phi(\boldsymbol{x})$ 是任意可微函数. 这个联合变换是不含时定域规范变换的普遍定义 (含时定域规范变换在第五章介绍). 在量子力学中, $\psi(\boldsymbol{x})$ 是任意带电荷 q 的粒子的波函数. 所有物理可观测量在定域规范变换下保持不变是电磁学非常重要的一个基本原理. 注意,χ 和 $\boldsymbol{A}$ 分别都不是物理可测量, 但由它们给出的 $\boldsymbol{J}_s$ 是物理可观测量.

下面考察超导体的热力学. 历史上, 在 BCS 微观理论之前, 金兹堡和朗道 (Ginzburg-Landau) 便采用复函数 $\psi(\boldsymbol{x})$ 描写超导现象, 以 $\psi(\boldsymbol{x})$ 作为超导体热力学势的变量 (序参数)(1950 年). 由实验知道, 在没有外磁场的情况下, 常规超导材料在 T_c 发生二级相变, 高于 T_c 时材料处于正常态, $\psi(\boldsymbol{x})\equiv 0$; 低于 T_c 时材料处于超导态, $\psi(\boldsymbol{x})\neq 0$. 按照朗道关于有序–无序连续相变的一般理论, 金兹堡和朗道唯象地写出超导体的热力学势

$$G=G_n+\frac{1}{2\mu_0}\int B^2\mathrm{d}V+\int\left[\frac{1}{2m_s}|(-\mathrm{i}\hbar\nabla-q\boldsymbol{A})\psi|^2+a|\psi|^2+\frac{1}{4}b|\psi|^4\right]\mathrm{d}V \tag{3.5.32}$$

第一项 G_n 是正常态的热力学势, 与 ψ 无关; 第二项是磁场的能量, $\boldsymbol{B}=\nabla\times\boldsymbol{A}$; 第三项是凝聚相中与库珀对相关的能量, 它显然具有定域规范变换不变性. 根据朗道连续相变理论, $a=\gamma(T-T_\mathrm{c})$, γ 和 b 是两个与材料有关的大于零的常量 (和温度无关). 矢势 $\boldsymbol{A}$ 出现在 (3.5.32) 式的方式保证理论具有定域规范不变性.

对热平衡系统, 热力学势的意义类似于作用量. 按照热力学, 在固定温度和压强下热平衡态的热力学势 (Gibbs 自由能) 取极小值, 据此原则上可确定 $|\psi(\boldsymbol{x})|$. 但 ψ 的相位却无法由理论确定, 这是规范对称性导致相位不可直接观测的一个后果.

先考虑无磁场, ψ 为常量的情形. 当热力学势 G 取极小值, 有

$$\left(a+\frac{b}{2}|\psi|^2\right)|\psi|=0 \tag{3.5.33}$$

因为 $\gamma>0$ 和 $b>0$, 当 $T>T_\mathrm{c}$ 时只有 $\psi=0$ 解, 对应超导体的正常态. 而当 $T<T_\mathrm{c}$ 时, 热力学势极小的态具有非零库珀对密度

$$n_{s0}=|\psi|^2=\frac{2\gamma(T_\mathrm{c}-T)}{b} \tag{3.5.34}$$

这个结果与 T_c 为临界温度的假设一致. 采用超导载流子密度 (3.5.34) 式, 穿透深度 (3.5.9) 式为

$$\lambda_\mathrm{GL}=\frac{1}{\sqrt{\mu_0\alpha_\mathrm{GL}}}=\sqrt{\frac{m_s b}{2\mu_0 q^2\gamma(T_\mathrm{c}-T)}} \tag{3.5.35}$$

在一般情形, G 是平均波函数 $\psi(\boldsymbol{x})$ 和矢势 $\boldsymbol{A}(\boldsymbol{x})$ 的泛函. 求一般情形使 G 取极小值的 $\psi_0(\boldsymbol{x})$ 和矢势 $\boldsymbol{A}(\boldsymbol{x})$ 需要用到变分法. 此处直接写出结果: 在 $T<T_\mathrm{c}$ 的凝聚相, 使热力学势取极小的 $\psi_0(\boldsymbol{x})$ 和 $\boldsymbol{A}(\boldsymbol{x})$ 满足下面两个方程:

$$\frac{1}{2m_s}(-\mathrm{i}\hbar\nabla-q\boldsymbol{A})^2\psi_0+a\psi_0+\frac{b}{2}|\psi_0|^2\psi_0=0 \tag{3.5.36}$$

$$\nabla\times\boldsymbol{B}=\mu_0\left\{\frac{q\hbar}{m_s}\mathrm{Im}\left(\psi_0^*\nabla\psi_0\right)-\frac{q^2}{m_s}\boldsymbol{A}|\psi_0|^2\right\} \tag{3.5.37}$$

与安培定理 (1.2.11) 式比较, 上式右边大括号内的量即超导电流密度. 利用 (3.5.24) 式, 超导电流密度

$$\begin{aligned}\boldsymbol{J}_s&=\frac{q\hbar}{m_{s0}}\mathrm{Im}\left(\psi_0^*\nabla\psi_0\right)-\frac{q^2}{m_s}\boldsymbol{A}|\psi_0|^2\\&=\frac{\alpha_\mathrm{GL}}{q}\left[\hbar\nabla\chi-q\boldsymbol{A}\right]\end{aligned} \tag{3.5.38}$$

结果和 (3.5.28) 式一致, 进一步印证了矢势和正则动量的关系 (3.5.26) 式. 超导体的电磁性质由 (3.5.36), (3.5.37) 和 (3.5.28) 式描写, 这组方程式称为金兹堡–朗道方程组.

注意: χ 和 $\boldsymbol{A}$ 分别都是不可直接测量的量, 由它们组合出来的超导电流密度 $\boldsymbol{J}_s$ 才是可测量. 既然波函数的相位可以逐点改变, 能否取 $\chi(\boldsymbol{x})$ 恒等于零呢? 答案是, 在单连通区域是可以的, 在复连通区域则一般不行. 取 $\chi(\boldsymbol{x})$ 恒等于零等价于选择伦敦规范条件 (3.5.15) 式. 对 $\chi(\boldsymbol{x})=0$ 的 (3.5.28) 式两边取旋度, 利用 $\boldsymbol{B}=\nabla\times\boldsymbol{A}$, 便得到伦敦第二方程 (3.5.5) 式 (其中 α 换成 α_GL). 考虑凝聚相中的库珀对状态绝热地跟随矢势变化, 即 ψ_0 只通过 $\boldsymbol{A}(\boldsymbol{x},t)$ 依赖于 t 的情形. 在伦敦规范下, 对 (3.5.28)

式求时间导数, 结合麦克斯韦方程组可以得到伦敦第一方程 (3.5.3) 式 (其中 α 换成 $\alpha_{\rm GL}$). 请感兴趣的读者自行推导.

下面研究超导流子密度围绕金兹堡 – 朗道热力学势 (3.5.32) 式极小点的涨落, 即 $\delta\psi = \psi - \psi_0$. 涨落的空间关联函数为 $\langle \delta\psi(\boldsymbol{x}_1)\delta\psi(\boldsymbol{x}_2)\rangle$, 尖括号表示以 $\exp[-G/(kT)]$ 为权重的统计物理平均. 根据统计物理, 关联函数一般随 $r = |\boldsymbol{x}_2 - \boldsymbol{x}_1|$ 指数衰减,$\langle \delta\psi(\boldsymbol{x}_1)\delta\psi(\boldsymbol{x}_2)\rangle \sim \exp(-r/\xi)$, 其中 ξ 称为关联长度. 考虑 $\boldsymbol{A} = \boldsymbol{0}$ 和 $T < T_{\rm c}$ 情形. 在小涨落近似下, 忽略 $\delta\psi$ 三次以上的涨落, 可得超导载流子密度涨落的关联长度 (推导略)

$$\xi_{\rm GL} = \frac{\hbar}{\sqrt{2m_s(-a)}} = \frac{\hbar}{\sqrt{2m_s\gamma(T_{\rm c} - T)}} \tag{3.5.39}$$

这是超导态中独立于 $\lambda_{\rm GL}$ 的另一个特征长度. 由 $\lambda_{\rm GL}$ 和 $\xi_{\rm GL}$ 定义一个量纲一的参量

$$\kappa = \frac{\lambda_{\rm GL}}{\xi_{\rm GL}} = \frac{m_s}{|q|\hbar}\sqrt{\frac{b}{\mu_0}} \tag{3.5.40}$$

参量 κ 只与材料的性质有关而与温度无关, 是表征超导材料的一个重要参量, 称为金兹堡 – 朗道参量.

金兹堡和朗道证明, 当 $\kappa < 1/\sqrt{2}$ 时超导流体的表面张力为正, 反之当 $\kappa > 1/\sqrt{2}$ 时超导流体的表面张力为负, 这两种情形的超导材料分别称为第一类超导材料和第二类超导材料. 第一类超导材料在给定温度下只有一个临界磁场, 能够承受的超导电流比较弱. 第二类超导材料存在两个临界磁场, 即下临界磁场 $H_{\rm c1}$ 和上临界磁场 $H_{\rm c2}$, $H_{\rm c1} < H_{\rm c2}$. 当外磁场 $H < H_{\rm c1}$ 时, 磁场被排出体外, 样品完全处于超导态. 当外磁场满足 $H_{\rm c1} < H < H_{\rm c2}$ 时, 磁场以量子化磁通线的形式进入样品内, 使之处于正常态和超导态并存的混合态, 磁通线穿透的各细长区域处于正常态, 其余区域处于超导态 (此情形下超导区域已经不是单连通区域). 随着外磁场增大, 穿透样品内部的磁通线逐渐增多, 正常区域扩大. 当 $H > H_{\rm c2}$ 时, 无表面超导相的样品整个转变为正常态. 由于第二类超导材料有较高的临界温度和临界磁场, 可以通过较大的超导电流, 故有较高的应用价值.

应该指出, 金兹堡 – 朗道理论是亚宏观唯象理论, 并没有解释库珀对的形成机制. 关于常规超导的完整微观理论是由巴丁、库珀和施里弗建立的 (1957). (3.5.32) 式实际上是化学势关于库珀对密度的展开, 从而金兹堡 – 伦敦理论原则上仅适用于 n_s 很小的临界点附近区域. 此外, 在非常接近临界点的区域, 关联长度发散, 从而局域近似和小涨落近似都不适用, 因此本小节的推论也不成立.

*4. 磁通量子化

如果超导体是复连通的, 例如超导环和第二类超导体中存在正常态的情形, 则总有某些闭合曲线 C 不能在超导态区域内连续收缩为一点. 在 C 所围的曲面 S 会有不为零的磁通量通过, 此时超导载流子密度幅的相位 χ 是多值函数, 证明如下.

让我们计算 $\mathrm{d}\chi = \nabla\chi \cdot \mathrm{d}\boldsymbol{l}$ 沿闭合曲线 C 的环路积分, 应用 (3.5.28) 式,

$$\oint_C \mathrm{d}\chi = \oint_C \nabla\chi \cdot \mathrm{d}\boldsymbol{l} = \frac{q}{\hbar\alpha_{\mathrm{GL}}} \oint_C (\boldsymbol{J}_s + \alpha_{\mathrm{GL}}\boldsymbol{A}) \cdot \mathrm{d}\boldsymbol{l} \tag{3.5.41}$$

若在理想迈斯纳态区取 C, 其中超导电流等于零 (参见 (3.5.13) 式), 则右边第一项等于零. 因为矢势环路积分等于通过环路的磁通, 所以有

$$\oint_C \mathrm{d}\chi = \frac{q}{\hbar} \int_S \boldsymbol{B} \cdot \mathrm{d}\boldsymbol{S} = \frac{q}{\hbar}\varPhi \tag{3.5.42}$$

其中 $\varPhi$ 是以 C 为边界的曲面 S 上的磁通. 对复连通超导, $\varPhi \neq 0$ 是可能的, 这样 χ 沿 C 不可能是单值函数 (若 χ 是单值函数, 左边积分恒为零). 因此在复连通超导体中不能让 χ 处处等于零, 从而不存在 $\boldsymbol{J}_s$ 和 $\boldsymbol{A}$ 的局域关系 (3.5.34) 式.

磁通量子化现象很早就被实验证实①. 下面, 我们用量子概念解释此现象.

设当 $T > T_{\mathrm{c}}$ 时, 把一个处于正常态的超导环置于外磁场中, 降低温度使 $T < T_{\mathrm{c}}$, 该环转变为超导态, 然后撤去外磁场. 结果是通过环孔的磁通量仍然保持着, 这是因为超导环表面薄层内诱导出超导电流, 它维持着通过环孔的磁通量. 如图 3–13 所示, 若无其他扰动, 超导电流与通过环孔的磁通量将长期存在.

首先, 我们证明通过环孔的磁通量保持不变. 在环体内部沿着环一周, 取一个足够深的闭合回路 C, 使 C 上的超导电流 $\boldsymbol{J}_s = \boldsymbol{0}$. 由伦敦第一方程 (3.5.3) 式或 (3.5.42) 式, C 上也有 $\boldsymbol{E} = \boldsymbol{0}$. 把电磁感应定律应用到 C 上, 有

$$\frac{\mathrm{d}\varPhi}{\mathrm{d}t} = -\oint_C \boldsymbol{E} \cdot \mathrm{d}\boldsymbol{l} = 0 \tag{3.5.43}$$

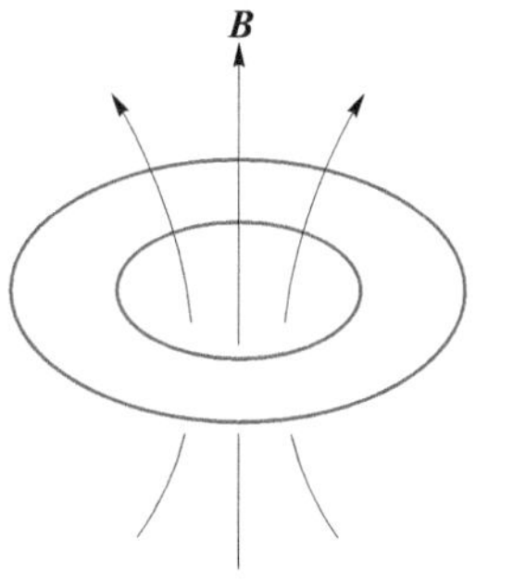

图 3–13

$\varPhi$ 为通过 C 所围面积的磁通量, 也就是通过环孔的磁通量 (严格地说, 应包括通过超导环表面薄层内的那部分磁通量). 上式表明 $\varPhi$ 是一个与时间无关的守恒量.

此外, 我们指出此磁通量 $\varPhi$ 是量子化的, 它等于磁通量子 $\varPhi_0$ 的整数倍. 设 $\boldsymbol{x}$ 是回路 C 上任意一点, 把 (3.5.42) 式左边写成沿 C 从 $\boldsymbol{x}_0 = \boldsymbol{x}$ 到 $\boldsymbol{x}_1 = \boldsymbol{x}$ 的积分,

① DEAVER B S,FAIRBANK W M. Phys. Rev. Lett. , 1961(7): 43–46; DOLL R,NÄBAUER M. Phys. Rev. Lett., 1961(7):51–52.

$$\int_{\boldsymbol{x}_0,C}^{\boldsymbol{x}_1} \mathrm{d}\chi = \chi(\boldsymbol{x}_1) - \chi(\boldsymbol{x}_0) = \frac{q}{\hbar}\varPhi \tag{3.5.44}$$

可见, 当所考虑超导区域是复连通区域, 穿过其中环路 C 的磁通量 $\varPhi \neq 0$ 时, 波函数的相位 χ 在环路每点的取值是多值的. 然而量子力学要求波函数是单值函数, 所以 (3.5.44) 式只能是 2π 的整数倍,

$$\frac{q}{\hbar}\varPhi = 2n\pi \tag{3.5.45}$$

其中 $\hbar = h/2\pi$, 从而

$$\varPhi = n\frac{h}{2e} = n\varPhi_0 \tag{3.5.46}$$

根据国际单位制规定的普朗克常量 h 和元电荷 (电子电荷绝对值) e 的数值

$$h = 6.626\,070\,15 \times 10^{-34}\ \mathrm{J\cdot s} \tag{3.5.47}$$

$$e = 1.602\,176\,634 \times 10^{-19}\ \mathrm{C} \tag{3.5.48}$$

得

$$\varPhi_0 = \frac{h}{2e} \approx 2.067\,833\,848\,6 \times 10^{-15}\ \mathrm{Wb} \tag{3.5.49}$$

$\varPhi_0$ 称为磁通量子. (3.5.46) 式表明, 穿过环孔的磁通量 $\varPhi$ 是量子化的. 由于在超导体内部足够深的回路 C 上, $\boldsymbol{B} = \boldsymbol{0}$, 但 $\boldsymbol{A} \neq \boldsymbol{0}$, 矢势 $\boldsymbol{A}$ 影响着超导电子波函数的相位, 从而引起磁通量子化现象. 此现象同样存在于其他复连通的超导体 (例如空心超导圆柱体), 以及处于混合态的第二类超导体. 后者是容易理解的, 因为正常区内有磁通线穿过, 这就相当于超导体有些部分被挖去而成为复连通区域. 磁通量子化在超导物理中有着重要意义, 此现象再次证实了微观世界中矢势 $\boldsymbol{A}$ 的物理实在性, 它比 $\boldsymbol{B}$ 有着更基本的地位.

习　题

3.1　试用 $\boldsymbol{A}$ 表示一个沿 z 方向的均匀恒定磁场 $\boldsymbol{B}_0$, 写出 $\boldsymbol{A}$ 的两种不同表示式, 证明二者之差是无旋场.

3.2　均匀无穷长直圆柱形螺线管, 每单位长度线圈匝数为 n, 电流为 I, 试用唯一性定理求管内外磁感应强度 $\boldsymbol{B}$.

3.3　设有无穷长的线电流 I 沿 z 轴流动, 在 $z < 0$ 空间充满磁导率为 μ 的均匀介质, $z > 0$ 区域为真空, 试用唯一性定理求磁感应强度 $\boldsymbol{B}$, 然后求出磁化电流分布.

答案:

$$\boldsymbol{B} = \begin{cases} \dfrac{\mu_0 I}{2\pi r}\boldsymbol{e}_\phi & (z > 0) \\ \dfrac{\mu I}{2\pi r}\boldsymbol{e}_\phi & (z < 0) \end{cases}$$

$$\boldsymbol{\alpha}_M = \frac{I}{2\pi r}\left(\frac{\mu}{\mu_0} - 1\right)\boldsymbol{e}_r \qquad (z = 0)$$

$$I_M = \left(\frac{\mu}{\mu_0} - 1\right) I$$

r 为柱坐标径向距离.

3.4　设 $x < 0$ 半空间充满磁导率为 μ 的均匀介质, $x > 0$ 空间为真空, 今有线电流 I 沿 z 轴流动, 求磁感应强度和磁化电流分布.

答案:

$$\boldsymbol{B} = \frac{\mu_0 \mu}{\mu + \mu_0} \frac{I}{\pi r} \boldsymbol{e}_\phi$$

$$I_{\mathrm{M}} = \frac{\mu - \mu_0}{\mu + \mu_0} I \qquad (沿\ z\ 轴)$$

3.5　某空间区域内有轴对称磁场. 在柱坐标原点附近已知 $B_z \approx B_0 - C\left(z^2 - \frac{1}{2}\rho^2\right)$, 其中 B_0 为常量. 试求该处的 B_ρ.

提示: 用 $\nabla \cdot \boldsymbol{B} = 0$, 并验证所得结果满足 $\nabla \times \boldsymbol{H} = \boldsymbol{0}$.

答案:

$$B_\rho = C z \rho.$$

3.6　两个半径为 a 的同轴线圆形线圈, 位于 $z = \pm L$ 面上. 每个线圈上载有同方向的电流 I.

(1) 求轴线上的磁感应强度.

(2) 求在中心区域产生最接近于均匀的磁场时的 L 和 a 的关系.

提示: 用条件 $\frac{\partial^2}{\partial z^2} B_z = 0$.

答案:

(1) $B_z = \frac{1}{2}\mu_0 I a^2 \left\{ \frac{1}{[(L - z)^2 + a^2]^{3/2}} + \frac{1}{[(L + z)^2 + a^2]^{3/2}} \right\}$

(2) $L = \frac{1}{2} a$

3.7　半径为 a 的无限长圆柱导体上有恒定电流 $\boldsymbol{J}$ 均匀分布于截面上, 试解矢势 $\boldsymbol{A}$ 的微分方程, 设导体的磁导率为 μ_0, 导体外的磁导率为 μ.

答案:

$$\boldsymbol{A}_{内} = \frac{1}{4}\mu_0 \boldsymbol{J}\left(a^2 - r^2\right)$$

$$\boldsymbol{A}_{外} = \frac{\mu a^2}{2} \boldsymbol{J} \ln \frac{a}{r}$$

3.8　假设存在磁单极子, 其磁荷为 Q_{m}, 它的磁场强度为

$$\boldsymbol{H} = \frac{Q_{\mathrm{m}}}{4\pi\mu_0} \frac{\boldsymbol{r}}{r^3}$$

给出它的矢势的一个可能的表示式, 并讨论它的奇异性.

答案:

$$A_\phi = \frac{Q_{\mathrm{m}}}{4\pi} \frac{1 - \cos\theta}{r \sin\theta}$$

3.9　将一磁导率为 μ, 半径为 R_0 的球体, 放入均匀磁场 $\boldsymbol{H}_0$ 内, 求总磁感应强度 $\boldsymbol{B}$ 和诱导磁矩 $\boldsymbol{m}$.

答案:

$$
\boldsymbol{B} = \begin{cases} \dfrac{3\mu\mu_0}{\mu + 2\mu_0}\boldsymbol{H}_0 & (R < R_0) \\ \mu_0\boldsymbol{H}_0 + \dfrac{\mu - \mu_0}{\mu + 2\mu_0}\mu_0 R_0^3 \left[\dfrac{3\left(\boldsymbol{H}_0 \cdot \boldsymbol{R}\right)\boldsymbol{R}}{R^s} - \dfrac{\boldsymbol{H}_0}{R^3}\right] & (R > R_0) \end{cases}
$$

球体的诱导磁矩

$$
\boldsymbol{m} = 4\pi\frac{\mu - \mu_0}{\mu + 2\mu_0}R_0^3\boldsymbol{H}_0
$$

3.10　有一个内外半径为 R_1 和 R_2 的空心球, 位于均匀外磁场 $\boldsymbol{H}_0$ 内, 球的磁导率为 μ, 求空腔内的场 $\boldsymbol{B}$, 讨论 $\mu \gg \mu_0$ 时的磁屏蔽作用.

答案:

$$
\boldsymbol{B} = \left[1 - \frac{1 - \left(\dfrac{R_1}{R_2}\right)^3}{\dfrac{(\mu + 2\mu_0)(2\mu + \mu_0)}{2(\mu - \mu_0)^2} - \left(\dfrac{R_1}{R_2}\right)^3}\right]\mu_0\boldsymbol{H}_0
$$

3.11　设理想铁磁体的磁化规律为 $\boldsymbol{B} = \mu\boldsymbol{H} + \mu_0\boldsymbol{M}_0, \boldsymbol{M}_0$ 是恒定的与 $\boldsymbol{H}$ 无关的量. 今将一个理想铁磁体做成的均匀磁化球 ($\boldsymbol{M}_0$ 为常量) 浸入磁导率为 μ' 的无限介质中, 求磁感应强度和磁化电流分布.

答案:

$$
\boldsymbol{B} = \begin{cases} \dfrac{2\mu'\mu_0\boldsymbol{M}_0}{2\mu' + \mu} & (R < R_0) \\ \dfrac{\mu'\mu_0 R_0^3}{2\mu' + \mu}\left[\dfrac{3\left(\boldsymbol{M}_0 \cdot \boldsymbol{R}\right)\boldsymbol{R}}{R^5} - \dfrac{\boldsymbol{M}_0}{R^3}\right] & (R > R_0) \end{cases}
$$

$$
\boldsymbol{\alpha}_M = \frac{3\mu'}{2\mu' + \mu}M_0 \sin\theta\boldsymbol{e}_\phi \quad (R = R_0)
$$

3.12　将上题的永磁球置入均匀外磁场 $\boldsymbol{H}_0$ 中, 结果如何?

答案:

$$
\boldsymbol{B} = \begin{cases} \dfrac{3\mu_0\mu}{\mu + 2\mu_0}\boldsymbol{H}_0 + \dfrac{2\mu_0^2}{\mu + 2\mu_0}\boldsymbol{M}_0 & (R < R_0) \\ \mu_0\left[\boldsymbol{H}_0 + \dfrac{3(\boldsymbol{m} \cdot \boldsymbol{R})\boldsymbol{R}}{R^5} - \dfrac{\boldsymbol{m}}{R^3}\right] & (R > R_0) \end{cases}
$$

$$
\boldsymbol{m} = \frac{\mu_0\boldsymbol{M}_0}{\mu + 2\mu_0}4\pi R_0^3 + \frac{\mu - \mu_0}{\mu + 2\mu_0}4\pi R_0^3\boldsymbol{H}_0
$$

3.13　有一个均匀带电的薄导体壳, 其半径为 R_0, 总电荷为 Q, 今使球壳绕自身某一直径以角速度 $\boldsymbol{\omega}$ 转动, 求球内外的磁场 $\boldsymbol{B}$.

提示: 本题通过解 $\boldsymbol{A}$ 或 φ_{m} 的方程都可以解决, 也可以比较本题与例 3.8 的电流分布得到结果.

答案:

$$
\boldsymbol{B} = \begin{cases} \dfrac{Q\mu_0}{6\pi R_0}\boldsymbol{\omega} & (R < R_0) \\ \dfrac{\mu_0}{4\pi}\left[\dfrac{3(\boldsymbol{m} \cdot \boldsymbol{R})\boldsymbol{R}}{R^5} - \dfrac{\boldsymbol{m}}{R^3}\right] & (R > R_0) \end{cases}
$$

其中

$$
\boldsymbol{m} = \frac{QR_0^2}{3}\boldsymbol{\omega}
$$

3.14　电荷按体均匀分布的刚性小球, 其总电荷为 Q, 半径为 R_0, 它以角速度 $\boldsymbol{\omega}$ 绕自身某一直径转动, 求:

(1) 它的磁矩;

(2) 它的磁矩与自转动量矩之比 (设质量 m_0 是均匀分布的).

答案:

磁矩 $\boldsymbol{m}=\dfrac{QR_0^2}{5}\boldsymbol{\omega}$, 动量矩 $\boldsymbol{L}=\dfrac{2m_0R_0^2}{5}\boldsymbol{\omega}$, 比值为 $\dfrac{Q}{2m_0}$.

3.15　有一块磁矩为 $\boldsymbol{m}$ 的小永磁体, 位于一块磁导率非常大的实物的平坦界面附近的真空中, 求作用在小永磁体上的力 $\boldsymbol{F}$.

答案:

$F=-\dfrac{3m^2\mu_0}{64\pi a^4}\left(1+\cos{}^2\alpha\right)$, α 为 $\boldsymbol{m}$ 与界面法线夹角.

3.16　半径为 a、处于理想迈斯纳态的超导球附近, 距球心为 $d(d>a)$ 处有一沿球径方向的磁偶极子 $\boldsymbol{m}$. 证明: $\boldsymbol{m}$ 的镜像为 $\boldsymbol{m}'=-(a/d)^3\boldsymbol{m}$, 位置在球内 $z=a^2/d$ 处.

提示: 利用边界条件 $R=a$ 处 $B_{\mathrm{R}}=0$.

3.17　对于 $\mu\approx\mu_0$ 的超导体, 磁化电流可以忽略. 然而作为求解超导问题的技巧, 可采用所谓磁介质的观点: 把超导电流 $\boldsymbol{J}_s$ 看作外磁场诱导出来的 "磁化电流", 相应地, 超导体内出现 "磁化强度" $\boldsymbol{M}$, 令 $\nabla\times\boldsymbol{M}=\boldsymbol{J}_s$ 和 $\nabla\cdot\boldsymbol{M}=0$.

(1) 在恒定情形, 证明 $\nabla\times\boldsymbol{H}=\boldsymbol{0}$ 和 $\nabla\cdot\boldsymbol{H}=0$, 从而可以在超导体内引入磁标势;

(2) 对理想迈斯纳态, 证明等效磁化率 $\chi_{\mathrm{M}}=-1$;

(3) 对处于理想迈斯纳态的超导体, 用 $\boldsymbol{M}$ 表示超导面电流并推导 $\boldsymbol{H}$ 的边值关系.

3.18　基于磁介质观点, 用热力学解释超导体临界磁场的存在.

提示: 考虑例 3.7 处于均匀外磁场中的无穷长超导体圆柱, 对于单位体积, 利用热力学第一定律 $\mathrm{d}E=\mathrm{d}Q+\mu_0H\mathrm{d}M$ 和第二定律 $T\,\mathrm{d}S\geqslant\mathrm{d}Q$.

第四章

电磁波的传播

在迅变情况下, 电磁场以波动形式存在. 变化着的电场和磁场互相激发, 形成在空间中传播的电磁波, 由于在无线通信、光学和其他科学技术中的广泛应用, 电磁波的传播、辐射和激发问题已发展为独立的学科, 具有十分丰富的内容. 本章只介绍关于电磁波传播的最基本的理论, 下一章再讨论辐射和激发问题.

平面电磁波是交变电磁场存在的一种最基本的形式. 本章先研究无界空间中平面电磁波传播的主要特性, 然后用电磁场边值关系研究电磁波在介质界面上的反射和折射问题, 从经典电磁理论出发导出光学中的反射和折射定律. 第三节研究有导体存在时的电磁波传播问题, 说明电磁波在导体内有一定的穿透深度, 在良导体内只有很小部分电磁能量透入, 因而良导体成为电磁波存在的边界. 第四节和第五节研究有界空间的电磁波. 微波技术中常用的谐振腔, 传输线和波导都属于有界空间中的电磁波问题. 在这两节中我们以谐振腔和波导为例说明电磁波边值问题的解法. 第六节简单介绍一维光子晶体. 第七节研究在激光技术中有重要应用的电磁波高斯波束的传播. 第八节介绍光学空间孤子. 最后一节讨论等离子体的基本电磁现象.

§ 4.1 平面电磁波

1. 电磁场波动方程

一般情况下, 电磁场的基本方程是麦克斯韦方程组:

$$\begin{aligned}
\nabla\times\boldsymbol{E} &= -\frac{\partial\boldsymbol{B}}{\partial t}\\
\nabla\times\boldsymbol{H} &= \frac{\partial\boldsymbol{D}}{\partial t}+\boldsymbol{J}\\
\nabla\cdot\boldsymbol{D} &= \rho\\
\nabla\cdot\boldsymbol{B} &= 0
\end{aligned}\tag{4.1.1}$$

第一章 §1.4 节把 ρ 和 $\boldsymbol{J}$ 分别定义为自由电荷密度和自由电流密度, 总电荷是自由电荷与束缚电荷之和, 而总电流是自由电流与分子电流 (包括磁化电流和极化电流) 之和. 实际上把总电荷电流划分为自由电荷电流和束缚电荷分子电流是相当任意的, 不同的划分方法只改变辅助场 $\boldsymbol{D}$ 和 $\boldsymbol{H}$ 而不改变物理的电磁场 $\boldsymbol{E}$ 和 $\boldsymbol{B}$. 在没有介质或有介质但介质模型不能满足需要的情形, 应把 ρ 和 $\boldsymbol{J}$ 理解为总电荷和总电流. 当介质模型满足实际需要时, 把 ρ 和 $\boldsymbol{J}$ 理解为加在介质中的额外电荷和电流, 从而使问题简化.

现在我们研究电磁场在 ρ 和 $\boldsymbol{J}$ 都等于零的无源区域的运动形式. 电场和磁场通过互相激发而运动, 运动规律是齐次的麦克斯韦方程组:

$$\begin{aligned}
\nabla\times\boldsymbol{E} &= -\frac{\partial\boldsymbol{B}}{\partial t}\\
\nabla\times\boldsymbol{H} &= \frac{\partial\boldsymbol{D}}{\partial t}
\end{aligned}$$

$$\nabla \cdot \boldsymbol{D} = 0 \tag{4.1.2}$$

$$\nabla \cdot \boldsymbol{B} = 0$$

先讨论总电荷和总电流均为零的情形, 我们称之为真空情形. 在真空中, $\boldsymbol{D} = \varepsilon_0 \boldsymbol{E}, \boldsymbol{B} = \mu_0 \boldsymbol{H}$. 取 (4.1.2) 式的第一式的旋度并利用第二式得

$$\nabla \times (\nabla \times \boldsymbol{E}) = -\frac{\partial}{\partial t} \nabla \times \boldsymbol{B} = -\mu_0 \varepsilon_0 \frac{\partial^2 \boldsymbol{E}}{\partial t^2} \tag{4.1.3}$$

根据矢量分析公式及 $\nabla \cdot \boldsymbol{E} = 0$ 得

$$\nabla \times (\nabla \times \boldsymbol{E}) = \nabla(\nabla \cdot \boldsymbol{E}) - \nabla^2 \boldsymbol{E} = -\nabla^2 \boldsymbol{E}$$

代入 (4.1.3) 式得电场 $\boldsymbol{E}$ 的偏微分方程:

$$\nabla^2 \boldsymbol{E} - \mu_0 \varepsilon_0 \frac{\partial^2 \boldsymbol{E}}{\partial t^2} = \mathbf{0} \tag{4.1.4}$$

同样, 在 (4.1.2) 式中消去电场, 可得磁场 $\boldsymbol{B}$ 的偏微分方程:

$$\nabla^2 \boldsymbol{B} - \mu_0 \varepsilon_0 \frac{\partial^2 \boldsymbol{B}}{\partial t^2} = \mathbf{0} \tag{4.1.5}$$

令

$$c = \frac{1}{\sqrt{\mu_0 \varepsilon_0}} \tag{4.1.6}$$

则 $\boldsymbol{E}$ 和 $\boldsymbol{B}$ 的方程可以写为

$$\nabla^2 \boldsymbol{E} - \frac{1}{c^2} \frac{\partial^2 \boldsymbol{E}}{\partial t^2} = \mathbf{0} \tag{4.1.7}$$

$$\nabla^2 \boldsymbol{B} - \frac{1}{c^2} \frac{\partial^2 \boldsymbol{B}}{\partial t^2} = \mathbf{0} \tag{4.1.8}$$

形如 (4.1.7) 和 (4.1.8) 式的方程称为波动方程, 其解包括各种形式的电磁波, c 是电磁波在真空中的传播速度. 在真空中, 一切电磁波 (包括各种频率范围的电磁波, 如无线电波、光波、X 射线和 γ 射线等) 都以速度 c 传播, c 是最基本的物理常量之一.

接下来讨论介质情形. 研究介质中的电磁波传播问题时, 必须给出 $\boldsymbol{D}$ 和 $\boldsymbol{E}$ 的关系以及 $\boldsymbol{B}$ 和 $\boldsymbol{H}$ 的关系. 当以一定角频率 ω 作正弦振荡的电磁波入射于线性介质内时, 介质内的束缚电荷受电场作用, 亦以相同频率作正弦振动. 在此频率下介质的电极化率 $\chi_{\mathrm{e}}(\omega)$ 为电极化强度 $\boldsymbol{P}$ 与 $\varepsilon_0 \boldsymbol{E}$ 之比, 由此可得到此频率下的电容率 $\varepsilon(\omega)$. 在线性介质中有关系

$$\boldsymbol{D}(\omega) = \varepsilon(\omega) \boldsymbol{E}(\omega) \tag{4.1.9}$$

同样, 有

$$\boldsymbol{B}(\omega) = \mu(\omega) \boldsymbol{H}(\omega) \tag{4.1.10}$$

由介质的微观结构可以推知, 对不同频率的电磁波, 即使是同一种介质, 它的电容率

和磁导率也是不同的, 即 ε 和 μ 是 ω 的函数 (见 §7.6)

$$\varepsilon=\varepsilon(\omega), \quad \mu=\mu(\omega) \tag{4.1.11}$$

ε 和 μ 随频率而变的现象称为介质的色散, 起源于介质的延时和能量耗散效应. 由于色散, 对一般非正弦变化的电场 $\boldsymbol{E}(t)$, 关系式 $\boldsymbol{D}(t)=\varepsilon\boldsymbol{E}(t)$ 和 $\boldsymbol{B}(t)=\mu\boldsymbol{H}(t)$ 不成立. 因此在介质内, 不能够推出 $\boldsymbol{E}$ 和 $\boldsymbol{B}$ 的一般波动方程 [即 (4.1.4) 和 (4.1.5) 式中把 $\mu_0\varepsilon_0\to\mu\varepsilon$ 的方程]. 此外, 若介质分子间的关联长度可以和电磁波波长比拟, 则 ε 和 μ 还会依赖于波长. 后面我们只讨论一定频率的电磁波在空间关联可忽略的介质中的传播.

2. 时谐电磁波

在很多实际情况下, 电磁波的激发源往往以大致确定的频率作余弦振荡, 因而辐射出的电磁波也以相同频率作余弦振荡. 例如无线电通信的载波, 激光器辐射出的光束等, 都接近于余弦波. 这种以一定频率作余弦振荡的波称为时谐电磁波 (单色波). 在一般情况下, 即使电磁波不是单色波, 它也可以用傅里叶 (Fourier) 分析 (频谱分析) 方法分解为不同频率的余弦波的叠加. 因此, 下面我们只讨论一定频率的电磁波. 设角频率为 ω, 电磁场对时间的依赖关系是 $\cos\omega t$, 或用复数形式表示为

$$\begin{aligned}\boldsymbol{E}(\boldsymbol{x},t)&=\boldsymbol{E}(\boldsymbol{x})\mathrm{e}^{-\mathrm{i}\omega t}\\ \boldsymbol{B}(\boldsymbol{x},t)&=\boldsymbol{B}(\boldsymbol{x})\mathrm{e}^{-\mathrm{i}\omega t}\end{aligned} \tag{4.1.12}$$

在上式中, 我们用同一个符号 $\boldsymbol{E}$ 表示抽出时间因子 $\mathrm{e}^{-\mathrm{i}\omega t}$ 以后的电场强度, 一般不致发生混淆.

下面我们研究时谐情形下无源区域的麦克斯韦方程组. 在一定频率下, 对线性均匀介质有 $\boldsymbol{D}=\varepsilon\boldsymbol{E}$, $\boldsymbol{B}=\mu\boldsymbol{H}$, 把 (4.1.12) 式代入 (4.1.2) 式, 消去共同因子 $\mathrm{e}^{-\mathrm{i}\omega t}$ 后得

$$\begin{aligned}\nabla\times\boldsymbol{E}&=\mathrm{i}\omega\mu\boldsymbol{H}\\ \nabla\times\boldsymbol{H}&=-\mathrm{i}\omega\varepsilon\boldsymbol{E}\\ \nabla\cdot\boldsymbol{E}&=0\\ \nabla\cdot\boldsymbol{H}&=0\end{aligned} \tag{4.1.13}$$

先注意一点, 在 $\omega\neq 0$ 的时谐电磁波情形下这组方程不是独立的. 取第一式的散度, 由于 $\nabla\cdot(\nabla\times\boldsymbol{E})=0$, 因而 $\nabla\cdot\boldsymbol{H}=0$, 即得第四式. 同样, 由第二式可导出第三式. 因此, 在一定频率下, 只有第一、第二式是独立的, 其他两式可由以上两式导出.

取第一式旋度并用第二式得

$$\nabla\times(\nabla\times\boldsymbol{E})=\omega^2\mu\varepsilon\boldsymbol{E} \tag{4.1.14}$$

由 $\nabla\times(\nabla\times\boldsymbol{E})=\nabla(\nabla\cdot\boldsymbol{E})-\nabla^2\boldsymbol{E}=-\nabla^2\boldsymbol{E}$, 上式变为

$$\nabla^2 \boldsymbol{E} + k^2 \boldsymbol{E} = \boldsymbol{0} \tag{4.1.15}$$

$$k = \omega\sqrt{\mu\varepsilon} \tag{4.1.16}$$

注意 (4.1.15) 式只有在加上条件 $\nabla \cdot \boldsymbol{E} = 0$ 以后才相当于 (4.1.14) 式, (4.1.15) 式本身的解并不保证满足 $\nabla \cdot \boldsymbol{E} = 0$. 因此, 对 (4.1.15) 式的解必须加上条件 $\nabla \cdot \boldsymbol{E} = 0$ 才代表电磁波的解.

解出 $\boldsymbol{E}$ 后, 磁场 $\boldsymbol{B}$ 可由 (4.1.13) 第一式求出

$$\boldsymbol{B} = -\frac{\mathrm{i}}{\omega}\nabla \times \boldsymbol{E} = -\frac{\mathrm{i}}{k}\sqrt{\mu\varepsilon}\nabla \times \boldsymbol{E} \tag{4.1.17}$$

(4.1.15) 式称为亥姆霍兹 (Helmholtz) 方程, 是一定频率下电磁波的基本方程, 其解 $\boldsymbol{E}(\boldsymbol{x})$ 代表电磁波场强在空间中的分布情况, 线性独立的每一种解称为一种波模. 概括起来, 在一定频率下, 无源区域的麦克斯韦方程组化为以下方程:

$$\nabla^2 \boldsymbol{E} + k^2 \boldsymbol{E} = \boldsymbol{0}$$

$$\nabla \cdot \boldsymbol{E} = 0$$

$$\boldsymbol{B} = -\frac{\mathrm{i}}{\omega}\nabla \times \boldsymbol{E}$$

亥姆霍兹方程 (4.1.15) 的每一个满足 $\nabla \cdot \boldsymbol{E} = 0$ 的解都代表一种可能存在的波模.

类似地, 也可以把无源区域的麦克斯韦方程组在一定频率下化为

$$\nabla^2 \boldsymbol{B} + k^2 \boldsymbol{B} = \boldsymbol{0}$$

$$\nabla \cdot \boldsymbol{B} = 0$$

$$\boldsymbol{E} = \frac{\mathrm{i}}{\omega\mu\varepsilon}\nabla \times \boldsymbol{B} = \frac{\mathrm{i}}{k\sqrt{\mu\varepsilon}}\nabla \times \boldsymbol{B} \tag{4.1.18}$$

3. 平面电磁波

按照激发和传播条件的不同, 电磁波的场强 $\boldsymbol{E}(\boldsymbol{x})$ 可以有各种不同形式. 例如从天线发射出的球面波, 沿传输线或波导定向传播的波, 由激光器激发的狭窄光束等, 其场强都是亥姆霍兹方程 (4.1.15) 的解. 现在我们讨论一种最基本的解, 它是平面波. 设电磁波沿 x 轴方向传播, 其场强在与 x 轴正交的平面上各点具有相同的值, 即 $\boldsymbol{E}$ 和 $\boldsymbol{B}$ 仅与 x 、t 有关, 而与 y 、z 无关. 这种电磁波称为平面电磁波, 其波阵面 (等相位点组成的面) 为与 x 轴正交的平面. 在此情形下亥姆霍兹方程化为一维的常微分方程

$$\frac{\mathrm{d}^2}{\mathrm{d}x^2}\boldsymbol{E}(\boldsymbol{x}) + k^2\boldsymbol{E}(\boldsymbol{x}) = \boldsymbol{0} \tag{4.1.19}$$

它的一个解是

$$\boldsymbol{E}(\boldsymbol{x}) = \boldsymbol{E}_0 \mathrm{e}^{\mathrm{i}kx} \tag{4.1.20}$$

由 (4.1.12) 式, 时谐平面波场强的完整表示式为

$$\boldsymbol{E}(\boldsymbol{x},t)=\boldsymbol{E}_0\mathrm{e}^{\mathrm{i}(kx-\omega t)} \tag{4.1.21}$$

由条件 $\nabla\cdot\boldsymbol{E}=0$ 得 $\mathrm{i}k\boldsymbol{e}_x\cdot\boldsymbol{E}=\boldsymbol{0}$, 即要求 $E_x=0$. 因此, 只要 $\boldsymbol{E}_0$ 与 x 轴垂直, (4.1.21) 式就代表一种可能的模式. 式中, $\mathrm{e}^{\mathrm{i}(kx-\omega t)}$ 代表波动的相位因子. $\boldsymbol{E}_0$ 是电场复振幅, 它可以写成一个实常矢量和一个常量相位因子的乘积.

以上为了运算方便采用了复数形式, 对于实际存在的场强应理解为只取上式的实数部分. 设 $t=0$ 时原点 $x=0$ 处的相位为零, 则物理电场强度为

$$\boldsymbol{E}(\boldsymbol{x},t)=\boldsymbol{E}_0\cos(kx-\omega t) \tag{4.1.22}$$

上式中 $\boldsymbol{E}_0$ 是实常矢量, 现在我们看相位因子 $\cos(kx-\omega t)$ 的意义. 在时刻 $t=0$, 相位因子是 $\cos kx, x=0$ 的平面处于波峰. 在另一时刻 t, 相因子变为 $\cos(kx-\omega t)$, 波峰移至 $kx-\omega t=0$ 处, 即移至 $x=\dfrac{\omega}{k}t$ 的平面上. 因此, (4.1.21) 式表示一个沿 x 轴方向传播的单色平面波, 在线性均匀的绝缘介质内其相速度为

$$v=\frac{\omega}{k}=\frac{1}{\sqrt{\mu\varepsilon}} \tag{4.1.23}$$

真空中电磁波的传播速度为

$$c=\frac{1}{\sqrt{\mu_0\varepsilon_0}} \tag{4.1.24}$$

因此, 线性均匀绝缘介质中单色波的相速度为

$$v=\frac{c}{\sqrt{\mu_{\mathrm{r}}\varepsilon_{\mathrm{r}}}}=\frac{c}{n} \tag{4.1.25}$$

式中 ε_{r} 和 μ_{r} 分别代表介质的相对电容率和相对磁导率, $n=\sqrt{\mu_{\mathrm{r}}\varepsilon_{\mathrm{r}}}$ 为介质的折射率. 由于它们是频率 ω 的函数, 因此在介质中不同频率的电磁波有不同的相速度和折射率, 这就是介质的色散现象.

在 (4.1.21) 式中, 我们选择了一个特殊坐标系, 它的 x 轴沿电磁波传播方向. 在一般坐标系下平面电磁波的表示式是

$$\boldsymbol{E}(\boldsymbol{x},t)=\boldsymbol{E}_0\mathrm{e}^{\mathrm{i}(\boldsymbol{k}\cdot\boldsymbol{x}-\omega t)} \tag{4.1.26}$$

式中 $\boldsymbol{k}$ 是沿电磁波传播方向的一个矢量, 其量值为 $|\boldsymbol{k}|=\omega\sqrt{\mu\varepsilon}$. 因为在 $\boldsymbol{x}=0$ 处 $t=0$ 的相位不一定等于零, 振幅矢量 $\boldsymbol{E}_0$ 一般是一个复常矢量. 当 $\boldsymbol{k}$ 的方向取为 x 轴时, 有 $\boldsymbol{k}\cdot\boldsymbol{x}=kx$, 因而 (4.1.26) 式变为 (4.1.21) 式. 由图 4–1 可以看出 (4.1.26) 式表示沿 $\boldsymbol{k}$ 方向传播的平面电磁波. 取垂直于矢量 $\boldsymbol{k}$ 的任一平面 S, 设 P 为此平面上的任一点, 位矢为 $\boldsymbol{x}$, 则 $\boldsymbol{k}\cdot\boldsymbol{x}=kx', x'$ 为 $\boldsymbol{x}$ 在矢量 $\boldsymbol{k}$ 上的投影, 在平面 S 上任意点的位矢在 $\boldsymbol{k}$ 上的投影都等于 x', 因而整个平面 S 是等相面. 因此, (4.1.26) 式表示沿矢量 $\boldsymbol{k}$ 方向传播的平面波. $\boldsymbol{k}$ 称为波矢量, 其量值 k 称为波数, 沿电磁波传播方向相距为 $\Delta x=2\pi/k$ 的两点有相位差 2π, 因此 $2\pi/k$ 是电磁波的波长 λ, 即

$$k = \frac{2\pi}{\lambda} \tag{4.1.27}$$

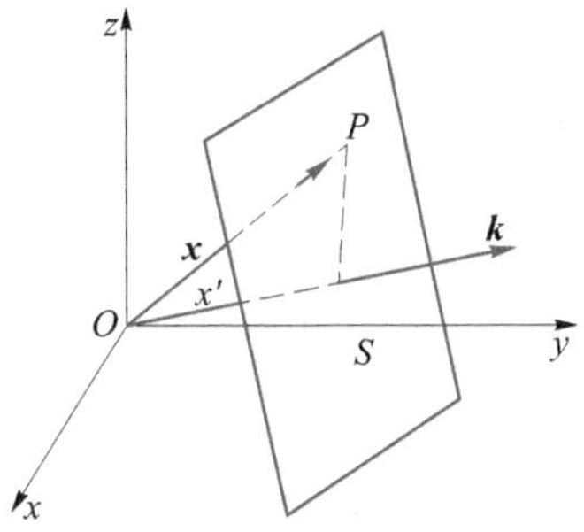

图 4-1

对 (4.1.26) 式必须加上条件 $\nabla \cdot \boldsymbol{E} = 0$ 才能得到电磁波解. 取 (4.1.26) 式的散度

$$\nabla \cdot \boldsymbol{E} = \boldsymbol{E}_0 \cdot \nabla \mathrm{e}^{\mathrm{i}(\boldsymbol{k}\cdot\boldsymbol{x}-\omega t)} = \mathrm{i}\boldsymbol{k} \cdot \boldsymbol{E}_0 \mathrm{e}^{\mathrm{i}(\boldsymbol{k}\cdot\boldsymbol{x}-\omega t)} = \mathrm{i}\boldsymbol{k} \cdot \boldsymbol{E}$$

因此

$$\boldsymbol{k} \cdot \boldsymbol{E} = 0 \tag{4.1.28}$$

上式表示电场波动是横波, $\boldsymbol{E}$ 可在垂直于 $\boldsymbol{k}$ 的任意方向上振荡. $\boldsymbol{E}$ 的取向称为电磁波的偏振方向. 可以选与 $\boldsymbol{k}$ 垂直的任意两个互相正交的方向作为 $\boldsymbol{E}$ 的两个独立偏振方向. 因此, 对每一波矢量 $\boldsymbol{k}$, 存在两个独立的偏振波.

设 $\boldsymbol{e}_1$ 和 $\boldsymbol{e}_2$ 是互相垂直且与 $\boldsymbol{k}$ 垂直的单位方向矢量, 满足 $\boldsymbol{e}_1 \times \boldsymbol{e}_2 = \boldsymbol{k}$. 选择 $\boldsymbol{e}_1$ 和 $\boldsymbol{e}_2$ 作为两个独立的偏振方向, 从而把电场复振幅写成

$$\boldsymbol{E}_0 = E_{01} e^{\mathrm{i}\phi_1} \boldsymbol{e}_1 + E_{02} e^{\mathrm{i}\phi_2} \boldsymbol{e}_2 \tag{4.1.29}$$

其中 E_{01} 和 E_{02} 分别是两个偏振方向的实振幅,ϕ_1 和 ϕ_2 是两个实常量, $\phi_0 = \phi_1 - \phi_2$ 是第 2 偏振方向相对第 1 偏振方向落后的相位. 有两种常见的偏振状态.

(1) 线偏振平面电磁波: $\phi_0 = 0$ 情形. 此时电磁波振荡方向保持在相同的方向.

(2) 圆偏振和椭圆偏振平面电磁波: $\phi_0 = \pm\dfrac{\pi}{2}$ 情形. 若 $E_{01} = E_{02}$, 每点电场矢量的端点轨迹是一个圆周. 当 $\phi_0 = \dfrac{\pi}{2}$, 想象用右手握光线, 竖起拇指指向 $\boldsymbol{k}$ 方向, 则其他手指绕转方向和电场矢量转动方向相同, 称为右旋光; 当 $\phi_0 = -\dfrac{\pi}{2}$, 电场矢量转动方向相反, 称为左旋光. 若 $E_{01} \neq E_{02}$, 电场矢量的端点轨迹是一个椭圆, 据 ϕ_0 的正负号, 椭圆对称轴也随时间左旋或者右旋.

两个偏振方向相对相位随时间和空间变化的情形也是一种很有趣的现象, 与光子轨道角动量相联系, 已观测到相关实验效应①.

平面电磁波的磁场可由 (4.1.17) 式求出. 取 (4.1.26) 式的旋度得

① L. Allen, M. W. Beijersbergen, R. J. C. Spreeuw, and J. P. Woerdman, Phys. Rev. A 45, 8185, (1992)

$$\nabla \times \boldsymbol{E} = \left[\nabla \mathrm{e}^{\mathrm{i}(\boldsymbol{k}\cdot\boldsymbol{x}-\omega t)}\right] \times \boldsymbol{E}_0 = \mathrm{i}\boldsymbol{k} \times \boldsymbol{E}$$

代入 (4.1.17) 式得

$$\boldsymbol{B} = \sqrt{\mu\varepsilon}\frac{\boldsymbol{k}}{k} \times \boldsymbol{E} = \sqrt{\mu\varepsilon}\boldsymbol{e}_k \times \boldsymbol{E} \tag{4.1.30}$$

$\boldsymbol{e}_k$ 为传播方向的单位矢量. 由上式得 $\boldsymbol{k}\cdot\boldsymbol{B} = 0$, 因此磁场波动也是横波. $\boldsymbol{E}$ 、$\boldsymbol{B}$ 和 $\boldsymbol{k}$ 是三个互相正交的矢量. $\boldsymbol{E}$ 和 $\boldsymbol{B}$ 同相, 振幅比为

$$\left|\frac{\boldsymbol{E}}{\boldsymbol{B}}\right| = \frac{1}{\sqrt{\mu\varepsilon}} = v \tag{4.1.31}$$

在真空中, 平面电磁波的电场与磁场比值为

$$\left|\frac{\boldsymbol{E}}{\boldsymbol{B}}\right| = \frac{1}{\sqrt{\mu_0\varepsilon_0}} = c \tag{4.1.32}$$

(用高斯单位制时, 此比值为 1, 即电场与磁场量值相等.)

概括平面电磁波的特性如下:

(1) 电磁波为横波, $\boldsymbol{E}$ 和 $\boldsymbol{B}$ 都与传播方向垂直;

(2) $\boldsymbol{E}$ 和 $\boldsymbol{B}$ 互相垂直, $\boldsymbol{E}\times\boldsymbol{B}$ 沿波矢 $\boldsymbol{k}$ 方向;

(3) $\boldsymbol{E}$ 和 $\boldsymbol{B}$ 同相, 振幅比为 v.

(4) 有两个独立的偏振态.

线偏振平面电磁波沿传播方向上各点的电场和磁场瞬时值如图 4–2 所示, 随着时间的推移, 整个波形沿传播方向 (如 x 轴方向) 以速度 $v = c/n$ 移动.

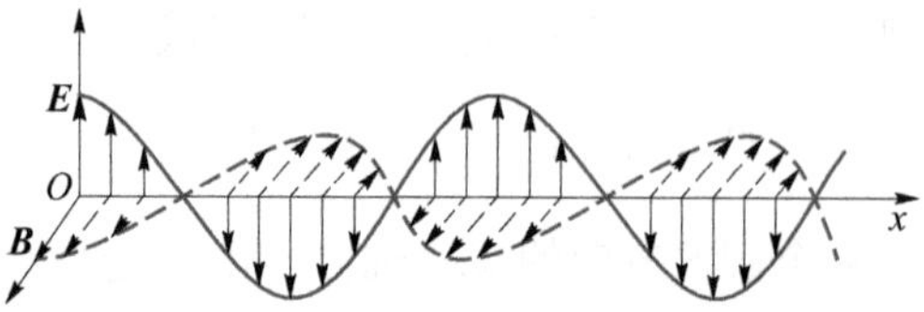

图 4–2

4. 电磁波的能量和能流

本小节除特别说明外, $\boldsymbol{E}$、$\boldsymbol{B}$ 等场量理解为物理实场, 即复形式场的实部. 由 (1.6.12) 式, 线性均匀介质中电磁场的能量密度为

$$w = \frac{1}{2}(\boldsymbol{E}\cdot\boldsymbol{D} + \boldsymbol{H}\cdot\boldsymbol{B}) = \frac{1}{2}\left(\varepsilon E^2 + \frac{1}{\mu}B^2\right)$$

在平面电磁波情形, 由 (4.1.31) 式有 $\varepsilon E^2 = \dfrac{1}{\mu}B^2$, 因此平面电滋波中电场能量和磁场能量相等, 有

$$w = \varepsilon E^2 = \frac{1}{\mu}B^2 \tag{4.1.33}$$

由于能量密度是场强的二次式, 不能把场强的复数表示直接代入, 而需要代以物理实场强. 分别取 (4.1.28) 式和 (4.1.30) 式的实部, 可知对物理实场 $\boldsymbol{E}$ 和 $\boldsymbol{B}$ 也满足

$$\boldsymbol{k}\cdot\boldsymbol{E}=0 \tag{4.1.34}$$

和

$$\boldsymbol{B}=\sqrt{\mu\varepsilon}\boldsymbol{e}_k\times\boldsymbol{E} \tag{4.1.35}$$

把 (4.1.35) 代入 (1.6.8) 式, 并注意到 (4.1.34) 式, 得平面电磁波的能流密度为

$$\boldsymbol{S}=\boldsymbol{E}\times\boldsymbol{H}=\sqrt{\frac{\varepsilon}{\mu}}\boldsymbol{E}\times(\boldsymbol{e}_k\times\boldsymbol{E})=\sqrt{\frac{\varepsilon}{\mu}}E^2\boldsymbol{e}_k \tag{4.1.36}$$

由 (4.1.33) 式得

$$\boldsymbol{S}=\frac{1}{\sqrt{\mu\varepsilon}}w\boldsymbol{e}_k=vw\boldsymbol{e}_k \tag{4.1.37}$$

v 为电磁波在介质中的相速.

用 (4.1.33) 式和 (4.1.36) 式计算 w 和 $\boldsymbol{S}$ 的瞬时值时, 应把场量的实数表示代入. 对电场具有复振幅 (4.1.29) 式的平面波,

$$\begin{aligned}w&=\varepsilon\left[E_{01}^2\cos{}^2(\boldsymbol{k}\cdot\boldsymbol{x}-\omega t+\phi_1)+E_{02}^2\cos{}^2(\boldsymbol{k}\cdot\boldsymbol{x}-\omega t+\phi_2)\right]\\&=\frac{1}{2}\varepsilon E_0^2+\frac{\varepsilon}{2}\left[E_{01}^2\cos 2(\boldsymbol{k}\cdot\boldsymbol{x}-\omega t+\phi_1)+E_{02}^2\cos 2(\boldsymbol{k}\cdot\boldsymbol{x}-\omega t+\phi_2)\right]\end{aligned} \tag{4.1.38}$$

其中 $E_0^2=E_{01}^2+E_{02}^2$.

对光波, w 和 $\boldsymbol{S}$ 都是随时间迅速振动的量, 实际上我们只需用到它们的时间平均值. 为了以后应用, 这里给出对两个同频振动函数实部乘积求平均值的一般公式. 设 $f(t)$ 和 $g(t)$ 有复数表示:

$$f(t)=f_0\mathrm{e}^{-\mathrm{i}\omega t},\quad g(t)=g_0\mathrm{e}^{-\mathrm{i}\omega t+\mathrm{i}\phi}$$

ϕ 是 $f(t)$ 和 $g(t)$ 的相位差. $\mathrm{Re}(f)\mathrm{Re}(g)$ 对一周期的平均值为

$$\begin{aligned}\overline{\mathrm{Re}(f)\mathrm{Re}(g)}&=\frac{\omega}{2\pi}\int_0^{\frac{2\pi}{\omega}}\mathrm{d}tf_0\cos(\omega t)g_0\cos(\omega t-\phi)\\&=\frac{1}{2}f_0g_0\cos\phi=\frac{1}{2}\mathrm{Re}\,(f^*g)\end{aligned} \tag{4.1.39}$$

式中 f^* 表示 f 的复共轭, Re 表示实数部分.

由此, 能量密度和能流密度的平均值为

$$\overline{w}=\frac{1}{2}\varepsilon E_0^2=\frac{1}{2\mu}B_0^2 \tag{4.1.40}$$

$$\overline{\boldsymbol{S}}=\frac{1}{2}\mathrm{Re}\,(\boldsymbol{E}^*\times\boldsymbol{H})=\frac{1}{2}\sqrt{\frac{\varepsilon}{\mu}}E_0^2\boldsymbol{e}_k \tag{4.1.41}$$

其中 $\boldsymbol{E}$ 和 $\boldsymbol{H}$ 是复场强, E_0 和 B_0 是实的物理振幅.

*5. 电磁波的光子图像

按照经典物理学, 黑体空腔内经典电磁波总能量发散. 1900 年, 普朗克 (Planck) 找到与实验相符的黑体辐射公式, 开启了量子物理. 爱因斯坦指出经典物理关于黑体辐射失效的根本原因之一是经典电磁场有无穷多自由度, 不能和黑体空腔的原子处于热平衡. 在光电效应实验现象的启示下, 爱因斯坦大胆地设想电磁波由一些类似粒子的最小能量单元构成. 他先后在 1905 年和 1915 年提出, 平面电磁波的最小单元, 即光子, 具有能量 $\hbar\omega$ 和动量 $\hbar\boldsymbol{k}$, 常量 $\hbar$ 是约化普朗克常量. 在后来发展出来的更深层次理论——量子电动力学中, 电磁场被看作一个量子矢量场, 它的量子是光子. 经典电磁波实际上是由大量光子构成的系统, 经典电磁场是光子量子场的平均场. 下面我们简略介绍光子图像.

把真空平面波的电场写成

$$\boldsymbol{E}=\boldsymbol{E}(\boldsymbol{k},t)\mathrm{e}^{\mathrm{i}\boldsymbol{k}\cdot\boldsymbol{x}} \tag{4.1.42}$$

代入电场的波动方程 (4.1.7) 式,

$$\frac{\mathrm{d}^2\boldsymbol{E}(\boldsymbol{k},t)}{\mathrm{d}t^2}+\omega^2\boldsymbol{E}(\boldsymbol{k},t)=0 \tag{4.1.43}$$

其中 $\omega=ck$. 对每一个给定的 $\boldsymbol{k}$, $\boldsymbol{E}(\boldsymbol{k},t)$ 如同一个频率为 ω 的简谐振子, 满足简谐振子振动方程. 按照量子力学, 每个简谐振子的具有特定能量的状态等同于一定数量的量子, 每个量子拥有能量 $\hbar\omega$. 对平面电磁波, 这个振子的量子就是光子. 设单位体积平均光子数为 $\overline{n}$, 平面波的能量密度便是 $\hbar\omega\overline{n}$. 与真空情形的 (4.1.40) 式比较, 得

$$\frac{1}{2}\varepsilon_0E_0^2=\frac{1}{2\mu_0}B_0^2=\hbar\omega\overline{n} \tag{4.1.44}$$

在 §5.7 将指出, 平面波的动量密度是 $\hbar\boldsymbol{k}\overline{n}$.

电磁波的偏振来自光子的螺旋度, 即光子自旋角动量在运动方向的投影, 因此本质上是光子的一个内禀量子自由度. 一般而言, 量子矢量场的自旋为 1. 但因为光子以光速运动, 所以只存在自旋角动量在运动方向上的投影, 从而自旋为 1 的光子只有两个独立的螺旋度, 分别对应左旋光和右旋光. 左旋和右旋平面波沿传播方向的自旋角度量密度分别为 $\pm\hbar\overline{n}$. 由左旋光和右旋光可以叠加出线偏振光. 光子的螺旋性可以作为量子信息的载体.

§ 4.2 电磁波在介质界面上的反射和折射

电磁波入射于介质界面时, 发生反射和折射现象. 关于反射和折射的规律包括两个方面:

(1) 入射角、反射角和折射角的关系; (2) 入射波、反射波和折射波的振幅比和相对相位.

任何波动在两种不同介质的界面上的反射和折射现象属于边值问题, 它是由波

动的基本物理量在边界上的行为确定的, 对电磁波来说, 是由 $\boldsymbol{E}$ 和 $\boldsymbol{B}$ 的边值关系确定的. 因此, 研究电磁波反射折射问题的基础是电磁场在两种不同介质界面上的边值关系. 下面我们应用电磁场边值关系来分析反射和折射的规律.

1. 反射和折射定律

(1.5.11) 式给出一般情况下电磁场的边值关系:

$$\begin{aligned}
&\boldsymbol{e}_{\mathrm{n}} \times (\boldsymbol{E}_2 - \boldsymbol{E}_1) = \boldsymbol{0} \\
&\boldsymbol{e}_{\mathrm{n}} \times (\boldsymbol{H}_2 - \boldsymbol{H}_1) = \boldsymbol{\alpha} \\
&\boldsymbol{e}_{\mathrm{n}} \cdot (\boldsymbol{D}_2 - \boldsymbol{D}_1) = \sigma \\
&\boldsymbol{e}_{\mathrm{n}} \cdot (\boldsymbol{B}_2 - \boldsymbol{B}_1) = 0
\end{aligned} \tag{4.2.1}$$

式中 σ 和 $\boldsymbol{\alpha}$ 是自由面电荷和电流的密度. 这组边值关系是麦克斯韦方程组的积分形式应用到边界上的推论. 式中 σ 和 $\boldsymbol{\alpha}$ 是自由面电荷和电流的密度. 这组边值关系是麦克斯韦方程组的积分形式应用到边界上的推论. 在一定频率情况下, 利用麦克斯韦方程组和电流连续性方程, 可以从 (4.2.1) 式的第一式导出第四式, 从第二式导出第三式. 推导如下.

对 (4.2.1) 式的第一式两边求散度, 利用附录 (A.1.21) 式, 得

$$-\boldsymbol{e}_{\mathrm{n}} \cdot (\nabla \times \boldsymbol{E}_2 - \nabla \times \boldsymbol{E}_1) = 0$$

对时谐波, $\nabla \times \boldsymbol{E} = \mathrm{i}\omega \boldsymbol{B}$, 从而上式化为 (4.2.1) 式的第四式.

电流和电荷密度的振荡频率必然和时谐波一样, 从而电流连续性方程写成

$$\nabla \cdot \boldsymbol{J} - \mathrm{i}\omega\rho = 0$$

为了简化从 (4.2.1) 式的第二式导出第三式的过程, 我们认为在界面层内两种介质的电流密度在法向分别均匀. 设界面层中第 1 和第 2 介质的厚度分别为 h_1 和 h_2, 则第 i 种介质界面层的电流密度 $\boldsymbol{J}_i = J_{i\mathrm{n}}\boldsymbol{e}_{\mathrm{n}} + \boldsymbol{\alpha}_i/h_i$ $(i = 1, 2)$. 在界面层对电流连续性方程沿法向积分得

$$J_{2\mathrm{n}} - J_{1\mathrm{n}} + \nabla \cdot (\boldsymbol{\alpha}_1 + \boldsymbol{\alpha}_2) - \mathrm{i}\omega\sigma = 0$$

因为 $\boldsymbol{\alpha}_1 + \boldsymbol{\alpha}_2 = \boldsymbol{\alpha}$, 所以

$$\nabla \cdot \boldsymbol{\alpha} = \mathrm{i}\omega\sigma - J_{2\mathrm{n}} + J_{1\mathrm{n}}$$

对 (4.2.1) 式的第二式两边求散度, 利用附录 (A.1.21) 式, 得

$$-\boldsymbol{e}_{\mathrm{n}} \cdot (\nabla \times \boldsymbol{H}_2 - \nabla \times \boldsymbol{H}_1) = \nabla \cdot \boldsymbol{\alpha} = \mathrm{i}\omega\sigma - J_{2\mathrm{n}} + J_{1\mathrm{n}}$$

对时谐波,$\nabla \times \boldsymbol{H} = \boldsymbol{J} - \mathrm{i}\omega \boldsymbol{D}$, 从而上式化为 (4.2.1) 式的第三式.

因此, 在讨论时谐电磁波时, 介质界面上的边值关系只需考虑以下两式:

$$\boldsymbol{e}_{\mathrm{n}} \times (\boldsymbol{E}_2 - \boldsymbol{E}_1) = \boldsymbol{0}$$

$$\boldsymbol{e}_{\mathrm{n}} \times (\boldsymbol{H}_2 - \boldsymbol{H}_1) = \boldsymbol{\alpha} \tag{4.2.2}$$

虽然介质中 $\boldsymbol{B}$ 是基本物理量, 但由于 $\boldsymbol{H}$ 直接和自由电流相关, 而且边界条件也由 $\boldsymbol{H}$ 表出, 所以在研究电磁波传播问题时, 往往用 $\boldsymbol{H}$ 表示磁场较为方便.

以下只考虑绝缘介质, 其中, $\sigma = 0$, $\boldsymbol{\alpha} = \boldsymbol{0}$. 设介质 1 和介质 2 的分界面为无穷大平面, 且平面电磁波从介质 1 入射于界面上, 在该处产生反射波和折射波. 设反射波和折射波也是平面波 (由下面所得结果可知此假定是正确的). 设入射波、反射波和折射波的频率相同, 电场强度分别为 $\boldsymbol{E}$、$\boldsymbol{E}'$ 和 $\boldsymbol{E}''$, 波矢量分别为 $\boldsymbol{k}$ 、$\boldsymbol{k}'$ 和 $\boldsymbol{k}''$. 它们的平面波表示式分别为

$$\begin{aligned} \boldsymbol{E} &= \boldsymbol{E}_0 \mathrm{e}^{\mathrm{i}(\boldsymbol{k}\cdot\boldsymbol{x} - \omega t)} \\ \boldsymbol{E}' &= \boldsymbol{E}'_0 \mathrm{e}^{\mathrm{i}\left(\boldsymbol{k}'\cdot\boldsymbol{x} - \omega t\right)} \\ \boldsymbol{E}'' &= \boldsymbol{E}''_0 \mathrm{e}^{\mathrm{i}\left(\boldsymbol{k}''\cdot\boldsymbol{x} - \omega t\right)} \end{aligned} \tag{4.2.3}$$

现在先求波矢量方向之间的关系. 应用边界条件 (4.2.2) 式时, 注意介质 1 中的总场强为入射波与反射波场强的叠加, 而介质 2 中只有折射波, 因此有边界条件

$$\boldsymbol{e}_{\mathrm{n}} \times \left(\boldsymbol{E} + \boldsymbol{E}'\right) = \boldsymbol{e}_{\mathrm{n}} \times \boldsymbol{E}''$$

把 (4.2.3) 式代入得

$$\boldsymbol{e}_{\mathrm{n}} \times \left(\boldsymbol{E}_0 \mathrm{e}^{\mathrm{i}\boldsymbol{k}\cdot\boldsymbol{x}} + \boldsymbol{E}'_0 \mathrm{e}^{\mathrm{i}\boldsymbol{k}'\cdot\boldsymbol{x}}\right) = \boldsymbol{e}_{\mathrm{n}} \times \boldsymbol{E}''_0 \mathrm{e}^{\mathrm{i}\boldsymbol{k}''\cdot\boldsymbol{x}}$$

此式必须对整个界面成立. 选界面为平面 $z = 0$, 则上式应对 $z = 0$ 和任意 x, y 成立. 因此三个指数因子必须在此平面上完全相等, 故有

$$\boldsymbol{k}\cdot\boldsymbol{x} = \boldsymbol{k}'\cdot\boldsymbol{x} = \boldsymbol{k}''\cdot\boldsymbol{x} \quad (z = 0)$$

由于 x 和 y 是任意的, 它们的系数应各自相等, 有

$$k_x = k'_x = k''_x, \quad k_y = k'_y = k''_y \tag{4.2.4}$$

如图 4–3 所示, 取入射波矢在 xz 平面上, 有 $k_y = 0$, 由上式 k'_y 和 k''_y 亦为零. 因此, 反射波矢和折射波矢都在同一平面上.

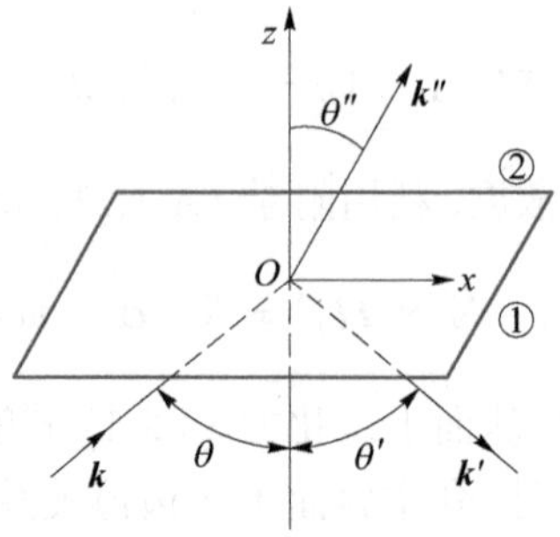

图 4–3

以 θ、θ' 和 θ'' 分别代表入射角、反射角和折射角, 有

$$k_x = k\sin\theta, \quad k'_x = k'\sin\theta'$$

$$k''_x = k''\sin\theta'' \tag{4.2.5}$$

设 v_1 和 v_2 为电磁波在两介质中的相速, 由 (4.1.23) 式有

$$k = k' = \frac{\omega}{v_1}, \quad k'' = \frac{\omega}{v_2} \tag{4.2.6}$$

把 (4.2.5) 式和 (4.2.6) 式代入 (4.2.4) 式得

$$\theta = \theta', \quad \frac{\sin\theta}{\sin\theta''} = \frac{v_1}{v_2} \tag{4.2.7}$$

这就是我们熟知的反射和折射定律. 对电磁波来说, $v = 1/\sqrt{\mu\varepsilon}$, 因此

$$\frac{\sin\theta}{\sin\theta''} = \frac{\sqrt{\mu_2\varepsilon_2}}{\sqrt{\mu_1\varepsilon_1}} = n_{21} \tag{4.2.8}$$

n_{21} 为介质 2 相对于介质 1 的折射率. 由于除铁磁质外, 一般介质都有 $\mu \approx \mu_0$, 因此通常可以认为 $\sqrt{\varepsilon_2/\varepsilon_1}$ 就是两介质的相对折射率. 频率不同时, 折射率亦不同, 这是色散现象在折射问题中的表现.

2. 振幅关系和菲涅耳公式

现在应用边值关系 (4.2.2) 式, 求入射波、反射波和折射波的振幅关系. 由于对每一波矢 $\boldsymbol{k}$ 有两个独立的偏振波, 所以需要分别讨论 $\boldsymbol{E}$ 垂直于入射面和 $\boldsymbol{E}$ 平行于入射面两种情形.

(1) $\boldsymbol{E} \perp$ 入射面 [图 4–4(a)]. 当界面上自由电流密度 $\boldsymbol{\alpha} = \boldsymbol{0}$, 边值关系 (4.2.2) 式为

$$E + E' = E'' \tag{4.2.9}$$

$$H\cos\theta - H'\cos\theta' = H''\cos\theta'' \tag{4.2.10}$$

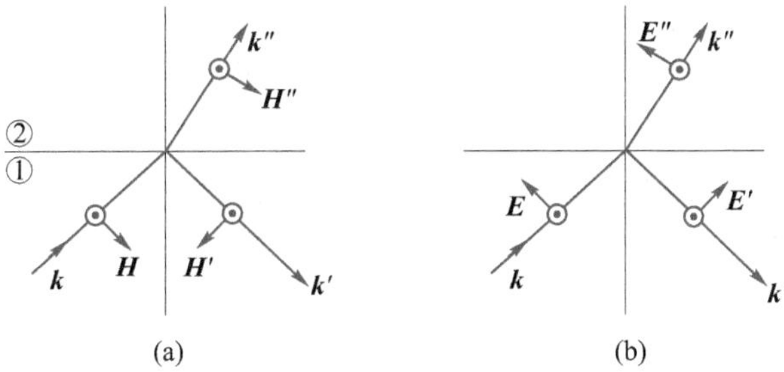

图 4–4

由 (4.1.31) 式, $H=\sqrt{\dfrac{\varepsilon}{\mu}}E$, 对于非铁磁性的一般介质, 取 $\mu=\mu_0$, (4.2.10) 式可写为

$$\sqrt{\varepsilon_1}\,(E-E')\cos\theta=\sqrt{\varepsilon_2}E''\cos\theta'' \tag{4.2.11}$$

由 (4.2.9) 式和 (4.2.11) 式, 并利用折射定律 (4.2.8) 式得

$$\begin{aligned}\frac{E'}{E}&=\frac{\sqrt{\varepsilon_1}\cos\theta-\sqrt{\varepsilon_2}\cos\theta''}{\sqrt{\varepsilon_1}\cos\theta+\sqrt{\varepsilon_2}\cos\theta''}=-\frac{\sin(\theta-\theta'')}{\sin(\theta+\theta'')}\\ \frac{E''}{E}&=\frac{2\sqrt{\varepsilon_1}\cos\theta}{\sqrt{\varepsilon_1}\cos\theta+\sqrt{\varepsilon_2}\cos\theta''}=\frac{2\cos\theta\sin\theta''}{\sin(\theta+\theta'')}\end{aligned} \tag{4.2.12}$$

(2) $\boldsymbol{E}$ // 入射面 [图 4-4(b)]. 边值关系 (4.2.2) 式为

$$E\cos\theta-E'\cos\theta=E''\cos\theta'' \tag{4.2.13}$$

$$H+H'=H'' \tag{4.2.14}$$

(4.2.14) 式可用电场表示为

$$\sqrt{\varepsilon_1}\,(E+E')=\sqrt{\varepsilon_2}E''$$

上式与 (4.2.13) 式联立, 并利用折射定律 (4.2.8) 式得

$$\begin{aligned}\frac{E'}{E}&=\frac{\tan(\theta-\theta'')}{\tan(\theta+\theta'')}\\ \frac{E''}{E}&=\frac{2\cos\theta\sin\theta''}{\sin(\theta+\theta'')\cos(\theta-\theta'')}\end{aligned} \tag{4.2.15}$$

(4.2.12) 式和 (4.2.15) 式称为菲涅耳 (Fresnel) 公式, 表示反射波、折射波与入射波场强的比值. 由这些公式可以看出, 垂直于入射面偏振的波与平行于入射面偏振的波的反射和折射行为不同. 如果入射波为自然光 (即两种偏振光的等量混合), 经过反射或折射后, 由于两个偏振分量的反射波和折射波强度不同, 因而反射波和折射波都变为部分偏振光. 在 $\theta+\theta''=90°$ 的特殊情形下, 由 (4.2.15) 式, $\boldsymbol{E}$ 平行于入射面的分量没有反射波, 因而反射光变为垂直于入射面偏振的完全偏振光. 这是光学中的布儒斯特 (Brewster) 定律, 此情形下的入射角为布儒斯特角.

菲涅耳公式同时也给出了入射波、反射波和折射波的相位关系. 在 $\boldsymbol{E}$ 垂直入射面情形中, 由 (4.2.12) 式, 因为当 $\varepsilon_2>\varepsilon_1$ 时 $\theta>\theta''$, 因此 E'/E 为负数, 即反射波电场与入射波电场反相, 此现象称为反射过程中的半波损失.

上面的推导结果与光学实验事实完全符合, 进一步验证了光的电磁理论的正确性.

3. 全反射

若 $\varepsilon_1>\varepsilon_2$, 则 $n_{21}<1$. 当电磁波从介质 1 入射时, 折射角 θ'' 大于入射角 θ. 当 $\sin\theta=n_{21}=\sqrt{\varepsilon_2/\varepsilon_1}$ 时, θ'' 变为 90°, 此时折射波沿界面掠过. 若入射角再增大, 使

$\sin\theta > n_{21}$, 这时不能定义实数的折射角, 因而将出现不同于一般反射折射的物理现象. 现在我们研究此情况下的电磁波解.

假设在 $\sin\theta > n_{21}$ 情形下两介质中的电场形式上仍然用 (4.2.3) 式表示, 边值关系 (4.2.4) 式形式上仍然成立, 即仍有

$$\begin{aligned} k''_x &= k_x = k\sin\theta \\ k'' &= k\frac{v_1}{v_2} = kn_{21} \end{aligned} \tag{4.2.16}$$

在 $\sin\theta > n_{21}$ 情形下有 $k''_x > k''$, 因而

$$k''_z = \sqrt{k''^2 - k''^2_x} = \mathrm{i}k\sqrt{\sin^2\theta - n_{21}^2}$$

变为虚数. 令

$$k''_z = \mathrm{i}\kappa, \quad \kappa = k\sqrt{\sin^2\theta - n_{21}^2} \tag{4.2.17}$$

则折射波电场表示式变为

$$\boldsymbol{E}'' = \boldsymbol{E}''_0 \mathrm{e}^{-\kappa z}\mathrm{e}^{\mathrm{i}\left(k''_x x - \omega t\right)} \tag{4.2.18}$$

(4.2.18) 式仍然是亥姆霍兹方程的解, 因此代表在介质 2 中传播的一种可能波模. 在上一节中我们不考虑这种波, 是因为当 $z \to -\infty$ 时 $\boldsymbol{E}'' \to \infty$, 因而 (4.2.18) 式所表示的波不能在全空间中存在. 但是这里所研究的折射波只存在于 $z > 0$ 的半空间中, 因此 (4.2.18) 式是一种可能的解.

(4.2.18) 式是沿 x 轴方向传播的电磁波, 它的场强沿 z 轴方向指数衰减. 因此, 这种电磁波是存在于界面附近一薄层内的表面波, 该层厚度 $\sim \kappa^{-1}$. 由 (4.2.17) 式有

$$\kappa^{-1} = \frac{1}{k\sqrt{\sin^2\theta - n_{21}^2}} = \frac{\lambda_1}{2\pi\sqrt{\sin^2\theta - n_{21}^2}} \tag{4.2.19}$$

λ_1 为介质 1 中的波长. 一般来说, 透入第二介质中的薄层厚度与波长同数量级.

折射波磁场强度由 (4.1.30) 式求出. 考虑 $\boldsymbol{E}''$ 垂直入射面情况 $\left(E'' = E''_y\right)$, 有

$$\begin{aligned} H''_z &= \sqrt{\frac{\varepsilon_2}{\mu_2}}\frac{k''_x}{k''}E''_y = \sqrt{\frac{\varepsilon_2}{\mu_2}}\frac{\sin\theta}{n_{21}}E'' \\ H''_x &= -\sqrt{\frac{\varepsilon_2}{\mu_2}}\frac{k''_z}{k''}E''_y = -\mathrm{i}\sqrt{\frac{\varepsilon_2}{\mu_2}}\sqrt{\frac{\sin^2\theta}{n_{21}^2} - 1}E'' \end{aligned} \tag{4.2.20}$$

H''_z 与 E'' 同相, 但 $H''{}_x$ 与 E'' 有 90° 相位差 $\left(-\mathrm{i} = \mathrm{e}^{-\mathrm{i}\frac{\pi}{2}}\right)$.

折射波平均能流密度由 (4.1.41) 式算出

$$\begin{aligned} \overline{S''_x} &= \frac{1}{2}\mathrm{Re}\left(E''^*_y H''_z\right) = \frac{1}{2}\sqrt{\frac{\varepsilon_2}{\mu_2}}\left|E''_0\right|^2 \mathrm{e}^{-2kz}\frac{\sin\theta}{n_{21}} \\ \overline{S''_z} &= -\frac{1}{2}\mathrm{Re}\left(E''^*_y H''_x\right) = 0 \end{aligned} \tag{4.2.21}$$

由此, 折射波平均能流密度只有 x 分量, 沿 z 轴方向透入第二介质的平均能流密度为零.

本节推出的有关反射和折射的公式在 $\sin\theta > n_{21}$ 情形下形式上仍然成立. 只要作对应

$$\sin\theta'' \to \frac{k''_x}{k''} = \frac{\sin\theta}{n_{21}}$$

$$\cos\theta'' \to \frac{k''_z}{k''} = \mathrm{i}\sqrt{\frac{\sin^2\theta}{n_{21}^2} - 1} \tag{4.2.22}$$

则由 (4.2.12) 和 (4.2.15) 式可以求出反射波和折射波的振幅和相位. 例如在 $\boldsymbol{E}$ 垂直入射面情形, 由 (4.2.12) 式得

$$\frac{E'}{E} = \frac{\cos\theta - \mathrm{i}\sqrt{\sin^2\theta - n_{21}^2}}{\cos\theta + \mathrm{i}\sqrt{\sin^2\theta - n_{21}^2}} = \mathrm{e}^{-2\mathrm{i}\phi} \tag{4.2.23}$$

$$\tan\phi = \frac{\sqrt{\sin^2\theta - n_{21}^2}}{\cos\theta}$$

此式表示反射波与入射波具有相同振幅, 但有一定的相位差. 反射波平均能流密度数值上和入射波平均能流密度相等, 因此电磁能量被全部反射出去. 此现象称为全反射. 光波在光纤中的传播, 就利用了全反射现象.

由 (4.2.23) 式, $\boldsymbol{E}'$ 和 $\boldsymbol{E}$ 振幅相等, 但相位不同, 因此反射波与入射波的瞬时能流值是不同的. (4.2.21) 式所表示的也只是 S''_z 的平均值为零, 其瞬时值不为零. 由此可见, 在全反射过程中第二介质是起作用的. 在半周内, 电磁能量透入第二介质, 在界面附近薄层内储存起来, 在另一半周内, 该能量释放出来变为反射波能量.

§ 4.3 有导体存在时电磁波的传播

第一节讨论了真空和绝缘介质中电磁波的传播问题. 在真空和理想绝缘介质内部, 没有能量损耗, 电磁波可以无衰减地传播.

现在我们研究导体中的电磁波. 导体内有自由电子, 在电磁波电场作用下, 自由电子运动形成传导电流, 由电流产生的焦耳热使电磁波能量不断损耗. 因此, 在导体内部的电磁波是一种衰减波. 在传播过程中, 电磁能量转化为热量.

导体内电磁波的传播过程是交变电磁场与自由电子运动互相制约的过程, 这种相互作用决定导体内电磁波的存在形式. 因此下面我们先研究导体内自由电荷分布的特点, 然后在有传导电流分布的情形下解麦克斯韦方程组, 分析导体内的电磁波以及在导体表面上电磁波的反射和折射问题.

1. 导体内的自由电荷分布

在静电情形, 我们知道导体内部不带电, 自由电荷只能分布于导体表面上. 在迅变场中是否仍然保持此特性呢?

设导体内部某区域内有自由电荷分布, 其密度为 ρ. 此电荷分布激发电场 $\boldsymbol{E}$, 微分方程为

$$\varepsilon\nabla\cdot\boldsymbol{E}=\rho \tag{4.3.1}$$

在电场 $\boldsymbol{E}$ 作用下, 导体内引起传导电流 $\boldsymbol{J}$. 由欧姆定律可知

$$\boldsymbol{J}=\sigma\boldsymbol{E} \tag{4.3.2}$$

式中 σ 为电导率. 代入 (4.3.1) 式得

$$\nabla\cdot\boldsymbol{J}=\frac{\sigma}{\varepsilon}\rho \tag{4.3.3}$$

上式表示当导体内某处有电荷密度 ρ 出现时, 就有电流从该处向外流出. 从物理上看这是很明显的. 因为假如某区域内有净电荷积聚的话, 电荷之间相互排斥, 必然引起向外发散的电流. 由于电荷外流, 每一体元内的电荷密度减小. ρ 的变化率由电荷守恒定律确定

$$\frac{\partial\rho}{\partial t}=-\nabla\cdot\boldsymbol{J}=-\frac{\sigma}{\varepsilon}\rho \tag{4.3.4}$$

解此方程得

$$\rho(t)=\rho_0\mathrm{e}^{-\frac{\sigma}{\varepsilon}t}$$

式中 ρ_0 为 $t=0$ 时的电荷密度. 由上式, 电荷密度随时间指数衰减, 衰减的特征时间 τ(ρ 值减小到 ρ_0/e 的时间) 为

$$\tau=\frac{\varepsilon}{\sigma} \tag{4.3.5}$$

因此, 只要电磁波的频率满足 $\omega\ll\tau^{-1}=\sigma/\varepsilon$, 或

$$\frac{\sigma}{\varepsilon\omega}\gg 1 \tag{4.3.6}$$

就可以认为 $\rho(t)=0$. (4.3.6) 式可以看作良导体条件. 对于一般金属导体, τ 的数量级为 10^{-17} s. 只要电磁波频率不太高, 一般金属导体都可以看作良导体. 良导体内部没有净的自由电荷积聚, 电荷只能分布于导体表面上.

2. 导体内的电磁波

导体内部 $\rho=0, \boldsymbol{J}=\sigma\boldsymbol{E}$, 麦克斯韦方程组为

$$\begin{aligned}\nabla\times\boldsymbol{E}&=-\frac{\partial\boldsymbol{B}}{\partial t}\\ \nabla\times\boldsymbol{H}&=\frac{\partial\boldsymbol{D}}{\partial t}+\boldsymbol{J}\\ \nabla\cdot\boldsymbol{D}&=0\\ \nabla\cdot\boldsymbol{B}&=0\end{aligned} \tag{4.3.7}$$

对具有一定频率 ω 的电磁波, 可令 $\boldsymbol{D}=\varepsilon\boldsymbol{E}, \boldsymbol{B}=\mu\boldsymbol{H}$, 则有

$$
\begin{aligned}
\nabla \times \boldsymbol{E} &= \mathrm{i}\omega\mu\boldsymbol{H} \\
\nabla \times \boldsymbol{H} &= -\mathrm{i}\omega\varepsilon\boldsymbol{E} + \sigma\boldsymbol{E} \\
\nabla \cdot \boldsymbol{E} &= 0 \\
\nabla \cdot \boldsymbol{H} &= 0
\end{aligned} \tag{4.3.8}
$$

把这组方程和绝缘介质的方程组 (4.1.13) 式比较, 差别仅在于第二式右边多了一项 $\sigma\boldsymbol{E}$, 此项是由传导电流引起的. 如果形式上引入导体的"复电容率":

$$\varepsilon' = \varepsilon + \mathrm{i}\frac{\sigma}{\omega} \tag{4.3.9}$$

则 (4.3.8) 式的第二式可写为

$$\nabla \times \boldsymbol{H} = -\mathrm{i}\omega\varepsilon'\boldsymbol{E} \tag{4.3.10}$$

与绝缘介质中的相应方程形式上完全一致. 因此只要把绝缘介质中电磁波解所含的 ε 换作 ε', 即得导体内的电磁波解.

我们先讨论复电容率的物理意义. 在 (4.3.8) 式的第二式中, 右边两项分别代表位移电流和传导电流. 传导电流与电场同相, 它的耗散功率密度为 $\frac{1}{2}\mathrm{Re}\,(\boldsymbol{J}^* \cdot \boldsymbol{E}) = \frac{1}{2}\sigma E_0^2$. 位移电流与电场有 90° 相位差, 它不消耗功率. 相应地, 在 (4.3.9) 式所定义的复电容率中, 实数部分 ε 代表位移电流的贡献, 它不引起电磁波功率的耗散, 而虚数部分是传导电流的贡献, 它引起能量耗散①.

在一定频率下, 对应于绝缘介质内的亥姆霍兹方程 (4.1.15) 式, 在导体内部有方程

$$\nabla^2\boldsymbol{E} + k^2\boldsymbol{E} = \boldsymbol{0} \tag{4.3.11}$$

$$k = \omega\sqrt{\mu\varepsilon'} \tag{4.3.12}$$

(4.3.11) 式的解只有满足条件 $\nabla \cdot \boldsymbol{E} = 0$ 时, 才代表导体中可能存在的电磁波. 解出 $\boldsymbol{E}$ 后, 磁场 $\boldsymbol{H}$ 可由 (4.3.8) 式的第一式求出.

方程 (4.3.11) 形式上也有平面波解:

$$\boldsymbol{E}(\boldsymbol{x}) = \boldsymbol{E}_0\mathrm{e}^{\mathrm{i}\boldsymbol{k}\cdot\boldsymbol{x}} \tag{4.3.13}$$

但由 (4.3.12) 式, k 为复数, 因此 $\boldsymbol{k}$ 是一个复矢量, 即它的分量一般为复数. 设

$$\boldsymbol{k} = \boldsymbol{\beta} + \mathrm{i}\boldsymbol{\alpha} \tag{4.3.14}$$

导体中电磁波的表示式为

$$\boldsymbol{E}(\boldsymbol{x},t) = \boldsymbol{E}_0\mathrm{e}^{-\boldsymbol{\alpha}\cdot\boldsymbol{x}}\mathrm{e}^{\mathrm{i}(\boldsymbol{\beta}\cdot\boldsymbol{x}-\omega t)} \tag{4.3.15}$$

由此式可见, 波矢量 $\boldsymbol{k}$ 的实部 $\boldsymbol{\beta}$ 描述波的传播的相位关系, 虚部 $\boldsymbol{\alpha}$ 描述波幅的衰减.

① 在实际绝缘介质中, 由于存在介质能量耗散, 所以介质的电容率 ε 也常是一个复数, ε 的虚数部分和能量耗散有关 [(7.6.29) 式].

$\boldsymbol{\beta}$ 称为相位常量, $\boldsymbol{\alpha}$ 称为衰减常量.

由 (4.3.12) 式, 矢量 $\boldsymbol{\alpha}$ 和 $\boldsymbol{\beta}$ 应满足一定关系. 把 (4.3.14) 式和 (4.3.9) 式代入 (4.3.12) 式得

$$k^2 = \beta^2 - \alpha^2 + 2\mathrm{i}\boldsymbol{\alpha} \cdot \boldsymbol{\beta} = \omega^2 \mu \left(\varepsilon + \mathrm{i}\frac{\sigma}{\omega} \right) \tag{4.3.16}$$

比较式中的实部和虚部得

$$\begin{aligned} \beta^2 - \alpha^2 &= \omega^2 \mu \varepsilon \\ \boldsymbol{\alpha} \cdot \boldsymbol{\beta} &= \frac{1}{2} \omega \mu \sigma \end{aligned} \tag{4.3.17}$$

矢量 $\boldsymbol{\alpha}$ 和 $\boldsymbol{\beta}$ 的方向不常一致. 由边值关系和 (4.3.17) 式可以解出矢量 $\boldsymbol{\alpha}$ 和 $\boldsymbol{\beta}$. 例如当电磁波从空间入射到导体表面时, 以 $\boldsymbol{k}^{(0)}$ 表示空间中的波矢, $\boldsymbol{k}$ 表示导体内的波矢. 设入射面为 xz 面, z 轴为指向导体内部的法线. 由边值关系 (4.2.4) 式有

$$k_x^{(0)} = k_x = \beta_x + \mathrm{i}\alpha_x \tag{4.3.18}$$

空间中波矢 $\boldsymbol{k}^{(0)}$ 为实数, 因此由上式得 $\alpha_x = 0, \beta_x = k_x$, 即矢量 $\boldsymbol{\alpha}$ 垂直于金属表面, 但矢量 $\boldsymbol{\beta}$ 有 x 分量. 由上式及 (4.3.17) 式就可以解出 α_z 和 β_z, 因而确定矢量 $\boldsymbol{\alpha}$ 和 $\boldsymbol{\beta}$.

3. 趋肤效应和穿透深度

由于存在衰减因子, 电磁波只能透入导体表面薄层内. 因此, 有导体存在时的电磁波传播问题一般是作为边值问题考虑的. 电磁波主要是在导体以外的空间或介质中传播, 在导体表面上, 电磁波与导体中的自由电荷相互作用, 引起导体表层上出现电流. 此电流的存在使电磁波向空间反射, 一部分电磁能量透入导体内, 形成导体表面薄层内的电磁波, 最后通过传导电流把这部分能量耗散为焦耳热.

为简单起见, 我们只考虑垂直入射情形. 设导体表面为 xy 平面, z 轴指向导体内部. 在此情形下由 (4.3.18) 式, $\alpha_x = \beta_x = 0, \boldsymbol{\alpha}$ 和 $\boldsymbol{\beta}$ 都沿 z 轴方向, (4.3.15) 式变为

$$\boldsymbol{E} = \boldsymbol{E}_0 \mathrm{e}^{-\alpha z} \mathrm{e}^{\mathrm{i}(\beta z - \omega t)} \tag{4.3.19}$$

由 (4.3.17) 式可解出 α 和 β, 结果是

$$\begin{aligned} \beta &= \omega\sqrt{\mu\varepsilon} \left[\frac{1}{2} \left(\sqrt{1 + \frac{\sigma^2}{\varepsilon^2\omega^2}} + 1 \right) \right]^{\frac{1}{2}} \\ \alpha &= \omega\sqrt{\mu\varepsilon} \left[\frac{1}{2} \left(\sqrt{1 + \frac{\sigma^2}{\varepsilon^2\omega^2}} - 1 \right) \right]^{\frac{1}{2}} \end{aligned} \tag{4.3.20}$$

对于良导体情形, 这些公式还可以简化. 由 (4.3.16) 式, k^2 的虚部与实部之比为 $\sigma/\varepsilon\omega$, 在良导体情形此值 $\gg 1$, 因而 k^2 的实部可以忽略

$$k^2 \approx \mathrm{i}\omega\mu\sigma$$

$$k \approx \sqrt{\mathrm{i}\omega\mu\sigma} \approx \beta + \mathrm{i}\alpha$$

由此得

$$\alpha \approx \beta \approx \sqrt{\frac{\omega\mu\sigma}{2}} \tag{4.3.21}$$

波幅降至导体表面原值 1/e 的传播距离称为穿透深度 δ. 由上式及 (4.3.19) 式, 有

$$\delta = \frac{1}{\alpha} = \sqrt{\frac{2}{\omega\mu\sigma}} \tag{4.3.22}$$

穿透深度与电导率及频率的平方根成反比. 例如对于铜来说, $\sigma \sim 5\times10^{7}\ \mathrm{S\cdot m^{-1}}$, 当频率为 50 Hz 时, $\delta \sim 0.9$ cm; 当频率为 100 MHz 时, $\delta \sim 0.7\times10^{-3}$ cm. 由此可见, 对于高频电磁波, 电磁场以及和它相互作用的高频电流仅集中于表面很薄一层内, 这种现象称为趋肤效应.

由 (4.3.8) 式的第一式可求出磁场与电场的关系:

$$\boldsymbol{H} = \frac{1}{\omega\mu}\boldsymbol{k}\times\boldsymbol{E} = \frac{1}{\omega\mu}(\beta+\mathrm{i}\alpha)\boldsymbol{e}_\mathrm{n}\times\boldsymbol{E} \tag{4.3.23}$$

式中 $\boldsymbol{e}_\mathrm{n}$ 为指向导体内部的法线. 在良导体情形下, 由 (4.3.21) 式有

$$\boldsymbol{H} \approx \sqrt{\frac{\sigma}{\omega\mu}}\mathrm{e}^{\mathrm{i}\frac{\pi}{4}}\boldsymbol{e}_\mathrm{n}\times\boldsymbol{E} \tag{4.3.24}$$

由上式, 磁场相位比电场相位滞后 45°, 而且

$$\sqrt{\frac{\mu}{\varepsilon}}\left|\frac{\boldsymbol{H}}{\boldsymbol{E}}\right| = \sqrt{\frac{\sigma}{\omega\varepsilon}} \gg 1 \tag{4.3.25}$$

而在真空或绝缘介质情形下, 此比值为 1 [见 (4.1.31) 式]. 因此, 在金属导体中, 相对于真空或绝缘介质来说, 磁场远比电场重要, 金属内电磁波的能量主要是磁场能量.

4. 导体表面上的反射

采用复电容率后, 导体和绝缘介质情形一样, 应用无表面电流的边值关系可以分析导体表面上电磁波的反射和折射问题. 在一般入射角下, 由于导体内电磁波的特点使计算比较复杂. 垂直入射情形计算较为简单, 而且已经可以显示出导体反射的特点. 因此这里只讨论垂直入射情形.

设电磁波由真空入射于导体表面, 在界面上产生反射波和透入导体内的折射波. 如图 4-4(a) 所示, 应用到垂直入射情形, 电磁场边值关系为

$$E + E' = E''; \quad H - H' = H'' \tag{4.3.26}$$

其中 E、E' 和 E'' 分别代表表面上的入射波、反射波和折射波的场强切向分量. 在良导体情形, 由 (4.3.23) 式和 (4.1.30) 式, 可以把 (4.3.26) 式中第二式用电场表出 (设 $\mu\approx\mu_0$) :

$$E - E' = \sqrt{\frac{\sigma}{2\omega\varepsilon_0}}(1+\mathrm{i})E''$$

此式与 (4.3.26) 式的第一式联立解出

$$\frac{E'}{E}=-\frac{1+\mathrm{i}-\sqrt{\dfrac{2\omega\varepsilon_0}{\sigma}}}{1+\mathrm{i}+\sqrt{\dfrac{2\omega\varepsilon_0}{\sigma}}} \tag{4.3.27}$$

反射系数 R 定义为反射能流与入射能流之比. 由上式得

$$R=\left|\frac{E'}{E}\right|^2=\frac{\left(1-\sqrt{\dfrac{2\omega\varepsilon_0}{\sigma}}\right)^2+1}{\left(1+\sqrt{\dfrac{2\omega\varepsilon_0}{\sigma}}\right)^2+1}\approx 1-2\sqrt{\frac{2\omega\varepsilon_0}{\sigma}} \tag{4.3.28}$$

由上式可见, 电导率越高, 则反射系数越接近于 1. 测量结果证实了上式的正确性. 例如对于波长为 1.2×10^{-5} m 的红外线, 测得铜在垂直入射时的反射系数为 $R=1-0.016$, 与 (4.3.28) 式相符. 对于波长较长的微波或无线电波, 反射系数更加接近于 1 , 只有很小部分电磁能量透入导体内部而被吸收, 绝大部分能量被反射出去. 因此, 在微波或无线电波情形下, 往往可以把金属近似地看作理想导体, 其反射系数接近于 1.

例 4.1

证明在良导体内, 非垂直入射情形有

$$\alpha_z\approx\beta_z\approx\sqrt{\frac{\omega\mu\sigma}{2}},\quad \beta_x\ll\beta_z$$

解: 设空间中入射波矢为 $\boldsymbol{k}^{(0)}=(k_x^{(0)},0,k_z^{(0)})$, 由边值关系 (4.3.18) 式得

$$\alpha_x=0,\quad \beta_x=k_x^{(0)};\quad \alpha_y=0,\quad \beta_y=0 \tag{4.3.29}$$

由 (4.3.16) 式, 良导体内波数平方为

$$k^2\approx \mathrm{i}\omega\mu\sigma=\beta^2-\alpha^2+2\mathrm{i}\boldsymbol{\alpha}\cdot\boldsymbol{\beta}$$

因而

$$\beta^2-\alpha^2\approx 0 \tag{4.3.30}$$

$$\boldsymbol{\alpha}\cdot\boldsymbol{\beta}=\alpha_z\beta_z=\frac{1}{2}\omega\mu\sigma=\frac{1}{2}\omega^2\mu_0\varepsilon_0\frac{\sigma}{\omega\varepsilon_0}\gg\frac{1}{2}k^{(0)2} \tag{4.3.31}$$

($\mu\approx\mu_0,\varepsilon$ 与 ε_0 同级). 由 (4.3.29) 式和上式得

$$\alpha_z\beta_z\gg\beta_x^2$$

略去 β_x^2, 解 (4.3.30) 式和 (4.3.31) 式得

$$\alpha_z\approx\beta_z\approx\sqrt{\frac{\omega\mu\sigma}{2}},\quad \beta_x\ll\beta_z \tag{4.3.32}$$

因此, 在任意入射角情形下, $\boldsymbol{\alpha}$ 垂直于表面, $\boldsymbol{\beta}$ 亦接近法线方向. 穿透深度 δ 仍由 (4.3.22) 式给出.

例 4.2

计算高频下良导体的表面电阻.

解: 由于趋肤效应, 高频下仅在导体表面薄层内有电流通过. 取 z 轴沿指向导体内部的法线方向. 导体内电流体密度为

$$\boldsymbol{J}(\boldsymbol{x},t)=\sigma\boldsymbol{E}(\boldsymbol{x},t)=\sigma\boldsymbol{E}_0(x,y)\mathrm{e}^{-\alpha z+\mathrm{i}\beta z-\mathrm{i}\omega t} \tag{4.3.33}$$

此电流分布于表面附近厚度 $\sim\alpha^{-1}$ 的薄层内. 我们可以把此薄层内的电流看作面电流分布. 面电流的线密度 $\boldsymbol{\alpha}_\mathrm{f}$ 定义为通过单位横截线的电流, 即等于在薄层内把 $\boldsymbol{J}$ 对 z 积分. 由于深入到导体内部 $(z\gg\delta)$ 时, $\boldsymbol{J}$ 的数值已很小, 所以也可以把此积分写为由 $z=0$ 到 $z=\infty$ 积分

$$\boldsymbol{\alpha}_\mathrm{f}=\int_0^\infty \boldsymbol{J}\mathrm{d}z \tag{4.3.34}$$

把 (4.3.33) 式代入得

$$\begin{aligned}\boldsymbol{\alpha}_\mathrm{f}&=\sigma\boldsymbol{E}_0\int_0^\infty \mathrm{e}^{-\alpha z+\mathrm{i}\beta z}\ \mathrm{d}z\\&=\frac{\sigma\boldsymbol{E}_0}{\alpha-\mathrm{i}\beta}=\frac{\sigma\boldsymbol{E}_0}{\sqrt{\alpha^2+\beta^2}}\mathrm{e}^{\mathrm{i}\phi}\quad\left(\tan\phi=\frac{\beta}{\alpha}\right)\end{aligned} \tag{4.3.35}$$

其中 $\boldsymbol{E}_0$ 为表面上的电场值.

导体内平均损耗功率密度为

$$\frac{1}{2}\mathrm{Re}\,(\boldsymbol{J}^*\cdot\boldsymbol{E})=\frac{1}{2}\sigma E_0^2\mathrm{e}^{-2\alpha z}$$

导体表面单位面积平均损耗功率为

$$P_L=\frac{1}{2}\sigma E_0^2\int_0^\infty \mathrm{e}^{-2\alpha z}\ \mathrm{d}z=\frac{\sigma E_0^2}{4\alpha} \tag{4.3.36}$$

由 (4.3.35) 式和 (4.3.36) 式得

$$P_L=\frac{\alpha^2+\beta^2}{4\alpha\sigma}\alpha_{\mathrm{f0}}^2$$

式中 α_{f0} 为电流面密度的峰值. 把 $\alpha\approx\beta\approx\dfrac{1}{\delta}$ 代入得

$$P_L=\frac{1}{2\sigma\delta}\alpha_{\mathrm{f0}}^2 \tag{4.3.37}$$

由此式可见, 导体在高频下的电阻相当于厚度为 δ 的薄层的直流电阻, 见图 4-5.

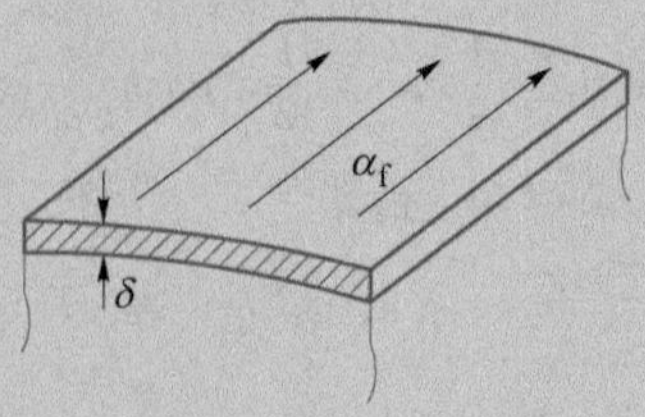

图 4-5

§ 4.4 谐振腔

1. 有界空间中的电磁波

第一节我们研究了无界空间中的电磁波. 在无界空间中, 电磁波最基本的存在形式为平面电磁波, 此种波的电场和磁场都作横向振荡. 这种类型的波称为横电磁 (TEM) 波.

上节中我们讨论了电磁波与导体的相互作用. 由上节结果可知, 电磁波主要是在导体以外的空间或绝缘介质内传播的, 只有很小部分电磁能量透入导体表层内. 在理想导体 (电导率 $\sigma \to \infty$) 极限情形下, 电磁波全部被导体反射, 进入导体的穿透深度趋于零. 因此, 导体表面自然构成电磁波存在的边界. 此种有界空间中传播的电磁波有本身的特点, 而且在无线电技术中有广泛应用. 例如在微波技术中, 常用波导来传输电磁能量. 波导是中空的金属管, 电磁波在波导管内空间中传播, 而金属管壁作为电磁场存在的边界制约着管内电磁波的存在形式. 又如在高频技术中常用谐振腔来产生一定频率的电磁振荡. 谐振腔是中空的金属腔, 电磁波在腔内以某些特定频率振荡. 此类有界空间中的电磁波传播问题属于边值问题, 在这类问题中导体表面边界条件起着重要作用. 因此下面先对导体界面边界条件作一般讨论.

2. 理想导体边界条件

实际导体虽然不是理想导体, 但是像银或铜等金属导体, 对无线电波来说, 透入其内而损耗的电磁能量一般很小, 接近于理想导体. 因此, 分析实际问题时, 在第一级近似下, 可以先把金属看作理想导体, 把问题解出来, 然后在第二级近似下, 再考虑有限电导率引起的损耗.

在 §4.2 节中我们阐明在一定频率的电磁波情形下, 两不同介质 (包括导体) 界面上的边值关系可以归结为

$$\boldsymbol{e}_{\mathrm{n}} \times (\boldsymbol{E}_2 - \boldsymbol{E}_1) = \boldsymbol{0} \tag{4.4.1}$$

$$\boldsymbol{e}_{\mathrm{n}} \times (\boldsymbol{H}_2 - \boldsymbol{H}_1) = \boldsymbol{\alpha} \tag{4.4.2}$$

式中 $\boldsymbol{e}_{\mathrm{n}}$ 为由介质 1 指向介质 2 的法向单位矢量. 此两个关系满足后, 另外两个关于法向分量的关系

$$\boldsymbol{e}_{\mathrm{n}} \cdot (\boldsymbol{D}_2 - \boldsymbol{D}_1) = \sigma \tag{4.4.3}$$

$$\boldsymbol{e}_{\mathrm{n}} \cdot (\boldsymbol{B}_2 - \boldsymbol{B}_1) = 0 \tag{4.4.4}$$

自然能够满足.

下面讨论导体表面边界条件. 取下角标 1 代表理想导体, 下角标 2 代表真空或绝缘介质. 取法线由导体指向介质中. 在理想导体情况下, 导体内部没有电磁场 (对实际导体来说, 应为导体内部足够深处, 例如离表面几个穿透深度处, 该处实际上已没有电磁场), 因此, $\boldsymbol{E}_1 = \boldsymbol{H}_1 = \boldsymbol{0}$. 略去下角标 2, 以 $\boldsymbol{E}$ 和 $\boldsymbol{H}$ 表示介质一侧处的场

强, 有边界条件

$$\boldsymbol{e}_{\rm n} \times \boldsymbol{E} = \boldsymbol{0} \tag{4.4.5}$$

$$\boldsymbol{e}_{\rm n} \times \boldsymbol{H} = \boldsymbol{\alpha} \tag{4.4.6}$$

此两条件满足后, 另两条件

$$\boldsymbol{e}_{\rm n} \cdot \boldsymbol{D} = \sigma \tag{4.4.7}$$

$$\boldsymbol{e}_{\rm n} \cdot \boldsymbol{B} = 0 \tag{4.4.8}$$

自然满足. 因此, 解导体边值问题时, 只需加上条件 (4.4.5) 式和 (4.4.6) 式. 条件 (4.4.6) 式反映介质中电磁波的磁场强度与导体表面上高频电流的相互关系. 解出介质中电磁波后, 由此式可得导体表面电流分布形式. 因此, 真正制约着电磁波存在形式的是 (4.4.5) 式. 亥姆霍兹方程的解加上条件 $\nabla \cdot \boldsymbol{E} = 0$, 再加上边界条件 (4.4.5) 式和 (4.4.6) 式后, 就得到该边值问题的解, 即该问题中可能存在的电磁波模以及导体表面电流.

理想导体界面边界条件可以形象地表述为, 在导体表面上, 电场线与界面正交, 磁感应线与界面相切. 我们可以应用这个规律来分析边值问题中的电磁波图像.

实际求解时, 先看方程 $\nabla \cdot \boldsymbol{E} = 0$ 对边界电场的限制往往是方便的. 在边界面上, 若取 x、y 轴在切面上, z 轴沿法线方向, 由于该处 $E_x = E_y = 0$, 因此方程 $\nabla \cdot \boldsymbol{E} = 0$ 在靠近边界上为 $\dfrac{\partial E_z}{\partial z} = 0$, 即

$$\frac{\partial E_{\rm n}}{\partial n} = 0 \tag{4.4.9}$$

例 4.3

证明两平行无穷大导体平面之间可以传播一种偏振的 TEM 电磁波.

解: 如图 4-6 所示, 设两导体板与 y 轴垂直. 边界条件为在两导体平面上,

$$E_x = E_z = 0, \quad H_y = 0$$

若沿 z 轴传播的平面电磁波的电场沿 y 轴方向偏振, 则此平面波满足导体板上的边界条件, 因此可以在导体板之间传播. 另一种偏振的平面电磁波 ($\boldsymbol{E}$ 与导体面相切) 不满足边界条件, 因而不能在导体面间存在. 所以在两导体板之间只能传播一种偏振的 TEM 平面波.

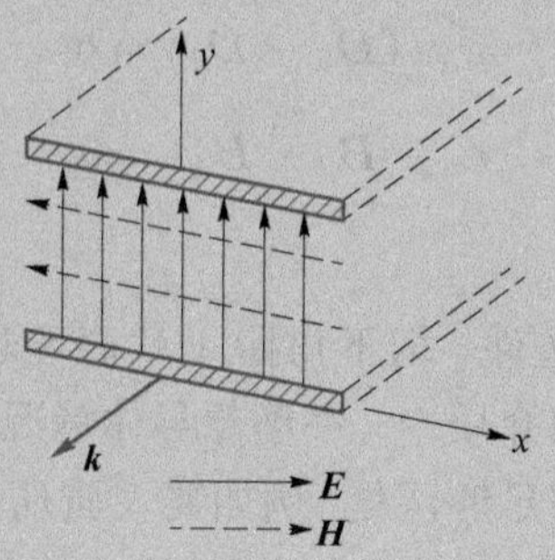

图 4-6

3. 谐振腔

实践中电磁波是用具有特定谐振频率的电路或元件激发的. 低频无线电波采用 LC 回路产生振荡. 在 LC 回路中, 集中分布于电容内部的电场和集中分布于电感线圈内部的磁场交替激发, 以一定频率 $\dfrac{1}{2\pi\sqrt{LC}}$ 振荡. 如果要提高谐振频率, 必须减小 L 或 C 的值. 频率提高到一定限度后, 具有很小的 C 和 L 值的电容和电感不能再使电场和磁场集中分布于它们内部, 此时向外辐射的损耗随频率提高而增大; 另一方面由于趋肤效应, 焦耳损耗亦增大. 因此, LC 回路不能有效地产生高频振荡. 在微波范围, 通常采用具有金属壁面的谐振腔来产生高频振荡. 在光学中, 也采用由反射镜组成的光学谐振腔来产生近单色的激光束.

下面我们分析矩形谐振腔内的电磁振荡. 如图 4–7 所示, 取金属壁的内表面分别为 $x=0$ 和 $L_1, y=0$ 和 $L_2, z=0$ 和 L_3 面. 腔内电磁波的电场和磁场任一直角分量都满足亥姆霍兹方程. 设 $u(x,y,z)$ 为 $\boldsymbol{E}$ 或 $\boldsymbol{H}$ 的任一直角分量, 有

$$\nabla^2 u + k^2 u = 0 \tag{4.4.10}$$

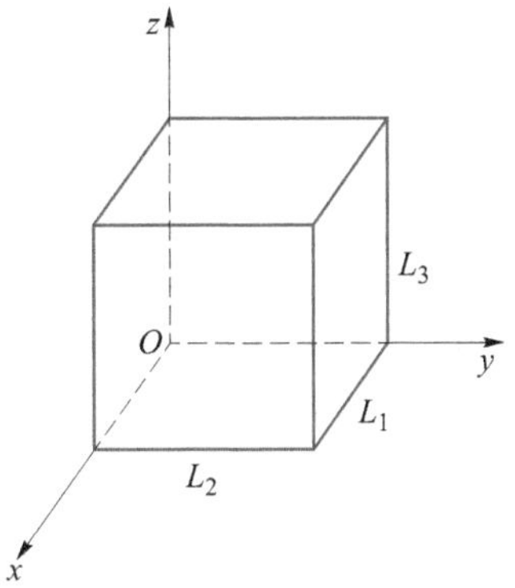

图 4–7

用分离变量法, 令

$$u(x,y,z) = X(x)Y(y)Z(z) \tag{4.4.11}$$

(4.4.10) 式分解为三个常微分方程

$$\left.\begin{aligned}\frac{\mathrm{d}^2X}{\mathrm{d}x^2} + k_x^2 X = 0\\ \frac{\mathrm{d}^2Y}{\mathrm{d}y^2} + k_y^2 Y = 0\\ \frac{\mathrm{d}^2Z}{\mathrm{d}z^2} + k_x^2 Z = 0\end{aligned}\right\} \tag{4.4.12}$$

$$k_x^2 + k_y^2 + k_z^2 = \omega^2\mu\varepsilon \tag{4.4.13}$$

由 (4.4.12) 式的解得 $u(x,y,z)$ 的驻波解

$$u(x,y,z)=(C_1\cos\, k_x x+D_1\sin k_x x)\,(C_2\cos\, k_y y+D_2\sin k_y y)\,(C_3\cos\, k_z z+D_3\sin k_z z) \tag{4.4.14}$$

式中 C_i、D_i 为任意常量. 把 $u(x,y,z)$ 具体化为 $\boldsymbol{E}$ 的各分量时, 考虑边界条件 (4.4.5) 式和 (4.4.9) 式可得对这些常量的一些限制.

例如考虑 E_x. 它对 $x=0$ 壁面来说是法向分量, 由 (4.4.9) 式, 当 $x=0$ 时 $\partial E_x/\partial x=0$, 因此在 (4.4.14) 式中不取 $\sim\sin k_x x$ 项. E_x 对 $y=0$ 和 $z=0$ 面来说是切向分量, 由 (4.4.5) 式, 当 $y=0$ 和 $z=0$ 时, $E_x=0$, 因此在 (4.4.14) 式中不取 $\sim\cos\, k_y y$ 和 $\sim\cos\, k_z z$ 项. 对 E_y 和 E_z 亦可作类似考虑. 由此可得

$$\left.\begin{aligned}E_x&=A_1\cos\, k_x x\sin k_y y\sin k_z z\\E_y&=A_2\sin k_x x\cos\, k_y y\sin k_z z\\E_z&=A_3\sin k_x x\sin k_y y\cos\, k_z z\end{aligned}\right\} \tag{4.4.15}$$

再考虑 $x=L_1, y=L_2, z=L_3$ 面上的边界条件, 得 k_xL_1、k_yL_2 和 k_zL_3 必须为 π 的整数倍, 即

$$k_x=\frac{m\pi}{L_1},\quad k_y=\frac{n\pi}{L_2},\quad k_x=\frac{p\pi}{L_3} \tag{4.4.16}$$

$$m,n,p=0,1,2,\cdots$$

m、n、p 分别代表沿矩形三边所含的半波数目.

(4.4.15) 式含三个任意常量 A_1、A_2 和 A_3. 由方程 $\nabla\cdot\boldsymbol{E}=0$, 它们之间应满足关系

$$k_xA_1+k_yA_2+k_zA_3=0 \tag{4.4.17}$$

当满足关系 (4.4.16) 式和 (4.4.17) 式时, (4.4.15) 式代表腔内的一种谐振模, 或称为腔内电磁场的一种本征振荡.

若 m、n、p 均不等于零, 由 (4.4.17) 式可见, A_1、A_2、A_3 中只有两个是独立的, 从而对于每组 (m,n,p) 值, 有两个独立偏振波模. 若 m、n、p 中有一个等于零而其他两个不等于零, 则 A_1、A_2、A_3 中只有一个是独立的, 从而对于每组 (m,n,p) 值, 只有一个独立偏振波模. 由 (4.4.15) 式和 (4.4.17) 式, 若 m、n、p 中有两个为零, 则场强 $\boldsymbol{E}=\mathbf{0}$.

谐振频率由 (4.4.13) 式和 (4.4.16) 式给出:

$$\omega_{mnp}=\frac{\pi}{\sqrt{\mu\varepsilon}}\sqrt{\left(\frac{m}{L_1}\right)^2+\left(\frac{n}{L_2}\right)^2+\left(\frac{p}{L_3}\right)^2} \tag{4.4.18}$$

ω_{mnp} 称为谐振腔的本征频率. 若 $L_1\geqslant L_2\geqslant L_3$, 则最低频率的谐振波模为 $(1,1,0)$, 其谐振频率为

$$f_{110} = \frac{1}{2\sqrt{\mu\varepsilon}}\sqrt{\frac{1}{L_1^2} + \frac{1}{L_2^2}}$$

相应的电磁波波长为

$$\lambda_{110} = \frac{2}{\sqrt{\dfrac{1}{L_1^2} + \dfrac{1}{L_2^2}}}$$

此波长与谐振腔的线度同一数量级. 在微波技术中通常用谐振腔的最低波模来产生特定频率的电磁振荡. 在更高频率情况下也用到谐振腔的一些较高波模.

由于腔壁损耗以及需要维持一定的输出功率, 必须由外界供给能量来维持腔内的电磁振荡. 一般是用腔内电子束与电磁场相互作用把直流电源的能量转变为腔内高频电磁振荡的能量. 这个问题已超出本课程的范围, 此处不予详细讨论.

*4. 真空能量

按照量子场论的观点, 真空也是一种物质, 拥有能量. 在 §4.1 介绍的电磁波能量密度实际上是单位体积电磁波能量与单位体积电磁场真空能量之差. 限制在一个谐振腔内的电磁波, 每个角频率为 ω 的电磁波模给电磁场真空贡献零点能 $\hbar\omega/2$.

让我们试试计算矩形谐振腔内的真空能量密度. 把真空能量归结为每个波模的零点能, 只考虑有两个独立偏振态的波模, 单位体积真空能量密度形式上写成

$$w_0 = \frac{1}{V}\sum_{m,n,p}\hbar\omega_{mnp} \tag{4.4.19}$$

它显然是发散的, 发散的原因是求和遍及所有正整数组 (m,n,p). 当某个整数很大时, 相应方向的波长就非常短, 意味着涉及非常小尺度的物理规律, 而我们没有理由相信电磁理论 (包括量子电动力学) 在任意小的尺度都是正确的, 从而波长小于某个截断波长 λ_c 的波模将失去可信的物理意义. 设 $k \leqslant k_c = 2\pi/\lambda_c$ 的波模有可信的物理意义. 当矩形谐振腔三条边长 L_1、L_2、L_3 都非常大时, 在截断波长以上的真空能量密度可以写成积分

$$\begin{aligned} w_0 &= \frac{1}{V}\left(\frac{L_1L_2L_3}{\pi^3}\right)\int_{k\leqslant k_c}\hbar\omega(\mathbf{k})\mathrm{d}k_1\mathrm{d}k_2\mathrm{d}k_3 \\ &= \left(\frac{4\hbar c}{\pi^2}\right)\int_{k\leqslant k_c}k^3\mathrm{d}k = \frac{\hbar c k_c^4}{\pi^2} \end{aligned} \tag{4.4.20}$$

它给出真空能量密度的下限.

上面分析如果是对的, 真空能量密度将是一个非常大的量. 若取 λ_c 为典型可见光的波长 400 nm, 将得到 $w_0 = 194\ \mathrm{J/m^3}$. 作为对比, 一个 100 W 灯泡发出的光, 在距离灯泡 1 m 处的光波能密度仅为 $2\times10^{-8}\ \mathrm{J/m^3}$.

由约化普朗克常量 $\hbar$、引力常量 G 和光速 c 可以得到一个称为普朗克尺度的长度量纲量, $\lambda_{\text{Planck}} = \sqrt{\hbar G/c^3} = 1.6\times10^{-35}$ m, 一般认为此尺度以下才必须考虑量子引力, 从而需要考虑新物理规律. 有充分证据表明, 在原子核以上的尺度 (10^{-15} m),

量子电动力学是非常可靠的. 但是, 根据广义相对论和宇宙学观测, 平直宇宙的能量密度约为 $4.5\times10^{-10}\ \mathrm{J/m^3}$, 比量子电动力学预言的波长大于 400 nm 的电磁场真空能量密度都要小 12 个数量级. 这个矛盾说明目前人们对真空还没有一个可靠的认识.

尽管电磁场真空能量密度有上述不确定性, 人们还是能够计算出它的一些物理效应. 卡西米尔 (Casimir) 就是一个已经得到实验验证的著名例子①. 考虑两块相距 L 的电中性无穷大金属平板构成一个参考系统, 再在两块平板之间插入第三块电中性无穷大金属平板, 第三块平板与参考系统的平板平行并与其中一块的距离为 R. 通过计算后面这个系统的单位平板面积电磁场真空能量与参考系统的单位平板面积电磁场真空能量差, 取 L 趋向于无穷大, 可以得到一个依赖于 R 的有限值②,

$$\Delta W_0=-\frac{\pi^2\hbar c}{720}\left[\frac{1}{R^3}+O\left(\frac{1}{Rk_c}\right)\right] \tag{4.4.21}$$

中括号中最后一项对非常大的 Rk_c 可以忽略. 由此得到插入金属板单位面积受到的力 (卡西米尔力)

$$F=-\frac{\partial\Delta W_0}{\partial R}=-\frac{\hbar c}{240}\frac{\pi^2}{R^4} \tag{4.4.22}$$

这个结果已经得到实验验证, 并被推广到不同形状中性金属物体和介质物体的情形③. 因为卡西米尔力随距离 R 衰减比库仑力快很多, 所以只有平板相距很近时卡西米尔力才有明显效应. 平板相距 1 μm 时, 每平方米的卡西米尔力是 10^{-4} N 的量级.

§ 4.5 波导

1. 高频电磁能量的传输

近代无线电技术如雷达、电视和定向通信等都广泛地利用到高频电磁波, 因此, 需要研究高频电磁能量的传输问题. 高频电磁能量的传输与低频相比有显著不同的特点. 由 §1.6 的讨论我们知道, 在所有情况下, 包括恒定电流情况下, 能量都是在场中传播的. 但是在低频情况下, 由于场与电路中电荷和电流的关系比较简单, 因而场在电路中的作用往往可以通过电路的一些参量 (电压、电流、电阻、电容和电感等) 表示出来. 在这种情况下, 我们可以用电路方程解决实际问题, 而不必直接研究场的分布. 在高频情况下, 场的波动性显著, 集中的电容、电感等概念已不能适用, 而且整个电路上的电流不再是一个与位置 $\boldsymbol{x}$ 无关的量, 而是和电磁场相应地具有波动性质, 此外, 电压的概念亦失去确切的意义. 因此, 在高频情况下, 电路方程逐渐失效, 我们必须直接研究场和电路上的电荷电流的相互作用, 解出电磁场, 然后才能解决电磁能

---

① Casimir H B G. On the attraction between two perfectly conducting plates [J]. Proc. Kon. Ned. Akad. Wet. 1948, 51: 793–795.

② 文献中有很多计算方法, 例如: 林琼桂,《大学物理》. 2008 第 27 卷 12 期: 9–17

③ A. Lambrecht, Physics World, 01, Sep. 2002.

量传输问题.

低频电力系统常用双线传输. 频率变高时, 为了避免电磁波向外辐射的损耗和周围环境的干扰, 可以改用同轴传输线. 同轴传输线由空心导体管及芯线组成, 电磁波在两导体之间的介质中传播. 当频率更高时, 内导线的焦耳损耗以及介质中的热损耗变得严重, 这时需用波导代替同轴传输线. 波导是一根空心金属管, 截面通常为矩形或圆形. 波导传输适用于微波范围.

2. 矩形波导中的电磁波

现在我们求矩形波导内的电磁波解. 选直角坐标系, 如图 4–8 所示, 取波导内壁面为 $x=0$ 和 $a, y=0$ 和 b; z 轴沿传播方向. 在一定频率下, 管内电磁波满足亥姆霍兹方程

$$\nabla^2 \boldsymbol{E} + k^2 \boldsymbol{E} = \boldsymbol{0} \tag{4.5.1}$$

$$k = \omega\sqrt{\mu\varepsilon} \tag{4.5.2}$$

以及条件 $\nabla \cdot \boldsymbol{E} = 0$. 此外, 解在管壁上还需满足边界条件 (4.4.5) 式, 即电场在管壁上的切向分量为零.

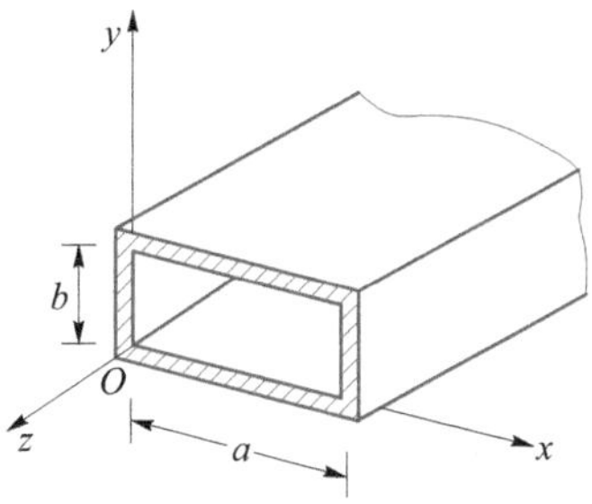

图 4–8

由于电磁波沿 z 轴方向传播, 它应有传播因子 $\mathrm{e}^{\mathrm{i}k_z z - \mathrm{i}\omega t}$. 因此, 我们把电场 $\boldsymbol{E}$ 取为

$$\boldsymbol{E}(x,y,z) = \boldsymbol{E}(x,y)\mathrm{e}^{\mathrm{i}k_z z} \tag{4.5.3}$$

代入 (4.5.2) 式得

$$\left(\frac{\partial^2}{\partial x^2} + \frac{\partial^2}{\partial y^2}\right)\boldsymbol{E}(x,y) + \left(k^2 - k_z^2\right)\boldsymbol{E}(x,y) = \boldsymbol{0} \tag{4.5.4}$$

用直角坐标分离变量, 设 $u(x,y)$ 为电场的任一直角分量, 它满足方程 (4.5.4) 式. 设

$$u(x,y) = X(x)Y(y) \tag{4.5.5}$$

(4.5.4) 式可分解为两个方程:

$$\frac{\mathrm{d}^2 X}{\mathrm{d}x^2} + k_x^2 X = 0$$

$$\frac{\mathrm{d}^2Y}{\mathrm{d}y^2}+k_y^2X=0 \tag{4.5.6}$$

$$k_x^2+k_y^2+k_z^2=k^2 \tag{4.5.7}$$

解 (4.5.6) 式, 得 $u(x,y)$ 的通解

$$u(x,y)=(C_1\cos k_xx+D_1\sin k_xx)(C_2\cos k_yy+D_2\sin k_yy) \tag{4.5.8}$$

C_1、D_1、C_2 和 D_2 是任意常量. 当 $u(x,y)$ 具体表示 $\boldsymbol{E}$ 的某特定分量时, 考虑边界条件 (4.4.5) 式和 (4.4.9) 式还可以得到对这些常量的一些限制条件.

边界条件是

$$\begin{aligned}&E_y=E_z=0, \quad \frac{\partial E_x}{\partial x}=0 \quad (x=0,a)\\&E_x=E_z=0, \quad \frac{\partial E_y}{\partial y}=0 \quad (y=0,b)\end{aligned} \tag{4.5.9}$$

由 $x=0$ 和 $y=0$ 面上的边界条件可得

$$\left.\begin{aligned}E_x&=A_1\cos k_xx\sin k_yy\mathrm{e}^{\mathrm{i}k_zz}\\E_y&=A_2\sin k_xx\cos k_yy\mathrm{e}^{\mathrm{i}k_zz}\\E_z&=A_3\sin k_xx\sin k_yy\mathrm{e}^{\mathrm{i}k_zz}\end{aligned}\right\} \tag{4.5.10}$$

再考虑 $x=a$ 和 $y=b$ 面上的边界条件, 得 k_xa 和 k_yb 必须为 π 的整数倍, 即

$$k_x=\frac{m\pi}{a}, \quad k_y=\frac{n\pi}{b} \quad (m,n=0,1,2,\cdots) \tag{4.5.11}$$

m 和 n 分别代表沿矩形两边的半波数目.

对解 (4.5.10) 式还必须加上条件 $\nabla\cdot\boldsymbol{E}=0$. 由此条件得

$$k_xA_1+k_yA_2-\mathrm{i}k_zA_3=0 \tag{4.5.12}$$

因此, 在 A_1、A_2 和 A_3 中最多只有两个是独立的. 若 m 和 n 都不为零, 对于每一组 (m,n) 值有两种独立波模. 若 m 和 n 之一为零而另一个不为零, 则每一组 (m,n) 值只有一个独立波模.

$\boldsymbol{E}$ 解出后, 磁场 $\boldsymbol{H}$ 由 (4.1.17) 式给出

$$\boldsymbol{H}=-\frac{\mathrm{i}}{\omega\mu}\nabla\times\boldsymbol{E} \tag{4.5.13}$$

由 (4.5.12) 式, 对一定的 (m,n), 如果选一种波模具有 $E_z=0$, 则该波模的 $A_1/A_2=-k_y/k_x$ 就完全确定, 因而另一种波模必须有 $E_z\neq0$. 由 (4.5.13) 式可以看出, 对 $E_z=0$ 的波模, $H_z\neq0$. 因此, 在波导内传播的波有如下特点: 电场 $\boldsymbol{E}$ 和磁场 $\boldsymbol{H}$ 不能同时为横波. 通常选一种波模为 $E_z=0$ 的波, 称为横电波 (TE), 另一种波模为 $H_z=0$ 的波, 称为横磁波 (TM). TE 波和 TM 波又按 (m,n) 值的不同而分为 TE_{mn} 和 TM_{mn} 波. 一般情形下, 在波导中可以存在这些波的叠加.

3. 截止频率

在 (4.5.7) 式中, k 为介质内的波数, 它由激发角频率 ω 确定; k_x 和 k_y 由 (4.5.11) 式确定, 它们取决于管截面的几何尺寸以及波模的 (m,n) 数. 若激发使频率降低到 $k<\sqrt{k_x^2+k_y^2}$, 则 k_z 变为虚数, 此时传播因子 $\mathrm{e}^{\mathrm{i}k_z z}$ 变为衰减因子. 在此情形下, 电磁场不再是沿波导传播的波, 而是沿 z 轴方向振幅不断衰减的电磁振荡: 能够在波导内传播的波的最低角频率 ω_c 称为该波模的截止角频率. 由 (4.5.7) 式和 (4.5.11) 式, (m,n) 型的截止角频率为

$$\omega_{\mathrm{c},mn}=\frac{\pi}{\sqrt{\mu\varepsilon}}\sqrt{\left(\frac{m}{a}\right)^2+\left(\frac{n}{b}\right)^2} \tag{4.5.14}$$

若 $a>b$, 则 TE_{10} 波有最低截止频率

$$\frac{1}{2\pi}\omega_{\mathrm{c},10}=\frac{1}{2a\sqrt{\mu\varepsilon}} \tag{4.5.15}$$

若管内为真空, 此最低截止频率为 $\dfrac{c}{2a}$, 相应的截止波长为

$$\lambda_{\mathrm{c},10}=2a \tag{4.5.16}$$

因此, 在波导内能够通过的最大波长为 $2a$. 由于波导的几何尺寸不能做得过大, 用波导来传输波长较长的无线电波是不实际的. 在厘米波段, 波导的应用最广.

实际应用中, 最常用的波模是 TE_{10} 波, 它具有最低的截止频率, 而其他高次波模的截止频率都比较高. 因此, 在某一频率范围, 我们总可以选择适当尺寸的波导使其中只通过 TE_{10} 波.

4. TE_{10} 波的电磁场和管壁电流

当 $m=1,n=0$ 时, $k_x=\pi/a, k_y=0$. 对 TE 波有 $E_z=0$, 因而 $A_3=0$. 由 (4.5.12) 式得 $A_1=0$. 把常量 A_2 写为

$$A_2=\frac{\mathrm{i}\omega\mu a}{\pi}H_0$$

由 (4.5.10) 式和 (4.5.13) 式得 TE_{10} 波的电磁场:

$$\begin{aligned}
H_z&=H_0\cos\frac{\pi x}{a}\\
E_y&=\frac{\mathrm{i}\omega\mu a}{\pi}H_0\sin\frac{\pi x}{a}\\
H_x&=-\frac{\mathrm{i}k_z a}{\pi}H_0\sin\frac{\pi x}{a}\\
E_x&=E_z=H_y=0
\end{aligned} \tag{4.5.17}$$

式中只有一个待定常量 H_0, 它是波导内 TE_{10} 波的 H_z 振幅, 其值由激发功率确定.

TE_{10} 波的电磁场如图 4–9 所示. 求出磁场后, 由边界条件

$$e_n \times H = \alpha \tag{4.5.18}$$

可得出管壁上电流分布. 由上式, 管壁上电流和边界上的磁感线正交. TE_{10} 波的管壁电流分布如图 4-10 所示. 由图看出, 在 TE_{10} 波情形, 波导窄边上没有纵向电流, 电流是横过窄边的. 因此在波导窄边上任何纵向裂缝都对 TE_{10} 波的传播有较大的扰动, 并导致由裂缝向外辐射电磁波, 但横向裂缝却不会影响电磁波在管内的传播. 由图还可看出, 在波导宽边中线上, 横向电流为零. 因此, 开在波导宽边中部的纵向裂缝不会影响 TE_{10} 波的传播, 这种裂缝广泛地应用于用探针测量波导内物理量的技术中.

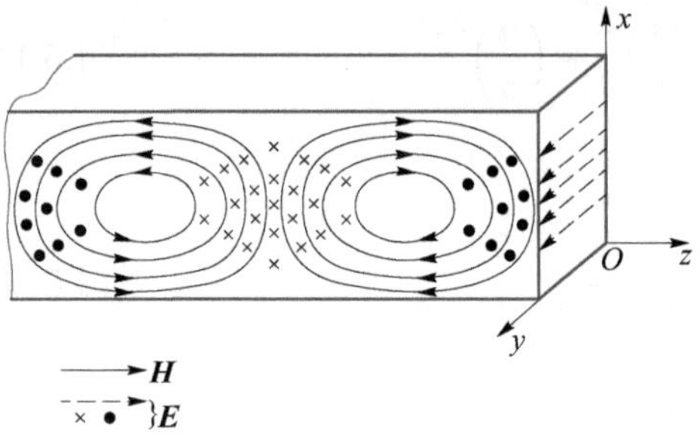

图 4-9

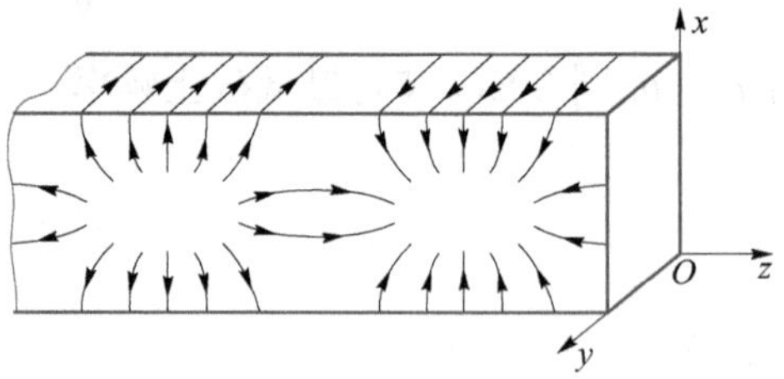

图 4-10

*§ 4.6 光子晶体

1987 年, Yablonovitch 和 John 提出了光子晶体概念, 指出具有空间周期结构的电介质, 会禁止某些频率的电磁波在其中传播, 即形成光子带隙 (photonic band gap). 这个现象和半导体周期结构造成电子能隙类似. 决定光子带隙的空间结构特征长度与光波长相近, 在几百纳米到微米的数量级. 由于这种人工光学材料具有特殊的光学性质, 可能在新型光学器件中得到应用, 从而引起人们的极大兴趣.

光子晶体是一个宏观光学系统, 可以由麦克斯韦电磁理论描写. 晶体由电容率不同的电介质构成, 因此电容率是空间坐标的函数, 即 $\varepsilon(\boldsymbol{x}) = \varepsilon_0\varepsilon_r(\boldsymbol{x}), \varepsilon_r(\boldsymbol{x})$ 为相对电容率. 一般电介质 $\mu \approx \mu_0$, 因此有

$$\boldsymbol{B} = \mu_0 \boldsymbol{H}, \quad \boldsymbol{D} = \varepsilon_0\varepsilon_r(\boldsymbol{x})\boldsymbol{E} \tag{4.6.1}$$

$$n(\boldsymbol{x}) = \sqrt{\varepsilon_r(\boldsymbol{x})} \tag{4.6.2}$$

折射率 $n(\boldsymbol{x})$ 是空间坐标的函数. 设在电介质内 $\rho_f = 0, \boldsymbol{J}_f = \boldsymbol{0}$. 在晶体的每一种均匀电介质中, 角频率为 ω 的时谐波满足亥姆霍兹方程 (4.1.15) 式, 其解可以写成平面波的叠加. 一种求解方法是转移矩阵方法, 它先求各均匀电介质区域的时谐波通解, 然后利用电磁场边值关系和边界条件得到整个晶体上的时谐波. 下面, 我们用转移矩阵法计算一维光子晶体的光子带隙.

1. 一维光子晶体的转移矩阵

如图 4-11 所示, 考虑两种层状电介质沿 z 方向周期地交替排列, 它们的厚度分别为 h_1 和 h_2, 相对于真空的折射率分别为 n_1 和 n_2, 电介质沿 x 和 y 方向均匀, 折射率是 z 的函数

$$n(z)=\begin{cases}n_1, & ma<z<ma+h_1\\ n_2, & ma+h_1<z<(m+1)a\end{cases} \tag{4.6.3}$$

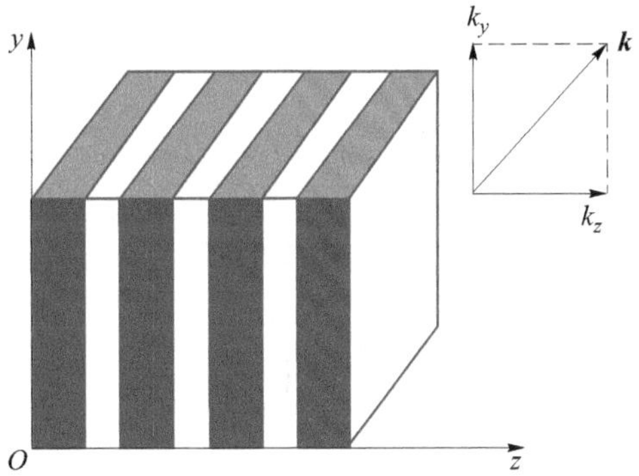

图 4-11

其中 $m=0,1,2,\cdots$, 电介质沿 z 方向的周期为 $a=h_1+h_2$. 在某一层电介质中, 电场满足亥姆霍兹方程 (4.1.15) 式, 有平面波解. 设角频率为 ω 的电磁波的波矢 $\boldsymbol{k}$ 只有 k_y 分量和 k_z 分量, 电场 $\boldsymbol{E}$ 垂直于 yz 平面且与 x 无关, 它沿 y 方向是平面波 (k_y 为实数), 沿 z 方向则由一个向前入射波和一个往后反射波构成. 用指标 $\alpha(\alpha=1,2)$ 标记两种电介质中的量, 第 α 种电介质层中的电场 (x 方向的分量) 可写成

$$E^{(\alpha)}(y,z,t)=\left(A_m^{(\alpha)}\mathrm{e}^{\mathrm{i}k_z^{(\alpha)}\tilde{z}}+B_m^{(\alpha)}\mathrm{e}^{-\mathrm{i}k_z^{(\alpha)}\tilde{z}}\right)\mathrm{e}^{\mathrm{i}(k_y y-\omega t)} \tag{4.6.4}$$

为了方便我们引入了约化坐标 $\tilde{z}(0\leqslant\tilde{z}\leqslant a)$, 使得 $z=\tilde{z}+ma$, $A_m^{(\alpha)}$ 和 $B_m^{(\alpha)}$ 分别为第 m 个周期 α 电介质层中的入射波复振幅和反射波复振幅. 因为 y 方向的平移对称性, 波矢的 k_y 分量是常量, 而 k_z 分量则与电介质有关. 在 $0\leqslant\tilde{z}<h_1$, $k_z=k_z^{(1)}$; 在 $h_1\leqslant\tilde{z}<a$, $k_z=k_z^{(2)}$. 由 (4.1.16) 式和 (4.2.8) 式, 有

$$(k_y)^2+\left(k_z^{(\alpha)}\right)^2=\left(\frac{n_\alpha\omega}{c}\right)^2 \tag{4.6.5}$$

$$k_z^{(\alpha)}=\sqrt{\left(\frac{n_\alpha\omega}{c}\right)^2-(k_y)^2} \tag{4.6.6}$$

在第 m 周期内两种电介质的界面上, 由电磁场边值关系 (4.2.2) 式的第一式, 在界面上电场的切向分量连续:

$$E^{(1)}(y,h_1+ma,t)=E^{(2)}(y,h_1+ma,t)$$

故有

$$A_m^{(1)}\mathrm{e}^{\mathrm{i}k_z^{(1)}h_1}+B_m^{(1)}\mathrm{e}^{-\mathrm{i}k_z^{(1)}h_1}=A_m^{(2)}\mathrm{e}^{\mathrm{i}k_z^{(2)}h_1}+B_m^{(2)}\mathrm{e}^{-\mathrm{i}k_z^{(2)}h_1} \tag{4.6.7}$$

又由边值关系 (4.2.2) 式的第二式, 在界面上磁场的切向分量也连续 (设界面无自由电流):

$$H_t^{(1)}(y,h_1+ma,t)=H_t^{(2)}(y,h_1+ma,t)$$

于是由 (4.1.13) 式的第一式, 得

$$\frac{\partial}{\partial z}E^{(1)}(y,h_1+ma,t)=\frac{\partial}{\partial z}E^{(2)}(y,h_1+ma,t)$$

即

$$k_z^{(1)}\left(A_m^{(1)}\mathrm{e}^{\mathrm{i}k_z^{(1)}h_1}-B_m^{(1)}\mathrm{e}^{-\mathrm{i}k_z^{(1)}h_1}\right)=k_z^{(2)}\left(A_m^{(2)}\mathrm{e}^{\mathrm{i}k_z^{(2)}h_1}-B_m^{(2)}\mathrm{e}^{-\mathrm{i}k_z^{(2)}h_1}\right) \tag{4.6.8}$$

现在, 我们把 (4.6.7) 式和 (4.6.8) 式写成矩阵形式:

$$\begin{pmatrix}\mathrm{e}^{\mathrm{i}k_z^{(1)}h_1} & \mathrm{e}^{-\mathrm{i}k_z^{(1)}h_1}\\ k_z^{(1)}\mathrm{e}^{\mathrm{i}k_z^{(1)}h_1} & -k_z^{(1)}\mathrm{e}^{-\mathrm{i}k_z^{(1)}h_1}\end{pmatrix}\begin{pmatrix}A_m^{(1)}\\ B_m^{(1)}\end{pmatrix}=\begin{pmatrix}\mathrm{e}^{\mathrm{i}k_z^{(2)}h_1} & \mathrm{e}^{-\mathrm{i}k_z^{(2)}h_1}\\ k_z^{(2)}\mathrm{e}^{\mathrm{i}k_z^{(2)}h_1} & -k_z^{(2)}\mathrm{e}^{-\mathrm{i}k_z^{(2)}h_1}\end{pmatrix}\begin{pmatrix}A_m^{(2)}\\ B_m^{(2)}\end{pmatrix} \tag{4.6.9}$$

类似地, 从第 m 周期的第 2 种电介质与第 $m+1$ 周期的第 1 种电介质的边界条件, 可以得到

$$\begin{pmatrix}\mathrm{e}^{\mathrm{i}k_z^{(2)}a} & \mathrm{e}^{-\mathrm{i}k_z^{(2)}a}\\ k_z^{(2)}\mathrm{e}^{\mathrm{i}k_z^{(2)}a} & -k_z^{(2)}\mathrm{e}^{-\mathrm{i}k_z^{(2)}a}\end{pmatrix}\begin{pmatrix}A_m^{(2)}\\ B_m^{(2)}\end{pmatrix}=\begin{pmatrix}1 & 1\\ k_z^{(1)} & -k_z^{(1)}\end{pmatrix}\begin{pmatrix}A_{m+1}^{(1)}\\ B_{m+1}^{(1)}\end{pmatrix} \tag{4.6.10}$$

引入矩阵

$$\boldsymbol{M}(k_z,\tilde{z})=\begin{pmatrix}\mathrm{e}^{\mathrm{i}k_z\tilde{z}} & \mathrm{e}^{-\mathrm{i}k_z\tilde{z}}\\ k_z\mathrm{e}^{\mathrm{i}k_z\tilde{z}} & -k_z\mathrm{e}^{-\mathrm{i}k_z\tilde{z}}\end{pmatrix} \tag{4.6.11}$$

$$\boldsymbol{W}_m^{(\alpha)}=\begin{pmatrix}A_m^{(\alpha)}\\ B_m^{(\alpha)}\end{pmatrix},\quad (\alpha=1,2) \tag{4.6.12}$$

则 (4.6.9) 式和 (4.6.10) 式可分别写成

$$\boldsymbol{M}\left(k_z^{(1)},h_1\right)\boldsymbol{W}_m^{(1)}=\boldsymbol{M}\left(k_z^{(2)},h_1\right)\boldsymbol{W}_m^{(2)}$$
$$\boldsymbol{M}\left(k_z^{(2)},a\right)\boldsymbol{W}_m^{(2)}=\boldsymbol{M}\left(k_z^{(1)},0\right)\boldsymbol{W}_{m+1}^{(1)}$$

从中消去矩阵 $\boldsymbol{W}_m^{(2)}$, 得

$$\boldsymbol{W}_{m+1}^{(1)}=\boldsymbol{T}\boldsymbol{W}_m^{(1)} \tag{4.6.13}$$

其中, 我们定义了称为转移矩阵的 2×2 矩阵:

$$\boldsymbol{T}\equiv\boldsymbol{M}^{-1}\left(k_z^{(1)},0\right)\boldsymbol{M}\left(k_z^{(2)},a\right)\boldsymbol{M}^{-1}\left(k_z^{(2)},h_1\right)\boldsymbol{M}\left(k_z^{(1)},h_1\right) \tag{4.6.14}$$

计算上式右边的矩阵乘积, 得到矩阵元

$$
\begin{aligned}
T_{11} &= \mathrm{e}^{\mathrm{i}k_z^{(1)}h_1}\left[\cos k_z^{(2)}h_2+\frac{\mathrm{i}}{2}\left(\frac{k_z^{(1)}}{k_z^{(2)}}+\frac{k_z^{(2)}}{k_z^{(1)}}\right)\sin k_z^{(2)}h_2\right]\\
T_{12} &= \mathrm{e}^{-\mathrm{i}k_z^{(1)}h_1}\left[-\frac{\mathrm{i}}{2}\left(\frac{k_z^{(1)}}{k_z^{(2)}}-\frac{k_z^{(2)}}{k_z^{(1)}}\right)\sin k_z^{(2)}h_2\right]\\
T_{21} &= \mathrm{e}^{\mathrm{i}k_z^{(1)}h_1}\left[\frac{\mathrm{i}}{2}\left(\frac{k_z^{(1)}}{k_z^{(2)}}-\frac{k_z^{(2)}}{k_z^{(1)}}\right)\sin k_z^{(2)}h_2\right]\\
T_{22} &= \mathrm{e}^{-\mathrm{i}k_z^{(1)}h_1}\left[\cos k_z^{(2)}h_2-\frac{\mathrm{i}}{2}\left(\frac{k_z^{(1)}}{k_z^{(2)}}+\frac{k_z^{(2)}}{k_z^{(1)}}\right)\sin k_z^{(2)}h_2\right]
\end{aligned}
\tag{4.6.15}
$$

通过转移矩阵和 (4.6.13) 式, 可以方便地计算光在任意多层一维光子晶体中的反射和透射. 通过直接计算可以验证, 转移矩阵的行列式等于 1 , 即

$$
\det(\boldsymbol{T})=1 \tag{4.6.16}
$$

这是由于我们假设电介质中没有自由电荷分布变化, 而且折射率是实数, 从而介质中既没有光的产生也没有光的吸收.

此外, 从 (4.6.6) 式可见, $k_z^{(1)}$ 和 $k_z^{(2)}$ 可同为实数, 或同为纯虚数, 或一个实一个纯虚, 具体情况依赖于两种介质的折射率和 k_y 值. 然而, 可证

$$
T_{11}+T_{22}=2\cos\left(k_z^{(1)}h_1\right)\cos\left(k_z^{(2)}h_2\right)-\left(\frac{k_z^{(1)}}{k_z^{(2)}}+\frac{k_z^{(2)}}{k_z^{(1)}}\right)\sin\left(k_z^{(1)}h_1\right)\sin\left(k_z^{(2)}h_2\right) \tag{4.6.17}
$$

对实的或纯虚的 $k_z^{(1)}$ 和 $k_z^{(2)}$, 上式的值都是实的.

2. 色散关系和光子带隙

下面考虑无穷大的一维光子晶体, 两种电介质沿整条 z 轴交替排列形成周期为 a 的结构. 根据 (4.6.13) 式, 对任意大小的 m,

$$
W_m^{(1)}=\boldsymbol{T}^m W_0^{(1)} \tag{4.6.18}
$$

求 $\boldsymbol{T}^m$ 的一个方便方法是通过相似变换把 $\boldsymbol{T}$ 对角化, 即先求解 $\boldsymbol{T}$ 的本征方程,

$$
\boldsymbol{T}\begin{pmatrix}v_1\\v_2\end{pmatrix}=\lambda\begin{pmatrix}v_1\\v_2\end{pmatrix} \tag{4.6.19}
$$

此方程有非零解的充分必要条件是系数行列式等于零:

$$
\begin{vmatrix}T_{11}-\lambda & T_{12}\\ T_{21} & T_{22}-\lambda\end{vmatrix}=0 \tag{4.6.20}
$$

由此解出本征值

$$
\lambda_{\pm}=\frac{1}{2}\left[T_{11}+T_{22}\pm\sqrt{\left(T_{11}+T_{22}\right)^2-4(\det\boldsymbol{T})}\right]
$$

由 (4.6.16) 式,

$$\lambda_{\pm}=\frac{1}{2}\left[T_{11}+T_{22}\pm\sqrt{\left(T_{11}+T_{22}\right)^{2}-4}\right] \tag{4.6.21}$$

$$\lambda_{+}\lambda_{-}=1 \tag{4.6.22}$$

记与本征值 $\lambda_{\pm}$ 相应的 (4.6.19) 式的两个本征矢量为

$$\begin{pmatrix} v_{1,+} \\ v_{2,+} \end{pmatrix}, \quad \begin{pmatrix} v_{1,-} \\ v_{2,-} \end{pmatrix}$$

满足正交归一条件

$$\begin{aligned} &v_{1,+}^{2}+v_{2,+}^{2}=1 \\ &v_{1,-}^{2}+v_{2,-}^{2}=1 \\ &v_{1,+}v_{1,-}+v_{2,+}v_{2,-}=0 \end{aligned} \tag{4.6.23}$$

则相似变换矩阵和它的逆矩阵为

$$U=\begin{pmatrix} v_{1,+} & v_{2,+} \\ v_{1,-} & v_{2,-} \end{pmatrix}, \quad U^{-1}=\begin{pmatrix} v_{1,+} & v_{1,-} \\ v_{2,+} & v_{2,-} \end{pmatrix} \tag{4.6.24}$$

它们把 $\boldsymbol{T}$ 对角化为

$$U\boldsymbol{T}U^{-1}=\begin{pmatrix} \lambda_{+} & 0 \\ 0 & \lambda_{-} \end{pmatrix} \tag{4.6.25}$$

由此可以简化 (4.6.18) 式,

$$W_{m}^{(1)}=U^{-1}U\boldsymbol{T}U^{-1}U\boldsymbol{T}U^{-1}\cdots U\boldsymbol{T}U^{-1}UW_{0}^{(1)}$$

把 (4.6.25) 式代入上式得

$$W_{m}^{(1)}=U^{-1}\begin{pmatrix} \lambda_{+}^{m} & 0 \\ 0 & \lambda_{-}^{m} \end{pmatrix}UW_{0}^{(1)} \tag{4.6.26}$$

上一小节已经指出 $T_{11}+T_{22}$ 是实数. 由 (4.6.21) 式, 当 $|T_{11}+T_{22}|>2$, λ_{+} 和 λ_{-} 是两个不相等的实数, 结合 (4.6.22) 式可知在此情形 $|\lambda_{+}|$ 和 $|\lambda_{-}|$ 之一必然大于 1, 而另一个小于 1, 从而 (4.6.26) 式当 $m\to\infty$ 时发散, 不是物理解. 因此, 光波可以在光子晶体中传播到无限远的必要条件是 $|T_{11}+T_{22}|\leqslant 2$, 此时 λ_{+} 和 λ_{-} 是一对互为复共轭的复数. 对后面这个情形, 根据 (4.6.22) 式,

$$|\lambda_{+}|=|\lambda_{-}|=1 \tag{4.6.27}$$

从而可以把它们写成

$$\lambda_{\pm}=\mathrm{e}^{\pm\mathrm{i}Ka} \tag{4.6.28}$$

其中 K 是一个实参量. 由 (4.6.21) 式和 (4.6.17) 式,

$$K=\frac{1}{a}\arccos\left[\cos\left(k_z^{(1)}h_1\right)\cos\left(k_z^{(2)}h_2\right)-\frac{1}{2}\left(\frac{k_z^{(1)}}{k_z^{(2)}}+\frac{k_z^{(2)}}{k_z^{(1)}}\right)\sin\left(k_z^{(1)}h_1\right)\sin\left(k_z^{(2)}h_2\right)\right] \tag{4.6.29}$$

式中的 $k_z^{(1)}$ 和 $k_z^{(2)}$ 通过 (4.6.6) 式是 ω 和 k_y 的函数.

把 (4.6.26) 式代入 (4.6.4) 式, 并取 $A_0^{(1)}=-v_{2,-}B_0^{(1)}/v_{1,-}$, 经过一些运算可以把 $z=ma+\tilde{z}$ 处第一种电介质中的电场写成

$$E(y,z,t)=u(z)\mathrm{e}^{\mathrm{i}Kz}\mathrm{e}^{\mathrm{i}(k_y y-\omega t)} \tag{4.6.30}$$

其中,

$$u(z)=\left(\mathrm{e}^{-\mathrm{i}(k_z^{(1)}+K)\tilde{z}}-\frac{v_{2,-}}{v_{1,-}}\mathrm{e}^{\mathrm{i}(k_z^{(1)}-K)\tilde{z}}\right)B_0^{(1)} \tag{4.6.31}$$

显然, $u(z)=u(z+ma)$ 为周期函数. 取 $A_0^{(1)}=-v_{2,+}B_0^{(1)}/v_{1,+}$ 可以得到另一个线性独立解, 它的形式和 (4.6.30) 式一样, 只需把 K 换成 $-K$, 而 (4.6.31) 式中的 $v_{1,-}$ 和 $v_{2,-}$ 分别换成 $v_{1,+}$ 和 $v_{2,+}$. 通过 (4.6.9) 式不难得到第二种电介质中的电场. 在整个光子晶体上, 任意电场都可以表达成具有 (4.6.30) 式形式的不同 K 的电场的线性叠加. 这是周期晶格上的波普遍具有的性质, 称为布洛赫 (Bloch) 定理 (对普遍情形的证明可以参考固体物理教科书). 当 $|T_{11}+T_{22}|\leqslant 2$ 时, K 为实数, 因此波在光子晶体中可以传播. 若 $|T_{11}+T_{22}|>2$, K 有不为零的虚部, 波在光子晶体中指数衰减. 此印证了 (4.6.26) 式后面指出的光波可无限传播的必要条件.

在 (4.6.29) 式中用 (4.6.6) 式代替 (4.6.29) 式中的 $k_z^{(1)}$ 和 $k_z^{(2)}$, 可给出角频率 ω、波矢 k_y 和参量 K 三者的一个关系式, 它隐含着色散关系 $\omega=\omega\left(k_y,K\right)$. 需要注意的是, 只要 K 是实数, 即使 $k_z^{(1)}$ 或 $k_z^{(2)}$ 是虚数, 光波也可以在光子晶体中传播.

图 4-12 给出 $\boldsymbol{E}$ 垂直入射面的波在 $k_y-\omega$ 平面的色散关系. 参量选择: $n_1=4.6, n_2=1.6$, $h_2/h_1=1.6/0.8$. 能够在光子晶体中传播的波限制在阴影区域 ($|T_{11}+T_{22}|\leqslant 2$) 内. 白色区域 ($|T_{11}+T_{22}|>2$) 对应的波模不能在晶体中传播, 即光子禁带.

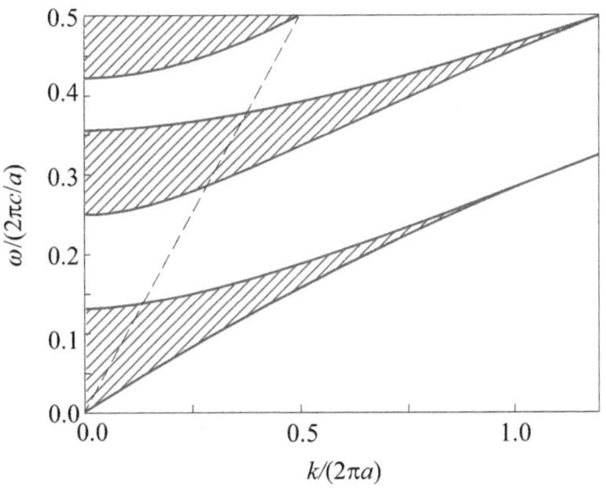

图 4-12

从图中看到, 任意频率都有相应的波矢使波模落在阴影区域, 因此一维光子晶体的光子带隙不是完全带隙. 研究发现, 在二维和三维光子晶体中可以存在完全带隙. 类似地, 可以得到电场 $\boldsymbol{E}$ 平行于 yz 平面情形的色散关系 ①.

3. 一维光子晶体的全反射

考虑 $\boldsymbol{E}$ 垂直入射面的光波从真空投射到一维光子晶体以 z 轴为法线的表面上. 设第一层电介质的折射率为 n_1, 记入射角为 θ_0, 光线在第一层和第二层的折射角分别为 θ_1 和 θ_2. 因为各层电介质互相平行, 所以 θ_1 也是第二层的入射角. 据 (4.2.8) 式, 有

$$\sin\theta_0 = n_1\sin\theta_1 = n_2\sin\theta_2 \tag{4.6.32}$$

真空中 $k=\omega/c$, 则入射波矢的分量为

$$k_y = k\sin\theta_0, \quad k_z = k\cos\,\theta_0 \tag{4.6.33}$$

所以, 对所有角度的入射光, $|k_y| \leqslant k$. 图 4–12 的虚线给出 $k_y=k=\omega/c$. 因此, 对于 $\boldsymbol{E}$ 垂直入射面情形的光波, 只有当 (k_y,ω) 落在纵轴和虚线所夹的三角形区域内时, 光线才能进入光子晶体. 选择适当晶体的折射率和结构, 可以使某些频率的光无论其入射角如何都不能进入晶体, 即发生全反射现象. 对 $\boldsymbol{E}$ 平行入射面的情形也可以作类似分析.

§ 4.7 高斯光束

§4.1 节所讨论的平面电磁波理论上是具有确定传播方向并广延于全空间中的波动. 实际上应用的定向电磁波除了要求它具有大致确定的传播方向外, 一般还要求它在空间中形成比较狭窄的射束, 即场强在空间中的分布具有有限的宽度. 特别是在近年发展的激光技术中, 从激光器发射出来的光束一般是很狭窄的准直性非常高的光束. 研究这种有限宽度的波束在自由空间中传播的特点, 对于激光技术和定向电磁波传播问题都具有重要意义. 本节我们从电磁场基本方程入手研究波束传播的特性.

1. 亥姆霍兹方程的波束解

波束场强在横截面上的分布形式是由具体激发条件确定的. 现在我们研究一种比较简单和常见的形式. 这种波束能量分布具有轴对称性, 在中部场强最大, 靠近边缘处强度迅速减弱. 设波束对称轴为 z 轴, 在横截面上具有这种分布性质的最简单的函数是高斯函数:

$$\mathrm{e}^{-\frac{x^2+y^2}{w^2}}$$

式中 $\sqrt{x^2+y^2}$ 是场点到波束中心轴 (z 轴) 的距离, 当 $\sqrt{x^2+y^2}>w$ 时, 高斯函数的值迅速下降. 因此, 参量 w 表示波束的宽度.

① F Yoel, et al. Science, 1998, 282:1679

由于波动的特点, 波束在传播过程中一般不能保持截面不变, 因而波束宽度一般是 z 的函数. 当波束变宽时, 场强也相应减弱, 因此波幅也一般为 z 的函数. 以 $u(x,y,z)$ 代表电磁场的任一直角分量, 考虑到上述这些特点, 我们设 u 具有如下形式:

$$u(x,y,z)=g(z)\mathrm{e}^{-f(z)\left(x^2+y^2\right)}\mathrm{e}^{\mathrm{i}kz} \tag{4.7.1}$$

上式各因子的意义如下: $\mathrm{e}^{\mathrm{i}kz}$ 代表沿 z 方向的传播因子. 如果电磁波具有确定的沿 z 轴方向的波矢量 $\boldsymbol{k}$, 此因子就是唯一的依赖于 z 的因子. 但是我们知道具有确定波矢量的电磁波是广延于全空间的平面波, 因此任何有限宽度的射束都不能具有确定的波矢量. 因此, 射束只能有大致确定的传播方向, 而因子 $\mathrm{e}^{\mathrm{i}kz}$ 表示依赖于 z 的主要因子. 剩下的因子中, 还含有对 z 缓变的函数 $g(z)$ 和 $f(z)$. 因子 $\mathrm{e}^{-f(z)\left(x^2+y^2\right)}$ 是限制波束的空间宽度的因子, 由于射束不能有完全确定的波矢量, 因此波束的宽度应为 z 的缓变函数. 因子 $g(z)$ 主要表示波束中央的振幅, 同时也含有传播因子中与纯平面波因子 $\mathrm{e}^{\mathrm{i}kz}$ 偏离的部分. 令

$$\psi(x,y,z)=g(z)\mathrm{e}^{-f(z)(x^2+y^2)} \tag{4.7.2}$$

$\psi(x,y,z)$ 是 z 的缓变函数. 所谓缓变是相对于 $\mathrm{e}^{\mathrm{i}kz}$ 而言的. 因子 $\mathrm{e}^{\mathrm{i}kz}$ 当 $z\leqslant\lambda$ 时已有显著变化, 而我们假设 $\psi(x,y,z)$ 当 $z\sim\lambda$ 时变化很小, 因此在 ψ 对 z 的展开式中可以忽略高次项.

电磁场的任一直角分量 $u(x,y,z)$ 满足亥姆霍兹方程

$$\nabla^2u+k^2u=0 \tag{4.7.3}$$

把

$$u(x,y,z)=\psi(x,y,z)\mathrm{e}^{\mathrm{i}kz} \tag{4.7.4}$$

代入, 忽略 $\partial^2\psi/\partial z^2$ 项, 得

$$\frac{\partial^2\psi}{\partial x^2}+\frac{\partial^2\psi}{\partial y^2}+2\mathrm{i}k\frac{\partial\psi}{\partial z}=0 \tag{4.7.5}$$

(4.7.2) 式是我们假设的尝试解, 如果此尝试解满足 (4.7.5) 式, 它就是一种可能的波束形式. 把 (4.7.2) 式代入 (4.7.5) 式得

$$\left(x^2+y^2\right)\left[2gf^2-\mathrm{i}kgf'\right]-\left[2fg-\mathrm{i}kg'\right]=0$$

式中撇号表示对 z 的一阶导数. 上式应对任意 x、y 成立, 因此两方括号内的量分别都应等于零. 由此得 $f(z)$ 和 $g(z)$ 满足的方程:

$$2f^2=\mathrm{i}kf' \tag{4.7.6}$$

$$2fg=\mathrm{i}kg' \tag{4.7.7}$$

若这两个方程有解, 就表示我们所设的尝试解 (4.7.2) 式是一个正确的解. 此解与横截面坐标 x、y 有关的部分完全含于高斯函数中, 其他因子仅为 z 的函数.

(4.7.6) 式的解为

$$f(z)=\frac{1}{A+\frac{2\mathrm{i}}{k}z} \tag{4.7.8}$$

A 为积分常量.

比较 (4.7.6) 式和 (4.7.7) 式, 可见 $g=$ 常量. f 是 (4.7.7) 式的解. 因此

$$g(z)=\frac{u_0}{1+\frac{2\mathrm{i}}{kA}z} \tag{4.7.9}$$

u_0 为另一积分常量.

A 一般是复数. 但由 (4.7.8) 式可见, A 的虚数部分可以用一项 $-\frac{2\mathrm{i}}{k}z_0$ 抵消, 即我们总可以选 z 轴的原点, 使 A 为实数. 取 A 为实数, 可以把 $f(z)$ 写为

$$f(z)=\frac{1}{A\left(1+\frac{4z^2}{k^2A^2}\right)}\left(1-\frac{2\mathrm{i}}{kA}z\right) \tag{4.7.10}$$

令

$$A=w_0^2$$

$$w^2(z)=A\left(1+\frac{4z^2}{k^2A^2}\right)=w_0^2\left[1+\left(\frac{2z}{kw_0^2}\right)^2\right] \tag{4.7.11}$$

则 $f(z)$ 可写为

$$f(z)=\frac{1}{w^2(z)}\left(1-\frac{2\mathrm{i}z}{kw_0^2}\right)$$

因而 (4.7.2) 式中的高斯函数为

$$\mathrm{e}^{-f(z)(x^2+y^2)}=\exp\left[-\frac{x^2+y^2}{w^2(z)}\left(1-\frac{2\mathrm{i}z}{k\omega_0^2}\right)\right] \tag{4.7.12}$$

函数 $g(z)$ 的表示式 (4.7.9) 可写为

$$g(z)=\frac{u_0}{\sqrt{1+\left(\frac{2z}{k\omega_0^2}\right)^2}}\mathrm{e}^{-\mathrm{i}\phi}=u_0\frac{w_0}{w}\mathrm{e}^{-\mathrm{i}\phi} \tag{4.7.13}$$

$$\phi=\arctan\left(\frac{2z}{kw_0^2}\right) \tag{4.7.14}$$

把 (4.7.12) 式和 (4.7.13) 式代入 (4.7.2) 式和 (4.7.4) 式得光束场强函数

$$u(x,y,z)=u_0\frac{w_0}{w}\mathrm{e}^{-\frac{x^2+y^2}{w^2}}\mathrm{e}^{\mathrm{i}\Phi} \tag{4.7.15}$$

$$\Phi = kz + \frac{k\left(x^2+y^2\right)}{2z\left[1+\left(\frac{w_0^2 k}{2z}\right)^2\right]} - \phi \tag{4.7.16}$$

2. 高斯光束的传播特性

现在讨论解 (4.7.15) 式的意义. 式中因子 $\mathrm{e}^{\mathrm{i}\Phi}$ 是相因子, 其余的因子表示各点处的波幅. 因子

$$\mathrm{e}^{-\frac{x^2+y^2}{w^2}}$$

是限制波束宽度的因子. 波束宽度由函数 $w(z)$ 代表. 由 (4.7.11) 式, 在 $z=0$ 点波束具有最小宽度 w_0, 该处称为光束腰部. 离腰部越远处波束的宽度越大.

因子 $u_0\dfrac{w_0}{w}$ 是在 z 轴上波的振幅. u_0 是波束腰部的振幅. 因子 w_0/w 表示当波束变宽后振幅相应减弱.

波的相位为 Φ, 波阵面是等相位的曲面, 由方程 $\Phi=$ 常量确定. 由 (4.7.16) 式和 (4.7.14) 式看出, 当 $z=0$ 时 $\Phi=0$, 因此 $z=0$ 平面是一个波阵面. 即在光束腰部处, 波阵面是与 z 轴垂直的平面.

距腰部远处, 当

$$z \gg kw_0^2 \tag{4.7.17}$$

时, 由 (4.7.14) 式, $\phi\to\pi/2$, 因此在讨论远处等相面时可略去 ϕ 项. 由 (4.7.16) 式, 远处等相面方程为

$$z+\frac{x^2+y^2}{2z}=\text{常量}$$

由于当 $z^2\gg x^2+y^2$ 时, 有

$$\left(1+\frac{x^2+y^2}{z^2}\right)^{\frac{1}{2}} \approx 1+\frac{x^2+y^2}{2z^2}$$

等相面方程可写为

$$z\left(1+\frac{x^2+y^2}{z^2}\right)^{\frac{1}{2}} \approx \text{常量}$$

或

$$r=\left(x^2+y^2+z^2\right)^{\frac{1}{2}} \approx \text{常量} \tag{4.7.18}$$

因此, 在远处波阵面变为以腰部中点为球心的球面. 波阵面从腰部的平面逐渐过渡到远处的球面形状.

由 (4.7.11) 式, 在远处 $\left(z\gg kw_0^2\right)$

$$w(z)\approx\frac{2z}{kw_0} \tag{4.7.19}$$

波束的发散角由 $\tan\theta=w/z$ 确定, 如图 4–13 所示. 由上式得

$$\theta \approx \frac{2}{kw_0} \tag{4.7.20}$$

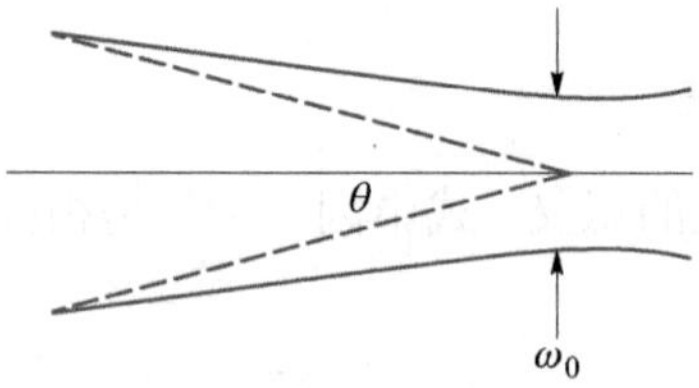

图 4-13

注意: 当 w_0 越小时, 发散角越大. 因此如果要求有良好的聚焦 (w_0 小), 则发散角必须足够大; 如果要求有良好的定向 (θ 小), 则宽度 w_0 不能太小. 例如当 $w_0 = 1000\lambda$ 时, 发散角 $\theta = \dfrac{10^{-3}}{\pi}$ rad. 偏离轴向的波矢横向分量为 $\Delta k_{\perp} \approx k\theta$, (4.7.20) 式也可以写为

$$\Delta k_{\perp} w_0 = O(1)$$

此式表示波的空间分布宽度与波矢横向宽度之间的关系, 是波动现象的一个普遍关系. 只有无限宽度的平面波才具有完全确定的波矢, 任何有限宽度的射束都没有完全确定的波矢.

以上我们分析了一种最简单的波模. 射束还可以有其他波模①. 有些波模的径向分布不是简单高斯函数, 另一些波模不具有轴对称性. 这些波模的特点都是在横截面上含有一些波节 (场强为零的点), 因而在横截面上光强显示出明暗相间的图样. 正如在波导中的一般波动是各种波模的叠加一样, 一般射束也可以分解为各种波模的叠加. 具体情况下产生的射束的形状由激发条件决定.

*§ 4.8 光学空间孤子

1. 孤子和光学空间孤子

非线性介质中的色散现象有可能被非线性效应抵消, 形成没有色散、形状固定的孤波, 因为它有类似粒子的性质, 被称为孤子. 由于非线性方程通常有无穷多守恒量, 孤子散射前后形状不变, 表现出异乎寻常的稳定性. 在微扰下, 即使在有少许能量耗散, 或运动方程有少许改变的情况下, 孤子解仍能基本保持稳定. 孤子解在非线性波动问题中的地位, 类似于平面波解在线性问题中的地位.

1964 年, Chiao 等指出, 在一些非线性介质中, 光强空间分布满足的方程和孤子满足的非线性动力学方程形式上相同, 因此有所谓光学空间孤子解. 与时间孤子在演化中没有色散对应, 光学空间孤子的光斑沿某一空间路径 (相当于时间) 不发生变形.

① 参考: 朱如曾. 激光物理. 封开印, 编译. 北京: 国防工业出版社, 1974: 第七章.

1992 年, Segev 等发现光折变晶体中存在光学空间孤子, 此后有很多相关的理论和实验研究.

2. 非线性波动方程

非线性晶体的折射率明显依赖于电场

$$n'^2 = n^2 - n^4 r_{33} E_{\mathrm{sc}} \tag{4.8.1}$$

其中 n 是没有电场时材料的本征折射率, 参量 r_{33} 描写材料的电折变, E_{sc} 是空间电场强度, 由介质中的电荷和电场共同产生. 电场满足介质中的亥姆霍兹方程 (4.1.15) 式:

$$\nabla^2 \boldsymbol{E} + (n'\omega/c)^2 \boldsymbol{E} = \boldsymbol{0} \tag{4.8.2}$$

图 4–14 给出介质的一个切面, 在 x 方向加有偏压 V, 信号激光 (灰色区域) 沿 z 方向传播. 此外, 介质中还加有一个较强的背景光. 信号激光和背景光的功率 (能流密度的大小) 分别记为 I 和 I_{d}.

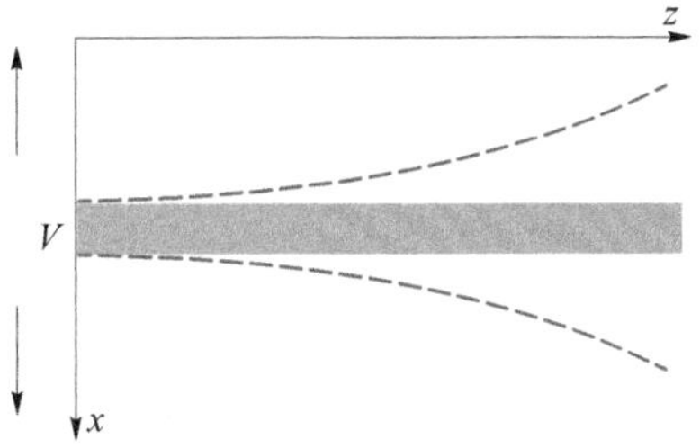

图 4–14

设信号激光的电场沿 x 方向, 可以写成

$$\boldsymbol{E} = \boldsymbol{e}_x \phi(x,z) \mathrm{e}^{\mathrm{i}kz} \tag{4.8.3}$$

其中 $\phi(x,z)$ 是 z 的缓变函数. 代入 (4.8.2) 式并略去 ϕ_{zz} 项 (ϕ 的下标表示偏导数, 如 $\phi_{zz} = \partial^2\phi/\partial z^2$, 下同) 得

$$\mathrm{i}\phi_z + \frac{1}{2k}\phi_{xx} - \frac{k}{2}\left(n^2 r_{33} E_{\mathrm{sc}}\right)\phi = 0 \tag{4.8.4}$$

式中 $k = n\omega/c$.

下面求 E_{sc}. 据欧姆定律, x 方向的电流密度为

$$J = e\mu n_{\mathrm{e}} E_{\mathrm{sc}} \tag{4.8.5}$$

其中 n_{e} 是载流子浓度, μ 为迁移率, 与材料性质和温度等有关. 记远离信号中心区的电场和载流子浓度分别为 E_0 和 $n_{\mathrm{e}0}$. 对稳定系统, J 是常量, 故

$$n_{\mathrm{e}} E_{\mathrm{sc}} = n_{\mathrm{e}0} E_0 \tag{4.8.6}$$

在信号光斑的展宽远小于偏压电极距离 W 的情形下, E_0 可以近似为

$$E_0 = \frac{V}{W} \tag{4.8.7}$$

由于载流子主要由光激发, 因此载流子浓度正比于光功率:

$$n_{\mathrm{e}} = \gamma (I + I_{\mathrm{d}}) \tag{4.8.8}$$

代入 (4.8.6) 式, 应用 (4.8.7) 式并考虑到 $I_{\mathrm{d}} \gg I$, 得

$$E_{\mathrm{sc}} = \frac{I_{\mathrm{d}}}{I + I_{\mathrm{d}}} E_0 \approx \left(1 - \frac{I}{I_{\mathrm{d}}}\right) \frac{V}{W} \tag{4.8.9}$$

激光功率 $I = |\bar{S}|$ 由 (4.1.41) 式给出

$$I(x) = \frac{n}{2}\sqrt{\frac{\varepsilon_0}{\mu_0}}|\phi|^2 \tag{4.8.10}$$

结合 (4.8.9) 式和 (4.8.10) 式, (4.8.4) 式成为

$$\mathrm{i}\phi_z + \frac{1}{2k}\phi_{xx} - \frac{kn^2 r_{33} V}{2W}\left(1 - \frac{n}{2I_{\mathrm{d}}}\sqrt{\frac{\varepsilon_0}{\mu_0}}|\phi|^2\right)\phi = 0 \tag{4.8.11}$$

3. 孤子解

令 $s = kx, \xi = kz$, 以及

$$U = \left(\frac{n}{2I_{\mathrm{d}}}\sqrt{\frac{\varepsilon_0}{\mu_0}}\right)^{-1/2} \phi \tag{4.8.12}$$

$$\beta = \frac{n^2 r_{33} V}{2W} \tag{4.8.13}$$

(4.8.11) 式便可写成著名的非线性薛定谔方程:

$$\mathrm{i}\frac{\partial U}{\partial \xi} = \left(-\frac{1}{2}\frac{\partial^2}{\partial s^2} + \beta - \beta|U|^2\right)U \tag{4.8.14}$$

它形式上和量子力学的非线性薛定谔方程一样, 其中 ξ 相当于量子力学中的时间参量, 此方程有孤子解:

$$U(s, \xi) = r^{1/2}\,\mathrm{sech}\left[(\beta r)^{1/2} s\right] \mathrm{e}^{\mathrm{i}\beta[(r/2)-1]\xi} \tag{4.8.15}$$

其中 $r = I(0)/I_{\mathrm{d}}, I(0)$ 为信号中心处的激光功率. 孤子光束有一个沿 $z(\xi)$ 传播的空间相因子, 在 $x(s)$ 方向的形状不变, 如图 4–14 中的灰色区域. 在线性介质中, 非孤子光束在传播过程中将逐渐散开, 其边缘将如图 4–14 中的虚线所示.

*§ 4.9 等离子体

当物质温度足够高或受到电离时, 物质中带负电的粒子和带正电的粒子不再处于束缚态. 由运动范围远超分子尺度的、等数量的正、负离子组成的系统称为等离子体. 它在大尺度上保持电中性, 在小尺度 (依赖于温度和离子密度) 上会出现电荷密度涨落. 因为电磁相互作用, 空间不同位置的涨落互相关联, 能以波动的形式在等离子体中传播. 等离子体物理在天体物理、受控核聚变等领域有着重要应用. 本节讨论等离子体的一些主要电磁性质.

麦克斯韦方程组是在电磁现象中普遍成立的方程. 不同物质状态所表现出的不同特性是由该物质的特殊电磁性质方程引起的. 在通常介质中, 电子是束缚在原子内的, 在电场和磁场作用下, 产生比较简单的极化和磁化现象. 等离子体和通常介质不同, 它的电子和离子不是束缚着的, 在电磁场作用下, 它们会发生流体运动. 等离子体的热运动、流体力学运动和电磁场耦合在一起, 因而一般情形下的等离子体电磁性质方程是比较复杂的, 等离子体内的电磁现象也表现出很丰富的物理内容, 如磁流体现象、等离子体振荡等. 我们对等离子体的电磁性质方程不作一般的讨论. 在某些条件下, 可能只有一些因素起主导作用, 因而可作简化的处理. 下面我们就几种特殊情形考察等离子体的电磁性质.

1. 等离子体的准电中性和屏蔽库仑场

先考察在热平衡条件下在等离子体内放置一个静止点电荷的情况. 设外电荷位置为 $\boldsymbol{x}=0$, 电荷密度为 $\rho(\boldsymbol{x})=q\delta(\boldsymbol{x})$. 在此点电荷的电场作用下, 电子被吸引靠近原点而正离子被排斥离开原点. 在热平衡时等离子体内有一定的正离子密度分布 $n_{\mathrm{i}}(\boldsymbol{x})$ 和负离子 (电子) 密度分布 $n_{\mathrm{e}}(\boldsymbol{x})$. 设正离子带电荷 Ze. 总电场强度 $\boldsymbol{E}$ 是所有电荷 (包括外电荷和等离子体内的电荷分布 $Zn_{\mathrm{i}}e$ 和 $-n_{\mathrm{e}}e$) 所产生的场. 因此, 电势 φ 满足泊松方程:

$$\varepsilon_0\nabla^2\varphi=-Zn_{\mathrm{i}}e+n_{\mathrm{e}}e-q\delta(\boldsymbol{x}) \tag{4.9.1}$$

通常可以忽略正离子的运动, 只考虑电子的运动. 在电势 φ 的作用下, 达到热平衡时的电子分布是玻耳兹曼分布, 即

$$n_{\mathrm{e}}(\boldsymbol{x})=n_{\mathrm{e}0}\mathrm{e}^{e\varphi(\boldsymbol{x})/kT} \tag{4.9.2}$$

式中 $n_{\mathrm{e}0}$ 是在电势 $\varphi=0$ 时的电子密度, T 为电子气体的温度, k 为玻耳兹曼常量. 若 $kT\gg e\varphi$, 有

$$n_e\approx n_{\mathrm{e}0}\left(1+\frac{e\varphi}{kT}\right) \tag{4.9.3}$$

因此

$$\varepsilon_0\nabla^2\varphi=-\left(Zn_{\mathrm{i}}-n_{\mathrm{e}0}\right)e+n_{\mathrm{e}0}\frac{e^2\varphi}{kT}-q\delta(\boldsymbol{x}) \tag{4.9.4}$$

由于等离子体在整体上是电中性的, 有 $Zn_{\mathrm{i}}=n_{\mathrm{e}0}$, 因此

$$\left(\nabla^2-\frac{1}{\lambda^2}\right)\varphi(\boldsymbol{x})=-\frac{q}{\varepsilon_0}\delta(\boldsymbol{x}) \tag{4.9.5}$$

$$\lambda^2=\frac{kT\varepsilon_0}{n_{\mathrm{e}0}e^2} \tag{4.9.6}$$

(4.9.2) 式和 (4.9.4) 式反映了电场和等离子体的相互制约. 由 (4.9.2) 式, 电场改变了热平衡下的电子密度分布; 由 (4.9.4) 式, 电子密度的变化又反过来激发电场.

等离子体内的泊松方程 (4.9.5) 式与真空中的方程比较多了一项 $-\varphi/\lambda^2$. (4.9.5) 式的解是

$$\varphi(\boldsymbol{x})=\frac{q}{4\pi\varepsilon_0 r}\mathrm{e}^{-r/\lambda} \tag{4.9.7}$$

此式的证明和真空中 ∇^2 算子格林函数的证明相似 (见 §2.4).

当 $r\ll\lambda$ 时, φ 与库仑势相同. 但当 $r\gg\lambda$ 时, φ 很快趋于零. (4.9.7) 式称为屏蔽库仑势, 它表示短程相互作用, 作用力程 $r\approx\lambda$. λ 称为屏蔽长度. 外电荷在 $r\sim\lambda$ 的范围内被吸引来的电子所屏蔽.

等离子体内任意外电荷分布 $\rho_{\mathrm{e}}(\boldsymbol{x})$ 产生的电势为

$$\varphi(\boldsymbol{x})=\int\frac{\rho_{\mathrm{e}}(\boldsymbol{x}')}{4\pi\varepsilon_0|\boldsymbol{x}-\boldsymbol{x}'|}\mathrm{e}^{-|\boldsymbol{x}-\boldsymbol{x}'|/\lambda}\mathrm{d}V' \tag{4.9.8}$$

上式也适用于等离子体内由于密度涨落而引起的净电荷分布 ρ. 由于屏蔽效应, 这种局域性净电荷的影响也在屏蔽长度 λ 之外被消除. 因此, 在线度 $l\gg\lambda$ 范围内, 可以把等离子体看作电中性的. 这种性质称为准电中性.

2. 等离子体振荡

等离子体在热平衡时是准电中性的. 若等离子体内部受到某种扰动而使其中一些区域内净电荷密度不为零, 就会产生强的静电回复力, 使等离子体内的电荷分布发生振荡. 这种振荡主要是由电场和等离子体的流体运动相互制约而形成的.

下面我们忽略正离子的运动, 只考虑电子流体的运动. 设电子密度为 n, 平均速度为 $\boldsymbol{v}$. 考虑电子低速运动情形, 磁场力相对电场力可以忽略. 电子流体运动满足下面两个方程:

$$\frac{\partial n}{\partial t}+\nabla\cdot(n\boldsymbol{v})=0 \tag{4.9.9}$$

$$m\frac{\mathrm{d}\boldsymbol{v}}{\mathrm{d}t}=m\left(\frac{\partial\boldsymbol{v}}{\partial t}+\boldsymbol{v}\cdot\nabla\boldsymbol{v}\right)=-e\boldsymbol{E} \tag{4.9.10}$$

其中第一式是电子流体运动的连续性方程, 第二式是电子流体在电场作用下运动的方程, $\mathrm{d}/\mathrm{d}t$ 是运流导数 (也称随体导数). 在 (4.9.10) 式中, 我们忽略了电子流体的黏性和由热运动引起的热压强作用.

设平衡时电子密度为 n_0. 在平衡态中电子的电荷密度被离子的电荷密度完全抵消. 因此产生电场的电荷密度是偏离平衡的值 $-(n-n_0)e$, 因此

$$\nabla \cdot \boldsymbol{E} = -(n - n_0)\, e/\varepsilon_0 \tag{4.9.11}$$

(4.9.9) 式—(4.9.11) 式是等离子体的流体运动和电场相互制约的方程.

我们只考虑在平衡态附近的微小振荡. 设 $n' = n - n_0$ 及 $\boldsymbol{v}$ 为一级小量, 把 (4.9.9) 式—(4.9.11) 式线性化后得

$$\frac{\partial n'}{\partial t} + n_0 \nabla \cdot \boldsymbol{v} = 0 \tag{4.9.12}$$

$$\frac{\partial \boldsymbol{v}}{\partial t} = -\frac{e}{m}\boldsymbol{E} \tag{4.9.13}$$

$$\nabla \cdot \boldsymbol{E} = -\frac{e}{\varepsilon_0} n' \tag{4.9.14}$$

取 (4.9.13) 式的散度得

$$\frac{\partial}{\partial t}\nabla \cdot \boldsymbol{v} = -\frac{e}{m}\nabla \cdot \boldsymbol{E} \tag{4.9.15}$$

两边分别用 (4.9.12) 式和 (4.9.14) 式代入得

$$\frac{\partial^2 n'}{\partial t^2} + \frac{e^2 n_0}{m\varepsilon_0} n' = 0 \tag{4.9.16}$$

解得

$$n'(t) = n'(0)\mathrm{e}^{\mathrm{i}\omega_\mathrm{p} t} \tag{4.9.17}$$

$$\omega_\mathrm{p} = \sqrt{\frac{n_0 e^2}{m\varepsilon_0}} \tag{4.9.18}$$

ω_p 称为等离子体的振荡频率.

大气中的电离层是稀薄的等离子体, n_0 为 $10^{10} \sim 10^{12}\ \mathrm{m}^{-3}$, 它的等离子体频率 $f_\mathrm{p} = \omega_\mathrm{p}/2\pi = 1 \sim 10$ MHz.

以上结果是在忽略热压强作用的近似下导出的. 如果考虑热压强的作用, 电子等离子体振荡可以在空间中传播, 形成等离子体波.

3. 电磁波在等离子体中的传播

上面分析了等离子体受到自身密度涨落产生电场作用而振荡的规律. 现在我们研究电磁波在等离子体内的传播. 在这种情形下, 等离子体除了受到自身产生的电场 $\boldsymbol{E}_\mathrm{i}$ 的作用之外, 还受到电磁波的外电场 $\boldsymbol{E}_\mathrm{e}$ 的作用. 当电子速度小时, 电磁波磁场对等离子体的作用可以忽略.

有外加电磁波时, (4.9.12) 式仍然适用, (4.9.13) 式和 (4.9.14) 式改为

$$\frac{\partial \boldsymbol{v}}{\partial t} = -\frac{e}{m}(\boldsymbol{E}_\mathrm{i} + \boldsymbol{E}_\mathrm{e}) \tag{4.9.19}$$

$$\nabla \cdot \boldsymbol{E}_\mathrm{i} = -\frac{e}{\varepsilon_0} n' \tag{4.9.20}$$

首先我们说明内电场 $\boldsymbol{E}_\mathrm{i}$ 的作用和外电场 $\boldsymbol{E}_\mathrm{e}$ 的作用可以分离. 把电子速度写成

$\boldsymbol{v}=\boldsymbol{v}_{\mathrm{i}}+\boldsymbol{v}_{\mathrm{e}}$, 其中 $\boldsymbol{v}_{\mathrm{i}}$ 满足

$$\frac{\partial \boldsymbol{v}_{\mathrm{i}}}{\partial t}=-\frac{e}{m}\boldsymbol{E}_{\mathrm{i}} \tag{4.9.21}$$

从而

$$\frac{\partial \boldsymbol{v}_{\mathrm{e}}}{\partial t}=-\frac{e}{m}\boldsymbol{E}_{\mathrm{e}} \tag{4.9.22}$$

由于电磁波的电场有 $\nabla\cdot\boldsymbol{E}_{\mathrm{e}}=0$, 取 (4.9.22) 式的散度得

$$\frac{\partial}{\partial t}\nabla\cdot\boldsymbol{v}_{\mathrm{e}}=0 \tag{4.9.23}$$

因此 $\nabla\cdot\boldsymbol{v}_{\mathrm{e}}$ 为常量. 设初始时刻没有外加电磁波, 从而 $\nabla\cdot\boldsymbol{v}_{\mathrm{e}}=0$.

把 $\boldsymbol{v}=\boldsymbol{v}_{\mathrm{i}}+\boldsymbol{v}_{\mathrm{e}}$ 代入 (4.9.12) 式, 应用 $\nabla\cdot\boldsymbol{v}_{\mathrm{e}}=0$ 得

$$\frac{\partial n'}{\partial t}+n_0\nabla\cdot\boldsymbol{v}_{\mathrm{i}}=0 \tag{4.9.24}$$

两边取关于时间的偏导数,

$$\frac{\partial^2 n'}{\partial t^2}+n_0\frac{\partial}{\partial t}\nabla\cdot\boldsymbol{v}_{\mathrm{i}}=0 \tag{4.9.25}$$

结合 (4.9.20) 式和 (4.9.21) 式即得有外加电磁波时 n' 所满足的等离子体振荡方程, 它和没有外加电磁波的方程 (4.9.16) 式完全一样. 因此, 等离子体振荡不受外加电磁波的影响.

由 (4.9.24) 式看见, 在 $\boldsymbol{v}_{\mathrm{i}}=0$ 的参考系中 n' 不随时间变化. 从而 $\boldsymbol{v}_{\mathrm{i}}$ 是电子随等离子体一起振荡的速度. 在随等离子体一起振荡的参考系, 电子具有速度 $\boldsymbol{v}_{\mathrm{e}}$ 和电流密度 $\boldsymbol{J}=-n_0e\boldsymbol{v}_{\mathrm{e}}$. 利用 (4.9.22) 式,

$$\frac{\partial \boldsymbol{J}}{\partial t}=-n_0e\frac{\partial \boldsymbol{v}_{\mathrm{e}}}{\partial t}=\frac{n_0e^2}{m}\boldsymbol{E}_{\mathrm{e}} \tag{4.9.26}$$

这就是在电磁波作用下, 稀薄等离子体的电磁性质方程. 此方程形式上和超导体的伦敦第一方程 (3.5.3) 式一样. 这是由于我们忽略了在等离子体中由于电子碰撞所产生的阻尼, 电子受到电场作用只作加速运动.

对频率为 ω 的电磁波, 令

$$\boldsymbol{E}_{\mathrm{e}}(\boldsymbol{x},t)=\boldsymbol{E}_{\mathrm{e}}(\boldsymbol{x})\mathrm{e}^{-\mathrm{i}\omega t} \tag{4.9.27}$$

$$\frac{\partial \boldsymbol{J}}{\partial t}=-\mathrm{i}\omega\boldsymbol{J} \tag{4.9.28}$$

代入 (4.9.26) 式得

$$\boldsymbol{J}=\mathrm{i}\frac{n_0e^2}{m\omega}\boldsymbol{E}_{\mathrm{e}} \tag{4.9.29}$$

如果形式上把 (4.9.29) 式写为欧姆定律的形式:

$$\boldsymbol{J}(\omega)=\sigma(\omega)\boldsymbol{E}_{\mathrm{e}}(\omega) \tag{4.9.30}$$

则电导率 $\sigma(\omega)$ 为一纯虚数:

$$\sigma(\omega) = \mathrm{i}\frac{n_0 e^2}{m\omega} \tag{4.9.31}$$

纯虚数的电导率表示电流与电场有 90° 相位差, 因而没有欧姆能量损耗.

现在我们可以形式上应用导体内电磁波传播的公式. 把 (4.3.9) 式复电容率 $\varepsilon' = \varepsilon + \mathrm{i}\sigma/\omega$ 中的 σ 用纯虚数 (4.9.31) 式代入, 得有效电容率为

$$\varepsilon' = \varepsilon - \frac{n_0 e^2}{m\omega^2} \tag{4.9.32}$$

等离子体内电磁波的波数为

$$k = \omega\sqrt{\mu_0\varepsilon'} = \omega\sqrt{\mu_0\varepsilon_0}\left(1 - \frac{n_0 e^2}{m\varepsilon_0\omega^2}\right)^{\frac{1}{2}} = \frac{\omega}{c}\sqrt{1 - \frac{\omega_p^2}{\omega^2}} \tag{4.9.33}$$

式中取 $\varepsilon \approx \varepsilon_0, \omega_{\mathrm{p}}$ 为等离子体频率 (4.9.18) 式. 等离子体的折射率为

$$n = \sqrt{1 - \frac{\omega_{\mathrm{p}}^2}{\omega^2}} \tag{4.9.34}$$

当 $\omega > \omega_{\mathrm{p}}$, 在等离子体内有 $n < 1$, 电磁波的相速大于真空中的光速 c. 当电磁波从空气入射到电离层上时, 折射角大于入射角. 当入射角 $\theta > \theta_{\mathrm{c}}$ 时 $(\sin\theta_{\mathrm{c}} = n)$, 出现全反射现象, 电磁波从电离层反射回地球表面. 地球上的短波通信就是通过电离层的反射来实现的.

若 $\omega < \omega_{\mathrm{p}}$, 则 k 为纯虚数, 电磁波不能在等离子体内传播. 因此, 等离子体频率 ω_{p} 也就是电磁波在等离子体内传播的截止频率.

习 题

4.1 考虑两列振幅相同、偏振方向相同、角频率分别为 $\omega + \mathrm{d}\omega$ 和 $\omega - \mathrm{d}\omega$ 的线偏振平面波, 它们都沿 z 轴方向传播.

(1) 求合成波, 证明波的振幅不是常量, 而是一个波;

(2) 求合成波的相位传播速度和振幅传播速度.

答案:

(1) $\boldsymbol{A} = \boldsymbol{A}_0 \cdot 2\cos(\mathrm{d}k \cdot z - \mathrm{d}\omega \cdot t)\mathrm{e}^{\mathrm{i}(kz - \omega t)}$.

(2) 相速 $v_{\mathrm{p}} = \omega/k$, 群速 $v_{\mathrm{g}} = \mathrm{d}\omega/\mathrm{d}k$.

4.2 一平面电磁波以 $\theta = 45°$ 从真空入射到 $\varepsilon_{\mathrm{r}} = 2$ 的介质, 电场强度垂直于入射面. 求反射系数和折射系数.

答案:

$$R = \frac{2 - \sqrt{3}}{2 + \sqrt{3}}, \quad T = \frac{2\sqrt{3}}{2 + \sqrt{3}}.$$

4.3 有一可见平面光波由水入射到空气, 入射角为 60°. 证明这时将会发生全反射, 并求折射波沿表面传播的相速度和透入空气的深度. 设该波在空气中的波长为 $\lambda_0 = 6.28 \times 10^{-5}$ cm, 水的折射率为 $n = 1.33$.

答案:

$v_{\mathrm{p}}=\dfrac{\sqrt{3}}{2}c$, 穿透深度 $\kappa^{-1}=1.7\times10^{-5}$ cm.

4.4 角频率为 ω 的电磁波在各向异性介质中传播时, 若 $\boldsymbol{E}$、$\boldsymbol{D}$、$\boldsymbol{B}$、$\boldsymbol{H}$ 仍按 $\mathrm{e}^{\mathrm{i}(\boldsymbol{k}\cdot\boldsymbol{x}-\omega t)}$ 变化, 但 $\boldsymbol{D}$ 不再与 $\boldsymbol{E}$ 平行 (即 $\boldsymbol{D}=\varepsilon\boldsymbol{E}$ 不成立).

(1) 证明 $\boldsymbol{k}\cdot\boldsymbol{B}=\boldsymbol{k}\cdot\boldsymbol{D}=\boldsymbol{B}\cdot\boldsymbol{D}=\boldsymbol{B}\cdot\boldsymbol{E}=0$, 但一般 $\boldsymbol{k}\cdot\boldsymbol{E}\neq0$;

(2) 证明 $\boldsymbol{D}=\dfrac{1}{\omega^2\mu}\left[k^2\boldsymbol{E}-(\boldsymbol{k}\cdot\boldsymbol{E})\boldsymbol{k}\right]$;

(3) 证明能流 $\boldsymbol{S}$ 与波矢 $\boldsymbol{k}$ 一般不在同一方向上.

4.5 有两个频率和振幅都相等的单色平面波沿 z 轴传播, 一个波沿 x 方向偏振, 另一个沿 y 方向偏振, 但相位比前者超前 $\dfrac{\pi}{2}$, 求合成波的偏振.

反之, 一个圆偏振可以分解为怎样的两个线偏振?

4.6 平面电磁波垂直入射到金属表面上, 试证明透入金属内部的电磁波能量全部变为焦耳热.

4.7 已知海水的 $\mu_{\mathrm{r}}=1, \sigma=1\ \mathrm{S}\cdot\mathrm{m}^{-1}$, 试计算频率 ν 为 50 Hz、10^6 Hz 和 10^9 Hz 的三种电磁波在海水中的透入深度.

答案:

72 m, 0.5 m, 16 mm.

4.8 平面电磁波由真空倾斜入射到导电介质表面上, 入射角为 θ_1. 求导电介质中电磁波的相速度和衰减长度. 若导电介质为金属, 结果如何?

提示: 导电介质中的波矢量 $\boldsymbol{k}=\boldsymbol{\beta}+\mathrm{i}\boldsymbol{\alpha}, \boldsymbol{\alpha}$ 只有 z 分量. (为什么?)

答案:

设入射面为 xz 平面.

$$\beta_x=\frac{\omega}{c}\sin\theta_1,\quad \beta_y=0$$

$$\beta_z^2=\frac{1}{2}\left(\mu\varepsilon\omega^2-\frac{\omega^2}{c^2}\sin^2\theta_1\right)+\frac{1}{2}\left[\left(\mu\varepsilon\omega^2-\frac{\omega^2}{c^2}\sin^2\theta_1\right)^2+(\mu\sigma\omega)^2\right]^{\frac{1}{2}}$$

$$\alpha^2=\alpha_z^2=-\frac{1}{2}\left(\mu\varepsilon\omega^2-\frac{\omega^2}{c^2}\sin^2\theta_1\right)+\frac{1}{2}\left[\left(\mu\varepsilon\omega^2-\frac{\omega^2}{c^2}\sin^2\theta_1\right)^2+(\mu\sigma\omega)^2\right]^{\frac{1}{2}}$$

相速 $v=\omega/\beta$, 衰减长度 $=1/\alpha$

4.9 无限长的矩形波导管, 在 $z=0$ 处被一块垂直插入的理想导体平板完全封闭, 求在 $z=-\infty$ 到 $z=0$ 这段管内可能存在的波模.

答案:

$$\begin{aligned}
E_x&=A_1\cos\frac{m\pi x}{a}\sin\frac{n\pi y}{b}\sin k_z z\\
E_y&=A_2\sin\frac{m\pi x}{a}\cos\frac{n\pi y}{b}\sin k_z z\\
E_z&=A_3\sin\frac{m\pi x}{a}\sin\frac{n\pi y}{b}\cos k_z z\\
k_z&=\sqrt{\frac{\omega^2}{c^2}-\left(\frac{m\pi}{a}\right)^2-\left(\frac{n\pi}{b}\right)^2}\\
A_1&\frac{m\pi}{a}+A_2\frac{n\pi}{b}+k_zA_3=0
\end{aligned}$$

4.10 电磁波 $\boldsymbol{E}(x,y,z,t)=\boldsymbol{E}(x,y)\mathrm{e}^{\mathrm{i}(k_z z-\omega t)}$ 在波导管中沿 z 方向传播, 试使用 $\nabla\times\boldsymbol{E}=$

$\mathrm{i}\omega\mu_0\boldsymbol{H}$ 及 $\nabla\times\boldsymbol{H}=-\mathrm{i}\omega\varepsilon_0\boldsymbol{E}$ 证明电磁场所有分量都可用 $E_z(x,y)$ 及 $H_z(x,y)$ 这两个分量表示.

答案:

$$E_x=\frac{1}{\mathrm{i}\left(\frac{\omega^2}{c^2}-k_z^2\right)}\left(-\omega\mu_0\frac{\partial H_z}{\partial y}-k_z\frac{\partial E_z}{\partial x}\right)$$

$$E_y=\frac{1}{\mathrm{i}\left(\frac{\omega^2}{c^2}-k_z^2\right)}\left(\omega\mu_0\frac{\partial H_z}{\partial x}-k_z\frac{\partial E_z}{\partial y}\right)$$

$$H_x=\frac{1}{\mathrm{i}\left(\frac{\omega^2}{c^2}-k_z^2\right)}\left(-k_z\frac{\partial H_z}{\partial x}+\omega\varepsilon_0\frac{\partial E_z}{\partial y}\right)$$

$$H_y=\frac{1}{\mathrm{i}\left(\frac{\omega^2}{c^2}-k_z^2\right)}\left(-k_z\frac{\partial H_z}{\partial y}-\omega\varepsilon_0\frac{\partial E_z}{\partial x}\right)$$

4.11 写出矩形波导管内磁场 $\boldsymbol{H}$ 满足的方程及边界条件.

4.12 论证矩形波导管内不存在 TM_{m0} 或 TM_{0n} 波.

4.13 频率为 30×10^9 Hz 的微波, 在 0.7 cm × 0.4 cm 的矩形波导管中能以什么波模传播? 在 0.7 cm × 0.6 cm 的矩形波导管中能以什么波模传播?

答案:

(1) TE_{10}; (2) TE_{10} 及 TE_{01}.

4.14 一对无限大的平行理想导体板, 相距为 b, 电磁波沿平行于板面的 z 方向传播, 设波在 x 方向是均匀的, 求可能传播的波模和每种波模的截止频率.

答案:

$$E_x=A_1\sin\left(\frac{n\pi}{b}y\right)\mathrm{e}^{\mathrm{i}(k_z z-\omega t)}$$

$$E_y=A_2\cos\left(\frac{n\pi}{b}y\right)\mathrm{e}^{\mathrm{i}(k_z z-\omega t)}$$

$$E_z=A_3\sin\left(\frac{n\pi}{b}y\right)\mathrm{e}^{\mathrm{i}(k_z z-\omega t)}$$

$$k_z^2=\frac{\omega^2}{c^2}-\left(\frac{n\pi}{b}\right)^2$$

$$\frac{n\pi}{b}A_2=\mathrm{i}k_zA_3,\quad A_1\ \text{独立}$$

$$\text{截止频率}\ \omega_\mathrm{c}=\frac{n\pi c}{b}$$

4.15 证明整个谐振腔内的电场能量和磁场能量对时间的平均值总相等.

4.16 考虑 §4.6 的一维光子晶体. 对于 $\boldsymbol{E}$ 平行入射面情形, 仿照 (4.6.29) 式, 证明:

$$K=\frac{1}{a}\arccos\left\{\cos\left(k_z^{(1)}h_1\right)\cos\left(k_z^{(2)}h_2\right)-\frac{1}{2}\left[\left(\frac{n_2}{n_1}\right)^2\frac{k_z^{(1)}}{k_z^{(2)}}+\left(\frac{n_1}{n_2}\right)^2\frac{k_z^{(2)}}{k_z^{(1)}}\right]\sin\left(k_z^{(1)}h_1\right)\sin\left(k_z^{(2)}h_2\right)\right\}$$

已知 $k_z^{(1)}$ 和 $k_z^{(2)}$ 分别是实数或纯虚数, 请说明上式是一个实数.

第五章

电磁波的辐射

上一章研究了电磁波在空间中的传播规律. 在实践中, 电磁波常常是由运动电荷辐射出来的, 例如无线电波是由发射天线的高频交变电流辐射出来的. 本章研究高频交变电流辐射电磁波的规律.

严格说来, 天线上的电流和它激发的电磁场相互作用着. 天线电流激发电磁场, 而电磁场又反过来作用到天线电流上, 影响着天线电流的分布. 所以辐射问题本质上也是一个边值问题. 天线电流和空间电磁场是相互作用的两方面, 需要应用天线表面上的边界条件, 同时确定空间中的电磁波形式和天线上的电流分布. 这种问题的求解一般是比较复杂的, 对此我们不准备作深入探讨, 除了对半波天线辐射与电流的相互制约关系作了简单分析, 本章仅局限于讨论由天线上给定电流分布如何计算辐射电磁波的问题.

和恒定场情形一样, 当考虑由电荷电流分布激发电磁场的问题时, 引入势的概念来描述电磁场比较方便. 本章首先把势的概念推广到一般变化电磁场的情况, 然后通过势来解辐射问题.

第一节讨论一般情况下标势和矢势概念, 着重说明势的非唯一性, 势的规范变换和物理量的规范不变性等问题. 第二节研究标势和矢势的解—推迟势, 引出相互作用有限传播速度这一重要物理概念. 在以下三节中用推迟势公式计算各种类型电荷电流分布的辐射电磁场. 第三节和第四节研究小区域 (线度 $\ll$ 波长) 内电荷电流分布的辐射问题, 其中电偶极辐射是最基本的一种辐射, 它在宏观无线电辐射和微观带电粒子辐射中都占有重要地位. 第五节计算无线电常用的半波天线辐射, 第六节我们用电磁理论推导光学的惠更斯 (Huygens) 原理, 建立把波面上各点看作次级光源的物理基础, 惠更斯原理在光学衍射现象和微波辐射问题上都有重要的应用. 最后一节研究电磁场的动量、辐射压力和角动量问题.

在微观领域, 电磁辐射也是很重要的问题. 例如原子内部电子跃迁运动产生电磁辐射, 构成原子发射光谱. 关于微观辐射问题将在第七章中再系统讨论.

§ 5.1 电磁场的矢势和标势

1. 用势描述电磁场

为简单起见, 我们只讨论所有电荷电流都是自由电荷和电流的情形. 麦克斯韦方程组为

$$\begin{gathered}\nabla\times\boldsymbol{E}=-\frac{\partial\boldsymbol{B}}{\partial t}\\ \nabla\times\boldsymbol{H}=\frac{\partial\boldsymbol{D}}{\partial t}+\boldsymbol{J}\\ \nabla\cdot\boldsymbol{D}=\rho\\ \nabla\cdot\boldsymbol{B}=0\\ (\boldsymbol{D}=\varepsilon_0\boldsymbol{E},\quad \boldsymbol{B}=\mu_0\boldsymbol{H})\end{gathered}\tag{5.1.1}$$

对恒定场, 我们已经由 $\boldsymbol{B}$ 的无源性引入矢势 $\boldsymbol{A}$, 使

$$\boldsymbol{B}=\nabla\times\boldsymbol{A} \tag{5.1.2}$$

事实上在任何情况下 $\boldsymbol{B}$ 都保持无源性, 所以 $\boldsymbol{B}$ 与矢势 $\boldsymbol{A}$ 的关系 (5.1.2) 式是普遍成立的. 矢势 $\boldsymbol{A}$ 的物理意义是: 在任一时刻, $\boldsymbol{A}$ 沿任一闭合回路的线积分等于该时刻通过回路内的磁通量.

在一般的变化情况中, 电场 $\boldsymbol{E}$ 的特性与静电场不同. 电场 $\boldsymbol{E}$ 一方面受到电荷的激发, 另一方面也受到变化磁场的激发, 后者所激发的电场是有旋的. 因此, 在一般情况, 电场是有源和有旋的场, 它不可能单独用一个标势来描述. 在变化情况下电场与磁场发生直接联系, 因而电场的表示式必然包含矢势 $\boldsymbol{A}$ 在内. 把 (5.1.2) 式代入 (5.1.1) 式的第一式得

$$\nabla\times\left(\boldsymbol{E}+\frac{\partial\boldsymbol{A}}{\partial t}\right)=\boldsymbol{0}$$

该式表示矢量 $\boldsymbol{E}+\dfrac{\partial\boldsymbol{A}}{\partial t}$ 是无旋场, 因此它可以用标势 φ 的负梯度描述:

$$\boldsymbol{E}+\frac{\partial\boldsymbol{A}}{\partial t}=-\nabla\varphi$$

因此, 一般情况下电场的表示式为

$$\boldsymbol{E}=-\nabla\varphi-\frac{\partial\boldsymbol{A}}{\partial t} \tag{5.1.3}$$

(5.1.2) 式和 (5.1.3) 式把电磁场用矢势和标势表示出来. 注意现在电场 $\boldsymbol{E}$ 不再是保守力场, 一般不存在势能的概念, 标势 φ 失去作为电场中势能的意义. 因此, 在高频系统中, 电压的概念也失去确切的意义. 在变化场中, 磁场和电场是相互作用着的整体, 必须把矢势和标势作为一个整体来描述电磁场.

2. 规范变换和规范不变性

同一电磁场可以用不同的矢势 $\boldsymbol{A}$ 和标势 φ 描述, 例如给定的 $\boldsymbol{E}$ 和 $\boldsymbol{B}$ 并不对应于唯一的 $\boldsymbol{A}$ 和 φ. 这是因为对矢势 $\boldsymbol{A}$ 可以加上一个任意函数的梯度, 结果不影响 $\boldsymbol{B}$, 而这加在 $\boldsymbol{A}$ 上的梯度部分在 (5.1.3) 式中又可以从 $\nabla\varphi$ 中除去, 结果亦不影响 $\boldsymbol{E}$. 设 ψ 为任意时空函数, 作变换

$$\begin{aligned}\boldsymbol{A}\to\boldsymbol{A}'&=\boldsymbol{A}+\nabla\psi\\ \varphi\to\varphi'&=\varphi-\frac{\partial\psi}{\partial t}\end{aligned} \tag{5.1.4}$$

有

$$\nabla\times\boldsymbol{A}'=\nabla\times\boldsymbol{A}=\boldsymbol{B}$$

$$-\nabla\varphi'-\frac{\partial\boldsymbol{A}'}{\partial t}=-\nabla\varphi-\frac{\partial\boldsymbol{A}}{\partial t}=\boldsymbol{E}$$

即 $(\boldsymbol{A}',\varphi')$ 与 $(\boldsymbol{A},\varphi)$ 描述同一电磁场. 变换 (5.1.4) 式称为势的规范变换. 每种限制 ψ 的任意性的条件称为一种规范. 在经典电动力学中, 由于表示电磁场客观属性的可测物理量为 $\boldsymbol{E}$ 和 $\boldsymbol{B}$, 而不同规范又对应着同一对的 $\boldsymbol{E}$ 和 $\boldsymbol{B}$, 因此, 如果用势来描述电磁场, 客观规律应该和势的特殊的规范选择无关. 当势作规范变换时, 所有物理量和物理规律都应该保持不变, 这种不变性称为规范不变性.

在量子力学中, $\boldsymbol{E}$ 和 $\boldsymbol{B}$ 不能完全描述电磁场的所有物理效应. 例如在 A–B 效应中, 在非单连通区域内绕闭合路径一周的电子波函数相位差, 都涉及回路积分

$$\oint_C \boldsymbol{A}\cdot\mathrm{d}\boldsymbol{l}$$

它不能用 $\boldsymbol{B}$ 的局域作用来描述. 但是, 此回路积分仍然是规范不变的, 因为对 $\boldsymbol{A}$ 作规范变换 (5.1.4) 后, 得

$$\begin{aligned}\oint \boldsymbol{A}'\cdot\mathrm{d}\boldsymbol{l} &= \oint(\boldsymbol{A}+\nabla\psi)\cdot\mathrm{d}\boldsymbol{l} = \oint \boldsymbol{A}\cdot\mathrm{d}\boldsymbol{l} + \oint \mathrm{d}\psi \\ &= \oint \boldsymbol{A}\cdot\mathrm{d}\boldsymbol{l}\end{aligned}$$

因此, 即使在量子力学中, 所有可测量的物理量仍然保持规范不变性.

在经典电动力学中, 势 $\boldsymbol{A}$ 和 φ 的引入是作为描述电磁场的一种方法, 规范不变性是对这种描述方法所加的要求. 在近代物理中, 规范变换是由量子力学的基本原理引入的, 规范不变性是一条重要的物理原理. 在量子力学中 $\boldsymbol{A}$ 和 φ 的地位也比在经典电动力学中重要得多. 因此我们要熟悉用势描述电磁场的方法.

现在已经清楚, 不仅在电磁相互作用中, 而且在其他基本相互作用, 包括弱相互作用和强相互作用中, 规范不变性是决定相互作用形式的一条基本原理. 传递这些相互作用的场称为规范场. 电磁场是人们最熟知的一种规范场.

从数学上来说, 规范变换自由度的存在是由于在势的定义式 (5.1.2) 和式 (5.1.3) 中, 只给出了 $\boldsymbol{A}$ 的旋度, 而没有给出 $\boldsymbol{A}$ 的散度. 我们知道仅由矢量场的旋度是不足以确定这个矢量场的. 为了确定 $\boldsymbol{A}$, 还必须给定它的散度. 电磁场 $\boldsymbol{E}$ 和 $\boldsymbol{B}$ 本身对 $\boldsymbol{A}$ 的散度没有任何限制. 因此, 作为确定势的辅助条件, 我们可以取 $\nabla\cdot\boldsymbol{A}$ 为任意的值. 每一种选择就对应一种规范. 采用适当的辅助条件可以使基本方程和计算简化, 而且物理意义也较明显. 从计算方便考虑, 在不同问题中可以采用不同的辅助条件. 应用最广的是以下两种规范条件:

(1) 库仑规范　辅助条件为

$$\nabla\cdot\boldsymbol{A} = 0 \tag{5.1.5}$$

在此规范中 $\boldsymbol{A}$ 为无源场, 因而电场表示式

$$\boldsymbol{E} = -\nabla\varphi - \frac{\partial \boldsymbol{A}}{\partial t}$$

中第二项 $-\dfrac{\partial \boldsymbol{A}}{\partial t}$ 是无源场 (横场), 而第一项 $-\nabla\varphi$ 为无旋场 (纵场). 此规范的特点是

$\boldsymbol{E}$ 的纵场部分完全由 φ 描述, 而横场部分由 $\boldsymbol{A}$ 描述, $-\dfrac{\partial \boldsymbol{A}}{\partial t}$ 项不含纵场部分. $-\nabla\varphi$ 项对应于库仑场, $-\dfrac{\partial \boldsymbol{A}}{\partial t}$ 项对应于感应电场. 这种划分对于讨论某些问题是方便的.

(2) 洛伦兹 (Lorenz) 规范　辅助条件为

$$\nabla \cdot \boldsymbol{A} + \frac{1}{c^2}\frac{\partial \varphi}{\partial t} = 0 \tag{5.1.6}$$

由下面的推导结果看出, 采用这种规范时, 势的基本方程化为特别简单的对称形式, 其物理意义也特别明显. 因此, 这种规范在基本理论研究以及解决实际辐射问题中是特别方便的.

3. 达朗贝尔方程

现在由麦克斯韦方程组推导势 $\boldsymbol{A}$ 和 φ 所满足的基本方程. 把 (5.1.2) 式和 (5.1.3) 式代入 (5.1.1) 式的第二式和第三式得

$$\nabla \times (\nabla \times \boldsymbol{A}) = \mu_0 \boldsymbol{J} - \mu_0\varepsilon_0 \frac{\partial}{\partial t}\nabla\varphi - \mu_0\varepsilon_0\frac{\partial^2 \boldsymbol{A}}{\partial t^2}$$

$$-\nabla^2\varphi - \frac{\partial}{\partial t}\nabla\cdot\boldsymbol{A} = \frac{\rho}{\varepsilon_0}$$

应用 $\mu_0\varepsilon_0 = 1/c^2$ 并将两式加以整理后, 得

$$\begin{gathered}\nabla^2\boldsymbol{A} - \frac{1}{c^2}\frac{\partial^2 \boldsymbol{A}}{\partial t^2} - \nabla\left(\nabla\cdot\boldsymbol{A} + \frac{1}{c^2}\frac{\partial\varphi}{\partial t}\right) = -\mu_0\boldsymbol{J} \\ \nabla^2\varphi + \frac{\partial}{\partial t}\nabla\cdot\boldsymbol{A} = -\frac{\rho}{\varepsilon_0}\end{gathered} \tag{5.1.7}$$

这是适用于一般规范的方程组. 若采用库仑规范, 由 (5.1.5) 式得

$$\begin{gathered}\nabla^2\boldsymbol{A} - \frac{1}{c^2}\frac{\partial^2 \boldsymbol{A}}{\partial t^2} - \frac{1}{c^2}\frac{\partial}{\partial t}\nabla\varphi = -\mu_0\boldsymbol{J} \\ \nabla^2\varphi = -\frac{\rho}{\varepsilon_0}\end{gathered} \tag{5.1.8}$$

$$(\nabla\cdot\boldsymbol{A} = 0) \tag{5.1.9}$$

这种规范的特点是标势所满足的方程与静电场情形相同, 其解是库仑势. 解出 φ 后代入第一式可解出 $\boldsymbol{A}$, 因而可以确定辐射电磁场.

若采用洛伦兹规范, 由 (5.1.6) 式和 (5.1.7) 式得

$$\begin{gathered}\nabla^2\boldsymbol{A} - \frac{1}{c^2}\frac{\partial^2 \boldsymbol{A}}{\partial t^2} = -\mu_0\boldsymbol{J} \\ \nabla^2\varphi - \frac{1}{c^2}\frac{\partial^2 \varphi}{\partial t^2} = -\frac{\rho}{\varepsilon_0} \\ \left(\nabla\cdot\boldsymbol{A} + \frac{1}{c^2}\frac{\partial\varphi}{\partial t} = 0\right)\end{gathered} \tag{5.1.10}$$

用这种规范时, $\boldsymbol{A}$ 和 φ 的方程具有相同形式, 其意义也特别明显. 方程 (5.1.10) 称为达朗贝尔 (d'Alembert) 方程, 它是非齐次的波动方程, 非齐次项为电流密度和电荷密度. 由 (5.1.10) 式, 在形式上, 电荷产生标势波动, 电流产生矢势波动. 离开电荷电流分布区域后, 矢势和标势都以波动形式在空间中传播, 由它们导出的电磁场 $\boldsymbol{E}$ 和 $\boldsymbol{B}$ 也以波动形式在空间中传播. 当然 $\boldsymbol{E}$ 和 $\boldsymbol{B}$ 的波动性质是和规范无关的.

在洛伦兹规范下, (5.1.10) 式连同辅助条件 [洛伦兹条件 (5.1.6) 式] 是用势表述的电动力学基本方程组. 求得势的解后, 电磁场 $\boldsymbol{E}$ 和 $\boldsymbol{B}$ 由 (5.1.2) 式和 (5.1.3) 式给出.

例 5.1

求平面电磁波的势.

解: 平面电磁波在没有电荷电流分布的空间中传播, 因而势的方程 (5.1.10) 变为波动方程, 其平面波解为

$$\boldsymbol{A}=\boldsymbol{A}_0\mathrm{e}^{\mathrm{i}(\boldsymbol{k}\cdot\boldsymbol{x}-\omega t)},\quad \varphi=\varphi_0\mathrm{e}^{\mathrm{i}(\boldsymbol{k}\cdot\boldsymbol{x}-\omega t)} \tag{5.1.11}$$

对 $\boldsymbol{A}$ 和 φ 加上洛伦兹条件 (5.1.6) 式得

$$\varphi_0=\frac{c^2}{\omega}\boldsymbol{k}\cdot\boldsymbol{A}_0 \tag{5.1.12}$$

因此, 只要给定矢量 $\boldsymbol{A}_0$, 就可以确定平面电磁波. 场强 $\boldsymbol{B}$ 和 $\boldsymbol{E}$ 为

$$\boldsymbol{B}=\nabla\times\boldsymbol{A}=\mathrm{i}\boldsymbol{k}\times\boldsymbol{A} \tag{5.1.13}$$

$$\begin{aligned}\boldsymbol{E}&=-\nabla\varphi-\frac{\partial\boldsymbol{A}}{\partial t}=-\mathrm{i}\boldsymbol{k}\varphi+\mathrm{i}\omega\boldsymbol{A}\\&=-\frac{\mathrm{i}c^2}{\omega}\left[\boldsymbol{k}(\boldsymbol{k}\cdot\boldsymbol{A})-k^2\boldsymbol{A}\right]=-\frac{\mathrm{i}c^2}{\omega}\boldsymbol{k}\times(\boldsymbol{k}\times\boldsymbol{A})\\&=-\frac{c^2}{\omega}\boldsymbol{k}\times\boldsymbol{B}=-c\boldsymbol{e}_k\times\boldsymbol{B}\end{aligned} \tag{5.1.14}$$

和 §4.1 结果一致. 注意由 (5.1.13) 式和 (5.1.14) 式, 平面波电磁场只依赖于矢势 $\boldsymbol{A}$ 的横向分量, 对 $\boldsymbol{A}_0$ 加上任意纵向部分 $\alpha\boldsymbol{k}$ (同时对 φ_0 加上 $\alpha\omega, \alpha$ 为任意常量) 都不影响电磁场值. 这说明在平面波情形, 即使加上洛伦兹条件后, $\boldsymbol{A}$ 和 φ 仍然不是唯一确定的, 还剩下一些规范变换自由度. 最简单的选择是取 $\boldsymbol{A}$ 只有横向部分, 即 $\boldsymbol{k}\cdot\boldsymbol{A}=0$, 因而由 (5.1.12) 式 $\varphi=0$. 用此规范时有

$$\boldsymbol{B}=\mathrm{i}\boldsymbol{k}\times\boldsymbol{A},\quad \boldsymbol{E}=\mathrm{i}\omega\boldsymbol{A}\quad(\boldsymbol{k}\cdot\boldsymbol{A}=0) \tag{5.1.15}$$

如果我们采用库仑规范, 势的方程 (5.1.8) 式在自由空间 (即 $\rho=0$ 和 $\boldsymbol{J}=\boldsymbol{0}$ 区域) 中变为

$$\nabla^2\boldsymbol{A}-\frac{1}{c^2}\frac{\partial^2\boldsymbol{A}}{\partial t^2}-\frac{1}{c^2}\frac{\partial}{\partial t}\nabla\varphi=0$$
$$\nabla^2\varphi=0$$
$$(\nabla\cdot\boldsymbol{A}=0)$$

当全空间没有电荷分布时, 库仑场的标势 $\varphi=0$. 把 $\varphi=0$ 代入第一方程得 $\boldsymbol{A}$ 的波动方程, 其平面波解为

$$\boldsymbol{A}=\boldsymbol{A}_0\mathrm{e}^{\mathrm{i}(\boldsymbol{k}\cdot\boldsymbol{x}-\omega t)}$$

库仑条件 $\nabla \cdot \boldsymbol{A} = 0$ 保证 $\boldsymbol{A}$ 只有横向分量. 由 (5.1.2) 式和 (5.1.3) 式得

$$\boldsymbol{B} = \mathrm{i}\boldsymbol{k} \times \boldsymbol{A}, \quad \boldsymbol{E} = \mathrm{i}\omega \boldsymbol{A}, \quad (\boldsymbol{k} \cdot \boldsymbol{A} = 0)$$

与 (5.1.15) 式一致.

由这个例子看出库仑规范的优点. 它的标势 φ 描述库仑作用, 可直接由电荷分布 ρ 求出. 它的矢势只有横向分量, 刚好足够描述辐射电磁波的两种独立偏振. 而在采用洛伦兹规范时, $\boldsymbol{A}$ 的纵向部分和标势 φ 的选择还可以有任意性, 即存在多余的自由度. 虽然这样, 洛伦兹规范的最大优点是它使矢势和标势的方程具有对称性, 在相对论中显示出协变性, 因而对于理论探讨和实际计算都提供了很大的方便. 所以本书以后都采用洛伦兹规范.

§ 5.2 推迟势

现在我们求达朗贝尔方程的解. 标势 φ 的达朗贝尔方程为

$$\nabla^2 \varphi - \frac{1}{c^2}\frac{\partial^2 \varphi}{\partial t^2} = -\frac{\rho}{\varepsilon_0} \tag{5.2.1}$$

式中 $\rho = \rho(\boldsymbol{x}, t)$ 是空间中的电荷密度. (5.2.1) 式是线性方程, 反映电磁场的叠加性. 由于场的叠加性, 可以先考虑某一体元内的变化电荷所激发的势, 然后对电荷分布区域积分, 即得总的标势.

设原点处有一假想变化电荷 $Q(t)$, 其电荷密度为 $\rho(\boldsymbol{x}, t) = Q(t)\delta(\boldsymbol{x})$. 此电荷辐射的势满足达朗贝尔方程

$$\nabla^2 \varphi - \frac{1}{c^2}\frac{\partial^2 \varphi}{\partial t^2} = -\frac{1}{\varepsilon_0} Q(t)\delta(\boldsymbol{x}) \tag{5.2.2}$$

由球对称性, φ 只依赖于 r、t, 而不依赖于角变量. (5.2.2) 式用球坐标表示为

$$\frac{1}{r^2}\frac{\partial}{\partial r}\left(r^2 \frac{\partial \varphi}{\partial r}\right) - \frac{1}{c^2}\frac{\partial^2 \varphi}{\partial t^2} = -\frac{1}{\varepsilon_0} Q(t)\delta(\boldsymbol{x}) \tag{5.2.3}$$

除原点之外, φ 满足齐次波动方程

$$\frac{1}{r^2}\frac{\partial}{\partial r}\left(r^2 \frac{\partial \varphi}{\partial r}\right) - \frac{1}{c^2}\frac{\partial^2 \varphi}{\partial t^2} = 0 \quad (r \neq 0) \tag{5.2.4}$$

(5.2.4) 式的解是球面波. 考虑到当 r 增大时势减弱, 所以作如下代换:

$$\varphi(r, t) = \frac{u(r, t)}{r} \tag{5.2.5}$$

把 (5.2.5) 式代入 (5.2.4) 式, 得 u 的方程

$$\frac{\partial^2 u}{\partial r^2} - \frac{1}{c^2}\frac{\partial^2 u}{\partial t^2} = 0 \tag{5.2.6}$$

此方程形式上是一维空间的波动方程, 其通解为

$$u(r,t)=f\left(t-\frac{r}{c}\right)+g\left(t+\frac{r}{c}\right) \tag{5.2.7}$$

式中 f 和 g 是两个任意函数. 由 (5.2.5) 式可得除原点以外 φ 的解为

$$\varphi(r,t)=\frac{f\left(t-\dfrac{r}{c}\right)}{r}+\frac{g\left(t+\dfrac{r}{c}\right)}{r} \tag{5.2.8}$$

此解的第一项代表向外发射的球面波, 第二项代表向内收敛的球面波. 函数 f 和 g 的具体形式应由物理条件定出. 当我们研究辐射问题时, 电磁场是由原点处的电荷发出的, 它必然是向外发射的波. 因此在辐射问题中应取 $g=0$, 而函数 f 的形式应由原点处的电荷变化形式决定. 在静电情形, 我们知道电荷 Q 激发的电势为

$$\varphi=\frac{Q}{4\pi\varepsilon_0 r}\quad(\text{静电场})$$

推广到变化场情形, 由 (5.2.8) 式的形式可以推想 (5.2.2) 式的解为

$$\varphi(r,t)=\frac{Q\left(t-\dfrac{r}{c}\right)}{4\pi\varepsilon_0 r} \tag{5.2.9}$$

下面我们证明 (5.2.9) 式是 (5.2.2) 式的解. 当 $r\neq 0$ 时, 可证 (5.2.9) 式满足波动方程 (5.2.4). $r=0$ 点是 (5.2.9) 式的奇点, 因此

$$\left(\nabla^2-\frac{1}{c^2}\frac{\partial^2}{\partial t^2}\right)\frac{Q\left(t-\dfrac{r}{c}\right)}{4\pi\varepsilon_0 r} \tag{5.2.10}$$

只可能在 $r=0$ 点上不等于零, 在该点上 (5.2.10) 式可能有 δ 函数形式的奇异性. 为了研究在 $r=0$ 点上 (5.2.10) 式的奇异性质, 我们作一半径为 η 的小球包围原点, 把 (5.2.10) 式在小球内积分,

$$\int_0^\eta 4\pi r^2\,\mathrm{d}r\left(\nabla^2-\frac{1}{c^2}\frac{\partial^2}{\partial t^2}\right)\frac{Q\left(t-\dfrac{r}{c}\right)}{4\pi\varepsilon_0 r}$$

当 $\eta\to 0$ 时, 积分的第二项 $\sim\eta^2$ 趋于零, 而在第一项中, 只有对分母因子求二阶导数时才得到不为零的积分, 因此可令 $Q\left(t-\dfrac{r}{c}\right)\to Q(t)$, 此项变为

$$\frac{Q(t)}{4\pi\varepsilon_0}\int_V \mathrm{d}V\nabla^2\frac{1}{r}=\frac{Q(t)}{4\pi\varepsilon_0}(-4\pi)=-\frac{Q(t)}{\varepsilon_0}$$

[见 (2.4.10) 式上面的积分公式.] 因此, 由 δ 函数的定义得

$$\left(\nabla^2-\frac{1}{c^2}\frac{\partial^2}{\partial t^2}\right)\frac{Q\left(t-\dfrac{r}{c}\right)}{4\pi\varepsilon_0 r}=-\frac{1}{\varepsilon_0}Q(t)\delta(\boldsymbol{x}) \tag{5.2.11}$$

因此 (5.2.9) 式为方程 (5.2.2) 的解.

如果电荷不在原点上, 而是在 $\boldsymbol{x}'$ 点上, 令 r 为 $\boldsymbol{x}'$ 点到场点 $\boldsymbol{x}$ 的距离, 有

$$\varphi(\boldsymbol{x},t)=\frac{Q\left(\boldsymbol{x}',t-\dfrac{r}{c}\right)}{4\pi\varepsilon_0 r}$$

由场的叠加性, 对于一般变化电荷分布 $\rho(\boldsymbol{x}',t)$, 它所激发的标势为

$$\varphi(\boldsymbol{x},t)=\int_V\frac{\rho\left(\boldsymbol{x}',t-\dfrac{r}{c}\right)}{4\pi\varepsilon_0 r}\,\mathrm{d}V' \tag{5.2.12}$$

上式为标势的推迟势公式.

我们在 §2.4 节介绍了求解泊松方程的格林函数方法, 这个方法经推广也是求解达朗贝尔方程问题的一个有效方法. 达朗贝尔方程的格林函数是以两对时空点为变量的函数 $G(\boldsymbol{x},t;\boldsymbol{x}',t')$, 满足方程

$$\left(\nabla^2-\frac{1}{c^2}\frac{\partial^2}{\partial t^2}\right)G(\boldsymbol{x},t;\boldsymbol{x}',t')=-\delta(\boldsymbol{x}-\boldsymbol{x}')\delta(t-t') \tag{5.2.13}$$

格林函数并不是真实的物理场, 它本质上是达朗贝尔方程算符的逆 (参考 §2.4 关于泊松方程格林函数离散形式的讨论), 是为求解达朗贝尔方程引入的一个数学工具. (5.2.13) 式右边 δ 函数前面的因子选为 -1 是为了后面的方便. 根据前面关于标量推迟势的讨论, 由 t' 时刻出现在 $\boldsymbol{x}'$ 的一个随时间 t 变化的假想点电荷 $Q(t)=\delta(t-t')$ 所产生的标势正好满足上式, 从而是达朗贝尔方程的一个格林函数,

$$G(\boldsymbol{x},t;\boldsymbol{x}',t')=\frac{\delta\left(t-t'-\dfrac{r}{c}\right)}{4\pi|\boldsymbol{x}-\boldsymbol{x}'|} \tag{5.2.14}$$

它形式上是早前 t' 时刻点电荷产生的, 以 $\boldsymbol{x}'$ 为中心随时间向外传播的球面波, 满足因果关系. 数学上, 它是 (5.2.13) 式在渐近为向外传播球面波的条件下得到的解, 称为推迟格林函数. 给 (5.2.13) 式的 $G(\boldsymbol{x},t;\boldsymbol{x}',t')$ 加上不同的渐近条件可以得到不同的格林函数.

由于矢势 $\boldsymbol{A}$ 所满足的方程形式上与标势的达朗贝尔方程一致, 其解的形式和 (5.2.12) 式类似. 利用推迟格林函数 (5.2.14) 式可以把一般变化电流分布 $\boldsymbol{J}(\boldsymbol{x}',t')$ 所激发的矢势写成

$$\begin{aligned}\boldsymbol{A}(\boldsymbol{x},t)&=\mu_0\int_V\int G(\boldsymbol{x},t;\boldsymbol{x}',t')\boldsymbol{J}(\boldsymbol{x}',t')\mathrm{d}t'\mathrm{d}V'\\&=\frac{\mu_0}{4\pi}\int_V\frac{\boldsymbol{J}\left(\boldsymbol{x}',t-\dfrac{r}{c}\right)}{r}\mathrm{d}V'\end{aligned} \tag{5.2.15}$$

上式为矢势的推迟势公式.

下面验证 $\boldsymbol{A}$ 和 φ 满足洛伦兹条件. 设 $t'=t-\dfrac{r}{c}$. 对 r 的函数而言, 有 $\nabla=-\nabla'$, 因此

$$
\begin{aligned}
\nabla\cdot\boldsymbol{A}(\boldsymbol{x},t)&=\frac{\mu_0}{4\pi}\int\nabla\cdot\frac{\boldsymbol{J}(\boldsymbol{x}',t')}{r}\,\mathrm{d}V'\\
&=\frac{\mu_0}{4\pi}\int\left[-\nabla'\cdot\frac{\boldsymbol{J}(\boldsymbol{x}',t')}{r}+\frac{\nabla'\cdot\boldsymbol{J}(\boldsymbol{x}',t')_{t'\text{不变}}}{r}\right]\mathrm{d}V'\\
&=\frac{\mu_0}{4\pi}\int\frac{1}{r}\nabla'\cdot\boldsymbol{J}(\boldsymbol{x}',t')_{t'\ \text{不变}}\,\mathrm{d}V'\\
\frac{\partial\varphi}{\partial t}(\boldsymbol{x},t)&=\frac{1}{4\pi\varepsilon_0}\int\frac{1}{r}\frac{\partial}{\partial t}\rho(\boldsymbol{x}',t')\,\mathrm{d}V'\\
&=\frac{1}{4\pi\varepsilon_0}\int\frac{1}{r}\frac{\partial}{\partial t'}\rho(\boldsymbol{x}',t')\,\mathrm{d}V'
\end{aligned}
$$

因而

$$
\begin{aligned}
&\nabla\cdot\boldsymbol{A}(\boldsymbol{x},t)+\frac{1}{c^2}\frac{\partial}{\partial t}\varphi(\boldsymbol{x},t)\\
&=\frac{\mu_0}{4\pi}\int\frac{1}{r}\left[\nabla'\cdot\boldsymbol{J}(\boldsymbol{x}',t')_{t'\ \text{不变}}+\frac{\partial}{\partial t'}\rho(\boldsymbol{x}',t')\right]\mathrm{d}V'
\end{aligned}
$$

由电荷守恒定律可知

$$
\nabla'\cdot\boldsymbol{J}(\boldsymbol{x}',t')_{t'\ \text{不变}}+\frac{\partial}{\partial t'}\rho(\boldsymbol{x}',t')=0
$$

即得 $\boldsymbol{A}$ 和 φ 满足洛伦兹条件 (5.1.6) 式.

(5.2.12) 式和 (5.2.15) 式给出了空间 $\boldsymbol{x}$ 点在时刻 t 的势, 此势是由电荷电流分布激发的. 对势 $\varphi(\boldsymbol{x},t)$ 有贡献的不是同一时刻 t 的电荷密度值, 而是在较早时刻 $t-\dfrac{r}{c}$ 的电荷密度值. 如图 5–1 所示, 设 $\boldsymbol{M}_1$ 距场点为 r_1, 则在 $\boldsymbol{M}_1$ 点上的电荷在时刻 $t-\dfrac{r_1}{c}$ 的值对 $\varphi(\boldsymbol{x},t)$ 有贡献, 而在 $\boldsymbol{M}_2$ 点上的电荷则在另一时刻 $t-\dfrac{r_2}{c}$ 对 $\varphi(\boldsymbol{x},t)$ 有贡献. 因此我们在 $\boldsymbol{x}$ 点 t 时刻测量到的电磁场是由电荷电流分布在不同时刻激发的.

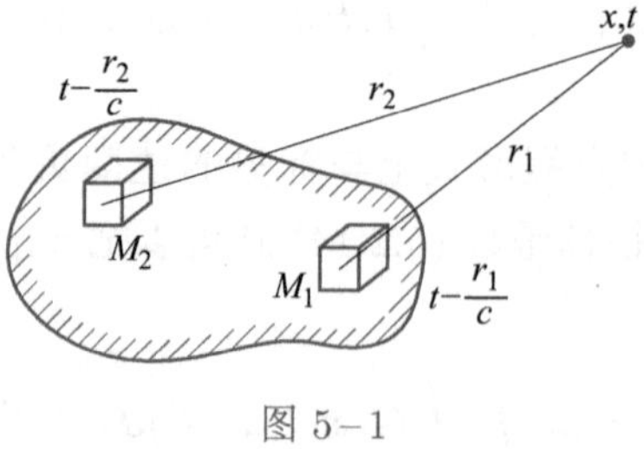

图 5–1

(5.2.12) 式和 (5.2.15) 式的重要意义在于它反映了电磁作用具有一定的传播速度. 空间某点 $\boldsymbol{x}$ 在某时刻 t 的场值不是依赖于同一时刻的电荷电流分布, 而是取决于较早时刻 $t-\dfrac{r}{c}$ 的电荷电流分布. 也就是说, 电荷产生的物理作用不能够立刻传至场点, 而是在较晚的时刻才传到场点, 所推迟的时间 $\dfrac{r}{c}$ 正是电磁作用从“源点 $\boldsymbol{x}'$ 传

至场点 $\boldsymbol{x}$ 所需的时间, c 是电磁作用的传播速度. 因此, (5.2.12) 式和 (5.2.15) 式称为推迟势.

除电磁作用之外, 其他一切作用也都通过物质以有限速度传播. 事物总是通过物质自身的运动发展而互相联系着, 不存在瞬时的超距作用. 在下一章中我们将看到这个观点正是相对论时空观的基础.

由 (5.2.12) 式和 (5.2.15) 式, 当 ρ 和 $\boldsymbol{J}$ 给定后, 就可以算出势, 再由

$$\boldsymbol{B} = \nabla \times \boldsymbol{A}$$

$$\boldsymbol{E} = -\nabla\varphi - \frac{\partial \boldsymbol{A}}{\partial t}$$

即可求得空间任意点的电磁场强度. 当然, 电磁场反过来亦对电荷电流发生一定的反作用, 从而制约激发区内的电荷电流分布, 使其不能任意规定. 以后我们研究天线辐射问题时再具体讨论这一点.

§ 5.3 电偶极辐射

电磁波是从交变运动的电荷系统辐射出来的. 在宏观情形下, 电磁波由载有交变电流的天线辐射出来; 在微观情形下, 带电粒子运动状态变化引发电磁波的辐射. 本节先研究宏观电荷系统在其线度远小于波长情形下的辐射问题.

1. 计算辐射场的一般公式

当交变电流分布给定时, 计算辐射场的基础是推迟势公式

$$\boldsymbol{A}(\boldsymbol{x}, t) = \frac{\mu_0}{4\pi} \int_V \frac{\boldsymbol{J}\left(\boldsymbol{x}', t - \frac{r}{c}\right)}{r} \mathrm{d}V' \tag{5.3.1}$$

若电流 $\boldsymbol{J}$ 是一定频率的交变电流, 有

$$\boldsymbol{J}(\boldsymbol{x}', t) = \boldsymbol{J}(\boldsymbol{x}')\,\mathrm{e}^{-\mathrm{i}\omega t} \tag{5.3.2}$$

代入 (5.3.1) 式中得

$$\boldsymbol{A}(\boldsymbol{x}, t) = \frac{\mu_0}{4\pi} \int_V \frac{\boldsymbol{J}(\boldsymbol{x}')\,\mathrm{e}^{\mathrm{i}(kr - \omega t)}}{r}\, \mathrm{d}V' \tag{5.3.3}$$

式中 $k = \omega/c$ 为波数. 令

$$\boldsymbol{A}(\boldsymbol{x}, t) = \boldsymbol{A}(\boldsymbol{x})\mathrm{e}^{-\mathrm{i}\omega t}$$

有

$$\boldsymbol{A}(\boldsymbol{x}) = \frac{\mu_0}{4\pi} \int_V \frac{\boldsymbol{J}(\boldsymbol{x}')\,\mathrm{e}^{\mathrm{i}kr}}{r} \mathrm{d}V' \tag{5.3.4}$$

在 (5.3.3) 式和 (5.3.4) 式中, 因子 $\mathrm{e}^{\mathrm{i}kr}$ 是推迟作用因子, 它表示电磁波传至场点时有相位滞后 kr.

电荷密度 ρ 与电流密度 $\boldsymbol{J}$ 由电荷守恒定律相联系, 在一定频率的交变电流情形中有

$$\mathrm{i}\omega\rho = \nabla\cdot\boldsymbol{J} \tag{5.3.5}$$

由此, 只要电流密度 $\boldsymbol{J}$ 给定, 则电荷密度 ρ 也自然确定. 由 (5.2.12) 式, 标势 φ 也跟着确定. 因此, 在此情形下, 由矢势 $\boldsymbol{A}$ 的公式 (5.3.4) 就可以完全确定电磁场. 磁场 $\boldsymbol{B}$ 可直接由 $\boldsymbol{A}$ 求出:

$$\boldsymbol{B} = \nabla\times\boldsymbol{A} \tag{5.3.6}$$

算出 $\boldsymbol{B}$ 后, 电场 $\boldsymbol{E}$ 可由麦克斯韦方程求出. 在电荷分布区外面, $\boldsymbol{J}=\boldsymbol{0}$, 由真空中的麦克斯韦方程

$$\nabla\times\boldsymbol{B} = \mu_0\varepsilon_0\frac{\partial\boldsymbol{E}}{\partial t} = -\frac{\mathrm{i}\omega}{c^2}\boldsymbol{E}$$

得

$$\boldsymbol{E} = \frac{\mathrm{i}c}{k}\nabla\times\boldsymbol{B}$$

2. 矢势的展开式

在矢势公式 (5.3.4) 中, 我们注意到存在三个线度: 电荷分布区域的线度 l, 它决定积分区域内 $|\boldsymbol{x}'|$ 的大小; 波长 $\lambda=\dfrac{2\pi}{k}$ 以及电荷到场点的距离 r. 在本节中我们研究分布于一个小区域内的电流所产生的辐射. 所谓小区域是指它的线度 l 远小于波长 λ 以及观察距离 r, 即

$$l \ll \lambda, \quad l \ll r \tag{5.3.7}$$

至于 r 和 λ 的关系, 可以区别三种情况

(1) 近区 $\quad r \ll \lambda$

(2) 感应区 $\quad r \sim \lambda$

(3) 远区 (辐射区) $\quad r \gg \lambda$

三个区域内场的特点是不同的. 在近区内, $kr \ll 1$, 推迟因子 $\mathrm{e}^{\mathrm{i}kr}\sim 1$, 因而场保持恒定场的主要特点, 即电场具有静电场的纵向形式, 磁场也和恒定场相似. 在远区内, 电磁场变为横向的辐射场. 感应区是一个过渡区域. 许多实际情况是在离发射系统较远处接收电磁波的, 对这类问题需要计算远场, 由远场可定出辐射功率和角分布 (方向性). 但是, 如果要研究场对电荷系统的反作用 (辐射阻抗) 以及几个靠近的发射系统之间的相互影响, 则必须计算近场和感应场. 我们在这里主要讨论远区的场.

选坐标原点在电荷分布区域内, 则 $|\boldsymbol{x}'|$ 的数量级为 l. 以 R 表示由原点到场点 $\boldsymbol{x}$ 的距离 $(R=|\boldsymbol{x}|)$, r 为由源点 $\boldsymbol{x}'$ 到场点 $\boldsymbol{x}$ 的距离, 有

$$r \approx R - \boldsymbol{e}_R\cdot\boldsymbol{x}' \tag{5.3.8}$$

$\boldsymbol{e}_R$ 为沿 $\boldsymbol{R}$ 方向的单位矢量. 由条件 (5.3.7) 式, 可以把 $\boldsymbol{A}$ 对小参量 $\boldsymbol{x}'/R$ 和 $\boldsymbol{x}'/\lambda$ 展开. 在计算远场时, 只保留 $1/R$ 的最低次项, 而对 $\boldsymbol{x}'/\lambda$ 的展开则一般要保留次级

项, 甚至更高级项.

把 (5.3.8) 式代入 (5.3.4) 式得

$$\boldsymbol{A}(\boldsymbol{x})=\frac{\mu_0}{4\pi}\int_V\frac{\boldsymbol{J}\left(\boldsymbol{x}'\right)\mathrm{e}^{\mathrm{i}k\left(R-\boldsymbol{e}_R\cdot\boldsymbol{x}'\right)}}{R-\boldsymbol{e}_R\cdot\boldsymbol{x}'}\mathrm{d}V' \tag{5.3.9}$$

由于我们只保留 $1/R$ 的最低次项, 所以在分母中可略去 $-\boldsymbol{e}_R\cdot\boldsymbol{x}'$ 项. 但是相因子中的 $-\boldsymbol{e}_R\cdot\boldsymbol{x}'$ 不应略去. 这是因为此项贡献一个相因子

$$\mathrm{e}^{-\mathrm{i}k\boldsymbol{e}_R\cdot\boldsymbol{x}'}=\mathrm{e}^{-\mathrm{i}2\pi\boldsymbol{e}_R\cdot\boldsymbol{x}'/\lambda}$$

所以这里涉及的是小参量 $\boldsymbol{x}'/\lambda$ 而不是 $\boldsymbol{x}'/R$. 相位差 $2\pi\boldsymbol{e}_R\cdot\boldsymbol{x}'/\lambda$ 一般是不能忽略的.

把 (5.3.9) 式中的相因子对 $k\boldsymbol{e}_R\cdot\boldsymbol{x}'$ 展开得

$$\boldsymbol{A}(\boldsymbol{x})=\frac{\mu_0\mathrm{e}^{\mathrm{i}kR}}{4\pi R}\int_V\boldsymbol{J}\left(\boldsymbol{x}'\right)\left(1-\mathrm{i}k\boldsymbol{e}_R\cdot\boldsymbol{x}'+\cdots\right)\mathrm{d}V' \tag{5.3.10}$$

下面我们会看到, 展开式中各项对应于各级电磁多极辐射.

3. 电偶极辐射

现在我们研究展开式的第一项

$$\boldsymbol{A}(\boldsymbol{x})=\frac{\mu_0\mathrm{e}^{\mathrm{i}kR}}{4\pi R}\int_V\boldsymbol{J}\left(\boldsymbol{x}'\right)\mathrm{d}V' \tag{5.3.11}$$

先看电流密度体积分的意义. 电流是由运动带电粒子组成的. 设单位体积内有 n_i 个带电荷量为 q_i, 速度为 $\boldsymbol{v}_i$ 的粒子, 则第 i 类粒子对电流密度的贡献为 $n_iq_i\boldsymbol{v}_i$, 因此

$$\boldsymbol{J}=\sum_i n_iq_i\boldsymbol{v}_i$$

其中求和号表示对各类带电粒子求和. 上式也等于对单位体积内所有带电粒子的 $q\boldsymbol{v}$ 求和. 因此

$$\int_V\boldsymbol{J}\left(\boldsymbol{x}'\right)\mathrm{d}V'=\sum q\boldsymbol{v}$$

式中求和号表示对区域内所有带电粒子求和. 而

$$\sum q\boldsymbol{v}=\frac{\mathrm{d}}{\mathrm{d}t}\sum q\boldsymbol{x}=\frac{\mathrm{d}\boldsymbol{p}}{\mathrm{d}t}=\dot{\boldsymbol{p}}$$

式中 $\boldsymbol{p}$ 是电荷系统的电偶极矩, 代入 (5.3.11) 式时, 上式中的 t 要理解为电荷出现的时间 t'. 因此

$$\int_V\boldsymbol{J}\left(\boldsymbol{x}'\right)\mathrm{d}V'=\dot{\boldsymbol{p}} \tag{5.3.12}$$

两边已省略周期振荡的时间因子.

图 5–2 表示一个简单的电偶极子系统, 它由两个相距为 $\Delta\boldsymbol{l}$ 的导体球组成, 两导体之间由细导线相连. 当导线上有交变电流 I 时, 两导体上的电荷 $\pm Q$ 就交替地变

化, 形成一个振荡电偶极子. 此系统的电偶极矩为

$$\boldsymbol{p}=Q\Delta\boldsymbol{l}$$

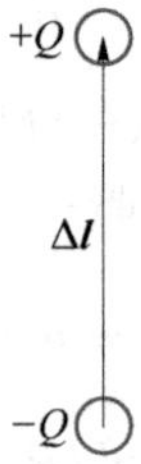

图 5-2

当导线上有电流 I 时, Q 的变化率为

$$\frac{\mathrm{d}Q}{\mathrm{d}t}=I$$

因而体系的电偶极矩变化率为

$$\dot{\boldsymbol{p}}=\frac{\mathrm{d}\boldsymbol{p}}{\mathrm{d}t}=\frac{\mathrm{d}}{\mathrm{d}t}Q\Delta\boldsymbol{l}=I\Delta\boldsymbol{l}=\int_V\boldsymbol{J}\left(\boldsymbol{x}'\right)\mathrm{d}V' \tag{5.3.13}$$

与一般公式 (5.3.12) 相符.

由此可见, (5.3.11) 式代表振荡电偶极矩产生的辐射

$$\boldsymbol{A}(\boldsymbol{x})=\frac{\mu_0\mathrm{e}^{\mathrm{i}kR}}{4\pi R}\dot{\boldsymbol{p}} \tag{5.3.14}$$

在计算电磁场时, 需要对 $\boldsymbol{A}$ 作用算符 ∇. 由于我们只保留了 $1/R$ 的最低次项, 因而算符 ∇ 不需作用到分母的 R 上, 而仅需作用到相因子 $\mathrm{e}^{\mathrm{i}kR}$ 上, 作用效果相当于代换

$$\nabla\longrightarrow\mathrm{i}k\boldsymbol{e}_R \tag{5.3.15}$$

而对角频率固定为 ω 的辐射

$$\frac{\partial}{\partial t}\longrightarrow-\mathrm{i}\omega \tag{5.3.16}$$

由此得辐射场

$$\begin{aligned}\boldsymbol{B}&=\nabla\times\boldsymbol{A}=\frac{\mathrm{i}\mu_0k}{4\pi R}\mathrm{e}^{\mathrm{i}kR}\boldsymbol{e}_R\times\dot{\boldsymbol{p}}=\frac{1}{4\pi\varepsilon_0c^3R}\mathrm{e}^{\mathrm{i}kR}\ddot{\boldsymbol{p}}\times\boldsymbol{e}_R\\ \boldsymbol{E}&=\frac{\mathrm{i}c}{k}\nabla\times\boldsymbol{B}=c\boldsymbol{B}\times\boldsymbol{e}_R=\frac{\mathrm{e}^{\mathrm{i}kR}}{4\pi\varepsilon_0c^2R}\left(\ddot{\boldsymbol{p}}\times\boldsymbol{e}_R\right)\times\boldsymbol{e}_R\end{aligned} \tag{5.3.17}$$

式中, $\dot{\boldsymbol{p}}$ 和 $\ddot{\boldsymbol{p}}$ 分别是 $-\mathrm{i}\omega\boldsymbol{p}$ 和 $-\omega^2\boldsymbol{p}$, 其中 $\boldsymbol{p}$ 为电荷分布的电偶极矩.

若取球坐标原点在电荷分布区内, 并以 $\boldsymbol{p}$ 方向为极轴, 则由上式, $\boldsymbol{B}$ 沿纬线振荡,

$\boldsymbol{E}$ 沿经线振荡 (图 5–3)，有

$$\begin{aligned}\boldsymbol{B} &= \frac{1}{4\pi\varepsilon_0 c^3 R}\ddot{p}\mathrm{e}^{\mathrm{i}kR}\sin\theta\boldsymbol{e}_\phi \\ \boldsymbol{E} &= \frac{1}{4\pi\varepsilon_0 c^2 R}\ddot{p}\mathrm{e}^{\mathrm{i}kR}\sin\theta\boldsymbol{e}_\theta\end{aligned} \tag{5.3.18}$$

磁感线是围绕极轴的圆周，$\boldsymbol{B}$ 总是横向的. 电场线是经面上的闭合曲线，如图 5–4 所示. 由于在空间中 $\nabla\cdot\boldsymbol{E}=0$, $\boldsymbol{E}$ 线必须闭合，故严格的 $\boldsymbol{E}$ 不可能处处垂直于 $\boldsymbol{R}$. 只有在略去 $1/R$ 高次项后，$\boldsymbol{E}$ 才近似为横向，即由于电偶极辐射场中作了近似才成为空间中的 TEM 波.

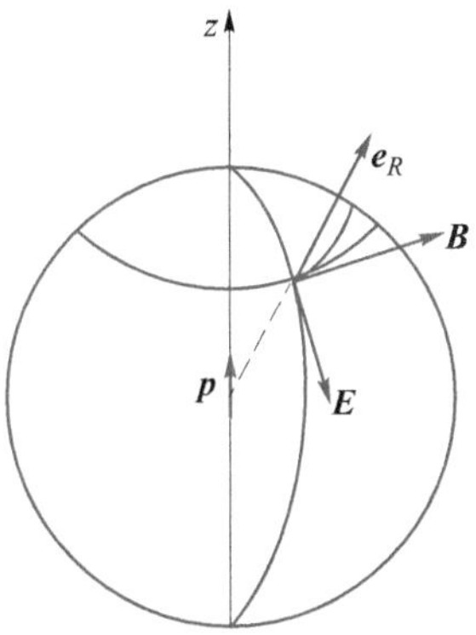

图 5–3

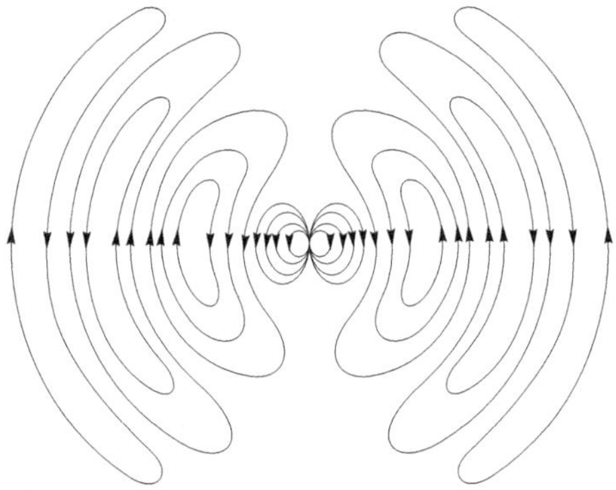
图 5–4

在辐射区电磁场 $\sim 1/R$, 能流 $\sim 1/R^2$, 对球面积分后总功率与球半径无关，这就保证电磁能量可以传播到任意远处.

4. 辐射能流　角分布　辐射功率

在辐射问题的实际应用中，最主要的问题是计算辐射功率和辐射的方向性. 这些都可以由平均能流密度 $\overline{\boldsymbol{S}}$ 求出. 电偶极辐射的平均能流密度由 (5.3.17) 式, (5.3.18) 式和 (4.1.34) 式得

$$\begin{aligned}\overline{\boldsymbol{S}} &= \frac{1}{2}\mathrm{Re}\,(\boldsymbol{E}^*\times\boldsymbol{H}) = \frac{c}{2\mu_0}\mathrm{Re}\,[(\boldsymbol{B}^*\times\boldsymbol{e}_R)\times\boldsymbol{B}] \\ &= \frac{c}{2\mu_0}|\boldsymbol{B}|^2\boldsymbol{e}_R = \frac{|\ddot{\boldsymbol{p}}|^2}{32\pi^2\varepsilon_0 c^3 R^2}\sin^2\theta\boldsymbol{e}_R\end{aligned} \tag{5.3.19}$$

因子 $\sin^2\theta$ 表示电偶极辐射的角分布，即辐射的方向性. 在 $\theta=90^\circ$ 的平面上辐射最强，而沿电偶极矩轴线方向 ($\theta=0^\circ$ 和 180°) 没有辐射. 电偶极辐射角分布如图 5–5 所示.

把 $\overline{\boldsymbol{S}}$ 对球面积分即得总辐射功率 P. 由 (5.3.19) 式，有

$$P = \oint|\overline{\boldsymbol{S}}|R^2\mathrm{d}\Omega$$

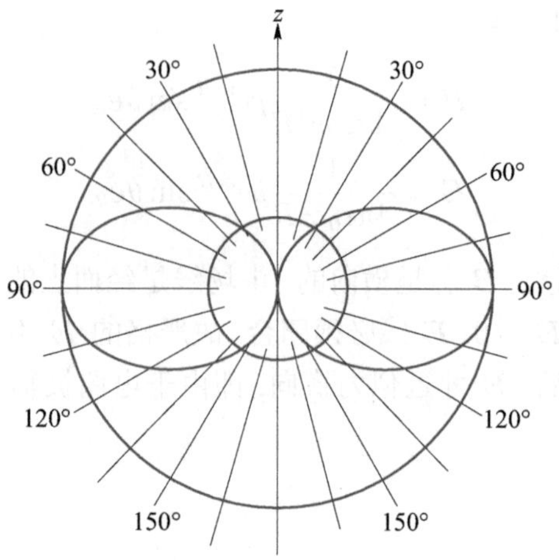

图 5-5

$$
\begin{aligned}
&= \frac{|\ddot{\boldsymbol{p}}|^2}{32\pi^2\varepsilon_0 c^3}\oint \sin^2\theta \mathrm{d}\Omega \\
&= \frac{1}{4\pi\varepsilon_0}\frac{|\ddot{\boldsymbol{p}}|^2}{3c^3}
\end{aligned}
\tag{5.3.20}
$$

由此看出, 若保持电偶极矩振幅不变, 则辐射功率正比于频率 ω 的 4 次方. 频率变高时, 辐射功率迅速增大.

5. 短天线的辐射　辐射电阻

当直线天线的长度 l 远小于波长时, 它的辐射就是电偶极辐射. 图 5-6 表示中心馈电的长度为 l 的天线. 在天线两半段上, 电流方向相同. 馈电点处电流振幅有最大值 I_0, 在天线两端电流为零. 若天线长度 $l \ll \lambda$, 则沿天线上的电流振幅分布近似为线性形式

$$
I(z) = I_0\left(1 - \frac{2}{l}|z|\right), \quad |z| \leqslant l/2 \tag{5.3.21}
$$

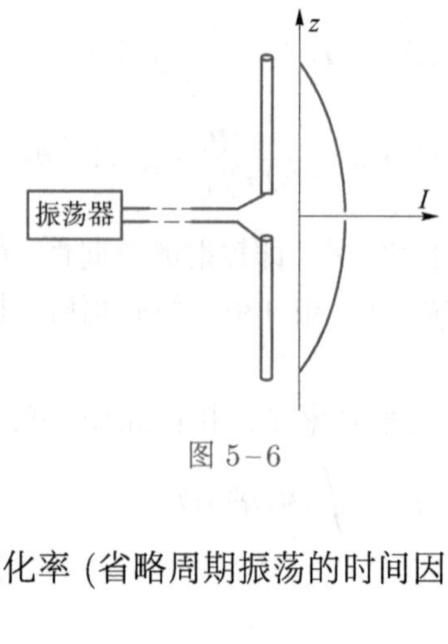

图 5-6

由 (5.3.12) 式, 电偶极矩变化率 (省略周期振荡的时间因子) 为

$$\dot{\boldsymbol{p}} = \int_{-l/2}^{l/2} \boldsymbol{I}(z)\mathrm{d}z = \frac{1}{2} I_0 \boldsymbol{l} \tag{5.3.22}$$

由 (5.3.20) 式得短天线的辐射功率

$$P = \frac{\mu_0 I_0^2 \omega^2 l^2}{48\pi c} = \frac{\pi}{12}\sqrt{\frac{\mu_0}{\varepsilon_0}} I_0^2 \left(\frac{l}{\lambda}\right)^2 \tag{5.3.23}$$

上式适用于 $l \ll \lambda$ 情形. 由此式看出, 若保持天线电流振幅 I_0 不变, 则短天线的辐射功率正比于 $(l/\lambda)^2$.

由于电磁能量不断向外辐射, 电源需要供给一定的功率来维持辐射. 由 (5.3.23) 式, 辐射功率正比于 I_0^2, 因此辐射功率相当于一个等效电阻上的损耗功率. 这个等效电阻称为辐射电阻 R_{r}. 令

$$P = \frac{1}{2} R_{\mathrm{r}} I_0^2 \tag{5.3.24}$$

由 (5.3.23) 式有

$$R_{\mathrm{r}} = \frac{\pi}{6}\sqrt{\frac{\mu_0}{\varepsilon_0}} \left(\frac{l}{\lambda}\right)^2 \quad (l \ll \lambda) \tag{5.3.25}$$

由于 $\sqrt{\mu_0/\varepsilon_0} = 376.7\ \Omega$, 因而

$$R_{\mathrm{r}} = 197 \cdot \left(\frac{l}{\lambda}\right)^2 \Omega \tag{5.3.26}$$

天线的辐射电阻越大, 表示在一定输入电流下, 辐射功率越大. 因此, 辐射电阻通常是用来表征天线辐射能力的一个量. 由于短天线的辐射电阻正比于 $(l/\lambda)^2$, 因此, 短天线的辐射能力是不强的. 使天线长度增大到与波长同级或更长可望显著提高辐射功率. 但此情况下天线的辐射已不能用电偶极辐射来表示, 以后我们将要进一步讨论常用的半波天线的辐射.

*§ 5.4 磁偶极辐射和电四极辐射

1. 高频电流分布的磁偶极矩和电四极矩

现在我们计算辐射场矢势 $\boldsymbol{A}$ 展开式 (5.3.10) 的第二项

$$\boldsymbol{A}(\boldsymbol{x}) = \frac{-\mathrm{i}k\mu_0 \mathrm{e}^{\mathrm{i}kR}}{4\pi R} \int_V \boldsymbol{J}(\boldsymbol{x}')(\boldsymbol{e}_R \cdot \boldsymbol{x}')\,\mathrm{d}V' \tag{5.4.1}$$

当电流分布的电偶极项 (5.3.12) 式为零时, 此项变为主要项. 以下我们看出, (5.4.1) 式代表磁偶极矩和电四极矩产生的辐射.

在恒定情况中, 我们知道小区域内的电荷分布激发电多极场, 电流分布激发磁多极场. 在交变情形中, 由于电流一般不闭合, 电流分布往往与电荷分布相联系, 由电荷守恒定律有

$$
\mathrm{i}\omega\rho = \nabla \cdot \boldsymbol{J} \tag{5.4.2}
$$

因此, 一般来说 (5.4.1) 式包括电荷分布的贡献和磁矩分布的贡献, 我们需要把两者分离开来.

图 5–7 表示两种不同的电流分布. 在图 (a) 所示的线圈中, 当各点上的电流以相同振幅和相同相位振荡时, 每一时刻都有 $\nabla \cdot \boldsymbol{J} = 0$, 此类电流分布是闭合的, 线圈上不带净电荷 ρ, 因此线圈上的振荡电流所产生的辐射是纯磁多极辐射.

图 5–7(b) 表示四个导体球的体系, 它们用细导线相连. 当导线上有如图所示的振荡电流时, 在四个导体上交替出现正负电荷, 因而此体系有振荡电四极矩, 它产生电四极辐射. 在一般情形下, 给定电流分布可以同时有电多极辐射和磁多极辐射.

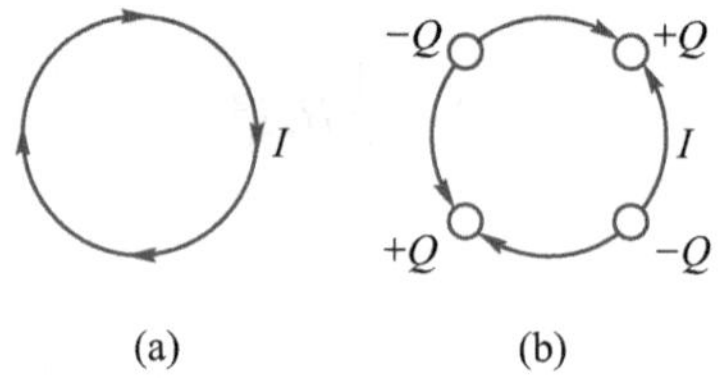

图 5–7

现在我们把 (5.4.1) 式中的积分分离为磁矩的贡献和电四极矩的贡献. 把被积函数写为

$$
\boldsymbol{J}'(\boldsymbol{e}_R \cdot \boldsymbol{x}') = \boldsymbol{e}_R \cdot \boldsymbol{x}'\boldsymbol{J}'
$$

其中 $\boldsymbol{x}'\boldsymbol{J}'$ 是一个张量, 称为 $\boldsymbol{x}'$ 与 $\boldsymbol{J}'$ 的并矢 (参考附录 A.1) 我们把它分解为对称部分和反对称部分:

$$
\boldsymbol{x}'\boldsymbol{J}' = \frac{1}{2}(\boldsymbol{x}'\boldsymbol{J}' + \boldsymbol{J}'\boldsymbol{x}') + \frac{1}{2}(\boldsymbol{x}'\boldsymbol{J}' - \boldsymbol{J}'\boldsymbol{x}')
$$

因而 (5.4.1) 式中的积分可以写为

$$
\frac{1}{2}\int \left[(\boldsymbol{e}_R \cdot \boldsymbol{x}')\boldsymbol{J}' + (\boldsymbol{e}_R \cdot \boldsymbol{J}')\boldsymbol{x}'\right]\mathrm{d}V' + \frac{1}{2}\int \left[(\boldsymbol{e}_R \cdot \boldsymbol{x}')\boldsymbol{J}' - (\boldsymbol{e}_R \cdot \boldsymbol{J}')\boldsymbol{x}'\right]\mathrm{d}V' \tag{5.4.3}
$$

先看第二项, 由于

$$
(\boldsymbol{e}_R \cdot \boldsymbol{x}')\boldsymbol{J}' - (\boldsymbol{e}_R \cdot \boldsymbol{J}')\boldsymbol{x}' = -\boldsymbol{e}_R \times (\boldsymbol{x}' \times \boldsymbol{J}')
$$

因而 (5.4.3) 式第二项为

$$
-\boldsymbol{e}_R \times \int \frac{1}{2}\boldsymbol{x}' \times \boldsymbol{J}'\mathrm{d}V' = -\boldsymbol{e}_R \times \boldsymbol{m} \tag{5.4.4}
$$

$\boldsymbol{m}$ 是体系的磁矩 [见 (3.3.8) 式]. 因此此项导致的辐射是磁偶极辐射.

再看 (5.4.3) 式第一项, 把它写为对所有带电粒子求和, 得

$$\frac{1}{2}\int\left[\left(\boldsymbol{e}_R\cdot\boldsymbol{x}'\right)\boldsymbol{J}'+\left(\boldsymbol{e}_R\cdot\boldsymbol{J}'\right)\boldsymbol{x}'\right]\mathrm{d}V'$$
$$=\frac{1}{2}\sum q\left[\left(\boldsymbol{e}_k\cdot\boldsymbol{x}'\right)\boldsymbol{v}'+\left(\boldsymbol{e}_R\cdot\boldsymbol{v}'\right)\boldsymbol{x}'\right]$$

式中 $\boldsymbol{v}'$ 为带电粒子的速度. 因为 $\boldsymbol{v}'=\mathrm{d}\boldsymbol{x}'/\mathrm{d}t$, 因而上式可写为

$$\begin{aligned}\frac{\mathrm{d}}{\mathrm{d}t}\frac{1}{2}\sum q\left(\boldsymbol{e}_R\cdot\boldsymbol{x}'\right)\boldsymbol{x}'&=\boldsymbol{e}_R\cdot\frac{\mathrm{d}}{\mathrm{d}t}\left(\frac{1}{2}\sum q\boldsymbol{x}'\boldsymbol{x}'\right)\\&=\frac{1}{6}\boldsymbol{e}_R\cdot\frac{\mathrm{d}}{\mathrm{d}t}\overleftrightarrow{\mathscr{D}}\\&=\frac{1}{6}\boldsymbol{e}_R\cdot\dot{\overleftrightarrow{\mathscr{D}}}\end{aligned}\tag{5.4.5}$$

式中

$$\overleftrightarrow{\mathscr{D}}=\sum 3q\boldsymbol{x}'\boldsymbol{x}'\tag{5.4.6}$$

是体系的电四极矩 [见 (2.6.6a) 式].

把 (5.4.4) 式和 (5.4.5) 式代入 (5.4.1) 式得

$$\boldsymbol{A}(\boldsymbol{x})=-\frac{\mathrm{i}k\mu_0\mathrm{e}^{\mathrm{i}kR}}{4\pi R}\left(-\boldsymbol{e}_R\times\boldsymbol{m}+\frac{1}{6}\boldsymbol{e}_R\cdot\dot{\overleftrightarrow{\mathscr{D}}}\right)\tag{5.4.7}$$

第一项是磁偶极辐射势, 第二项是电四极辐射势. 由此可见, 磁偶极辐射和电四极辐射是在 $\boldsymbol{A}$ 的展开式同一级项中出现的.

在图 5–7(b) 所示的体系中, 若导体所在平面为 xy 面, 则此体系的电四极矩有 $\overleftrightarrow{D}_{xy}$ 分量. 图 5–8 表示一直线上的振荡电四极子. 设上下两导体用细导线与中间一个导体相连, 当两导线上有反向交变电流时, 上下导体出现同号电荷 Q, 中间导体出现电荷 $-2Q$. 这体系具有电四极矩分量

$$\mathscr{D}_{zz}=6Ql^2$$

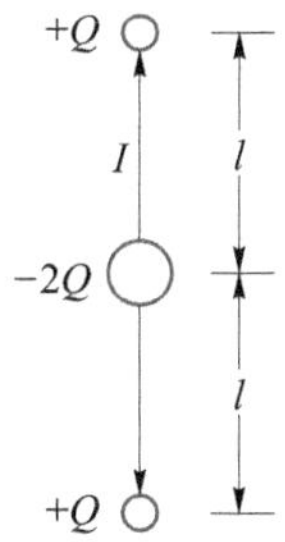

图 5–8

2. 磁偶极辐射

先计算 (5.4.7) 式中的磁偶极辐射项:

$$\boldsymbol{A}(\boldsymbol{x})=\frac{\mathrm{i}k\mu_0\mathrm{e}^{\mathrm{i}kR}}{4\pi R}\boldsymbol{e}_R\times\boldsymbol{m} \tag{5.4.8}$$

辐射区的电磁场为

$$\begin{aligned}\boldsymbol{B}&=\nabla\times\boldsymbol{A}=\mathrm{i}k\boldsymbol{e}_R\times\boldsymbol{A}\\&=k^2\frac{\mu_0\mathrm{e}^{\mathrm{i}kR}}{4\pi R}(\boldsymbol{e}_R\times\boldsymbol{m})\times\boldsymbol{e}_R\\&=\frac{\mu_0\mathrm{e}^{\mathrm{i}kR}}{4\pi c^2R}(\ddot{\boldsymbol{m}}\times\boldsymbol{e}_R)\times\boldsymbol{e}_R\\\boldsymbol{E}&=c\boldsymbol{B}\times\boldsymbol{e}_R=-\frac{\mu_0\mathrm{e}^{\mathrm{i}kR}}{4\pi cR}(\ddot{\boldsymbol{m}}\times\boldsymbol{e}_R)\end{aligned} \tag{5.4.9}$$

把 (5.4.9) 式和电偶极辐射场 (5.3.17) 式比较, 可见由电偶极辐射场作以下代换:

$$\begin{aligned}&\boldsymbol{p}\to\frac{\boldsymbol{m}}{c}\\&\boldsymbol{E}\to c\boldsymbol{B}\\&c\boldsymbol{B}\to-\boldsymbol{E}\end{aligned} \tag{5.4.10}$$

即得磁偶极辐射场. 此代换反映麦克斯韦方程组的电磁对称性. 在真空中, 麦氏方程组对变换 $\boldsymbol{E}\to c\boldsymbol{B}, c\boldsymbol{B}\to-\boldsymbol{E}$ 是对称的. 若电磁场 $\boldsymbol{E}(\boldsymbol{x},t)$、$\boldsymbol{B}(\boldsymbol{x},t)$ 是麦克斯韦方程组的解, 则代换后的电磁场也是麦克斯韦方程组的解.

磁偶极辐射的平均能流密度为

$$\overline{\boldsymbol{S}}=\frac{\mu_0\omega^4|\boldsymbol{m}|^2}{32\pi^2c^3R^2}\sin^2\theta\boldsymbol{e}_R \tag{5.4.11}$$

式中 $|\boldsymbol{m}|$ 为磁矩的振幅, θ 为极角 (以 $\boldsymbol{m}$ 方向为极轴). 总辐射功率为

$$P=\frac{\mu_0\omega^4|\boldsymbol{m}|^2}{12\pi c^3} \tag{5.4.12}$$

例 5.2

一电流线圈半径为 a, 激发电流振幅为 I_0, 角频率为 ω, 求辐射功率.

解: 电流线圈的磁矩振幅为

$$m=I_0\pi a^2$$

代入 (5.4.12) 式得辐射功率

$$P=\frac{\mu_0\omega^4I_0^2(\pi a^2)^2}{12\pi c^3}=\frac{4\pi^5}{3}\sqrt{\frac{\mu_0}{\varepsilon_0}}\left(\frac{a}{\lambda}\right)^4I_0^2 \tag{5.4.13}$$

当电流 I_0 不变时, 辐射功率 $\sim\left(\frac{a}{\lambda}\right)^4$. 因此磁偶极辐射比电偶极辐射小 $(a/\lambda)^2$ 数量级. 小线圈的辐射能力比短天线更低.

3. 电四极辐射

现在计算 (5.4.7) 式中的电四极辐射项:

$$\boldsymbol{A}(\boldsymbol{x}) = -\frac{\mathrm{i}k\mu_0 \mathrm{e}^{\mathrm{i}kR}}{24\pi R}\boldsymbol{e}_R \cdot \dot{\overleftrightarrow{\mathscr{D}}} \tag{5.4.14}$$

定义矢量 $\vec{\mathscr{D}}(\boldsymbol{e}_R)$:

$$\vec{\mathscr{D}}(\boldsymbol{e}_R) = \boldsymbol{e}_R \cdot \overleftrightarrow{\mathscr{D}} \tag{5.4.15}$$

则矢势表示式为

$$\boldsymbol{A}(\boldsymbol{x}) = -\frac{\mathrm{i}k\mu_0 \mathrm{e}^{\mathrm{i}kR}}{24\pi R}\dot{\vec{\mathscr{D}}} = \frac{\mathrm{e}^{\mathrm{i}kR}}{24\pi\varepsilon_0 c^3 R}\ddot{\vec{\mathscr{D}}} \tag{5.4.16}$$

辐射区电磁场为

$$\begin{aligned} \boldsymbol{B} &= \mathrm{i}k\boldsymbol{e}_R \times \boldsymbol{A} = \frac{\mathrm{e}^{\mathrm{i}kR}}{24\pi\varepsilon_0 c^4 R}\dddot{\vec{\mathscr{D}}} \times \boldsymbol{e}_R \\ \boldsymbol{E} &= c\boldsymbol{B} \times \boldsymbol{e}_R = \frac{\mathrm{e}^{\mathrm{i}kR}}{24\pi\varepsilon_0 c^3 R}\left(\dddot{\vec{\mathscr{D}}} \times \boldsymbol{e}_R\right) \times \boldsymbol{e}_R \end{aligned} \tag{5.4.17}$$

由上式, 对 $\vec{\mathscr{D}}$ 加上 $\boldsymbol{e}_R$ 方向的项并不影响辐射区电磁场, 因此和恒定场情况一样, 我们可以采用电四极矩的新定义:

$$\begin{aligned} \overleftrightarrow{\mathscr{D}} &= \sum q\left(3\boldsymbol{x}'\boldsymbol{x}' - r'^2 \overleftrightarrow{\mathscr{I}}\right) \\ \mathscr{D}_{ij} &= \sum q\left(3x_i' x_j' - r'^2 \delta_{ij}\right) \end{aligned} \tag{5.4.18}$$

如此定义的电四极矩只有 5 个独立分量.

辐射平均能流密度为

$$\begin{aligned} \overline{\boldsymbol{S}} &= \frac{1}{2}\mathrm{Re}\left(\boldsymbol{E}^* \times \boldsymbol{H}\right) = \frac{c}{2\mu_0}|\boldsymbol{B}|^2 \boldsymbol{e}_R \\ &= \frac{1}{4\pi\varepsilon_0}\frac{1}{288\pi c^5 R^2}\left(\dddot{\vec{\mathscr{D}}} \times \boldsymbol{e}_R\right)^2 \boldsymbol{e}_R \end{aligned} \tag{5.4.19}$$

设电荷分布区域线度为 l, 则 $\mathscr{D}_{ij} \sim O\left(l^2\right)$. 由 (5.4.19) 式, 辐射功率 $\sim \left(\dfrac{l}{\lambda}\right)^4$, 可见电四极辐射与磁偶极辐射同级, 比电偶极辐射小 $(l/\lambda)^2$ 数量级.

辐射角分布由因子 $(\dddot{\vec{\mathscr{D}}} \times \boldsymbol{e}_R)^2$ 确定. 一般情形角分布较为复杂, 这里不作详细计算.

多极辐射在原子核物理中有重要意义. 由辐射概率 (正比于经典辐射功率) 和角分布可以推知辐射源的电磁多极矩性质, 由此获得关于原子核内部运动的一些知识.

例 5.3

求图 5-8 的电四极子以频率 ω 振荡时的辐射功率和角分布.

解: 该体系的电四极矩张量为

$$\overleftrightarrow{\mathscr{D}} = 6Ql^2 \boldsymbol{e}_z \boldsymbol{e}_z$$

$$\overrightarrow{\mathscr{D}} \equiv \boldsymbol{e}_R \cdot \overleftrightarrow{\mathscr{D}} = 6Ql^2 \boldsymbol{e}_R \cdot \boldsymbol{e}_z \boldsymbol{e}_z = 6Ql^2 \cos\theta \boldsymbol{e}_z$$

$$\overrightarrow{\mathscr{D}} \times \boldsymbol{e}_R = 6Ql^2 \cos\theta \boldsymbol{e}_z \times \boldsymbol{e}_R = 6Ql^2 \cos\theta \sin\theta \boldsymbol{e}_\phi$$

$$\left| \dddot{\overrightarrow{\mathscr{D}}} \times \boldsymbol{e}_R \right|^2 = 36Q^2 l^4 \omega^6 \cos^2\theta \sin^2\theta$$

辐射角分布由因子 $\cos^2\theta\sin^2\theta$ 确定, 方向如图 5–9 所示.

图 5–9

辐射功率为

$$\begin{aligned} P &= \int \bar{S} R^2 \mathrm{d}\Omega \\ &= \frac{Q^2 l^4 \omega^6}{60\pi\varepsilon_0 c^5} \\ &= \frac{4\pi^3}{15}\sqrt{\frac{\mu_0}{\varepsilon_0}}\left(\frac{l}{\lambda}\right)^4 I_0^2 \end{aligned} \tag{5.4.20}$$

其中 $I_0 = \omega Q$. 与 (5.4.13) 式比较, 可见电四极辐射和磁偶极辐射是同数量级的.

§ 5.5 天线辐射

以上两节研究了小区域内高频电流所产生的辐射, 结果表明, 当区域线度 $l \ll \lambda$ 时辐射功率为 $(l/\lambda)^2$ 数量级或更小. 因此, 要得到较大的辐射功率, 必须使天线长度至少达到与波长同数量级, 最常用的天线是半波天线, 这种天线的长度约为半波长. 本节计算半波天线的辐射.

1. 天线上的电流分布

当天线长度与波长 λ 同级时, 不能用展开式 (5.3.10), 而必须直接用公式 (5.3.4) 计算. 用此式进行计算时, 首先要知道天线上的电流密度 $\boldsymbol{J}(\boldsymbol{x}')$. 由于天线上的电流是受到场作用的, 因此这个问题的彻底解决要求把天线外面的场和天线上的电流作为相互作用的两个方面, 用天线表面上的边值关系联系起来, 作为边值问题来求解.

许多特殊形状的天线都需要这样来求解, 这类问题的理论分析往往是比较复杂的. 但是, 某些形状的天线可以用较简单的方法导出近似电流分布. 下面我们分析细长直线天线上电流分布的形式.

取天线沿 z 轴, 天线表面上的电流 $\boldsymbol{J}$ 沿 z 轴方向, 因而 $\boldsymbol{A}$ 只有 z 分量. 由洛伦兹条件

$$\nabla \cdot \boldsymbol{A} + \frac{1}{c^2}\frac{\partial \varphi}{\partial t} = 0 \tag{5.5.1}$$

和

$$E_z = -\frac{\partial \varphi}{\partial z} - \frac{\partial A_z}{\partial t} \tag{5.5.2}$$

得

$$\begin{aligned}\frac{1}{c^2}\frac{\partial E_z}{\partial t} &= -\frac{1}{c^2}\frac{\partial}{\partial z}\left(\frac{\partial \varphi}{\partial t}\right) - \frac{1}{c^2}\frac{\partial^2 A_z}{\partial t^2} \\ &= \frac{\partial^2 A_z}{\partial z^2} - \frac{1}{c^2}\frac{\partial^2 A_z}{\partial t^2}\end{aligned}$$

设天线为理想导体, 在天线表面上, 电场切向分量 $E_z = 0$, 因而在天线表面上 A_z 满足一维波动方程

$$\frac{\partial^2 A_z}{\partial z^2} - \frac{1}{c^2}\frac{\partial^2 A_z}{\partial t^2} = 0 \tag{5.5.3}$$

因此, 沿天线表面, $A_z(z)$ 是一种波动形式.

矢势 $\boldsymbol{A}$ 与天线电流的关系由推迟势公式 (5.3.4) 给出:

$$\boldsymbol{A}(\boldsymbol{x}) = \frac{\mu_0}{4\pi}\int_V \frac{\boldsymbol{J}(\boldsymbol{x}')\,\mathrm{e}^{\mathrm{i}kr}}{r}\mathrm{d}V' \tag{5.5.4}$$

在此式中, 当 $\boldsymbol{x}$ 点在天线表面上时, 我们已知 $\boldsymbol{A}(\boldsymbol{x})$ 是一维波动方程的解. 因此, 我们把 (5.5.4) 式应用到 $\boldsymbol{x}$ 点在天线表面上的情况. 如图 5–10 所示, $\boldsymbol{x}$ 点是天线表面一点, $\boldsymbol{x}'$ 点是表面上另一点, 两点距离为 r. 函数 $\boldsymbol{A}(z)$ 的形式已知, 而 $\boldsymbol{J}(z')$ 是未知函数. 因此, (5.5.4) 式可以看作未知函数 $\boldsymbol{J}(z')$ 的积分方程, 我们要求该积分方程满足端点条件 $\boldsymbol{J} = \boldsymbol{0}$ 的解. 这样, 关于天线的边值问题就化为解积分方程 (5.5.4) 的问题. 由此方程原则上可以解出 $\boldsymbol{J}(\boldsymbol{x}')$①. 我们对这个问题不作一般讨论, 而仅说明当天线截面很小时电流分布的近似形式. 如图 5–10 所示, 若天线截面很小, 则当 $\boldsymbol{x}$ 点的 z 坐标与 $\boldsymbol{x}'$ 点的 z' 坐标靠近时, r 值就很小, 因而对 (5.5.4) 式的积分贡献较大. 在此情形下, $\boldsymbol{A}(z)$ 主要与 $z' \approx z$ 的电流 $\boldsymbol{J}(z')$ 有关, 因而 $\boldsymbol{J}(z')$ 的形式应该近似于 $\boldsymbol{A}(z)$ 的形式, 即也是波动形式. 由于在天线端点处 $\boldsymbol{J}(z')$ 应等于零, 因此电流沿天线的分布应该近似为驻波形式, 天线两端是电流驻波的波节. 由以上的分析可见, 此近似只有当天线截面很小时成立, 天线越粗, 驻波电流形式就越不准确.

① 参考: E. G. Hallen, Electromagnetic Theory. London: Chapman and Hall, 1962; Jones D S. The Theory of Electromagnetism. Oxford: Pergamon Press, 1964.

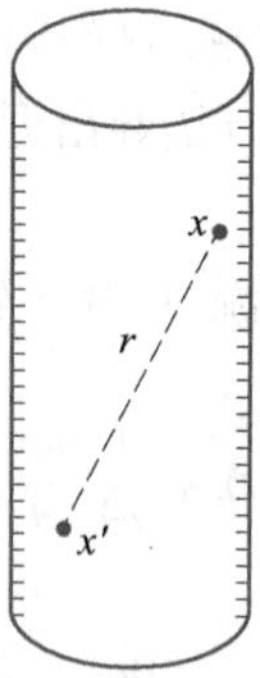

图 5-10

2. 半波天线

设有中心馈电的直线状天线 (见图 5-6). 天线上的电流近似为驻波形式, 两端为波节. 设天线总长度为 l, 电流振幅分布为

$$I(z)=\begin{cases} I_0\sin k\left(\dfrac{l}{2}-z\right), & 0\leqslant z\leqslant\dfrac{l}{2} \\ I_0\sin k\left(\dfrac{l}{2}+z\right), & -\dfrac{l}{2}\leqslant z\leqslant 0 \end{cases}$$

若 $l=\lambda/2$, 上式化为

$$I(z)=I_0\cos kz, |z|\leqslant\frac{\lambda}{4} \tag{5.5.5}$$

在矢势公式 (5.5.4) 中, 把 $\boldsymbol{J}(\boldsymbol{x}')\mathrm{d}V'$ 改为 $I\mathrm{d}\boldsymbol{l}$, 并把 (5.5.5) 式代入, 得

$$A_z(\boldsymbol{x})=\frac{\mu_0}{4\pi}\int_{-\frac{\lambda}{4}}^{\frac{\lambda}{4}}\frac{\mathrm{e}^{\mathrm{i}kr}}{r}I_0\cos kz\ \mathrm{d}z \tag{5.5.6}$$

计算远场时, 令

$$r=R-z\cos\theta$$

其中 R 为由原点到场点的距离, 取 $1/R$ 最低次项时, 分母中的 r 可代为 R, (5.5.6) 式变为

$$A_z(\boldsymbol{x})=\frac{\mu_0}{4\pi}\frac{I_0\mathrm{e}^{\mathrm{i}kR}}{R}\int_{-\frac{\lambda}{4}}^{\frac{\lambda}{4}}\cos kz\mathrm{e}^{-\mathrm{i}kz\cos\theta}\mathrm{d}z \tag{5.5.7}$$

先计算积分

$$\int_{-\frac{\lambda}{4}}^{\frac{\lambda}{4}}\cos kz\mathrm{e}^{-\mathrm{i}kz\cos\theta}\mathrm{d}z=\int_{-\frac{\lambda}{4}}^{\frac{\lambda}{4}}\cos kz[\cos(kz\cos\theta)-\mathrm{i}\sin(kz\cos\theta)]\mathrm{d}z$$

此式虚数部分为 z 的奇函数, 积分后得零. 因此上式变为

$$\int_{-\frac{\lambda}{4}}^{\frac{\lambda}{4}} \cos kz \cos(kz\cos\theta)\mathrm{d}z = \frac{2\cos\left(\dfrac{\pi}{2}\cos\theta\right)}{k\sin^2\theta} \tag{5.5.8}$$

代入 (5.5.7) 式得

$$\boldsymbol{A}(\boldsymbol{x}) = \frac{\mu_0 I_0 \mathrm{e}^{\mathrm{i}kR}}{2\pi kR}\frac{\cos\left(\dfrac{\pi}{2}\cos\theta\right)}{\sin^2\theta}\boldsymbol{e}_z \tag{5.5.9}$$

由此算出辐射区的电磁场

$$\begin{aligned} \boldsymbol{B}(\boldsymbol{x}) &= -\mathrm{i}\frac{\mu_0 I_0 \mathrm{e}^{\mathrm{i}kR}}{2\pi R}\frac{\cos\left(\dfrac{\pi}{2}\cos\theta\right)}{\sin\theta}\boldsymbol{e}_\phi \\ \boldsymbol{E}(\boldsymbol{x}) &= c\boldsymbol{B}\times\boldsymbol{e}_R = -\mathrm{i}\frac{\mu_0 c I_0 \mathrm{e}^{\mathrm{i}kR}}{2\pi R}\frac{\cos\left(\dfrac{\pi}{2}\cos\theta\right)}{\sin\theta}\boldsymbol{e}_\theta \end{aligned} \tag{5.5.10}$$

辐射能流密度为

$$\overline{\boldsymbol{S}} = \frac{1}{2}\mathrm{Re}\,(\boldsymbol{E}^*\times\boldsymbol{H}) = \frac{\mu_0 c I_0^2}{8\pi^2 R^2}\frac{\cos^2\left(\dfrac{\pi}{2}\cos\theta\right)}{\sin^2\theta}\boldsymbol{e}_R \tag{5.5.11}$$

辐射角分布由因子

$$\frac{\cos^2\left(\dfrac{\pi}{2}\cos\theta\right)}{\sin^2\theta}$$

确定. 它与偶极辐射角分布相似, 但较集中于 $\theta = 90^\circ$ 平面上.

总辐射功率

$$\begin{aligned} P &= \oint|\overline{\boldsymbol{S}}|R^2\mathrm{d}\varOmega = \frac{\mu_0 c I_0^2}{8\pi^2}\oint\frac{\cos^2\left(\dfrac{\pi}{2}\cos\theta\right)}{\sin^2\theta}\mathrm{d}\varOmega \\ &= \frac{\mu_0 c I_0^2}{4\pi}\int_0^\pi\frac{\cos^2\left(\dfrac{\pi}{2}\cos\theta\right)}{\sin\theta}\mathrm{d}\theta \end{aligned}$$

令 $u = \cos\theta$, 积分化为

$$\frac{\mu_0 c I_0^2}{16\pi}\int_{-1}^{1}(1+\cos\pi u)\left(\frac{1}{1+u}+\frac{1}{1-u}\right)\mathrm{d}u$$

第二括号内两项贡献相等 (作代换 $u\to -u$ 即可看出), 上式变为

$$\frac{\mu_0 c I_0^2}{8\pi}\int_{-1}^{1}\frac{1+\cos\pi u}{1+u}\mathrm{d}u$$

再令 $v = \pi(1+u)$, 上式变为

$$\begin{aligned} &\frac{\mu_0 c I_0^2}{8\pi}\int_0^{2\pi}\frac{1-\cos v}{v}\,\mathrm{d}v \\ &= \frac{\mu_0 c I_0^2}{8\pi}[\ln(2\pi\gamma)-\mathrm{Ci}(2\pi)] \end{aligned}$$

式中 $\ln\gamma = 0.577\cdots$ 为欧拉 (Euler) 常数①, $\text{Ci}(x)$ 为积分余弦函数, 定义为

$$\text{Ci}(x) = -\int_x^\infty \frac{\cos v}{v}\text{d}v$$

$\text{Ci}(x)$ 的值可查表求出, 结果得

$$P = 2.44\frac{\mu_0 c I_0^2}{8\pi} \tag{5.5.12}$$

辐射电阻为

$$R_\text{r} = \frac{\mu_0 c}{4\pi} \times 2.44 = 73.2\ \Omega \tag{5.5.13}$$

由此可见半波天线的辐射能力比 $l/\lambda \ll 1$ 的短天线强很多.

*3. 天线阵

半波天线对极角 θ 有一定的方向性, 对方位角没有方向性. 要得到高度定向的辐射, 可以用一系列天线排成天线阵, 利用各条天线辐射的干涉效应来获得较强的方向性.

例 5.4

N 条相同天线沿极轴等距排列, 相邻天线的距离为 l, 同相激发, 求辐射角分布.

解: 设最上端天线的辐射电场为 $\boldsymbol{E}_0(R,\theta,\phi)$, 第二条天线的辐射与前者有相位差 $kl\cos\theta$, 其余类推. 因此总辐射电场为

$$\boldsymbol{E} = \sum_{m=0}^{N-1}\boldsymbol{E}_0 \text{e}^{\text{i}mkl\cos\theta} = \boldsymbol{E}_0\frac{1-\text{e}^{\text{i}Nkl\cos\theta}}{1-\text{e}^{\text{i}kl\cos\theta}}$$

因而角分布为每条天线的角分布乘以因子

$$\left|\frac{1-\text{e}^{\text{i}Nkl\cos\theta}}{1-\text{e}^{\text{i}kl\cos\theta}}\right|^2 = \frac{\sin^2\left(\dfrac{N}{2}kl\cos\theta\right)}{\sin^2\left(\dfrac{1}{2}kl\cos\theta\right)} \tag{5.5.14}$$

此式当

$$Nkl\cos\theta = 2m\pi, \quad m = \pm1, \pm2, \cdots$$

时有零点, 沿这些方向的辐射为零. (5.5.14) 式的角分布如图 5–11 所示. 由图可见角分布分为若干瓣, 辐射能量主要集中于主瓣内. 令 $\psi = \dfrac{\pi}{2} - \theta$, 主瓣的张角 ψ 由下式确定:

$$Nkl\sin\psi = 2\pi$$

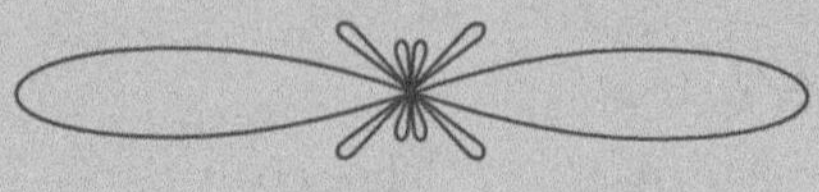

图 5–11

① 可参考: 数学手册. 罗零, 石峥蝶, 译. 北京: 高等教育出版社.

即

$$\sin\psi = \frac{\lambda}{Nl} \tag{5.5.15}$$

因此只有当 $Nl \gg \lambda$ 时, 才可以获得高度定向的辐射. 此结论和高斯光束的关系式 [(4.7.20) 式] 相同.

§ 5.6 电磁波的衍射

1. 衍射问题

当电磁波在传播过程中遇到障碍物或者透过屏幕上的小孔时, 会导致偏离原来入射方向的出射电磁波, 这种现象称为衍射. 衍射现象的研究对于光学和无线电波的传播都是很重要的. 衍射理论的一般问题就是要计算通过障碍物或小孔后的电磁波角分布, 即求出衍射图样.

在光学中衍射理论的基础是惠更斯原理. 此原理假设光波面上每一点可以看作次级光源, 它们发射出子波, 这些子波叠加后得到向前传播的光波. 现在我们从电动力学基本原理出发导出惠更斯原理.

图 5–12 表示典型的衍射问题. 设屏幕上有一小孔, 电磁波从左边入射, 我们要计算通过小孔后在屏幕右边空间各点上的电磁波场强. 此问题严格来说应该作为边值问题求解. 入射波到达屏幕时, 在幕上和小孔边缘处被反射和散射, 在幕左边的电磁场包括入射波和反射回来的波, 在幕右边是透过小孔后的电磁波. 在小孔处两边电磁场值应该相等, 在屏幕两侧电磁场应该满足物体表面上的边界条件. 由这些条件原则上可以解出全空间中的电磁场. 但一般来说这种普遍解法是很复杂的, 实际所用的衍射理论都是一些近似解法. 近似的主要点在于假设小孔上和屏幕右侧表面上的场强为已知, 由此求出右半空间各点上的场强. 这种求解方法实质上是把一个区域内的电磁场用其边界上的值表示出来. 以下我们将推导这种关系.

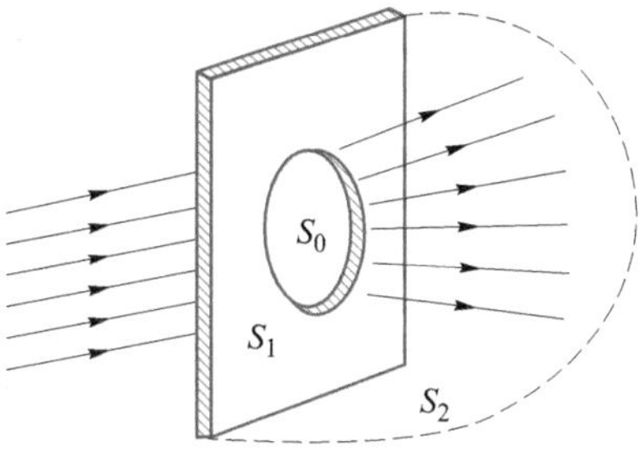

图 5–12

电磁场由两个互相耦合的矢量场 $\boldsymbol{E}$ 和 $\boldsymbol{B}$ 构成. 用严格的矢量场理论来讨论衍射问题较为复杂. 一般在光学中常常忽略场的矢量性质, 而把电磁场的每一直角分量看作标量场, 用标量场的衍射理论来求解. 当衍射角不大时这种方法是较好的近似.

下面我们只推导标量衍射公式, 而不去讨论较严格的矢量场衍射公式.

2. 基尔霍夫公式

电磁场的任一直角分量 ψ 满足亥姆霍兹方程:

$$\nabla^2\psi + k^2\psi = 0 \tag{5.6.1}$$

如果我们忽略电磁场其他分量的影响, 而孤立地把 ψ 看作一个标量场, 用边界上的 ψ 和 $\dfrac{\partial\psi}{\partial n}$ 值表示出区域内的 ψ, 这种理论就是标量衍射理论.

和静电情形一样, 用格林公式和格林函数方法可以把 $\psi(\boldsymbol{x})$ 与边界上的值联系起来. 设 $G(\boldsymbol{x},\boldsymbol{x}')$ 是亥姆霍兹方程的格林函数

$$\left(\nabla^2 + k^2\right) G(\boldsymbol{x},\boldsymbol{x}') = -4\pi\delta(\boldsymbol{x}-\boldsymbol{x}') \tag{5.6.2}$$

在 (5.2.11) 式中令 $Q(t) = 4\pi\varepsilon_0\mathrm{e}^{-\mathrm{i}\omega t}$, 可以看出具有出射波形式的格林函数为

$$G(\boldsymbol{x},\boldsymbol{x}') = \frac{\mathrm{e}^{\mathrm{i}kr}}{r} \tag{5.6.3}$$

把 G 和 ψ 代入格林公式 [(2.4.13) 式], 并以撇号表示积分变量, 得

$$\begin{aligned}&\int_V \left[\psi(\boldsymbol{x}')\nabla'^2 G(\boldsymbol{x}',\boldsymbol{x}) - G(\boldsymbol{x}',\boldsymbol{x})\nabla'^2\psi(\boldsymbol{x}')\right]\mathrm{d}V' \\ =&\oint_S \left[\psi(\boldsymbol{x}')\nabla' G(\boldsymbol{x}',\boldsymbol{x}) - G(\boldsymbol{x}',\boldsymbol{x})\nabla'\psi(\boldsymbol{x}')\right]\cdot\mathrm{d}\boldsymbol{S}'\end{aligned} \tag{5.6.4}$$

式中 S 是区域 V 的边界, $\mathrm{d}\boldsymbol{S}'$ 是从区域 V 内指向外部的面元. 为方便起见, 我们设 $\boldsymbol{e}_\mathrm{n}$ 是指向区域 V 内的法线方向单位矢量, 即 $\mathrm{d}\boldsymbol{S}' = -\boldsymbol{e}_\mathrm{n}\mathrm{d}S'$. 由 (5.6.1) 式—(5.6.4) 式得

$$\begin{aligned}\psi(\boldsymbol{x}) &= -\frac{1}{4\pi}\oint_S \left[\psi(\boldsymbol{x}')\nabla'\frac{\mathrm{e}^{\mathrm{i}kr}}{r} - \frac{\mathrm{e}^{\mathrm{i}kr}}{r}\nabla'\psi(\boldsymbol{x}')\right]\cdot\mathrm{d}\boldsymbol{S}' \\ &= -\frac{1}{4\pi}\oint_S \frac{\mathrm{e}^{\mathrm{i}kr}}{r}\boldsymbol{e}_\mathrm{n}\cdot\left[\nabla'\psi + \left(\mathrm{i}k - \frac{1}{r}\right)\frac{\boldsymbol{r}}{r}\psi\right]\mathrm{d}S'\end{aligned} \tag{5.6.5}$$

此公式称为基尔霍夫 (Kirchhoff) 公式. 此公式把区域 V 内任一点 $\boldsymbol{x}$ 处的场 $\psi(\boldsymbol{x})$ 用 V 边界面 S 上的 ψ 和 $\dfrac{\partial\psi}{\partial n}$ 表示出来. 基尔霍夫公式是惠更斯原理的数学表示. 在 (5.6.5) 式的被积式中, 因子 $\dfrac{\mathrm{e}^{\mathrm{i}kr}}{r}$ 表示由曲面 S 上的点 $\boldsymbol{x}'$ 向 V 内 $\boldsymbol{x}$ 点传播的波, 波源的强度由 $\boldsymbol{x}'$ 点上的 ψ 和 $\dfrac{\partial\psi}{\partial n}$ 值确定. 因此, 曲面上每一点可以看作次级光源, 区域 V 内的光波可以看作由曲面所有点上的次级光源发射的子波的叠加.

必须指出, (5.6.5) 式不是边值问题的解, 它仅是把 ψ 用边界值表出的积分表示式, 而当问题完全解出之前, 边界上的 ψ 和 $\dfrac{\partial\psi}{\partial n}$ 值是不知道的, 而且也是不能任意规

定的. 所以, 只有在某些特殊情况下, 当我们可以合理地估计在边界 S 上的 ψ 和 $\dfrac{\partial\psi}{\partial n}$ 值时, 才能应用 (5.6.5) 式求区域 V 内的场强. 衍射问题通常属于这种情况.

3. 小孔衍射

现在我们以小孔衍射为例说明基尔霍夫公式的应用.

设无穷大平面屏幕中部有一小孔. V 为屏幕右边空间, 其界面 S 包括三个部分: 小孔表面 S_0, 屏幕右侧表面 S_1 和无穷大半球面 S_2, 如图 5–12 所示. 为了应用基尔霍夫公式, 必须对界面上的 ψ 和 $\dfrac{\partial\psi}{\partial n}$ 值作合理的假定. 我们假设:

(1) 在孔面 S_0 上, ψ 和 $\dfrac{\partial\psi}{\partial n}$ 等于原来入射波的值, 即和没有屏幕存在时的值相同;

(2) 屏幕右侧 S_1 上, $\psi=\dfrac{\partial\psi}{\partial n}=0$.

这两个假设都是近似的. 因为由上面的讨论, 当有屏幕存在时, 必然对原来入射波产生扰动, 特别是在孔边缘附近, 入射波受到的扰动是比较大的, 因此在孔面上 ψ 和 $\dfrac{\partial\psi}{\partial n}$ 值不可能与原入射波的相应值完全相同. 但是当孔半径远大于波长时, 孔面大部分面积的场所受的扰动不大, 因而假设 (1) 不会导致很大的误差. 在屏幕右侧 S_1 上, 实际上只有在小孔边缘附近处 ψ 和 $\dfrac{\partial\psi}{\partial n}$ 才可能显著地不为零, 因此假设 (2) 也可以近似地成立.

为了由 (5.6.5) 式计算 $\psi(\boldsymbol{x})$, 还必须知道无限远半球面 S_2 上的 ψ 值. 如图 5–13 所示, 取坐标原点在小孔中心处, 以 $\boldsymbol{x}'$ 表示 S_2 上一点, $\boldsymbol{x}$ 为区域内距离小孔有限远处任一点. 令 $R=|\boldsymbol{x}|, R'=|\boldsymbol{x}'|, r=|\boldsymbol{x}-\boldsymbol{x}'|$. 由于在右半空间的波是由小孔区出射的波, 因此在无限远处应有形式

$$\psi\left(\boldsymbol{x}'\right)=f\left(\theta',\phi'\right)\frac{\mathrm{e}^{\mathrm{i}kR'}}{R'} \tag{5.6.6}$$

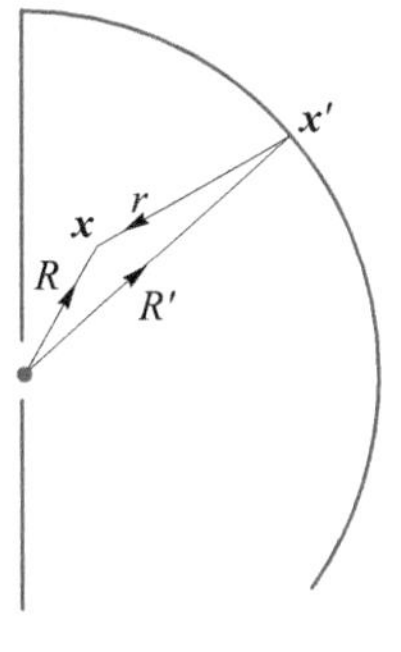

图 5–13

$f\left(\theta',\phi'\right)$ 代表与方向有关的某一函数. 在 S_2 上, 向内法线方向单位矢量为 $\boldsymbol{e}_{\mathrm{n}}=-\boldsymbol{e}_{R'}$, 因而

$$\boldsymbol{e}_{\mathrm{n}} \cdot \nabla' \psi = -\frac{\partial}{\partial R'} \psi\left(\boldsymbol{x}'\right) = -\left(\mathrm{i}k - \frac{1}{R'}\right) \psi \tag{5.6.7}$$

在 (5.6.5) 式中, r 为由 $\boldsymbol{x}'$ 到 $\boldsymbol{x}$ 的径矢, 当 $r \to \infty$ 时, $\boldsymbol{r}/r \approx \boldsymbol{e}_{\mathrm{n}}$, 而且有 $1/r \approx 1/R'$, 因此在 S_2 上到 $O\left(r^{-2}\right)$ 有

$$\boldsymbol{e}_{\mathrm{n}} \cdot \left[\nabla' \psi + \left(\mathrm{i}k - \frac{1}{r}\right) \frac{\boldsymbol{r}}{r} \psi\right] \approx 0$$

因而 (5.6.5) 式在无穷大半球面 S_2 上的积分趋于零. 因此, 在 (5.6.5) 式中只剩下对孔面 S_0 的积分:

$$\psi(\boldsymbol{x}) = -\frac{1}{4\pi} \int_{S_0} \frac{\mathrm{e}^{\mathrm{i}kr}}{r} \boldsymbol{e}_{\mathrm{n}} \cdot \left[\nabla' \psi + \left(\mathrm{i}k - \frac{1}{r}\right) \frac{\boldsymbol{r}}{r} \psi\right] \mathrm{d}S' \tag{5.6.8}$$

由假设 (1), 在孔面上, 场强可取为入射波场强. 设入射波 ψ_1 是平面波, 其波矢量为 $\boldsymbol{k}_1$, $|\boldsymbol{k}_1| = k$, 即

$$\psi_1\left(\boldsymbol{x}'\right) = \psi_0 \mathrm{e}^{\mathrm{i}\boldsymbol{k}_1 \cdot \boldsymbol{x}'} \tag{5.6.9}$$

其中 ψ_0 为原点处的 ψ 值. 在 (5.6.8) 式右边被积函数中的 ψ 可用 ψ_1 代入, 并有

$$\nabla' \psi\left(\boldsymbol{x}'\right) = \mathrm{i}\boldsymbol{k}_1 \psi_0 \mathrm{e}^{\mathrm{i}\boldsymbol{k}_1 \cdot \boldsymbol{x}'} \tag{5.6.10}$$

设我们在屏幕右边远处观察由 $\boldsymbol{k}_2$ 方向传播的衍射波 [实际观察时可用透镜把衍射波聚焦, 称为夫琅禾费 (Fraunhofer) 衍射]. 如图 5−14 所示, $\boldsymbol{x}'$ 为小孔面上一点, $\boldsymbol{x}$ 为空间远处一点, $\boldsymbol{k}_2$ 沿 $\boldsymbol{R}$ 方向, $r = R - \frac{\boldsymbol{k}_2}{k} \cdot \boldsymbol{x}'$, $k\frac{\boldsymbol{r}}{r} = \boldsymbol{k}_2$. 在 (5.6.8) 式中略去 $1/r$ 高次项, 得

$$\begin{aligned} \psi(\boldsymbol{x}) &= -\frac{\mathrm{i}\psi_0 \mathrm{e}^{\mathrm{i}kR}}{4\pi R} \int_{S_0} \mathrm{e}^{\mathrm{i}(\boldsymbol{k}_1 - \boldsymbol{k}_2) \cdot \boldsymbol{x}'} \left(\boldsymbol{k}_1 + \boldsymbol{k}_2\right) \cdot \boldsymbol{e}_n \mathrm{d}S' \\ &= -\frac{\mathrm{i}k\psi_0 \mathrm{e}^{\mathrm{i}kR}}{4\pi R} \int_{S_0} \mathrm{e}^{\mathrm{i}(\boldsymbol{k}_1 - \boldsymbol{k}_2) \cdot \boldsymbol{x}'} \left(\cos\theta_1 + \cos\theta_2\right) \mathrm{d}S' \end{aligned} \tag{5.6.11}$$

式中 θ_1 为入射波矢 $\boldsymbol{k}_1$ 与法线方向 $\boldsymbol{e}_{\mathrm{n}}$ 的夹角, θ_2 为衍射波矢 $\boldsymbol{k}_2$ 与 $\boldsymbol{e}_{\mathrm{n}}$ 的夹角. $\cos\theta_1 + \cos\theta_2$ 称为倾斜因子.

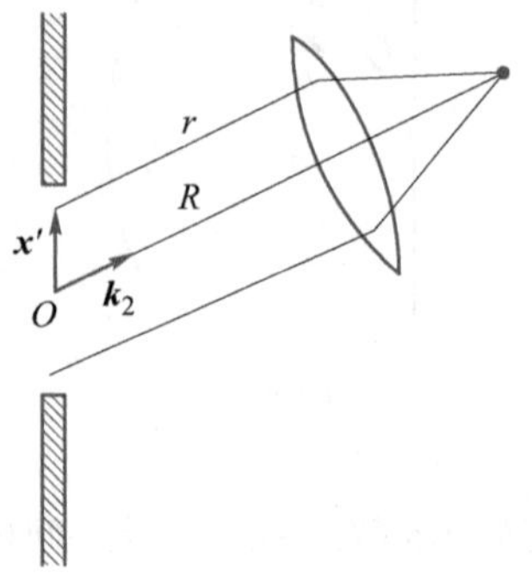

图 5−14

以 $|\psi|^2$ 代表衍射光波的强度, 由 (5.6.11) 式可算出衍射光强与 θ_2 的关系, 由此可得衍射图样. 在小孔衍射情况下, 实验测得的衍射图样与计算结果相符, 说明我们所作的假设 (1) 和 (2) 是近似正确的. 在通过裂缝的微波辐射问题中, 由于涉及较大的波长和较大的衍射角, 标量理论不是很好的近似. 在此情形下我们必须从电磁场矢量方程出发, 导出矢量场的衍射公式. 关于这个问题在此不作详细讨论.

例 5.5

波长为 λ 的平面电磁波垂直射入屏的长方形小孔, 设小孔边长为 $2a$ 和 $2b(a,b\gg\lambda)$, 求夫琅禾费衍射图样.

解: 取小孔中心为原点, z 轴与孔面垂直. 入射波沿 z 轴方向, 有 $\cos\theta_1=1$. 孔面上 $z'=0$, 因而 $\boldsymbol{k}_1\cdot\boldsymbol{x}'=0$. 在 (5.6.11) 式中由于 θ_1 和 θ_2 与积分变数无关, 可以抽出移至积分号外, 因此

$$\psi(\boldsymbol{x})=-\frac{\mathrm{i}k\psi_0\mathrm{e}^{\mathrm{i}kR}}{4\pi R}(1+\cos\theta_2)\int_{S_0}\mathrm{e}^{-\mathrm{i}\boldsymbol{k}_2\cdot\boldsymbol{x}'}\mathrm{d}S' \tag{5.6.12}$$

上式的积分为

$$\begin{aligned}&\int_{-a}^{a}\mathrm{e}^{-\mathrm{i}k_{2x}x'}\mathrm{d}x'\int_{-b}^{b}\mathrm{e}^{-\mathrm{i}k_{2y}y'}\mathrm{d}y'\\&=\frac{4}{k_{2x}k_{2y}}\sin k_{2x}a\sin k_{2y}b\end{aligned} \tag{5.6.13}$$

设 $\boldsymbol{k}_2$ 与 x 轴的夹角为 $\dfrac{\pi}{2}-\alpha$, 与 y 轴的夹角为 $\dfrac{\pi}{2}-\beta$, α 和 β 即为衍射波偏离 yz 面和 xz 面的角. 因 α 和 β 为小角, 有

$$k_{2x}=k\sin\alpha\approx k\alpha,\quad k_{2y}=k\sin\beta\approx k\beta$$

代入 (5.6.13) 式得

$$\frac{4}{k^2}\frac{\sin ka\alpha}{\alpha}\frac{\sin kb\beta}{\beta} \tag{5.6.14}$$

$|\psi|^2$ 为光强 I, 以 I_0 表示沿 z 轴的光强 ($\theta_2=0$, $\alpha=\beta=0$ 情形), 则衍射光强为

$$\begin{aligned}I&=I_0\left(\frac{1+\cos\theta_2}{2}\right)^2\left(\frac{\sin ka\alpha}{ka\alpha}\right)^2\left(\frac{\sin kb\beta}{kb\beta}\right)^2\\&\approx I_0\left(\frac{\sin ka\alpha}{ka\alpha}\right)^2\left(\frac{\sin kb\beta}{kb\beta}\right)^2\end{aligned} \tag{5.6.15}$$

光强 I 与 α 的关系如图 5-15 所示. 第一条暗纹出现在 $ka\alpha=\pi$ 处, 即 $\alpha=\lambda/2a$. 波长越短时, 衍射条纹越密. (5.6.15) 式已相当好地为光学实验所证实.

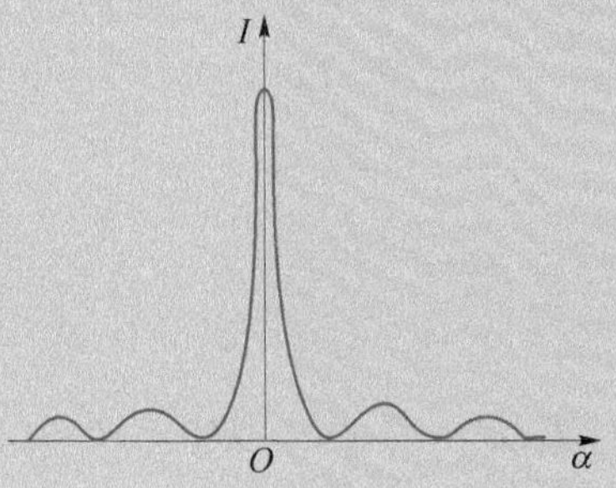

图 5-15

§ 5.7 电磁场的动量与角动量

在第一章中已讨论了电磁场的能量问题, 现在我们来研究电磁场的动量和角动量.

物质都在运动着, 而又通过相互作用, 使得运动形式发生转化. 关于物质运动形式的转化, 有三条基本的守恒定律 — 能量守恒定律、动量守恒定律和角动量守恒定律.

电磁场和带电物质之间有相互作用. 场对带电粒子施以作用力, 粒子受力后, 它的动量发生变化, 同时电磁场本身的状态亦发生相应的改变. 事实上, 当电磁波入射于物体上时, 物体内的带电粒子受到电磁场的作用, 使整个物体受到一定的总力. 物体受力后, 它的动量会发生变化, 同时电磁波也被反射或吸收而改变了它的空间运动状态. 在此相互作用过程中, 入射电磁场的动量转移到物体上, 同时电磁场的动量亦发生相应的改变. 因此, 电磁场也和其他物体一样具有动量. 辐射压力是电磁场带有动量的实验证据. 下面我们从电磁场与带电物质的相互作用规律导出电磁场动量密度表达式, 并由此给出角动量密度的表达式.

1. 电磁场的动量密度和动量流密度

考虑空间某一区域, 其内有一定电荷分布. 区域内的场和电荷之间由于相互作用而发生动量转移. 另一方面, 区域内的场和区域外的场也通过界面发生动量转移. 由于动量守恒, 单位时间从区域外通过界面 S 传入区域 V 内的动量应等于 V 内电荷的动量变化率加上 V 内电磁场的动量变化率. 由于麦克斯韦方程组是电磁场的基本动力学方程, 由麦克斯韦方程组和洛伦兹力公式应该可以导出电磁场和电荷体系的动量守恒定律.

电荷受电磁场的作用力由洛伦兹力公式表示. 以 $\boldsymbol{f}$ 表示作用力密度, 由 (1.2.8) 式:

$$\boldsymbol{f} = \rho \boldsymbol{E} + \boldsymbol{J} \times \boldsymbol{B} \tag{5.7.1}$$

电荷系统受到力的作用后, 它的动量发生变化. 由动量守恒定律, 电磁场的动量也应该相应地改变. (5.7.1) 式左边等于电荷系统的动量密度变化率, 因而右边应该可以化为含有电磁场动量密度变化率和表示场内动量转移的一些量. 为此, 我们用麦克斯韦方程组把 (5.7.1) 式右边完全用场量表出. 由真空中的方程

$$\rho = \varepsilon_0 \nabla \cdot \boldsymbol{E}$$

$$\boldsymbol{J} = \frac{1}{\mu_0} \nabla \times \boldsymbol{B} - \varepsilon_0 \frac{\partial \boldsymbol{E}}{\partial t}$$

可以把 (5.7.1) 式化为

$$\boldsymbol{f} = \varepsilon_0 (\nabla \cdot \boldsymbol{E}) \boldsymbol{E} + \frac{1}{\mu_0} (\nabla \times \boldsymbol{B}) \times \boldsymbol{B} - \varepsilon_0 \frac{\partial \boldsymbol{E}}{\partial t} \times \boldsymbol{B} \tag{5.7.2}$$

利用另外两个麦克斯韦方程

$$\nabla \cdot \boldsymbol{B} = 0, \quad \nabla \times \boldsymbol{E} = -\frac{\partial \boldsymbol{B}}{\partial t}$$

可以把 (5.7.2) 式写成对 $\boldsymbol{E}$ 和 $\boldsymbol{B}$ 对称的形式:

$$\boldsymbol{f} = \left[\varepsilon_0(\nabla \cdot \boldsymbol{E})\boldsymbol{E} + \frac{1}{\mu_0}(\nabla \cdot \boldsymbol{B})\boldsymbol{B} + \frac{1}{\mu_0}(\nabla \times \boldsymbol{B}) \times \boldsymbol{B} + \right. \\ \left. \varepsilon_0(\nabla \times \boldsymbol{E}) \times \boldsymbol{E}\right] - \varepsilon_0 \frac{\partial}{\partial t}(\boldsymbol{E} \times \boldsymbol{B}) \tag{5.7.3}$$

由于 $\boldsymbol{f}$ 等于电荷系统的动量密度改变率, 因此, 若把 (5.7.3) 式解释为动量守恒定律, 则右边最后一项撤去负号后应该代表电磁场的动量密度改变率. 因此电磁场的动量密度为

$$\boldsymbol{g} = \varepsilon_0 \boldsymbol{E} \times \boldsymbol{B} \tag{5.7.4}$$

(5.7.3) 式方括号部分应该表示电磁场内部的动量转移. 为证明这点, 我们先把方括号部分变为一个张量的散度. 为此, 由矢量公式

$$(\nabla \times \boldsymbol{E}) \times \boldsymbol{E} = (\boldsymbol{E} \cdot \nabla)\boldsymbol{E} - \frac{1}{2}\nabla E^2$$

得

$$\begin{aligned}
&(\nabla \cdot \boldsymbol{E})\boldsymbol{E} + (\nabla \times \boldsymbol{E}) \times \boldsymbol{E} \\
&= (\nabla \cdot \boldsymbol{E})\boldsymbol{E} + (\boldsymbol{E} \cdot \nabla)\boldsymbol{E} - \frac{1}{2}\nabla E^2 \\
&= \nabla \cdot (\boldsymbol{E}\boldsymbol{E}) - \frac{1}{2}\nabla \cdot \left(\overleftrightarrow{\mathscr{I}} E^2\right) \\
&= \nabla \cdot \left(\boldsymbol{E}\boldsymbol{E} - \frac{1}{2}\overleftrightarrow{\mathscr{I}} E^2\right)
\end{aligned}$$

式中 $\overleftrightarrow{\mathscr{I}}$ 是单位张量, 对任一矢量 $\boldsymbol{v}$ 都有

$$\boldsymbol{v} \cdot \overleftrightarrow{\mathscr{I}} = \overleftrightarrow{\mathscr{I}} \cdot \boldsymbol{v} = \boldsymbol{v}$$

同理

$$(\nabla \cdot \boldsymbol{B})\boldsymbol{B} + (\nabla \times \boldsymbol{B}) \times \boldsymbol{B} = \nabla \cdot \left(\boldsymbol{B}\boldsymbol{B} - \frac{1}{2}\overleftrightarrow{\mathscr{I}} B^2\right)$$

因此, (5.7.3) 式方括号部分可以化为一个 2 阶张量-$\overleftrightarrow{\mathscr{T}}$ 的散度. 令

$$\overleftrightarrow{\mathscr{T}} = -\varepsilon_0 \boldsymbol{E}\boldsymbol{E} - \frac{1}{\mu_0}\boldsymbol{B}\boldsymbol{B} + \frac{1}{2}\overleftrightarrow{\mathscr{I}}\left(\varepsilon_0 E^2 + \frac{1}{\mu_0}B^2\right) \tag{5.7.5}$$

由 (5.7.3) 式—(5.7.5) 式得

$$\boldsymbol{f} + \frac{\partial \boldsymbol{g}}{\partial t} = -\nabla \cdot \overleftrightarrow{\mathscr{T}} \tag{5.7.6}$$

把此式对区域 V 积分得

$$\begin{aligned}\int_V \boldsymbol{f}\mathrm{d}V+\frac{\mathrm{d}}{\mathrm{d}t}\int_V \boldsymbol{g}\mathrm{d}V&=-\int_V \nabla\cdot\overleftrightarrow{\mathscr{T}}\mathrm{d}V\\&=-\oint_S \mathrm{d}\boldsymbol{S}\cdot\overleftrightarrow{\mathscr{T}}\end{aligned}\tag{5.7.7}$$

右边是对区域边界的面积分. (5.7.7) 式左边是 V 内电荷系统和电磁场的总动量变化率, 因此右边由 V 外通过界面 S 流进 V 内的动量流. 张量 $\overleftrightarrow{\mathscr{T}}$ 称为电磁场的动量流密度张量, 或称为电磁场应力张量.

若区域 V 为全空间, 则面积分趋于零, 因此

$$\int \boldsymbol{f}\mathrm{d}V+\frac{\mathrm{d}}{\mathrm{d}t}\int \boldsymbol{g}\mathrm{d}V=0$$

此式表示电磁场和电荷的总动量变化率等于零, 这就是动量守恒定律. (5.7.6) 式是动量守恒定律的微分形式.

电磁场的动量密度 $\boldsymbol{g}$ 和能流密度 $\boldsymbol{S}$ 之间紧密相关:

$$\boldsymbol{g}=\varepsilon_0\boldsymbol{E}\times\boldsymbol{B}=\mu_0\varepsilon_0\boldsymbol{E}\times\boldsymbol{H}=\frac{1}{c^2}\boldsymbol{S}\tag{5.7.8}$$

对于平面电磁波, 有

$$\boldsymbol{B}=\frac{1}{c}\boldsymbol{e}_k\times\boldsymbol{E}$$

式中 $\boldsymbol{e}_k$ 为传播方向单位矢量, 代入 (5.7.4) 式得一定频率的电磁波的平均动量密度为

$$\overline{\boldsymbol{g}}=\frac{\varepsilon_0}{2}\mathrm{Re}\left(\boldsymbol{E}^*\times\boldsymbol{B}\right)=\frac{\varepsilon_0}{2c}\left|\boldsymbol{E}_0\right|^2\boldsymbol{e}_k\tag{5.7.9}$$

由于对电磁波有 $\boldsymbol{S}=cw\boldsymbol{e}_k$, w 为能量密度, 因此

$$\boldsymbol{g}=\frac{w}{c}\boldsymbol{e}_k\tag{5.7.10}$$

此关系在量子化后的电磁场也是成立的. 量子化后的电磁场由光子组成, 每个光子的能量为 $\hbar\omega$, 其中 $\hbar=h/2\pi$, h 为普朗克常量, ω 为角频率. 由 (5.7.10) 式, 每个光子带有动量 $\hbar\dfrac{\omega}{c}\boldsymbol{e}_k=\hbar\boldsymbol{k}$.

下面我们说明动量流密度张量 $\overleftrightarrow{\mathscr{T}}$ 的意义. 如图 5–16 所示, 设 ABC 为一面元 $\Delta\boldsymbol{S}$, 此面元的三个分量分别等于三角形 OBC、OCA 和 OAB 的面积. $OABC$ 是一个体积元 ΔV. 单位时间内通过界面 OBC 单位面积流入体内的动量的三个分量写为

$$T_{11},\quad T_{12},\quad T_{13}$$

单位时间内通过界面 OCA 单位面积流入体内的动量的三个分量写为

$$T_{21},\quad T_{22},\quad T_{23}$$

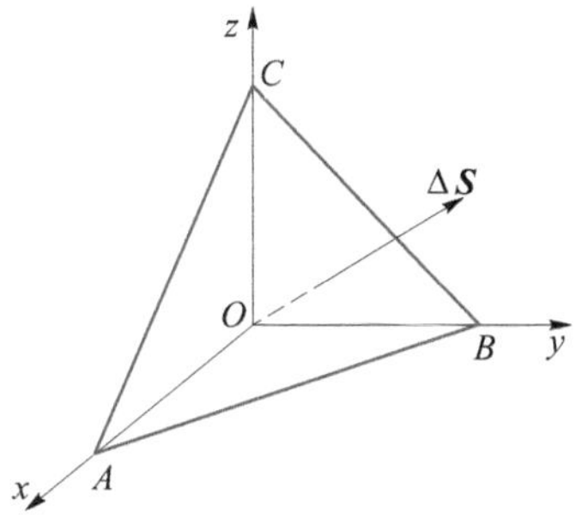

图 5–16

单位时间内通过界面 OAB 单位面积流入体内的动量的三个分量写为

$$T_{31},\quad T_{32},\quad T_{33}$$

当体积 $\Delta V\to 0$ 时, 通过这三个面流入体内的动量等于从面元 ABC 流出的动量. 因此, 单位时间内通过 ABC 面流出的动量各分量为

$$\begin{aligned}\Delta p_1&=\Delta S_1T_{11}+\Delta S_2T_{21}+\Delta S_3T_{31}\\\Delta p_2&=\Delta S_1T_{12}+\Delta S_2T_{22}+\Delta S_3T_{32}\\\Delta p_3&=\Delta S_1T_{13}+\Delta S_2T_{23}+\Delta S_3T_{33}\end{aligned}$$

或写为矢量式

$$\Delta\boldsymbol{p}=\Delta\boldsymbol{S}\cdot\overleftrightarrow{\mathscr{T}}$$

这就是单位时间内通过面元 $\Delta\boldsymbol{S}$ 流出的动量. 因此, 单位时间内通过闭合曲面流出的总动量为

$$\oint \mathrm{d}\boldsymbol{S}\cdot\overleftrightarrow{\mathscr{T}}\tag{5.7.11}$$

张量 $\overleftrightarrow{\mathscr{T}}$ 的分量 T_{ij} 的意义是单位时间内通过垂直于 i 轴的单位面积流过的动量 j 分量.

例 5.6

求平面电磁波的动量流密度张量.

解: 平面电磁波 $\boldsymbol{E}$ 、$\boldsymbol{B}$ 、$\boldsymbol{k}$ 是三个互相正交的矢量, 我们就用这三个方向来分解 $\overleftrightarrow{\mathscr{T}}$ 的各分量. 由 (5.7.5) 式和 $\boldsymbol{E}\cdot\boldsymbol{B}=0$, 得

$$\boldsymbol{E}\cdot\overleftrightarrow{\mathscr{T}}=-\varepsilon_0E^2\boldsymbol{E}+\frac{1}{2}\boldsymbol{E}\left(\varepsilon_0E^2+\frac{1}{\mu_0}B^2\right)\tag{5.7.12}$$

平面电磁波有 $\varepsilon_0E^2=\dfrac{1}{\mu_0}B^2$, 因而

$$\boldsymbol{E}\cdot\overleftrightarrow{\mathscr{T}}=0$$

同样可证

$$\boldsymbol{B}\cdot\overleftrightarrow{\mathscr{T}}=0,\quad \overleftrightarrow{\mathscr{T}}\cdot\boldsymbol{E}=\overleftrightarrow{\mathscr{T}}\cdot\boldsymbol{B}=0$$

因而 $\overleftrightarrow{\mathscr{T}}$ 只有 $\boldsymbol{e}_k\boldsymbol{e}_k$ 的分量. 由于 $\boldsymbol{e}_k\cdot\boldsymbol{E}=\boldsymbol{e}_k\cdot\boldsymbol{B}=0$, 可求得

$$\boldsymbol{e}_k\cdot\overleftrightarrow{\mathscr{T}}=\overleftrightarrow{\mathscr{T}}\cdot\boldsymbol{e}_k=\frac{1}{2}\boldsymbol{e}_k\left(\varepsilon_0E^2+\frac{1}{\mu_0}B^2\right)=w\boldsymbol{e}_k$$

因而

$$\overleftrightarrow{\mathscr{T}}=w\boldsymbol{e}_k\boldsymbol{e}_k=cg\boldsymbol{e}_k\boldsymbol{e}_k \tag{5.7.13}$$

式中 $\boldsymbol{e}_k$ 为波矢 $\boldsymbol{k}$ 方向的单位矢量, g 为动量密度 [见 (5.7.10) 式]. 若选 $\boldsymbol{k}$ 方向为 z 轴, 则 $\overleftrightarrow{\mathscr{T}}$ 只有 T_{33} 分量, $T_{33}=cg$.

$\overleftrightarrow{\mathscr{T}}$ 表示式 (5.7.13) 中的第二个 $\boldsymbol{e}_k$ 表示电磁波动量沿波矢方向, 第一个 $\boldsymbol{e}_k$ 表示只有对垂直于波矢的面才有动量通过, 在侧面上是没有动量转移的. 电磁波带动量密度 g, 传播速度 c, 因此每秒垂直流过单位截面的动量为 cg. 动量流密度张量是能量–动量密度四维张量的组成部分, 后者的理论推导可参见附录 A.3.

2. 辐射压力

由于电磁波具有动量, 它入射于物体上时会对物体施加一定的压力, 这种压力称为辐射压力. 由电磁波动量密度 (5.7.10) 式和动量守恒定律可以算出辐射压强.

例 5.7

平面电磁波入射于理想导体表面上而被全部反射, 设入射角为 θ, 求导体表面所受的辐射压强.

解: 把入射波动量分解为垂直于表面的分量和与表面相切的分量. 电磁波被反射后, 动量的切向分量不变, 而法向分量变号. 由于电磁波速度为 c, 由 (5.7.10) 式, 每秒通过单位横截面的平面波的动量为

$$\bar{g}c=\bar{w}_{\mathrm{i}}$$

其中 $\bar{w}_{\mathrm{i}}$ 为入射波平均能量密度. 上式的法向分量为 $\bar{w}_{\mathrm{i}}\cos\theta$. 由于这部分动量实际上入射于导体表面 $1/\cos\theta$ 的面积上, 因此, 每秒入射于导体表面单位面积的动量法向分量为

$$\bar{w}_{\mathrm{i}}\cos^2\theta$$

在反射过程中, 电磁波动量变化率为上式的二倍, 即 $2\bar{w}_{\mathrm{i}}\cos^2\theta$. 由动量守恒定律, 导体面所受的辐射压强为

$$P=2\bar{w}_{\mathrm{i}}\cos^2\theta \tag{5.7.14}$$

在导体外部, 总电场为入射波电场 E_{i} 加上反射波电场 E_{r}.

$$\boldsymbol{E}=\boldsymbol{E}_{\mathrm{i}}+\boldsymbol{E}_{\mathrm{r}}$$
$$E^2=E_{\mathrm{i}}^2+E_{\mathrm{r}}^2+2\,\mathrm{Re}\,(\boldsymbol{E}_{\mathrm{i}}^*\cdot\boldsymbol{E}_{\mathrm{r}})$$

上式最后一项是干涉项, 它表现为导体表面外强弱相间的能量分布. 对空间各点平均后此项贡献为零. 因此在导体表面附近总平均能量密度 $\bar{w}$ 等于入射波能量密度 $\bar{w}_{\mathrm{i}}$ 加上反射波能量密度 $\bar{w}_{\mathrm{r}}$. 在全部反射情形中即等于入射能量密度的二倍. 因此由 (5.7.14) 式

$$P = \bar{w}\cos^2\theta \tag{5.7.15}$$

若电磁波从各方向入射, 对 θ 平均后得

$$P = \frac{\bar{w}}{3} \tag{5.7.16}$$

不难看出, 在表面完全吸收电磁波的情况, 上式仍然是成立的. (5.7.16) 式是黑体辐射对界面所施压强的公式.

由动量流密度张量 $\overleftrightarrow{\mathscr{T}}$ 可以较简单地得出以上结果. 设 $\boldsymbol{E}_\mathrm{i}$ 垂直入射面, 在完全反射情形中有 $\boldsymbol{E}_\mathrm{r} = -\boldsymbol{E}_\mathrm{i}$, 因而界面上总电场强度 $E = 0$, 总磁场为 $B = 2B_\mathrm{i}\cos\theta$, $\boldsymbol{B}$ 与界面相切. 设 $\boldsymbol{e}_\mathrm{n}$ 为指向导体内的法向单位矢量, 有 $\boldsymbol{e}_\mathrm{n}\cdot\boldsymbol{E} = \boldsymbol{e}_\mathrm{n}\cdot\boldsymbol{B} = 0$, 因而

$$\boldsymbol{e}_\mathrm{n}\cdot\overleftrightarrow{\mathscr{T}} = \frac{1}{2}\boldsymbol{e}_\mathrm{n}\left(\frac{1}{\mu_0}B^2\right) = \frac{2}{\mu_0}B_\mathrm{i}^2\cos^2\theta\boldsymbol{e}_\mathrm{n} = 2\bar{w}_\mathrm{i}\cos^2\theta\boldsymbol{e}_\mathrm{n}$$

因而导体面受到压强

$$P = 2\bar{w}_\mathrm{i}\cos^2\theta$$

与 (5.7.14) 式相符.

在一般光波和无线电波情形中, 辐射压强是不大的. 例如太阳辐射在地球表面上的能流密度为 $1.35\times10^3\ \mathrm{W\cdot m^{-2}}$, 算出辐射压强仅为 $\sim10^{-6}$ Pa. 但是近年制成的激光器能产生聚集的强光, 可以在小面积上产生巨大的辐射压力. 在天文领域, 光压起着重要作用. 光压在星体内部可以和万有引力相抗衡, 从而对星体构造和发展起着重要作用. 在微观领域, 电磁场的动量也表现得很明显. 带有动量 $\hbar\boldsymbol{k}$ 的光子与电子碰撞时服从能量和动量守恒定律, 正如其他粒子相互碰撞情形一样.

*3. 电磁场的角动量密度

从前面导出的电磁场的动量密度 (5.7.4) 式出发, 根据角动量的定义 $\boldsymbol{J}_o = \boldsymbol{r}\times\boldsymbol{p}$, 我们可以猜测电磁场具有角动量密度

$$\boldsymbol{j}_0 = \boldsymbol{r}\times\boldsymbol{g} = \varepsilon_0\boldsymbol{r}\times(\boldsymbol{E}\times\boldsymbol{B}) \tag{5.7.17}$$

上式对电磁场所在空间做体积分便得到电磁场的角动量.

一个可以看出电磁场具有的角动量密度的经典例子是费曼圆盘佯谬①. 考虑一个薄绝缘圆盘, 它可绕过圆心的垂直转轴自由转动, 在圆盘的边缘等间隔固定一圈点电荷. 在圆盘上方垂直放置一个导体线圈, 线圈中轴线与转轴相同并不会相对转轴运动 (见图 5–17). 设初始状态为圆盘静止且导体线圈内通有恒定电流. 若突然切断线圈的电流, 则线圈内的磁通会突然减小从而在周围产生一个环绕转轴的感应电场, 于是带电荷的圆盘会在感应电场的作用下开始转动. 这一系统若只考虑带电圆盘的角动量似乎在切断电流前后角动量并不守恒, 然而实际上还需要加上电磁场角动量, 系统的角动量才是守恒的. 在切断电流前, 由于点电荷会在圆盘上方产生一个电场, 而通电的线圈周围存在斜向上的磁场, 从而可以推断电磁场存在一个环绕转轴的动量分

① R.P. Feynman, R.B. Leighton, and M. Sands, The Feynman Lectures on Physics, vol. II: Mainly Electromagnetism and Matter, Addison-Wesley (1964).

布. 因此在切断电流之前电磁场存在一个竖直向上的角动量. 切断电源之后磁场逐渐消失, 环绕转轴的动量密度也逐渐消失, 于是原有的电磁场的角动量转化为转盘的角动量, 系统整体的角动量依然守恒. 有趣的是, 恒定电磁场也有动量和轨道角动量. 对于电磁波, 还有与偏振自由度变化有关的自旋角动量, 它本质上是一个量子现象, 超出本书范围. 宏观电磁场的角动量原则上是轨道角动量与自旋角动量之和的平均, 但如何把平均自旋角动量从总的平均角动量中分离出来, 至今仍没有定论①.

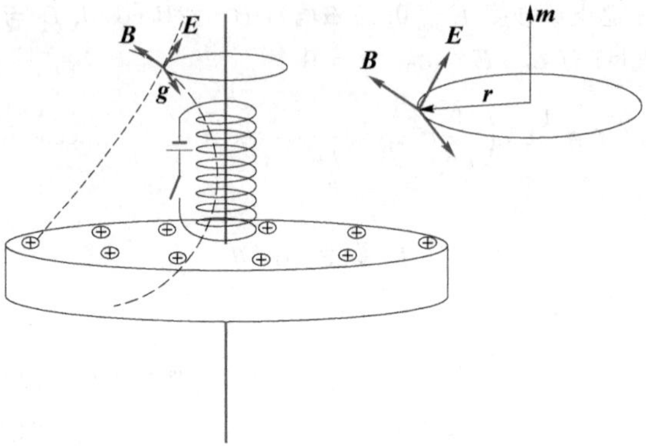

图 5-17 费曼圆盘佯谬示意图

习 题

5.1 若把麦克斯韦方程组的所有矢量都分解为无旋的 (纵场) 和无散的 (横场) 两部分, 写出 $\boldsymbol{E}$ 和 $\boldsymbol{B}$ 的这两部分在真空中所满足的方程式, 并证明电场的无旋部分对应于库仑场.

答案:

以角标 L 和 T 分别代表纵场和横场部分. 电场分解为 $\boldsymbol{E}=\boldsymbol{E}_{\mathrm{L}}+\boldsymbol{E}_{\mathrm{T}}, \nabla\cdot\boldsymbol{E}_{\mathrm{T}}=0, \nabla\times\boldsymbol{E}_{\mathrm{L}}=0$. 磁场和电流密度亦可作类似的分解. 真空中的方程为

$$\nabla\times\boldsymbol{E}_{\mathrm{T}}=-\frac{\partial\boldsymbol{B}_{\mathrm{T}}}{\partial t}$$

$$\nabla\cdot\boldsymbol{E}_{\mathrm{L}}=\rho/\varepsilon_0$$

$$\nabla\times\boldsymbol{B}_{\mathrm{T}}=\mu_0\boldsymbol{J}_{\mathrm{T}}+\frac{1}{c^2}\frac{\partial\boldsymbol{E}_{\mathrm{T}}}{\partial t}$$

$$\boldsymbol{B}_{\mathrm{L}}=0,\quad \mu_0\boldsymbol{J}_{\mathrm{L}}+\frac{1}{c^2}\frac{\partial\boldsymbol{E}_{\mathrm{L}}}{\partial t}=\boldsymbol{0}$$

5.2 证明在线性各向同性均匀非导电介质中, 若 $\rho=0, \boldsymbol{J}=\boldsymbol{0}$, 则 $\boldsymbol{E}$ 和 $\boldsymbol{B}$ 可完全由矢势 $\boldsymbol{A}$ 决定. 若取 $\varphi=0$, 这时 $\boldsymbol{A}$ 满足哪两个方程?

5.3 证明沿 z 轴方向传播的平面电磁波可用矢势 $\boldsymbol{A}(\omega\tau)$ 表示, 其中 $\tau=t-z/c$, $\boldsymbol{A}$ 垂直于 z 轴方向.

5.4 设真空中矢势 $\boldsymbol{A}(\boldsymbol{x},t)$ 可用复数傅里叶展开为

$$\boldsymbol{A}(\boldsymbol{x},t)=\sum_{\boldsymbol{k}}\left[\boldsymbol{a}_{\boldsymbol{k}}(t)\mathrm{e}^{\mathrm{i}\boldsymbol{k}\cdot\boldsymbol{x}}+\boldsymbol{a}_{\boldsymbol{k}}^{*}(t)\mathrm{e}^{-\mathrm{i}\boldsymbol{k}\cdot\boldsymbol{x}}\right]$$

① E. Leader and C. Lorcé, Phys. Rep. 541, 163 (2014). 从此文相关文献中可找到关于这一问题更多的细致讨论.

其中 $\boldsymbol{a}_{\boldsymbol{k}}^{*}$ 是 $\boldsymbol{a}_{\boldsymbol{k}}$ 的复共轭.

(1) 证明 $\boldsymbol{a}_{\boldsymbol{k}}$ 满足谐振子方程 $\dfrac{\mathrm{d}^2\boldsymbol{a}_{\boldsymbol{k}}(t)}{\mathrm{d}t^2}+k^2c^2\boldsymbol{a}_{\boldsymbol{k}}(t)=\mathbf{0}$.

(2) 当选取规范 $\nabla\cdot\boldsymbol{A}=0,\varphi=0$ 时, 证明 $\boldsymbol{k}\cdot\boldsymbol{a}_{\boldsymbol{k}}=0$.

(3) 把 $\boldsymbol{E}$ 和 $\boldsymbol{B}$ 用 $\boldsymbol{a}_{\boldsymbol{k}}$ 和 $\boldsymbol{a}_{\boldsymbol{k}}^{*}$ 表示出来.

5.5 设 $\boldsymbol{A}$ 和 φ 是满足洛伦兹规范的矢势和标势.

(1) 引入一矢量函数 $\boldsymbol{Z}(\boldsymbol{x},t)$ (赫兹矢量), 若令 $\varphi=-\nabla\cdot\boldsymbol{Z}$, 证明 $\boldsymbol{A}=\dfrac{1}{c^2}\dfrac{\partial\boldsymbol{Z}}{\partial t}$.

(2) 若令 $\rho=-\nabla\cdot\boldsymbol{P}$, 证明 $\boldsymbol{Z}$ 满足方程 $\nabla^2\boldsymbol{Z}-\dfrac{1}{c^2}\dfrac{\partial^2\boldsymbol{Z}}{\partial t^2}=-c^2\mu_0\boldsymbol{P}$, 写出在真空中的推迟解.

(3) 证明 $\boldsymbol{E}$ 和 $\boldsymbol{B}$ 可通过 $\boldsymbol{Z}$ 用下列公式表出:

$$\boldsymbol{E}=\nabla\times(\nabla\times\boldsymbol{Z})-c^2\mu_0\boldsymbol{P},\quad \boldsymbol{B}=\frac{1}{c^2}\frac{\partial}{\partial t}\nabla\times\boldsymbol{Z}$$

5.6 两个质量、电荷都相同的粒子相向而行发生碰撞, 证明电偶极辐射和磁偶极辐射都不会发生.

5.7 设有一球对称的电荷分布, 以频率 ω 沿径向作简谐振动, 求辐射场, 并对结果给以物理解释.

答案:

辐射场为 0 .

5.8 一飞轮半径为 R, 并有电荷均匀分布在其边缘上, 总电荷量为 Q. 设此飞轮以恒定角速度 ω 旋转, 求辐射场.

答案:

辐射场为 0 .

5.9 达朗贝尔方程推迟格林函数由 (5.2.14) 式给出.

(1) 请仿照 §2.4 节关于泊松方程格林函数的分析, 证明 (5.2.14) 式满足 (5.2.13) 式;

(2) 用推迟格林函数和电荷密度 $\rho(\boldsymbol{x}',t')$ 给出标势的表达式.

5.10 半径为 R_0 的均匀永磁体小球, 磁化强度为 $\boldsymbol{M}_0$, 球以恒定角速度 ω 绕通过球心而垂直于 $\boldsymbol{M}_0$ 的轴旋转, 设 $R_0\omega\ll c$, 求辐射场和能流.

提示: $\boldsymbol{M}_0$ 以角速度 ω 转动, 可分解为相位差为 $\pi/2$ 的互相垂直的线振动 (参阅习题 4.5); 直角坐标基矢与球坐标基矢变换关系为

$$\begin{pmatrix}\boldsymbol{e}_x\\ \boldsymbol{e}_y\\ \boldsymbol{e}_z\end{pmatrix}=\begin{pmatrix}\sin\theta\cos\phi & \cos\theta\cos\phi & -\sin\phi\\ \sin\theta\sin\phi & \cos\theta\sin\phi & \cos\phi\\ \cos\theta & -\sin\theta & 0\end{pmatrix}\begin{pmatrix}\boldsymbol{e}_R\\ \boldsymbol{e}_\theta\\ \boldsymbol{e}_\phi\end{pmatrix}$$

答案:

$$\boldsymbol{B}=\frac{\mu_0\omega^2R_0^3M_0}{3c^2R}\left(\boldsymbol{e}_\theta\cos\theta+\mathrm{i}\boldsymbol{e}_\phi\right)\mathrm{e}^{\mathrm{i}(kR-\omega t+\phi)}$$

$$\boldsymbol{E}=\frac{\mu_0\omega^2R_0^3M_0}{3cR}\left(\mathrm{i}\boldsymbol{e}_\theta-\boldsymbol{e}_\phi\cos\theta\right)\mathrm{e}^{\mathrm{i}(kR-\omega t+\phi)}$$

$$\boldsymbol{S}=\frac{\mu_0\omega^4R_0^6M_0^2}{18c^3R^2}\left(1+\cos^2\theta\right)\boldsymbol{e}_R$$

5.11 带电粒子 e 作半径为 a 的非相对论性圆周运动, 角频率为 ω. 求远处的辐射电磁场和辐射能流.

答案:

$$\boldsymbol{B}=\frac{\mu_0\omega^2 ea}{4\pi cR}\left(\boldsymbol{e}_\phi\cos\theta-\mathrm{i}\boldsymbol{e}_\theta\right)\mathrm{e}^{\mathrm{i}(kR-\omega t+\phi)}$$

$$\boldsymbol{E}=\frac{\mu_0\omega^2 ea}{4\pi R}\left(\boldsymbol{e}_\theta\cos\theta+\mathrm{i}\boldsymbol{e}_\phi\right)\mathrm{e}^{\mathrm{i}(kR-\omega t+\phi)}$$

$$\boldsymbol{S}=\frac{\mu_0\omega^4 e^2a^2}{32\pi^2 cR^2}\left(1+\cos^2\theta\right)\boldsymbol{e}_R$$

5.12 设有一电矩振幅为 $\boldsymbol{p}_0$, 角频率为 ω 的电偶极子, 距离理想导体平面为 $a/2, \boldsymbol{p}_0$ 平行于导体平面. 设 $a\ll\lambda$, 求在 $R\gg\lambda$ 处的电磁场及辐射能流.

答案:

$$\boldsymbol{E}=\frac{\mu_0\omega^3 p_0 a}{4\pi cR}\left(-\cos^2\theta\cos\phi\boldsymbol{e}_\theta+\cos\theta\sin\phi\boldsymbol{e}_\phi\right)\mathrm{e}^{\mathrm{i}(kR-\omega t)}$$

$$\boldsymbol{B}=\frac{\mu_0\omega^3 p_0 a}{4\pi c^2 R}\left(-\cos\theta\sin\phi\boldsymbol{e}_\theta+\cos^2\theta\cos\phi\boldsymbol{e}_\phi\right)\mathrm{e}^{\mathrm{i}(kR-\omega t)}$$

$$\boldsymbol{S}=\frac{\mu_0\omega^6 p_0^2 a^2}{32\pi^2 c^3 R^2}\left(\cos^4\theta\cos^2\phi+\cos^2\theta\sin^2\phi\right)\boldsymbol{e}_R$$

5.13 设有线偏振平面波 $\boldsymbol{E}=\boldsymbol{E}_0\mathrm{e}^{\mathrm{i}(kx-\omega t)}$ 照射到一个绝缘介质球上 ($\boldsymbol{E}_0$ 在 z 方向), 引起介质球极化, 极化矢量 $\boldsymbol{P}$ 是随时间变化的, 因而产生辐射. 设平面波的波长 $2\pi/k$ 远大于球半径 R_0, 求介质球所产生的辐射场和能流.

答案:

辐射场就是总电偶极矩为

$$\boldsymbol{p}=\frac{4\pi\varepsilon_0\left(\varepsilon-\varepsilon_0\right)}{\varepsilon+2\varepsilon_0}R_0^3\boldsymbol{E}_0\mathrm{e}^{-\mathrm{i}\omega t}$$

的电偶极辐射场.

第六章

狭义相对论

物理规律都是相对于一定参考系表述出来的. 在前几章中, 我们一直没有讨论参考系问题. 我们知道, 宏观电磁场的普遍规律可以表示为麦克斯韦方程组. 这组方程究竟在哪些参考系中成立呢? 从一个参考系变到另一个参考系时, 基本规律的形式如何改变? 基本物理量 $\boldsymbol{E}$ 和 $\boldsymbol{B}$ 如何变换? 这些问题都是必须回答的. 在电动力学中参考系问题是一个很基本的物理问题, 这个问题的解决是和新时空观的建立联系在一起的. 人们在研究高速运动现象, 特别是电磁波的传播现象时, 揭示了旧时空观的局限性, 建立了新的时空观.

相对论主要是关于时空的理论. 相对论时空观的建立是人们对物理现象认识上的一个飞跃. 相对论对近代物理学的发展, 特别是核物理和高能物理的发展起着重大作用. 现在相对论已经成为物理学的主要理论基础之一. 局限于惯性参考系的理论称为狭义相对论, 推广到一般参考系和包括引力场在内的理论称为广义相对论. 狭义相对论是已经牢固地建立起来的理论. 本章仅限于讨论狭义相对论. 狭义相对论的主要内容包括:

(1) 惯性参考系之间时空坐标的洛伦兹变换及其物理意义, 这是相对论时空观的集中反映.

(2) 物理规律在任意惯性系中可表示为相同形式, 即物理规律的协变性. 协变性为探索各种场和粒子间相互作用规律提供重要的指引.

(3) 把电动力学基本规律—麦克斯韦方程组和洛伦兹力公式表示为协变形式, 从而使电动力学成为明显相对论性的理论, 可用来解决任意运动带电粒子与电磁场的相互作用问题.

(4) 把力学基本规律推广为协变性的相对论力学, 由此得到相对论的质量、能量和动量的关系. 这些关系是原子能应用的主要理论基础; 是解决高能粒子运动和转化过程的运动学问题的主要工具.

本章阐述狭义相对论的基本内容. 我们从实验事实出发, 引入相对论的两个基本原理—相对性原理和光速不变原理, 由此导出时空坐标的洛伦兹变换, 并着重讨论相对论的时空概念. 然后我们根据相对论时空观解决电动力学的参考系问题, 把电动力学基本方程表示为适用于一切惯性参考系的形式, 并导出势和电磁场的变换关系. 把力学规律推广为相对论协变形式, 从而得到相对论的质量、能量和动量关系. 最后我们根据电磁相互作用的对称性和带普遍性的物理考虑, 从理论上构建电磁相互作用的经典场论.

§ 6.1 相对论的实验基础

1. 相对论产生的历史背景

物理规律需要用一定参考系表述出来. 在经典力学中, 根据实践经验引入了惯性参考系. 我们知道力学的基本运动定律对所有惯性系成立. 关于电磁现象, 人们从长期实践中总结出电磁场的基本规律, 在此基础上必然提出参考系问题, 即所总结出来的电磁现象的基本规律究竟适用于什么参考系.

参考系问题在电动力学中由于下述原因而变得更为突出: 从电磁现象总结出来的麦克斯韦方程组, 可以得到波动方程, 并由此波动方程得出电磁波在真空中的传播速度为 c. 按照旧时空概念, 如果物质运动速度相对于某一参考系为 c, 则变换到另一参考系时, 其速度就不可能沿各个方向都为 c. 从旧概念出发, 电磁波只能够对一个特定参考系的传播速度为 c, 因而麦克斯韦方程组也就只能对该特殊参考系成立. 如果确是这样, 则经典力学中一切惯性参考系等价的相对性原理在电磁现象中就不再成立. 因而由电磁现象可以确定一个特殊参考系, 这样便可以把相对于该特殊参考系的运动称为绝对运动.

寻找这个特殊参考系和确定地球相对于此参考系的运动成为 19 世纪末物理学的一个重要课题. 电磁学的进一步发展要求解决这一问题, 而当时的科学发展水平已使得精确测量光速成为实际可能. 多次实验结果都没有发现任何绝对运动的效应, 从而迫使人们接受在真空中光速相对于任何惯性系都等于 c 的结论.

光速相对于任何参考系都等于 c 的事实与旧时空概念发生矛盾, 这个矛盾是人们研究高速现象时被揭露出来的. 电磁波的传播就是人们首先接触到的高速现象. 在此以前, 实践中所接触到的力学现象都属低速范围 (与光速相比), 旧时空概念就是从这些低速现象中抽象出来的. 旧时空观与新实验事实的矛盾反映了旧时空观的局限性, 并要求人们根据新的实践结果发展和深化对时空的认识.

除了电磁现象之外, 19 世纪末期人类的实践活动已开始深入到物质的微观领域, 电子、X 射线和放射性的发现推进了微观物理学的发展. 在微观领域, 人们遇到了许多新的现象和新的规律性, 使经典物理学的许多基本概念都发生动摇, 需要予以重新考虑. 这个时期物理学面临着大变革, 反映新时空概念的相对论也是在这种情况下提出来的. 相对论和任何其他科学理论一样, 是生产水平和科学技术发展到一定阶段的必然产物.

在相对论的建立过程中, 人们对电磁场的认识也发生了一个飞跃. 19 世纪人们对一切自然现象的认识都带有机械论的局限性, 对电磁现象也是这样. 人们认为既然声波、水波等都是在某种介质中的机械振动的传播现象, 电磁波也应该是某种充满空间的弹性介质 “以太” 内的波动现象. 该弹性介质就构成电磁波传播的特殊参考系. 特殊参考系被实验否定的事实以及电磁现象中相对性原理的建立, 最终破除了电磁波的机械观, 使人们认识到电磁波就是作为物质的电磁场本身的运动形式, 而不是在 “以太” 介质内的机械运动现象.

2. 相对论的实验基础

如前所述, 按照旧时空概念, 真空中电磁波沿任意方向的传播速度只有在某个特殊参考系中才等于 c. 如果能够精确测定各个方向光速的差异, 就可以确定地球相对于此特殊参考系的运动, 或者说地球相对于 “以太” 的运动.

迈克耳孙-莫雷 (Michelson-Morley) 实验 (1887 年) 是测量光速沿不同方向差异的主要实验. 首先我们对地球运动所引起的效应作一数量级估计. 地球绕太阳运动的

速度约为 30 km/s, 因而地球相对于“以太”参考系的运动速度 v 最小应有同一数量级. 根据理论推算 (由以下的推导可以看出), 当整个实验在地球上进行时, 由于地球“绝对运动”所引起的可观测效应只有 $(v/c)^2$ 的数量级, 即 10^{-8} 数量级. 因此, 如果要设计一个实验观察地球绝对运动的效应, 该实验应达到 10^{-8} 的精确度. 19 世纪末的科学发展水平已使得这种精密测定成为可能.

迈克耳孙–莫雷实验装置如图 6–1 所示. 由光源 S 发出的光线在半反射镜 M 上分为两束, 一束透过 M, 被 M_1 反射回到 M, 再被 M 反射而达目镜 T; 另一束被 M 反射至 M_2, 再反射回 M 而直达目镜 T.

为叙述简单计, 设调整两臂长度使有效光程 $l_{MM_1}=l_{MM_2}=l$. 设地球相对于“以太”的绝对运动速度 v 沿 $M\to M_1$ 方向, 则由于光线 $M\to M_1\to M$ 与 $M\to M_2\to M$ 的传播时间不同, 因而有光程差, 在目镜 T 中将观察到干涉效应.

用经典速度合成法则可以算出光线 $M\to M_1\to M$ 和 $M\to M_2\to M$ 的传播时间. 经典速度合成法则如图 6–2 所示. 图中 $\boldsymbol{v}$ 表示观察者相对于以太的运动速度, $\boldsymbol{u}$ 表示观察者参考系中所看到的沿 θ 方向传播的光速, c 是以太参考系的光速. 由图可见

$$c^2=u^2+v^2+2uv\cos\theta$$

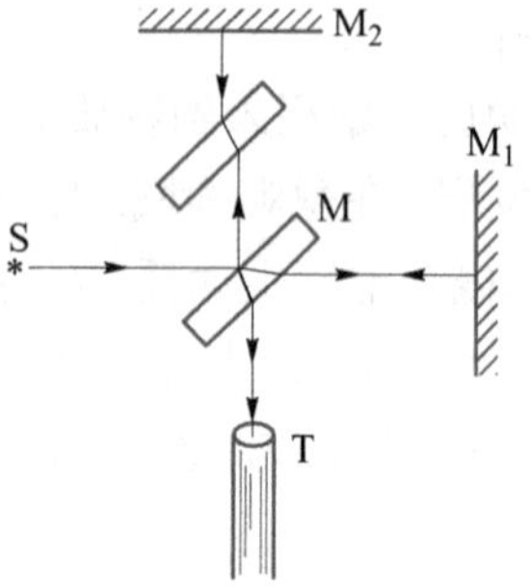

图 6–1

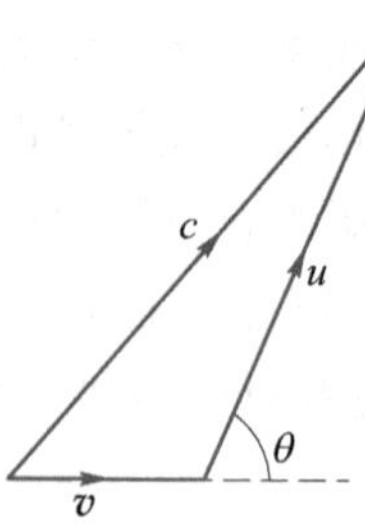

图 6–2

解出 u 得

$$u=\sqrt{c^2-v^2\sin^2\theta}-v\cos\theta$$

因此, 在地球上观察到沿 $\boldsymbol{v}$ 方向传播的光速为 $c-v$, 逆着 $\boldsymbol{v}$ 方向传播的光速为 $c+v$, 而垂直于 $\boldsymbol{v}$ 方向传播的光速为 $\sqrt{c^2-v^2}$. 因此, 光线 $M\to M_1\to M$ 的传播时间为

$$t_1=\frac{l}{c-v}+\frac{l}{c+v}=\frac{2lc}{c^2-v^2}\approx\frac{2l}{c}\left(1+\frac{v^2}{c^2}\right) \tag{6.1.1}$$

光线 $M\to M_2\to M$ 的传播时间为

$$t_2=\frac{2l}{\sqrt{c^2-v^2}}\approx\frac{2l}{c}\left(1+\frac{v^2}{2c^2}\right) \tag{6.1.2}$$

两束光的光程差为

$$c\Delta t \approx l\frac{v^2}{c^2} \tag{6.1.3}$$

把仪器转动 90°, 使两束光位置互换, 应该观察到干涉条纹移动个数为

$$\frac{2c\Delta t}{\lambda} \approx \frac{2l}{\lambda}\frac{v^2}{c^2} \tag{6.1.4}$$

利用多次反射可以使有效臂长 l 达到 10 m 左右. 设

$$\lambda \approx 5\times 10^{-7}\ \mathrm{m},\quad (v/c)^2 \approx 10^{-8}$$

则由 (6.1.4) 式, 干涉条纹应该移动 0.4 个左右, 而实验观察到的上限仅为 0.01 个.

自从第一次实验之后, 不同的实验工作者还进行过多次迈克耳孙-莫雷实验, 以不断提高的精确度否定了地球相对于以太的运动. 除了这些用光学方法做的实验之外, 谢达霍尔姆 (Cedarholm) 等人用微波激射所做的实验 (1955 年), 伊萨克 (Isaak) 用穆斯堡尔 (Mössbauer) 效应做的实验 (1970 年), 定出地球相对于 "以太" 运动速度的上限分别为 3×10^{-2} km/s 和 5×10^{-5} km/s. 这些实验结果实际上否定了 "以太" 介质的存在, 因而也就否定了 "特殊参考系" 的存在, 表明光速不依赖于观察者所处的参考系.

通过观测星光以及高速运动粒子 (例如 π^0 介子) 辐射的光, 还证实了光速也与光源相对于观察者的运动无关.

迄今为止的所有实验, 都指出光速与观察者所处的参考系无关, 也与光源的运动速度无关. 人们认识到光速不变是电磁现象的一条基本规律, 真空中的光速 c 是最基本的物理常量之一, 它是在所有惯性参考系测出的电磁波在真空中的传播速度.

狭义相对论是在光速不变性实验的基础上建立起来的, 它否认了绝对参考系的存在, 并由此发展了经典力学中的相对性原理. 狭义相对论认为, 对于包括电磁现象在内的一切物理现象, 所有惯性参考系都是等价的, 在此基础上建立了相对论的时空理论. 到目前为止, 由这一理论所推断的各种相对论效应, 已经被大量实验所证实. 这些将在以下各节中讨论.

§ 6.2 相对论的基本原理和洛伦兹变换

1. 相对论的基本原理

在总结新的实验事实之后, 爱因斯坦 (Einstein) 于 1905 年提出了两条相对论的基本假设; 相对性原理和光速不变原理.

(1) **相对性原理** 所有惯性参考系都是等价的. 物理规律对于所有惯性参考系都可以表示为相同形式. 也就是不论通过力学现象, 还是电磁现象, 或其他现象, 都无法觉察出所处参考系的任何 "绝对运动". 相对性原理是被大量实验事实所精确检验过的物理学基本原理.

(2) **光速不变原理** 真空中的光速相对于任何惯性系沿任一方向恒为 c, 并与光

源运动无关[①].

相对论的基本假设和旧时空概念是矛盾的. 旧时空概念是从低速力学现象抽象出来的, 集中反映在关于惯性坐标系的伽利略 (Galileo) 变换中. 设惯性系 Σ' 相对于 Σ 以速度 v 运动, 并选 x 和 x' 轴沿运动方向, 伽利略变换式为

$$
\begin{aligned}
x' &= x - vt \\
y' &= y \\
z' &= z \\
t' &= t
\end{aligned}
\tag{6.2.1}
$$

(6.2.1) 式所反映的时空观的特征是时间与空间的分离. 时间在宇宙中均匀流逝着, 而空间好像一个容器, 两者之间没有联系, 也不与物质运动发生关系. 在低速现象中还没有暴露出这种观点的错误, 但是在高速现象中旧时空观与客观实际的矛盾立即显示出来.

光速不变性与旧时空观矛盾的性质可以用一个简单例子说明. 如图 6–3 所示, 设有一光源和一些接收仪器, 我们在惯性系 Σ 上观察到闪光的发射和接收. 取光源发出闪光时刻所在点为 Σ 的原点 O. 在 Σ 上观察, 1 s 之后光波到达半径为 c 的球面上, 这时处于球面上的一些接收器 (图 6–3 中的 P_1、P_2 和 P 等) 同时接收到光信号. 此球面是一个波阵面. 现在我们再考察在另一惯性系 Σ' 上对所发生的物理事件是怎样描述的. 设 Σ' 相对于 Σ 以速度 $\boldsymbol{v}$ 沿 x 轴方向运动, 并取光源发光时刻所在点为 Σ' 的原点 O'. 即在光源发光时刻, 两参考系 Σ 和 Σ' 的原点 O 和 O' 重合. 当接收器接收到光波时, O' 已经离开 O. 如图 6–3 所示, 当 P_1 接收到信号时, O' 距 P_1 较近, 而距 P_2 较远. 但由于 Σ' 上所测量的光速仍然是 c, 因此 Σ' 上的观察者必然认为, 光波到达 P_1 的时刻较早于到达 P_2 的时刻. 原来在 Σ 上观察到同时发生的两事件 (P_1 和 P_2 同时接收到光波), 在 Σ' 上看来就变为不同时. 原来在 Σ 上看到的波阵面是球面 P_1PP_2, 而在 Σ' 上看来, 由于光波不是同时到达此面上, 因此波阵面不再是 P_1PP_2 面, 而是另外一个以 O' 为球心的球面.

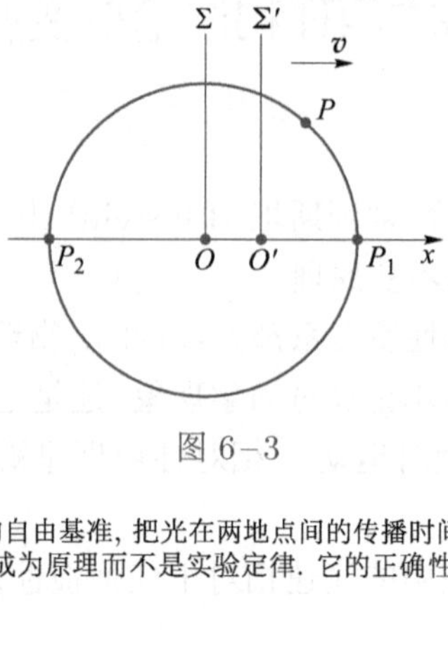

图 6–3

① 现代测量长度采用基于此原理的自由基准, 把光在两地点间的传播时间乘以 c 定义为两地点距离. 因此光速成为一个定义量而不是测量量. 光速不变成为原理而不是实验定律. 它的正确性由基于此原理的狭义相对论的所有推论的正确性来保证.

从这个例子可以看出, 光速不变性所导致的时空概念是和经典时空观有着深刻矛盾的. 所有最基本的时空概念, 如同时性、距离、时间、速度等都要根据新的实验事实重新加以探讨. 相对论的一个主要内容就是关于时空的理论.

时间和空间是运动着的物质存在的形式. 时空概念是从物质运动中抽象出来的, 而不是独立于物质运动之外的概念. 离开物质及其运动的所谓绝对的时空没有物理可观测效应的概念. 在经典力学中, 由低速现象抽象出来的时空观带有一定局限性, 当我们研究高速现象特别是电磁波传播现象时, 发现旧时空观与实验事实相矛盾, 这是完全可以理解的. 人们对时空的认识和对一切事物的认识一样, 都是在不断的实践中逐步发展和加深的.

2. 间隔不变性

与旧时空观集中反映在伽利略变换式一样, 狭义相对论时空观集中反映在从一个惯性系到另一个惯性系的时空坐标变换式. 现在我们根据相对论基本原理导出狭义相对论时空坐标变换式.

首先我们从物质运动中抽象出事件的概念. 物质运动可以看作一连串事件的发展过程. 事件可以有各种不同的具体内容, 但是它总是在一定地点于一定时刻发生的. 把 t 时刻在 $\boldsymbol{x}$ 处发生的任意物理事件抽象为一个事件, 用 $(\boldsymbol{x}, t)$ 标记一个事件, 在直角坐标系中, $(\boldsymbol{x}, t)=(x, y, z, t)$ 代表一个事件. 相对论坐标变换是在不同参考系上观察同一事件的空时坐标变换关系. 设同一事件在惯性系 Σ 上用 (x, y, z, t) 表示, 在另一惯性系 Σ' 上用 (x', y', z', t') 表示, 我们要导出这两组坐标的关系.

惯性系的概念本身要求从一个惯性系到另一个惯性系的时空坐标变换必须是线性的. 设有一不受外力作用的物体相对于惯性系 Σ 作匀速运动, 它的运动方程由 $\boldsymbol{x}$ 和 t 的线性关系描述. 在另一惯性系 Σ' 上观察, 此物体也是作匀速运动, 因而用 $\boldsymbol{x}'$ 和 t' 的线性关系描述. 由此可知, 从 $(\boldsymbol{x}, t)$ 到 $(\boldsymbol{x}', t')$ 的变换式必须是线性的.

现在再考察光速不变性对时空变换的限制. 考虑两特殊事件, 参看图 6–3: 第一事件为光信号在某时刻从 O 点发出, 第二事件是在另一地点 P 接收到该信号. 选取两参考系的原点在闪光发出时刻重合, 并且同时开始计时, 即第一事件在两参考系中都用 $(0,0,0,0)$ 表示. 设物体 P 接收到信号的空时坐标在两参考系上分别为 (x, y, z, t) 和 (x', y', z', t'). 由于两参考系上测出的光速都是 c, 因而有

$$x^2+y^2+z^2=c^2t^2$$

$$x'^2+y'^2+z'^2=c^2t'^2$$

就是说, 当二次式

$$x^2+y^2+z^2-c^2t^2 \tag{6.2.2}$$

为零时, 另一个二次式

$$x'^2+y'^2+z'^2-c^2t'^2 \tag{6.2.3}$$

亦为零.

上面我们选择了两特殊事件, 这两个事件之间用光信号联系着. 一般来说, 两事件不一定用光信号联系, 它们可能用其他方式联系, 或者根本没有任何联系. 以第一事件空时坐标为 $(0,0,0,0)$, 则第二事件空时坐标 (x,y,z,t) 可以是任意的. 在此情形下, 二次式 (6.2.2) 和 (6.2.3) 式就不一定为零, 而是可以取任何值. 问题是, 在一般情况下, 二次式 (6.2.2) 和 (6.2.3) 式应有什么关系?

通过线性变换, 可以把二次式 (6.2.3) 变为关于 x、y、z、t 的二次式 $F_2(x,y,z,t)$. 当二次式 (6.2.3) 为零时, $F_2(x,y,z,t)=0$, 但同时二次式 (6.2.2) 亦等于零. 因此, 二次式 $F_2(x,y,z,t)$ 最多只与 (6.2.2) 式差一常因子, 即

$$x'^2+y'^2+z'^2-c^2t'^2=A\left(x^2+y^2+z^2-c^2t^2\right)$$

式中因子 A 只可能依赖于两参考系相对速度的绝对值 (因为在空间中不存在特定方向). 因为两参考系是等价的, 反过来亦应有关系

$$x^2+y^2+z^2-c^2t^2=A\left(x'^2+y'^2+z'^2-c^2t'^2\right)$$

由于系数 A 不依赖于相对速度的方向, 因此上面两式中的 A 应该是一样的. 比较以上两式可得 $A^2=1$, 由变换的连续性应取 $A=+1$. 因此有

$$x'^2+y'^2+z'^2-c^2t'^2=x^2+y^2+z^2-c^2t^2 \tag{6.2.4}$$

关系式 (6.2.4) 是光速不变性的数学表示, 它是相对论时空观的一个基本关系.

二次式 (6.2.2) 的负值称为事件 (x,y,z,t) 和事件 $(0,0,0,0)$ 之间的间隔, 用 s^2 表示:

$$s^2=c^2t^2-\left(x^2+y^2+z^2\right) \tag{6.2.5}$$

在另一惯性系中观察到这两个事件的间隔 s'^2 为

$$s'^2=c^2t'^2-\left(x'^2+y'^2+z'^2\right) \tag{6.2.6}$$

关系式 (6.2.4) 可写为

$$s'^2=s^2 \tag{6.2.7}$$

此关系称为间隔不变性, 它表示两事件的间隔不因参考系变换而改变.

一般来说, 两事件 (x_1,y_1,z_1,t_1) 与 (x_2,y_2,z_2,t_2) 的间隔为

$$s^2=c^2\left(t_2-t_1\right)^2-\left(x_2-x_1\right)^2-\left(y_2-y_1\right)^2-\left(z_2-z_1\right)^2 \tag{6.2.8}$$

在另一参考系上观察这两个事件的空时坐标为

$$(x_1',y_1',z_1',t_1') \text{ 和 } (x_2',y_2',z_2',t_2')$$

其间隔为

$$s'^2=c^2\left(t_2'-t_1'\right)^2-\left(x_2'-x_1'\right)^2-\left(y_2'-y_1'\right)^2-\left(z_2'-z_1'\right)^2 \tag{6.2.9}$$

由间隔不变性有 $s^2 = s'^2$.

间隔是相对论时空观的一个基本概念. 由 (6.2.8) 式, 若两事件在同一地点相继发生, 令 $t_2 - t_1 = \Delta t$, 有 $s^2 = c^2 \Delta t^2$. 在此情形下间隔就是两事件时间间隔乘以常量 c 的平方. 若两事件同时在不同地点发生, 则 $s^2 = -(\Delta \boldsymbol{x})^2$. 在此情形下, 间隔就是两事件的空间距离平方的负值. 由此可见, 间隔概念是把时间与空间距离统一起来的一个概念, 其物理含义在下一节中再进一步讨论.

例 6.1

参考系 Σ' 相对于 Σ 以速度 $\boldsymbol{v}$ 沿 x 轴方向运动. 在 Σ' 上有一静止光源 S 和一反射镜 M, 两者相距为 z_0'. 从 S 向 $\boldsymbol{z}'$ 轴方向发出闪光, 经 M 反射后回到 S. 求两参考系上观察到的闪光发出和接收的时间和间隔.

解: 两参考系上观察到的物理过程如图 6–4 所示. 在 Σ' 上观察, 闪光发出和接收之间的时间为

$$\Delta t' = 2z_0'/c$$

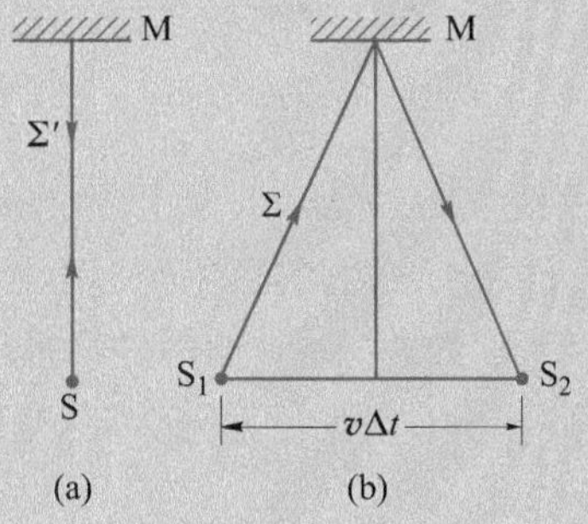

图 6–4

发出和接收是在同一地点 S 上发生的, 因此

$$\Delta x' = \Delta y' = \Delta z' = 0$$

两事件的间隔为

$$s'^2 = c^2 (\Delta t')^2 - (\Delta x')^2 - (\Delta y')^2 - (\Delta z')^2 = 4z_0'^2$$

在 Σ 上观察, 设闪光发出和接收之间的时间为 Δt, 在此时间内, 光源已运动了 $\Delta x = v\Delta t$. 光信号传播的路程为

$$2\sqrt{z_0^2 + \frac{1}{4}v^2\Delta t^2} = c\Delta t$$

因而

$$\Delta t = \frac{2z_0}{\sqrt{c^2 - v^2}}$$

$$\Delta x = v\Delta t = \frac{2vz_0}{\sqrt{c^2 - v^2}}$$

$$\Delta y = \Delta z = 0$$

两事件的间隔为

$$s^2 = c^2\Delta t^2 - \Delta x^2 - \Delta y^2 - \Delta z^2 = 4z_0^2$$

与 $\boldsymbol{v}$ 正交方向的距离是不变的. 因为若 $z_0' = \phi(v)z_0$, 由相对性原理应有 $z_0 = \phi(-v)z_0'$. 但由于空间没有特定方向, $\phi(v)$ 只能依赖于 $\boldsymbol{v}$ 的数值, 而不依赖于其方向. 由

$$z_0 = \phi(-v)\phi(v)z_0 = \phi^2(v)z_0$$

得 $\phi^2(v) = 1$, 再由变换的连续性, 应有 $\phi(v) = 1$, 因此

$$z_0 = z_0'$$

比较以上所得公式, 得

$$\Delta t = \frac{\Delta t'}{\sqrt{1 - \frac{v^2}{c^2}}}$$

$$\Delta s^2 = \Delta s'^2$$

由此可见, 在两参考系中观察到的两事件之间的时间是不同的, 但间隔 Δs^2 则是一样的.

3. 洛伦兹变换

根据变换的线性和间隔不变性 (6.2.4) 式, 可以导出相对论时空坐标变换关系. 考虑任意两个事件 $(\boldsymbol{x}_1, t_1)$ 和 $(\boldsymbol{x}_2, t_2)$, 它们的直角坐标差和时间差统一记为$(x, y, z, t) = (x_2 - x_1, y_2 - y_1, z_2 - z_1, t_2 - t_1)$. 为简单计, 选两坐标系的 x 轴和 x' 轴都沿 Σ' 相对于 Σ 的运动方向, 在此情形下, y 和 z 不变, 变换具有特殊形式

$$\begin{aligned} x' &= a_{11}x + a_{12}ct \\ y' &= y \\ z' &= z \\ ct' &= a_{21}x + a_{22}ct \end{aligned} \tag{6.2.10}$$

由于 x 轴和 x' 轴正向相同, 应取 $a_{11} > 0$; 又由于时间 t 与 t' 的正向相同, 应取 $a_{22} > 0$. 把 (6.2.10) 式代入 (6.2.4) 式得

$$\begin{aligned} &(a_{11}x + a_{12}ct)^2 + y^2 + z^2 - (a_{21}x + a_{22}ct)^2 \\ &= x^2 + y^2 + z^2 - c^2t^2 \end{aligned}$$

比较系数得

$$\begin{aligned} a_{11}^2 - a_{21}^2 &= 1 \\ a_{11}a_{12} - a_{21}a_{22} &= 0 \\ a_{12}^2 - a_{22}^2 &= -1 \end{aligned} \tag{6.2.11}$$

由上式的第一和第三式得

$$a_{11}=\sqrt{1+a_{21}^{2}},\quad a_{22}=\sqrt{1+a_{12}^{2}} \tag{6.2.12}$$

代入 (6.2.11) 式的第二式得

$$a_{12}=a_{21} \tag{6.2.13}$$

这些系数都可以用 Σ' 相对于 Σ 的运动速度 v 表出. 设 Σ' 的原点为 O'. 在 Σ 上观察, O' 点以速度 v 沿 x 轴方向运动, 因此其坐标为 $x=vt$. 但 O' 点在 Σ' 上的坐标永远是 $x'=0$. 因此由 (6.2.10) 式的第一式有

$$0=a_{11}vt+a_{12}ct$$

解出

$$\frac{a_{12}}{a_{11}}=-\frac{v}{c} \tag{6.2.14}$$

由 (6.2.12) 式—(6.2.14) 式得

$$\begin{aligned}a_{11}=a_{22}&=\frac{1}{\sqrt{1-\dfrac{v^2}{c^2}}}\\ a_{12}=a_{21}&=\frac{-\dfrac{v}{c}}{\sqrt{1-\dfrac{v^2}{c^2}}}\end{aligned} \tag{6.2.15}$$

把 (6.2.15) 式代入 (6.2.10) 式得狭义相对论时空坐标变换:

$$\begin{aligned}x'&=\frac{x-vt}{\sqrt{1-\dfrac{v^2}{c^2}}}\\ y'&=y\\ z'&=z\\ t'&=\frac{t-\dfrac{v}{c^2}x}{\sqrt{1-\dfrac{v^2}{c^2}}}\end{aligned} \tag{6.2.16}$$

由 (6.2.16) 式解出 x、y 、z、t 可得逆变换. 用相对性原理可以更简单地导出逆变换. 因为 Σ 和 Σ' 是等价的, 所以从 Σ 系到 Σ' 系的变换应该与从 Σ' 系到 Σ 系的变换具有相同形式. 若 Σ' 相对于 Σ 的运动速度为 v (沿 x 轴方向), 则 Σ 相对于 Σ' 的速度为 $-v$. 因此只要把 (6.2.16) 式中的 v 改为 $-v$, 即可得逆变换

$$x=\frac{x'+vt'}{\sqrt{1-\dfrac{v^2}{c^2}}}$$

$$
\begin{aligned}
y &= y' \\
z &= z' \\
t &= \frac{t' + \frac{v}{c^2}x'}{\sqrt{1-\frac{v^2}{c^2}}}
\end{aligned}
\tag{6.2.17}
$$

变换 (6.2.16) 式和 (6.2.17) 式称为洛伦兹变换, 它们是同样两个事件在两个不同参考系中观察时的空时坐标差的关系. 洛伦兹变换反映相对论的时空观, 其物理意义在下一节中再讨论.

例 6.2

在图 6–3 中, 设闪光从 O 点发出. 在 Σ 上观察, 光信号于 1 s 之后同时被 P_1 和 P_2 接收. 设 Σ' 相对于 Σ 的运动速度为 $0.8c$, 求 P_1 和 P_2 接收到信号时在 Σ' 上的时刻和位置.

解: P_1 接收到信号时在 Σ 上的空时坐标为 $(c,0,0,1)$. 此事件在 Σ' 上观察时, 由洛伦兹变换 (6.2.16) 式得

$$
\begin{aligned}
x' &= \frac{x-vt}{\sqrt{1-\frac{v^2}{c^2}}} = \frac{c-v}{\sqrt{1-\frac{v^2}{c^2}}} = \frac{c}{3} \\
y' &= 0 \\
z' &= 0 \\
t' &= \frac{t-\frac{v}{c^2}x}{\sqrt{1-\frac{v^2}{c^2}}} = \frac{1-\frac{v}{c}}{\sqrt{1-\frac{v^2}{c^2}}} = \frac{1}{3}
\end{aligned}
$$

即 P_1 接收到信号时在 Σ' 上的空时坐标为 $\left(\frac{c}{3},0,0,\frac{1}{3}\right)$. 注意 Σ' 上测得沿 x' 轴方向的光速为 $x'/t'=c$.

P_2 接收到信号时在 Σ 上的空时坐标为 $(-c,0,0,1)$. 由洛伦兹变换可得该事件在 Σ' 上的空时坐标为 $(-3c,0,0,3)$. 注意沿 $-x'$ 轴方向的光速仍为 c.

在 Σ 上同时的两事件 (P_1 和 P_2 同时接收到信号), 在 Σ' 上看来变为不同时, P_1 接收到光波早于 P_2 接收到光波.

在 Σ 和 Σ' 上观察到 P_1 和 P_2 接收到信号这两事件之间的时间差、空间距离和间隔分别为

$$
\begin{gathered}
\Sigma: \Delta t = 0, \quad \Delta x = 2c, \quad s^2 = -4c^2 \\
\Sigma': \Delta t' = -\frac{8}{3}, \quad \Delta x' = \frac{10}{3}c, \quad s'^2 = -4c^2
\end{gathered}
$$

我们看到, 两参考系上测得 P_1 和 P_2 之间的距离不同, 但两事件的间隔是一致的.

从本节的两例题可以看出, 相对论的时间、距离是相对的, 同时性也是相对的, 但两事件的间隔却有绝对意义.

§ 6.3 相对论的时空理论

1. 相对论时空结构

上一节中我们引入了两事件的间隔的概念. 设两个事件的空时坐标差为 (x, y, z, t). 这两个事件的间隔定义为

$$s^2 = c^2t^2 - x^2 - y^2 - z^2 = c^2t^2 - r^2 \tag{6.3.1}$$

式中 $r = \sqrt{x^2 + y^2 + z^2}$ 为两事件的空间距离.

两事件的间隔可以取任何数值. 我们区别三种情况:

(1) 若两事件可以用光波联系, 有 $r = ct$, 因而 $s^2 = 0$;

(2) 若两事件可用低于光速的作用来联系, 有 $r < ct$, 因而 $s^2 > 0$;

(3) 若两事件的空间距离超过光波在时间 t 所能传播的距离, 有 $r > ct$, 因而 $s^2 < 0$.

由于从一个惯性系到另一个惯性系的变换中, 间隔 s^2 保持不变, 因此上述三种间隔的划分是绝对的, 不因参考系变换而改变.

为了看清楚这种分类的几何意义, 我们把三维空间与一维时间统一起来考虑, 每一事件用此四维时空的一个点表示. 为了能够用直观图像表示, 我们暂时限于考虑二维空间和一维时间 (代表 xy 平面上的运动). 如图 6–5 所示, 我们把二维空间 (坐标为 x, y) 与一维时间 (取时轴坐标为 ct) 一起构成三维时空. 事件用此三维时空的一个点 P 表示. P 点在 xy 面上的投影表示事件发生的地点, P 点的垂直坐标表示事件发生的时刻乘以 c. 图 6–5 反映事件 P 相对时空原点 O 事件的时空关系, 称为光锥.

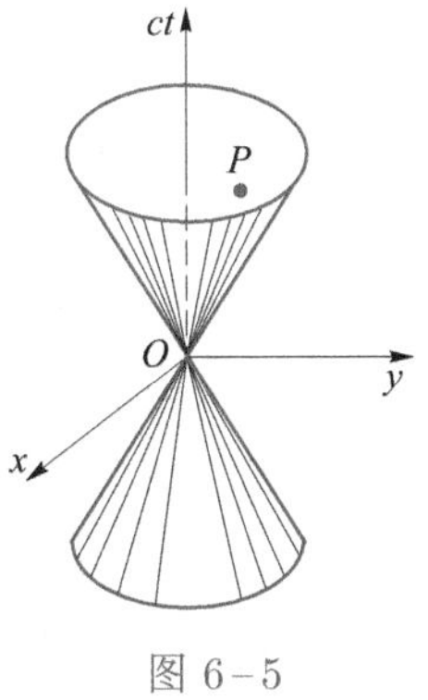

图 6–5

对应于上述三种情况, P 点属于三个不同区域:

(1) 若事件 P 与事件 O 的间隔 $s^2 = 0$, 则 $r = ct$, 因而 P 点在一个以 O 为顶点的锥面上. 凡在光锥上的点, 都可以和 O 点用光波联系.

(2) 若事件 P 与事件 O 的间隔 $s^2 > 0$, 则 $r < ct$, 因而 P 点在光锥之内. 此类型的间隔称为类时间隔.

(3) 若 P 与 O 的间隔 $s^2 < 0$, 则 $r > ct$, P 点在光锥外. P 点不可能与 O 点用

光波或低于光速的作用相联系. 此类型的间隔称为类空间隔.

间隔的这种划分是绝对的, 不因参考系而转变. 若对某参考系事件 P 在事件 O 的光锥内, 当变到另一参考系时, 虽然 P 的空时坐标都改变, 但 s^2 不变, 因此事件 P 保持在 O 的光锥内. 同样, 若对某参考系 P 在 O 的光锥外, 则对所有参考系事件 P 都在事件 O 的光锥外.

类时区域还可再分为两部分. 如图 6–5 所示, 光锥的上下两半只有公共点 O, 而洛伦兹变换保持时间正向不变, 因此光锥的上半部分和下半部分不能互相变换. 若事件 P 在 O 的上半光锥内, 则在其他参考系中它保持在上半光锥内.

概括起来, 事件 P 相对于事件 O 的时空关系可作如下的绝对分类:

(1) 类光间隔 $s^2=0$.

(2) 类时间隔 $s^2>0$.

  (a) 绝对未来, 即 P 在 O 的上半光锥内;

  (b) 绝对过去, 即 P 在 O 的下半光锥内.

(3) 类空间隔 $s^2<0$, P 与 O 绝无联系.

类时间隔和类空间隔是两种截然不同的时空关系, 下面分别讨论它们.

2. 因果律和相互作用的最大传播速度

一切事物都是运动发展着的. 事物的运动发展就是物质的运动和相互作用, 它使得某些事件相互之间有联系. 若第一事件发生引起第二事件出现, 则称两个事件间存在因果关系, 前者为因, 后者为果. 例如通过无线电波的传播, 发报者就可以影响收报者的行动. 这种因果关系是绝对的, 不依赖于参考系而转移. 时间概念就是从事物发展中抽象出来的, 正确的时空观必须反映事物发展的绝对因果性. 下面我们分析因果律在相对论时空观中是怎样体现出来的.

根据上一点的讨论, 若事件 P 在 O 的上半光锥内 (包括锥面), 则对任何惯性系 P 保持在 O 的上半光锥内, 即 P 为 O 的绝对未来. 这种间隔的特点是 P 与 O 可用光波或低于光速的作用相联系. 因此, 如果不存在超光速的相互作用, 则两事件 P 与 O 发生因果关系的必要条件是 P 处于 O 的光锥内, 这样 O 与 P 的先后次序在各参考系中相同, 因而因果关系是绝对的.

由洛伦兹变换也可以直接证明这一点. 在参考系 Σ 上, 以 (x_1,t_1) 代表作为原因的第一事件, (x_2,t_2) 代表作为结果的第二事件, 有 $t_2>t_1$. 变换到另一参考系 Σ' 上, 这两个事件用 (x_1',t_1') 和 (x_2',t_2') 表示, 由洛伦兹变换得

$$t_2'-t_1'=\frac{t_2-t_1-\dfrac{v}{c^2}(x_2-x_1)}{\sqrt{1-\dfrac{v^2}{c^2}}} \tag{6.3.2}$$

若此变换保持因果关系的绝对性, 应有 $t_2'>t_1'$, 由上式应有条件

$$\left|\frac{x_2-x_1}{t_2-t_1}\right|<\frac{c^2}{v} \tag{6.3.3}$$

设 $|x_2 - x_1| = u(t_2 - t_1)$, u 代表由 O 到 P 的作用传播速度, 由上式得

$$uv < c^2$$

但固定于参考系 Σ' 上的物体同样可以用来传递作用, 因而 v 也可以看作一种作用传播速度. 由上式, 若

$$u < c, \quad v < c \tag{6.3.4}$$

则事件的因果关系就保证有绝对意义. 根据现有大量实验事实, 我们知道真空中的光速 c 是物质运动的最大速度, 也是一切相互作用传播的极限速度. 在此前提下, 相对论时空观完全符合因果律的要求.

3. 同时相对性

上面研究了类时间隔的性质, 现在转到类空间隔. 由于类空间隔有 $r > ct$, 而相互作用传播速度不超过 c, 因此具有类空间隔的两事件不可能用任何方式联系, 它们之间没有因果关系, 其先后次序也就失去了绝对意义. 用洛伦兹变换可以直接证明这一点. 设参考系 Σ 上两事件 (x_1, t_1) 和 (x_2, t_2) 的间隔类空, 有

$$|t_2 - t_1| < \frac{1}{c}|x_2 - x_1| \tag{6.3.5}$$

若在参考系 Σ 上观察到

$$t_2 > t_1 \tag{6.3.6}$$

变换到另一参考系 Σ' 上, 由洛伦兹变换得

$$t_2' - t_1' = \frac{t_2 - t_1 - \dfrac{v}{c^2}(x_2 - x_1)}{\sqrt{1 - \dfrac{v^2}{c^2}}} \tag{6.3.7}$$

若 Σ' 相对于 Σ 的速度 v 足够大, 由 (6.3.5) 式总可以有

$$|t_2 - t_1| < \frac{v}{c^2}|x_2 - x_1|$$

由 (6.3.7) 式即得

$$t_2' < t_1' \tag{6.3.8}$$

特别是, 如果另一参考系 Σ'' 相对于 Σ 的速度 v' 满足下式:

$$|t_2 - t_1| = \frac{v'}{c^2}|x_2 - x_1|$$

[由 (6.3.5) 式, 此参考系必定存在] 则由 (6.3.7) 式有

$$t_2'' = t_1'' \tag{6.3.9}$$

由 (6.3.6) 式—(6.3.9) 式可以看出类空间隔的特征. 具有类空间隔的两事件, 由于不可能发生因果关系, 其时间次序的先后或者同时, 都没有绝对意义, 因不同参考系而不同.

在不同地点同时发生的两事件不可能有因果关系, 因此同时概念必然是相对的. 由 (6.3.7) 式可知, 若两事件对 Σ 同时, 即 $t_2 = t_1$, 则一般而言, $t_2' \neq t_1'$, 即对 Σ' 不同时 (见上节例 2).

由同时相对性, 可能产生如何校准两不同地点的时钟的问题. 应该指出, 在一定参考系内, 这个问题用经典方法已经可以解决. 例如把某地点的一个钟缓慢移至另一地点, 就可以和该点上的钟对准, 从而核对两地点的计时. 只要钟移动足够慢, 相对论效应就可忽略. 因此, 在相对论中不产生另外定义同时的问题. 当然, 在实际测量中, 最方便的方法是用光信号, 只要知道光传播的速度, 就可以核对固定在两地点的时钟. 因此, 在同一参考系中, 相对论的同时概念是和我们通常所指的同时概念一致的. 在另一参考系 Σ' 中, 观察者也可以用相同方法来对准固定在各点上的时钟. 相对论效应在于, 固定在一参考系中不同地点上对准了的时钟, 在另一参考系上观察起来会变为未对准的. 这就是同时相对性的意义.

类时间隔的绝对因果性和类空间隔的同时相对性是物质运动时空关系的两个方面, 前者是起主导作用的.

4. 运动时钟的延缓

自然界中存在许多物理过程可以作为计时的基准, 如分子振动或原子谱线的周期、粒子的衰变寿命等, 都是计时的自然基准[①], 它们可以被一般地称为时钟. 在不同参考系中可以用同一种物理过程作为计时基准, 这样就可以比较不同参考系中的时间. 现在的问题是, 在不同参考系观察同一个物理过程, 其时间有什么关系?

设某物体内部相继发生两事件 (例如分子振动一个周期的始点和终点). 设 Σ' 为该物体的静止坐标系, 在此参考系中观察到两事件发生的时刻为 t_1' 和 t_2', 其时间为 $\Delta\tau = t_2' - t_1'$. 由于两事件发生在同一地点 $\boldsymbol{x}'$, 因此两事件的间隔为

$$s^2 = c^2\left(t_2' - t_1'\right)^2 = c^2\Delta\tau^2 \tag{6.3.10}$$

在另一参考系 Σ 内观察, 设该物体以速度 v 运动, 因此第一事件发生的地点 $\boldsymbol{x}_1$ 不同于第二事件发生的地点 $\boldsymbol{x}_2$. 设 Σ 中观察到两事件的空时坐标为 $(\boldsymbol{x}_1, t_1)$ 和 $(\boldsymbol{x}_2, t_2)$, 则两事件的间隔为

$$s^2 = c^2\left(t_2 - t_1\right)^2 - \left(\boldsymbol{x}_2 - \boldsymbol{x}_1\right)^2 = c^2\Delta t^2 - (\Delta\boldsymbol{x})^2 \tag{6.3.11}$$

由间隔不变性有

$$c^2\Delta t^2 - (\Delta\boldsymbol{x})^2 = c^2\Delta\tau^2$$

但 $|\Delta\boldsymbol{x}|/\Delta t = v$ 为该物体相对于 Σ 的运动速度, 因此有

---

① 目前所用的国际基准是铯-133 原子的基态两个超精细能级之间跃迁辐射的周期, 此周期的 9 192 631 770 倍持续时间定义为 1 s.

$$\Delta t=\frac{\Delta \tau}{\sqrt{1-\frac{v^2}{c^2}}} \tag{6.3.12}$$

式中 $\Delta\tau$ 为该物体的静止坐标系测出的时间, 称为该物理过程的固有时, 而 Δt 为在另一参考系 Σ 中测得的同一物理过程的时间. 在 Σ 中看到物体以速度 v 运动. 由 (6.3.12) 式, $\Delta t>\Delta\tau$, 表示运动物体上发生的自然过程比起静止物体的同样过程延缓了. 物体运动速度越大, 所观察到的它的内部物理过程进行得越缓慢. 这就是时间延缓效应. 这种效应是时空的基本属性引起的, 与钟的具体结构无关.

时间延缓效应在高能物理中得到了大量实验证实. 不稳定粒子 (如 π 介子、μ 子等) 静止时有一定平均寿命. 当它们高速运动时, 测得的平均寿命可以比静止时大得多. 用 π 介子和 μ 子做的实验[①] 很好地验证了 (6.3.12) 式.

带电 π 介子质量为电子质量的 273.126 倍, 主要衰变为 μ 子和 μ 型中微子:

$$\pi^+\to\mu^++\nu_\mu$$

静止 π 介子的平均寿命为 $(2.6030\pm0.0028)\times10^{-8}$ s. 实验所用高速直线运动 π 介子的 $1\Big/\sqrt{1-\frac{v^2}{c^2}}$ 值为 2.4, 测量到的这种高速运动 π 介子的平均寿命, 与 (6.3.12) 式计算值相符.

μ 子是一种物理性质和电子相似的粒子, 它的质量为电子质量的 206.768 倍, 主要衰变为

$$\mu^-\to e^-+\nu_\mu+\tilde{\nu}_e$$

其中 ν_μ 为 μ 型中微子, $\tilde{\nu}_e$ 为电子型反中微子. μ 子静止时的平均寿命为 $(2.19703\pm0.00004)\times10^{-6}$ s. 实验使 μ 子在磁场中作高速圆周运动, 由其动量值算出 $1\Big/\sqrt{1-\frac{v^2}{c^2}}=12.14$. 用 (6.3.12) 式算出这种高速运动 μ 子的平均寿命为 26.69×10^{-6} s, 而实验值为 26.37×10^{-6} s. 因此, 实验完全验证了时间延缓公式 (6.3.12), 而且证明了时间延缓效应只依赖于速度, 而不依赖于加速度.

当局限于匀速运动时, 时间延缓效应是相对效应. 参考系 Σ 中看到固定于 Σ' 上的时钟变慢; 同样, 参考系 Σ' 中也看到固定于 Σ 上的时钟变慢.

如图 6–6(a) 所示, 在 Σ 系中相距为 l 的两点上有对准了的时钟 C_1 和 C_2, 在 Σ 系中观察以速度 v 运动的时钟 C'. 设当 C' 经过 C_1 时, 各钟都指着时刻 0. 当 C' 经过 C_2 时, Σ 系的钟都指着时刻 l/v, 但 Σ 系中看到 C' 指着 $\tau<l/v$. 由于 τ 为固有时, 有

$$\frac{l}{v}=\frac{\tau}{\sqrt{1-\frac{v^2}{c^2}}} \tag{6.3.13}$$

① GREENBERC A J, el al. Phys. Rev. Lett., 1969, 23; 1267; BAILEY J, PICASSO E. Prog in Nucl Phys., 1970, 12:43.

$\tau < l/v$ 说明在 Σ 系看到运动时钟 C′ 变慢.

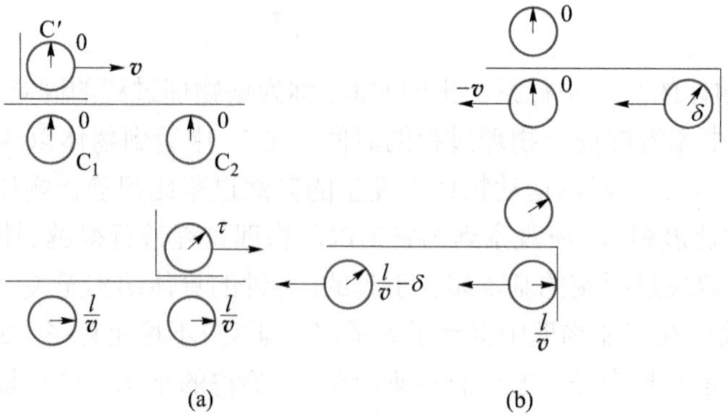

图 6-6

当 C_2 指向 l/v 时, C′ 指向 $\tau < l/v$. 此时两钟 C_2 和 C′ 在同一地点, 因而可以直接比较. 问题在于, Σ' 系中看到 C_2 所指的读数 l/v 大于固定在自己参考系上的时钟 C′ 所指的读数 τ, 这是否意味着 Σ' 系看到 Σ 系中的时钟变快了呢? 答案是否定的, 下面我们说明这一点.

图 6-6(b) 所示为 Σ' 系中所看到的情况. 开始时 C′ 与 C_1 同时指向时刻 0 . 但由于同时的相对性, 原来在 Σ 系中对准了的时钟 C_1 和 C_2 在 Σ' 系中看来不是对准的. 在 Σ' 系中认为 C_1 指着时刻 0 时, C_2 指着时刻 δ. δ 可由洛伦兹变换求出. C_2 指向 δ 这个事件在 Σ 系中的坐标为 $x=l, t=\delta$, 由洛伦兹变换得

$$t'=0=\frac{\delta-\dfrac{v}{c^2}l}{\sqrt{1-\dfrac{v^2}{c^2}}}$$

因此

$$\delta=\frac{v}{c^2}l \tag{6.3.14}$$

在 Σ' 中看到 C_2 经过 C′ 时, C′ 指向 τ, C_2 指向 l/v, 但由于 C_2 是从 δ 开始, 因此 Σ' 系中看到 C_2 所示的经过时间为

$$\frac{l}{v}-\delta=\frac{l}{v}\left(1-\frac{v^2}{c^2}\right)=\tau\sqrt{1-\frac{v^2}{c^2}}<\tau$$

即 Σ' 系中看到 C_2 同样是变慢的.

在加速运动情形时, 时间延缓导致绝对的物理效应. 当一个时钟绕闭合路径作加速运动最后返回原地时, 它所经历的总时间小于在原地点静止时钟所经历的时间. 此效应通常称为双生子佯谬.

设时钟 C 固定于惯性参考系 Σ, C′ 相对于 Σ 系作有加速度的运动. 设在某时刻 t', C′ 相对于 Σ 系的运动速度为 $v(t')$. 若 C′ 经历时间 $\mathrm{d}t'$, 则在 Σ 系中测得的时间为

$$
\mathrm{d}t = \frac{\mathrm{d}t'}{\sqrt{1 - \dfrac{v^2(t')}{c^2}}}
$$

假设时间延缓效应只依赖于速度而不依赖于加速度，上式就表示该瞬间的时间延缓效应. 当 C′ 绕闭合路径一周回到原地时，Σ 系测得的总时间为

$$
\Delta t = \oint \mathrm{d}t = \oint \frac{\mathrm{d}t'}{\sqrt{1 - \dfrac{v^2(t')}{c^2}}} > \oint \mathrm{d}t' = \Delta t'
$$

Δt 为 C 所示的时间，$\Delta t'$ 为 C′ 所示的时间. 因此，当时钟 C′ 回到原地直接与 C 比较时，C′ 绝对地变慢了.

此效应不是相对的. 因为固定在 C′ 上的参考系 Σ′ 不是惯性系，因此不能在 Σ′ 系中应用狭义相对论的公式反过来推论 $\Delta t < \Delta t'$. 在 Σ′ 系中，应该用广义相对论的理论才能讨论这一问题. 这一点已超出本课程的范围. 可以指出，用广义相对论的坐标变换，在 Σ′ 系中同样导出 $\Delta t' < \Delta t$ 的结果，与上式相符.

在上述 μ 子实验中，实际上已在微观领域证实了双生子效应. 环绕地球的飞行实验也证实了这一效应. 在未来的高速宇宙航行中，双生子佯谬将会导致很有趣的结果.

5. 运动尺度的缩短

现代测量长度也采用自然基准. 目前使用的基准是：光在真空中于 1/299792458 s 时间间隔内所经路径的长度，定义为 1 m. 在不同参考系上，都用这个自然尺度来测量长度，这样我们就可以比较不同参考系中测得的同一物体的长度.

现在我们用洛伦兹变换式求运动物体长度与该物体静止长度的关系. 如图 6–7 所示，设物体沿 x 轴方向运动，以固定于物体上的参考系为 Σ′. 若物体后端经过 P_1 点 (第一事件) 与前端经过 P_2 点 (第二事件) 相对于 Σ 系同时，则 P_1P_2 定义为 Σ 系中测得的物体长度.

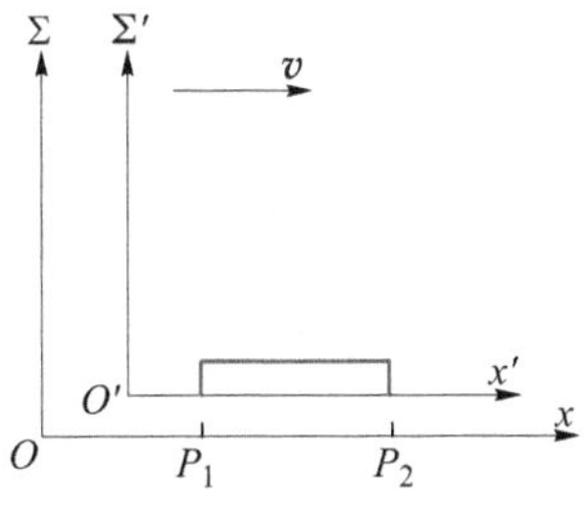

图 6–7

物体两端在 Σ′ 系中的坐标设为 x_1' 和 x_2'. 在 Σ 系中 P_1 点的坐标为 x_1，P_2 点的坐标为 x_2，两端分别经过 P_1 和 P_2 的时刻为 $t_1 = t_2$. 对这两个事件分别应用洛伦兹变换式得

$$x_1' = \frac{x_1 - vt_1}{\sqrt{1-\dfrac{v^2}{c^2}}}, \quad x_2' = \frac{x_2 - vt_2}{\sqrt{1-\dfrac{v^2}{c^2}}}$$

两式相减, 计及 $t_1 = t_2$, 有

$$x_2' - x_1' = \frac{x_2 - x_1}{\sqrt{1-\dfrac{v^2}{c^2}}} \tag{6.3.15}$$

式中 $x_2 - x_1$ 为 Σ 系中测得的物体长度 l (因为坐标 x_1 和 x_2 是在 Σ 系中同时测定的), $x_2' - x_1'$ 为 Σ' 系中测得的物体静止长度 l_0. 由于物体对 Σ' 静止, 所以对测量时刻 t_1' 和 t_2' 没有任何限制. 由 (6.3.15) 式得

$$l = l_0\sqrt{1-\frac{v^2}{c^2}} \tag{6.3.16}$$

即运动物体长度缩短了. 和运动时钟延缓效应一样, 运动尺度缩短也是时空的基本属性, 与物体内部结构无关.

长度缩短效应是相对的. 以上我们证明了在 Σ 系中观察固定于 Σ' 系的物体长度缩短了. 同样, 在 Σ' 系中观察固定于 Σ 系的物体长度也是缩短了的. 这时要求在 Σ' 内同时测定该物体两端的坐标, 即要求 $t_1' = t_2'$. 应用逆变换 (6.2.17) 式得

$$x_2 - x_1 = \frac{x_2' - x_1'}{\sqrt{1-\dfrac{v^2}{c^2}}} \tag{6.3.17}$$

现在 $x_2 - x_1$ 为静止长度 l_0, $x_2' - x_1'$ 为运动长度 l, 因此由上式得

$$l = l_0\sqrt{1-\frac{v^2}{c^2}}$$

与 (6.3.16) 式相符. 注意 (6.3.17) 式与 (6.3.15) 式并不矛盾, 因为 (6.3.15) 式是在条件 $t_1 = t_2$ 下成立的, 而 (6.3.17) 式则是在条件 $t_1' = t_2'$ 下成立的.

时间延缓与长度缩短是相关的. 例如宇宙线中含有许多能量极高的 μ 子, 这些 μ 子是在大气层上部产生的. 静止 μ 子的平均寿命只有 2.197×10^{-6} s, 如果不是由于相对论效应, 这些 μ 子以接近光速运动时只能飞越约 660 m. 但实际上很大部分 μ 子都能穿透大气层到达底部. 在地面上的参考系把这个现象描述为运动 μ 子寿命延长效应. 但在固定于 μ 子的参考系看来, 它的寿命并没有延长, 而是由于它观察到大气层相对于它作高速运动, 因而大气层的厚度缩小了, 因此在 μ 子寿命以内可以飞越大气层.

由以上分析可以看出, 时间延缓和长度缩短效应都是运动着的物质相互之间的时空关系的客观反映, 并不是主观感觉. 不超过光速运动的粒子在较短的固有寿命中能够飞越大气层, 这是客观事实, 是粒子相对于大气层作高速运动的时空关系的表现, 绝不是主观感觉造成的. 对于同一个物理过程, 在不同参考系中可以有不同的时空测

量结果, 但最后的物理结论应该是一致的.

相对论时空观进一步说明了时空是运动着的物质的存在形式. 不是先验地存在一个空间的框框和一个时间之流, 然后把物质运动纳入其内, 而是在物质运动之中分析和抽象出时空概念. 人们对时空的认识是随着实践的逐步深入而发展的. 狭义相对论时空观是人们对时空认知的一个飞跃, 但它绝不是最终的理论. 在广义相对论中, 已经对时空提出了某些重要的新概念, 如时空弯曲, 时空与引力场的关系等. 在微观领域, 现有实验证明了相对论在 $\sim 10^{-16}$ cm 范围内仍然适用. 随着实践深入到更小的范围, 人们对时空的认识还有可能进一步发展.

6. 速度变换公式

由洛伦兹变换可以推出相对论的速度变换公式, 设

$$u_x = \frac{\mathrm{d}x}{\mathrm{d}t}, \quad u_y = \frac{\mathrm{d}y}{\mathrm{d}t}, \quad u_z = \frac{\mathrm{d}z}{\mathrm{d}t}$$

为物体相对于 Σ 系的速度. 设 Σ' 系相对于 Σ 系沿 x 轴方向以速度 v 运动. 由洛伦兹变换 (6.2.16) 式:

$$x' = \frac{x - vt}{\sqrt{1 - \dfrac{v^2}{c^2}}}, \quad t' = \frac{t - \dfrac{v}{c^2}x}{\sqrt{1 - \dfrac{v^2}{c^2}}}$$

取两式微分:

$$\mathrm{d}x' = \frac{\mathrm{d}x - v\mathrm{d}t}{\sqrt{1 - \dfrac{v^2}{c^2}}} = \frac{u_x - v}{\sqrt{1 - \dfrac{v^2}{c^2}}}\mathrm{d}t$$

$$\mathrm{d}t' = \frac{\mathrm{d}t - \dfrac{v}{c^2}\mathrm{d}x}{\sqrt{1 - \dfrac{v^2}{c^2}}} = \frac{1 - \dfrac{vu_x}{c^2}}{\sqrt{1 - \dfrac{v^2}{c^2}}}\mathrm{d}t$$

两式相除得

$$u'_x = \frac{\mathrm{d}x'}{\mathrm{d}t'} = \frac{u_x - v}{1 - \dfrac{vu_x}{c^2}} \tag{6.3.18a}$$

同样可以求得

$$u'_y = \frac{\mathrm{d}y'}{\mathrm{d}t'} = \frac{u_y\sqrt{1 - \dfrac{v^2}{c^2}}}{1 - \dfrac{vu_x}{c^2}} \tag{6.3.18b}$$

$$u'_z = \frac{\mathrm{d}z'}{\mathrm{d}t'} = \frac{u_z\sqrt{1 - \dfrac{v^2}{c^2}}}{1 - \dfrac{vu_x}{c^2}} \tag{6.3.18c}$$

(6.3.18) 式是相对论速度变换公式. 逆变换为

$$u_x = \frac{u_x' + v}{1 + \frac{vu_x'}{c^2}}, \quad u_y = \frac{u_y'\sqrt{1 - \frac{v^2}{c^2}}}{1 + \frac{vu_x'}{c^2}}, \quad u_z = \frac{u_z'\sqrt{1 - \frac{v^2}{c^2}}}{1 + \frac{vu_x'}{c^2}} \tag{6.3.19}$$

非相对论极限下 ($v \ll c, |\boldsymbol{u}| \ll c$) 有

$$u_x \approx u_x' + v, \quad u_y \approx u_y', \quad u_z \approx u_z' \tag{6.3.20}$$

即过渡到经典速度变换公式.

例 6.3

证明若物体相对于一个参考系的运动速度 $|\boldsymbol{u}| < c$, 则对任一参考系亦有 $|\boldsymbol{u}'| < c$.

解: 设物体在时间 $\mathrm{d}t$ 内的位移为 $\mathrm{d}\boldsymbol{x}$, 由间隔不变性有

$$c^2\mathrm{d}t^2 - \left(\mathrm{d}x^2 + \mathrm{d}y^2 + \mathrm{d}z^2\right) = c^2\mathrm{d}t'^2 - \left(\mathrm{d}x'^2 + \mathrm{d}y'^2 + \mathrm{d}z'^2\right)$$

由 $\mathrm{d}\boldsymbol{x}/\mathrm{d}t = \boldsymbol{u}, \mathrm{d}\boldsymbol{x}'/\mathrm{d}t' = \boldsymbol{u}'$, 得

$$\left(c^2 - u^2\right)\mathrm{d}t^2 = \left(c^2 - u'^2\right)\mathrm{d}t'^2$$

因为 $u < c$, 左边为正数, 因此有

$$u' < c$$

例 6.4

求匀速运动介质中的光速.

解: 设介质沿 x 轴方向以速度 v 运动. 选参考系 Σ' 固定在介质上. 在 Σ' 系中观察, 介质中的光速沿各方向都等于 c/n, 其中 n 为折射率. 用 (6.3.19) 式得沿介质运动方向的光速

$$u_x = \frac{\frac{c}{n} + v}{1 + \frac{v}{cn}}$$

若 $v \ll c$, 有

$$u_x \approx \frac{c}{n} + \left(1 - \frac{1}{n^2}\right)v \tag{6.3.21}$$

逆介质运动方向传播的光速为

$$u_x = \frac{-\frac{c}{n} + v}{1 - \frac{v}{cn}} \approx -\frac{c}{n} + \left(1 - \frac{1}{n^2}\right)v \tag{6.3.22}$$

沿其他方向传播的光速也可以用类似方法求出. (6.3.21) 式和 (6.3.22) 式为斐索 (Fizeau) 水流实验所证实.

§ 6.4 相对论理论的四维形式

在相对论中时间和空间不可分割, 当参考系改变时, 时空坐标互相变换, 三维空间和一维时间构成一个统一体 —— 四维时空. 上一节中我们已经讨论过时空的结构, 现在进一步把四维时空理论用简洁的四维形式表示出来. 利用这种形式可以很清楚地显示出一些物理量之间的内在联系, 并且可以把相对性原理用非常明显的形式表达出来.

1. 三维空间的正交变换

为了便于叙述四维时空变换, 我们先回顾一下三维空间的转动性质. 先看二维平面上的坐标系转动. 设坐标系 Σ' 相对于坐标系 Σ 转了一个角 θ, 如图 6–8 所示. 设平面上一点 P 的坐标在 Σ 系为 (x, y), 在 Σ' 系为 (x', y'). 新旧坐标之间有变换关系

$$x' = x\cos\theta + y\sin\theta \tag{6.4.1a}$$

$$y' = -x\sin\theta + y\cos\theta \tag{6.4.1b}$$

OP 长度平方为

$$|OP|^2 = x^2 + y^2 = x'^2 + y'^2 = \text{不变量} \tag{6.4.2}$$

满足 (6.4.2) 式的二维平面上的线性变换称为正交变换. 坐标系转动属于正交变换.

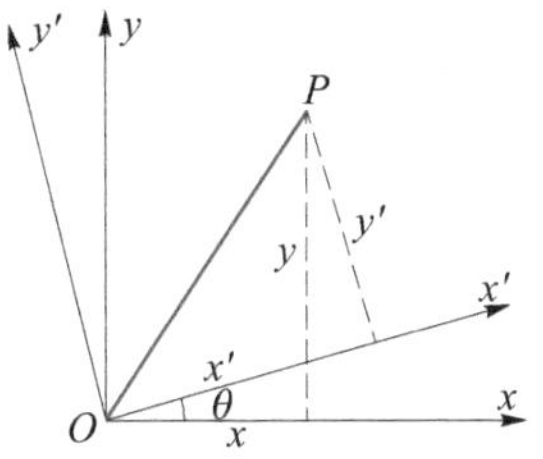

图 6–8

设 $\boldsymbol{v}$ 为平面上任意矢量. $\boldsymbol{v}$ 在 Σ 系中的分量为 v_x、v_y; 在 Σ' 系中的分量为 v'_x、v'_y. 这些分量有变换关系

$$v'_x = v_x\cos\theta + v_y\sin\theta \tag{6.4.3a}$$

$$v'_y = -v_x\sin\theta + v_y\cos\theta \tag{6.4.3b}$$

矢量长度平方为

$$|\boldsymbol{v}|^2 = v_x^2 + v_y^2 = v'^2_x + v'^2_y = \text{不变量} \tag{6.4.4}$$

现在讨论三维坐标转动. 设 Σ 系的直角坐标为 (x_1, x_2, x_3), Σ' 系的直角坐标为 (x'_1, x'_2, x'_3). 三维坐标线性齐次变换一般具有形式:

$$
\begin{aligned}
x_1' &= a_{11}x_1 + a_{12}x_2 + a_{13}x_3 \\
x_2' &= a_{21}x_1 + a_{22}x_2 + a_{23}x_3 \\
x_3' &= a_{31}x_1 + a_{32}x_2 + a_{33}x_3
\end{aligned} \tag{6.4.5}
$$

坐标系转动时距离保持不变, 应有

$$
x_1'^2 + x_2'^2 + x_3'^2 = x_1^2 + x_2^2 + x_3^2 \tag{6.4.6}
$$

满足 (6.4.6) 式的线性变换称为正交变换, 空间转动属于正交变换. (6.4.5) 式中的系数 a_{ij} 依赖于转动轴和转动角. 由 (6.4.5) 式,

$$
x_i' = \sum_{j=1}^{3} a_{ij}x_j, \quad i = 1, 2, 3 \tag{6.4.7}
$$

在一般情形中, 当公式中出现重复下标时 (如上式右边的 j), 往往都要对该指标求和. 以后为了书写方便起见, 我们省去求和符号. 除特别声明外, 凡有重复下标时都意味着要对它求和. 被求和的指标被称为哑指标. 对于哑指标我们可以随意将其替换为方便的字母而不改变其结果, 例如 $x_ix_i = x_jx_j$ 都表示 $\boldsymbol{x}$ 与自身的内积. 这是现代物理中通用的约定, 称为爱因斯坦求和约定. 由此, 变换式 (6.4.7) 可简写为

$$
x_i' = a_{ij}x_j \tag{6.4.8}
$$

距离不变条件 (6.4.6) 式简写为

$$
x_i'x_i' = x_ix_i = \text{不变量} \tag{6.4.9}
$$

由 (6.4.9) 式可得对变换系数 a_{ij} 的限制条件. 把 (6.4.8) 式代入 (6.4.9) 式左边, 得

$$
a_{ij}x_ja_{ik}x_k = x_ix_i \tag{6.4.10}
$$

引入克罗内克 (Kronecker) 符号 δ_{ij}, 定义为

$$
\delta_{ij} = \begin{cases} 1 & (\text{若 } i = j) \\ 0 & (\text{若 } i \neq j) \end{cases} \tag{6.4.11}
$$

(6.4.10) 式右边可写为 $\delta_{jk}x_jx_k$. 比较 (6.4.10) 式两边系数得

$$
a_{ij}a_{ik} = \delta_{jk} \tag{6.4.12}
$$

此式代表转动变换满足的正交条件.

把 (6.4.8) 式乘上 a_{il} 然后对 i 求和, 用正交条件 (6.4.12) 式得

$$
a_{il}x_i' = a_{il}a_{ij}x_j = \delta_{lj}x_j = x_l
$$

由此得 (6.4.8) 式的逆变换式

$$
x_l = a_{il}x_i' \tag{6.4.13}
$$

变换系数可以写成矩阵形式:

$$[a_{ij}] = \begin{bmatrix} a_{11} & a_{12} & a_{13} \\ a_{21} & a_{22} & a_{23} \\ a_{31} & a_{32} & a_{33} \end{bmatrix} \tag{6.4.14}$$

转置矩阵 $\tilde{a}$ 定义为

$$\tilde{a}_{ij} = a_{ji} \tag{6.4.15}$$

正交条件 (6.4.12) 式可用矩阵乘法写为

$$\tilde{a}a = \boldsymbol{I} \tag{6.4.16}$$

式中 $\boldsymbol{I}$ 是单位矩阵.

2. 物理量按空间变换性质的分类

我们知道物理量可以分为标量、矢量、张量等类别, 这种分类是根据物理量在空间转动下的变换性质来规定的.

(1) 标量　有些物理量在空间中没有取向关系, 当坐标系转动时, 这些物理量保持不变. 这类物理量称为标量. 如质量、电荷等都是标量. 设在坐标系 Σ 中某标量用 u 表示, 在转动后的坐标系 Σ' 中用 u' 表示. 由标量不变性有

$$u' = u$$

(2) 矢量　有些物理量在空间中有一定的取向性, 这种物理量用三个分量表示. 当空间坐标按 (6.4.8) 式作转动变换时, 该物理量的三个分量按 (6.4.8) 式变换. 这类物理量称为矢量. 以 $\boldsymbol{v}$ 代表矢量, 它在坐标系 Σ 中的分量为 v_i, 在转动后的 Σ' 系中的分量为 v'_i. 与坐标变换 (6.4.8) 式对应, 有矢量变换关系

$$v'_i = a_{ij}v_j \tag{6.4.17}$$

例如速度、力、电场强度和磁场强度等都是矢量.

有些微分算符也具有矢量性质, 例如 ∇ 算符, 它在 Σ 系中的分量为 $\partial/\partial x_i$, 在 Σ' 系中的分量为 $\partial/\partial x'_i$. 根据微分公式及 (6.4.13) 式有

$$\frac{\partial}{\partial x'_i} = \frac{\partial x_j}{\partial x'_i}\frac{\partial}{\partial x_j} = a_{ij}\frac{\partial}{\partial x_j} \tag{6.4.18}$$

此变换关系与 (6.4.17) 式相同, 因此 ∇ 算符是一个矢量算符.

坐标的偏导数算符分量 $\partial/\partial x_i$ 也常简写为 $\partial_i = \partial/\partial x_i$, $\partial/\partial x'_i$ 简写为 $\partial'_i = \partial/\partial x'_i$. 于是变换 (6.4.18) 可写为 $\partial'_i = a_{ij}\partial_j$.

(3) 二阶张量　有些物理量显示出更复杂的空间取向性质. 这一类物理量要用两个矢量指标表示, 有 9 个分量, $\{T_{ij}|i,j=1,2,3\}$, 各分量按以下方式变换:

$$T'_{ij} = a_{ik}a_{jl}T_{kl} \tag{6.4.19}$$

具有这种变换关系的物理量称为二阶张量. 例如电磁场应力张量、电四极矩等是二阶张量. (6.4.11) 式定义的克罗内克符号 δ_{ij} 也是一个常数二阶张量. 由 δ_{ij} 的定义 (6.4.11) 式, 正交变换条件 (6.4.12) 可以等价地写为

$$a_{ij}a_{lk}\delta_{il} = \delta_{jk}$$

可见 δ_{jk} 在任意正交变换下的变换方式和二阶张量一样, 而且在变换中各分量保持不变.

二阶张量还可以进一步分类. 若 T_{ij} 对指标 i、j 对称:

$$T_{ij} = T_{ji}$$

则变换后的张量

$$\begin{aligned} T'_{ij} &= a_{ik}a_{jl}T_{kl} = a_{ik}a_{jl}T_{lk} = a_{il}a_{jk}T_{kl} \\ &= a_{jk}a_{il}T_{kl} = T'_{ji} \end{aligned}$$

即变换后的张量仍是对称的. 同样, 反对称张量 $T_{ij} = -T_{ji}$ 变换后保持反对称性. 对称张量之迹 T_{ii} 是一个标量:

$$T'_{ii} = a_{ik}a_{il}T_{kl} = \delta_{kl}T_{kl} = T_{kk} = \text{不变量}$$

因此, 二阶张量可以分解为三个不会相互混合的部分:

$$T_{ij} = T\delta_{ij} + S_{ij} + A_{ij}$$

其中包括:

迹 $\quad T_{ii} \equiv 3T$

无迹对称张量 $\quad S_{ij} \equiv (T_{ij} + T_{ji})/2 - T\delta_{ij}$, 满足 $S_{ij} = S_{ji}$, $S_{ii} = 0$

反对称张量 $\quad A_{ij} \equiv (T_{ij} - T_{ji})/2$, 满足 $A_{ij} = -A_{ji}$

(2.5.18) 式定义的电四极矩就是一个无迹对称张量, 它只有 5 个独立分量.

同样可定义高阶张量. 但因较少用到, 这里不再详述.

两矢量 $\boldsymbol{v}$ 和 $\boldsymbol{w}$ 的标积 v_iw_i 是一个标量. 因为它在另一坐标系中的值

$$v'_iw'_i = a_{ij}v_ja_{ik}w_k = \delta_{jk}v_jw_k = v_jw_j = \text{不变量}$$

在上式中, 指标 i 重复并从 1 到 3 求和, 这种运算称为指标的收缩. 指标 i 收缩后, 上式左边再没有剩下自由指标, 因此它是一个标量.

同样, 张量 T_{ij} 可以和一个矢量 v_j 作出乘积 $T_{ij}v_j$. 在新坐标系中

$$T'_{ij}v'_j = a_{ik}a_{jl}T_{kl}a_{jn}v_n = a_{ik}\delta_{ln}T_{kl}v_n = a_{ik}T_{kl}v_l$$

此式具有矢量的变换关系. 因此, $T_{ij}v_j$ 是一个矢量. 这里指标 j 收缩后剩下自由指标 i, 因此它是一个矢量.

由此, 只要看某式有多少个自由指标, 就可以判别它属于哪一类物理量.

3. 洛伦兹变换的四维形式

以上我们指出, 三维坐标转动是满足距离不变

$$x_1'^2+x_2'^2+x_3'^2=x_1^2+x_2^2+x_3^2=\text{不变量}$$

的线性变换

$$x_i'=a_{ij}x_j$$

在 §6.2 节中我们又指出, 相对论间隔不变. 把两个事件在两个惯性系的直角坐标差和时间差分别记为 (x,y,z,t) 和 (x',y',z',t'), 则间隔不变表示为

$$c^2t'^2-x'^2-y'^2-z'^2=c^2t^2-x^2-y^2-z^2$$

而洛伦兹变换是保持相对论间隔不变的四维时空线性齐次变换. 为了凸显相对论中时间和空间的内在联系, 从现在起我们把时间和空间坐标合成四维矢量, 区分上标和下标 (用上标标记的量一般和用下标标记的量不同). 定义

$$x^0=ct,\quad x^1=x,\quad x^2=y,\quad x^3=z \tag{6.4.20}$$

则相对论间隔不变式可写为:

$$(x'^0)^2-(x'^1)^2-(x'^2)^2-(x'^3)^2=(x^0)^2-(x^1)^2-(x^2)^2-(x^3)^2=\text{不变量} \tag{6.4.21}$$

由 $x^0=ct$ 和三个空间坐标 $x^i(i=1,2,3)$ 合成一个时空坐标四维逆变矢量 x^μ, 当 μ 取具体值 $0,1,2,3$ 之一时, x^μ 便表示同名矢量的分量. 以后用拉丁字母表示 1—3 取值的指标, 用希腊字母表示 0—3 取值的指标.

还可以用另一种四维协变矢量描述时间和空间坐标, 记为 x_μ, 其分量定义为

$$x_0=x^0=ct,\quad x_1=-x^1=-x,\quad x_2=-x^2=-y,\quad x_3=-x^3=-z \tag{6.4.22}$$

数学上逆变矢量和协变矢量互为对偶矢量, 但它们是属于两个不同矢量空间的不同类型的矢量. 为区分它们, 逆变矢量的指标在上, 协变矢量的指标在下. 利用时空坐标逆变矢量和协变矢量, 相对论间隔不变式也可写为

$$\sum_{\mu=0}^{3}x'^\mu x'_\mu=\sum_{\mu=0}^{3}x^\mu x_\mu=\text{不变量} \tag{6.4.23}$$

对逆变坐标 x^μ 的偏导数 $\partial/\partial x^\mu$ 记为 ∂_μ, 它具有协变矢量的形式. 对于四维矢量, 人们也定义了相应的爱因斯坦求和约定: 一上一下的两个指标相同时对指标从 0 到 3 求和. 于是 (6.4.23) 式可写为

$$x'^\mu x'_\mu=x^\mu x_\mu=\text{不变量} \tag{6.4.24}$$

一般洛伦兹变换 $\Lambda^\mu{}_\nu$ 是满足相对论间隔不变性 (6.4.24) 式的四维线性变换:

$$x'^\mu=\Lambda^\mu{}_\nu x^\nu \tag{6.4.25}$$

由此, 洛伦兹变换形式上可以看作四维空间的 "转动", 因而三维正交变换的关系可以形式上推广到洛伦兹变换中去. 但我们必须注意, 由于此四维空间的 "距离" 定义和通常的四维欧几里得 (Euclid) 空间中距离的定义不同, 因此洛伦兹变换并不属于四维的正交变换. 类似于三维欧几里得空间中引入的二阶张量克罗内克 δ 符号, 在四维时空中引入四维的度规张量 $g_{\mu\nu}$:

$$g_{\mu\nu} = \begin{cases} 1 & (\text{若 } \mu=\nu=0) \\ -1 & (\text{若 } \mu=\nu=1,2,3) \\ 0 & (\text{若 } \mu\neq\nu) \end{cases} \tag{6.4.26}$$

度规张量也可写成矩阵的形式

$$[g_{\mu\nu}] = \begin{bmatrix} 1 & 0 & 0 & 0 \\ 0 & -1 & 0 & 0 \\ 0 & 0 & -1 & 0 \\ 0 & 0 & 0 & -1 \end{bmatrix} \tag{6.4.27}$$

行列指标为 $\mu,\nu=0,1,2,3$. 度规张量的逆矩阵 $g^{\mu\nu}$ 显然与度规张量 $g_{\mu\nu}$ 具有相同的矩阵形式, 它们相乘得到单位矩阵:

$$g^{\mu\rho}g_{\rho\nu} = \delta^{\mu}{}_{\nu} \tag{6.4.28}$$

式中 $\delta^{\mu}{}_{\nu}$ 为四维的克罗内克 δ 符号, 矩阵形式为 4×4 单位矩阵. 拥有 (6.4.26) 式定义的度规的四维空间称为闵可夫斯基 (Minkowski) 空间.

逆变矢量和协变矢量之间可以通过度规张量或其逆矩阵联系, 例如

$$x_{\mu} = g_{\mu\nu}x^{\nu}, \quad x^{\mu} = g^{\mu\nu}x_{\nu} \tag{6.4.29}$$

因此度规张量 $g_{\mu\nu}$ 的作用之一是将上指标的量变为下指标的, 而 $g^{\mu\nu}$ 的作用之一是将下指标的量变为上指标的. 我们可以将相对论间隔 $s^2\equiv x^{\mu}x_{\mu}$ 写成

$$s^2 = g_{\mu\nu}x^{\mu}x^{\nu} \tag{6.4.30}$$

相对论间隔在线性变换 (6.4.25) 式变换下不变可写为

$$\begin{aligned} s'^2 &= g_{\mu\nu}x'^{\mu}x'^{\nu} \\ &= g_{\mu\nu}\Lambda^{\mu}{}_{\rho}\Lambda^{\nu}{}_{\sigma}x^{\rho}x^{\sigma} = g_{\rho\sigma}x^{\rho}x^{\sigma} \end{aligned} \tag{6.4.31}$$

上式应对任意的坐标 x^{μ} 都成立, 于是可以在最后一个等号两边将 x^{ρ} 和 x^{σ} 约去, 得到洛伦兹变换应满足如下条件:

$$g_{\mu\nu}\Lambda^{\mu}{}_{\rho}\Lambda^{\nu}{}_{\sigma} = g_{\rho\sigma} \tag{6.4.32}$$

把拥有两个指标的量理解为矩阵, 左指标看作矩阵的行指标, 右指标看作矩阵的列指标, 则上式可写为矩阵形式:

$$\tilde{\boldsymbol{\Lambda}}\boldsymbol{g}\boldsymbol{\Lambda}=\boldsymbol{g} \tag{6.4.33}$$

$\boldsymbol{\Lambda}$ 的转置矩阵记为 $\tilde{\boldsymbol{\Lambda}}$. 上式两边左乘度规矩阵的逆,

$$\boldsymbol{g}^{-1}\tilde{\boldsymbol{\Lambda}}\boldsymbol{g}\boldsymbol{\Lambda}=\boldsymbol{g}^{-1}\boldsymbol{g}=\boldsymbol{I} \tag{6.4.34}$$

最右边是四维单位矩阵, 从而洛伦兹逆变换矩阵为

$$\boldsymbol{\Lambda}^{-1}=\boldsymbol{g}^{-1}\tilde{\boldsymbol{\Lambda}}\boldsymbol{g} \tag{6.4.35}$$

由于度规张量 $g_{\mu\nu}$ 的空间部分是 $-\delta_{ij}$, 显然针对三维空间部分的正交变换:

$$\boldsymbol{\Lambda}=\begin{bmatrix}1&0&0&0\\0&a_{11}&a_{12}&a_{13}\\0&a_{21}&a_{22}&a_{23}\\0&a_{31}&a_{32}&a_{33}\end{bmatrix} \tag{6.4.36}$$

满足 (6.4.32) 式条件. 除此之外, 沿 x 轴方向的惯性参考系变换 (6.2.16) 式的变换矩阵为

$$\boldsymbol{\Lambda}=\begin{bmatrix}\gamma&-\beta\gamma&0&0\\-\beta\gamma&\gamma&0&0\\0&0&1&0\\0&0&0&1\end{bmatrix} \tag{6.4.37}$$

式中的

$$\beta=\frac{v}{c},\quad \gamma=\frac{1}{\sqrt{1-\beta^2}}$$

由 (6.4.37) 式给出的 $\boldsymbol{\Lambda}$ 是对称矩阵, 其转置矩阵 $\tilde{\boldsymbol{\Lambda}}=\boldsymbol{\Lambda}$. 容易验证变换 (6.4.37) 式满足 (6.4.33) 式的条件. 沿 y 轴和 z 轴的惯性参考系变换也可以类比得到. 完整的洛伦兹变换 $\Lambda^{\mu}{}_{\nu}$ 包含了沿着三个轴的惯性参考系变换和绕着三个轴的空间转动变换以及时间反演和空间反射. 不包含时间反演的称为正时洛伦兹变换, 而不包含空间反射的洛伦兹变换称为恰当洛伦兹变换. 时间反演和空间反射都不包含的称为正时恰当洛伦兹变换.

4. 四维协变量

在四维形式中, 时间与空间统一在一个四维时空内, 惯性参考系的变换相当于四维时空的 "转动". 由于物质在时空中运动, 描述物质运动和属性的物理量必然会反映出时空变换的特点. 把三维情形推广, 我们也可以按照物理量在四维时空转动 (洛伦兹变换) 下的变换性质来把物理量分类. 在洛伦兹变换下不变的物理量称为洛伦兹标量或不变量. 具有四个分量的物理量 V^{μ}, 如果它在惯性系变换下与逆变坐标基 $\mathrm{d}x^{\mu}$ 有相同变换关系, 即

$$V'^{\mu} = \Lambda^{\mu}{}_{\nu} V^{\nu} \tag{6.4.38}$$

则它就是在上一小节中提到的四维逆变矢量. 同理, 具有四个分量的物理量 V_μ, 如果它在惯性系变换下与协变坐标基 $\partial_\mu \equiv \partial/\partial x^\mu$ 有相同变换关系, 即

$$V'_{\mu} = \Lambda_{\mu}{}^{\nu} V_{\nu} \tag{6.4.39}$$

它就是四维协变矢量. 协变矢量和逆变矢量在指标收缩后得到的是洛伦兹不变量.

满足变换关系

$$T'_{\mu\nu} = \Lambda_{\mu}{}^{\rho} \Lambda_{\nu}{}^{\sigma} T_{\rho\sigma} \tag{6.4.40}$$

的物理量 $T_{\mu\nu}$ 称为四维的二阶协变张量. 协变张量 $T_{\mu\nu}$ 的两个指标都被升上去后得到的 $T^{\mu\nu}$ 称为四维的二阶逆变张量. 上下指标同时存在的 T^{μ}_{ν} 或 T^{ν}_{μ} 称为四维的混合张量. 以上提到的这些物理量 (标量、矢量和各类张量) 在洛伦兹变换下有确定的变换性质, 称为协变量.

例如间隔

$$\mathrm{d}s^2 = \mathrm{d}x^\mu \mathrm{d}x_\mu = \mathrm{d}x_\mu \mathrm{d}x^\mu \tag{6.4.41}$$

为洛伦兹标量. 由 (6.3.10) 式, 固有时

$$\mathrm{d}\tau = \frac{1}{c}\mathrm{d}s \tag{6.4.42}$$

也是洛伦兹标量.

现在我们介绍一个常用的四维矢量. 因物体的位移 $\mathrm{d}x^\mu$ 为四维矢量, $\mathrm{d}\tau$ 为标量, 所以

$$U^\mu = \frac{\mathrm{d}x^\mu}{\mathrm{d}\tau} \tag{6.4.43}$$

是一个四维逆变矢量. 这个四维矢量称为四维速度矢量. 而通常意义上的速度是

$$u^i = \frac{\mathrm{d}x^i}{\mathrm{d}t} \tag{6.4.44}$$

(指标 $i = 1, 2, 3$). u^i 不是四维矢量的分量. 因为当坐标系变换时, $\mathrm{d}x^i$ 按四维矢量的分量变换, 但 $\mathrm{d}t$ 亦发生改变, 因此 u^i 并不按矢量方式变换. 事实上在上节中我们已得到 u^i 的变换式, 它不同于洛伦兹变换. 通常意义上的速度 u^i 是使用参考系 Σ 的时间量度的位移变化率, 而 U^μ 是使用固有时量度的位移变化率. 因为

$$\frac{\mathrm{d}t}{\mathrm{d}\tau} = \frac{1}{\sqrt{1-\dfrac{u^2}{c^2}}} \equiv \gamma_u \tag{6.4.45}$$

所以四维速度的分量是

$$U^\mu = \gamma_u (c, u^1, u^2, u^3) \tag{6.4.46}$$

U^μ 的后三个分量和普通速度相联系, 当 $v \ll c$ 时即为 $\boldsymbol{u}$, 因此 U^μ 称为四维速度. 参考系变换时, 四维速度有变换关系

$$U'^\mu = \Lambda^\mu{}_\nu U^\nu \tag{6.4.47}$$

现在再介绍四维波矢量. 设有一角频率 ω, 波矢量为 $\boldsymbol{k}$ 的平面电磁波在真空中传播. 在另一参考系 Σ' 中观察, 该电磁波的频率和传播方向都会发生改变 (多普勒效应和光行差效应). 以 ω' 和 $\boldsymbol{k}'$ 表示 Σ' 上观察到的角频率和波矢量. 现在我们研究 $\boldsymbol{k}$ 和 ω 如何变换.

电磁波的相位因子是

$$e^{\mathrm{i}\phi}, \quad \phi = \boldsymbol{k}\cdot\boldsymbol{x} - \omega t \tag{6.4.48}$$

在另一参考系 Σ' 中观察的相位因子是

$$e^{\mathrm{i}\phi'}, \quad \phi' = \boldsymbol{k}'\cdot\boldsymbol{x}' - \omega' t' \tag{6.4.49}$$

我们先看相位 ϕ 和 ϕ' 的关系. 设参考系 Σ 和 Σ' 的原点在时刻 $t = t' = 0$ 重合. 在该时刻, 在两参考系的原点上都观察到电磁波处于波峰, 相位 $\phi = \phi' = 0$. 取此事件为第一事件. 在 Σ 系 n 个周期 $(t = 2\pi n/\omega)$ 后, 第 n 个波峰通过 Σ 系原点, 相位为 $\phi = -2\pi n$. 取此事件为第二个事件, 它在 Σ 系中的空时坐标为 $(\boldsymbol{x} = 0, t = 2\pi n/\omega)$, 在 Σ' 系中的空时坐标 $(\boldsymbol{x}', t')$ 可用洛伦兹变换求得, 而相位同样是 $\phi' = -2\pi n$. 这是因为某个波峰通过某一时空点是一个物理事件, 而相位只是计数问题, 不应随参考系而变. 因此, 相位是一个不变量:

$$\phi = \phi' = \text{不变量} \tag{6.4.50}$$

由 (6.4.48) 和 (6.4.49) 式, 有

$$\boldsymbol{k}\cdot\boldsymbol{x} - \omega t = \phi' = \boldsymbol{k}'\cdot\boldsymbol{x}' - \omega' t' = \text{不变量} \tag{6.4.51}$$

但我们知道 $\boldsymbol{x}$ 与 ct 合为四维矢量 x^μ, 因此, 若 $\boldsymbol{k}$ 与 ω/c 合为另一个矢量 k^μ, 它们按四维逆变矢量方式变换, 就有

$$k'_\mu k'^\mu = k_\mu k^\mu = \text{不变量} \tag{6.4.52}$$

与 (6.4.51) 式相符. 由此我们得到逆变和协变的四维波矢量:

$$k^\mu = \left(\frac{\omega}{c}, \boldsymbol{k}\right), \quad k_\mu = \left(\frac{\omega}{c}, -\boldsymbol{k}\right) \tag{6.4.53}$$

在洛伦兹群变换下, k^μ 的变换式为

$$k'^\mu = \Lambda^\mu{}_\nu k^\nu \tag{6.4.54}$$

对于特殊洛伦兹变换 (6.4.37) 式, 有

$$k'_1 = \gamma\left(k_1 - \frac{v}{c^2}\omega\right)$$

$$k_2' = k_2 \tag{6.4.55}$$

$$k_3' = k_3$$

$$\omega' = \gamma\left(\omega - v k_1\right)$$

设波矢量 $\boldsymbol{k}$ 与 x 轴方向的夹角为 θ, $\boldsymbol{k}'$ 与 x 轴夹角为 θ'. 对真空电磁波, 因为光速不变, 有

$$k_1 = \frac{\omega}{c}\cos\theta, \quad k_1' = \frac{\omega'}{c}\cos\theta'$$

代入 (6.4.55) 式可解出

$$\omega' = \omega\gamma\left(1 - \frac{v}{c}\cos\theta\right) \tag{6.4.56}$$

$$\tan\theta' = \frac{\sin\theta}{\gamma\left(\cos\theta - \dfrac{v}{c}\right)} \tag{6.4.57}$$

这就是相对论的多普勒效应和光行差公式.

若 Σ' 为光源的静止参考系, 则 $\omega' = \omega_0$, ω_0 为静止光源的辐射角频率. 由 (6.4.56) 式得运动光源辐射的角频率为

$$\omega = \frac{\omega_0}{\gamma\left(1 - \dfrac{v}{c}\cos\theta\right)} \tag{6.4.58}$$

其中 v 为光源的运动速度, θ 为 Σ 系中观察者看到的辐射方向与光源运动方向的夹角. 当 $v \ll c$ 时, $\gamma \approx 1$, (6.4.58) 式变为运动光源的经典多普勒效应公式:

$$\omega \approx \frac{\omega_0}{1 - \dfrac{v}{c}\cos\theta} \quad (v \ll c)$$

在垂直于光源运动方向观察辐射时, 经典公式给出 $\omega = \omega_0$, 而相对论公式 (6.4.58) 给出

$$\omega = \omega_0\sqrt{1 - \frac{v^2}{c^2}} \quad (\theta = 90^\circ)$$

即在垂直于光源运动方向上, 观察到的辐射频率小于静止光源的辐射频率. 此现象称为横向多普勒效应. 横向多普勒效应为 Ives-Stilwell 实验所证实的①, 它是相对论时间延缓效应的证据之一.

光行差公式 (6.4.57) 也可以由速度变换公式 (6.3.18) 导出. 设在参考系 Σ 中观察, 由光源辐射出的光线在 xy 面上, 与 x 轴有夹角 θ, 则

$$u_x = c\cos\theta, \quad u_y = c\sin\theta$$

设 Σ' 系相对于 Σ 系以速度 v 沿 x 轴方向运动, 在 Σ' 系上观察到光线与 x' 轴

① Ives H E, Stilwell G R. J. Opt. Soc. Amer., 1938, 28; 215; 1941, 31; 369.

有夹角 θ', 由 (6.3.18) 式得

$$\tan\theta' = \frac{u'_y}{u'_x} = \frac{u_y}{\gamma\,(u_x - v)} = \frac{\sin\theta}{\gamma\left(\cos\,\theta - \dfrac{v}{c}\right)}$$

与 (6.4.57) 式一致.

光行差较早为天文观测所发现 (Bradley 于 1728 年). 如图 6–9(a) 所示, 设地球相对于太阳参考系 Σ 的运动速度为 v, 在 Σ 系中看到某恒星发出的光线的倾角为 $\alpha = \pi - \theta$, 在地球上用望远镜观察该恒星时, 倾角变为 $\alpha' = \pi - \theta'$. 由于 $v \ll c$, 由 (6.4.57) 式得

$$\tan\alpha' \approx \frac{\sin\alpha}{\cos\,\alpha + \dfrac{v}{c}}$$

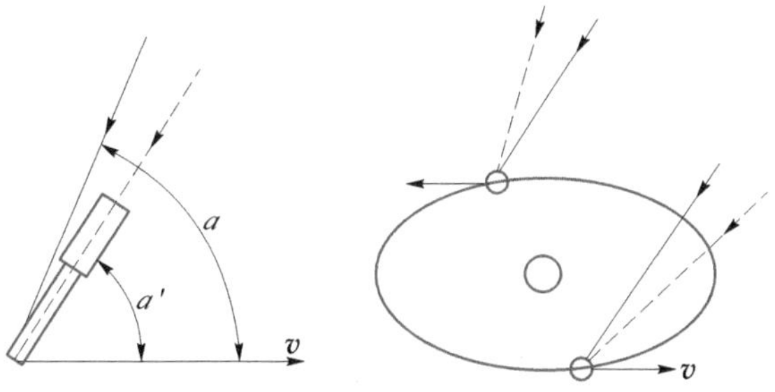

(a) (b)

图 6–9

由于地球绕太阳公转, 一年之内地球运动速度的方向变化一个周期, 因此, 同一颗恒星发出的光线的表观方向亦变化一个周期. 天文观测证实了这种周期性变化, 并且由光线表观方向的改变比较准确地导出了光的传播速度.

在相对论以前的以太理论中, 光行差的存在表明地球相对于“以太”运动, 但以后的迈克耳孙实验却否定了地球相对于“以太”的运动. 正是这种矛盾最后导致以太和绝对参考系被否定, 从而建立了狭义相对论的时空观.

5. 物理规律的协变性

如果一个方程的每一项属于同类协变量, 在参考系变换下, 每一项都按相同方式变换, 结果保持方程形式不变. 举例来说, 设某方程具有形式

$$F^\mu = G^\mu \tag{6.4.59}$$

其中 F^μ 和 G^μ 都是四维矢量. 在参考系变换下, 有

$$F'^\mu = \Lambda^\mu{}_\nu F^\nu = \Lambda^\mu{}_\nu G^\nu = G'^\mu$$

因而在新参考系 Σ' 中有 $F'^{\mu}=G'^{\mu}$, 此方程形式上和原参考系 Σ 中的方程 (6.4.59) 一致. 在参考系变换下方程形式不变的性质称为协变性. 相对性原理要求一切惯性参考系都是等价的. 在不同惯性系中, 物理规律应该可以表示为相同形式. 如果表示物理规律的方程是协变的话, 它就满足相对性原理的要求. 因此, 用四维形式可以很方便地把相对性原理的要求表达出来. 只要我们知道某方程中各物理量的变换性质, 就可以看出它是否具有协变性.

§ 6.5 电动力学的相对论不变性

根据相对性原理, 电磁现象的基本规律对任意惯性参考系可以表示为相同的形式. 麦克斯韦方程组总结了宏观电磁现象的规律, 由它导出电磁波在真空中以速度 c 传播等一系列推论. 实验证明这些推论是对任意惯性系成立的. 由此我们认为, 麦克斯韦方程组适用于任意惯性参考系, 从一个惯性系变换到另一个惯性系时, 麦克斯韦方程组的形式应该不变.

麦克斯韦方程组含有电荷密度 ρ, 电流密度 $\boldsymbol{J}$, 电场强度 $\boldsymbol{E}$ 和磁感应强度 $\boldsymbol{B}$. 下面我们先研究 ρ 和 $\boldsymbol{J}$ 的变换性质, 然后由麦克斯韦方程组协变的要求导出电磁场变换关系.

1. 四维电流密度矢量

实验表明, 带电粒子的电荷与它的运动速度无关, 即电荷 Q 是一个洛伦兹标量:

$$Q=\int\rho\mathrm{d}V=\text{不变量}$$

当粒子静止时, 设电荷密度为 ρ_0, 体元为 $\mathrm{d}V_0$. 若粒子以速度 $\boldsymbol{u}$ 运动, 则体元有洛伦兹收缩

$$\mathrm{d}V=\sqrt{1-\frac{u^2}{c^2}}\mathrm{d}V_0$$

为了保持总电荷 Q 的不变性, 电荷密度相应地增大

$$\rho=\frac{\rho_0}{\sqrt{1-\dfrac{u^2}{c^2}}}=\gamma_u\rho_0 \tag{6.5.1}$$

当粒子以速度 $\boldsymbol{u}$ 运动时, 其电流密度为

$$\boldsymbol{J}=\rho\boldsymbol{u}=\gamma_u\rho_0\boldsymbol{u} \tag{6.5.2}$$

由 (6.4.46) 式看出, 如果引入电流密度的第零分量

$$J^0=c\rho \tag{6.5.3}$$

则 (6.5.1) 式和 (6.5.2) 式可以合为一个四维逆变矢量

$$J^{\mu}=\rho_0 U^{\mu} \tag{6.5.4}$$

式中 U^{μ} 是四维速度矢量.

对应于四维坐标矢量

$$x^{\mu}=(ct,\boldsymbol{x}) \tag{6.5.5}$$

有电流密度四维矢量

$$J^{\mu}=(c\rho,\boldsymbol{J}) \tag{6.5.6}$$

电流密度 $\boldsymbol{J}$ 和电荷密度 ρ 合为四维矢量显示出这两个物理量的统一性. 当粒子静止时, 只有电荷密度 ρ_0; 当粒子运动时, 表现出有电流 $\boldsymbol{J}$, 同时电荷密度亦相应地改变. 因此, ρ 和 $\boldsymbol{J}$ 是一个统一的物理量的不同方面, 当参考系变换时, 它们有确定的变换关系.

由于相对论中时空的统一, 使得非相对论中的不同物理量显示出它们的统一性. 电流密度和电荷密度统一为四维矢量就是其中一个例子.

电荷守恒定律

$$\nabla\cdot\boldsymbol{J}+\frac{\partial\rho}{\partial t}=0 \tag{6.5.7}$$

用四维形式表示为

$$\partial_{\mu}J^{\mu}=0 \tag{6.5.8}$$

此方程显然有协变性. 因为左边是一个洛伦兹标量, 在惯性系变换下其值不变, 因而上式对任意惯性参考系成立.

2. 四维势矢量

现在我们研究麦克斯韦方程组的协变性. 在第五章中我们把麦克斯韦方程组通过势 $\boldsymbol{A}$ 和 φ 表示出来. 先讨论势方程的协变性较为方便. 用势表出的电动力学基本方程组在洛伦兹规范下为 [见 (5.1.10) 式]

$$\begin{aligned}&\frac{1}{c^2}\frac{\partial^2\boldsymbol{A}}{\partial t^2}-\nabla^2\boldsymbol{A}=\mu_0\boldsymbol{J}\\&\frac{1}{c^2}\frac{\partial^2\varphi}{\partial t^2}-\nabla^2\varphi=\frac{\rho}{\varepsilon_0}\end{aligned} \tag{6.5.9}$$

洛伦兹规范条件为

$$\frac{1}{c^2}\frac{\partial\varphi}{\partial t}+\nabla\cdot\boldsymbol{A}=0 \tag{6.5.10}$$

首先我们注意到, 微分算符

$$\square\equiv\frac{1}{c^2}\frac{\partial^2}{\partial t^2}-\nabla^2=\partial^{\mu}\partial_{\mu} \tag{6.5.11}$$

是洛伦兹标量算符. 用此算符可以把 (6.5.9) 式写为

$$\Box \boldsymbol{A} = \mu_0 \boldsymbol{J}$$

$$\Box \varphi = \mu_0 c^2 \rho \tag{6.5.12}$$

在上式中, 电流密度 $\boldsymbol{J}$ 激发矢量 $\boldsymbol{A}$, 电荷密度 ρ 激发标势 φ. 既然 $\boldsymbol{J}$ 和 ρ 构成一个四维矢量, 在参考系变换下它们按一定方式变换, 则 $\boldsymbol{A}$ 和 φ 自然也应该统一为一个四维矢量, 在参考系变换下互相变换. 若 $\boldsymbol{A}$ 和 φ 合为一个逆变的四维势矢量

$$A^\mu = \left(\frac{\varphi}{c}, \boldsymbol{A}\right) \tag{6.5.13}$$

则 (6.5.12) 式可以合写为

$$\Box A^\mu = \mu_0 J^\mu \tag{6.5.14}$$

此方程两边都是四维矢量, 因而有明显的协变性.

洛伦兹条件 (6.5.10) 式可以用四维形式表示为

$$\partial_\mu A^\mu = 0 \tag{6.5.15}$$

此方程也具有协变性.

在参考系变换下, 四维势按矢量变换:

$$A'^\mu = \Lambda^\mu{}_\nu A^\nu$$

若 Σ' 系相对于 Σ 系沿 x 方向以速度 v 运动, 由变换矩阵 (6.4.37) 式得势的变换关系为

$$\begin{aligned} \varphi' &= \gamma(\varphi - vA_x) \\ A'_x &= \gamma\left(A_x - \frac{v}{c^2}\varphi\right) \\ A'_y &= A_y \\ A'_z &= A_z \end{aligned} \tag{6.5.16}$$

3. 电磁场张量

电磁场 $\boldsymbol{E}$ 和 $\boldsymbol{B}$ 用势表出为

$$\boldsymbol{B} = \nabla \times \boldsymbol{A}$$

$$\boldsymbol{E} = -\nabla\varphi - \frac{\partial \boldsymbol{A}}{\partial t} \tag{6.5.17}$$

其分量为

$$\begin{aligned} B_x &= \frac{\partial A^3}{\partial x^2} - \frac{\partial A^2}{\partial x^3} = -\left(\partial^2 A^3 - \partial^3 A^2\right), \cdots \\ E_x &= c\left(-\frac{\partial A^0}{\partial x^1} - \frac{\partial A^1}{\partial x^0}\right) = -c\left(\partial^0 A^1 - \partial^1 A^0\right), \cdots \end{aligned} \tag{6.5.18}$$

式中

$$\partial^\mu \equiv g^{\mu\nu}\partial_\nu = \left(\frac{1}{c}\frac{\partial}{\partial t}, -\nabla\right)$$

在 (6.5.18) 式中, 场强每一分量都表示成势对时空坐标一阶导数的某种线性组合. 另一方面, 场强是可观测量, 从而是规范不变量. 由此我们想到, 场强会和一个线性地依赖于 $\partial^\alpha A^\beta$ 并且规范不变的张量发生联系. 一个简单猜想是

$$F^{\mu\nu} = \partial^\mu A^\nu + b\partial^\nu A^\mu \tag{6.5.19}$$

而规范不变性要求 $b=-1$, 从而

$$F^{\mu\nu} = \partial^\mu A^\nu - \partial^\nu A^\mu \tag{6.5.20}$$

对比 (6.5.18) 式会发现 $F^{\mu\nu}$ 正好是电磁场构成的四维张量:

$$F^{\mu\nu} = \begin{bmatrix} 0 & -\frac{1}{c}E_x & -\frac{1}{c}E_y & -\frac{1}{c}E_z \\ \frac{1}{c}E_x & 0 & -B_z & B_y \\ \frac{1}{c}E_y & B_z & 0 & -B_x \\ \frac{1}{c}E_z & -B_y & B_x & 0 \end{bmatrix} \tag{6.5.21}$$

或者也可用三维空间指标表示成

$$F^{i0} = -F^{0i} = \frac{1}{c}E^i, \quad F^{ij} = -\varepsilon^{ijk}B^k \tag{6.5.22}$$

其中 $E^i=(E_x,E_y,E_z)$, $B^i=(B_x,B_y,B_z)$. 指标收缩规则与三维空间的约定相同. 式中的 ε^{ijk} 为三维的全反对称张量, 定义为:

$$\begin{aligned} &\varepsilon^{ijk} = +1, \text{ 若 } ijk \text{ 可以经过偶次置换变为 } 123; \\ &\varepsilon^{ijk} = -1, \text{ 若 } ijk \text{ 可以经过奇次置换变为 } 123; \\ &\varepsilon^{ijk} = 0, \quad \text{若 } ijk \text{ 有任意两个指标相同.} \end{aligned} \tag{6.5.23}$$

显然 ε^{ijk} 交换任意两个指标时会改变符号. ε^{ijk} 的一个用途是可以将两个三维矢量 $\boldsymbol{a}$ 和 $\boldsymbol{b}$ 的叉乘 $\boldsymbol{c}=\boldsymbol{a}\times\boldsymbol{b}$ 表示为

$$c^i = \varepsilon^{ijk}a^j b^k \tag{6.5.24}$$

在一些较为复杂的矢量运算中配合公式

$$\varepsilon^{ijk}\varepsilon^{mnk} = \delta^{im}\delta^{jn} - \delta^{in}\delta^{jm} \tag{6.5.25}$$

往往可以简化计算过程.

用电磁场张量可以把麦克斯韦方程组写为明显的协变形式. 例如由

$$\partial_\mu F^{\mu\nu} = \mu_0 J^\nu \tag{6.5.26}$$

自由指标 ν 分别取 0 和 i, 并利用 (6.5.22) 式就得到

$$\partial_\mu F^{\mu 0} = \mu_0 J^0 \Rightarrow \frac{1}{c}\partial_j E^j = \mu_0 c\rho$$

$$\partial_\mu F^{\mu i} = \mu_0 J^i \Rightarrow -\frac{1}{c}\partial_0 E^i - \varepsilon^{jik}\partial_j B^k = \mu_0 J^i$$

这就给出了其中一对麦克斯韦方程

$$\nabla \cdot \boldsymbol{E} = \frac{\rho}{\varepsilon_0}$$

$$\nabla \times \boldsymbol{B} = \mu_0\varepsilon_0 \frac{\partial \boldsymbol{E}}{\partial t} + \mu_0 \boldsymbol{J}$$

而另一对方程

$$\nabla \cdot \boldsymbol{B} = 0$$

$$\nabla \times \boldsymbol{E} = -\frac{\partial \boldsymbol{B}}{\partial t}$$

也可以合并写为

$$\partial^\lambda F^{\mu\nu} + \partial^\mu F^{\nu\lambda} + \partial^\nu F^{\lambda\mu} = 0 \tag{6.5.27}$$

值得注意的是, 这一对方程仅从 $F^{\mu\nu}$ 的定义 (6.5.20) 式就可直接导出.

若同样考虑 Σ' 系相对于 Σ 系沿 x 方向以速度 v 运动, 由变换矩阵 (6.4.37) 式, 以及张量变换关系

$$F'^{\mu\nu} = \Lambda^\mu{}_\rho \Lambda^\nu{}_\sigma F^{\rho\sigma} \tag{6.5.28}$$

可导出电磁场的变换关系:

$$\begin{aligned} &E'_x = E_x, \quad B'_x = B_x \\ &E'_y = \gamma\left(E_y - vB_z\right), B'_y = \gamma\left(B_y + \frac{v}{c^2}E_z\right) \\ &E'_z = \gamma\left(E_z + vB_y\right), B'_z = \gamma\left(B_z - \frac{v}{c^2}E_y\right) \end{aligned} \tag{6.5.29}$$

(6.5.29) 式可写为更紧致的形式:

$$\begin{aligned} &\boldsymbol{E}'_{/\!/} = \boldsymbol{E}_{/\!/}, \quad \boldsymbol{B}'_{/\!/} = \boldsymbol{B}_{/\!/} \\ &\boldsymbol{E}'_\perp = \gamma(\boldsymbol{E} + \boldsymbol{v}\times\boldsymbol{B})_\perp, \quad \boldsymbol{B}'_\perp = \gamma\left(\boldsymbol{B} - \frac{\boldsymbol{v}}{c^2}\times\boldsymbol{E}\right)_\perp \end{aligned} \tag{6.5.30}$$

式中 $/\!/$ 和 $\perp$ 分别表示与相对速度 $\boldsymbol{v}$ 平行和垂直的分量.

当 $v \ll c$ 时, (6.5.30) 式过渡到非相对论电磁场变换式:

$$\boldsymbol{E}' = \boldsymbol{E} + \boldsymbol{v}\times\boldsymbol{B}, \quad \boldsymbol{B}' = \boldsymbol{B} - \frac{\boldsymbol{v}}{c^2}\times\boldsymbol{E} \tag{6.5.31}$$

矢势和标势统一为四维矢量以及电场和磁场统一为四维张量, 反映出电磁场的统一性和相对性. 电场和磁场是一种物质的两个方面. 在给定参考系中, 电场和磁场表现出不同性质, 但是当参考系变换时, 它们可以互相转化. 例如在某参考系中观察一个静止电荷, 它只激发静电场, 只需用标势 φ 描述. 但是变换到另一参考系时, 电荷是运动的, 除了电场之外还有磁场, 必须同时用 $\boldsymbol{A}$ 和 φ 描述.

关于电磁现象的参考系问题, 至此完全获得解决. 电动力学基本方程式对任意惯性参考系成立. 在坐标变换下, 势按四维矢量变换, 电磁场按四维张量变换.

例 6.5

求以匀速 $\boldsymbol{v}$ 运动的带电荷 e 的粒子的电磁场.

解: 选参考系 Σ' 固定在粒子上. 在 Σ' 系中观察时, 粒子静止, 因而只有静电场, 其电磁场强度为

$$\boldsymbol{E}' = \frac{e\boldsymbol{x}'}{4\pi\varepsilon_0 r'^3}, \quad \boldsymbol{B}' = \boldsymbol{0} \tag{6.5.32}$$

设在参考系 Σ 中观察, 粒子以速度 v 沿 x 轴方向运动. 由变换式 (6.5.30) 的逆变换 ($\boldsymbol{v}$ 改为 $-\boldsymbol{v}$) 得

$$\begin{aligned} E_x &= \frac{ex'}{4\pi\varepsilon_0 r'^3}, \quad B_x = 0 \\ E_y &= \gamma\frac{ey'}{4\pi\varepsilon_0 r'^3}, \quad B_y = -\gamma\frac{v}{c^2}\frac{ez'}{4\pi\varepsilon_0 r'^3} \\ E_z &= \gamma\frac{ez'}{4\pi\varepsilon_0 r'^3}, \quad B_z = \gamma\frac{v}{c^2}\frac{ey'}{4\pi\varepsilon_0 r'^3} \end{aligned} \tag{6.5.33}$$

我们还必须把上式用 Σ 系的距离表出. 设粒子经过 Σ 系原点的时刻为 $t=0$. 我们在同一时刻观察各点上的场值. 由洛伦兹变换式得 (注意所有距离都是对 Σ 系同时确定的)

$$x' = \gamma x, \quad y' = y, \quad z' = z \tag{6.5.34}$$

代入 (6.5.33) 式得

$$\begin{aligned} \boldsymbol{E} &= \left(1-\frac{v^2}{c^2}\right)\frac{e\boldsymbol{x}}{4\pi\varepsilon_0\left[\left(1-\frac{v^2}{c^2}\right)r^2+\left(\frac{\boldsymbol{v}\cdot\boldsymbol{x}}{c}\right)^2\right]^{3/2}} \\ \boldsymbol{B} &= \frac{\boldsymbol{v}}{c^2}\times\boldsymbol{E} \end{aligned} \tag{6.5.35}$$

简单讨论一下所得结果. 当 $v \ll c$ 时, 略去 $(v/c)^2$ 级项, 得

$$\boldsymbol{E} = \frac{e\boldsymbol{x}}{4\pi\varepsilon_0 r^3} = \boldsymbol{E}_0 \tag{6.5.36}$$

$$\boldsymbol{B} = \frac{\boldsymbol{v}}{c^2}\times\boldsymbol{E}_0 = \frac{\mu_0 e\boldsymbol{v}\times\boldsymbol{x}}{4\pi r^3} \tag{6.5.37}$$

式中 $\boldsymbol{E}_0$ 为静止粒子的静电场.

当 $v \sim c$ 时, 在与 $\boldsymbol{v}$ 垂直的方向上, 有

$$\boldsymbol{E} = \gamma\frac{e\boldsymbol{x}}{4\pi\varepsilon_0 r^3} \gg \boldsymbol{E}_0$$

在与 $\boldsymbol{v}$ 平行的方向上, 有

$$\boldsymbol{E}=\left(1-\frac{v^2}{c^2}\right)\frac{e\boldsymbol{x}}{4\pi\varepsilon_0 r^3}\ll \boldsymbol{E}_0$$

电场分布如图 6–10 所示. 注意当 $v\to c$ 时电场趋向于集中在与 $\boldsymbol{v}$ 垂直的平面上, 且 $\boldsymbol{B}\sim\dfrac{1}{c}\boldsymbol{e}_x\times\boldsymbol{E}$, 类似于平面电磁波中 $\boldsymbol{B}$ 与 $\boldsymbol{E}$ 的关系. 因此, 高速运动带电粒子的电磁场类似于在一个横向平面上的电磁脉冲波.

图 6–10

4. 电磁场的不变量

在洛伦兹变换下不变的电磁场量反映电磁场与参考系无关的特征, 而物理可观测量必须是规范变换下不变的量, 因此同时具有洛伦兹不变性和规范不变性的电磁场不变量是重要的.

用指标收缩, 可以由电磁场张量 $F^{\mu\nu}$ 构成一个在洛伦兹变换和规范变换下均不变的不变量:

$$\frac{1}{2}F_{\mu\nu}F^{\mu\nu}=\boldsymbol{B}^2-\frac{1}{c^2}\boldsymbol{E}^2 \tag{6.5.38}$$

我们还可以构造另一个洛伦兹和规范不变量, 为此引入四维全反对称张量 $\varepsilon_{\mu\nu\rho\sigma}$, 定义

$$\begin{aligned}&\varepsilon_{\mu\nu\rho\sigma}=-1,\ \text{若 }\mu\nu\rho\sigma\text{ 可以经过偶次置换变为 }0123;\\&\varepsilon_{\mu\nu\rho\sigma}=+1,\ \text{若 }\mu\nu\rho\sigma\text{ 可以经过奇次置换变为 }0123;\\&\varepsilon_{\mu\nu\rho\sigma}=0,\quad \text{若 }\mu\nu\rho\sigma\text{ 有任意两个指标相同.}\end{aligned} \tag{6.5.39}$$

也可以把所有的指标都升上去得到全反对称的 $\varepsilon^{\mu\nu\rho\sigma}$, 数值上 $\varepsilon^{0123}=1=-\varepsilon_{0123}$. $\varepsilon^{\mu\nu\rho\sigma}$ 也可表示为

$$\varepsilon^{\mu\nu\rho\sigma}=-\det\begin{bmatrix}\delta^{\mu}{}_0 & \delta^{\mu}{}_1 & \delta^{\mu}{}_2 & \delta^{\mu}{}_3\\ \delta^{\nu}{}_0 & \delta^{\nu}{}_1 & \delta^{\nu}{}_2 & \delta^{\nu}{}_3\\ \delta^{\rho}{}_0 & \delta^{\rho}{}_1 & \delta^{\rho}{}_2 & \delta^{\rho}{}_3\\ \delta^{\sigma}{}_0 & \delta^{\sigma}{}_1 & \delta^{\sigma}{}_2 & \delta^{\sigma}{}_3\end{bmatrix} \tag{6.5.40}$$

其中 det 表示行列式. 可以验证全反对称张量在洛伦兹变换下是不变的, 因为由张量变换性质, 有

$$\varepsilon'^{\mu\nu\rho\sigma} = \Lambda^{\mu}{}_{\alpha}\Lambda^{\nu}{}_{\beta}\Lambda^{\rho}{}_{\gamma}\Lambda^{\sigma}{}_{\delta}\varepsilon^{\alpha\beta\gamma\delta} = (\det\boldsymbol{\Lambda})\,\varepsilon^{\mu\nu\rho\sigma} = \varepsilon^{\mu\nu\rho\sigma} \tag{6.5.41}$$

其中 $\det\boldsymbol{\Lambda}$ 是变换矩阵的行列式, 无论是三维空间的转动变换还是惯性参考系变换 (6.4.37), 都有 $\det\boldsymbol{\Lambda} = 1$.

利用全反对称张量, 可以由电磁场张量构成另一不变量

$$-\frac{1}{8}\varepsilon_{\mu\nu\rho\sigma}F^{\mu\nu}F^{\rho\sigma} = \frac{1}{c}\boldsymbol{B}\cdot\boldsymbol{E} \tag{6.5.42}$$

真空中的平面电磁波有 $|\boldsymbol{B}| = \frac{1}{c}|\boldsymbol{E}|$ 和 $\boldsymbol{B} = \frac{1}{c}\boldsymbol{e}_k \times \boldsymbol{E}$, 因此, 两个不变量 (6.5.38) 式和 (6.5.42) 式都为 0. 这两个性质都是洛伦兹不变的, 即在任意惯性系中, 平面电磁波都有 $|\boldsymbol{B}| = |\boldsymbol{E}|/c$, 且 $\boldsymbol{B}$ 与 $\boldsymbol{E}$ 正交.

§ 6.6 相对论力学

经典力学对伽利略变换来说是协变的, 在旧时空概念下, 牛顿 (Newton) 定律对任意惯性系成立. 由于时空观的发展, 洛伦兹变换代替了伽利略变换, 经典力学的原有形式不再是协变的. 我们要对力学规律加以修改, 使它符合新时空观基础上的协变性, 从而能够正确地描述高速运动规律. 并且, 当速度 $v \ll c$ 时, 相对论力学应该合理地过渡到经典力学.

下面我们来分析力学中几个最基本的概念, 然后提出相对论协变的力学方程.

1. 能量–动量四维矢量

经典力学的基本规律是牛顿第二定律

$$\boldsymbol{F} = \frac{\mathrm{d}\boldsymbol{p}}{\mathrm{d}t} \tag{6.6.1}$$

式中 $\boldsymbol{F}$ 是作用于物体上的力, $\boldsymbol{p}$ 是物体的动量.

(6.6.1) 式对伽利略变换式协变的. 在相对论中, 为了保持洛伦兹协变性, 必须把 (6.6.1) 式修改为四维形式. 问题是怎样引入四维动量和四维力?

先分析动量问题. 在经典力学中, 设物体的质量为 m, 运动速度为 $\boldsymbol{v}$, 则它的动量为 $m\boldsymbol{v}$. 在相对论中速度 $\boldsymbol{v}$ 不是一个协变量, 即不是一个四维矢量的分量. 但我们可以引入一个与速度有关的四维矢量 [见 (6.4.43)]

$$U^{\mu} = \frac{\mathrm{d}x^{\mu}}{\mathrm{d}\tau} = \gamma\frac{\mathrm{d}x^{\mu}}{\mathrm{d}t} \tag{6.6.2}$$

利用四维速度矢量 U^{μ} 可以定义四维动量矢量①

$$p^{\mu} = m_0 U^{\mu} \tag{6.6.3}$$

此四维矢量的时间分量和空间分量分别是

① m_0 是洛伦兹标量, 通常称为静止质量.

$$p^0 = c\gamma m_0 = \frac{1}{c}\frac{m_0c^2}{\sqrt{1-\frac{v^2}{c^2}}} \tag{6.6.4}$$

$$\boldsymbol{p} = \gamma m_0 \boldsymbol{v} = \frac{m_0\boldsymbol{v}}{\sqrt{1-\frac{v^2}{c^2}}}$$

当 $v \ll c$ 时, $\boldsymbol{p}$ 趋于经典动量 $m_0\boldsymbol{v}$. 因此可以认为, $\boldsymbol{p}$ 是相对论中物体的动量.

现在讨论 p^0 的物理意义. 首先我们来看 $v \ll c$ 情形下 p^0 的展开式

$$p^0 = \frac{1}{c}\left(m_0c^2 + \frac{1}{2}m_0v^2 + \cdots\right) \tag{6.6.5}$$

上式括号内第二项是低速运动物体的动能. 因此 p^0 与物体的能量有关. 设相对论中物体的能量为

$$W = \frac{m_0c^2}{\sqrt{1-\frac{v^2}{c^2}}} \tag{6.6.6}$$

则

$$p^0 = \frac{1}{c}W \tag{6.6.7}$$

W 包含物体的动能. 当 $v = 0$ 时动能为零, 因此相对论中物体的动能是

$$T = \frac{m_0c^2}{\sqrt{1-\frac{v^2}{c^2}}} - m_0c^2 \tag{6.6.8}$$

而总能量是

$$W = T + m_0c^2 \tag{6.6.9}$$

从形式上看, W 含有两部分, 一部分是物体的动能 T, 另一部分是当物体静止时仍然存在的能量, 称为静止能量. 本来在非相对论中, 对能量附加一个常量是没有意义的. 但是在相对论情形, 我们必须进一步研究常量项 m_0c^2 的物理意义. 这是因为 m_0c^2 项的出现是相对论协变性要求的结果, 删去此项或者用其他常量代替此项都不符合相对论协变性的要求. 从物理上看, 自然界最基本的定律之一是能量守恒定律, 只有当附加项 m_0c^2 可以转化为其他形式的能量时, 此项作为能量的一部分才有物理意义. 由此我们可以推论, 物体静止时具有能量 m_0c^2, 在一定条件下, 物体的静止能量可以转化为其他形式的能量.

为了验证静止能量表示式 m_0c^2 与相对论协变性的关系, 我们具体考虑一个粒子转化过程. 设粒子 A 湮没并转化为粒子系统 B (例如 $\pi^0 \to 2\gamma$). 这个过程表明 A 具有静止能量. 在 A 的静止参考系 Σ' 中, A 的能量就是静止能量 W_0. 在湮没过程中, 此能量部分地或全部地转化为粒子系统 B 的动能. 在 Σ' 系中 A 的动量和能量是

$$\boldsymbol{p}' = \boldsymbol{0}, \quad W' = W_0 \tag{6.6.10}$$

在另一参考系 Σ 中观察, 设粒子 A 以速度 v 沿 x 轴方向运动. 若动量与能量构成四维矢量, 根据洛伦兹变换, 在 Σ 系中的动量和能量是

$$p_x = \frac{p_x' + \dfrac{v}{c^2}W'}{\sqrt{1-\dfrac{v^2}{c^2}}}, \quad W = \frac{W' + vp_x'}{\sqrt{1-\dfrac{v^2}{c^2}}} \tag{6.6.11}$$

把 (6.6.10) 式代入得

$$\boldsymbol{p} = \frac{\dfrac{W_0}{c^2}\boldsymbol{v}}{\sqrt{1-\dfrac{v^2}{c^2}}}, \quad W = \frac{W_0}{\sqrt{1-\dfrac{v^2}{c^2}}} \tag{6.6.12}$$

比较 (6.6.12) 式和 (6.6.4) 式, 得

$$W_0 = m_0 c^2 \tag{6.6.13}$$

从这个推导可以看出, 若物体具有静止能量 W_0, 物体的动量和能量构成四维矢量, 则 W_0 只能是 m_0c^2.

由 (6.6.7) 式, 四维矢量 p^μ 为

$$p^\mu = \left(\frac{1}{c}W, \boldsymbol{p}\right) \tag{6.6.14}$$

p^μ 称为能量–动量四维矢量, 或简称四维动量.

由 p^μ 可构成不变量:

$$p^\mu p_\mu = \frac{1}{c^2}W^2 - \boldsymbol{p}^2 = \text{不变量} \tag{6.6.15}$$

在物体静止系内, $\boldsymbol{p} = \boldsymbol{0}$, $W = m_0c^2$, 因而不变量为 $m_0^2c^2$, 因此

$$W^2 - p^2c^2 = m_0^2c^4$$

$$W = \sqrt{p^2c^2 + m_0^2c^4} \tag{6.6.16}$$

这是关于物体的能量、动量和质量的一条重要关系.

2. 质能关系

(6.6.13) 式表示物体静止的质量 m_0 和静止能量 W_0 的关系, 称为质能关系.

静止能量的揭示是相对论最重要的推论之一. 它指出静止粒子内部仍然存在着运动. 一定质量的粒子具有一定的内部运动能量. 反过来, 带有一定内部运动能量的粒子就表现出有一定的惯性质量.

质能关系 (6.6.13) 式对一个粒子适用, 对一组粒子组成的复合物体 (如原子核或宏观物体) 也适用. 在后一情形下, W_0 是物体整体静止 (即其质心静止) 时的内部总

能量, 它和物体的总质量 M_0 仍有关系 $W_0 = M_0c^2$. 这是因为由相对论协变性导出的关系式具有普遍意义, 与物体具体结构无关.

当一组粒子构成复合物体时, 由于各粒子之间有相互作用能以及有相对运动的动能, 因而当物体整体静止时, 它的总能量一般不等于所有粒子的静止能量之和, 即 $W_0 \neq \sum\limits_i m_{i0}c^2$, 其中 m_{i0} 为第 i 个粒子的静止质量. 两者之差称为物体的结合能:

$$\Delta W = \sum_i m_{i0}c^2 - W_0 \tag{6.6.17}$$

与此对应, 物体的质量 $M_0 = W_0/c^2$ 亦不等于组成它的各粒子的静止质量之和, 两者之差称为质量亏损:

$$\Delta M = \sum_i m_{i0} - M_0 \tag{6.6.18}$$

质量亏损与结合能之间有关系

$$\Delta W = (\Delta M)c^2 \tag{6.6.19}$$

质能关系式在原子核和粒子物理中被大量实验很好地证实, 它是原子能利用的主要理论依据.

在化学反应中利用到原子内部电子运动的能量, 这对整个物体的内部能量来说只是非常小的一部分. 在原子核反应中利用到与原子核质量亏损相联系的核内部运动能量. 在粒子转化过程中, 有可能把粒子内部蕴藏着的全部能量释放出来, 变为可以利用的动能. 例如当 π^0 介子衰变为两个光子时, 由于光子静质量为零, 因而, π^0 介子内部蕴藏着的全部能量 $m_{\pi^0}c^2$ 被释放出来而转变为光子的动能.

质能关系式反映了作为惯性量度的质量与作为运动量度的能量之间的关系. 在物质反应或转化过程中, 物质的存在形式发生变化, 运动的形式也发生变化. 但不是说物质转化为能量. 物质在转化过程中并没有消灭. 例如过程 $\pi^0 \to 2\gamma$, 作为物质的 π^0 介子转化为作为物质的光子. 光子同样是物质, 它也可以在适当条件下转化为电子或其他粒子. π^0 衰变过程中释放出来的能量是由原来存在于 π^0 介子内的静止能量转化而来的, 在转化过程中能量守恒. 在相对论中, 能量守恒和动量守恒仍然是自然界最基本的定律. 这两条定律在研究粒子转化过程中起着十分重要的作用.

引入

$$m = \frac{m_0}{\sqrt{1 - \dfrac{v^2}{c^2}}} \tag{6.6.20}$$

则 (6.6.4) 式和 (6.6.6) 式可写为

$$\boldsymbol{p} = m\boldsymbol{v} \tag{6.6.21}$$

$$W = mc^2 \tag{6.6.22}$$

用这种表示方法时, 动量形式上和非相对论的公式一样. 但现在 m 不是一个不变量,而是一个随运动速度增大而增大的量. m 可以看作一种等效质量, 称为“运动质量”, 而不变量 m_0 称为静止质量. (6.6.22) 式也称为质能关系式, 它是物体的总能量 W 和运动质量 m 之间的关系.

静止质量 m_0 是粒子的基本属性之一. 为简便起见, 下面我们所说的质量都是指静止质量. 具有一定静止质量的粒子在一定条件下可以衰变为总静止质量较小的粒子系统, 在此过程中原来粒子的静止能量部分地或全部地变为末态粒子系统的动能.

由质能关系式, 粒子的质量常用 MeV/c^2 作单位表出, 动量用 MeV/c 表出, 能量用 MeV 表出.

$$1\ \mathrm{MeV} = 1.602\ 189 \times 10^{-13}\ \mathrm{J}$$

$$1\ \mathrm{MeV}/c^2 = 1.782\ 676 \times 10^{-30}\ \mathrm{kg}$$

电子质量为

$$m_{\mathrm{e}} = 0.511\ 003\ 4 \pm 0.000\ 001\ 4\ \mathrm{MeV}/c^2$$

例 6.6

带电 π 介子衰变为 μ 子和中微子

$$\pi^+ \to \mu^+ + \nu_\mu$$

各粒子质量为

$$m_\pi = 139.57\ \mathrm{MeV}/c^2$$

$$m_\mu = 105.66\ \mathrm{MeV}/c^2$$

$$m_\nu = 0$$

求 π 介子质心系中 μ 子的动量、能量和速度.

解: 在 π 介子质心系中, π 介子的动量和能量为

$$\boldsymbol{p} = \boldsymbol{0}, \quad W = m_\pi c^2$$

设 $\boldsymbol{p}_{(\mu)}$ 和 $\boldsymbol{p}_{(\nu)}$ 分别是 μ 子和中微子的动量, 它们的能量分别是

$$W_{(\mu)} = \sqrt{p_{(\mu)}^2 c^2 + m_\mu^2 c^4}. \quad W_{(\nu)} = p_{(\nu)} c$$

由动量守恒定律和能量守恒定律得

$$\boldsymbol{p}_{(\mu)} + \boldsymbol{p}_{(\nu)} = \boldsymbol{0}$$

$$\sqrt{p_{(\mu)}^2 c^2 + m_\mu^2 c^4} + p_{(\nu)} c = m_\pi c^2$$

由上面第一式得

$$|\boldsymbol{p}_{(\mu)}| = |\boldsymbol{p}_{(\nu)}| \equiv p$$

代入第二式解出 p 得

$$p = \frac{m_\pi^2 - m_\mu^2}{2m_\pi} c$$

$$W_{(\mu)} = m_\pi c^2 - pc = \frac{m_\pi^2 + m_\mu^2}{2m_\pi} c^2$$

把粒子质量代入得

$$p = 29.791\ \mathrm{MeV}/c, \quad W_{(\mu)} = 109.78\ \mathrm{MeV}$$

μ 子的 γ 因子为

$$\gamma = \frac{1}{\sqrt{1 - \dfrac{v^2}{c^2}}} = \frac{W_{(\mu)}}{m_\mu c^2} = \frac{109.78}{105.66} = 1.039\,0$$

由此得出 μ 子的速度

$$v = 0.271\,41c$$

3. 相对论力学方程

非相对论力学基本方程是牛顿第二定律 (6.6.1) 式. 现在我们把它修改为满足相对论协变性的方程. 根据上面的讨论, 动量和能量构成四维矢量 p^μ. 如果用固有时 $\mathrm{d}\tau$ 度量能量动量变化率, 则

$$\frac{\mathrm{d}p^\mu}{\mathrm{d}\tau}$$

是一个四维矢量. 因此, 如果外界对物体的作用可以用一个四维力矢量 K^μ 描述, 则力学基本方程可写为协变形式

$$K^\mu = \frac{\mathrm{d}p^\mu}{\mathrm{d}\tau} \tag{6.6.23}$$

在低速运动情形下, K^μ 的空间分量应该过渡到经典力 $\boldsymbol{F}$, (6.6.23) 式应过渡到经典的牛顿第二定律 (6.6.1) 式. K^μ 的第零分量 K^0 与空间分量 $\boldsymbol{K}$ 有一定关系. 由 (6.6.4) 式、(6.6.16) 式和 (6.6.7) 式, 有

$$\begin{aligned} cK^0 &= \frac{\mathrm{d}W}{\mathrm{d}\tau} = \frac{\mathrm{d}}{\mathrm{d}\tau}\sqrt{p^2c^2 + m_0^2c^4} \\ &= \frac{c^2}{W}\boldsymbol{p} \cdot \frac{\mathrm{d}\boldsymbol{p}}{\mathrm{d}\tau} = \boldsymbol{v} \cdot \frac{\mathrm{d}\boldsymbol{p}}{\mathrm{d}\tau} = \boldsymbol{K} \cdot \boldsymbol{v} \end{aligned}$$

因此作用于速度为 $\boldsymbol{v}$ 的物体上的四维力矢量为

$$K^\mu = \left(\frac{1}{c}\boldsymbol{K} \cdot \boldsymbol{v}, \boldsymbol{K}\right) \tag{6.6.24}$$

相对论协变的力学方程包括以下两个方程:

$$\begin{aligned} \boldsymbol{K} &= \frac{\mathrm{d}\boldsymbol{p}}{\mathrm{d}\tau} \\ \boldsymbol{K} \cdot \boldsymbol{v} &= \frac{\mathrm{d}W}{\mathrm{d}\tau} \end{aligned} \tag{6.6.25}$$

在上式中, 动量和能量变化率是用固有时量度的. 为方便起见, 我们把上式用参考系

时间 dt 量度的变化率表出. 由 $\mathrm{d}t=\gamma\mathrm{d}\tau$, (6.6.25) 式改写为

$$
\begin{aligned}
\sqrt{1-\frac{v^2}{c^2}}\boldsymbol{K}&=\frac{\mathrm{d}\boldsymbol{p}}{\mathrm{d}t}\\
\sqrt{1-\frac{v^2}{c^2}}\boldsymbol{K}\cdot\boldsymbol{v}&=\frac{\mathrm{d}W}{\mathrm{d}t}
\end{aligned}
$$

若定义力为

$$
\boldsymbol{F}=\sqrt{1-\frac{v^2}{c^2}}\boldsymbol{K} \tag{6.6.26}
$$

则相对论力学方程可以写为

$$
\begin{aligned}
\boldsymbol{F}&=\frac{\mathrm{d}\boldsymbol{p}}{\mathrm{d}t}\\
\boldsymbol{F}\cdot\boldsymbol{v}&=\frac{\mathrm{d}W}{\mathrm{d}t}
\end{aligned} \tag{6.6.27}
$$

第一式表示力 $\boldsymbol{F}$ 等于动量变化率, 第二式表示力 $\boldsymbol{F}$ 的功率等于能量变化率, 两式形式上和非相对论力学方程一致. 但需注意, (6.6.27) 式中的 $\boldsymbol{p}$ 和 W 是相对论的动量和能量, 而且一般来说只有在低速运动情形力 $\boldsymbol{F}$ 才等于经典力. 这里 $\boldsymbol{F}$ 不是一个四维矢量的分量, 它的变换关系应由四维力矢量 K^μ 的变换关系导出.

4. 洛伦兹力

相对论力学的一个重要应用是研究带电粒子在电磁场中的运动. 正是在电磁相互作用的领域里, 相对论作用力的形式已被完全确定. 在第一章中我们给出了电磁场对带电粒子作用力的洛伦兹公式

$$
\boldsymbol{F}=q\left(\boldsymbol{E}+\boldsymbol{v}\times\boldsymbol{B}\right) \tag{6.6.28}
$$

式中 q 为粒子的电荷, $\boldsymbol{v}$ 为粒子的运动速度. 现在我们证明, 洛伦兹力 (6.6.28) 式与 (6.6.27) 式中的 $\boldsymbol{F}$ 具有相同变换性质. 为此只要证明 $\boldsymbol{F}$ 可以写为 (6.6.26) 式的形式, 其中 $\boldsymbol{K}$ 是一个四维矢量 K^μ 的分量.

用电磁场张量 $F^{\mu\nu}$ 和四维速度 U^μ 构成一个四维矢量:

$$
K^\mu=qF^{\mu\nu}U_\nu \tag{6.6.29}
$$

取空间分量

$$
\begin{aligned}
K^i&=q\left(F^{i0}U_0+F^{ij}U_j\right)\\
&=q\gamma\left(E^i+\varepsilon^{ijk}B^kv^j\right)
\end{aligned}
$$

第二个等号用到了 (6.5.22) 式. 若写为矢量的形式就是

$$
\boldsymbol{K}=\frac{1}{\sqrt{1-\dfrac{v^2}{c^2}}}q\left(\boldsymbol{E}+\boldsymbol{v}\times\boldsymbol{B}\right) \tag{6.6.30}
$$

因而由 (6.6.26) 式即得力 $\boldsymbol{F}$ 的表示式 (6.6.28). 因此, 洛伦兹力公式满足相对论协变性的要求. 把 (6.6.28) 式代入 (6.6.27) 式所得的带电粒子在电磁场中的运动方程

$$\frac{\mathrm{d}\boldsymbol{p}}{\mathrm{d}t}=q\left(\boldsymbol{E}+\boldsymbol{v}\times\boldsymbol{B}\right) \tag{6.6.31}$$

适用于任意惯性系, 因而能够描述高速粒子的运动. (6.6.31) 式和相对论的动量能量表示式是研究带电粒子在电磁场中运动问题的理论基础. 近代高能带电粒子加速器的实践完全证实了相对论力学方程的正确性.

相对论协变的力密度公式为

$$f^{\mu}=F^{\mu\nu}J_{\nu} \tag{6.6.32}$$

其中 $J_{\nu}=g_{\nu\rho}J^{\rho}$ 是 (6.5.6) 式定义的四维电流密度的协变矢量形式. 容易验证, f^{μ} 的空间分量为

$$\boldsymbol{f}=\rho\boldsymbol{E}+\boldsymbol{J}\times\boldsymbol{B} \tag{6.6.33}$$

即洛伦兹力密度公式 (1.2.8) 式. f^{μ} 的第零分量为

$$f^{0}=\frac{1}{c}\boldsymbol{J}\cdot\boldsymbol{E} \tag{6.6.34}$$

除了因子 $1/c$ 外, $\boldsymbol{J}\cdot\boldsymbol{E}$ 就是电磁场对电荷系统做功的功率密度公式 [(1.6.4) 式]. 因此, (6.6.32) 式将洛伦兹力密度公式和功率密度公式统一为四维形式, 是满足相对论协变性要求的.

至此我们已经阐明, 电动力学的基本规律, 包括麦克斯韦方程组和洛伦兹力公式, 是适用于一切惯性参考系的物理学基本规律.

目前我们已知自然界中存在着四种基本相互作用: 电磁相互作用、万有引力相互作用、强相互作用和弱相互作用. 后两种相互作用是短程的, 只存在于 $\leqslant 10^{-15}$ m 范围以内, 在该范围内量子效应已很显著, 因此对这两种相互作用必须用量子理论来研究, 不能用非量子理论的力学方程描述. 电磁相互作用和万有引力相互作用是长程的. 如上所述, 电磁相互作用完全能够纳入狭义相对论的范围, 非量子化的相对论性力学方程在一定条件下能够正确描述带电粒子的运动. 关于万有引力相互作用, 要使它成为相对论性的理论, 必须把狭义相对论进一步推广为广义相对论. 关于广义相对论的讨论已超出本书范围, 有兴趣的读者可以参阅有关论著, 这里不再予以介绍.

例 6.7

讨论带电粒子在均匀恒定磁场中的运动.

解: 在均匀恒定磁场 $\boldsymbol{B}$ 中, 带电粒子的运动方程为

$$\frac{\mathrm{d}\boldsymbol{p}}{\mathrm{d}t}=q\boldsymbol{v}\times\boldsymbol{B} \tag{6.6.35}$$

$$\frac{\mathrm{d}W}{\mathrm{d}t}=q\boldsymbol{v}\times\boldsymbol{B}\cdot\boldsymbol{v}=0 \tag{6.6.36}$$

由 (6.6.36) 式, 粒子的能量 W 为常量, 因而速度 v 的数值亦为常量. 由 (6.6.35) 式得

$$
\frac{\mathrm{d}}{\mathrm{d}t}\left(\frac{m_0\boldsymbol{v}}{\sqrt{1-\frac{v^2}{c^2}}}\right)=\frac{m_0}{\sqrt{1-\frac{v^2}{c^2}}}\frac{\mathrm{d}\boldsymbol{v}}{\mathrm{d}t}=q\boldsymbol{v}\times\boldsymbol{B}
$$

即

$$
\dot{\boldsymbol{v}}=\frac{q}{\gamma m_0}\boldsymbol{v}\times\boldsymbol{B} \tag{6.6.37}
$$

式中字母上的一点表示对 t 微商. 把 $\boldsymbol{v}$ 分解为与 $\boldsymbol{B}$ 平行的分量 $\boldsymbol{v}_{/\!/}$ 和与 $\boldsymbol{B}$ 垂直的部分 $\boldsymbol{v}_{\perp}$, 由上式得

$$
\begin{aligned}
\dot{\boldsymbol{v}}_{/\!/}&=\mathbf{0}\\
\dot{\boldsymbol{v}}_{\perp}&=\frac{q}{\gamma m_0}\boldsymbol{v}_{\perp}\times\boldsymbol{B}
\end{aligned} \tag{6.6.38}
$$

由第一式得 $\boldsymbol{v}_{/\!/}=$ 常量, 因而 $|\boldsymbol{v}_{\perp}|$ 亦为常量. 第二式相当于在向心力 $q\boldsymbol{v}_{\perp}\times\boldsymbol{B}$ 作用下质量为 $m=\gamma m_0$ 的粒子的非相对论运动方程, 此方程的解是圆周运动. 圆的半径 a 可由向心力等于作用力求出, 即

$$
\begin{aligned}
\frac{\gamma m_0 v_{\perp}^2}{a}&=qv_{\perp}B\\
a=\frac{\gamma m_0 v_{\perp}}{qB}&=\frac{p_{\perp}}{qB}
\end{aligned} \tag{6.6.39}
$$

圆周运动的角频率为

$$
\omega=\frac{v_{\perp}}{a}=\frac{qB}{\gamma m_0} \tag{6.6.40}
$$

在非相对论情形下, $\omega=qB/m_0$, 与粒子运动速度无关. 在相对论情形, γ 随粒子能量增大, 因而频率下降.

*§ 6.7 电磁系统的拉格朗日量和哈密顿量

上节研究了带电粒子在电磁场中的运动方程. 现在我们把这个方程用分析力学的拉格朗日形式和哈密顿形式表示出来. 在理论力学中我们知道, 把力学方程表示为分析力学形式具有更普遍的意义, 因为这样做可以在一般广义坐标下研究力学系统的运动, 因而对力学系统的性质可以作出普遍的推论. 另一方面, 在微观领域内带电粒子的运动问题占有重要地位, 例如电子在原子核的场内运动就属于这一类问题. 在微观领域内需要用量子力学来解决粒子运动问题, 而量子力学是用哈密顿量或拉格朗日量来描述粒子系统的力学性质的. 在量子力学中, 哈密顿量占有十分重要的地位. 因此, 这里我们从经典电动力学范围引入带电粒子在电磁场中运动的拉格朗日量和哈密顿量, 不仅是为了提供解决经典运动的方法, 同样重要的是通过对应原理可以把它们过渡到量子力学的量, 从而为解决微观粒子运动问题提供必要的基础.

1. 拉格朗日形式

在经典力学中, 机械系统的运动规律归结为哈密顿原理: 动力学演化使得作用量取极值. 设系统从 t_1 时刻给定的广义坐标 $q_i(t_1)$ 演化到 t_2 时刻给定的广义坐标

$q_i(t_2)$, 作用量是演化过程的泛函, 由拉格朗日量的时间积分给出,

$$S=\int_{t_1}^{t_2} L(q_i,\dot{q}_i)\mathrm{d}t \tag{6.7.1}$$

其中, $L(q_i,\dot{q}_i)$ 是广义坐标 q_i 和广义速度 $\dot{q}_i$ 的函数, 称为拉格朗日量. 具体系统的拉格朗日量是根据实验事实并结合普遍物理原则建立的, 作为系统模型的出发点, 其正确性只能由实验或已经经过实验验证的理论来判定. 令作用量关于广义坐标的变分为零 $\delta S=0$, 就可以得到机械系统的经典运动方程:

$$\frac{\mathrm{d}}{\mathrm{d}t}\left(\frac{\partial L}{\partial \dot{q}_i}\right)-\frac{\partial L}{\partial q_i}=0 \tag{6.7.2}$$

称为欧拉–拉格朗日方程. 例如在保守力场中质点的运动就满足这一原理, 其拉格朗日量为

$$L=T-V \tag{6.7.3}$$

其中 $T=mv^2/2$ 是粒子的动能, 而 $V(\boldsymbol{x})$ 则为保守力场产生的势能.

相对论系统一般不是保守系统. 让我们首先建立相对论自由运动粒子的拉格朗日量. 普遍物理原则要求作用量是一个洛伦兹标量. 设粒子的静止质量为 m_0. 作用量 S 应当是由四维速度 U^μ 和 $\mathrm{d}\tau$ 构成的不变量. 由 U^μ 构成的不变量只有 $U^\mu U_\mu=c^2$, 它是一个常量, 因此自然猜测作用量的形式为

$$S=a\int_{\tau_1}^{\tau_2}\mathrm{d}\tau=a\int_{t_1}^{t_2}\sqrt{1-\frac{v^2}{c^2}}\mathrm{d}t$$

a 是待定的常系数. 由上式可得拉格朗日量

$$L=a\sqrt{1-\frac{v^2}{c^2}}$$

当 $v\ll c$ 时, 质点的拉格朗日量应给出非相对论的动能 (除可能有附加常量之外), 由此得 $a=-m_0c^2$, 因而自由粒子的拉格朗日量为

$$L=-m_0c^2\sqrt{1-\frac{v^2}{c^2}} \tag{6.7.4}$$

而作用量为

$$S=-m_0c^2\int_{\tau_1}^{\tau_2}\mathrm{d}\tau=-m_0c\int_{\tau_1}^{\tau_2}\sqrt{\mathrm{d}x^\mu\mathrm{d}x_\mu} \tag{6.7.5}$$

为了得到洛伦兹协变的运动方程, 计算作用量对四维坐标 x^μ 的变分:

$$\delta S=-m_0c\int_{\tau_1}^{\tau_2}\delta\sqrt{\mathrm{d}x^\mu\mathrm{d}x_\mu}=-m_0\int_{\tau_1}^{\tau_2}\frac{\mathrm{d}x_\mu}{\mathrm{d}\tau}\mathrm{d}(\delta x^\mu)$$

第二等式利用了等时变分性质 $\delta\mathrm{d}=\mathrm{d}\delta$. 把 (6.6.2) 式代入上式, 然后分部积分得,

$$\delta S=m_0\int_{\tau_1}^{\tau_2}\frac{\mathrm{d}U_\mu}{\mathrm{d}\tau}\delta x^\mu\mathrm{d}\tau-m_0U_\mu\delta x^\mu\Big|_{\tau_1}^{\tau_2}$$

在给定初始和末尾位形条件下 $\delta x^\mu(\tau_1)=\delta x^\mu(\tau_2)=0$, 因此上式最后一项为 0. 由哈密顿原理, $\delta S=0$ 对任意 δx^μ 成立, 故上式第一项被积函数中 δx^μ 的因子等于零. 回忆四维动量 $p^\mu=m_0U^\mu$, 得到洛伦兹协变的运动方程:

$$\frac{\mathrm{d}p^\mu}{\mathrm{d}\tau}=0 \tag{6.7.6}$$

这个方程就是质点不受力 ($K^\mu=0$) 时的力学基本方程 (6.6.23) 式. 把 (6.7.4) 式代入欧拉–拉格朗日方程 (6.7.2) 式, 注意到 $\dot{q}_i=v_i$, 也可得到同样的运动方程.

接下来考虑带电粒子在电磁场背景中的运动. 带电粒子应与电磁场有耦合, 因此作用量中应包含 x^μ 或 U^μ 与 A^μ 组成的不变量. 最简单的形式是 $\int x^\mu A_\mu\mathrm{d}\tau$ 和 $\int U^\mu A_\mu\mathrm{d}\tau$. 在静电场中, 当粒子运动速度 $v\ll c$ 时应给出粒子在静电场中的负势能 $-q\varphi$, 于是可以确定应该选 $\int U^\mu A_\mu\mathrm{d}\tau$. 加上粒子的运动学部分, 电磁场中的带电粒子的作用量为

$$S=-\int_{\tau_1}^{\tau_2}\left(m_0c\sqrt{\mathrm{d}x^\mu\mathrm{d}x_\mu}+qA_\mu\mathrm{d}x^\mu\right) \tag{6.7.7}$$

q 是带电粒子的电荷量, 它表征带电粒子与电磁场相互作用的强弱.

作用量 (6.7.7) 式对四维坐标 x^μ 求变分

$$\begin{aligned}\delta S&=-\int_{\tau_1}^{\tau_2}\left[m_0\frac{\mathrm{d}x_\mu}{\mathrm{d}\tau}\mathrm{d}(\delta x^\mu)+qA_\mu\mathrm{d}(\delta x^\mu)+q\delta A_\nu\mathrm{d}x^\nu\right]\\&=\int_{\tau_1}^{\tau_2}\left(m_0\frac{\mathrm{d}U_\mu}{\mathrm{d}\tau}\delta x^\mu+q\frac{\mathrm{d}A_\mu}{\mathrm{d}\tau}\delta x^\mu-q\delta A_\nu U^\nu\right)\mathrm{d}\tau-(m_0U_\mu+qA_\mu)\,\delta x^\mu\Big|_{\tau_1}^{\tau_2}\end{aligned} \tag{6.7.8}$$

上式最后一项在给定初末位形条件下为 0. 由于四维势 $A_\mu(x)$ 是坐标的函数, 因此 x^μ 的变化也会导致势的变化 $\delta A_\nu=\partial_\mu A_\nu\delta x^\mu$. 而 $\mathrm{d}A_\mu=\partial_\nu A_\mu\mathrm{d}x^\nu$, 于是 (6.7.8) 变成

$$\delta S=\int_{\tau_1}^{\tau_2}\left[m_0\frac{\mathrm{d}U_\mu}{\mathrm{d}\tau}+q(\partial_\nu A_\mu-\partial_\mu A_\nu)U^\nu\right]\delta x^\mu\mathrm{d}\tau$$

根据哈密顿原理, $\delta S=0$ 对任意 δx^μ 成立, 则要求方括号内的项为 0. 注意到 $\partial_\mu A_\nu-\partial_\nu A_\mu=F_{\mu\nu}$, 于是就得到电磁场中电荷的协变运动方程:

$$m_0\frac{\mathrm{d}U_\mu}{\mathrm{d}\tau}=\frac{\mathrm{d}p_\mu}{\mathrm{d}\tau}=qF_{\mu\nu}U^\nu \tag{6.7.9}$$

结果与带电粒子受洛伦兹力作用的运动方程的协变形式 (6.6.29) 式和 (6.6.23) 式一致.

我们也可以将作用量 (6.7.7) 写成拉格朗日量 L 对时间积分的形式 $S=\int L\mathrm{d}t$,

其中

$$L=-m_0c^2\sqrt{1-\frac{v^2}{c^2}}-q\left(\varphi-\boldsymbol{v}\cdot\boldsymbol{A}\right) \tag{6.7.10}$$

广义坐标为 $\boldsymbol{x}$, 广义速度为 $\boldsymbol{v}$. 接下来计算

$$\frac{\mathrm{d}}{\mathrm{d}t}\left(\frac{\partial L}{\partial \boldsymbol{v}}\right)=\frac{\mathrm{d}\boldsymbol{p}}{\mathrm{d}t}+q\frac{\partial \boldsymbol{A}}{\partial t}+q(\boldsymbol{v}\cdot\nabla)\boldsymbol{A}$$

$$\frac{\partial L}{\partial \boldsymbol{x}}=-q\nabla\varphi+q\nabla(\boldsymbol{v}\cdot\boldsymbol{A})=-q\nabla\varphi+q\boldsymbol{v}\times(\nabla\times\boldsymbol{A})+q\nabla(\boldsymbol{v}\cdot\boldsymbol{A})$$

代入到欧拉–拉格朗日方程 (6.7.2) 式中就得到带电粒子在电磁场中的运动方程 (6.6.31) 式

$$\frac{\mathrm{d}\boldsymbol{p}}{\mathrm{d}t}=q\left(-\nabla\varphi-\frac{\partial \boldsymbol{A}}{\partial t}\right)+q\boldsymbol{v}\times(\nabla\times\boldsymbol{A})=q\left(\boldsymbol{E}+\boldsymbol{v}\times\boldsymbol{B}\right) \tag{6.7.11}$$

可验证它和 (6.7.9) 式的空间分量一致.

当 $v\ll c$ 时, 拉格朗日量 (6.7.10) 式变为

$$L=-m_0c^2+\frac{1}{2}m_0v^2-q\left(\varphi-\boldsymbol{v}\cdot\boldsymbol{A}\right) \tag{6.7.12}$$

2. 哈密顿形式

对于用拉格朗日量 L 描述的动力学系统, 广义动量 P_i 定义为

$$P_i=\frac{\partial L}{\partial \dot{q}_i} \tag{6.7.13}$$

P_i 也称为与广义坐标 q_i 共轭的正则动量. 系统的哈密顿量为

$$\mathscr{H}=\sum_i P_i\dot{q}_i-L \tag{6.7.14}$$

$\mathscr{H}$ 是广义坐标 q_i 和广义动量 P_i 的函数:

$$\mathscr{H}=\mathscr{H}\left(q_i,P_i\right) \tag{6.7.15}$$

用哈密顿量可以把运动方程表示为正则形式:

$$\dot{q}_i=\frac{\partial \mathscr{H}}{\partial P_i} \tag{6.7.16}$$

$$\dot{P}_i=-\frac{\partial \mathscr{H}}{\partial q_i} \tag{6.7.17}$$

对于电磁场中的带电粒子运动情形. 由 (6.7.10) 式, 正则动量 $\boldsymbol{P}$ 是

$$P_i=\frac{\partial L}{\partial v_i}=\frac{m_0v_i}{\sqrt{1-\frac{v^2}{c^2}}}+qA_i \tag{6.7.18}$$

即

$$\boldsymbol{P} = \boldsymbol{p} + q\boldsymbol{A} \tag{6.7.19}$$

式中 $\boldsymbol{p}$ 是粒子的机械动量 (6.6.4) 式. 上式表明, 在电磁场中粒子的正则动量不等于它的机械动量, 而是附加上一项 $q\boldsymbol{A}$.

由 (6.7.14) 式, 带电粒子的哈密顿量为

$$\mathscr{H} = \boldsymbol{P} \cdot \boldsymbol{v} - L = \frac{m_0 c^2}{\sqrt{1 - \dfrac{v^2}{c^2}}} + q\varphi \tag{6.7.20}$$

但 $\mathscr{H}$ 应该用正则动量 $\boldsymbol{P}$ 而不是用速度 $\boldsymbol{v}$ 表出. 由 (6.6.6) 式、(6.6.16) 式和 (6.7.19) 式, 得

$$\mathscr{H} = \sqrt{(\boldsymbol{P} - q\boldsymbol{A})^2 c^2 + m_0^2 c^4} + q\varphi \tag{6.7.21}$$

上式右边第一项是粒子的运动能量 W (包括静止能量), 因而 $\mathscr{H}$ 对应于 $p^\mu + qA^\mu$ 的第零分量. 引入四维正则动量

$$P^\mu = p^\mu + qA^\mu \tag{6.7.22}$$

则哈密顿量 $\mathscr{H}$ 与 P^μ 第零分量的联系为:

$$P^\mu = \left(\frac{1}{c}\mathscr{H}, \boldsymbol{P}\right) \tag{6.7.23}$$

不难验证哈密顿方程 (6.7.16) 式和 (6.7.17) 式相当于原运动方程 (6.7.11) 式.

当 $v \ll c$ 时, 哈密顿量 (6.7.21) 式变为

$$\mathscr{H} = m_0 c^2 + \frac{1}{2m_0} (\boldsymbol{P} - q\boldsymbol{A})^2 + q\varphi \tag{6.7.24}$$

$\mathscr{H}$ 与 (6.7.12) 的 L 仍满足关系式 (6.7.14) 式, 有

$$\mathscr{H} = \boldsymbol{P} \cdot \boldsymbol{v} - L \tag{6.7.25}$$

3. 作用量变分求电磁场方程

实际上电磁场不只是物理系统的背景, 而是可以变化的自由度. 电磁场自由度和带电粒子运动互相制约, 满足的规律就是麦克斯韦方程组. 本节依据确切的物理经验和两条普遍的对称性原理: 洛伦兹协变性和规范对称性原理, 构造拉格朗日密度, 并据之重新推导出麦克斯韦方程组①. 首先需要把机械系统作用量 (6.7.1) 式推广到包含场的情形. 电磁场是连续分布在空间的, 根据相互作用的定域性, 它的拉格朗日量是空间各部分单位体积拉格朗日量之和, 即可以写成一个空间积分的形式,

① Weyl 和 Dirac 最先指出可以通过规范对称性建立电磁相互作用理论. 在他们工作的启发下, 杨振宁和 Mills 在 1954 年提出以非阿贝尔规范对称性为原理建立强相互作用理论 (C. N. Yang and R. L. Mills, Physical Review 96, (1954) 191–195). 经过众多物理学家的不懈努力, 沿着这个路线建立了目前已获得巨大成功的粒子标准模型. 传递强相互作用和电弱相互作用的非阿贝尔规范场也称为 Yang-Mills 场.

$$L_{\text{EM}} = \int \mathcal{L}_{\text{EM}} \mathrm{d}V \tag{6.7.26}$$

其中 $\mathcal{L}_{\text{EM}}$ 是电磁场的拉格朗日密度. 选取电磁场广义坐标为空间每点的四维势 $A^\mu(\boldsymbol{x}, t)$, 类似机械系统的拉格朗日量, $\mathcal{L}_{\text{EM}}$ 应该是 A^μ 和 $\partial_0 A^\mu$ 的函数. 根据洛伦兹协变性, 时间导数一定和空间坐标导数以协变导数 ∂_ν 的形式一起出现. 从而一般地 $\mathcal{L}_{\text{EM}}$ 是 A^μ 和 $\partial_\nu A^\mu$ 的函数, 电磁场作用量可写成

$$S_{\text{EM}} = \int \mathcal{L}_{\text{EM}}(A^\mu, \partial_\nu A^\mu) \mathrm{d}V \mathrm{d}t \tag{6.7.27}$$

首先注意到 $\mathrm{d}V\mathrm{d}t$ 是一个洛伦兹不变量, 于是作用量为标量的条件要求 $\mathcal{L}_{\text{EM}}$ 也是一个标量. 根据我们关于电磁波的经验, 电磁波可以线性叠加, 即两个电磁波物理解的线性叠加仍然是一个物理解. 因此由作用量取极值得到的场方程必然是线性的, 从而推断拉格朗日密度中势的幂次不超过二次.

此外, 我们多次强调过的规范不变性原理对 $\mathcal{L}_{\text{EM}}$ 施加了非常强的限制. 在第五章 §5.1 已经介绍过电磁势的规范变换, 它是指下述变换

$$\boldsymbol{A} \to \boldsymbol{A}' = \boldsymbol{A} + \nabla\psi, \quad \varphi \to \varphi' = \varphi - \frac{\partial \psi}{\partial t} \tag{6.7.28}$$

ψ 是任意时空函数. 在相对论中, 规范变换可以用四维矢量写为协变的形式,

$$A^\mu \to A'^\mu = A^\mu - \partial^\mu \psi \tag{6.7.29}$$

为了保证场方程具有规范不变性, $\mathcal{L}_{\text{EM}}$ 在规范变换下最多相差一个不影响场方程的散度项①. 我们让 $\mathcal{L}_{\text{EM}}$ 具有规范不变性, 因此它由规范不变量构成. 在 §6.5 的第 4 小节里我们已经得到两个兼有洛伦兹不变性和规范不变性的不变量

$$F_{\mu\nu}F^{\mu\nu}, \quad \varepsilon_{\mu\nu\rho\sigma}F^{\mu\nu}F^{\rho\sigma} \tag{6.7.30}$$

实际上可证, 除了这两个不变量外, 再没有其他在正时恰当洛伦兹变换下不变而且规范变换下也不变的含势和导数均不超过二次的不变量. 还可以证明, 上面第一项在空间反射下不变, 是标量; 而第二项在空间反射下变号, 是轴标量. 因此若要求电磁理论是宇称守恒的, 则把它们的线性组合直接作为拉格朗日密度是不合适的. 我们先考虑标量不变量, 在下一小节再考虑轴标量. 于是, 猜测电磁场拉格朗日密度为

$$\mathcal{L}_{\text{EM}} = -\frac{1}{4\mu_0} F_{\mu\nu}F^{\mu\nu} \tag{6.7.31}$$

系数因子的选择已经使得从这个模型导出的真空麦克斯韦方程组和我们熟知的一样.

接下来我们研究电磁场和电流密度的耦合. 因为电磁势 A^μ 和四维电流密度 J^μ 均为洛伦兹矢量, 由它们最低次幂耦合得到的洛伦兹不变拉格朗日密度为

$$\mathcal{L}_{\text{int}} = -A_\mu J^\mu \tag{6.7.32}$$

---

① 拉格朗日密度的散度项经积分后对作用量只贡献一个表面项, 不影响场方程.

系数的选取同样是为了得到熟知的麦克斯韦方程组. 这个相互作用拉格朗日密度没有明显的规范对称性. 但是把它放到作用量积分中, 就会看到规范对称性通过电流连续性方程得到保证. 证明如下. 由 $\mathcal{L}_{\text{int}}$ 给出的电流和电磁场相互作用作用量为

$$S_{\text{int}} = -\frac{1}{c}\int A_\mu J^\mu \mathrm{d}^4 x \tag{6.7.33}$$

$\mathrm{d}^4 x \equiv c\mathrm{d}t\mathrm{d}x\mathrm{d}y\mathrm{d}z$ 为四维体积元, 它是洛伦兹不变的. 在规范变换下

$$\begin{aligned} S_{\text{int}} \to S'_{\text{int}} &= -\frac{1}{c}\int A'_\mu J^\mu \mathrm{d}^4 x \\ &= -\frac{1}{c}\int (A_\mu + \partial_\mu \psi) J^\mu \mathrm{d}^4 x \\ &= -\frac{1}{c}\int A_\mu J^\mu \mathrm{d}^4 x - \frac{1}{c}\int (\partial_\mu \psi) J^\mu \mathrm{d}^4 x \end{aligned}$$

对第二项作分部积分, 忽略表面项, 得

$$S'_{\text{int}} = -\frac{1}{c}\int A_\mu J^\mu \mathrm{d}^4 x + \frac{1}{c}\int \psi \partial_\mu J^\mu \mathrm{d}^4 x$$

根据电流连续性方程 $\partial_\mu J^\mu = 0$, 从而作用量在规范变换下只相差一个在上式中没有写出的表面项, 场方程将保持不变. 我们看到一个漂亮的结论: 电荷守恒保证了电磁相互作用理论的规范对称性. 反过来也可以说, 规范对称性导致了电荷守恒.

设点电荷 q 的运动轨迹为 $\boldsymbol{x}_q(t)$, 它产生的四电流密度为 $J_q^\mu(\boldsymbol{x}) = q\delta(\boldsymbol{x}-\boldsymbol{x}_q)c\partial^0 x_q^\mu$. 把它代入 (6.7.33) 式, 可以重新得到 (6.7.7) 式的第二项, 请读者自行验证.

电磁场与带电粒子耦合系统的总作用量为

$$S = S_0 - \int \left(\frac{1}{c}A_\mu J^\mu + \frac{1}{4c\mu_0}F_{\mu\nu}F^{\mu\nu}\right)\mathrm{d}^4 x \tag{6.7.34}$$

第一项 S_0 是与电磁场无关的粒子本身的作用量. 现在可以根据哈密顿最小作用原理推导场方程了. 对 (6.7.34) 式求关于四维势 A_μ 的变分:

$$\begin{aligned} \delta S &= -\int \left(\frac{1}{c}J^\mu \delta A_\mu - \frac{1}{c\mu_0}F^{\mu\nu}\partial_\nu \delta A_\mu\right)\mathrm{d}^4 x \\ &= -\int \left[\frac{1}{c}J^\mu + \frac{1}{c\mu_0}\left(\partial_\nu F^{\mu\nu}\right)\right]\delta A_\mu \mathrm{d}^4 x + \frac{1}{c\mu_0}\int \partial_\nu\left(F^{\mu\nu}\delta A_\mu\right)\mathrm{d}^4 x \end{aligned} \tag{6.7.35}$$

上式第二项是 $F^{\mu\nu}\delta A_\mu$ 的四维散度的体积分, 若积分区域为全时空, 其结果可以化为在时空无限远的表面积分. 通常我们假设电磁场强 $F^{\mu\nu}$ 在无限远以足够快的速度趋于 0, 则该表面积分为 0. 于是由 $\delta S = 0$ 可以得到电磁场的运动方程

$$\partial_\nu F^{\mu\nu} = -\mu_0 J^\mu \tag{6.7.36}$$

这一方程和带有四维流密度的麦克斯韦方程组 (6.5.26) 式具有相同的形式.

从电磁场的作用量出发, 由系统的时空平移不变性我们可以得到相应的守恒量, 这些守恒量对应了电磁场的能量和动量 (见附录 A.3).

4. 轴子场修正的电磁场方程

下面我们讨论另一个不变量, 即 (6.7.30) 式的第二个. 若取它为拉格朗日密度, 对应的作用量是一个轴标量,

$$S_{a0}=\int g_a\varepsilon_{\mu\nu\rho\sigma}F^{\mu\nu}F^{\rho\sigma}\mathrm{d}^4x \tag{6.7.37}$$

其中 g_a 为耦合常量. (6.7.37) 式可以被写成散度的体积分的形式:

$$\begin{aligned}\int\varepsilon_{\mu\nu\rho\sigma}F^{\mu\nu}F^{\rho\sigma}\mathrm{d}^4x&=\int 4\varepsilon_{\mu\nu\rho\sigma}\partial^\mu A^\nu\partial^\rho A^\sigma\mathrm{d}^4x\\&=4\varepsilon_{\mu\nu\rho\sigma}\int\left[\partial^\mu\left(A^\nu\partial^\rho A^\sigma\right)-A^\nu\partial^\mu\partial^\rho A^\sigma\right]\mathrm{d}^4x\\&=4\int\partial^\mu\left(\varepsilon_{\mu\nu\rho\sigma}A^\nu\partial^\rho A^\sigma\right)\mathrm{d}^4x\end{aligned} \tag{6.7.38}$$

因此它并不会贡献到运动方程.

但假若存在一个轴标量场 $\varphi_a(x^\mu)$, 它通过把 (6.7.37) 式中的耦合常量作替换 $g_a\to -g_{a\gamma\gamma}\varphi_a(x^\mu)/(8c\mu_0)$ 和电磁场耦合起来, 使得作用量重新成为一个标量, 则会导致非平庸的结果: 电磁场方程将需要修改. 轴标量场 $\varphi_a(x^\mu)$ 被称为轴子场, 而 $g_{a\gamma\gamma}$ 为轴子与电磁场的耦合系数. 原始的轴子场模型是 Peccei 和 Quinn 为解决强相互作用中的 CP 守恒问题而提出的 (1977)①. 虽然原始模型很快就被实验否定了, 但是后来发展起来的一些与目前实验相容的模型仍然受到人们的关注②. 此外, 在人工设计的凝聚态系统中实现轴子场并探索其应用也是一个有趣的方向.

目前针对轴子的探测手段主要都是依据轴子与电磁场的相互作用设计的. 轴子与电磁场相互作用的作用量为:

$$S=-\frac{1}{c\mu_0}\int\left(\frac{1}{4}F_{\mu\nu}F^{\mu\nu}+\frac{g_{a\gamma\gamma}}{8}\varepsilon_{\mu\nu\rho\sigma}\varphi_aF^{\mu\nu}F^{\rho\sigma}\right)\mathrm{d}^4x \tag{6.7.39}$$

令作用量对 A^μ 变分为零就得到轴子场修正后的含源麦克斯韦方程组

$$\partial_\nu F^{\mu\nu}+\frac{1}{2}g_{a\gamma\gamma}\varepsilon^{\mu\nu\rho\sigma}\partial_\nu\varphi_aF_{\rho\sigma}=0 \tag{6.7.40}$$

用电场强度 $\boldsymbol{E}$ 和磁感应强度 $\boldsymbol{B}$ 表示为

$$\nabla\cdot\boldsymbol{E}=-(\nabla\varphi_a)\cdot\boldsymbol{B} \tag{6.7.41}$$

$$\nabla\times\boldsymbol{B}=\mu_0\varepsilon_0\frac{\partial\boldsymbol{E}}{\partial t}+\frac{g_{a\gamma\gamma}}{c}\left(\frac{\partial\varphi_a}{\partial t}\boldsymbol{B}-\boldsymbol{E}\times\nabla\varphi_a\right) \tag{6.7.42}$$

现考虑实验室中的一个足够高的圆柱区域内有一个沿 z 方向的常磁场 $\boldsymbol{B}_0=$

① R. D. Peccei and H. R. Quinn, Phys. Rev. Lett. 38, 1440 (1977)

② 以 KSVZ 模型 [J. E. Kim, Phys. Rev. Lett. 43, 103 (1979); M. A. Shifman, A. Vainshtein, and V. I. Zakharov, Nucl. Phys. B 166, 493 (1980)] 和 DFSZ 模型 [M. Dine, W. Fischler, and M. Srednicki, Phys. Lett. B 104, 199 (1981).; A. Zhitnitsky, Sov. J. Nucl. Phys. 31, 260 (1980)] 为代表的 "不可见轴子" 模型是目前流行的主要模型. 这些模型的 U(1) 对称性破缺能标通常远高于电弱能标, 从而导致轴子场激发的粒子质量非常小, 而且与普通物质的相互作用非常弱. 这一方面使得轴子场成为了暗物质的热门候选者之一, 另一方面也导致轴子很难被实验探测到.

$(0, 0, B_z)$, 且轴子场 $\varphi_a(x^\mu)$ 的波长远大于圆柱截面直径. 由 (6.7.42) 式可得这一实验室环境中的磁场满足

$$\nabla \times \boldsymbol{B} = \frac{g_{a\gamma\gamma}}{c} \frac{\partial \varphi_a}{\partial t} \boldsymbol{B} \tag{6.7.43}$$

若轴子场的场值以角频率 ω_a 随时间周期性变化, 则可以将其近似为

$$\varphi_a \approx a_0 \sin(\omega_a t + \phi_0) \tag{6.7.44}$$

其中 a_0 为轴子的振幅, 而 ϕ_0 为初始相位. 于是 (6.7.43) 式的等号右边就可以看作是在圆柱形区域中有一个沿着 z 方向的等效交变电流密度

$$\boldsymbol{J}_a(t) \approx \frac{g_{a\gamma\gamma}}{c\mu_0} a_0 \omega_a \cos(\omega_a t + \phi_0) \boldsymbol{B}_0 \tag{6.7.45}$$

根据 (6.7.43) 式, 这一交变电流会在圆柱区域外产生环绕圆柱方向的交变磁场, 因此若能测量到这一交变磁场就可以间接证明轴子场的存在. 然而人类目前还没能够探测这一效应. 许多其他探测轴子的方案到目前为止也依然没有结果, 因此轴子是否真的存在以及如何实验测量依然是开放的前沿问题.

习　题

6.1　证明牛顿第二定律在伽利略变换下是协变的, 麦克斯韦方程在伽利略变换下不是协变的.

6.2　设有两根互相平行的尺, 在各自静止的参考系中的长度均为 l_0, 它们以相同速率 v 相对于某一参考系运动, 但运动方向相反, 且平行于尺子. 试站在一根尺上测量另一根尺的长度.

答案:

$$l = l_0 \frac{1 - \dfrac{v^2}{c^2}}{1 + \dfrac{v^2}{c^2}}$$

6.3　静止长度为 l_0 的车厢, 以速度 v 相对于地面运行, 车厢的后壁以速度 u_0 向前推出一个小球, 求地面观察者看到小球从后壁到前壁的运动时间.

答案:

$$\Delta t = \frac{l_0 \left(1 + \dfrac{u_0 v}{c^2}\right)}{u_0 \sqrt{1 - \dfrac{v^2}{c^2}}}$$

6.4　一辆以速度 v 运动的列车上的观察者, 在经过某一高大建筑物时, 看见其避雷针上跳起一脉冲电火花, 电光迅速传播, 先后照亮了铁路沿线上的两铁塔. 求列车上观察者看到的两铁塔被电光照亮的时刻差. 设建筑物及两铁塔都在一直线上, 与列车前进方向一致. 铁塔到建筑物的地面距离已知都是 l_0.

答案:

$$\Delta t = \frac{2 v l_0}{c^2 \sqrt{1 - \dfrac{v^2}{c^2}}}$$

6.5　有一光源 S 与接收器 R 相对静止, 距离为 l_0, S-R 装置浸在均匀无限的液体介质 (静止折射率 n) 中. 试对下列三种情况计算光源发出信号到接收器接到信号所经历的时间.

(1) 液体介质相对于 S-R 装置静止;

(2) 液体沿着 S-R 连线方向以速度 v 流动;

(3) 液体垂直于 S-R 连线方向以速度 v 流动.

答案:

$$(\Delta t)_1 = \frac{nl_0}{c}$$

$$(\Delta t)_2 = \frac{\left(1+\dfrac{v}{nc}\right)l_0}{\dfrac{c}{n}+v}$$

$$(\Delta t)_3 = \frac{l_0\sqrt{1-\dfrac{v^2}{c^2}}}{\sqrt{\left(\dfrac{c}{n}\right)^2-v^2}}$$

6.6 在参考系 Σ 中, 有两个物体都以速度 u 沿 x 轴运动, 在 Σ 系看来, 它们一直保持距离 l 不变. 今有一观察者以速度 $\boldsymbol{v}$ 沿 x 轴运动, 他看到这两个物体的距离是多少?

答案:

$$l' = \frac{l\sqrt{1-\dfrac{v^2}{c^2}}}{1-\dfrac{uv}{c^2}}$$

6.7 一把直尺相对于 Σ 系静止, 直尺与 x 轴交角为 θ. 今有一观察者以速度 v 沿 x 轴运动, 他看到直尺与 x 轴交角 θ' 有何变化?

答案:

$$\tan\theta' = \frac{\tan\theta}{\sqrt{1-\dfrac{v^2}{c^2}}}$$

6.8 两个惯性系 Σ 和 Σ' 中各放置若干时钟, 同一惯性系中的各时钟同步. Σ' 系相对于 Σ 系以速度 v 沿 x 轴方向运动. 设两系原点相遇时, $t_0 = t_0' = 0$. 问处于 Σ 系中某点 (x, y, z) 处的时钟与 Σ' 系中何处的时钟相遇时, 指示的时刻相同? 读数是多少?

答案:

$$x' = -x = -\frac{c^2}{v}t\left(1-\sqrt{1-\frac{v^2}{c^2}}\right)$$

$$t' = t = \frac{x}{v}\left(1+\sqrt{1-\frac{v^2}{c^2}}\right)$$

6.9 火箭由静止状态加速到 $v = \sqrt{0.9999}c$. 设瞬时惯性系中的加速度为 $|\dot{\boldsymbol{v}}| = 20\ \mathrm{m\cdot s^{-2}}$, 问按静止系的时钟和按火箭内的时钟加速火箭各需多少时间?

答案:

$t = 47.5$ 年, $t' = 2.52$ 年

6.10 一平面镜以速度 v 自左向右运动. 一束频率为 ω_0, 与水平成 θ_0 夹角的平面光波自右向左入射到镜面上, 求反射光波的频率 ω 及反射角 θ. 垂直入射情况又如何?

答案:

$$\omega = \gamma^2\omega_0\left[(1+\beta\cos\theta_0)+\beta(\beta+\cos\theta_0)\right]$$

$$\tan\theta = \sin\theta_0/\gamma^2\left[(\beta+\cos\theta_0)+\beta(1+\beta\cos\theta_0)\right]$$

6.11 在洛伦兹变换 (6.4.37) 式中, 若定义快度 y 为 $\tanh y = \beta$.

(1) 证明 (6.4.37) 式的变换矩阵可写为

$$\Lambda^{\mu}{}_{\nu} = \begin{bmatrix} \cosh y & -\sinh y & 0 & 0 \\ -\sinh y & \cosh y & 0 & 0 \\ 0 & 0 & 1 & 0 \\ 0 & 0 & 0 & 1 \end{bmatrix} \tag{1}$$

(2) 对应的速度合成公式

$$\beta = \frac{\beta'+\beta''}{1+\beta'\beta''} \tag{2}$$

可用快度表为 $y = y' + y''$.

6.12 电偶极子 $\boldsymbol{p}_0$ 以速度 $\boldsymbol{v}$ 作匀速运动, 求它产生的电磁势和场 φ、$\boldsymbol{A}$、$\boldsymbol{E}$、$\boldsymbol{B}$.

答案:

$$\begin{aligned}
&\varphi = \frac{\gamma}{4\pi\varepsilon_0}\frac{\boldsymbol{p}_0\cdot\tilde{\boldsymbol{R}}}{\tilde{R}^3}, \quad \boldsymbol{A} = \frac{\boldsymbol{v}}{c^2}\varphi \\
&\boldsymbol{E}_\perp = \gamma\boldsymbol{E}'_\perp, \quad \boldsymbol{E}_{/\!/} = \boldsymbol{E}'_{/\!/} \\
&\boldsymbol{B}_\perp = \gamma\left(\boldsymbol{B}' + \frac{\boldsymbol{v}}{c^2}\times\boldsymbol{E}'\right)_\perp = \frac{\boldsymbol{v}}{c^2}\times\boldsymbol{E}_\perp \\
&\boldsymbol{B}_{/\!/} = \boldsymbol{0}.
\end{aligned}$$

其中, 设 $t=0$ 时 $\boldsymbol{p}_0$ 经过观察者所处参考系的坐标原点, 则

$$\begin{aligned}
\tilde{R} &= \sqrt{(\gamma x)^2 + y^2 + z^2} \\
\tilde{\boldsymbol{R}} &= \gamma x\boldsymbol{e}_x + y\boldsymbol{e}_y + z\boldsymbol{e}_z
\end{aligned}$$

6.13 设在参考系 Σ 内 $\boldsymbol{E}\perp\boldsymbol{B}$, Σ' 系沿 $\boldsymbol{E}\times\boldsymbol{B}$ 的方向运动. 问 Σ' 系应以什么样的速度相对于 Σ 系运动才能使其中只有电场或只有磁场?

答案:

若 $|\boldsymbol{E}| < c|\boldsymbol{B}|$, 则 $\boldsymbol{v} = \dfrac{1}{B^2}\boldsymbol{E}\times\boldsymbol{B}$ 时 $\boldsymbol{E}' = \boldsymbol{0}$;

若 $|\boldsymbol{E}| > c|\boldsymbol{B}|$, 则 $\boldsymbol{v} = \dfrac{c^2}{E^2}\boldsymbol{E}\times\boldsymbol{B}$ 时 $\boldsymbol{B}' = \boldsymbol{0}$.

6.14 作匀速运动的点电荷所产生的电场在运动方向发生 “压缩”, 此时在电荷的运动方向上电场 $\boldsymbol{E}$ 与库仑场相比较会发生减弱. 如何理解这一减弱与变换公式 $E_{/\!/} = E'_{/\!/}$ 的关系?

6.15 有一沿 z 轴方向螺旋进动的静磁场 $\boldsymbol{B} = \boldsymbol{B}_0(\cos k_{\mathrm{m}}z\boldsymbol{e}_x + \sin k_{\mathrm{m}}z\boldsymbol{e}_y)$, 其中 $k_{\mathrm{m}} = 2\pi/\lambda_{\mathrm{m}}$, λ_{m} 为磁场周期长度. 现有一沿 z 轴以速度 $v=\beta c$ 运动的惯性系, 求在该惯性系中观察到的电磁场. 证明当 $\beta\simeq 1$ 时该电磁场类似于一列频率为 $\gamma\beta ck_{\mathrm{m}}$ 的圆偏振电磁波.

6.16 有一无限长均匀带电直线, 在其静止参考系中电荷线密度为 λ. 该线中的电荷以速度 $v=\beta c$ 沿直线匀速移动. 在与直线相距为 d 的地方有一以同样速度平行于直线运动的点电荷 q. 分别用下列两种方法求出作用在电荷上的力:

(1) 在电荷静止系中确定力, 然后用四维力变换公式;

(2) 直接计算线电荷和线电流作用在运动电荷上的电磁力.

答案:

$$\boldsymbol{F}=\frac{\lambda q}{2\pi\varepsilon_0\gamma d}\boldsymbol{e}_r$$

6.17 质量为 m 的静止粒子衰变为两个粒子 m_1 和 m_2, 求粒子 m_1 的动量和能量.

答案:

$$\begin{aligned}p_1&=\frac{c}{2m}\sqrt{\left[m^2-(m_1+m_2)^2\right]\left[m^2-(m_1-m_2)^2\right]}\\E_1&=\frac{c^2}{2m}\left(m^2+m_1^2-m_2^2\right)\end{aligned}$$

6.18 已知某一粒子 m 衰变成质量为 m_1 和 m_2, 动量为 p_1 和 p_2 (两者方向间的夹角为 θ) 的两个粒子. 求该粒子的质量 m.

答案:

$$m^2=m_1^2+m_2^2+\frac{2}{c^2}\left[\sqrt{\left(m_1^2c^2+p_1^2\right)\left(m_2^2c^2+p_2^2\right)}-p_1p_2\cos\theta\right]$$

6.19 (1) 设 E 和 $\boldsymbol{p}$ 是粒子体系在实验室参考系 Σ 中的总能量和总动量 ($\boldsymbol{p}$ 与 x 轴方向夹角为 θ). 证明在另一参考系 Σ' (相对于 Σ 系以速度 v 沿 x 轴方向运动) 中的粒子体系总能量和总动量满足:

$$p'_x=\gamma\left(p_x-\beta E/c\right),\quad E'=\gamma\left(E-c\beta p_x\right)$$

$$\tan\theta'=\frac{\sin\theta}{\gamma(\cos\theta-\beta E/cp)}$$

(2) 某光源发出的光束在两个惯性系中与 x 轴的夹角分别为 θ 和 θ', 证明

$$\cos\theta'=\frac{\cos\theta-\beta}{1-\beta\cos\theta},\quad \sin\theta'=\frac{\sin\theta}{\gamma(1-\beta\cos\theta)}$$

(3) 考虑在 Σ 系内立体角为 $\mathrm{d}\Omega=\mathrm{d}\cos\theta\mathrm{d}\phi$ 的光束, 证明当变换到另一惯性系 Σ' 时. 立体角变为

$$\mathrm{d}\Omega'=\frac{\mathrm{d}\Omega}{\gamma^2(1-\beta\cos\theta)^2}$$

6.20 考虑一个质量为 m_1 、能量为 E_1 的粒子射向另一质量为 m_2 的静止粒子的体系. 通常在高能物理中, 选择动量中心参考系有许多方便之处, 在该参考系中, 总动量为零.

(1) 求动量中心相对于实验室系的速度 β_{c};

(2) 求动量中心参考系中每个粒子的动量、能量及总能量;

(3) 已知电子静止质量 $m_{\mathrm{e}}c^2=0.511$ MeV. 北京正负电子对撞机 (BEPC) 的设计能量为 2×2.2 GeV $\left(1\text{ GeV}=10^3\text{ MeV}\right)$. 估计一下若用单束电子入射于静止靶, 要用多大的能量才能达到与对撞机相同的相对运动能量?

答案:

(1) $\beta_{\mathrm{c}}=\dfrac{\sqrt{E_1^2-m_1^2c^4}}{E_1+m_2c^2}$

(2) $p'_1=-p'_2, |p'_1|=\dfrac{m_2\sqrt{E_1^2-m_1^2c^4}}{Mc}$

$E'_1=\dfrac{m_1^2c^2+m_2E_1}{M},\quad E'_2=\dfrac{m_2^2c^2+m_2E_1}{M}$

其中 $M^2c^4=m_1^2c^4+m_2^2c^4+2E_1m_2c^2$

(3) $E_1 \approx \dfrac{2E_1'^2}{m_e c^2} = 1.9 \times 10^4\ \mathrm{GeV}$

6.21 电荷为 e, 静止质量为 m_0 的粒子在均匀电场 $\boldsymbol{E}$ 内运动, 初速度为零. 试确定粒子的运动轨迹与时间的关系, 并研究非相对论情况.

答案:

$$z = \frac{m_0 c^2}{eE}\left[\sqrt{1+\left(\frac{eE}{m_0 c}t\right)^2} - 1\right]$$

$$z = \frac{1}{2}\frac{eE}{m_0}t^2 \quad \text{(非相对论情况)}$$

6.22 利用洛伦兹变换, 试确定粒子在互相垂直的均匀电场 $E\boldsymbol{e}_x$ 和磁场 $B\boldsymbol{e}_y(E > cB)$ 内的运动规律, 设粒子初速度沿 z 轴方向, 大小为 c^2B/E.

答案:

$$x = \frac{m_0 c^2 \gamma_u}{eE}\left[\sqrt{1+\left(\frac{eE}{m_0 c \gamma_u^2}t\right)^2} - 1\right]$$

$$y = 0, \quad z = ut$$

其中

$$u = \frac{c^2 B}{E},\ \gamma_u = 1\Big/\sqrt{1-\frac{u^2}{c^2}}$$

6.23 已知 $t=0$ 时点电荷 q_1 位于原点, q_2 静止于 y 轴 $(0, y_0, 0)$ 上, q_1 以速度 v 沿 x 轴匀速运动, 试分别求出 q_1 和 q_2 各自所受的力. 如何解释两力不是等值反向?

答案:

$$\boldsymbol{F}_{21} = -\frac{q_1 q_2}{4\pi\varepsilon_0 y_0^2}\boldsymbol{e}_y$$

$$\boldsymbol{F}_{12} = \frac{q_1 q_2}{4\pi\varepsilon_0 y_0^2\sqrt{1-\beta^2}}\boldsymbol{e}_y$$

6.24 试比较下列两种情况下两个电荷的相互作用力: (1) 两个静止电荷 q 位于 y 轴上相距为 l; (2) 两个电荷都以相同速度 $\boldsymbol{v}$ 平行于 x 轴匀速运动.

答案:

(1) $F = \dfrac{q^2}{4\pi\varepsilon_0 l^2}$

(2) $F = \dfrac{q^2\sqrt{1-\beta^2}}{4\pi\varepsilon_0 l^2}$

6.25 频率为 ω 的光子 (能量为 $\hbar\omega$, 动量为 $\hbar\boldsymbol{k}$) 碰在静止的电子上, 试证明:

(1) 电子不可能吸收这个光子, 否则能量和动量守恒定律不能满足;

(2) 电子可以散射这个光子, 散射后光子频率 ω' 比散射前光子频率 ω 小 (不同于经典理论中散射光频率不变的结论).

6.26 动量为 $\hbar\boldsymbol{k}$ 、能量为 $\hbar\omega$ 的光子撞在静止的电子上, 散射到与入射方向夹角为 θ 的方向上. 证明散射光子的频率变化量为

$$\omega - \omega' = \frac{2\hbar}{m_0 c^2}\omega\omega' \sin^2\frac{\theta}{2}$$

亦即散射光波长

$$\lambda' = \lambda + \frac{4\pi\hbar}{m_0 c}\sin^2\frac{\theta}{2}$$

λ 为散射前光子波长 $2\pi/k, m_0$ 为电子的静止质量.

6.27　一个总质量为 m_0 的激发原子, 对所选定的参考系静止. 原子跃迁到能量比激发态低 ΔW 的基态时, 发射一个光子 (能量为 $\hbar\omega$, 动量为 $\hbar\boldsymbol{k}$), 同时受到光子的反冲, 因此光子的频率不能正好是 $\nu = \dfrac{\Delta W}{h}$, 而要略小一些. 证明这个频率为

$$\nu = \frac{\Delta W}{h}\left(1 - \frac{\Delta W}{2m_0 c^2}\right)$$

6.28　一个处于基态的原子, 吸收能量为 $h\nu$ 的光子跃迁到激发态, 基态能量比激发态能量低 ΔW, 求光子的频率.

第七章

带电粒子和电磁场的相互作用

以上各章阐述了宏观电磁场的基本理论. 经典电动力学是宏观电磁现象规律的总结, 但要进一步认识电磁作用的本质, 还必须深入到微观领域, 研究带电粒子与电磁场的相互作用. 研究微观电磁理论有两方面的意义, 一方面是直接用来解决微观粒子的电磁作用问题, 推进人们对物质之间基本相互作用的认识; 另一方面是要应用它来解决宏观物体的电磁性能, 如导电性、磁性等, 这方面也是具有重要意义的.

在微观领域中, 经典电动力学已经不能适用, 必须用量子理论. 电磁场除了具有波动性以外, 还具有粒子性. 因此, 用经典麦克斯韦方程组来研究微观电磁作用问题必定是不完备的. 虽然这样, 经典电动力学的一些结果在一定条件下还是近似正确的, 而且有助于建立物理概念. 因此, 这一章的着重点在于用经典电动力学方法推出一些在量子理论中仍然有效的近似公式和概念, 并讨论经典电动力学的局限性.

本章内容分三部分. 第一部分 (§7.1 – §7.4) 研究一个带电粒子激发的辐射电磁场; 第二部分研究粒子所激发的场对粒子本身的反作用; 第三部分研究带电粒子和外电磁场的相互作用.

§ 7.1 运动带电粒子的势和辐射电磁场

1. 任意运动带电粒子的势

在外力作用下, 带电粒子沿某一特定轨道运动, 设其位矢为 $\boldsymbol{x}=\boldsymbol{x}_q(t)$, 它是时间 t 的已知函数. 我们要计算这个运动带电粒子所激发的电磁势. 如图 7–1 所示, 在场点 $\boldsymbol{x}$ 处, 在时刻 t 的势是粒子在较早的时刻 t' 激发的, 该时刻粒子处于 $\boldsymbol{x}_q(t')$ 点上, 其运动速度为 $\boldsymbol{v}(t')$, 粒子与场点的距离为

$$r=|\boldsymbol{x}-\boldsymbol{x}_q(t')|=c(t-t') \tag{7.1.1}$$

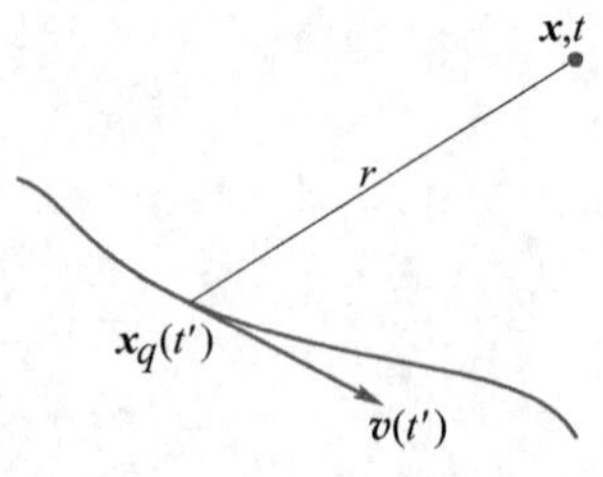

图 7–1

为了计算带电粒子激发的势, 我们把粒子看作在小体积内电荷连续分布的极限. 由 (5.2.12) 式、(5.2.15) 式, 推迟势的一般公式为

$$
\begin{aligned}
\varphi(\boldsymbol{x},t) &= \int_V \frac{\rho\left(\boldsymbol{x}',t-\dfrac{r}{c}\right)}{4\pi\varepsilon_0 r}\,\mathrm{d}V' \\
\boldsymbol{A}(\boldsymbol{x},t) &= \int_V \frac{\mu_0 \boldsymbol{J}\left(\boldsymbol{x}',t-\dfrac{r}{c}\right)}{4\pi r}\,\mathrm{d}V'
\end{aligned}
\tag{7.1.2}
$$

对带电粒子来说, $\boldsymbol{J}=\rho\boldsymbol{v}, \boldsymbol{v}$ 为粒子在辐射时刻 $t'=t-\dfrac{r}{c}$ 的速度. 由 (7.1.2) 式看出, 势依赖于粒子运动的速度, 但不依赖于加速度. 因此, 我们可以选一个在粒子辐射时刻相对粒子静止的参考系 $\tilde{\Sigma}$. 在 $\tilde{\Sigma}$ 上观察, $(\tilde{\boldsymbol{x}},\tilde{t})$ 点上势的瞬时值与静止点电荷的势相同, 即

$$
\tilde{\varphi}=\frac{q}{4\pi\varepsilon_0\tilde{r}}, \quad \tilde{\boldsymbol{A}}=\boldsymbol{0} \tag{7.1.3}
$$

式中 q 为粒子的电荷, $\tilde{r}$ 为在 $\tilde{\Sigma}$ 中观察的粒子与场点的距离 $\tilde{r}=c\left(\tilde{t}-\tilde{t}'\right)$.

现在变回原参考系 Σ 上. 在 Σ 中观察, 粒子在时刻 t' 的运动速度为 $\boldsymbol{v}$, 因此 $\boldsymbol{v}$ 也就是参考系 $\tilde{\Sigma}$ 相对于 Σ 的运动速度. 对势 (7.1.3) 式应用洛伦兹变换式 [(6.5.16) 式] 得

$$
\begin{aligned}
\boldsymbol{A} &= \frac{\boldsymbol{v}\tilde{\varphi}}{c^2\sqrt{1-\dfrac{v^2}{c^2}}} = \frac{1}{\sqrt{1-\dfrac{v^2}{c^2}}}\frac{q\boldsymbol{v}}{4\pi\varepsilon_0 c^2\tilde{r}} \\
\varphi &= \frac{\tilde{\varphi}}{\sqrt{1-\dfrac{v^2}{c^2}}} = \frac{1}{\sqrt{1-\dfrac{v^2}{c^2}}}\frac{q}{4\pi\varepsilon_0\tilde{r}}
\end{aligned}
\tag{7.1.4}
$$

式中 $\tilde{r}$ 仍然是在 $\tilde{\Sigma}$ 上测得的距离. 用洛伦兹变换式 [(6.3.7) 式] 可以把它改用 Σ 系上的距离表示:

$$
\tilde{r}=c\left(\tilde{t}-\tilde{t}'\right)=\frac{c\left(t-t'\right)-\dfrac{\boldsymbol{v}}{c}\cdot\left(\boldsymbol{x}-\boldsymbol{x}'\right)}{\sqrt{1-\dfrac{v^2}{c^2}}}=\frac{r-\dfrac{\boldsymbol{v}}{c}\cdot\boldsymbol{r}}{\sqrt{1-\dfrac{v^2}{c^2}}}
$$

把上式代入 (7.1.4) 式得

$$
\boldsymbol{A}=\frac{q\boldsymbol{v}}{4\pi\varepsilon_0 c^2\left(r-\dfrac{\boldsymbol{v}}{c}\cdot\boldsymbol{r}\right)}, \quad \varphi=\frac{q}{4\pi\varepsilon_0\left(r-\dfrac{\boldsymbol{v}}{c}\cdot\boldsymbol{r}\right)} \tag{7.1.5}
$$

(7.1.5) 式称为李纳-维谢尔 (Liénard-Wiechert) 势. 注意上式右边各量都是在时刻 $t'=t-\dfrac{r}{c}$ 所取的值, 例如 $\boldsymbol{v}=\boldsymbol{v}\left(t'\right), \boldsymbol{r}=\boldsymbol{x}-\boldsymbol{x}_q\left(t'\right)$ 等.

把势对场点空时坐标 $\boldsymbol{x}$ 和 t 求导数可得电磁场强. 注意 (7.1.5) 式右边是 t' 的函数, 而求电磁场时要对 $\boldsymbol{x}$ 和 t 求导数. 由

$$
t'=t-\frac{r}{c}=t-\frac{\sqrt{\left[\boldsymbol{x}-\boldsymbol{x}_q\left(t'\right)\right]^2}}{c} \tag{7.1.6}
$$

此式给出 t' 为 $\boldsymbol{x}$ 和 t 的隐函数. 因此我们必须先求 $\partial t'/\partial t$ 和 $\nabla t'$. 由 (7.1.6) 式得

$$\begin{aligned}\frac{\partial t'}{\partial t}&=1-\frac{1}{c}\frac{\partial r\left(t'\right)}{\partial t'}\frac{\partial t'}{\partial t}=1+\frac{1}{cr}\boldsymbol{r}\cdot\frac{\partial \boldsymbol{x}_q\left(t'\right)}{\partial t'}\frac{\partial t'}{\partial t}\\&=1+\frac{\boldsymbol{v}\cdot\boldsymbol{r}}{cr}\frac{\partial t'}{\partial t}\end{aligned}$$

式中 $\boldsymbol{v}=\partial\boldsymbol{x}_q\left(t'\right)/\partial t'$ 是粒子在时刻 t' 的速度. 由上式解得

$$\frac{\partial t'}{\partial t}=\frac{r}{r-\dfrac{\boldsymbol{v}\cdot\boldsymbol{r}}{c}}=\frac{1}{1-\dfrac{\boldsymbol{v}\cdot\boldsymbol{e}_r}{c}}\tag{7.1.7}$$

式中 $\boldsymbol{e}_r$ 为 $\boldsymbol{r}$ 方向单位矢量.

我们再求 (7.1.6) 式对 $\boldsymbol{x}$ 的梯度. 由于 $r=\left|\boldsymbol{x}-\boldsymbol{x}_q\left(t'\right)\right|$ 为 $\boldsymbol{x}$ 和 t' 的函数, 而 t' 又隐含 $\boldsymbol{x}$, 因此

$$\begin{aligned}\nabla t'&=-\frac{1}{c}\nabla r=-\left.\frac{1}{c}\nabla r\right|_{t'=\text{常量}}-\frac{1}{c}\frac{\partial r\left(t'\right)}{\partial t'}\nabla t'\\&=-\frac{\boldsymbol{r}}{cr}+\frac{\boldsymbol{v}\cdot\boldsymbol{r}}{cr}\nabla t'\end{aligned}$$

由此解出

$$\nabla t'=-\frac{\boldsymbol{r}}{c\left(r-\dfrac{\boldsymbol{v}\cdot\boldsymbol{r}}{c}\right)}=-\frac{\boldsymbol{e}_r}{c\left(1-\dfrac{\boldsymbol{v}\cdot\boldsymbol{e}_r}{c}\right)}\tag{7.1.8}$$

有了 (7.1.7) 式和 (7.1.8) 式, 就可以由势的公式 (7.1.5) 求出电磁场. 下面我们先计算 $v\ll c$ 情形, 然后再讨论一般情况.

2. 偶极辐射

先研究 $v\ll c$ 情形. 在此情形下, (7.1.7) 式和 (7.1.8) 式简化为

$$\frac{\partial t'}{\partial t}=1,\quad \nabla t'=-\frac{\boldsymbol{r}}{cr}=-\frac{\boldsymbol{e}_r}{c}\tag{7.1.9}$$

把势 $\boldsymbol{A}$ 和 φ 的公式 (7.1.5) 对时空坐标微分后再令 $v\to 0$, 得

$$\boldsymbol{B}=\nabla\times\boldsymbol{A}=\nabla\times\left.\boldsymbol{A}\right|_{t'=\text{常量}}+\nabla t'\times\frac{\partial\boldsymbol{A}}{\partial t'}$$

右边第一项为

$$\frac{q\boldsymbol{v}\times\boldsymbol{r}}{4\pi\varepsilon_0c^2r^3}$$

它与 r^2 成反比. 右边第二项用 (7.1.9) 式代入得与 r 成反比的辐射场

$$\boldsymbol{B}=-\frac{\boldsymbol{r}}{cr}\times\frac{q\dot{\boldsymbol{v}}}{4\pi\varepsilon_0c^2r}=\frac{q\dot{\boldsymbol{v}}\times\boldsymbol{r}}{4\pi\varepsilon_0c^3r^2}\tag{7.1.10}$$

$$\boldsymbol{E}=-\frac{\partial\boldsymbol{A}}{\partial t}-\nabla\varphi=-\frac{q\dot{\boldsymbol{v}}}{4\pi\varepsilon_0c^2r}+\frac{q\boldsymbol{r}}{4\pi\varepsilon_0r^3}-\nabla t'\frac{\partial\varphi}{\partial t'}$$

$$
\begin{aligned}
&= \frac{q\boldsymbol{r}}{4\pi\varepsilon_0 r^3} - \frac{q\dot{\boldsymbol{v}}}{4\pi\varepsilon_0 c^2 r} + \frac{\boldsymbol{r}}{cr}\frac{q\dot{\boldsymbol{v}}\cdot\boldsymbol{r}}{4\pi\varepsilon_0 cr^2} \\
&= \frac{q\boldsymbol{r}}{4\pi\varepsilon_0 r^3} + \frac{q}{4\pi\varepsilon_0 c^2 r^3}\boldsymbol{r}\times(\boldsymbol{r}\times\dot{\boldsymbol{v}})
\end{aligned} \tag{7.1.11}
$$

电场 $\boldsymbol{E}$ 分为两项. 第一项是静电荷的库仑场, 第二项是横向的, 且当 $r\to\infty$ 时与 r 一次方成反比, 这一项是辐射场. 库仑场与 r^2 成反比, 它存在于粒子附近, 当 r 大时可以略去. 略去库仑场后, 得低速运动粒子当它有加速度 $\dot{\boldsymbol{v}}$ 时激发的辐射电磁场

$$
\begin{aligned}
\boldsymbol{E} &= \frac{q}{4\pi\varepsilon_0 c^2 r}\boldsymbol{e}_r\times(\boldsymbol{e}_r\times\dot{\boldsymbol{v}}) \\
\boldsymbol{B} &= \frac{q}{4\pi\varepsilon_0 c^3 r}\dot{\boldsymbol{v}}\times\boldsymbol{e}_r = \frac{1}{c}\boldsymbol{e}_r\times\boldsymbol{E}
\end{aligned} \tag{7.1.12}
$$

令 $\boldsymbol{p}=q\boldsymbol{x}_q$ 为带电粒子的电偶极矩, 则 $\ddot{\boldsymbol{p}}=q\dot{\boldsymbol{v}}$, (7.1.12) 式和 (5.3.17) 式所得的电偶极辐射公式一致. 因此, 低速运动带电粒子加速时激发电偶极辐射.

辐射能流、方向性和辐射功率的计算和 §5.3 相同. 以 Θ 代表 $\boldsymbol{r}$ 和 $\dot{\boldsymbol{v}}$ 的夹角, 辐射能流为

$$
\boldsymbol{S} = \frac{q^2\dot{\boldsymbol{v}}^2}{16\pi^2\varepsilon_0 c^3 r^2}\sin^2\Theta\boldsymbol{e}_r \tag{7.1.13}
$$

因子 $\sin^2\Theta$ 表示辐射的方向性. 在与 $\dot{\boldsymbol{v}}$ 垂直的方向上辐射最强. 总辐射功率为

$$
P = \oint \boldsymbol{S}\cdot\boldsymbol{e}_r r^2\mathrm{d}\Omega = \frac{q^2\dot{\boldsymbol{v}}^2}{6\pi\varepsilon_0 c^3} \tag{7.1.14}
$$

以上公式可以近似地应用于 X 射线辐射问题, X 射线连续谱部分是由于入射电子碰到靶上受到减速而产生的. 当电子突然变速时, 产生一脉冲电磁波, 形成 X 射线的连续谱部分. 在 §7.3 中研究辐射的频谱分析时, 再进一步讨论这个问题.

*3. 任意运动带电粒子的电磁场

上面我们导出 $\boldsymbol{v}\to 0$ 情形下加速运动带电粒子的电磁场 (7.1.10) 式和 (7.1.11) 式. 我们看出电磁场分为两部分. 一部分是库仑场, 另一部分是和加速度有关的辐射场. 对 (7.1.10) 式和 (7.1.11) 式作洛伦兹变换, 可以得到任意运动速度下带电粒子激发的电磁场. 此电磁场同样分为两部分. 一部分是由库仑场作洛伦兹变换而得的, 这部分的性质已于 §6.5 中讨论过; 另一部分是和加速度 $\dot{\boldsymbol{v}}$ 有关的辐射场. 下面我们用李纳–维谢尔势直接计算运动带电粒子的辐射电磁场.

求辐射场时, 注意凡是对含 $\boldsymbol{r}$ 或 r 的因子求微商时, 结果都使分母的 r 幂次增加, 但由 (7.1.7) 式和 (7.1.8) 式, 通过 $\boldsymbol{v}(t')$ 对变量 t' 求微商时不会增加分母的 r 幂次. 因此, 在只保留 $1/r$ 最低次项时, 只需通过 $\boldsymbol{v}$ 对 t' 求导数即可. 令

$$
s = r - \frac{\boldsymbol{v}\cdot\boldsymbol{r}}{c} \tag{7.1.15}
$$

由 (7.1.5) 式、(7.1.7) 式和 (7.1.8) 式得

$$\nabla\varphi = \frac{\partial\varphi}{\partial t'}\nabla t' = -\frac{q}{4\pi\varepsilon_0 c^2 s^3}(\dot{\boldsymbol{v}}\cdot\boldsymbol{r})\boldsymbol{r} \tag{7.1.16}$$

$$\frac{\partial\boldsymbol{A}}{\partial t} = \frac{\partial\boldsymbol{A}}{\partial t'}\frac{\partial t'}{\partial t} = \left\{\frac{q\dot{\boldsymbol{v}}}{4\pi\varepsilon_0 c^2 s} + \frac{q\boldsymbol{v}}{4\pi\varepsilon_0 c^3 s^2}(\dot{\boldsymbol{v}}\cdot\boldsymbol{r})\right\}\frac{r}{s}$$

$$\begin{aligned}\boldsymbol{E} &= -\nabla\varphi - \frac{\partial\boldsymbol{A}}{\partial t} = \frac{q}{4\pi\varepsilon_0 c^2 s^3}\left[(\boldsymbol{r}\cdot\dot{\boldsymbol{v}})\boldsymbol{r} - rs\dot{\boldsymbol{v}} - \frac{r\boldsymbol{v}}{c}(\boldsymbol{r}\cdot\dot{\boldsymbol{v}})\right] \\ &= \frac{q}{4\pi\varepsilon_0 c^2 s^3 r}\boldsymbol{r}\times\left[\left(\boldsymbol{r}-\frac{\boldsymbol{v}}{c}r\right)\times\dot{\boldsymbol{v}}\right] \\ &= \frac{q}{4\pi\varepsilon_0 c^2 r}\frac{\boldsymbol{e}_r\times\left[\left(\boldsymbol{e}_r-\dfrac{\boldsymbol{v}}{c}\right)\times\dot{\boldsymbol{v}}\right]}{\left(1-\dfrac{\boldsymbol{v}\cdot\boldsymbol{e}_r}{c}\right)^3}\end{aligned} \tag{7.1.17}$$

$$\boldsymbol{B} = \nabla\times\boldsymbol{A} = \nabla t'\times\frac{\partial\boldsymbol{A}}{\partial t'} = -\frac{\boldsymbol{r}}{cs}\times\frac{\partial\boldsymbol{A}}{\partial t'} = -\frac{\boldsymbol{r}}{cr}\times\frac{\partial\boldsymbol{A}}{\partial t}$$

由于 $\nabla\varphi$ 沿 $\boldsymbol{r}$ 方向 [见 (7.1.16) 式], $\boldsymbol{r}\times\nabla\varphi = \boldsymbol{0}$, 因此由上式得

$$\boldsymbol{B} = \frac{\boldsymbol{r}}{cr}\times\left(-\frac{\partial\boldsymbol{A}}{\partial t} - \nabla\varphi\right) = \frac{1}{c}\boldsymbol{e}_r\times\boldsymbol{E} \tag{7.1.18}$$

(7.1.17) 式和 (7.1.18) 式是任意运动带电粒子的辐射场. 辐射场与加速度 $\dot{\boldsymbol{v}}$ 成正比. 当带电粒子受到加速时, 就有电磁波辐射. 辐射场是横向的, 即 $\boldsymbol{E}$ 和 $\boldsymbol{B}$ 都与 $\boldsymbol{e}_r$ 垂直, 并且 $\boldsymbol{B}$ 和 $\boldsymbol{E}$ 互相垂直. 此外, 辐射场与 r 成反比, 能流与 r^2 成反比, 因而总辐射能量可以传播到任意远处, 这些特点都是和第五章所讨论过的辐射电磁场的特性是一致的.

*§ 7.2 高速运动带电粒子的辐射

在电子加速器和其他高能粒子加速器中, 带电粒子的速度都非常接近光速. 在宇宙空间中也存在着大量高速运动的带电粒子. 因此, 研究 $v\sim c$ 情形下高速运动带电粒子的辐射具有重要的实际意义. 本节先一般导出 $v\sim c$ 情形下, 带电粒子辐射场的能流、辐射功率和角分布的公式, 讨论角分布的特点, 然后分别研究 $\dot{\boldsymbol{v}}/\!/\boldsymbol{v}$ 和 $\dot{\boldsymbol{v}}\perp\boldsymbol{v}$ 两情形下的辐射.

1. 高速运动带电粒子的辐射功率和角分布

先计算能流. 由 (7.1.17) 式和 (7.1.18) 式,

$$\begin{aligned}\boldsymbol{S} &= \boldsymbol{E}\times\boldsymbol{H} = \frac{1}{\mu_0}\boldsymbol{E}\times\boldsymbol{B} = \frac{1}{\mu_0 c}\boldsymbol{E}\times(\boldsymbol{e}_r\times\boldsymbol{E}) \\ &= \varepsilon_0 c E^2\boldsymbol{e}_r\end{aligned} \tag{7.2.1}$$

代入电场 (7.1.17) 式得

$$\boldsymbol{S}=\frac{q^2}{16\pi^2\varepsilon_0c^3r^2}\frac{\left|\boldsymbol{e}_r\times\left[\left(\boldsymbol{e}_r-\dfrac{\boldsymbol{v}}{c}\right)\times\dot{\boldsymbol{v}}\right]\right|^2}{\left(1-\dfrac{\boldsymbol{v}\cdot\boldsymbol{e}_r}{c}\right)^6}\boldsymbol{e}_r \tag{7.2.2}$$

能流 $\boldsymbol{S}$ 是用观察时间 t 计算的单位时间内垂直通过单位横截面的电磁能量. 当我们计算总辐射功率时, 需要把能流对一个大球面积分. 由 (7.1.7) 式, 观察时间 $\mathrm{d}t$ 和粒子辐射时间 $\mathrm{d}t'$ 是不同的, 而且对不同方向 $\mathrm{d}t/\mathrm{d}t'$ 亦不同. 如果我们用观察时间 $\mathrm{d}t$ 来计算功率, 则所得的功率不是粒子在同一时间 $\mathrm{d}t'$ 的发射功率. 如图 7–2 所示, 设粒子在时间 $\mathrm{d}t'$ 内由 P_1 点运动到 P_2 点. 在时刻 $t=t'+\dfrac{R}{c}$ 观察, 粒子在初时刻 t' 的辐射场到达以 P_1 为球心, 以 R 为半径的球面上, 而在末时刻 $t'+\mathrm{d}t'$ 的辐射场到达以 P_2 为球心, 以 $R-c\mathrm{d}t'$ 为半径的球面上, 因而粒子在 $\mathrm{d}t'$ 时间内的辐射能量位于这两个球面之间的区域. 由图可见, 在不同方向上, 此能量需要不同的时间 $\mathrm{d}t$ 才能通过外球面. 因为电磁辐射是由带电粒子加速运动引起的, 所以, 在计算辐射功率时, 用时间 $\mathrm{d}t'$ 来计算比较方便. 以 $P(t')$ 表示在 t' 单位时间内的辐射功率, 有

$$P(t')=\oint\boldsymbol{S}\cdot\boldsymbol{e}_r\frac{\mathrm{d}t}{\mathrm{d}t'}r^2\,\mathrm{d}\Omega \tag{7.2.3}$$

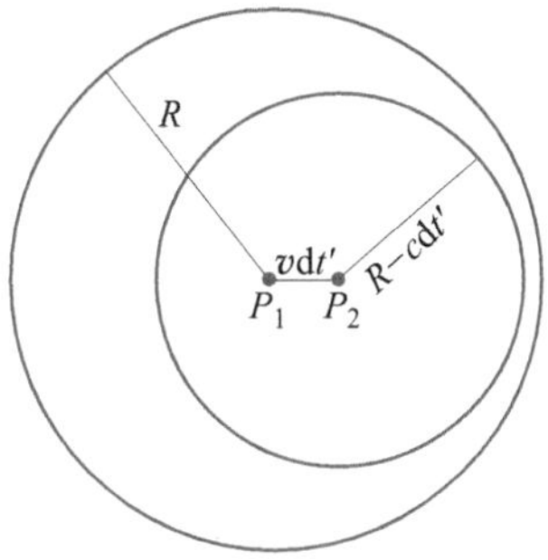

图 7–2

把 (7.2.2) 式代入得

$$P(t')=\frac{q^2}{16\pi^2\varepsilon_0c^3}\oint\frac{\left|\boldsymbol{e}_r\times\left[\left(\boldsymbol{e}_r-\dfrac{\boldsymbol{v}}{c}\right)\times\dot{\boldsymbol{v}}\right]\right|^2}{\left(1-\dfrac{\boldsymbol{v}\cdot\boldsymbol{e}_r}{c}\right)^5}\mathrm{d}\Omega \tag{7.2.4}$$

辐射功率的角分布为

$$\frac{\mathrm{d}P(t')}{\mathrm{d}\Omega}=\frac{q^2}{16\pi^2\varepsilon_0c^3}\frac{\left|\boldsymbol{e}_r\times\left[\left(\boldsymbol{e}_r-\dfrac{\boldsymbol{v}}{c}\right)\times\dot{\boldsymbol{v}}\right]\right|^2}{\left(1-\dfrac{\boldsymbol{v}\cdot\boldsymbol{e}_r}{c}\right)^5} \tag{7.2.5}$$

由上式可以看出高速运动带电粒子辐射角分布的特点. 令 θ 为 $\boldsymbol{e}_r$ 与 $\boldsymbol{v}$ 的夹角.

当 $v \simeq c$ 时, 因子 $1-\dfrac{\boldsymbol{v}\cdot\boldsymbol{e}_r}{c}=1-\dfrac{v}{c}\cos\theta$ 在 $\theta\simeq 0$ 方向变得很小, 因此辐射能量强烈地集中于朝前方向. 当 $\dfrac{v}{c}\simeq 1$ 和 $\theta\simeq 0$ 时, 因子 $1-\dfrac{v}{c}\cos\theta$ 可写为

$$\begin{aligned} 1-\frac{v}{c}\cos\theta &\approx 1-\frac{v}{c}\left(1-\frac{\theta^2}{2}\right)\approx 1-\frac{v}{c}+\frac{\theta^2}{2} \\ &=\frac{1}{2}\left(\frac{1}{\gamma^2}+\theta^2\right) \end{aligned} \tag{7.2.6}$$

式中 $\gamma=\left(1-\dfrac{v^2}{c^2}\right)^{-\frac{1}{2}}$. 因而角分布因子为

$$\left(1-\frac{v}{c}\cos\theta\right)^{-5}\approx\frac{32}{\left(\dfrac{1}{\gamma^2}+\theta^2\right)^5} \tag{7.2.6a}$$

由此式看出, 不管加速度方向如何, 辐射能量主要集中于沿 $\boldsymbol{v}$ 方向锥角为

$$\Delta\theta\sim\frac{1}{\gamma}$$

的射束之内. v 越接近于 c 时此效应越显著. 例如能量为 500 MeV 的电子, 它的 γ 值 $\approx 10^3$, 因此, 当它受到加速时激发的辐射集中于 $\Delta\theta\sim 10^{-3}$ rad 之内.

2. $\dot{\boldsymbol{v}}/\!/\boldsymbol{v}$ 情形

此情形 $\boldsymbol{v}\times\dot{\boldsymbol{v}}=\boldsymbol{0}$, 由 (7.1.17) 式和 (7.1.18) 式得

$$\begin{aligned} \boldsymbol{E}&=\frac{q}{4\pi\varepsilon_0c^2r}\frac{\boldsymbol{e}_r\times(\boldsymbol{e}_r\times\dot{\boldsymbol{v}})}{\left(1-\dfrac{\boldsymbol{v}\cdot\boldsymbol{e}_r}{c}\right)^3} \\ \boldsymbol{B}&=\frac{1}{c}\boldsymbol{e}_r\times\boldsymbol{E}=-\frac{q}{4\pi\varepsilon_0c^3r}\frac{\boldsymbol{e}_r\times\dot{\boldsymbol{v}}}{\left(1-\dfrac{\boldsymbol{v}\cdot\boldsymbol{e}_r}{c}\right)^3} \end{aligned} \tag{7.2.7}$$

辐射能流为

$$\boldsymbol{S}=\boldsymbol{E}\times\boldsymbol{H}=\frac{q^2\dot{v}^2}{16\pi^2\varepsilon_0c^3r^2}\frac{\sin^2\theta}{\left(1-\dfrac{v}{c}\cos\theta\right)^6}\boldsymbol{e}_r \tag{7.2.8}$$

式中 θ 为 $\boldsymbol{e}_r$ 与 $\boldsymbol{v}$ 的夹角. 辐射角分布为

$$\frac{\mathrm{d}P(t')}{\mathrm{d}\Omega}=r^2\boldsymbol{S}\cdot\boldsymbol{e}_r\frac{\mathrm{d}t}{\mathrm{d}t'}=\frac{q^2\dot{v}^2}{16\pi^2\varepsilon_0c^3}\frac{\sin^2\theta}{\left(1-\dfrac{v}{c}\cos\theta\right)^5} \tag{7.2.9}$$

辐射角分布与低速情形相比如图 7–3 所示.

辐射功率为

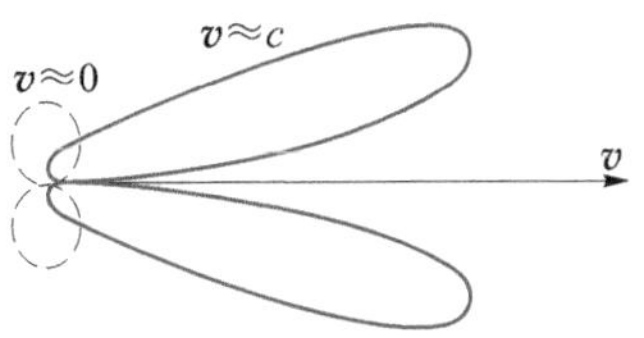

图 7–3

$$P\left(t'\right)=\frac{q^{2}\dot{v}^{2}}{16\pi^{2}\varepsilon_{0}c^{3}}\int\frac{\sin^{2}\theta}{\left(1-\dfrac{v}{c}\cos\theta\right)^{5}}\mathrm{d}\Omega=\frac{q^{2}\dot{v}^{2}}{6\pi\varepsilon_{0}c^{3}}\gamma^{6} \tag{7.2.10}$$

上式把辐射功率用加速度 $\dot{\boldsymbol{v}}$ 表示出来. 事实上, 由于粒子速度不能超过光速, 所以当 $v\to c$ 时, 在一定作用力下, 加速度 $\dot{\boldsymbol{v}}$ 的值变得很小. 因此, 改用粒子所受的力 F 来表出辐射功率是比较方便的. 在 $\dot{\boldsymbol{v}}/\!/\boldsymbol{v}$ 情形, 由相对论力学方程

$$\boldsymbol{F}=\frac{\mathrm{d}}{\mathrm{d}t}\frac{m\boldsymbol{v}}{\sqrt{1-\dfrac{v^{2}}{c^{2}}}}=\frac{m\dot{\boldsymbol{v}}}{\left(1-\dfrac{v^{2}}{c^{2}}\right)^{3/2}}=\gamma^{3}m\dot{\boldsymbol{v}} \tag{7.2.11}$$

得辐射功率

$$P\left(t'\right)=\frac{q^{2}}{6\pi\varepsilon_{0}m^{2}c^{3}}F^{2} \tag{7.2.12}$$

由此式可见在一定作用力下, 直线运动粒子的辐射功率与粒子能量无关.

3. $\dot{\boldsymbol{v}}\perp\boldsymbol{v}$ 情形

选坐标系如图 7–4 所示. 设在时刻 t' 粒子的瞬时速度 $\boldsymbol{v}$ 沿 z 轴, 加速度 $\dot{\boldsymbol{v}}$ 沿 x 轴. 设 $\boldsymbol{e}_r$ 与 $\boldsymbol{v}$ 的夹角为 θ, 有 $\boldsymbol{e}_r\cdot\boldsymbol{v}=v\cos\theta$, $\boldsymbol{v}\cdot\dot{\boldsymbol{v}}=0$. 由图可见

$$\boldsymbol{e}_r\cdot\dot{\boldsymbol{v}}=\dot{v}\sin\theta\cos\phi$$

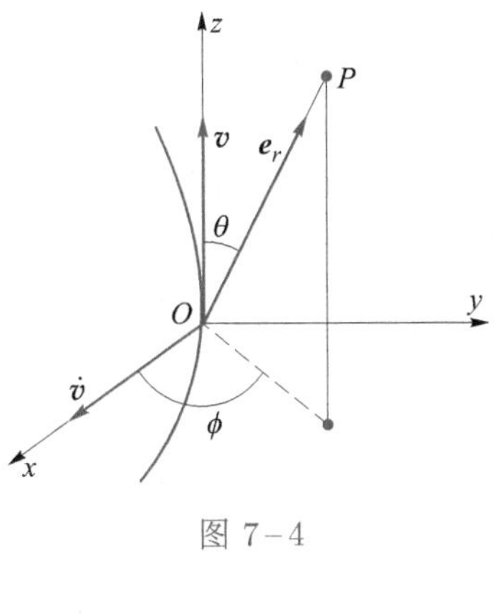

图 7–4

因而

$$\boldsymbol{e}_r\times\left[\left(\boldsymbol{e}_r-\frac{\boldsymbol{v}}{c}\right)\times\dot{\boldsymbol{v}}\right]=\left(\boldsymbol{e}_r\cdot\dot{\boldsymbol{v}}\right)\left(\boldsymbol{e}_r-\frac{\boldsymbol{v}}{c}\right)-\left(1-\frac{\boldsymbol{e}_r\cdot\boldsymbol{v}}{c}\right)\dot{\boldsymbol{v}}$$

$$= |\dot{v}|\sin\theta\cos\phi\left(\boldsymbol{e}_r - \frac{\boldsymbol{v}}{c}\right) - \left(1 - \frac{v}{c}\cos\theta\right)\dot{\boldsymbol{v}}$$

$$\left|\boldsymbol{e}_r \times \left[\left(\boldsymbol{e}_r - \frac{\boldsymbol{v}}{c}\right)\times\dot{\boldsymbol{v}}\right]\right|^2 = \dot{v}^2\left[\left(1 - \frac{v}{c}\cos\theta\right)^2 - \left(1 - \frac{v^2}{c^2}\right)\sin^2\theta\cos^2\phi\right]$$

代入 (7.2.5) 式得辐射角分布 (图 7–5)

$$\frac{\mathrm{d}P(t')}{\mathrm{d}\Omega} = \frac{q^2\dot{v}^2}{16\pi^2\varepsilon_0 c^3}\frac{\left(1 - \frac{v}{c}\cos\theta\right)^2 - \left(1 - \frac{v^2}{c^2}\right)\sin^2\theta\cos^2\phi}{\left(1 - \frac{v}{c}\cos\theta\right)^5} \tag{7.2.13}$$

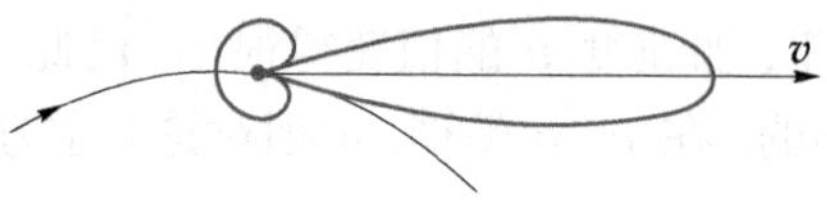

图 7–5

上式对 $\mathrm{d}\Omega$ 积分得辐射功率

$$P(t') = \frac{q^2\dot{v}^2}{6\pi\varepsilon_0 c^3}\gamma^4 \tag{7.2.14}$$

在 $\dot{\boldsymbol{v}} \perp \boldsymbol{v}$ 情形由相对论力学方程得

$$\boldsymbol{F} = \frac{\mathrm{d}}{\mathrm{d}t}\frac{m\boldsymbol{v}}{\sqrt{1 - \frac{v^2}{c^2}}} = \frac{m\dot{\boldsymbol{v}}}{\sqrt{1 - \frac{v^2}{c^2}}}$$
$$= \gamma m\dot{\boldsymbol{v}}$$

用作用力 F 表出的粒子辐射功率为

$$P(t') = \frac{q^2F^2}{6\pi\varepsilon_0 m^2c^3}\gamma^2 \tag{7.2.15}$$

由此可见, 在一定作用力下, 当粒子的加速度 $\dot{\boldsymbol{v}} \perp \boldsymbol{v}$ 时, 它的辐射功率与粒子能量平方成正比.

以上结果对电子加速器有重要意义. 目前有两种类型的电子加速器, 一类是直线型的, 另一类是圆周型的. 在后一类电子加速器中, 用一定电磁作用力使电子加速时, 电子由于受到加速而产生辐射, 辐射功率与电子能量平方成正比. 电子能量越高, 辐射损耗就越大. 当辐射损耗等于加速器所提供的功率时, 电子就不再受到加速. 直线型加速器由于辐射损耗与电子能量无关, 因而加速能量不受此限制. 因此, 目前能量较高的电子加速器一般采用直线型, 或者通过增大圆周直径以减少辐射损耗. 另一方面, 圆周型加速器产生的同步辐射在材料物理、生命科学等领域有很多重要应用.

§ 7.3 辐射的频谱分析

带电粒子加速时产生辐射, 这种辐射往往是脉冲形式的. 例如在 X 射线管内, 一定能量的电子碰到金属靶上, 在很短的时间内突然减速, 在这段时间内它辐射出脉冲电磁波. 又例如高速运动电子作圆周运动时, 它在每一瞬时所产生的辐射是一个狭窄的射束, 对于在轨道平面附近的一个观察者来说, 该射束在很短的时间内扫过, 因此观察者所看到的辐射也是脉冲形的. 对一个脉冲作频谱分析, 可以得出它所含的各个频率分量, 这在实际应用中是一个重要问题. 本节我们先给出频谱分析的一般公式, 然后研究一些具体情形下的辐射频谱.

1. 频谱分析的一般公式

以 $f(t)$ 表示某一时间函数, 它可以代表电流、势或电磁场. 把 $f(t)$ 表示为傅里叶积分

$$f(t)=\int_{-\infty}^{\infty} f_\omega \mathrm{e}^{-\mathrm{i}\omega t}\ \mathrm{d}\omega \tag{7.3.1}$$

f_ω 是 $f(t)$ 的角频率为 ω 的傅里叶分量. (7.3.1) 式的逆变换为

$$f_\omega=\frac{1}{2\pi}\int_{-\infty}^{\infty} f(t)\mathrm{e}^{\mathrm{i}\omega t}\ \mathrm{d}t \tag{7.3.2}$$

设 $f(t)$ 是实函数, 由上式定义的 f_w 一般是复数. 由 $f(t)$ 为实数的条件可以得到负频分量与正频分量的关系. 取 (7.3.2) 式的复共轭得

$$f_\omega^*=\frac{1}{2\pi}\int_{-\infty}^{\infty} f(t)\mathrm{e}^{-\mathrm{i}\omega t}\ \mathrm{d}t=f_{-\omega} \tag{7.3.3}$$

因此, 负频分量和正频分量不是独立的, 而是互为复共轭.

若某一物理量正比于 $f^2(t)$, 则它对 t 的积分可以变为 $|f_\omega|^2$ 对 ω 的积分

$$\begin{aligned}\int_{-\infty}^{\infty} f^2(t)\mathrm{d}t&=\int_{-\infty}^{\infty} f(t)\mathrm{d}t\int_{-\infty}^{\infty} f_\omega\mathrm{e}^{-\mathrm{i}\omega t}\mathrm{d}\omega\\&=\int_{-\infty}^{\infty} f_\omega\mathrm{d}\omega\int_{-\infty}^{\infty} f(t)\mathrm{e}^{-\mathrm{i}\omega t}\mathrm{d}t=\int_{-\infty}^{\infty} f_\omega\cdot 2\pi f_{-\omega}\mathrm{d}\omega\\&=2\pi\int_{-\infty}^{\infty}|f_\omega|^2\ \mathrm{d}\omega=4\pi\int_{0}^{\infty}|f_\omega|^2\,\mathrm{d}\omega\end{aligned} \tag{7.3.4}$$

现在我们把傅里叶变换应用到电磁场问题中. 首先把电流密度 $\boldsymbol{J}(\boldsymbol{x},t)$ 表示为傅里叶积分

$$\boldsymbol{J}(\boldsymbol{x},t)=\int_{-\infty}^{\infty}\boldsymbol{J}_\omega(\boldsymbol{x})\mathrm{e}^{-\mathrm{i}\omega t}\mathrm{d}\omega \tag{7.3.5}$$

逆变换式为

$$\boldsymbol{J}_\omega(\boldsymbol{x})=\frac{1}{2\pi}\int_{-\infty}^{\infty}\boldsymbol{J}(\boldsymbol{x},t)\mathrm{e}^{\mathrm{i}\omega t}\mathrm{d}t \tag{7.3.6}$$

把 (7.3.5) 式代入矢势公式得

$$
\begin{aligned}
\boldsymbol{A}(\boldsymbol{x},t) &= \frac{\mu_0}{4\pi}\int \frac{\boldsymbol{J}\left(\boldsymbol{x}',t-\dfrac{r}{c}\right)}{r}\mathrm{d}V' \\
&= \frac{\mu_0}{4\pi}\int \frac{1}{r}\,\mathrm{d}V'\int_{-\infty}^{\infty}\boldsymbol{J}_\omega\left(\boldsymbol{x}'\right)\mathrm{e}^{-\mathrm{i}\omega\left(t-\frac{r}{c}\right)}\mathrm{d}\omega \\
&= \frac{\mu_0}{4\pi}\int_{-\infty}^{\infty}\mathrm{e}^{-\mathrm{i}\omega t}\mathrm{d}\omega\int \frac{\boldsymbol{J}_\omega\left(\boldsymbol{x}'\right)\mathrm{e}^{\mathrm{i}\frac{\omega}{c}r}}{r}\mathrm{d}V'
\end{aligned}
$$

因此, 矢势 $\boldsymbol{A}(\boldsymbol{x},t)$ 的 ω 分量为

$$
\boldsymbol{A}_\omega(\boldsymbol{x}) = \frac{\mu_0}{4\pi}\int \frac{\boldsymbol{J}_\omega\left(\boldsymbol{x}'\right)\mathrm{e}^{\mathrm{i}\frac{\omega}{c}r}}{r}\,\mathrm{d}V' \tag{7.3.7}
$$

把 (7.3.6) 式的积分变量写为 t', 代入上式得

$$
\boldsymbol{A}_\omega(\boldsymbol{x}) = \frac{\mu_0}{8\pi^2}\int \mathrm{e}^{\mathrm{i}\omega\left(t'+\frac{r}{c}\right)}\mathrm{d}t'\int \frac{\boldsymbol{J}\left(\boldsymbol{x}',t'\right)}{r}\,\mathrm{d}V' \tag{7.3.8}
$$

对于一个电荷为 q 的带电粒子, 设其位矢为 $\boldsymbol{x}=\boldsymbol{x}_q(t)$, 速度为 $\boldsymbol{v}(t)$, 则它的电荷密度和电流密度为

$$
\begin{aligned}
\rho(\boldsymbol{x},t) &= q\delta\left[\boldsymbol{x}-\boldsymbol{x}_q(t)\right] \\
\boldsymbol{J}(\boldsymbol{x},t) &= q\boldsymbol{v}(t)\delta\left[\boldsymbol{x}-\boldsymbol{x}_q(t)\right]
\end{aligned} \tag{7.3.9}
$$

代入 (7.3.8) 式, 对粒子体积积分后, 相当于把 $\boldsymbol{x}'$ 换作粒子的坐标 $\boldsymbol{x}_q\left(t'\right)$. 因此

$$
\boldsymbol{A}_\omega(\boldsymbol{x}) = \frac{\mu_0}{8\pi^2}\int_{-\infty}^{\infty}\frac{q\boldsymbol{v}\left(t'\right)}{r}\mathrm{e}^{\mathrm{i}\omega\left(t'+\frac{r}{c}\right)}\mathrm{d}t' \tag{7.3.10}
$$

式中 r 为带电粒子位置 $\boldsymbol{x}_q\left(t'\right)$ 到场点 $\boldsymbol{x}$ 的距离.

若粒子在有限区域内运动, 而我们在远处观察辐射场, 可选区域内某点为坐标系原点, 设从原点到场点的距离为 R, 由图 7–6, 有

$$
r \simeq R-\boldsymbol{e}_r\cdot\boldsymbol{x}_q\left(t'\right) \tag{7.3.11}
$$

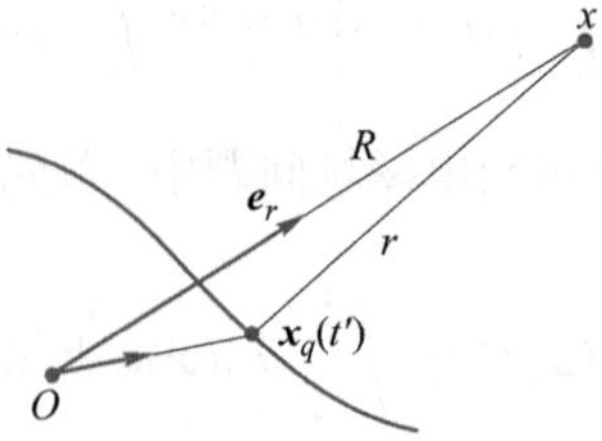

图 7–6

在 (7.3.10) 式中, 相因子内的 r 用上式代入, 而分母的 r 可以简单地代为 R, 得

$$\boldsymbol{A}_\omega(\boldsymbol{x}) = \frac{q}{8\pi^2\varepsilon_0 c^2}\frac{\mathrm{e}^{\mathrm{i}kR}}{R}\int_{-\infty}^{\infty}\boldsymbol{v}(t')\,\mathrm{e}^{\mathrm{i}\omega\left(t'-\frac{\boldsymbol{e}_r\cdot\boldsymbol{x}_q}{c}\right)}\mathrm{d}t' \tag{7.3.12}$$

式中 $k=\omega/c$ 为该频率分量的波数. 由 (5.1.13) 式和 (5.1.14) 式得辐射电磁场的 ω 分量为

$$\boldsymbol{B}_\omega = \mathrm{i}\boldsymbol{k}\times\boldsymbol{A}_\omega = \frac{\mathrm{i}q\omega}{8\pi^2\varepsilon_0 c^3}\frac{\mathrm{e}^{\mathrm{i}kR}}{R}\int_{-\infty}^{\infty}\boldsymbol{e}_r\times\boldsymbol{v}(t')\,\mathrm{e}^{\mathrm{i}\omega\left(t'-\frac{\boldsymbol{e}_r\cdot\boldsymbol{x}_q}{c}\right)}\mathrm{d}t' \tag{7.3.13}$$

$$\boldsymbol{E}_\omega = -c\boldsymbol{e}_r\times\boldsymbol{B}_\omega = -\frac{\mathrm{i}q\omega}{8\pi^2\varepsilon_0 c^2}\frac{\mathrm{e}^{\mathrm{i}kR}}{R}\int_{-\infty}^{\infty}\boldsymbol{e}_r\times(\boldsymbol{e}_r\times\boldsymbol{v})\,\mathrm{e}^{\mathrm{i}\omega\left(t'-\frac{\boldsymbol{e}_r\cdot\boldsymbol{x}_q}{c}\right)}\mathrm{d}t' \tag{7.3.14}$$

利用

$$\frac{\mathrm{d}}{\mathrm{d}t'}\mathrm{e}^{\mathrm{i}\omega\left(t'-\frac{\boldsymbol{e}_r\cdot\boldsymbol{x}_q}{c}\right)} = \mathrm{i}\omega\left(1-\frac{\boldsymbol{e}_r\cdot\boldsymbol{v}}{c}\right)\mathrm{e}^{\mathrm{i}\omega\left(t'-\frac{\boldsymbol{e}_r\cdot\boldsymbol{x}_q}{c}\right)}$$

$$\frac{\mathrm{d}}{\mathrm{d}t'}\left[\frac{\boldsymbol{e}_r\times(\boldsymbol{e}_r\times\boldsymbol{v})}{1-\dfrac{\boldsymbol{e}_r\cdot\boldsymbol{v}}{c}}\right] = \frac{\boldsymbol{e}_r\times\left[\left(\boldsymbol{e}_r-\dfrac{\boldsymbol{v}}{c}\right)\times\dot{\boldsymbol{v}}\right]}{\left(1-\dfrac{\boldsymbol{e}_r\cdot\boldsymbol{v}}{c}\right)^2}$$

将 (7.3.14) 式分部积分, 可以把它变为另一形式

$$\boldsymbol{E}_\omega(x) = \frac{q}{8\pi^2\varepsilon_0 c^2}\frac{\mathrm{e}^{\mathrm{i}kR}}{R}\int_{-\infty}^{\infty}\frac{\boldsymbol{e}_r\times\left[\left(\boldsymbol{e}_r-\dfrac{\boldsymbol{v}}{c}\right)\times\dot{\boldsymbol{v}}\right]}{\left(1-\dfrac{\boldsymbol{e}_r\cdot\boldsymbol{v}}{c}\right)^2}\mathrm{e}^{\mathrm{i}\omega\left(t'-\frac{\boldsymbol{e}_r\cdot\boldsymbol{x}_q}{c}\right)}\mathrm{d}t' \tag{7.3.15}$$

利用 $t=t'+\dfrac{1}{c}\left(R-\boldsymbol{e}_r\cdot\boldsymbol{x}_q\right), \mathrm{d}t'=\left(1-\dfrac{\boldsymbol{e}_r\cdot\boldsymbol{v}}{c}\right)^{-1}\mathrm{d}t$, 上式可化为

$$\boldsymbol{E}_\omega(\boldsymbol{x}) = \frac{1}{2\pi}\int_{-\infty}^{\infty}\boldsymbol{E}(\boldsymbol{x},t)\mathrm{e}^{\mathrm{i}\omega t}\,\mathrm{d}t$$

其中 $\boldsymbol{E}(\boldsymbol{x},t)$ 为 (7.1.17) 式. 由此看出, 用频谱分析方法导出的 $\boldsymbol{E}(\boldsymbol{x},t)$ 和以前用李纳–维谢尔势导出的表示式一致. 用 (7.3.15) 式或 (7.3.14) 式都可以计算 $\boldsymbol{E}_\omega$.

现在对辐射能量作频谱分析. 辐射能量的角分布为

$$\frac{\mathrm{d}W}{\mathrm{d}\Omega} = \int_{-\infty}^{\infty}\boldsymbol{S}\cdot\boldsymbol{e}_r R^2\mathrm{d}t \tag{7.3.16}$$

把 (7.2.1) 式代入得

$$\frac{\mathrm{d}W}{\mathrm{d}\Omega} = \varepsilon_0 cR^2\int_{-\infty}^{\infty}E^2(t)\mathrm{d}t = 4\pi\varepsilon_0 cR^2\int_0^{\infty}\left|E_\omega\right|^2\mathrm{d}\omega$$

其中我们应用了 (7.3.4) 式. 因此, 角频率为 ω 的单位角频率间隔辐射能量角分布为

$$\frac{\mathrm{d}W_\omega}{\mathrm{d}\Omega} = 4\pi\varepsilon_0 cR^2\left|E_\omega\right|^2 \tag{7.3.17}$$

此式对 $\mathrm{d}\Omega$ 积分即得单位频率间隔辐射能量为

$$W_\omega = 4\pi\varepsilon_0 c \oint |E_\omega|^2 R^2 \, d\Omega \tag{7.3.18}$$

(7.3.14) 式—(7.3.18) 式是频谱分析的主要公式. 下面我们讨论一些具体情形下的辐射频谱.

2. 低速运动带电粒子在碰撞过程中的辐射频谱

当带电粒子入射到物质靶上时, 它和靶内原子中的电子和原子核碰撞, 在碰撞过程中减速, 因而产生辐射. 这种辐射称为轫致辐射. X 射线的连续谱部分属于这种辐射. 现在我们计算当入射电子速度 $v \ll c$ 时所产生的辐射频谱.

在 (7.3.15) 式中, 由于 $x_q(t) \sim vt$, 因此相因子中的 $\boldsymbol{e}_r \cdot \boldsymbol{x}_q/c$ 可以忽略 (即偶极辐射条件), 分母中的 $\dfrac{\boldsymbol{e}_r \cdot \boldsymbol{v}}{\boldsymbol{c}}$ 亦可忽略, 因而

$$\boldsymbol{E}_\omega(\boldsymbol{x}) = \frac{q}{8\pi^2\varepsilon_0 c^2}\frac{e^{ikR}}{R}\int_{-\infty}^{\infty} \boldsymbol{e}_r \times (\boldsymbol{e}_r \times \dot{\boldsymbol{v}})\, e^{i\omega t'} dt' \tag{7.3.19}$$

设粒子在很短的时间 τ 内减速, 因而上式的积分区为 $\Delta t' \sim \tau$. 若 $\omega \ll \dfrac{1}{\tau}$, 则相因子 $e^{i\omega t'} \simeq 1$, 因而

$$\begin{aligned}\boldsymbol{E}_\omega(\boldsymbol{x}) &\approx \frac{q}{8\pi^2\varepsilon_0 c^2}\frac{e^{ikR}}{R}\int_{-\infty}^{\infty} \boldsymbol{e}_r \times (\boldsymbol{e}_r \times \dot{\boldsymbol{v}})\, dt' \\ &= \frac{q}{8\pi^2\varepsilon_0 c^2}\frac{e^{ikR}}{R}\boldsymbol{e}_r \times (\boldsymbol{e}_r \times \Delta\boldsymbol{v}) \quad (\omega\tau \ll 1)\end{aligned} \tag{7.3.20}$$

式中 $\Delta\boldsymbol{v} = \boldsymbol{v}_2 - \boldsymbol{v}_1$ 为粒子在时间 τ 内的速度改变量. 设 $\boldsymbol{e}_r$ 与 $\Delta\boldsymbol{v}$ 的夹角为 Θ, 由 (7.3.17) 式得角频率为 ω 的单位角频率间隔辐射能量角分布为

$$\frac{dW_\omega}{d\Omega} = \frac{q^2}{16\pi^3\varepsilon_0 c^3}|\Delta\boldsymbol{v}|^2 \sin^2\Theta \quad (\omega\tau \ll 1) \tag{7.3.21}$$

对 $d\Omega$ 积分后得辐射能量为

$$W_\omega = \frac{q^2}{6\pi^2\varepsilon_0 c}\left(\frac{\Delta\boldsymbol{v}}{c}\right)^2 \quad (\omega\tau \ll 1) \tag{7.3.22}$$

注意当 $\omega \ll \dfrac{1}{\tau}$ 时, W_ω 与 ω 无关.

当 $\omega \gg \dfrac{1}{\tau}$ 时, (7.3.19) 式中相因子 $e^{i\omega t}$ 迅速振荡, 积分值趋于零, 因此有

$$W_\omega \approx 0 \quad (\omega\tau \gg 1) \tag{7.3.23}$$

辐射频谱如图 7−7 (a) 所示.

由 $\omega = 2\pi c/\lambda$, 可得辐射能量按波长的分布

$$W(\lambda) = W_\omega\left|\frac{d\omega}{d\lambda}\right| \approx \frac{q^2}{3\pi\varepsilon_0}\left(\frac{\Delta\boldsymbol{v}}{c}\right)^2\frac{1}{\lambda^2} \quad (\lambda \gg c\tau) \tag{7.3.24}$$

$$W(\lambda) \approx 0 \quad (\lambda \ll c\tau)$$

$W(\lambda)$ 如图 7–7(b) 所示.

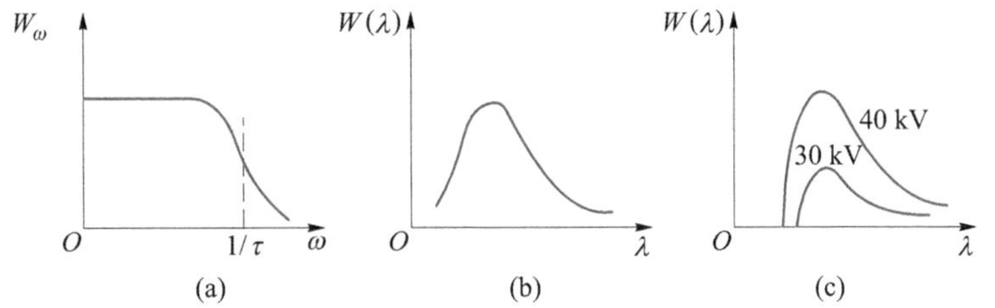

图 7–7

以上结果可以应用于 X 射线的连续谱分析. 实验测量出的连续谱分布如图 7–7(c) 所示. 当入射电子能量增大时, 辐射增强, 这一点可以用 (7.3.22) 式中 $\Delta \boldsymbol{v}$ 增大来解释. 当 λ 较大时, 辐射能量按波长的分布和经典公式 (7.3.24) 相符. 但是在短波长范围, 实验结果最显著的特点是有一个尖锐的截止波长, 相应的截止频率 ω_{c} 与电子入射动能 E_{e} 成正比, 有关系式

$$\hbar\omega_{\mathrm{c}} = E_{\mathrm{e}} \tag{7.3.25}$$

式中

$$\hbar = 1.054571817 \times 10^{-34}\ \mathrm{J \cdot s} \tag{7.3.26}$$

$\hbar$ 为约化普朗克 (Planck) 常量. 此关系只有用量子理论才能解释, 它表示电磁能量是量子化的, 频率为 ω 的光子具有能量 $\hbar\omega$. 当 ω 小时, 光子数目很多, 经典电磁理论近似成立. 当 ω 大时, 在过程中只涉及小量光子, 电磁场的量子化性质显著地表现出来, 因而经典理论在这个情形下不能适用.

以 $N(\omega)$ 表示光子数分布, 由 (7.3.22) 式得

$$N(\omega)\mathrm{d}\omega = \frac{e^2}{6\pi^2\varepsilon_0 c}\left(\frac{\Delta \boldsymbol{v}}{c}\right)^2 \frac{\mathrm{d}\omega}{\hbar\omega} = \frac{2\alpha}{3\pi}\left(\frac{\Delta \boldsymbol{v}}{c}\right)^2 \frac{\mathrm{d}\omega}{\omega} \quad (\omega\tau \ll 1) \tag{7.3.27}$$

式中 e 为元电荷, 而

$$\alpha = \frac{e^2}{4\pi\varepsilon_0\hbar c} \sim \frac{1}{137.0359991} \tag{7.3.28}$$

α 称为精细结构常量, 是光谱学和量子电动力学的基本常量之一. 在量子场论中, α 是表征电磁相互作用强度的常量. (7.3.27) 式表示低能光子数目与光子能量成反比. 当 $\omega \to 0$ 时, $N(\omega) \to \infty$, 但总能量是有限的.

3. 高速圆周运动带电粒子的辐射频谱

设有一高速运动 ($v \simeq c$) 的带电粒子作圆周运动. 由 (7.2.6) 式, 在每一瞬间粒子产生的辐射都集中于沿 $\boldsymbol{v}$ 方向的狭窄射束内, 射束的张角为

$$\Delta\theta \sim \frac{1}{\gamma} \tag{7.3.29}$$

γ 等于粒子总能量与静止能量之比. 因此, 当粒子作圆周运动时, 它产生的辐射好像一个旋转的探射灯一样. 在远处的 P 点上观察, 粒子每转一周时射束只在很短的时间 Δt 内扫过, 因而在 P 点上观察到的辐射是周期性的脉冲波形 (图 7−8).

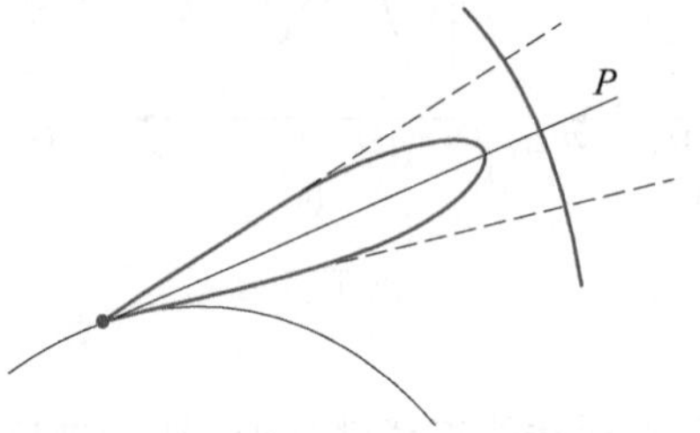

图 7−8

设轨道半径为 ρ, 粒子走过路程 $\rho\Delta\theta$ 的时间为

$$\Delta t' = \frac{\rho\Delta\theta}{v} \sim \frac{\rho}{c\gamma} \tag{7.3.30}$$

在 P 点上观察到脉冲的持续时间为

$$\Delta t = \left(\frac{\mathrm{d}t}{\mathrm{d}t'}\right)\Delta t'$$

由 (7.1.7) 式和 (7.2.6) 式, 有

$$\frac{\mathrm{d}t}{\mathrm{d}t'} = 1 - \frac{v}{c}\cos\theta \simeq \frac{1}{2}\left(\frac{1}{\gamma^2} + \theta^2\right)$$

由于 θ^2 的平均值 $\langle\theta^2\rangle \sim 1/\gamma^2$, 因此

$$\left(\frac{\mathrm{d}t}{\mathrm{d}t'}\right) \sim \frac{1}{\gamma^2}$$

并由 (7.3.30) 式, 得

$$\Delta t \sim \frac{\rho}{c\gamma^3} \tag{7.3.31}$$

当脉冲时间为 Δt 时, 频谱主要分布于 $\omega \lesssim \omega_{\mathrm{c}}$ 范围内, 其中

$$\omega_{\mathrm{c}} \sim \frac{1}{\Delta t} \sim \frac{c}{\rho}\gamma^3 = \omega_0\gamma^3 \tag{7.3.32}$$

ω_0 为粒子圆周运动的角频率.

圆周运动是周期性的, 因此它的辐射可展为傅里叶级数, 频谱是基频 ω_0 的整数倍, 包括从 ω_0 到 ω_{c} 的各分量. 用 (7.3.14) 式精确计算出的辐射频谱如图 7−9 所示. 例如当电子能量为 100 MeV, $\rho = 0.4$ m 时, $\omega_0 \sim 8 \times 10^8\ \mathrm{s}^{-1}, \gamma \sim 200$,

$\omega_c \sim 6 \times 10^{15}\ \ \mathrm{s}^{-1}, \lambda_c \sim 300\ \mathrm{nm}$. 辐射频谱盖过可见光部分. 这种辐射是 1947 年在电子同步加速器中首先被观察到的, 因此被命名为同步加速器辐射, 简称同步辐射. 在天文观测中也可看到这种同步辐射, 它是由高速运动带电粒子在天体的磁场中作圆周运动所辐射出来的. 1947 年, 朱洪元 (1917—1992, 中国) 在研究从外太空进入地球磁场的高能带电粒子的电磁辐射时, 率先计算了同步辐射的能谱、角分布和极化状态等性质①. 1949 年, 施温格 (Schwinger) 在研究加速器中电子的辐射性质时得到相同的结果②. 他们的研究结果是同步辐射理论机制的奠基性工作.

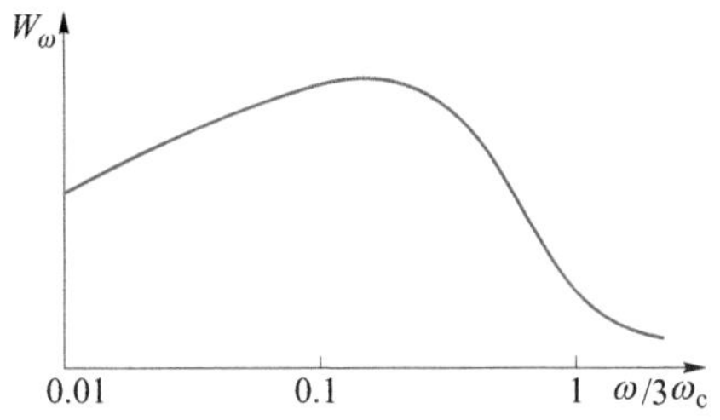

图 7-9

同步辐射被发现之后, 因为其具有高亮度、宽波段、窄脉冲、高偏振、准相干等优异性能, 逐渐在基础科学和应用科学等领域得到广泛应用. 我国从 20 世纪 90 年代开始, 先后建成北京光源、合肥光源和上海光源, 分别属于第一代、第二代和第三代同步辐射光源装置. 第四代同步辐射光源由于采用了新的加速器结构, 其光源亮度、相干性将比三代光源提高若干个数量级, 脉冲间隔也将被极大地缩短. 属于第四代同步辐射光源的北京高能同步辐射光源和合肥先进光源预计分别在 2025 年和 2027 年建成.

§ 7.4 切连科夫辐射

在真空中, 匀速运动带电粒子不产生辐射电磁场. 但是当带电粒子在介质内运动时, 介质内产生诱导电流, 由这些诱导电流激发次波, 当带电粒子的速度超过介质内的光速时, 这些次波与运动粒子的电磁场互相干涉, 可以形成辐射电磁场. 这种辐射称为切连科夫 (Cherenkov) 辐射.

切连科夫辐射的物理机制如图 7-10 所示. 设在介质内粒子作匀速运动, 速度 v 超过介质内的光速 c/n (n 为折射率). 在粒子路径附近, 介质的分子电流受到扰动, 因而产生次波. 设粒子在时刻 $t_1, t_2, \cdots$ 依次经过 $M_1, M_2, \cdots$ 点, 在时刻 t 到达 M 点. 在同一时刻 t, M_1 处产生的次波已经到达半径为 M_1P 的球面上, 故有

$$M_1P = \frac{c}{n}(t - t_1), \quad M_1M = v(t - t_1)$$

① H. Y. Tzu, On the radiation emitted by a fast charged particle in the magnetic field, Proc. R. Soc. Lond. A 192, 1948, 231–246.

② J. S. Schwinger, On the classical radiation of accelerated electrons, Phys. Rev. 75, 1949, 1912–1925.

不难看出, 若 $v > c/n$, 则粒子路径上各点所产生的次波在时刻 t 都在一个锥体之内. 在锥面上, 各次波互相叠加, 形成一个波面, 因而产生向锥面法线方向传播的辐射电磁波. 辐射方向与粒子运动方向的夹角 θ_c 由下式确定:

$$\cos\theta_c = \frac{c}{nv} \tag{7.4.1}$$

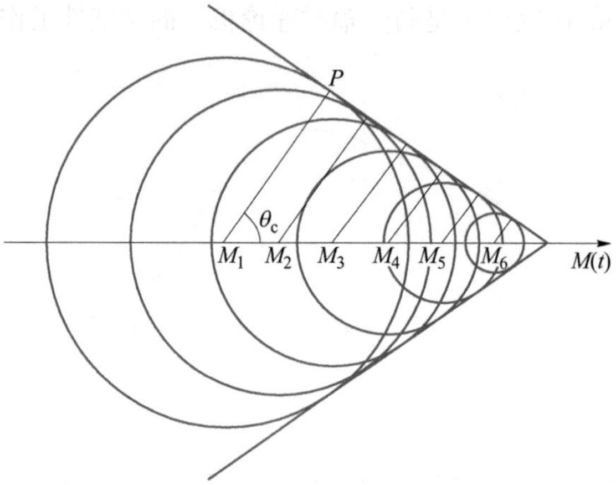

图 7-10

由于切连科夫辐射是运动带电粒子与介质内的束缚电荷和诱导电流所产生的集体效应, 而在宏观现象中, 介质内束缚电荷和诱导电流分布产生的宏观效应可以归结为电容率 ε 和磁导率 μ, 因此在研究切连科夫辐射时, 我们可以对介质作宏观描述, 即用 ε 和 μ 两参量来描述介质. 为简单起见, 先假设 ε 和 μ 是不依赖于频率的常量, 并设 $\mu = \mu_0$, 因而介质内的光速为 $c/n = c/\sqrt{\varepsilon_r}$, 其中 n 为介质的折射率, ε_r 为相对电容率. 当 n 为常量时, 介质内的标势和矢势方程为

$$\begin{aligned}\nabla^2\varphi - \frac{n^2}{c^2}\frac{\partial^2\varphi}{\partial t^2} &= -\rho/\varepsilon \\ \nabla^2\boldsymbol{A} - \frac{n^2}{c^2}\frac{\partial^2\boldsymbol{A}}{\partial t^2} &= -\mu_0\boldsymbol{J}\end{aligned} \tag{7.4.2}$$

ρ 和 $\boldsymbol{J}$ 是自由电荷密度和自由电流密度, 即运动带电粒子的电荷密度和电流密度.

设粒子以匀速 $\boldsymbol{v}$ 作直线运动, 其位矢为 $\boldsymbol{x} = \boldsymbol{x}_q(t) = \boldsymbol{v}t$, 它的电荷密度和电流密度为

$$\begin{aligned}\rho(x,t) &= q\delta\left[\boldsymbol{x} - \boldsymbol{x}_q(t)\right] \\ \boldsymbol{J}(\boldsymbol{x},t) &= q\boldsymbol{v}\delta\left[\boldsymbol{x} - \boldsymbol{x}_q(t)\right]\end{aligned} \tag{7.4.3}$$

由于辐射, 带电粒子的能量逐渐损耗, 因而速度亦逐渐降低. 但是对高能粒子, 由减速引起的效应是不大的, 因此, 下面我们假设粒子作匀速运动.

用频谱分析方法求解. 真空中推迟势的傅里叶变换由 (7.3.12) 式给出, 只要把该

式相因子中的光速 c 换作介质中的光速 c/n, 即得介质中推迟势的傅里叶变换

$$\boldsymbol{A}_\omega(\boldsymbol{x})=\frac{q}{8\pi^2\varepsilon_0c^2}\frac{\mathrm{e}^{\mathrm{i}kR}}{R}\int_{-\infty}^{\infty}\mathrm{e}^{\mathrm{i}\omega\left(t'-\frac{n}{c}\boldsymbol{e}_r\cdot\boldsymbol{x}_q\right)}\boldsymbol{v}\left(t'\right)\mathrm{d}t' \tag{7.4.4}$$

式中 $\boldsymbol{e}_r$ 为辐射方向单位矢量. 设 $\boldsymbol{v}$ 沿 x 轴方向, $\boldsymbol{e}_r$ 与 $\boldsymbol{v}$ 夹角为 θ, 则 $\boldsymbol{e}_r\cdot\boldsymbol{x}_q=x_q\cos\theta$, 又 $\boldsymbol{v}\left(t'\right)\mathrm{d}t'=\mathrm{d}\boldsymbol{x}_q$, $t'=x_q/v$, 由 (7.4.4) 式得

$$\boldsymbol{A}_\omega=\frac{q}{8\pi^2\varepsilon_0c^2}\frac{\mathrm{e}^{\mathrm{i}kR}}{R}\int_{-\infty}^{\infty}\mathrm{e}^{\mathrm{i}\omega\left(\frac{1}{v}-\frac{n}{c}\cos\theta\right)x_q}\mathrm{d}\boldsymbol{x}_q \tag{7.4.5}$$

$k=\dfrac{\omega}{c}n$ 为介质中波数.

磁场的傅里叶变换为

$$\boldsymbol{B}_\omega=\mathrm{i}\boldsymbol{k}\times\boldsymbol{A}_\omega=\frac{\mathrm{i}\omega n}{c}\boldsymbol{e}_r\times\boldsymbol{A}_\omega$$

因为 $\boldsymbol{e}_r$ 与 $\boldsymbol{A}_\omega$ 的夹角为 θ, 所以 $\boldsymbol{B}_\omega$ 的量值为

$$B_\omega=\frac{\mathrm{i}\omega nq}{8\pi^2\varepsilon_0c^3}\frac{\mathrm{e}^{\mathrm{i}kR}}{R}\sin\theta\int_{-\infty}^{\infty}\mathrm{e}^{\mathrm{i}\omega\left(\frac{1}{v}-\frac{n}{c}\cos\theta\right)x_q}\mathrm{d}x_q \tag{7.4.6}$$

式中的积分是一个 δ 函数①

$$\int_{-\infty}^{\infty}\mathrm{e}^{\mathrm{i}\omega\left(\frac{1}{v}-\frac{n}{c}\cos\theta\right)x_q}\mathrm{d}x_q=2\pi\delta\left(\frac{\omega}{v}-\frac{\omega n}{c}\cos\theta\right) \tag{7.4.7}$$

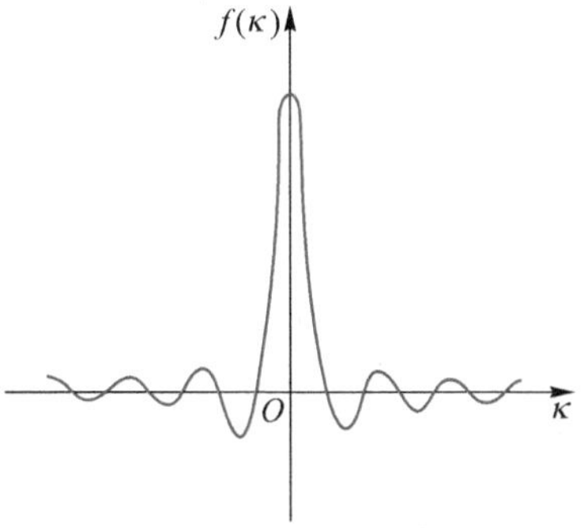

图 7-11

因此有

$$B_\omega=\frac{\mathrm{i}\omega nq}{4\pi\varepsilon_0c^3}\frac{\mathrm{e}^{\mathrm{i}kR}}{R}\sin\theta\delta\left(\frac{\omega}{v}-\frac{\omega n}{c}\cos\theta\right) \tag{7.4.8}$$

---

① $\displaystyle\int_{-l}^{l}\mathrm{e}^{\mathrm{i}\kappa x}\mathrm{d}x=\frac{2}{\kappa}\sin\kappa l$, 函数 $f(\kappa)=\dfrac{2}{\kappa}\sin\kappa l$ 的图形如图 7-11 所示. 当 $l\to\infty$ 时, $f(0)=2l\to\infty$. 而 $\kappa\neq0$ 时的 $f(\kappa)$ 是一个周期趋于零的迅速振荡的函数, 因此可认为 $f(\kappa)=0$. 又 $\displaystyle\int_{-\infty}^{\infty}f(\kappa)\mathrm{d}\kappa=2\pi$. 因此, $f(\kappa)=2\pi\delta(\kappa)$.

由 δ 函数的性质可见:

$$B_\omega = 0, \quad 若\ \cos\theta \neq \frac{c}{nv}$$

如果粒子的运动速度 $v < \dfrac{c}{n}$, 则对所有 θ 值, $\cos\theta < \dfrac{c}{nv}$, 因此在此情形下没有辐射.

若粒子运动速度 $v > \dfrac{c}{n}$, 在 $\cos\theta = \dfrac{c}{nv}$ 方向上, B_ω 变为无穷大, 因此在这个方向上出现辐射电磁场. 无穷大的出现是我们作了简化假设的结果. 上面我们假设折射率 n 是与 ω 无关的常量, 结果得到一个确定的辐射角 θ_c, 满足 $\cos\theta_c = \dfrac{c}{nv}$, 在这个单一辐射角下电磁场变为无穷大. 事实上, 介质的 n 是与 ω 有关的函数, 当 ω 很大时, 折射率 $n \to 1$, 因此辐射频谱在高频下截断, 辐射场不会在一个尖锐的辐射角下变为无穷大, 而是分布于有一定宽度的辐射角内.

用 $\boldsymbol{S}\cdot\boldsymbol{e}_r = EH = \dfrac{1}{\sqrt{\varepsilon\mu}}BH = \dfrac{c}{n\mu}B^2$, 由 (7.3.16) 式可导出

$$\frac{\mathrm{d}W_\omega}{\mathrm{d}\varOmega} = \frac{4\pi\varepsilon_0 c^3 R^2}{n}\left|B_\omega\right|^2 \tag{7.4.9}$$

把 (7.4.8) 式代入上式, 出现 δ 函数的平方. 我们可以把它作如下处理. 由 (7.4.6) 式, $|B_\omega|^2$ 含有因子

$$\left|\int_{-\infty}^{\infty} \mathrm{e}^{\mathrm{i}\omega\left(\frac{1}{v}-\frac{n}{c}\cos\theta\right)x_q}\mathrm{d}x_q\right|^2$$

我们把其中一个因子变为 δ 函数 (7.4.7) 式. 由于有这个 δ 函数因子, $\dfrac{1}{v} - \dfrac{n}{c}\cos\theta$ 只能取值 $=0$, 因此, 另一个因子可写为

$$\int_{-\infty}^{\infty}\mathrm{e}^{\mathrm{i}0}\ \mathrm{d}x_q = \int_{-\infty}^{\infty}\mathrm{d}x_q$$

因此

$$\left|\int_{-\infty}^{\infty} \mathrm{e}^{\mathrm{i}\omega\left(\frac{1}{v}-\frac{n}{c}\cos\theta\right)x_q}\ \mathrm{d}x_q\right|^2 = 2\pi\delta\left(\frac{\omega}{v} - \frac{\omega n}{c}\cos\theta\right)\int_{-\infty}^{\infty}\mathrm{d}x_q \tag{7.4.10}$$

最后一个因子是粒子所走的无穷大路程. 此无穷大的出现也是我们作了简化假设的结果. 事实上, 粒子在介质中只走过有限的路程. 当路程 $L \gg$ 辐射波长时, 以上的计算仍然近似适用, 但 $\displaystyle\int_{-\infty}^{\infty}\mathrm{d}x_q$ 应代为 L. 由 (7.4.8) 式—(7.4.10) 式我们得出粒子走过单位路程时的单位角频率间隔辐射能量角分布

$$\begin{aligned}\frac{\mathrm{d}^2 W_\omega}{\mathrm{d}\varOmega\mathrm{d}L} &= \frac{q^2\omega^2 n}{8\pi^2\varepsilon_0 c^3}\sin^2\theta\delta\left(\frac{\omega}{v} - \frac{\omega n}{c}\cos\theta\right)\\ &= \frac{q^2\omega^2 n}{8\pi^2\varepsilon_0 c^3}\left(1 - \frac{c^2}{n^2v^2}\right)\delta\left(\frac{\omega}{v} - \frac{\omega n}{c}\cos\theta\right)\end{aligned} \tag{7.4.11}$$

δ 函数因子表示只有在 $\cos\theta = \dfrac{c}{nv}$ 方向上才有辐射. 单位路程单位角频率间隔的辐

射能量为

$$\begin{aligned}\frac{\mathrm{d}W_\omega}{\mathrm{d}L} &= \frac{q^2\omega^2 n}{8\pi^2\varepsilon_0 c^3}\left(1-\frac{c^2}{n^2v^2}\right)\oint\delta\left(\frac{\omega}{v}-\frac{\omega n}{c}\cos\theta\right)\mathrm{d}\Omega \\ &= \frac{q^2}{4\pi\varepsilon_0 c^2}\left(1-\frac{c^2}{n^2v^2}\right)\omega\end{aligned} \tag{7.4.12}$$

若计及折射率对 ω 的依赖关系 $n^2=\varepsilon(\omega)$ [$\varepsilon(\omega)$ 为相对电容率], 可得

$$\frac{\mathrm{d}W_\omega}{\mathrm{d}L} = \frac{q^2}{4\pi\varepsilon_0 c^2}\left[1-\frac{c^2}{v^2\varepsilon(\omega)}\right]\omega$$

$$\varepsilon(\omega) > c^2/v^2 \tag{7.4.13}$$

在 §7.6 中我们将研究介质的色散理论, 导出函数 $\varepsilon(\omega)$ 的形式. 图 7-12 示出典型的 $\varepsilon(\omega)$ 曲线. 由图可见, 仅在一定的频率范围内满足 $\varepsilon(\omega)>c^2/v^2$, 因此, 切连科夫辐射的频谱只包含这一频段. 由于 $\cos\theta_\mathrm{c}=c/v\sqrt{\varepsilon}$, 不同频率的电磁波的辐射角亦略有不同. 用滤波器选择一定的频带, 可以得到确定的 θ_c 值, 因而测定辐射角 θ_c 就可以定出粒子的速度 v. 现在切连科夫辐射广泛应用于粒子计数器中, 它的优点是只记录大于一定速度的粒子, 因而避免了低速粒子的干扰, 并且可以准确测量出粒子的运动速度.

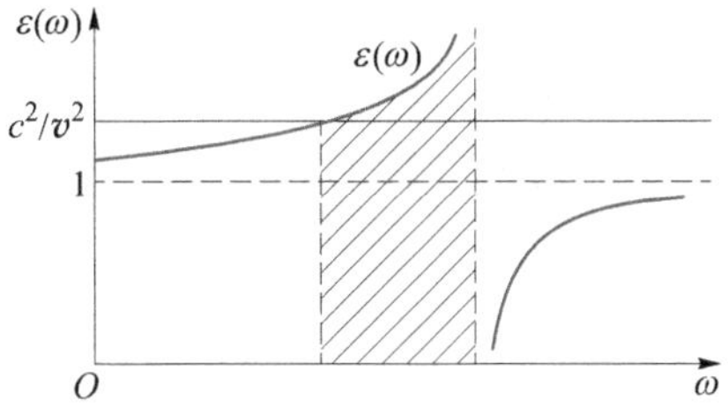

图 7-12

我国的高海拔宇宙线[①] 观测站 (拉索: LHAASO) 是目前世界上海拔最高、规模最大、灵敏度最强的天文望远镜之一, 利用多种探测手段对宇宙线开展联合观测, 其中包括水切连科夫探测器. 拉索观测站最近首次探测到能量高于 1 亿亿电子伏的宇宙线起源天体[②] 和有记录以来最亮伽马射线暴的极窄喷流和十万亿电子伏光子[③].

① 宇宙线是指来自地球外太空的粒子和射线, 包括电子、质子、原子核等带电粒子以及中子、高能伽马射线、中微子等电荷中性粒子, 其能量跨度覆盖 10^9-10^{20} eV.

② LHAASO Collaboration, An ultrahigh-energy γ-ray bubble powered by a super PeVatron, Sci.Bull. 69 (2024) 4, 449–457.

③ LHAASO Collaboration, A tera-electron volt afterglow from a narrow jet in an extremely bright gamma-ray burst, Science 380, 1390–1396 (2023).

§ 7.5 带电粒子辐射电磁场对粒子本身的反作用

在以上各章我们指出, 电荷和电磁场是相互作用的, 一方面电荷激发电磁场, 另一方面电磁场又对电荷有反作用. 要完全解决电荷与电磁场系统的动力学问题, 必须把两者之间的相互作用同时考虑, 才能解出粒子的运动以及电磁场.

前几节研究带电粒子的辐射问题时, 我们假设已经知道粒子的运动轨迹 $\boldsymbol{x}_q(t)$, 然后由粒子的加速度 $\dot{\boldsymbol{v}}$ 计算出辐射电磁场. 而在知道辐射之前是无法严格得到粒子轨迹的. 因为当粒子辐射电磁场时, 一部分能量和动量被电磁场带走, 因而粒子的运动必然受到阻尼. 因此, 粒子的运动不是单纯被外场作用力决定的, 粒子所激发的场对粒子本身也有作用力. 为了完全解出粒子的运动和它所辐射出的电磁场, 必须在粒子的动力学方程中包含辐射场的反作用力在内. 本节我们先研究一个带电粒子所激发的电磁场对粒子本身的反作用, 然后讨论把反作用力考虑在内的带电粒子运动方程. 通过研究表明, 这个问题牵涉到粒子内部结构等根本性的物理问题, 在经典电动力学范围内, 这个问题是不可能完全解决的. 因此, 本节的理论是不完备的, 它只能应用到某些特殊问题上.

1. 电磁质量

任意运动带电粒子的电磁场包括两个部分, 一部分是存在于粒子附近的场, 当粒子静止时它就是库仑场, 当粒子运动时它和速度有关, 可由库仑场作洛伦兹变换而得. 这一部分的特点是场量与 r^2 成反比, 其能量主要分布于粒子附近, 因此称为粒子的自场. 另一部分是当粒子加速时激发的辐射场. 这一部分的特点之一是场量与 r 成反比, 其能量可以辐射到任意远处.

现在先讨论自场对粒子的反作用. 自场总是和粒子不可分割地联系在一起的, 它的能量不能从粒子运动能量中分离出去. 因此, 当我们测量一个粒子的能量时, 总是把这部分能量包括在内. 根据相对论质能关系, 一定的能量必然与一定的惯性质量相联系. 因此, 测量出的粒子质量也必然包括自场的质量在内. 这部分质量称为粒子的电磁质量, 它不能从粒子的总质量中分离出来.

为了求出粒子的电磁质量, 只需计算一个静止粒子的库仑场的总能量. 库仑场的总能量依赖于粒子内部的电荷分布, 不同的电荷分布有不同的总能量, 但对一定大小的带电粒子来说, 其数量级是相同的. 为简单起见, 假设粒子的电荷 q 分布在半径为 r_q 的球面上. 库仑场能量为

$$\begin{aligned} W &= \int \frac{\varepsilon_0}{2} E^2 \, \mathrm{d}V = \frac{\varepsilon_0}{2} \int_{r_q}^{\infty} \left(\frac{q}{4\pi\varepsilon_0 r^2} \right)^2 4\pi r^2 \, \mathrm{d}r \\ &= \frac{q^2}{8\pi\varepsilon_0 r_q} \end{aligned} \tag{7.5.1}$$

由相对论质能关系, 电磁质量为

$$m_{\mathrm{em}} = \frac{W}{c^2} = \frac{q^2}{8\pi\varepsilon_0 r_q c^2} \tag{7.5.2}$$

电磁质量 m_{em} 包括在测量出的粒子质量 m 之内. 因此, 粒子质量除电磁质量之外还可能有其他来源. 以 m_0 表示非电磁起源的质量, 则粒子质量 m 为

$$m = m_0 + m_{\mathrm{em}} \tag{7.5.3}$$

例如, 电子质量的两部分用通常的测量方法是不能分离的. 而且由于不知道电子内部电荷分布形状和电子的 "半径" r_{e}, 用经典理论实际上也不能准确算出电磁质量的值. 作为数量级估计, 如果电子质量有显著的部分是来自电磁质量, 由 (7.5.2) 式和 (7.5.3) 式有

$$m_{\mathrm{e}} \approx \frac{e^2}{4\pi\varepsilon_0 r_{\mathrm{e}} c^2}$$

通常定义经典电子半径为

$$r_{\mathrm{e}} = \frac{e^2}{4\pi\varepsilon_0 m_{\mathrm{e}} c^2} \sim 2.817\ 941 \times 10^{-15}\ \mathrm{m} \tag{7.5.4}$$

在高斯单位制中为

$$r_{\mathrm{e}} = \frac{e^2}{m_{\mathrm{e}} c^2} \tag{7.5.5}$$

经典电子半径 r_{e} 是由基本常量 e、m_{e} 和 c 构成的具有长度量纲的一个量, 在原子物理学中经常引用. 但我们必须注意, 在此线度内经典电动力学已不适用, 所以上面用经典模型描绘的电子结构图像不可能是正确的.

近年来, 高能物理学实验的结果, 使我们对有强相互作用 (核力作用) 的粒子 (如质子、中子等) 的电荷分布形状有了一定的了解. 经测定这些粒子电荷分布的均方根半径数量级为 10^{-15} m. 此数量级虽然和 (7.5.5) 式相符, 但其物理起源完全不同. 对这些粒子来说, 决定粒子大小的相互作用并不是电磁相互作用, 而是强相互作用. 对于像电子、μ 子等没有强相互作用的粒子, 目前实验还不能定出它们的内部结构. 现有实验表明, 在直到 $\sim 10^{-18}$ m 范围内, 电子仍然像是一个点粒子. 目前实验还未深入到揭示电子内部结构的线度之内. 从这些实验事实看出, 经典电子半径 r_{e} 根本不能正确反映电子内部结构的线度. 我们主要是把它作为一个具有长度量纲的量来引用.

虽然经典电动力学不能正确地描述电子的内部结构, 但是电磁质量的概念在量子理论中仍然是重要的. 在电子质量中, 很可能有不小的一部分属于电磁质量. 但是在目前量子理论仍然未能计算出电子的电磁质量.

2. 辐射阻尼

现在我们研究带电粒子在加速时激发的电磁场对粒子本身的反作用力. 通常我们用给定的外力来控制带电粒子的运动. 例如在电子加速器中, 用给定的电磁场作用到电子上, 使电子作直线或圆形的加速运动. 当电子受外力作用而加速时, 它辐射出

电磁波, 把部分能量辐射出去, 因而粒子受到一个阻尼力. 以 $\boldsymbol{F}_{\mathrm{e}}$ 代表外力, $\boldsymbol{F}_{\mathrm{s}}$ 代表粒子激发的场对粒子本身的反作用力, 则粒子的运动方程应为

$$\frac{\mathrm{d}}{\mathrm{d}t}(m\boldsymbol{v}) = \boldsymbol{F}_{\mathrm{e}} + \boldsymbol{F}_{\mathrm{s}} \tag{7.5.6}$$

现在我们从能量守恒的要求来考察 $\boldsymbol{F}_{\mathrm{s}}$ 应取什么形式. 为简单起见, 只讨论低速情形. 当粒子有加速度 $\dot{\boldsymbol{v}}$ 时, 由 (7.1.14) 式, 它的辐射功率为

$$P = \frac{q^2\dot{v}^2}{6\pi\varepsilon_0 c^3} \tag{7.5.7}$$

由于有能量辐射, 使粒子受到阻尼力 $\boldsymbol{F}_{\mathrm{s}}$, 阻尼力对粒子所做的负功率应等于辐射功率, 因此

$$\boldsymbol{F}_{\mathrm{s}} \cdot \boldsymbol{v} = -\frac{q^2\dot{v}^2}{6\pi\varepsilon_0 c^3} \tag{7.5.8}$$

稍加考虑可以看出上式是有问题的. 因为辐射功率的公式 (7.5.7) 是我们由远场计算出来的. 但当粒子加速时, 除了辐射能量之外, 粒子附近的场 (包含与 r^2 成反比和与 r 成反比两项的叠加) 亦发生变化, 因此严格应用能量守恒定律时, 应该把粒子附近电磁场能量的变化考虑在内, 而在 (7.5.8) 式中没有考虑到这一点. 因此 (7.5.8) 式不可能是对每一瞬时都成立的公式. 这一点也可以由下述考虑看出: 粒子在某一瞬时的速度 $\boldsymbol{v}$ 和加速度 $\dot{\boldsymbol{v}}$ 一般是不相关的量, (7.5.8) 式右边不能表示为一个力乘上速度 $\boldsymbol{v}$ 的形式, 因此 (7.5.8) 式不可能是每一瞬时成立的. 但是在一些重要的特殊情况, 由 (7.5.8) 式可以得到表示平均阻尼效应的 $\boldsymbol{F}_{\mathrm{s}}$ 的公式. 例如粒子作准周期运动情形, 当粒子运动一周后, 粒子附近的场回到原状态, 因此这时阻尼力所做的负功等于辐射出去的能量, 即 (7.5.8) 式对一周期积分是成立的. 设周期为 T, 有

$$\begin{aligned}
\int_{t_0}^{t_0+T} \boldsymbol{F}_{\mathrm{s}} \cdot \boldsymbol{v}\mathrm{d}t &= -\int_{t_0}^{t_0+T} \frac{q^2\dot{v}^2}{6\pi\varepsilon_0 c^3}\,\mathrm{d}t \\
&= -\left.\frac{q^2}{6\pi\varepsilon_0 c^3}\dot{\boldsymbol{v}} \cdot \boldsymbol{v}\right|_{t_0}^{t_0+T} + \int_{t_0}^{t_0+T} \frac{q^2}{6\pi\varepsilon_0 c^3}\ddot{\boldsymbol{v}} \cdot \boldsymbol{v}\mathrm{d}t
\end{aligned}$$

当粒子运动一周后, $\boldsymbol{v}$ 和 $\dot{\boldsymbol{v}}$ 回到原值, 因而上式右边第一项为零. 故对一周期平均效应而言, 可取

$$\boldsymbol{F}_{\mathrm{s}} = \frac{q^2}{6\pi\varepsilon_0 c^3}\ddot{\boldsymbol{v}} \tag{7.5.9}$$

$\boldsymbol{F}_{\mathrm{s}}$ 称为粒子的自作用力. 由推导过程可知, 上式不是对每一瞬时成立的公式, 它只代表一种平均效应.

把带电粒子看作有一定电荷分布的小球体, 可以导出 $\boldsymbol{F}_{\mathrm{s}}$ 的瞬时表示式. 但是这种推导牵涉粒子内部结构等根本性问题, 而我们已经看到, 经典电动力学在此范围内是不适用的. 事实上, 用经典理论对自作用力瞬时值的推导都含有一些内在矛盾. 因此, 我们只把自作用力公式作为某些情况下平均效应的公式来应用.

概括来说, 带电粒子激发的电磁场对粒子本身的反作用可以分为两部分. 一部分表现为粒子的电磁质量, 其效果已经包含在测量出的粒子质量 m 之内, 因此在具体计算中不必再考虑它. 另一部分是辐射阻尼力, 这一部分是可观测的自作用力, 在研究带电粒子运动时应把这种自作用力考虑在内.

3. 谱线的自然宽度

在原子内, 电子在两能级之间跃迁产生一定频率的辐射, 在光谱中表现为一条谱线. 谱线不是精确单色的, 而是具有一定的频率分布宽度. 现在我们研究产生谱线宽度的内在原因.

用经典电动力学不能建立原子辐射的正确理论. 但是, 在研究某一现象时, 我们可以建立一定的模型, 对该现象的物理本质作出一定程度的分析.

一个经典振子辐射出一定频率的电磁波, 因此我们就用一个经典振子作为研究谱线宽度的模型, 分析产生谱线宽度的原因. 设振子在 x 轴上运动, 弹性回复力为 $-\kappa x$, 则振子运动方程为

$$m\ddot{x}+\kappa x=F_{\mathrm{s}} \tag{7.5.10}$$

式中 F_{s} 为自作用力. 令 $\kappa/m=\omega_0^2$, 并把自作用力 (7.5.9) 式代入上式得

$$\ddot{x}+\omega_0^2x=\frac{e^2}{6\pi\varepsilon_0mc^3}\dddot{x} \tag{7.5.11}$$

在原子辐射情形, 自作用力比起弹性力是很小的 (下面再具体验证这一点). 先忽略自作用力, 得谐振子运动方程

$$\ddot{x}+\omega_0^2x=0$$

其解为谐振动

$$x=x_0\mathrm{e}^{-\mathrm{i}\omega_0t} \tag{7.5.12}$$

ω_0 为振子的固有角频率, x_0 为振幅.

现在我们加入阻尼力. 由近似解 (7.5.12) 式, 可令 $\dddot{x}\approx-\omega_0^2\dot{x}$, 因而 (7.5.11) 式变为阻尼振子的运动方程

$$\ddot{x}+\gamma\dot{x}+\omega_0^2x=0 \tag{7.5.13}$$

式中

$$\gamma=\frac{e^2\omega_0^2}{6\pi\varepsilon_0mc^3} \tag{7.5.14}$$

设 (7.5.13) 式的解具有形式

$$x=x_0\mathrm{e}^{-\mathrm{i}\omega t} \tag{7.5.15}$$

代入 (7.5.13) 式得 $\omega^2+\mathrm{i}\gamma\omega-\omega_0^2=0$, 当 $\gamma\ll\omega_0$ 时有

$$\omega\approx\omega_0-\frac{\mathrm{i}}{2}\gamma \tag{7.5.16}$$

因此阻尼振子的解为

$$x = x_0 e^{-\frac{\gamma}{2}t} e^{-i\omega_0 t} \tag{7.5.17}$$

在上面的解法中, 我们把阻尼力作为微扰来处理, 这只有在阻尼力远小于弹性回复力的情形下才适用, 即要求满足条件 $\gamma \ll \omega_0$. 由 (7.5.14) 式和 (7.5.4) 式, 此条件可写为 $r_e\omega_0/c \ll 1$, 或

$$r_e \ll \lambda/2\pi \tag{7.5.18}$$

其中 λ 为辐射波长. 由于 $r_e \sim 10^{-15}$ m, 而对原子辐射来说, $\lambda \sim 10^{-7}$ m, 因此条件 (7.5.18) 式总是满足的.

(7.5.17) 式代表一个振幅不断衰减的振子. 振子能量衰减到原值 1/e 的时间称为振子的寿命. 由于振子能量正比于振幅的平方, 因此振子的寿命为

$$\tau = \frac{1}{\gamma} \tag{7.5.19}$$

由于振子振幅衰减, 它所辐射出的电磁波也不断减弱. 设振子于某时刻开始激发, 则在空间某点 (场点) 上观察到的电场强度为

$$E(t) = \begin{cases} E_0 e^{-\frac{1}{2}\gamma t} e^{-i\omega_0 t} & (t > 0) \\ 0 & (t < 0) \end{cases} \tag{7.5.20}$$

式中 $t = 0$ 代表最初激发的电磁波传至场点的时刻. (7.5.20) 式不是纯正弦波, 用频谱分析可以把它分解为不同频率正弦波的叠加. $E(t)$ 的傅里叶变换为

$$\begin{aligned} E_\omega &= \frac{1}{2\pi}\int_{-\infty}^{\infty} E(t) e^{i\omega t}\, dt \\ &= \frac{1}{2\pi}\int_0^{\infty} E_0 e^{-\frac{\gamma}{2}t} e^{i(\omega-\omega_0)t} dt \\ &= \frac{E_0}{2\pi i}\frac{1}{\omega - \omega_0 + i\dfrac{\gamma}{2}} \end{aligned} \tag{7.5.21}$$

单位频率间隔的辐射能量正比于 $|E_\omega|^2$, 即

$$W_\omega \propto \frac{1}{(\omega-\omega_0)^2 + \dfrac{\gamma^2}{4}}$$

以 W 表示总辐射能量, 有

$$W_\omega = \frac{W}{2\pi}\frac{\gamma}{(\omega-\omega_0)^2 + \dfrac{\gamma^2}{4}} \tag{7.5.22}$$

图 7–13 作出了 W_ω 对 ω 的曲线. 当 $\omega = \omega_0$ 时 W_ω 有极大值; 当 $|\omega - \omega_0| = \dfrac{\gamma}{2}$ 时, W_ω 降为极大值的一半. 因此, γ 称为谱线宽度, 它等于振子寿命的倒数.

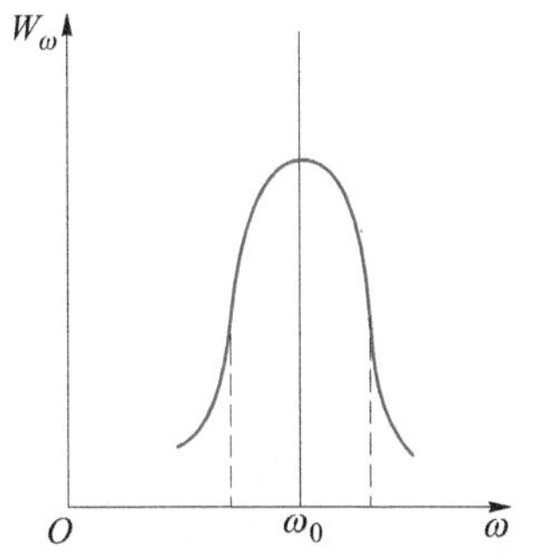

图 7-13

谱线宽度用波长 λ 表示为

$$\Delta\lambda = \left|\Delta\left(\frac{2\pi c}{\omega}\right)\right| = \frac{2\pi c}{\omega_0^2}\Delta\omega = \frac{2\pi c}{\omega_0^2}\gamma$$

把 (7.5.14) 式代入得

$$\Delta\lambda = \frac{e^2}{3\varepsilon_0 mc^2} \approx 1.2\times10^{-14}\ \mathrm{m} \tag{7.5.23}$$

用经典振子作为原子辐射模型时, 用波长 $\Delta\lambda$ 表示出的谱线宽度为一个常量. 但事实上原子谱线宽度的变化很大. 有些谱线的宽度接近于经典宽度, 而另一些谱线的宽度则远小于经典宽度. 此事实表明原子辐射机制是不能完全用经典振子解释的. 但是辐射反作用的概念以及寿命和宽度的关系是有普遍意义的. 原子内电子由一激发态跃迁到较低能态时产生一定频率的辐射. 由于辐射, 原子激发态有一定的寿命. 跃迁概率越大, 则辐射越强, 激发态寿命越短, 因而谱线宽度亦越大. 关系式 $\tau = 1/\gamma$ 仍然成立.

原子处于基态时是稳定的, 不会产生辐射, 这一点是和经典理论有着深刻矛盾的. 按照经典理论, 电子在原子核电场作用下运动, 由于有加速度, 必然向外辐射电磁波, 因而电子运动的能量亦逐渐衰减, 最后电子会掉到原子核内, 所以根本不存在稳定的原子. 此结论是和客观事实完全矛盾的. 只有用量子理论才能解释基态的稳定性.

§ 7.6 电磁波的散射和吸收　介质的色散

以上几节研究了一个带电粒子激发的电磁场和此电磁场对粒子本身的反作用, 本节研究外来电磁波与带电粒子的相互作用.

当一定频率的外来电磁波投射到电子上时, 电磁波的振荡电场作用到电子上, 使电子以相同频率作强迫振动. 振动着的电子向外辐射出电磁波, 把原来入射波的部分能量辐射出去, 这种现象称为电磁波的散射.

本节先讨论自由电子对电磁波的散射, 然后讨论束缚电子的情形, 最后我们把这种微观理论应用到宏观物质中去, 研究介质的电容率随频率变化的规律, 即介质的色散现象.

1. 自由电子对电磁波的散射

假设电子在外来电磁波作用下, 它的运动速度 $v \ll c$. 在此情形下, 电子运动的振幅 $\sim vT \ll cT = \lambda$, 其中 T 为周期, λ 为入射波的波长. 由于电子运动范围线度远小于波长, 我们可以用一固定点上的电场强度来代表作用于电子上的电场强度. 又因为 $v \ll c$, 而电磁波磁场作用力与电场作用力之比 $\sim v/c \ll 1$, 因此可忽略入射波的磁场对电子的作用力. 设入射波的电场强度为 $\boldsymbol{E}_0 \mathrm{e}^{-\mathrm{i}\omega t}$, 包括自作用力在内的电子运动方程为

$$\ddot{\boldsymbol{x}} - \frac{e^2}{6\pi\varepsilon_0 c^3 m}\dddot{\boldsymbol{x}} = \frac{e}{m}\boldsymbol{E}_0 \mathrm{e}^{-\mathrm{i}\omega t} \tag{7.6.1}$$

此方程的稳态解是角频率为 ω 的受迫振动, 因而阻尼力中的 $\dddot{\boldsymbol{x}}$ 可代为 $-\omega^2\dot{\boldsymbol{x}}$. 令

$$\gamma = \frac{e^2\omega^2}{6\pi\varepsilon_0 m c^3} \tag{7.6.2}$$

电子运动方程可写为

$$\ddot{\boldsymbol{x}} + \gamma\dot{\boldsymbol{x}} = \frac{e}{m}\boldsymbol{E}_0 \mathrm{e}^{-\mathrm{i}\omega t} \tag{7.6.3}$$

设 $\boldsymbol{x} = \boldsymbol{x}_0 \mathrm{e}^{-\mathrm{i}\omega t}$, 代入上式得

$$\boldsymbol{x}_0 = -\frac{e\boldsymbol{E}_0}{m(\omega^2 + \mathrm{i}\omega\gamma)} \tag{7.6.4}$$

由条件 (7.5.18) 式, 只要入射波的波长 $\lambda \gg r_{\mathrm{e}}$, 则 $\gamma \ll \omega$, 因而阻尼力项可以忽略, 在此情形下 (7.6.4) 式可写为

$$\boldsymbol{x}_0 = -\frac{e\boldsymbol{E}_0}{m\omega^2} \tag{7.6.5}$$

因而电子作受迫振动

$$\boldsymbol{x} = -\frac{e\boldsymbol{E}_0}{m\omega^2}\mathrm{e}^{-\mathrm{i}\omega t} \tag{7.6.6}$$

由 (7.1.12) 式, 电子振动时所辐射的电场强度为

$$\boldsymbol{E} = \frac{e}{4\pi\varepsilon_0 c^2 r}\boldsymbol{e}_r \times (\boldsymbol{e}_r \times \ddot{\boldsymbol{x}}) \tag{7.6.7}$$

式中 $\boldsymbol{e}_r$ 为辐射方向单位矢量. 以 α 表示 $\boldsymbol{e}_r$ 与入射场强 $\boldsymbol{E}_0$ 的夹角, 得散射波的电场强度为

$$E = \frac{e\ddot{x}}{4\pi\varepsilon_0 c^2 r}\sin\alpha = \frac{e^2 E_0}{4\pi\varepsilon_0 m c^2 r}\sin\alpha \tag{7.6.8}$$

平均散射能流为

$$\overline{S} = \frac{e^4 E_0^2}{32\pi^2\varepsilon_0 c^3 m^2 r^2}\sin^2\alpha = \frac{\varepsilon_0 c E_0^2}{2}\frac{r_{\mathrm{e}}^2}{r^2}\sin^2\alpha \tag{7.6.9}$$

式中 r_e 为经典电子半径.

入射波强度 I_0 定义为平均入射能流:

$$I_0 = \overline{S}_0 = \frac{\varepsilon_0 c}{2} E_0^2 \tag{7.6.10}$$

散射波能流 (7.6.9) 式可写为

$$\overline{S} = \frac{r_e^2}{r^2} \sin^2 \alpha I_0 \tag{7.6.11}$$

$\overline{S}$ 对球面积分得散射波总平均功率为

$$P = \oint \overline{S} r^2 \, d\Omega = \frac{8\pi}{3} r_e^2 I_0 \tag{7.6.12}$$

此公式称为汤姆孙 (Thomson) 散射公式. 由于 I_0 是每秒垂直入射于单位截面上的能量, 由上式可见, 被散射的能量相当于入射到面积为 $\frac{8\pi}{3} r_e^2$ 的截面上的能量, 此面积称为自由电子对电磁波的散射截面, 以 σ 表示:

$$\sigma = \frac{\text{散射功率}}{\text{单位面积入射功率}} = \frac{P}{I_0} = \frac{8\pi}{3} r_e^2 \tag{7.6.13}$$

σ 称为汤姆孙散射截面.

现在计算散射波的角分布. 取坐标系如图 7–14 所示, 设入射波沿 z 轴方向传播, 其电场强度 $\boldsymbol{E}_0$ 在 Oxy 平面与 x 轴的夹角为 ϕ. 设场点 P 在 xz 平面上, $\boldsymbol{r}$ 与 z 轴夹角为 θ, 与 $\boldsymbol{E}_0$ 夹角为 α. α 与 θ、ϕ 间有关系

$$\cos \alpha = \sin\theta \cos \phi \tag{7.6.14}$$

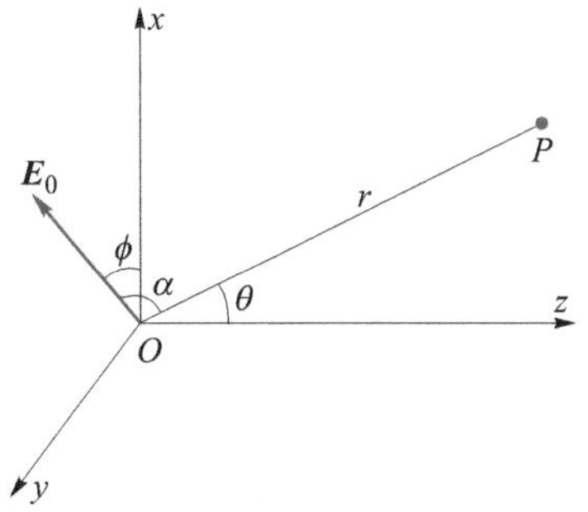

图 7–14

入射波一般是非偏振的, 因此我们把 (7.6.11) 式对 ϕ 求平均. 由

$$\overline{\sin^2 \alpha} = \frac{1}{2\pi} \int_0^{2\pi} \left(1 - \sin^2\theta \cos^2 \phi\right) d\phi = \frac{1}{2}\left(1 + \cos^2 \theta\right) \tag{7.6.15}$$

得对非偏振入射波的平均散射能流为

$$\bar{S}=\frac{r_{\mathrm{e}}^{2}}{r^{2}}\frac{1}{2}\left(1+\cos^{2}\theta\right)I_{0} \tag{7.6.16}$$

单位立体角的散射功率与入射波强度 I_0 之比称为微分散射截面, 记为 $\mathrm{d}\sigma/\mathrm{d}\Omega$. 由 (7.6.16) 式得汤姆孙微分散射截面为

$$\frac{\mathrm{d}\sigma}{\mathrm{d}\Omega}=\frac{r_{\mathrm{e}}^{2}}{2}\left(1+\cos^{2}\theta\right) \tag{7.6.17}$$

散射截面曲线如图 7−15 所示. 当入射光子能量远小于电子静止能量时, 即 $\hbar\omega \ll mc^2$, 实验结果与 (7.6.17) 式相符. 但当 $\hbar\omega$ 增大时, 散射波逐渐倾向前方, 而向后 $(\theta=\pi)$ 的散射减弱, 与汤姆孙散射公式有偏离, 如图中虚线所示. 用量子电动力学可以得到与实验完全相符的结果.

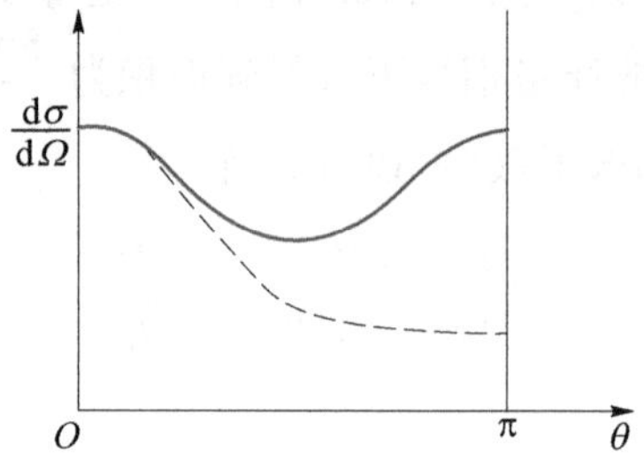

图 7−15

2. 束缚电子的散射

现在研究外来电磁波投射到原子内使束缚电子被散射的情况. 我们用谐振子作为原子内束缚电子的模型. 设振子的固有角频率为 ω_0, 则在入射波电场 $\boldsymbol{E}_0\mathrm{e}^{-\mathrm{i}\omega t}$ 作用下的振子运动方程为

$$\ddot{\boldsymbol{x}}+\gamma\dot{\boldsymbol{x}}+\omega_0^2\boldsymbol{x}=\frac{e}{m}\boldsymbol{E}_0\mathrm{e}^{-\mathrm{i}\omega t} \tag{7.6.18}$$

其中 γ 由 (7.6.2) 式给出. 以 $\boldsymbol{x}=\boldsymbol{x}_0\mathrm{e}^{-\mathrm{i}\omega t}$ 代入得方程的稳态解为

$$\begin{aligned}\boldsymbol{x}&=\frac{e}{m}\frac{1}{\omega_0^2-\omega^2-\mathrm{i}\omega\gamma}\boldsymbol{E}_0\mathrm{e}^{-\mathrm{i}\omega t}\\&=\frac{e}{m}\frac{1}{\sqrt{\left(\omega_0^2-\omega^2\right)^2+\omega^2\gamma^2}}\boldsymbol{E}_0\mathrm{e}^{-\mathrm{i}(\omega t-\delta)}\\ \tan\delta&=\frac{\omega\gamma}{\omega_0^2-\omega^2}\end{aligned} \tag{7.6.19}$$

散射波电场强度为

$$E=\frac{e\ddot{x}}{4\pi\varepsilon_0c^2r}\sin\alpha$$

α 为散射方向与入射波电场 $\boldsymbol{E}_0$ 的夹角, 平均散射能流为

$$\overline{S}=\frac{e^4E_0^2}{32\pi^2\varepsilon_0c^3m^2r^2}\frac{\omega^4}{\left(\omega_0^2-\omega^2\right)^2+\omega^2\gamma^2}\sin^2\alpha \tag{7.6.20}$$

对球面积分得散射功率为

$$P=\frac{8\pi}{3}r_{\mathrm{e}}^2\frac{\omega^4}{\left(\omega_0^2-\omega^2\right)^2+\omega^2\gamma^2}I_0 \tag{7.6.21}$$

由此得散射截面为

$$\sigma=\frac{8\pi}{3}r_{\mathrm{e}}^2\frac{\omega^4}{\left(\omega_0^2-\omega^2\right)^2+\omega^2\gamma^2} \tag{7.6.22}$$

下面讨论几个不同频率范围下的截面:

(1) $\omega\ll\omega_0$

$$\sigma=\frac{8\pi}{3}r_{\mathrm{e}}^2\left(\frac{\omega}{\omega_0}\right)^4 \tag{7.6.23}$$

即低频散射截面与 ω^4 成正比, 这种散射称为瑞利 (Rayleigh) 散射.

(2) $\omega\gg\omega_0$

$$\sigma=\frac{8\pi}{3}r_{\mathrm{e}}^2$$

即过渡到自由电子散射.

(3) $\omega=\omega_0$

$$\sigma=\frac{8\pi}{3}r_{\mathrm{e}}^2\left(\frac{\omega}{\gamma}\right)^2 \tag{7.6.24}$$

由于 $\omega_0\gg\gamma$, 因此当 $\omega=\omega_0$ 时散射截面远远超出汤姆孙散射截面. 在此频率下散射截面有尖锐的极大值, 此现象称为共振现象.

3. 电磁波的吸收

在共振情形下, 入射波能量被振子强烈地吸收, 振子振幅增大, 直到由振子辐射出去的能量等于振子所吸收的入射波能量时, 振幅才达到稳定值. 当具有连续谱的电磁波投射到电子上时, 只有 $\omega\approx\omega_0$ 部分才被强烈吸收, 因而形成一条吸收谱线. 现在我们计算电子所吸收的入射波能量.

设入射波单位角频率间隔入射于单位面积的能量为 $I_0(\omega)$, 把 (7.6.21) 式对 ω 积分, 得振子辐射的总能量为

$$W=\frac{8\pi}{3}r_{\mathrm{e}}^2\int_0^\infty\frac{\omega^4}{\left(\omega_0^2-\omega^2\right)^2+\omega^2\gamma^2}I_0(\omega)\mathrm{d}\omega \tag{7.6.25}$$

在上式积分中, 主要贡献来自 $\omega\approx\omega_0$ 处, 所以可以把 $I_0(\omega)$ 换作 $I_0\left(\omega_0\right)$ 而抽出积分号外. 在被积函数中, 除分母的 $\omega_0-\omega$ 项之外, 其余的 ω 都换作 ω_0, 得

$$\int_0^\infty\frac{\omega^4}{\left(\omega_0^2-\omega^2\right)^2+\omega^2\gamma^2}\mathrm{d}\omega\approx\frac{\omega_0^2}{4}\int_0^\infty\frac{\mathrm{d}\omega}{\left(\omega-\omega_0\right)^2+\left(\dfrac{\gamma}{2}\right)^2}$$

$$= \frac{\omega_0^2}{4}\int_{-\omega_0}^{\infty}\frac{\mathrm{d}u}{u^2+\left(\frac{\gamma}{2}\right)^2} \quad (u=\omega-\omega_0)$$

由于 $\omega_0 \gg \gamma$, 可以把积分下限近似地取为 $-\infty$, 上式积分结果为 $\pi\omega_0^2/2\gamma$. 最后我们得到

$$W = 2\pi^2 r_{\mathrm{e}} c I_0(\omega_0) \tag{7.6.26}$$

由能量守恒定律, 上式也等于振子从入射波中吸收的总能量. 共振现象是能量的吸收和再放射过程.

在经典理论中, 我们用振子来代表一个束缚电子的运动. 经典振子的固有角频率对应于量子力学中从一能级到另一能级的能量差除以 $\hbar$, 即 $\omega_0 = \Delta E/\hbar$. 当入射波角频率 $\omega \approx \Delta E/\hbar$ 时, 入射波能量被原子吸收, 电子从基态跃迁到一个激发态. 当电子从激发态跃迁回基态时, 再放射出所吸收的能量.

4. 介质的色散

现代物理学的一个重要研究方向是用微观动力学机制来研究宏观物质的性质. 但这样的讨论已超出本书范围, 在这里我们只举出介质的色散问题作为一个特例来说明微观理论对宏观现象的应用.

当电磁波入射到介质内时, 由电子散射的次波互相叠加, 形成在介质内传播的电磁波. 介质的宏观电磁现象取决于电极化强度 $\boldsymbol{P}$ 和磁极化强度 $\boldsymbol{M}$ 这两个物理量, 因此只需要研究这两个量对入射波场强和频率的依赖关系. 这里我们限于讨论非铁磁物质, 并只研究稀薄气体情况.

设介质中单位体积电子数为 N, 并设每个电子以固有角频率 ω_0 振动. 在稀薄气体近似下, 忽略分子之间的相互作用, 可以认为作用于电子上的电场等于外电场 $\boldsymbol{E}$. 设入射电磁波的电场为

$$\boldsymbol{E} = \boldsymbol{E}_0 \mathrm{e}^{-\mathrm{i}\omega t}$$

在此外电场作用下, 由 (7.6.19) 式得介质的电极化强度为

$$\boldsymbol{P} = Ne\boldsymbol{x} = \frac{Ne^2}{m}\frac{1}{\omega_0^2-\omega^2-\mathrm{i}\omega\gamma}\boldsymbol{E} \tag{7.6.27}$$

由此得介质的电容率为

$$\varepsilon = \varepsilon_0 + \frac{Ne^2}{m}\frac{1}{\omega_0^2-\omega^2-\mathrm{i}\omega\gamma} \tag{7.6.28}$$

相对电容率的实部 $\varepsilon_{\mathrm{r}}'$ 和虚部 $\varepsilon_{\mathrm{r}}''$ 分别为

$$\begin{aligned} \varepsilon_{\mathrm{r}}' &= 1 + \frac{Ne^2}{\varepsilon_0 m}\frac{\omega_0^2-\omega^2}{\left(\omega_0^2-\omega^2\right)^2+\omega^2\gamma^2} \\ \varepsilon_{\mathrm{r}}'' &= \frac{Ne^2}{\varepsilon_0 m}\frac{\omega\gamma}{\left(\omega_0^2-\omega^2\right)^2+\omega^2\gamma^2} \end{aligned} \tag{7.6.29}$$

实部 $\varepsilon_{\mathrm{r}}'$ 对 ω 的依赖关系称为色散, 虚部 $\varepsilon_{\mathrm{r}}''$ 引起电磁波的吸收.

$\varepsilon_{\mathrm{r}}'$ 和 $\varepsilon_{\mathrm{r}}''$ 对 ω 的依赖关系如图 7–16 所示. $\varepsilon_{\mathrm{r}}''$ 在 $\omega=\omega_0$ 处有尖锐的极大值, 离 ω_0 较远处 $\varepsilon_{\mathrm{r}}''\approx 0$.

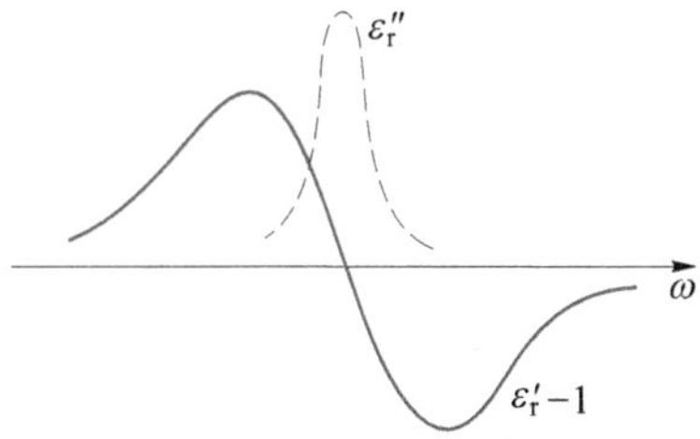

图 7–16

以上假设电子只有一个固有角频率 ω_0. 实际上在原子中电子有多个固有角频率 ω_i, 对应于从基态到不同激发态的能量差除以 $\hbar$. 设单位体积固有角频率为 ω_i 的电子数目为 Nf_i; 其中 f_i 为一分数, $\sum\limits_i f_i=1$. (7.6.28) 式应改为

$$\varepsilon=\varepsilon_0+\sum_i \frac{Ne^2}{m}\frac{f_i}{\omega_i^2-\omega^2-\mathrm{i}\omega\gamma_i} \tag{7.6.30}$$

γ_i 为第 i 个振子的阻尼系数.

介质的复折射率 $n+\mathrm{i}\eta$ 为

$$n+\mathrm{i}\eta=\sqrt{\varepsilon_{\mathrm{r}}}=\sqrt{\varepsilon_{\mathrm{r}}'+\mathrm{i}\varepsilon_{\mathrm{r}}''}$$

复折射率的实部 n 是通常测定的折射率. 由上式及 (7.6.30) 式得

$$\begin{aligned} n^2-\eta^2&=1+\sum_i \frac{Ne^2}{\varepsilon_0 m}\frac{f_i\left(\omega_i^2-\omega^2\right)}{\left(\omega_i^2-\omega^2\right)^2+\omega^2\gamma_i^2}\\ \eta n&=\sum_i \frac{Ne^2}{2\varepsilon_0 m}\frac{f_i\omega\gamma_i}{\left(\omega_i^2-\omega^2\right)^2+\omega^2\gamma_i^2} \end{aligned} \tag{7.6.31}$$

用量子力学可以推出类似的公式, 但 f_i 具有完全不同的意义, 它与电子从基态到第 i 个激发态的跃迁概率有关, 而且

$$\sum_i f_i\neq 1$$

此外, 经典理论不能计算电子的固有角频率 ω_i. 由此可见, 虽然经典理论的振子模型能够导出一些有用的结果, 但由于它没有从本质上正确反映原子内部的电子运动, 这些结果都是有一定局限性的. 因此, 宏观物质电磁性质的研究必须从量子力学出发.

*§ 7.7 原子和电磁波相互作用

让我们继续采用经典振子模型, 借用简单的量子概念, 定性地描写原子与电磁波相互作用的一些效应. 严格的讨论涉及量子力学和光的量子理论, 超出本书范围. 有兴趣的读者可以参考相关领域的读物.

1. 原子光陷阱

人工捕捉原子从而实现对原子进行操控具有非常重要的科学意义和应用价值①. 其中一种捕捉原子的方法是利用原子在激光电场中的极化效应.

按照经典图像, 激光电场将诱导出原子的电偶极矩, 由 (7.6.27) 式取 $N=1$ 给出, 其中实部代表无耗散过程中作简谐振动的电偶极矩, 即 $\boldsymbol{p}=\alpha(\omega)\boldsymbol{E}$,

$$\alpha(\omega)=-\frac{e^2}{m}\frac{\omega_0^2-\omega^2}{(\omega_0^2-\omega^2)^2+\omega^2\gamma^2} \tag{7.7.1}$$

这里 ω_0 是原子一个与 ω 接近的能级跃迁角频率. 与 ω 差别大的跃迁频率贡献不大, 可以忽略. 原子在激光作用下增加的能量为

$$U(\boldsymbol{x})=-\overline{\boldsymbol{p}\cdot\boldsymbol{E}}=-\alpha(\omega)\overline{E^2(\boldsymbol{x})} \tag{7.7.2}$$

横线表示在一个时间周期内的平均值. 电偶极矩受到的梯度力

$$\boldsymbol{F}=-\nabla U(\boldsymbol{x})=\alpha(\omega)\nabla\overline{E^2(\boldsymbol{x})} \tag{7.7.3}$$

此力由激光的频率和光强的空间分布确定. 实际激光束能量密度有一定的梯度分布, 如高斯光束或驻波, 容易被控制. 通常选择激光频率 ω 接近原子的跃迁频率 ω_0, 以使得偶极力起显著作用. 但又不能让 ω 太过接近 ω_0, 否则强烈的共振跃迁将产生复杂的量子效应. 在这两个条件下, 近似有

$$\alpha(\omega)=-\frac{e^2}{2m}\frac{1}{\omega_0(\omega-\omega_0)} \tag{7.7.4}$$

分母中的角频率差 $\delta=\omega-\omega_0$ 称为失谐 (detuning), 它的正负很重要. 当 $\delta>0$ 时, 偶极力把原子向弱电场处驱赶; 反之, 若 $\delta<0$, 原子将被赶往强电场处.

从经典谐振子图像得到的 (7.7.3) 式尽管具有正确的形式, 但 $\alpha(\omega)$ 的具体表达式 (7.7.1) 式并不正确, 这是因为原子极化实际上服从量子力学. 按照量子力学的图像, 原子在激光持续作用下处于基态和激发态的叠加态, 频繁地在基态和激发态之间跃迁. 根据量子理论,

$$\alpha(\omega)=-\frac{\omega|p_{01}|^2}{\hbar}\frac{\omega_0^2-\omega^2}{(\omega_0^2-\omega^2)^2+\omega^2\varGamma^2} \tag{7.7.5}$$

---

① A. J. Legget, Rev. Mod. Phys. Vol. 73, 307(2001).

其中 $|p_{01}|^2$ 是原子在偶极矩近似下从基态到激发态的跃迁概率①. 在经典表达式 (7.7.1) 式作替换 $\dfrac{e^2}{m} \to \dfrac{\omega|p_{01}|^2}{\hbar}$ 和 $\gamma \to \Gamma$, 则得到量子表达式. Γ 与激发态寿命 τ 的关系是 $\Gamma = 1/\tau$.

2. 原子被激光散射

通常激光包含一些离散的波模, 每种波模具有固定角频率 ω、波矢 $\boldsymbol{k}$ 和偏振, 处于单一波模的激光称为单模激光. 按照爱因斯坦的光子观点, 单模激光由大量具有能量 $\hbar\omega$ 和动量 $\hbar\boldsymbol{k}$ 的光子构成. 原子和光相互作用的过程就是原子吸收和发射光子的过程.

原子吸收单模激光中的一个光子后从基态跃迁到激发态, 将获得光子的动量 $\hbar\boldsymbol{k}$. 若处于激发态的原子在该单模激光作用下受激辐射跃迁回基态 ($\delta = 0$ 情形), 原子辐射出的光子同样带动量 $\hbar\boldsymbol{k}$, 从而在两个过程一齐发生的情形, 原子不会获得从激光场转移过来的动量, 从而不受激光的作用力.

然而, 若原子吸收一个光子后通过自发辐射回到基态, 则由于自发辐射方向的随机性, 出射光子的平均动量等于零, 从而原子将从激光场获得动量 $\hbar\boldsymbol{k}$. 另一方面, 原子自发跃迁率正比于电偶极矩和电磁相互作用能的虚部, 所以原子受到的辐射散射力为

$$\boldsymbol{F} = \hbar\boldsymbol{k}\frac{1}{\hbar}\mathrm{Im}\,(\boldsymbol{p}\cdot\boldsymbol{E}) \tag{7.7.6}$$

对 (7.6.27) 式 $N = 1$ 的情形取虚部, 代入上式得

$$\boldsymbol{F} \sim \boldsymbol{k}\frac{|p_{01}|^2\overline{E^2}}{\hbar}\frac{\omega^2\Gamma}{(\omega_0^2-\omega^2)^2+\omega^2\Gamma^2} \tag{7.7.7}$$

我们已经在经典表达式中作了 (7.7.5) 式下面所说的替换.

按照量子力学图像, 原子具有波动性. 若原子波入射激光形成的具有空间周期性的电磁场能量分布中, 原子波束如同光波射到一个光栅那样发生衍射. 考虑 x 方向偏振的激光在垂直 z 轴的两个反射镜之间形成驻波. 激光驻波的光子处于动量 $\hbar k$ 光子态和 $-\hbar k$ 光子态的相干叠加态②. 入射原子以相同的概率幅吸收 $\hbar k$ 光子和 $-\hbar k$ 光子, 因而出射原子波处于 z 方向的动量增加 $\hbar k$ 和减少 $-\hbar k$ 的量子叠加态, 形成朝两个不同方向传播的互相相干的原子波. 原则上原子还可以从激光驻波中吸收两个或更多光量子, 所以原子出射波理论上会分裂成许多沿不同方向传播的相干子波, 但吸收光量子越多, 概率越小, 只有吸收单个光量子的衍射波比较容易观测到. 这个效应可以用来制作原子干涉仪.

---

① 在量子力学中, $p_{01} = \int \mathrm{d}V\psi_0^*(\boldsymbol{x})(-e\boldsymbol{x})\psi_1(\boldsymbol{x})\cdot\hat{\boldsymbol{E}}$, 其中 ψ_0 和 ψ_1 分别是基态和激发态的波函数, $\hat{\boldsymbol{E}}$ 是电场方向单位矢量.

② 粗略地说, 相干叠加态是由两个具有确定相对相位的波函数线性叠加出来的波函数描写的态.

3. 激光制冷

在很多科学研究和精密测量技术中都希望制备温度尽可能低的原子气体. 通过激光冷却原子的想法早在 1975 年便被提出, 经过半个世纪的实践, 这个方法被证明是一种非常有效的冷却原子气体的方法. 下面简述这项技术的原理.

把静止原子受到的辐射散射力 (7.7.7) 式推广到运动原子. 对于运动原子, 需要考虑光波相对原子的多普勒效应. 考虑原子运动方向与单模激光传播方向同向和反向两种情况, 同向的原子速度记为 v, 反向的记为 $-v$. 设速率 v 远低于光速, 可以用非相对论多普勒公式, (7.7.7) 式推广为

$$F(\pm v) = k\frac{|p_{01}|^2\overline{E^2}}{\hbar}\frac{(\omega \mp kv)^2\Gamma}{[\omega_0^2-(\omega \mp kv)^2]^2+(\omega \mp kv)^2\Gamma^2} \tag{7.7.8}$$

左边减号对应原子反着光传播方向运动的情形, 加号对应原子沿光传播方向运动的情形. 对小 v 作展开, 得

$$F(\pm v) \approx F(0) \mp \beta m v \tag{7.7.9}$$

其中

$$\beta = \frac{k^2|p_{01}|^2\overline{E^2}\Gamma}{m\hbar}\frac{2\omega(\omega_0^2+\omega^2)(\omega_0^2-\omega^2)}{\left[(\omega_0^2-\omega^2)^2+\omega^2\Gamma^2\right]^2} \tag{7.7.10}$$

从 (7.7.9) 式可见, 若 $\omega_0 > \omega$, 则当原子运动和激光同向时原子受力小于 $F(0)$, 而当原子运动与激光反向时, 原子受力大于 $F(0)$, 从而 (7.7.9) 式的第二项如同摩擦力.

如果原子被置于两个同频率但传播方向相反的单模激光中, 例如在激光形成的驻波中, 则原子受到的合力为

$$F_s = (F(0)-\beta m v)-(F(0)+\beta m v) = -2\beta m v \tag{7.7.11}$$

这个力可以把原子气冷却到等效温度 $T_{\text{eff}} \sim \hbar\Gamma/2k_{\text{B}} \sim \mu\text{K}$, 这个温度也是这种方法的温度下限. 要获得更低温度需要用到新的量子光学原理. Cohen-Tannoudji 和朱棣文采用速度选择相干粒子数阱使得原子冷却进入 10^{-7} K 的领域①.

4. 经典电动力学的局限性

本章讨论了带电粒子和电磁场相互作用的一些问题. 我们看到, 经典电动力学应用到微观领域虽然可以得到一些有用的结果, 但也遇到了严重的困难. 分析理论与实验的矛盾可以看出, 经典电动力学在微观领域受到局限的主要原因在于, 它对带电物质的描述只反映其粒子性的一面, 而对电磁场的描述则只反映其波动性的一面. 事实上带电粒子具有波动性, 而电磁场也具有粒子性. 只有在带电物质主要显示出粒子性而电磁场主要显示出波动性的情况下, 经典电动力学的计算结果才能近似地反映客观真实. 在原子内部, 电子的波动性明显, 必须用波函数而不是用经典轨道来描述电子的运动状态, 因此在此范围内经典电动力学是不适用的. 当电磁场的粒子性显著

① M. Kasevich and S. Chu, Phys. Rev. Lett, **69**, 1741 (1992).

时, 如在辐射的高频端行为和光电效应等问题中, 经典电动力学也是不适用的.

把电磁场纳入量子理论后, 电动力学发展为量子电动力学. 目前量子电动力学对各种物理过程的理论计算和实验结果在很高精确度下相符, 表明它反映客观规律, 具有正确性的一面. 但是量子电动力学仍有一些基本困难没有解决. 一个主要困难是它从点模型出发, 没有触及电子的内部结构, 因而对一些物理量 (如电子自能或电磁质量) 的计算结果为无穷大. 只有在绕过这些困难后量子电动力学的计算结果才与实验相符.

格拉肖 (Glashow, 1961) 最早尝试在杨–米尔斯 (Yang-Mills) 非阿贝尔规范场理论框架下统一电磁相互作用和主导原子核 β 衰变的弱相互作用. 在人们的不懈努力下, 弱电统一规范场模型在 20 世纪得以建立, 以主要创建者名字命名为温伯格 (Weinberg) – 萨拉姆 (Salam) – 格拉肖 (Glashow) 弱电统一模型. 在此模型中, 非阿贝尔规范场和阿贝尔规范场发生混合, 产生 $W^{\pm}$ 和 Z 粒子和光子, 前者负责传递弱相互作用, 而后者负责传递电磁相互作用. 实验在 1983 年先后发现 $W^{\pm}$ 和 Z 粒子, 在 2012 年发现理论预言的希格斯粒子.

习　题

7.1　电子的速度 $\boldsymbol{v}$ 与加速度 $\dot{\boldsymbol{v}}$ 的夹角为 α, 证明在 $\boldsymbol{v}$ 与 $\dot{\boldsymbol{v}}$ 平面内与 $\dot{\boldsymbol{v}}$ 的夹角为 β 的方向上无辐射, β 由以下方程决定:

$$\sin\beta = \frac{v}{c}\sin\alpha$$

7.2　一个在强度为 10^{-4} Gs 的磁场中作圆周运动, 能量达 10^{12} eV 的高速回转电子, 试求它在单位时间内辐射损失的能量.

答案:

$$P = 38\ \mathrm{eV\cdot s^{-1}}$$

7.3　有一带电荷 q 的粒子沿 z 轴作简谐振动 $z = z_0 \mathrm{e}^{-\mathrm{i}\omega t}$. 设 $z_0\omega \ll c$, 求:

(1) 它的辐射场和能流;

(2) 它的自场. 并比较两者的不同.

答案:

(1) $\boldsymbol{E} = -\dfrac{\mu_0\omega^2 q z_0 \sin\theta}{4\pi R}\mathrm{e}^{\mathrm{i}\left(\frac{\omega}{c}R-\omega t\right)}\boldsymbol{e}_\theta$

$\boldsymbol{B} = -\dfrac{\mu_0\omega^2 q z_0 \sin\theta}{4\pi c R}\mathrm{e}^{\mathrm{i}\left(\frac{\omega}{c}R-\omega t\right)}\boldsymbol{e}_\phi$

$\boldsymbol{S} = \dfrac{\mu_0\omega^4 q^2 z_0^2}{32\pi^2 c R^2}\sin^2\theta\boldsymbol{e}_R$

(2) $\boldsymbol{E} = \dfrac{q\boldsymbol{R}}{4\pi\varepsilon_0 R^3}$, $\boldsymbol{B} = \dfrac{\mu_0 q\boldsymbol{v}\times\boldsymbol{R}}{4\pi R^3}$

7.4　带电荷 q 的粒子在 xy 平面上绕 z 轴作匀速率圆周运动, 角频率为 ω, 半径为 R_0. 设 $\omega R_0 \ll c$, 试计算辐射场的频率和能流密度, 讨论 $\theta = 0, \dfrac{\pi}{4}, \dfrac{\pi}{2}$ 及 π 处电磁场的偏振,

答案:

$$\boldsymbol{E} = \frac{qR_0\omega^2}{4\pi\varepsilon_0 c^2 R}\left(\cos\theta\boldsymbol{e}_\theta + \mathrm{i}\boldsymbol{e}_\phi\right)e^{\mathrm{i}\left(\frac{\omega}{c}R-\omega t+\phi\right)}$$

$$\boldsymbol{B}=\frac{qR_0\omega^2}{4\pi\varepsilon_0c^3R}\left(-\mathrm{i}\boldsymbol{e}_\theta+\cos\theta\boldsymbol{e}_\phi\right)e^{\mathrm{i}\left(\frac{\omega}{c}R-\omega t+\phi\right)}$$

$$\boldsymbol{S}=\frac{q^2R_0^2\omega^4}{32\pi^2\varepsilon_0c^3R^2}\left(1+\cos^2\theta\right)\boldsymbol{e}_R$$

$\theta=0,\pi$，圆偏振

$\theta=\dfrac{\pi}{4}$，椭圆偏振

$\theta=\dfrac{\pi}{2}$，线偏振

7.5　设有一各向同性的带电谐振子 (无外场时粒子受弹性恢复力 $-m\omega_0^2\boldsymbol{r}$ 作用), 处于均匀恒定外磁场 $\boldsymbol{B}$ 中, 假设粒子速度 $v\ll c$ 及辐射阻尼力可以忽略, 求:

(1) 振子运动的通解;

(2) 利用上题结果, 讨论沿磁场方向和垂直于磁场方向上辐射场的频率和偏振.

答案:

(1) $\boldsymbol{r}(t)=A\left(\boldsymbol{e}_x+\mathrm{i}\boldsymbol{e}_y\right)\mathrm{e}^{-\mathrm{i}(\omega_0+\omega_L)t}+B\left(\boldsymbol{e}_x-\mathrm{i}\boldsymbol{e}_y\right)\mathrm{e}^{-\mathrm{i}(\omega_0-\omega_L)t}+C\boldsymbol{e}_z\mathrm{e}^{-\mathrm{i}\omega_0t}$

其中当 $\dfrac{qB}{2m}\ll\omega_0$ 时, $\omega_{\mathrm{L}}=\dfrac{qB}{2m}$.

(2) 平行磁场方向观察到频率为 $\omega_0\pm\omega_{\mathrm{L}}$ 的两个旋转方向相反的圆偏振波; 在垂直于磁场方向观察到 $\omega_0,\omega_0\pm\omega_{\mathrm{L}}$ 三个线偏振波.

7.6　设电子在均匀外磁场 $\boldsymbol{B}_0$ 中运动, 取磁场 $\boldsymbol{B}$ 的方向为 z 轴方向, 已知 $t=0$ 时, $x=R_0$, $y=z=0,\dot{x}=\dot{z}=0,\dot{y}=v_0$, 设非相对论条件满足, 求:

(1) 考虑辐射阻尼力的电子运动轨道;

(2) 电子单位时间内的辐射能量.

答案:

(1) $x\approx\left(R_0-\dfrac{v_0}{\omega_0}\right)+\dfrac{v_0}{\omega_0}\mathrm{e}^{-\gamma t}\cos\omega_0t$

$y\approx\dfrac{v_0}{\omega_0}\mathrm{e}^{-\gamma t}\sin\omega_0t$

$z=0$

其中 $\omega_0=\dfrac{eB}{m}$，$\gamma=\dfrac{e^2\omega_0^2}{6\pi\varepsilon_0mc^3}$.

(2) $\dfrac{\mathrm{d}W}{\mathrm{d}t}=\displaystyle\int_{球面}\bar{S}R^2\,\mathrm{d}\Omega=\dfrac{e^2\omega_0^2v_0^2}{6\pi\varepsilon_0c^3}\mathrm{e}^{-2\gamma t}$

7.7　(1) 根据相对论力学方程, 证明相对论性加速带电荷 q 的粒子的辐射场公式 (7.1.17) 用作用力表示为

$$\boldsymbol{E}=\frac{q}{4\pi\varepsilon_0mc^2R}\left\{\frac{\delta^3}{\gamma}\boldsymbol{e}_r\times\left[\left(\boldsymbol{e}_r-\boldsymbol{\beta}\right)\times\boldsymbol{F}-\left(\boldsymbol{\beta}\cdot\boldsymbol{F}\right)\left(\boldsymbol{e}_r\times\boldsymbol{\beta}\right)\right]\right\}_{\mathrm{ret}}$$

其中 $\delta=(1-\boldsymbol{\beta}\cdot\boldsymbol{e}_r)^{-1}$, ret 表示时刻 $t'=t-\dfrac{R}{c}$ 时的值.

(2) 利用公式 $(\boldsymbol{A}\times\boldsymbol{B})^2=A^2B^2-(\boldsymbol{A}\cdot\boldsymbol{B})^2$, 计算 $[(\boldsymbol{e}_r-\boldsymbol{\beta})\times\boldsymbol{F}]^2$ 和 $[\boldsymbol{F}\cdot(\boldsymbol{e}_r\times\boldsymbol{\beta})]^2$;

(3) 利用上述公式, 证明带电粒子的辐射功率的角分布公式 (7.2.5) 用作用力表示为

$$\frac{\mathrm{d}P}{\mathrm{d}\Omega}=\frac{q^2}{16\pi^2\varepsilon_0m^2c^3}\frac{\delta^3}{\gamma^2}\left[F^2-(\boldsymbol{\beta}\cdot\boldsymbol{F})^2-\frac{\delta^2}{\gamma^2}\left(\boldsymbol{F}\cdot\boldsymbol{e}_r-\boldsymbol{F}\cdot\boldsymbol{\beta}\right)^2\right]$$

7.8　应用 §7.6 中导出介质色散的方法, 推导等离子体折射率的公式 [见 (4.9.29) 式]

$$n(\omega)=\sqrt{1-\frac{Ne^2}{\varepsilon_0 m\omega^2}}$$

7.9　一个质量为 m 、电荷为 q 的粒子在一个平面上运动, 该平面垂直于均匀静磁场 $\boldsymbol{B}$.

(1) 计算辐射功率, 用 m、q、B、γ 表示 $\left(E=\gamma mc^2\right)$;

(2) 若在 $t=t_0$ 时, $E_0=\gamma_0 mc^2$, 求 $E(t)$;

(3) 若初始时刻粒子为非相对论性的, 其动能为 T_0, 求时刻 t 的粒子动能 T.

答案:

(1) $P=\dfrac{B^2q^4}{6\pi\varepsilon_0 m^2 c}\left(\gamma^2-1\right)$

(2) $E(t)=mc^2\dfrac{1+\dfrac{\gamma_0-1}{\gamma_0+1}\mathrm{e}^{-\eta}}{1-\dfrac{\gamma_0-1}{\gamma_0+1}\mathrm{e}^{-\eta}},\quad \eta=\dfrac{2\left(t-t_0\right)}{m^3c^3}\dfrac{B^2q^4}{6\pi\varepsilon_0}$

(3) $T=T_0\exp\left[-\dfrac{B^2q^4}{3\pi\varepsilon_0 m^3c^3}\left(t-t_0\right)\right]$

附录

§ A.1 矢量分析

本附录列出矢量分析的主要公式, 其详细证明可参阅有关的数学书籍.

1. 矢量代数

(1) 三矢量的混合积

$$\boldsymbol{c}\cdot(\boldsymbol{a}\times\boldsymbol{b})$$

此混合积是一个标量. 如图 A–1 所示, $\boldsymbol{a}\times\boldsymbol{b}$ 是与 $\boldsymbol{a}$ 和 $\boldsymbol{b}$ 垂直的矢量, 其数值等于 $ab\sin\phi$, 即等于由 $\boldsymbol{a}$ 和 $\boldsymbol{b}$ 构成的平行四边形面积.

$$\boldsymbol{c}\cdot(\boldsymbol{a}\times\boldsymbol{b})=|\boldsymbol{c}||\boldsymbol{a}\times\boldsymbol{b}|\cos\theta$$

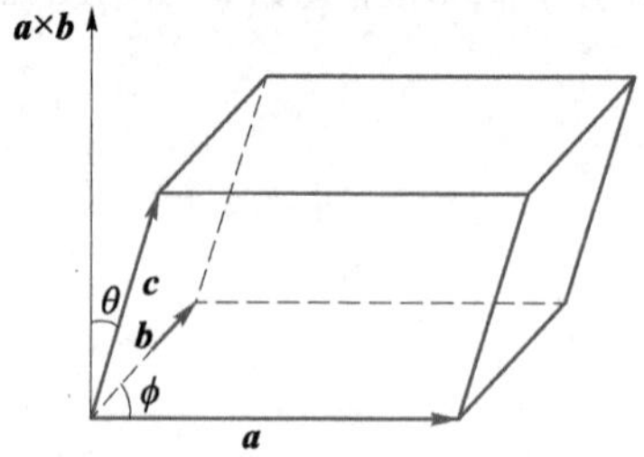

图 A–1

但 $c\cos\theta$ 等于图中所示的平行六面体的高, 因此 $\boldsymbol{c}\cdot(\boldsymbol{a}\times\boldsymbol{b})$ 等于由这三个矢量构成的平行六面体的体积. 同理, $\boldsymbol{a}\cdot(\boldsymbol{b}\times\boldsymbol{c})$ 和 $\boldsymbol{b}\cdot(\boldsymbol{c}\times\boldsymbol{a})$ 都等于同一个体积. 又因为 $\boldsymbol{a}\times\boldsymbol{b}=-\boldsymbol{b}\times\boldsymbol{a}$, 所以 $\boldsymbol{c}\cdot(\boldsymbol{b}\times\boldsymbol{a})=-\boldsymbol{c}\cdot(\boldsymbol{a}\times\boldsymbol{b})$. 总而言之, 混合积有如下性质:

$$\begin{aligned}\boldsymbol{a}\cdot(\boldsymbol{b}\times\boldsymbol{c})&=\boldsymbol{b}\cdot(\boldsymbol{c}\times\boldsymbol{a})=\boldsymbol{c}\cdot(\boldsymbol{a}\times\boldsymbol{b})\\&=-\boldsymbol{a}\cdot(\boldsymbol{c}\times\boldsymbol{b})=-\boldsymbol{b}\cdot(\boldsymbol{a}\times\boldsymbol{c})=-\boldsymbol{c}\cdot(\boldsymbol{b}\times\boldsymbol{a})\end{aligned}\qquad\text{(A.1.1)}$$

上式表明, 把三个矢量按循环次序轮换, 其积不变; 若只把两矢量对调, 其积差一负号.

(2) 三矢量的矢积

$$\boldsymbol{c}\times(\boldsymbol{a}\times\boldsymbol{b})$$

$\boldsymbol{a}\times\boldsymbol{b}$ 是与 $\boldsymbol{a}$ 和 $\boldsymbol{b}$ 都垂直的一个矢量 $\boldsymbol{d}$, 而 $\boldsymbol{c}\times\boldsymbol{d}$ 是与 $\boldsymbol{d}$ 垂直的一个矢量 $\boldsymbol{f}$, 因此 $\boldsymbol{f}$ 必在 $\boldsymbol{a}$ 和 $\boldsymbol{b}$ 构成的平面上, 即可表示为 $\boldsymbol{a}$ 和 $\boldsymbol{b}$ 的线性组合. 用矢积的分量表示可以直接算出结果. 令

$$\boldsymbol{d}=\boldsymbol{a}\times\boldsymbol{b},\boldsymbol{f}=\boldsymbol{c}\times(\boldsymbol{a}\times\boldsymbol{b})=\boldsymbol{c}\times\boldsymbol{d}$$

先算 $\boldsymbol{f}$ 的 x 分量 f_1:

$$\begin{aligned}f_1&=c_2d_3-c_3d_2\\&=c_2\left(a_1b_2-a_2b_1\right)-c_3\left(a_3b_1-a_1b_3\right)\end{aligned}$$

$$= a_1 (c_2 b_2 + c_3 b_3) - b_1 (c_2 a_2 + c_3 a_3)$$

$$= a_1(\boldsymbol{c} \cdot \boldsymbol{b}) - b_1(\boldsymbol{c} \cdot \boldsymbol{a})$$

同样可算出 f_2 和 f_3, 结果是

$$\boldsymbol{f} = \boldsymbol{c} \times (\boldsymbol{a} \times \boldsymbol{b}) = (\boldsymbol{c} \cdot \boldsymbol{b})\boldsymbol{a} - (\boldsymbol{c} \cdot \boldsymbol{a})\boldsymbol{b} \tag{A.1.2}$$

把 $\boldsymbol{c}$ 和 $(\boldsymbol{a} \times \boldsymbol{b})$ 对调, 矢积差一负号, 由上式得

$$(\boldsymbol{a} \times \boldsymbol{b}) \times \boldsymbol{c} = (\boldsymbol{c} \cdot \boldsymbol{a})\boldsymbol{b} - (\boldsymbol{c} \cdot \boldsymbol{b})\boldsymbol{a} \tag{A.1.3}$$

由 (A.1.2) 式和 (A.1.3) 式可得规则: 把括号外的矢量与括号内较远的矢量点乘起来, 所得的项为正号, 另一项为负号.

2. 散度、旋度和梯度

(1) 矢量场 $\boldsymbol{f}(x, y, z)$ 的散度

设闭合曲面 S 围着体积 ΔV. 当 $\Delta V \to 0$ 时, $\boldsymbol{f}$ 对 S 的通量与 ΔV 之比的极限称为 $\boldsymbol{f}$ 的散度, 即

$$\mathrm{div}\boldsymbol{f} = \lim_{\Delta V \to 0} \frac{\oint \boldsymbol{f} \cdot \mathrm{d}\boldsymbol{S}}{\Delta V} \tag{A.1.4}$$

(2) 矢量场 $\boldsymbol{f}(x, y, z)$ 的旋度

设闭合曲线 L 围着面积 ΔS, 当 $\Delta S \to 0$ 时, $\boldsymbol{f}$ 对 L 的环量与 ΔS 之比的极限称为 $\boldsymbol{f}$ 的旋度沿该面法线的分量, 即

$$(\mathrm{rot}\,\boldsymbol{f})_{\mathrm{n}} = \lim_{\Delta S \to 0} \frac{\oint \boldsymbol{f} \cdot \mathrm{d}\boldsymbol{l}}{\Delta S} \tag{A.1.5}$$

上式可以写为, 当 $\Delta S \to 0$ 时,

$$\oint \boldsymbol{f} \cdot \mathrm{d}\boldsymbol{l} = (\mathrm{rot}\,\boldsymbol{f}) \cdot \Delta \boldsymbol{S} \tag{A.1.5a}$$

(3) 标量场 φ 的梯度

设沿线元 $\mathrm{d}\boldsymbol{l}$, 标量场 $\varphi(x, y, z)$ 的数值改变为 $\mathrm{d}\varphi$. $\mathrm{d}\varphi/\mathrm{d}l$ 称为 φ 的梯度沿 $\mathrm{d}\boldsymbol{l}$ 方向的分量, 即

$$(\mathrm{grad}\,\varphi)_l = \frac{\mathrm{d}\varphi}{\mathrm{d}l} \tag{A.1.6}$$

上式也可以写为

$$\mathrm{d}\varphi = \mathrm{grad}\,\varphi \cdot \mathrm{d}\boldsymbol{l} \tag{A.1.6a}$$

(4) 积分变换式

由上述定义可得积分变换式

$$\oint_S \boldsymbol{f} \cdot \mathrm{d}\boldsymbol{S} = \int_V \operatorname{div} \boldsymbol{f}\, \mathrm{d}V \tag{A.1.7}$$

式中 S 为区域 V 的界面.

$$\oint_L \boldsymbol{f} \cdot \mathrm{d}\boldsymbol{l} = \int_S \operatorname{rot} \boldsymbol{f} \cdot \mathrm{d}\boldsymbol{S} \tag{A.1.8}$$

式中 L 为 S 的边界线.

(5) 直角坐标系中散度、旋度和梯度的表示式

$$\operatorname{div} \boldsymbol{f} = \frac{\partial f_z}{\partial x} + \frac{\partial f_y}{\partial y} + \frac{\partial f_z}{\partial z} \tag{A.1.9}$$

$$\begin{aligned}\operatorname{rot} \boldsymbol{f} &= \left(\frac{\partial f_z}{\partial y} - \frac{\partial f_y}{\partial z}\right)\boldsymbol{e}_x + \left(\frac{\partial f_x}{\partial z} - \frac{\partial f_z}{\partial x}\right)\boldsymbol{e}_y + \left(\frac{\partial f_y}{\partial x} - \frac{\partial f_z}{\partial y}\right)\boldsymbol{e}_z \\ &= \begin{vmatrix} \boldsymbol{e}_x & \boldsymbol{e}_y & \boldsymbol{e}_z \\ \dfrac{\partial}{\partial x} & \dfrac{\partial}{\partial y} & \dfrac{\partial}{\partial z} \\ f_x & f_y & f_z \end{vmatrix}\end{aligned} \tag{A.1.10}$$

$$\operatorname{grad} \varphi = \frac{\partial \varphi}{\partial x}\boldsymbol{e}_x + \frac{\partial \varphi}{\partial y}\boldsymbol{e}_y + \frac{\partial \varphi}{\partial z}\boldsymbol{e}_z \tag{A.1.11}$$

式中 $\boldsymbol{e}_x$、$\boldsymbol{e}_y$、$\boldsymbol{e}_z$ 是直角坐标系的三个单位矢量.

(6) ∇ 算符

在直角坐标系中 ∇ 算符定义为

$$\nabla = \boldsymbol{e}_x \frac{\partial}{\partial x} + \boldsymbol{e}_y \frac{\partial}{\partial y} + \boldsymbol{e}_z \frac{\partial}{\partial z} \tag{A.1.12}$$

利用 ∇ 算符, 可以把散度、旋度和梯度表示为

$$\begin{aligned} \operatorname{div} \boldsymbol{f} &= \nabla \cdot \boldsymbol{f} \\ \operatorname{rot} \boldsymbol{f} &= \nabla \times \boldsymbol{f} \\ \operatorname{grad} \varphi &= \nabla \varphi \end{aligned} \tag{A.1.13}$$

在式中 ∇ 算符与另一矢量的标积和矢积形式上按一般矢量的标积和矢积运算.

3. 关于散度和旋度的一些定理

(1) 标量场的梯度必为无旋场

$$\nabla \times \nabla \varphi \equiv \mathbf{0} \tag{A.1.14}$$

证明令 $\boldsymbol{f} = \nabla \varphi$, 有

$$(\nabla \times \nabla \varphi)_x = (\nabla \times \boldsymbol{f})_x = \frac{\partial f_z}{\partial y} - \frac{\partial f_y}{\partial z} = \frac{\partial}{\partial y}\left(\frac{\partial \varphi}{\partial z}\right) - \frac{\partial}{\partial z}\left(\frac{\partial \varphi}{\partial y}\right) = 0$$

同理可证其他分量为 0, 因此 $\nabla\times\nabla\varphi=\mathbf{0}$.

(2) 矢量场的旋度必为无源场

$$\nabla\cdot\nabla\times\boldsymbol{f}=0 \tag{A.1.15}$$

证明 $\nabla\cdot\nabla\times\boldsymbol{f}=\frac{\partial}{\partial x}\left(\frac{\partial f_z}{\partial y}-\frac{\partial f_y}{\partial z}\right)+\frac{\partial}{\partial y}\left(\frac{\partial f_x}{\partial z}-\frac{\partial f_z}{\partial x}\right)+\frac{\partial}{\partial z}\left(\frac{\partial f_y}{\partial x}-\frac{\partial f_x}{\partial y}\right)=0$

(3) 无旋场必可表示为标量场的梯度

$$\text{若 } \nabla\times\boldsymbol{f}=\mathbf{0},\ \text{则 } \boldsymbol{f}=\nabla\varphi \tag{A.1.16}$$

(4) 无源场必可表示为另一矢量的旋度

$$\text{若 } \nabla\cdot\boldsymbol{f}=0,\ \text{则 } \boldsymbol{f}=\nabla\times\boldsymbol{A} \tag{A.1.17}$$

4. ∇ 算符运算公式

下面先把公式列出, 再加以说明, 公式中 φ、ψ 代表标量场, $\boldsymbol{f}$、$\boldsymbol{g}$ 代表矢量场.

$$\nabla(\varphi\psi)=\varphi\nabla\psi+\psi\nabla\varphi \tag{A.1.18}$$

$$\nabla\cdot(\varphi\boldsymbol{f})=(\nabla\varphi)\cdot\boldsymbol{f}+\varphi\nabla\cdot\boldsymbol{f} \tag{A.1.19}$$

$$\nabla\times(\varphi\boldsymbol{f})=(\nabla\varphi)\times\boldsymbol{f}+\varphi\nabla\times\boldsymbol{f} \tag{A.1.20}$$

$$\nabla\cdot(\boldsymbol{f}\times\boldsymbol{g})=(\nabla\times\boldsymbol{f})\cdot\boldsymbol{g}-\boldsymbol{f}\cdot(\nabla\times\boldsymbol{g}) \tag{A.1.21}$$

$$\nabla\times(\boldsymbol{f}\times\boldsymbol{g})=(\boldsymbol{g}\cdot\nabla)\boldsymbol{f}+(\nabla\cdot\boldsymbol{g})\boldsymbol{f}-(\boldsymbol{f}\cdot\nabla)\boldsymbol{g}-(\nabla\cdot\boldsymbol{f})\boldsymbol{g} \tag{A.1.22}$$

$$\nabla(\boldsymbol{f}\cdot\boldsymbol{g})=\boldsymbol{f}\times(\nabla\times\boldsymbol{g})+(\boldsymbol{f}\cdot\nabla)\boldsymbol{g}+\boldsymbol{g}\times(\nabla\times\boldsymbol{f})+(\boldsymbol{g}\cdot\nabla)\boldsymbol{f} \tag{A.1.23}$$

$$\nabla\cdot\nabla\varphi=\nabla^2\varphi \tag{A.1.24}$$

$$\nabla\times(\nabla\times\boldsymbol{f})=\nabla(\nabla\cdot\boldsymbol{f})-\nabla^2\boldsymbol{f} \tag{A.1.25}$$

[说明] 以上公式都可以用直角分展展开直接验证. 例如 (A.1.19) 式:

$$\begin{aligned}\nabla\cdot(\varphi\boldsymbol{f})&=\frac{\partial}{\partial x}(\varphi f_x)+\frac{\partial}{\partial y}(\varphi f_y)+\frac{\partial}{\partial z}(\varphi f_z)\\&=\frac{\partial\varphi}{\partial x}f_x+\frac{\partial\varphi}{\partial y}f_y+\frac{\partial\varphi}{\partial z}f_z+\varphi\left(\frac{\partial f_x}{\partial x}+\frac{\partial f_y}{\partial y}+\frac{\partial f_z}{\partial z}\right)\\&=(\nabla\varphi)\cdot\boldsymbol{f}+\varphi\nabla\cdot\boldsymbol{f}\end{aligned}$$

事实上, 我们不必这样用分量展开, 只要正确地考虑 ∇ 算符的特性, 就可以把上列公式简单地写出来.

∇ 算符在方向关系上是一个矢量, 所以它的运算具有矢量运算的特点; 另外, ∇ 算符不同于普通矢量, 它是微分算符, 所以在其运算中我们必须考虑到微分运算的特点, 不能把它和普通矢量任意对调位置. 我们举例说明如下:

(A.1.18) 式: ∇ 是微分算符, 此公式和一般对两因子乘积的微分运算公式一样.

(A.1.19) 式: 作为微分算符, ∇ 既要作用到 φ 上, 又要作用到 $\boldsymbol{f}$ 上. 再考虑 ∇ 的矢量性质, 就必须把点乘放在正确位置上. 例如 $(\nabla\cdot\varphi)\boldsymbol{f}$ 是没有意义的, 必须写成 $(\nabla\varphi)\cdot\boldsymbol{f}$.

(A.1.21) 式: 从微分运算看, ∇ 既要对 $\boldsymbol{f}$ 作用, 又要对 $\boldsymbol{g}$ 作用, 所以应该有两项. 从矢量运算看, 这个式子相当于三个矢量的混合积, 我们必须注意三个矢量 ∇、$\boldsymbol{f}$ 和 $\boldsymbol{g}$ 的次序. 在右边第一项中, 三个矢量次序没有对调, 因此这一项取正号. 从混合积公式看, $\cdot$ 和 $\times$ 的位置本来无关紧要, 但在这里必须写成 $(\nabla\times\boldsymbol{f})\cdot\boldsymbol{g}$, 因为另一写法 $(\nabla\cdot\boldsymbol{f})\times\boldsymbol{g}$ 是没有意义的. (A.1.21) 式右边第二项中三个矢量顺序发生对调, 所以此项取负号.

(A.1.22) 式: 从矢量性质看, 这是三个矢量的矢积. 用 (A.1.2) 式, 暂时不管 ∇ 的微分性质, 得两项

$$(\nabla\cdot\boldsymbol{g})\boldsymbol{f}-(\nabla\cdot\boldsymbol{f})\boldsymbol{g} \tag{A.1.26}$$

从 ∇ 的微分性质看, 每一项都既要对 $\boldsymbol{g}$ 微分, 又要对 $\boldsymbol{f}$ 微分. 考虑到这一点, 把第一项变为两项

$$(\nabla\cdot\boldsymbol{g})\boldsymbol{f}+(\boldsymbol{g}\cdot\nabla)\boldsymbol{f}$$

式中第一项是 $\boldsymbol{g}$ 的散度乘上 $\boldsymbol{f}$, 第二项是要对 $\boldsymbol{f}$ 作微分运算, 即

$$\left(g_x\frac{\partial}{\partial x}+g_y\frac{\partial}{\partial y}+g_z\frac{\partial}{\partial z}\right)\boldsymbol{f}$$

(A.1.26) 式的第二项也变为两项 $-(\nabla\cdot\boldsymbol{f})\boldsymbol{g}-(\boldsymbol{f}\cdot\nabla)\boldsymbol{g}$. 由此即得 (A.1.22) 式.

(A.1.25) 式: 从矢量性质看, 这是三个矢量的矢积. 由 (A.1.2) 式得

$$\nabla\times(\nabla\times\boldsymbol{f})=\nabla(\nabla\cdot\boldsymbol{f})-\nabla^2\boldsymbol{f}$$

这里要注意的是所有 ∇ 算符都要写在 $\boldsymbol{f}$ 的前面.

5. 曲线正交坐标系

在一般曲线正交坐标系中, 空间一点 P 的位置用三个坐标 u_1、u_2 和 u_3 表示. 沿这些坐标增加方向的单位矢量为 $\boldsymbol{e}_1$、$\boldsymbol{e}_2$ 和 $\boldsymbol{e}_3$. 沿这三个方向的线元为

$$\mathrm{d}l_1=h_1\,\mathrm{d}u_1,\quad \mathrm{d}l_2=h_2\,\mathrm{d}u_2,\quad \mathrm{d}l_3=h_3\,\mathrm{d}u_3 \tag{A.1.27}$$

其中 h_1、h_2 和 h_3 一般为坐标的函数. 在 P 点上任一矢量可以写为

$$\boldsymbol{f}=f_1\boldsymbol{e}_1+f_2\boldsymbol{e}_2+f_3\boldsymbol{e}_3 \tag{A.1.28}$$

在曲线正交坐标系中有一般公式

$$\nabla\psi=\frac{1}{h_1}\frac{\partial\psi}{\partial u_1}\boldsymbol{e}_1+\frac{1}{h_2}\frac{\partial\psi}{\partial u_2}\boldsymbol{e}_2+\frac{1}{h_3}\frac{\partial\psi}{\partial u_3}\boldsymbol{e}_3 \tag{A.1.29}$$

$$\nabla\cdot\boldsymbol{f}=\frac{1}{h_1h_2h_3}\left[\frac{\partial}{\partial u_1}(h_2h_3f_1)+\frac{\partial}{\partial u_2}(h_3h_1f_2)+\frac{\partial}{\partial u_3}(h_1h_2f_3)\right] \tag{A.1.30}$$

$$
\begin{aligned}
\nabla \times \boldsymbol{f} = & \frac{1}{h_2 h_3}\left[\frac{\partial}{\partial u_2}(h_3 f_3) - \frac{\partial}{\partial u_3}(h_2 f_2)\right]\boldsymbol{e}_1 + \\
& \frac{1}{h_3 h_1}\left[\frac{\partial}{\partial u_3}(h_1 f_1) - \frac{\partial}{\partial u_1}(h_3 f_3)\right]\boldsymbol{e}_2 + \\
& \frac{1}{h_1 h_2}\left[\frac{\partial}{\partial u_1}(h_2 f_2) - \frac{\partial}{\partial u_2}(h_1 f_1)\right]\boldsymbol{e}_3
\end{aligned} \tag{A.1.31}
$$

$$
\nabla^2 \psi = \frac{1}{h_1 h_2 h_3}\left[\frac{\partial}{\partial u_1}\left(\frac{h_2 h_3}{h_1}\frac{\partial \psi}{\partial u_1}\right) + \frac{\partial}{\partial u_2}\left(\frac{h_3 h_1}{h_2}\frac{\partial \psi}{\partial u_2}\right) + \frac{\partial}{\partial u_3}\left(\frac{h_1 h_2}{h_3}\frac{\partial \psi}{\partial u_3}\right)\right] \tag{A.1.32}
$$

最常用的曲线正交坐标系有柱坐标系和球坐标系.

(1) 柱坐标系

$$
u_1 = r, \quad u_2 = \phi, \quad u_3 = z \tag{A.1.33}
$$

$$
h_1 = 1, \quad h_2 = r, \quad h_3 = 1
$$

$$
\nabla \psi = \frac{\partial \psi}{\partial r}\boldsymbol{e}_r + \frac{1}{r}\frac{\partial \psi}{\partial \phi}\boldsymbol{e}_\phi + \frac{\partial \psi}{\partial z}\boldsymbol{e}_z \tag{A.1.34}
$$

$$
\nabla \cdot \boldsymbol{f} = \frac{1}{r}\frac{\partial}{\partial r}(r f_r) + \frac{1}{r}\frac{\partial f_\phi}{\partial \phi} + \frac{\partial f_z}{\partial z} \tag{A.1.35}
$$

$$
\begin{aligned}
\nabla \times \boldsymbol{f} = & \left(\frac{1}{r}\frac{\partial f_z}{\partial \phi} - \frac{\partial f_\phi}{\partial z}\right)\boldsymbol{e}_r + \left(\frac{\partial f_r}{\partial z} - \frac{\partial f_z}{\partial r}\right)\boldsymbol{e}_\phi + \\
& \left[\frac{1}{r}\frac{\partial}{\partial r}(r f_\phi) - \frac{1}{r}\frac{\partial f_r}{\partial \phi}\right]\boldsymbol{e}_z
\end{aligned} \tag{A.1.36}
$$

$$
\nabla^2 \psi = \frac{1}{r}\frac{\partial}{\partial r}\left(r\frac{\partial \psi}{\partial r}\right) + \frac{1}{r^2}\frac{\partial^2 \psi}{\partial \phi^2} + \frac{\partial^2 \psi}{\partial z^2} \tag{A.1.37}
$$

(2) 球坐标系

$$
u_1 = r, \quad u_2 = \theta, \quad u_3 = \phi
$$

$$
h_1 = 1, \quad h_2 = r, \quad h_3 = r\sin\theta \tag{A.1.38}
$$

$$
\nabla \psi = \frac{\partial \psi}{\partial r}\boldsymbol{e}_r + \frac{1}{r}\frac{\partial \psi}{\partial \theta}\boldsymbol{e}_\theta + \frac{1}{r\sin\theta}\frac{\partial \psi}{\partial \phi}\boldsymbol{e}_\phi \tag{A.1.39}
$$

$$
\nabla \cdot \boldsymbol{f} = \frac{1}{r^2}\frac{\partial}{\partial r}(r^2 f_r) + \frac{1}{r\sin\theta}\frac{\partial}{\partial \theta}(\sin\theta f_\theta) + \frac{1}{r\sin\theta}\frac{\partial f_\phi}{\partial \phi} \tag{A.1.40}
$$

$$
\begin{aligned}
\nabla \times \boldsymbol{f} = & \frac{1}{r\sin\theta}\left[\frac{\partial}{\partial \theta}(\sin\theta f_\phi) - \frac{\partial f_\theta}{\partial \phi}\right]\boldsymbol{e}_r + \frac{1}{r}\left[\frac{1}{\sin\theta}\frac{\partial f_r}{\partial \phi} - \frac{\partial}{\partial r}(r f_\phi)\right]\boldsymbol{e}_\theta + \\
& \frac{1}{r}\left[\frac{\partial}{\partial r}(r f_\theta) - \frac{\partial f_r}{\partial \theta}\right]\boldsymbol{e}_\phi
\end{aligned} \tag{A.1.41}
$$

$$
\nabla^2 \psi = \frac{1}{r^2}\frac{\partial}{\partial r}\left(r^2\frac{\partial \psi}{\partial r}\right) + \frac{1}{r^2\sin\theta}\frac{\partial}{\partial \theta}\left(\sin\theta\frac{\partial \psi}{\partial \theta}\right) + \frac{1}{r^2\sin^2\theta}\frac{\partial^2 \psi}{\partial \phi^2} \tag{A.1.42}
$$

6. 并矢和张量

(1) 定义

两矢量 $\boldsymbol{A}$ 和 $\boldsymbol{B}$ 并列, 它们之间不作标积或矢积运算, 称为并矢. $\boldsymbol{A}$ 和 $\boldsymbol{B}$ 的并矢写为 $\boldsymbol{AB}$. 把并矢 $\boldsymbol{AB}$ 看作一个量, 它有 9 个分量:

$$\begin{matrix} A_1B_1 & A_1B_2 & A_1B_3 \\ A_2B_1 & A_2B_2 & A_2B_3 \\ A_3B_1 & A_3B_2 & A_3B_3 \end{matrix} \tag{A.1.43}$$

一般来说

$$\boldsymbol{AB} \neq \boldsymbol{BA}$$

三维空间 2 阶张量是具有 9 个分量的物理量. 如张量 $\overleftrightarrow{\mathscr{T}}$ 的 9 个分量写为

$$\begin{matrix} T_{11} & T_{12} & T_{13} \\ T_{21} & T_{22} & T_{23} \\ T_{31} & T_{32} & T_{33} \end{matrix}$$

当这 9 个分量在坐标系转动下按一定方式变换时 [见 (6.4.19) 式], 由它们组成的物理量就称为 2 阶张量. 并矢是张量的一种特殊情形.

设直角坐标系的单位基矢量为 $\boldsymbol{e}_1$、$\boldsymbol{e}_2$、$\boldsymbol{e}_3$, 则并矢 $\boldsymbol{AB}$ 可写为

$$\begin{aligned} \boldsymbol{AB} = & A_1B_1\boldsymbol{e}_1\boldsymbol{e}_1 + A_1B_2\boldsymbol{e}_1\boldsymbol{e}_2 + A_1B_3\boldsymbol{e}_1\boldsymbol{e}_3 + \\ & A_2B_1\boldsymbol{e}_2\boldsymbol{e}_1 + A_2B_2\boldsymbol{e}_2\boldsymbol{e}_2 + A_2B_3\boldsymbol{e}_2\boldsymbol{e}_3 + \\ & A_3B_1\boldsymbol{e}_3\boldsymbol{e}_1 + A_3B_2\boldsymbol{e}_3\boldsymbol{e}_2 + A_3B_3\boldsymbol{e}_3\boldsymbol{e}_3 \end{aligned}$$

一般 2 阶张量可写为

$$\overleftrightarrow{\mathscr{T}} = \sum_{ij} T_{ij}\boldsymbol{e}_i\boldsymbol{e}_j \quad (i, j = 1, 2, 3) \tag{A.1.44}$$

因此并矢 $\boldsymbol{e}_i\boldsymbol{e}_j$ 可以作为 2 阶张量的 9 个基. 一般 2 阶张量在这 9 个基上的分量就是 T_{ij}.

张量

$$\overleftrightarrow{\mathscr{I}} = \boldsymbol{e}_1\boldsymbol{e}_1 + \boldsymbol{e}_2\boldsymbol{e}_2 + \boldsymbol{e}_3\boldsymbol{e}_3 \tag{A.1.45}$$

称为单位张量, 它的三个对角分量为 1 , 其他分量为 0 .

(2) 张量的代数运算

并矢 $\boldsymbol{AB}$ 与矢量 $\boldsymbol{C}$ 的点乘规则为

$$\begin{aligned} (\boldsymbol{AB}) \cdot \boldsymbol{C} &= \boldsymbol{A}(\boldsymbol{B} \cdot \boldsymbol{C}) \\ \boldsymbol{C} \cdot (\boldsymbol{AB}) &= (\boldsymbol{C} \cdot \boldsymbol{A})\boldsymbol{B} \end{aligned} \tag{A.1.46}$$

因此并矢与矢量的点乘是一个矢量. 而且一般有 $(\boldsymbol{AB})\cdot\boldsymbol{C}\neq\boldsymbol{C}\cdot(\boldsymbol{AB})$. 张量 $\overleftrightarrow{\mathscr{T}}$ 和矢量 $\boldsymbol{f}$ 的点乘式为

$$\begin{aligned}\overleftrightarrow{\mathscr{T}}\cdot\boldsymbol{f}&=\sum_{ij}T_{ij}\boldsymbol{e}_i\boldsymbol{e}_j\cdot\sum_k f_k\boldsymbol{e}_k\\&=\sum_{ijk}T_{ij}\boldsymbol{e}_i\delta_{jk}f_k=\sum_{ij}T_{ij}f_j\boldsymbol{e}_i\\\boldsymbol{f}\cdot\overleftrightarrow{\mathscr{T}}&=\sum_{ij}f_iT_{ij}\boldsymbol{e}_j\end{aligned}\tag{A.1.47}$$

并矢 $\boldsymbol{AB}$ 和另一并矢 $\boldsymbol{CD}$ 的双点乘定义为

$$(\boldsymbol{AB}):(\boldsymbol{CD})=(\boldsymbol{B}\cdot\boldsymbol{C})(\boldsymbol{A}\cdot\boldsymbol{D})\tag{A.1.48}$$

即先把靠近的两矢量点乘, 再把剩下的两矢量点乘.

单位张量和任一矢量的点乘等于该矢量, 即

$$\overleftrightarrow{\mathscr{I}}\cdot\boldsymbol{f}=\boldsymbol{f}\cdot\overleftrightarrow{\mathscr{I}}=\boldsymbol{f}\tag{A.1.49}$$

(3) 张量分析

把算符 ∇ 作用在张量或并矢上时, 只要注意 ∇ 算符的矢量特性和微分运算特性, 可以得出

$$\nabla\cdot(\boldsymbol{fg})=(\nabla\cdot\boldsymbol{f})\boldsymbol{g}+(\boldsymbol{f}\cdot\nabla)\boldsymbol{g}\tag{A.1.50}$$

$$\nabla\cdot\overleftrightarrow{\mathscr{T}}=\frac{\partial}{\partial x}\left(\boldsymbol{e}_1\cdot\overleftrightarrow{\mathscr{T}}\right)+\frac{\partial}{\partial y}\left(\boldsymbol{e}_2\cdot\overleftrightarrow{\mathscr{T}}\right)+\frac{\partial}{\partial z}\left(\boldsymbol{e}_3\cdot\overleftrightarrow{\mathscr{I}}\right)\tag{A.1.51}$$

关于张量和并矢有积分变换式

$$\oint \mathrm{d}\boldsymbol{S}\cdot\overleftrightarrow{\mathscr{T}}=\int \mathrm{d}V\nabla\cdot\overleftrightarrow{\mathscr{T}}\tag{A.1.52}$$

$$\oint \mathrm{d}\boldsymbol{S}\cdot(\boldsymbol{fg})=\int \mathrm{d}V\nabla\cdot(\boldsymbol{fg})\tag{A.1.53}$$

§ A.2 轴对称情形下拉普拉斯方程的通解

在轴对称情形下, 拉普拉斯方程用球坐标表出为

$$\frac{\partial}{\partial r}\left(r^2\frac{\partial\psi}{\partial r}\right)+\frac{1}{\sin\theta}\frac{\partial}{\partial\theta}\left(\sin\theta\frac{\partial\psi}{\partial\theta}\right)=0\tag{A.2.1}$$

用分离变量法解此方程. 设 ψ 具有形式

$$\psi(r,\theta)=R(r)\Theta(\theta)\tag{A.2.2}$$

代入 (A.2.1) 式得

$$\frac{1}{R}\frac{\mathrm{d}}{\mathrm{d}r}\left(r^2\frac{\mathrm{d}R}{\mathrm{d}r}\right)=-\frac{1}{\Theta\sin\theta}\frac{\mathrm{d}}{\mathrm{d}\theta}\left(\sin\theta\frac{\mathrm{d}\Theta}{\mathrm{d}\theta}\right) \tag{A.2.3}$$

此式左边为 r 的函数, 右边为 θ 的函数, 只有当它们都等于常数时才有可能相等. 命此常数为 $n(n+1)$, 则 (A.2.3) 式分离为两个常微分方程:

$$\frac{\mathrm{d}}{\mathrm{d}r}\left(r^2\frac{\mathrm{d}R}{\mathrm{d}r}\right)-n(n+1)R=0 \tag{A.2.4}$$

$$\frac{\mathrm{d}}{\mathrm{d}\theta}\left(\sin\theta\frac{\mathrm{d}\Theta}{\mathrm{d}\theta}\right)+n(n+1)\sin\theta\Theta=0 \tag{A.2.5}$$

容易求出 (A.2.4) 式的解为

$$R=a_nr^n+\frac{b_n}{r^{n+1}} \tag{A.2.6}$$

a_n 和 b_n 为任意常数.

作代换 $\zeta=\cos\theta$, (A.2.5) 式化为

$$\frac{\mathrm{d}}{\mathrm{d}\zeta}\left[\left(1-\zeta^2\right)\frac{\mathrm{d}\Theta}{\mathrm{d}\zeta}\right]+n(n+1)\Theta=0 \tag{A.2.7}$$

此式称为勒让德方程, 只有当 n 为整数时才存在 $-1\leqslant\zeta\leqslant1$ 区间的有限解, 其解称为勒让德多项式, 记为

$$\Theta(\theta)=\mathrm{P}_n(\cos\theta) \tag{A.2.8}$$

因此 (A.2.1) 式的通解为

$$\psi(r,\theta)=\sum_{n=0}^{\infty}\left(a_nr^n+\frac{b_n}{r^{n+1}}\right)\mathrm{P}_n(\cos\theta) \tag{A.2.9}$$

下面我们用简单方法求出 $\mathrm{P}_n(\cos\theta)$ 的显示式. 当 $r\neq0$ 时单位点电荷电势 $1/r$ 为拉普拉斯方程的解. 把

$$\psi=\frac{1}{r} \tag{A.2.10}$$

代入 (A.2.1) 式不难直接验证这一点. 对拉普拉斯方程作用算符 $\dfrac{\partial}{\partial z}$, 得

$$\frac{\partial}{\partial z}\nabla^2\psi=\nabla^2\frac{\partial\psi}{\partial z}=0$$

因此, 若 ψ 为一个解, 则 $\partial\psi/\partial z$ 亦为一解. 同理可证明 $\dfrac{\partial^n\psi}{\partial z^n}$ 亦为解. 因此, 拉普拉斯方程具有特解

$$\frac{1}{r}$$

$$\frac{\partial}{\partial z}\left(\frac{1}{r}\right)=-\frac{z}{r^3}=-\frac{1}{r^2}\cos\theta \tag{A.2.11}$$

$$\frac{\partial^2}{\partial z^2}\left(\frac{1}{r}\right)=\frac{3z^2-r^2}{r^5}=\frac{1}{r^3}\left(3\cos{}^2\theta-1\right)$$

$$\cdots\cdots\cdots\cdots$$

这些特解都具有形式

$$\frac{1}{r^{n+1}}\mathrm{P}_n(\cos\,\theta)$$

比较 (A.2.11) 式和 (A.2.9) 式, 并按习惯定义所选的常数因子, 得

$$\begin{aligned}
&\mathrm{P}_0(\cos\,\theta)=1\\
&\mathrm{P}_1(\cos\,\theta)=\cos\,\theta\\
&\mathrm{P}_2(\cos\,\theta)=\frac{1}{2}\left(3\cos{}^2\theta-1\right)\\
&\mathrm{P}_3(\cos\,\theta)=\frac{1}{2}\left(5\cos{}^3\theta-3\cos\,\theta\right)\\
&\cdots\cdots\cdots\cdots
\end{aligned}\tag{A.2.12}$$

可以证明 $\mathrm{P}_n(\cos\,\theta)$ 的一般表示式为

$$\mathrm{P}_n(\cos\,\theta)=\frac{1}{2^n n!}\frac{\mathrm{d}^n}{\mathrm{d}(\cos\,\theta)^n}\left[\left(\cos{}^2\theta-1\right)^n\right]\tag{A.2.13}$$

§ A.3 电磁场的能量–动量张量

诺特定理说的是若一个物理系统的作用量在一些连续的对称性变换下保持不变, 则在系统满足运动方程的情形下每一个连续对称性都对应存在一个守恒量. 如对于相对论性自由粒子, 其作用量由 (6.7.5) 式给出. 该作用量仅显含四维速度而不显含坐标 x^μ, 因此具有时空平移和时空的 "转动" (洛伦兹) 不变性. 考虑微小的坐标变换 $x^\mu\to x'^\mu=x^\mu+\epsilon^\mu+\omega^\mu{}_\nu x^\nu$, 其中 ϵ^μ 是微小的平移参数, 而 $\omega^\mu{}_\nu$ 是微小的转动参数. 相应的作用量的变化为

$$\delta S(\tau)=\int_{\tau_0}^{\tau}\frac{\mathrm{d}p_\mu}{\mathrm{d}\tau}\delta x^\mu\mathrm{d}\tau-\left(p_\mu\delta x^\mu\right)\Big|_{\tau_0}^{\tau}\tag{A.3.1}$$

自由粒子满足运动方程时第一项消失. 若作用量在此坐标变换下不变, 则第二项也应消失. 这意味着 $p_\mu\delta x^\mu$ 在任意固有时 τ 的值与在任意初始固有时 τ_0 的值相同, 即它是不变的. 因此对于任意给定的微小常数平移 $\delta x^\mu=\epsilon^\mu$, p_μ 应是守恒量, 即四动量守恒. 同理, 对于任意微小的常洛伦兹变换 $\delta x^\mu=\omega^\mu{}_\nu x^\nu$, 有 $p^\mu x^\nu\omega_{\mu\nu}$ 是常数. 由于四维间隔 $x^\mu x_\nu$ 在洛伦兹变换下不变, 易得 $\omega_{\mu\nu}=-\omega_{\nu\mu}$. 因此

$$M^{\mu\nu}=x^\mu p^\nu-p^\mu x^\nu\tag{A.3.2}$$

是守恒量. 其空间分量 M^{ij} 的守恒对应角动量守恒. 由于能量是守恒的, 在给定的惯

性系下 $M^{0i}=(E/c)(v^i t-x^i)$ 的守恒表示该粒子的质心以匀速 $\boldsymbol{v}$ 运动.

接下来考虑电磁场的作用量. 定义作用量为电磁场的拉格朗日密度 $\mathcal{L}$ 的四维体积分, 即

$$\mathcal{L}=-\frac{1}{4\mu_0}F_{\mu\nu}F^{\mu\nu} \tag{A.3.3}$$

考虑作任意的微小坐标变换 $x^\mu\to x'^\mu=x^\mu+\epsilon^\mu(x)$, 则场 $A_\mu(x)$ 及其导数和雅可比行列式的变化为

$$\begin{aligned}
&A_\mu(x)\to A'_\mu(x')=A'_\mu(x)+\epsilon^\rho(x)\partial_\rho A_\mu(x)+\mathcal{O}(\epsilon^2)\\
&\partial_\nu A_\mu(x)\to \partial'_\nu A'_\mu(x')=\partial_\nu A'_\mu(x)+\epsilon^\rho(x)\partial_\nu\partial_\rho A_\mu(x)+\mathcal{O}(\epsilon^2)\\
&\det(\partial_\nu x'^\mu)=1+\partial_\mu\epsilon^\mu(x)
\end{aligned} \tag{A.3.4}$$

坐标变换引起的作用量变化为

$$\begin{aligned}
\delta S&=\frac{1}{c}\int\left[\mathcal{L}\left(A'_\mu(x'),\partial'_\nu A'_\mu(x')\right)\mathrm{d}^4x'-\mathcal{L}\left(A_\mu(x),\partial_\nu A_\mu(x)\right)\mathrm{d}^4x\right]\\
&=\frac{1}{c}\int\mathrm{d}^4x\left[\frac{\partial\mathcal{L}}{\partial A_\mu}\delta_0A_\mu+\frac{\partial\mathcal{L}}{\partial\left(\partial_\nu A_\mu\right)}\delta_0\partial_\nu A_\mu+\epsilon^\mu\partial_\mu\mathcal{L}+\partial_\mu\epsilon^\mu\mathcal{L}\right]
\end{aligned} \tag{A.3.5}$$

其中 $\delta_0A_\mu\equiv A'_\mu(x)-A_\mu(x)$. 上式第三项来自形式上由 x^μ 变为 x'^μ 引起的 $\mathcal{L}$ 的变化, 而第四项来自体积元的变化. 第二项中的 δ_0 可穿过 ∂_ν 作用于 A_μ, 然后做分部积分得

$$\delta S=\frac{1}{c}\int\mathrm{d}^4x\left[\left(\frac{\partial\mathcal{L}}{\partial A_\mu}-\partial_\nu\frac{\partial\mathcal{L}}{\partial(\partial_\nu A_\mu)}\right)\delta_0A_\mu+\partial_\nu\left(\frac{\partial\mathcal{L}}{\partial\left(\partial_\nu A_\mu\right)}\delta_0A_\mu+\mathcal{L}\epsilon^\nu\right)\right] \tag{A.3.6}$$

假设 A_μ 满足运动方程, 则可验证上式第一项消失. 定义 $\delta A_\mu\equiv A'_\mu(x')-A_\mu(x)=\epsilon^\rho\partial_\rho A_\mu+\delta_0A_\mu$, 并代入上式中即得

$$\delta S=\frac{1}{c}\int\mathrm{d}^4x\left[\partial_\nu\left(\frac{\partial\mathcal{L}}{\partial\left(\partial_\nu A_\mu\right)}\delta A_\mu\right)-\partial_\nu\left(\frac{\partial\mathcal{L}}{\partial\left(\partial_\nu A_\mu\right)}\epsilon^\rho\partial_\rho A_\mu-\epsilon^\rho\mathcal{L}\delta^\nu_\rho\right)\right] \tag{A.3.7}$$

若坐标变换 ϵ^ρ 为无穷小平移, 则它是一个常数, 且 $\delta A_\mu=0$. 于是由 $\delta S=0$ 可得

$$\partial_\nu\left(\frac{\partial\mathcal{L}}{\partial\left(\partial_\nu A_\mu\right)}\partial_\rho A_\mu-\mathcal{L}\delta^\nu_\rho\right)=0 \tag{A.3.8}$$

这个式子的意义为四维平移不变性所对应的四个连续性方程, 等价于电磁场的能量和动量守恒. 可以猜想能量–动量密度张量为

$$T^{\nu\rho}=\left[-\frac{\partial\mathcal{L}}{\partial\left(\partial_\nu A_\mu\right)}\partial^\rho A_\mu+\mathcal{L}g^{\nu\rho}\right]=-\frac{1}{\mu_0}\left(F^{\mu\nu}\partial^\rho A_\mu-\frac{1}{4}g^{\nu\rho}F^{\alpha\beta}F_{\alpha\beta}\right) \tag{A.3.9}$$

然而 $T^{\nu\rho}$ 不具有规范对称性, 因此不可能是物理可观测量. 虽然现在还没有实验手段让我们直接测量电磁场的能量–动量密度, 我们还是希望把它写成原则上可以测量的量, 即具有规范对称性的量. 此外, 我们还希望能量–动量密度张量是对称

张量, 这样由它得到的角动量密度张量也满足角动量流连续性方程. 如果我们引入 $f^{\mu\nu\rho}=\dfrac{1}{\mu_0}F^{\mu\nu}A^{\rho}$, 并应用运动方程 $\partial_\mu F^{\mu\nu}=0$, 便可得到具有规范对称性的并且关于指标对称的电磁场的能量–动量张量

$$T_{\mathrm{EM}}^{\nu\rho}=\frac{1}{\mu_0}\left(-F^{\nu\mu}F^{\rho}{}_{\mu}+\frac{1}{4}g^{\nu\rho}F^{\alpha\beta}F_{\alpha\beta}\right) \tag{A.3.10}$$

其分量 $T_{\mathrm{EM}}^{00}=w$ 为真空中的电磁场能量密度. $T_{\mathrm{EM}}^{0i}=S^i/c=cg^i$ 为电磁场的动量密度乘以光速 c 的因子. $T_{EM}^{ij}=\mathscr{J}^{ij}$ 为电磁场应力张量 (见第五章).

§ A.4 国际单位, 国际单位制和高斯单位制中主要公式对照表

根据第 26 届国际计量大会 (CGPM) 1 号决议, 自国际计量日 2019 年 5 月 20 日开始实施新国际单位制, 即第 9 版 (2019) 国际单位制 (SI), 下面简称新 SI. 中国国家市场监管总局计量司颁布 2021 年第 5 号公告, 将我国直流电压基准、直流电阻基准采纳 SI 新定义值. 本书采用单位制为新 SI①.

表 A.1 给出新 SI 的七个基本量的数值和单位是定义的, 所以没有误差. 由这七个基本量相乘或相除得到的导出量也是没有误差的. 例如, 1 秒 (1 s) 定义为 $9\,192\,631\,770/\Delta\nu_{\mathrm{Cs}}$, 其中 $\Delta\nu_{\mathrm{Cs}}$ 是不受干扰 (包括宇宙微波背景辐射干扰) 的铯-133 原子的基态超精细能级跃迁频率. 这个频率是在相对原子静止参考系测量的, 因此 1 s 是铯原子辐射出 9 192 631 770 个周期该种辐射的固有时.

表 A.1　SI 基本定义量及其单位

定义量	符号	数值	单位
铯-133 原子不受干扰的基态超精细能级跃迁频率	$\Delta\nu_{\mathrm{Cs}}$	9 192 631 770	Hz
真空中光的速度	c	299 792 458	m/s
普朗克常量	h	$6.626\ 070\ 15\times10^{-34}$	J·s
(基) 元电荷	e	$1.602\ 176\ 634\times10^{-19}$	C
玻耳兹曼常量	k	$1.380\ 649\times10^{-23}$	J/K
阿伏伽德罗常量	N_{A}	$6.022\ 140\ 76\times10^{23}$	mol
频率为 540×10^{12} Hz 的单色辐射的发光效率	K_{cd}	683	lm/W

长度单位米 (m) 定义为

$$1\ \mathrm{m}=\frac{1}{299\ 792\ 458}\ c\ \mathrm{s}$$

电流单位安培 (A) 定义为

$$1\ \mathrm{A}=\left(\frac{e}{1.602\ 176\ 634\times10^{-19}}\right)\ \mathrm{s}^{-1}$$

① 中文版参见中国计量科学研究院网页 https://www.nim.ac.cn/520/node/3.html; 英文版可参见美国国家标准和技术研究院 (NIST) 发布的说明书 (https://doi.org/10.6028/NIST.SP.330-2019).

质量单位千克 (kg) 定义为

$$1\ \mathrm{kg} = \left(\frac{h}{6.626\ 070\ 15 \times 10^{-34}}\right)\ \mathrm{m^{-2}\ s}$$

在新 SI 单位制中, μ_0 和 ε_0 都是测量量①, 但是它们的乘积等于 $1/c^2$ 是定义量. 因为 e 取定义值, ε_0 由描写电磁相互作用耦合强度的精细结构常数 $\alpha = e^2/(2c\varepsilon_0 h)$ 的测量值决定, 也就是说 μ_0 的值由 $\alpha = \mu_0 c e^2/(2h)$ 的测量值决定. 根据当前对 α 的推荐测量值和真空光速的定义值, 新 SI 也取 $\mu_0 = 4\pi \times 10^{-7}\ \mathrm{kg\ m\ s^{-2}\ A^{-2}}$, 但允许相对误差 2.3×10^{-10}. 电感采用单位亨利 (H), 电容采用单位法拉 (F), 在新 SI 单位制中

$$\mu_0 = 4\pi \times 10^{-7}\ \mathrm{H/m}$$

$$\varepsilon_0 = 10^7/(4\pi \bar{c}^2)\ \mathrm{F/m}$$

其中 $\bar{c}$ 是等于 SI 中真空光速数值的纯数.

表 A.2 国际单位制和高斯单位制中主要公式对照表

	国际单位制	高斯单位制
真空中电荷的电场	$\boldsymbol{E} = \frac{Q\boldsymbol{r}}{4\pi\varepsilon_0 r^3}$	$\boldsymbol{E} = \frac{Q\boldsymbol{r}}{r^3}$
真空中电流的磁场	$\boldsymbol{B} = \int \frac{\mu_0 \boldsymbol{J}(\boldsymbol{x}') \times \boldsymbol{r}}{4\pi r^3}\mathrm{d}V'$	$\boldsymbol{B} = \int \frac{\boldsymbol{J}(\boldsymbol{x}') \times \boldsymbol{r}}{c r^3}\mathrm{d}V'$
洛伦兹力	$\boldsymbol{F} = Q(\boldsymbol{E} + \boldsymbol{v} \times \boldsymbol{B})$	$\boldsymbol{F} = Q\left(\boldsymbol{E} + \frac{\boldsymbol{v}}{c} \times \boldsymbol{B}\right)$
麦克斯韦方程组	$\nabla \times \boldsymbol{E} = -\frac{\partial \boldsymbol{B}}{\partial t}$ $\nabla \times \boldsymbol{H} = \frac{\partial \boldsymbol{D}}{\partial t} + \boldsymbol{J}$ $\nabla \cdot \boldsymbol{D} = \rho$ $\nabla \cdot \boldsymbol{B} = 0$	$\nabla \times \boldsymbol{E} = -\frac{1}{c}\frac{\partial \boldsymbol{B}}{\partial t}$ $\nabla \times \boldsymbol{H} = \frac{1}{c}\frac{\partial \boldsymbol{D}}{\partial t} + \frac{4\pi}{c}\boldsymbol{J}$ $\nabla \cdot \boldsymbol{D} = 4\pi\rho$ $\nabla \cdot \boldsymbol{B} = 0$
边值关系	$\boldsymbol{e}_\mathrm{n} \times (\boldsymbol{E}_2 - \boldsymbol{E}_1) = \boldsymbol{0}$ $\boldsymbol{e}_\mathrm{n} \times (\boldsymbol{H}_2 - \boldsymbol{H}_1) = \boldsymbol{\alpha}$ $\boldsymbol{e}_\mathrm{n} \cdot (\boldsymbol{D}_2 - \boldsymbol{D}_1) = \sigma$ $\boldsymbol{e}_\mathrm{n} \cdot (\boldsymbol{B}_2 - \boldsymbol{B}_1) = 0$	$\boldsymbol{e}_\mathrm{n} \times (\boldsymbol{E}_2 - \boldsymbol{E}_1) = \boldsymbol{0}$ $\boldsymbol{e}_\mathrm{n} \times (\boldsymbol{H}_2 - \boldsymbol{H}_1) = \frac{4\pi}{c}\boldsymbol{\alpha}$ $\boldsymbol{e}_\mathrm{n} \cdot (\boldsymbol{D}_2 - \boldsymbol{D}_1) = 4\pi\sigma$ $\boldsymbol{e}_\mathrm{n} \cdot (\boldsymbol{B}_2 - \boldsymbol{B}_1) = 0$
介质电磁性质	$\boldsymbol{D} = \varepsilon_0 \boldsymbol{E} + \boldsymbol{P}$ $\boldsymbol{B} = \mu_0 \boldsymbol{H} + \mu_0 \boldsymbol{M}$	$\boldsymbol{D} = \boldsymbol{E} + 4\pi\boldsymbol{P}$ $\boldsymbol{B} = \boldsymbol{H} + 4\pi\boldsymbol{M}$
电磁能流密度	$\boldsymbol{S} = \boldsymbol{E} \times \boldsymbol{H}$	$\boldsymbol{S} = \frac{c}{4\pi}\boldsymbol{E} \times \boldsymbol{H}$
电磁能量密度微分	$\mathrm{d}w = \boldsymbol{E} \cdot \mathrm{d}\boldsymbol{D} + \boldsymbol{H} \cdot \mathrm{d}\boldsymbol{B}$	$\mathrm{d}w = \frac{1}{4\pi}(\boldsymbol{E} \cdot \mathrm{d}\boldsymbol{D} + \boldsymbol{H} \cdot \mathrm{d}\boldsymbol{B})$

① 形成对比, 在旧 SI 单位制中 $\mu_0 = 4\pi \times 10^{-7}\ \mathrm{kg\ m\ s^{-2}\ A^{-2}}$ 是没有误差的定义值.

	国际单位制	高斯单位制
电磁动量密度	$\boldsymbol{g}=\varepsilon_0\boldsymbol{E}\times\boldsymbol{B}$	$\boldsymbol{g}=\dfrac{1}{4\pi c}\boldsymbol{E}\times\boldsymbol{B}$
场和势关系	$\boldsymbol{E}=-\nabla\varphi-\dfrac{\partial\boldsymbol{A}}{\partial t}$ $\boldsymbol{B}=\nabla\times\boldsymbol{A}$	$\boldsymbol{E}=-\nabla\varphi-\dfrac{1}{c}\dfrac{\partial\boldsymbol{A}}{\partial t}$ $\boldsymbol{B}=\nabla\times\boldsymbol{A}$
势方程	$\nabla^2\boldsymbol{A}-\dfrac{1}{c^2}\dfrac{\partial^2\boldsymbol{A}}{\partial t^2}=-\mu_0\boldsymbol{J}$ $\nabla^2\varphi-\dfrac{1}{c^2}\dfrac{\partial^2\varphi}{\partial t^2}=-\dfrac{\rho}{\varepsilon_0}$	$\nabla^2\boldsymbol{A}-\dfrac{1}{c^2}\dfrac{\partial^2\boldsymbol{A}}{\partial t^2}=-\dfrac{4\pi}{c}\boldsymbol{J}$ $\nabla^2\varphi-\dfrac{1}{c^2}\dfrac{\partial^2\varphi}{\partial t^2}=-4\pi\rho$
洛伦兹条件	$\nabla\cdot\boldsymbol{A}+\dfrac{1}{c^2}\dfrac{\partial\varphi}{\partial t}=0$	$\nabla\cdot\boldsymbol{A}+\dfrac{1}{c}\dfrac{\partial\varphi}{\partial t}=0$
推迟势	$\boldsymbol{A}=\displaystyle\int\dfrac{\mu_0\boldsymbol{J}\left(\boldsymbol{x}',t-\dfrac{r}{c}\right)}{4\pi r}\mathrm{d}V'$ $\varphi=\displaystyle\int\dfrac{\rho\left(\boldsymbol{x}',t-\dfrac{r}{c}\right)}{4\pi\varepsilon_0 r}\mathrm{d}V'$	$\boldsymbol{A}=\displaystyle\int\dfrac{\boldsymbol{J}\left(\boldsymbol{x}',t-\dfrac{r}{c}\right)}{cr}\mathrm{d}V'$ $\varphi=\displaystyle\int\dfrac{\rho\left(\boldsymbol{x}',t-\dfrac{r}{c}\right)}{r}\mathrm{d}V'$
电磁场张量	$F^{\mu\nu}=\begin{bmatrix}0 & -\dfrac{1}{c}E_x & -\dfrac{1}{c}E_y & -\dfrac{1}{c}E_z\\ \dfrac{1}{c}E_x & 0 & -B_z & B_y\\ \dfrac{1}{c}E_y & B_z & 0 & -B_x\\ \dfrac{1}{c}E_z & -B_y & B_x & 0\end{bmatrix}$	$F^{\mu\nu}=\begin{bmatrix}0 & -E_x & -E_y & -E_z\\ E_x & 0 & -B_z & B_y\\ E_y & B_z & 0 & -B_x\\ E_z & -B_y & B_x & 0\end{bmatrix}$
四维势矢量	$A^\mu=\left(\dfrac{\varphi}{c},\boldsymbol{A}\right)$	$A^\mu=(\varphi,\boldsymbol{A})$
四维电流密度	$J^\mu=(c\rho,\boldsymbol{J})$	$J^\mu=(c\rho,\boldsymbol{J})$
运动带电粒子的势	$\boldsymbol{A}=\dfrac{q\boldsymbol{v}}{4\pi\varepsilon_0c^2\left(r-\dfrac{\boldsymbol{v}}{c}\cdot\boldsymbol{r}\right)}$ $\varphi=\dfrac{q}{4\pi\varepsilon_0\left(r-\dfrac{\boldsymbol{v}}{c}\cdot\boldsymbol{r}\right)}$	$\boldsymbol{A}=\dfrac{q\boldsymbol{v}}{c\left(r-\dfrac{\boldsymbol{v}}{c}\cdot\boldsymbol{r}\right)}$ $\varphi=\dfrac{q}{r-\dfrac{\boldsymbol{v}}{c}\cdot\boldsymbol{r}}$
偶极辐射	$\boldsymbol{E}=\dfrac{q}{4\pi\varepsilon_0c^2r}\boldsymbol{e}_r\times(\boldsymbol{e}_r\times\dot{\boldsymbol{v}})$ $\boldsymbol{B}=\dfrac{1}{c}\boldsymbol{e}_r\times\boldsymbol{E}$ $P=\dfrac{q^2\dot{\boldsymbol{v}}^2}{6\pi\varepsilon_0c^3}$	$\boldsymbol{E}=\dfrac{q}{c^2r}\boldsymbol{e}_r\times(\boldsymbol{e}_r\times\dot{\boldsymbol{v}})$ $\boldsymbol{B}=\boldsymbol{e}_r\times\boldsymbol{E}$ $P=\dfrac{2q^2\dot{\boldsymbol{v}}^2}{3c^3}$
精细结构常数	$\alpha=\dfrac{e^2}{4\pi\varepsilon_0\hbar c}$	$\alpha=\dfrac{e^2}{\hbar c}$
经典电子半径	$r_\mathrm{e}=\dfrac{e^2}{4\pi\varepsilon_0m_\mathrm{e}c^2}$	$r_\mathrm{e}=\dfrac{e^2}{m_\mathrm{e}c^2}$
辐射阻尼力	$\boldsymbol{F}_\mathrm{s}=\dfrac{e^2}{6\pi\varepsilon_0c^3}\ddot{\boldsymbol{v}}$	$\boldsymbol{F}_\mathrm{s}=\dfrac{2e^2}{3c^3}\ddot{\boldsymbol{v}}$

表 A.3 常用物理常量表

名称	符号	数值	单位	相对标准不确定度
真空中的光速	c	299 792 458	$\mathrm{m\cdot s^{-1}}$	精确
普朗克常量	h	$6.626\ 070\ 15\times10^{-34}$	$\mathrm{J\cdot s}$	精确
约化普朗克常量	$h/2\pi$	$1.054\ 571\ 817\cdots\times10^{-34}$	$\mathrm{J\cdot s}$	精确
元电荷	e	$1.602\ 176\ 634\times10^{-19}$	C	精确
阿伏伽德罗常量	N_A	$6.022\ 140\ 76\times10^{23}$	$\mathrm{mol^{-1}}$	精确
玻耳兹曼常量	k	$1.380\ 649\times10^{-23}$	$\mathrm{J\cdot K^{-1}}$	精确
摩尔气体常量	R	$8.314\ 462\ 618\cdots$	$\mathrm{J\cdot mol^{-1}\cdot K^{-1}}$	精确
理想气体的摩尔体积(标准状况下)	V_m	$22.413\ 969\ 54\cdots\times10^{-3}$	$\mathrm{m^3\cdot mol^{-1}}$	精确
斯特藩–玻耳兹曼常量	σ	$5.670\ 374\ 419\cdots\times10^{-8}$	$\mathrm{W\cdot m^{-2}\cdot K^{-4}}$	精确
维恩位移定律常量	b	$2.897\ 771\ 955\cdots\times10^{-3}$	$\mathrm{m\cdot K}$	精确
引力常量	G	$6.674\ 30(15)\times10^{-11}$	$\mathrm{m^3\cdot kg^{-1}\cdot s^{-2}}$	2.2×10^{-5}
真空磁导率	μ_0	$1.256\ 637\ 062\ 12(19)\times10^{-6}$	$\mathrm{N\cdot A^{-2}}$	1.5×10^{-10}
真空电容率	ε_0	$8.854\ 187\ 812\ 8(13)\times10^{-12}$	$\mathrm{F\cdot m^{-1}}$	1.5×10^{-10}
电子质量	m_e	$9.109\ 383\ 701\ 5(28)\times10^{-31}$	kg	3.0×10^{-10}
电子荷质比	e/m_e	$1.758\ 820\ 010\ 76(53)\times10^{11}$	$\mathrm{C\cdot kg^{-1}}$	3.0×10^{-10}
质子质量	m_p	$1.672\ 621\ 923\ 69(51)\times10^{-27}$	kg	3.1×10^{-10}
中子质量	m_n	$1.674\ 927\ 498\ 04(95)\times10^{-27}$	kg	5.7×10^{-10}
氘核质量	m_d	$3.343\ 583\ 772\ 4(10)\times10^{-27}$	kg	3.0×10^{-10}
氚核质量	m_t	$5.007\ 356\ 744\ 6(15)\times10^{-27}$	kg	3.0×10^{-10}
里德伯常量	R_∞	$1.097\ 373\ 156\ 816\ 0(21)\times10^{7}$	$\mathrm{m^{-1}}$	1.9×10^{-12}
精细结构常数	α	$7.297\ 352\ 569\ 3(11)\times10^{-3}$		1.5×10^{-10}
玻尔磁子	μ_B	$9.274\ 010\ 078\ 3(28)\times10^{-24}$	$\mathrm{J\cdot T^{-1}}$	3.0×10^{-10}
核磁子	μ_N	$5.050\ 783\ 746\ 1(15)\times10^{-27}$	$\mathrm{J\cdot T^{-1}}$	3.1×10^{-10}
玻尔半径	a_0	$5.291\ 772\ 109\ 03(80)\times10^{-11}$	m	1.5×10^{-10}
康普顿波长	λ_C	$2.426\ 310\ 238\ 67(73)\times10^{-12}$	m	3.0×10^{-10}
原子质量常量	m_u	$1.660\ 539\ 066\ 60(50)\times10^{-27}$	kg	3.0×10^{-10}

注: ① 表中数据为国际科学理事会 (ISC) 国际数据委员会 (CODATA) 2018 年的国际推荐值.
②标准状况是指 $T=273.15$ K, $p=101\ 325$ Pa.